国外环境保护领域的创新进展

张明龙　张琼妮　著

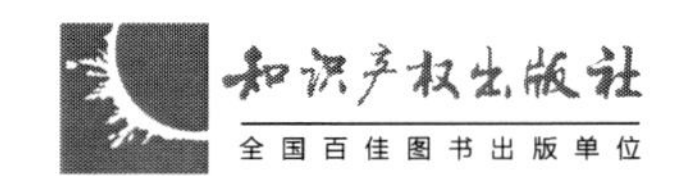

图书在版编目(CIP)数据

国外环境保护领域的创新进展/张明龙，张琼妮著.—北京:知识产权出版社,2014.11

ISBN 978-7-5130-3081-6

Ⅰ.①国… Ⅱ.①张… ②张… Ⅲ.①环境保护—研究 Ⅳ.①X

中国版本图书馆 CIP 数据核字(2014)第235008号

内容提要:

本书以21世纪国外科技活动为基本背景，集中分析其在环境保护领域取得的创新成果。本书采用取精用宏的方法，对搜集到的材料细加考辨，实现同中求异，异中求同，精心设计出环境保护方面创新进展信息的分析框架。本书分析了国外在治理大气污染、水体污染、固体废弃物污染、噪音污染和辐射污染领域的创新信息，分析了国外研制节能环保产品、环保材料与药剂的新成果，还分析了国外环境生态保护和清洁能源开发领域取得的新进展。本书以通俗易懂的语言，阐述环境保护方面的前沿学术知识，宜于雅俗共赏。

本书适合环保人士、环保工作者、高校师生、政府管理人员阅读。

责任编辑:王 辉　　**责任出版:**刘译文

国外环境保护领域的创新进展

张明龙 张琼妮 著

出版发行:	知识产权出版社有限责任公司	**网　　址:**	http://www.ipph.cn http://www.laichushu.com
电　　话:	010-82004826		
社　　址:	北京市海淀区马甸南村1号	**邮　　编:**	100088
责编电话:	010-82000860-8381	**责编邮箱:**	wanghui@cnipr.com
发行电话:	010-82000860转8101/8029	**发行传真:**	010-82000893/82003279
印　　刷:	北京中献拓方科技发展有限公司	**经　　销:**	各大网上书店、新华书店及相关专业书店
开　　本:	787 mm×1092 mm 1/16	**印　　张:**	27.25
版　　次:	2014年11月第1版	**印　　次:**	2014年11月第1次印刷
字　　数:	560千字	**定　　价:**	82.00元

ISBN 978-7-5130-3081-6

前　言

工业是创造社会财富的主要手段，可以促进人均收入增加，资本经营规模扩大，城市化水平提高。但是，无序发展的工业，也会导致严重的环境污染。目前，全球环境方面存在的主要问题是，出现大气污染、水体污染、固体废弃物污染、噪声污染和辐射污染，同时，存在气候变暖、臭氧层遭到破坏、出现酸雨危害、土地碱化、森林锐减、生物多样性减少等。面对日益严重的环境污染，工业化国家首先提出环境保护概念，并利用国家政策法规和舆论宣传，及时把环境保护转化为实际行动，使整个社会日益重视处理环境污染问题。

对环境保护问题追根溯源，可以发现：美国生物学家蕾切尔·卡逊在1963年出版的名著《寂静的春天》，是要求加强环境保护的第一声呐喊，是世界环境科学的逻辑起点。她在书中用翔实可信的资料，确凿无误的例证，以及无懈可击的逻辑，论证了农药杀虫剂DDT，对环境造成的污染和破坏作用。由于遭到环境污染，结果春天不再有鸟鸣，原本生机盎然的大自然变得一派寂静。

此后，英国经济学家芭芭拉·沃德和美国微生物学家勒内·杜博斯，受联合国人类环境会议秘书长莫里斯·斯特朗的委托，在58个国家152名专家组成的通信顾问委员会协助下，采用40个国家提供的材料，撰成《只有一个地球》一书。该书以整个地球的发展前景为起点，从社会、经济和政治的不同角度，阐明经济发展与环境污染对不同国家产生的影响，呼吁各国人民重视维护人类赖以生存的地球，丰富和发展了卡森的环境保护思想。1972年，在斯德哥尔摩召开的联合国第一次人类环境会议上，该书作为背景材料提供给各位代表参考。

接着，美国学者德内拉·梅多斯等人撰写，以罗马俱乐部研究报告形式发表《增长的极限》。该书指出，现代社会人们无止境地追求经济增长和效益提高，而忽视环境的承载力和人类社会的可持续发展。结果导致人口激增、气候变暖、资源短缺甚至枯竭、环境污染和生态破坏，从而使人类社会面临越陷越深的困境，实际上引导人类走上了一条不能持续发展的道路。该书第一次向人们展示了，在一个有限的星球上无止境地追求增长所带来的严重后果。提醒人们增长是有极限的，它要受到全球生态环境的制约。

1987 年 4 月，联合国世界环境与发展委员会，发表关于人类未来的报告：《我们共同的未来》。该书是由 21 位来自世界不同国家的专家，在世界范围内进行了 3 年的调查研究后写出来的。它系统地研究了人类当前面临的重大经济、社会和环境问题，以“可持续发展”为基本纲领，从保护和发展环境资源、满足当代和后代的需要出发，提出一系列政策目标和行动建议。该书指出，世界各国政府和人民，必须从现在起，对经济发展和环境保护这两个重大问题，担当起自己应有的历史责任，制定正确的政策并付诸实施。

为纪念斯德哥尔摩第一次人类环境会议召开 20 周年，1992 年 6 月 3 日，联合国在巴西的“里约中心”组织召开联合国环境与发展大会，又被称作“里约地球首脑会议”。180 多个国家和地区的代表、60 多个国际组织的代表及 100 多位国家元首或政府首脑在大会上发言。这次大会，是继 1972 年瑞典斯德哥尔摩举行的联合国人类环境大会之后，规模最大、级别最高的一次国际会议。这次大会，敦促各国政府和公众采取积极措施协调合作，防止环境污染和生态恶化，为保护人类生存环境而共同作出努力。这次大会，通过了关于环境与发展的《里约热内卢宣言》和《21 世纪行动议程》，154 个国家签署了《气候变化框架公约》，148 个国家签署了《保护生物多样性公约》，还通过了有关森林保护的非法律性文件《关于森林问题的政府声明》。总之，这次大会，使保护生态环境，推进可持续发展成为与会者的共识，也成为人类世界对未来发展道路和发展模式的重要选择。

1997 年 12 月，在日本京都，联合国气候变化框架公约参加国三次会议，制定《联合国气候变化框架公约的京都议定书》。该条约又简称作《京都议定书》，它的目标是：把大气中的温室气体含量稳定在一个适当的水平，进而防止剧烈的气候改变对人类造成伤害。

2002 年 8 月，联合国在南非约翰内斯堡，召开第一届可持续发展世界首脑会议。这是继1992年“里约地球首脑会议”之后,联合国举办的关于全球环境问题最重要的国际会议。会议通过了《可持续发展世界首脑会议执行计划》,它在以往所取得的进展和经验教训的基础上,提供更有针对性的办法和具体步骤,以及可量化的和有时限的指标和目标。同时,还通过了《约翰内斯堡宣言》等文件。

2009年12月,在丹麦首都召开哥本哈根世界气候大会,商讨《京都议定书》一期承诺到期后的后续方案,也就是2012年至2020年的全球减排协议。会议发表了《联合国气候变化框架公约》。这是继《京都议定书》后,又一具有划时代意义的全球气候协议书。可以预计,它对地球今后的气候变化走向,将会产生决定性的影响。

2012年6月,“里约地球首脑会议”20年后,世界各国领导人再次聚集到里约热内卢,参加联合国可持续发展大会。本次会议的主题是,讨论绿色经济在可持续发展和消除贫困方面的作用,研究可持续发展的体制框架。会议要求确定各国对可持续发展的承诺,要求总结目前推进可持续发展取得的成就,并找出存在的不足,要求做好准备继续面对不断出现的各类挑战。这次会议,为全球可持续发展进程注入了新的活力,也为推进全球可持续发展合作提供了一个重要契机。

时至今日,世界各国已普遍认为,社会进步和经济发展,必须跟环境保护和生态平衡相互协调。提高人们的生活水平与质量、促进人类社会的共同繁荣与富强,必须通过可持续发展才能实现。只有把经济发展、社会进步和环境保护有机统一在一起,才能找到通向全球可持续发展的正确道路。

本世纪以来,我们先后主持或参与国家及省部重要课题研究10多项。我们承担的课题,大多集中在企业创新、产业创新和区域创新等方面。所以,了解科技创新前沿信息,成为一项基础性工作。同时,每项课题研究任务完成后,都会留下一大堆科技创新信息方面的资料。我们从2010年开始,着手对这些多年搜集来的宝贵资料,开展综合利用,按照学科分类和一定逻辑关系,将其整理成信息类书稿,先后出版了《国外电子信息领域的创新进展》《美国纳米技术创新进展》等书。不久前,我们发现,在搜集到的科技创新信息资料中,有大量内容涉及环境或生态问题,于是,我们进一步拓展研究思路,把注意力集中到人们普遍关心的环境保护领域，通过对这方面创新信息的分析、归纳和提炼，形成呈献给读者的《国外环境保护领域的创新进展》一书。

本书由8章内容组成，前4章分别分析国外在治理大气污染、水体污染、固体废弃物污染，以及噪声污染和辐射污染领域的创新信息。后4章主要分析研制节能环保产品、环保材料与药剂的新成果，以及在环境生态保护和清洁能源开发领域取得的新进展。本书密切跟踪国外环境保护领域的前沿信息，所选材料限于本世纪以来的创新成果，其中90%以上集中在2004年7月至2014年6月的10年间。本书披露了大量鲜为人知的创新信息，可为遴选环境保护方面研究开发项目和制定相关科技政策提供重要参考。

张明龙　张琼妮

2014年8月25日

目　录

第一章　大气污染防治领域的新进展

大气指围绕地球四周的空气。大气中水分变化的结果，就是天气的主要表现。地球上一定地区特定时段，多年来各种天气演变过程的综合表现，通常称之为气候。它是太阳辐射、大气层下垫面回应和大气环流冲击共同作用的结果，有冷、暖、干、湿等明显差别，是大气物理特征的长期平均状态。大气污染，对大气物理状态产生的影响，主要是导致气候的异常变化，如温室气体增多，会引起地球变暖的效应。本章着重考察国外大气污染防治及温室气体综合利用等方面的创新进展情况。21 世纪以来，国外在防治大气污染领域的研究，主要集中在大气污染来源、破坏臭氧层的物质、二氧化碳的增减现象，以及大气污染对健康的影响；防治大气污染的新技术、新材料和新设备。在减少温室气体排放领域的研究，主要集中在减少工农业生产过程的废气排放，发展清洁煤技术，发展二氧化碳捕捉及储存技术。在温室气体综合利用领域的研究，主要集中在温室气体资源化利用，把二氧化碳转化为能源，以及拓展二氧化碳的其他新用途。

第一节　防治大气污染的新发现与新发明

一、防治大气污染研究的新发现

1. 大气污染来源研究的新发现

（1）发现四成致癌性大气污染物来自植物。2006 年 6 月，日本东京药科大学的熊天英峰、日本海洋研究开发机构地球环境观测研究中心的内田昌男与日本国立环境研究所的柴田康行等人组成的一个研究小组，共同对东京郊区大气中的污染物质多环芳香族碳化氢（PAH）进行了调查。结果证实，在大气中，20% ~40% 的致癌性物质是来自于植物燃烧时所产生的生物碳。

在东京郊区丘陵地区进行的实验中，研究人员抽取了 6 万 ~15 万立方米的大气。在抽取的大气中，他们采集到了直径为 10 微米以下的微小颗粒物质，对多环芳香族碳化氢含有的碳素成分进行了分析。碳分析是以放射性碳同位素碳 14 为指标的，一般的化石燃料中不含碳 14，但在植物碳素中却含有碳 14 成分。研究人员经分析后发现，在直径 10 微米以下的颗粒，以及极易被人体吸入的直径 1 微米以下的颗粒物中，有 21% ~46% 的碳成分是来自现代的植物。在此之前，人类还无法区别大气中的致癌物质多环芳香族碳化氢中的碳，究竟是来自石油等化石燃料还是来自现代植物。

研究人员认为，大气中的碳应该主要来自垃圾和下水污泥的焚烧，还包括农民焚烧田里杂草等。利用这种新的分析方法，科学家可对将来逐步增加的生物燃料污染大气的情况做详细分析，也可由此掌握大规模森林大火对大气环境的影响。

（2）发现树木释放物与空气污染物混合会加大臭氧浓度。2013 年 1 月，美国兰卡斯特环境中心一个研究小组，在《自然 · 气候变化》杂志上发表研究成果称，他们发现，作为生物燃料来源的树木所释放的有机化合物异戊二烯，与空气中其他污染物混合，将使种植地附近空气中臭氧浓度增加，可能会导致人们吸入臭氧死亡，并且也可能降低作物的产量。

在距离地球表面 25 ~ 45 千米范围内，臭氧浓度不到 1ppm 时，可吸收太阳光里 99% 的紫外线，对地球上的生命具有保护作用，对人体无害；若浓度高于 100ppm，则会引起呼吸障碍和头痛。汽车、化学工厂及发电厂排出的二氧化氮吸收阳光后，转化成一氧化氮和活泼的氧原子，氧原子继而与氧气反应生成臭氧。这些停留在对流层的臭氧会使人感到呼吸困难，肺功能减弱及肺组织受损。此外，臭氧更会与汽车排出的碳氢化合物作用，生成光化学毒雾，刺激我们的呼吸系统。所以，臭氧究竟是敌是友，功大于过还是过大于功，就要看它在大气层的哪个部分了。

为了减少化石燃料产生的二氧化碳向大气中的排放，政府和民间团体纷纷转向用生物燃料作为替代能源，欧洲已种植了桉树、柳树和杨树等速生树种。研究人员发现，在英国居民区附近种植的作为生物燃料来源的树木，会释放出高浓度的化学物质异戊二烯。此前的研究已表明，当异戊二烯与其他污染物（如氮氧化物）混合时会产生臭氧。这项新的研究提出，该做法会使空气中的臭氧量增大，按照欧盟 2020 植树目标，每年可能导致欧洲 1400 人死亡，再加上 7.1 亿美元额外的医疗费用和作物损失。

利用这些树木，作为生物燃料来源的计划，一般涉及在市区附近种植，以避免产生运输成本。研究人员认为，这样的大面积种植会导致生活在附近的人出现肺部疾病，严重的会导致死亡；而如果这些树被大量种植在农村地区，食用作物将受到不利影响，从而导致其产出减少、成本提高。

该研究小组强调，目前每年欧洲 2.2 万人的死亡，被归咎于在大气对流层的臭氧浓度过高，所以，在这种意义上，臭氧备遭谴责。这项研究考虑的不仅仅是通过生物燃料，来减少温室气体排放时的碳预算，而是量化了在欧洲种植生物燃料树木，所造成的异戊二烯释放率的增加，并评估地面臭氧浓度的变化，及其对人的死亡率的冲击和影响。

（3）发现一种可长期存在的温室气体。2014 年 1 月，《卫报》近日报道，加拿大多伦多大学化学系安吉拉·洪等人组成的一个研究小组发现,一种称为全氟三丁胺(PFTBA)的物质,也是温室气体,该气体100年内使地球变暖的效应,是二氧化碳的7100倍。而这种工业化学品,目前没有受到监管,它在大气中可长期存在。这项研究发表在《地球物理研究快报》上。

全氟三丁胺自20世纪中叶开始,就一直在电机行业中被使用。安吉拉·洪说:"我们认为全氟三丁胺是在大气中被检测到的辐射效率最高的分子。"研究发现,在超过100年的时间跨度中,全氟三丁胺使地球变暖的效应要比二氧化碳强7100倍。

全氟三丁胺在大气中的实际浓度很低,以多伦多地区为例,它只有百万亿分之十八,二氧化碳则是万分之四。美国国家航空航天局戈达德空间研究所气候学家德鲁博士说:"这是一个警告,提示这种气体可能对气候变化产生一个相当大的影响。既然目前它在大气中的含量还不是很多,可以不必对其特别担心,但是必须确保它在数量上不会增长,不至于成为全球变暖的一个非常大的担忧。"

从气候变化的角度来看,化石燃料排放的二氧化碳依然是最大的罪魁祸首。但全氟三丁胺在大气中是"长寿"的。研究人员估计,它在大气中可以存在约500年,而且不像二氧化碳那样可以被森林和海洋吸收。目前,地球上还不知道以怎样自然的方式,能把它扫除掉。

对此,研究人员提出,应该重视工业生产过程中其他化学物质影响气候问题的研究。自从20世纪中叶以来,晶体管和电容器等各种电气设备当中都在使用全氟三丁胺等多种化学物质,这些物质对大气的影响仍然是未知的。安吉拉·洪指出:"全氟三丁胺只是众多工业化学品中的一个,但目前还没有控制其生产、使用或排放的政策,也没有任何类型的气候政策将其纳入监管。"

(4)发现踏板摩托车成废气排放"祸首"。2014年5月13日,瑞士保罗谢尔研究所学者安德烈·朴热弗特领导的一个研究小组,在《自然·通讯》发表研究成果称,在大城市中,两冲程踏板摩托车排放的尾气,可能在车辆带来的空气污染中占据主导地位。研究结果表明,对两冲程踏板摩托车实行更严格限制,可以在全球范围内改善很多城市的空气质量。

笼罩在世界上很多大城市上空的有害雾霾,来自于车辆排放,即汽车、卡车和摩托车喷出的尾气中的挥发性有机化合物。尽管对于载人汽车和卡车的管理相对严格,但对于两冲程踏板摩托车的管理却松得惊人,所以当欧洲预测到2020年,踏板摩托车排放的挥发性有机化合物,将会比其他所有车辆加起来都多时,这些踏板摩托车就成了一个大问题。

朴热弗特研究小组,对欧洲两冲程踏板摩托车的尾气,进行了化学分析。结果显示,空转的两冲程摩托车尾气当中的挥发性有机化合物,是其他交通工具的124倍,这让踏板摩托车进入了"超级污染"行列。

该研究小组建议,尽管踏板摩托车数量在所有交通工具中只占较小部分,但在泰国曼谷等踏板摩托车数量较多的城市中，两冲程踏板摩托车，它排放的尾气形成的污染物，在初级有机气溶胶中约占60%～90%。

目前，中国已经认识到两冲程踏板摩托车的危害，并且早在20世纪90年代，就开始在一些主要城市，对这些车辆进行限制，从而显著减少了和交通相关的芳香族化合物的排放。这项研究的结果，意味着世界其他地区也可以受益于类似的对芳香族化合物限制。

2. 破坏臭氧层物质研究的新发现

（1）发现一氧化二氮已成首要消耗臭氧层物质。2009年8月28日，美国国家海洋和大气管理局，地球系统研究实验室一个研究小组，在《科学》杂志上发表研究成果称，他们研究发现，一氧化二氮也是一种温室气体，未来如果能够限制一氧化二氮的排放，不仅将有效加速地球臭氧层的恢复，并且还能减缓气候变化。

一氧化二氮又称"笑气"。美国研究人员说，这种无色有甜味的气体，已经成为人类排放的首要消耗臭氧层物质。他们利用数学模型推算出，人类通过使用化肥、化石燃料等每年向大气中排放约1000万吨一氧化二氮，如果人类不采取措施限制其排放，它将成为21世纪破坏性最大的消耗臭氧层物质。

研究人员表示，根据1987年通过的《关于消耗臭氧层物质的蒙特利尔议定书》，人类逐步削减氯氟烃、含溴氟烃等消耗臭氧层物质的使用，但一氧化二氮的使用和排放不受议定书限制，其对臭氧层的破坏作用也越来越明显。

臭氧层是指距离地球25～30千米处，臭氧分子相对富集的大气平流层。它能吸收99%以上对人类有害的太阳紫外线，保护地面上的生命免遭短波紫外线的伤害，因此被誉为地球生物的保护伞。人类活动曾导致南极上空的臭氧层出现大面积空洞。

（2）发现四种破坏臭氧层的新气体。2014年3月，英国东英吉利大学一个研究小组，在《自然·地学》杂志上发表论文指出，他们对空气成分（这些空气有的采自20世纪70年代）进行多次分析后，发现了新的物质，它们在大气中的积累让人感到不安。

研究人员说，臭氧层的空洞没有封闭，这令科学界为之担忧。他们最近发现，四种破坏这个大气保护层的新气体，但尚不清楚它们从何而来。

位于地面上空约30千米处的臭氧层，在过滤紫外线方面发挥着重要作用，过强的紫外线能致癌，并影响动物的生殖系统。1985年，英国科学家发现南极臭氧层出现一个空洞，这促使国际社会在1987年签订保护臭氧层的《蒙特利尔议定书》，以限制破坏臭氧层气体的排放。当时，专家们确定氯氟烃物质，会破坏臭氧层。这些氯氟烃物质，是20世纪20年代发现的，被广泛应用于气雾剂和制冷剂，它们可存在50～100年。

然而，最新研究显示，20世纪70年代之前的空气中，还有人类生产的未被发现的新气体。这四种新气体，进入大气的方式尚不清楚，其中三种气体含有氯氟烃成分,另一种是氟氯化碳。

专家在分析20世纪70年代,以不同方式获取的空气样本,以及从格陵兰冰雪层中获得的气泡时,发现了这些新气体。科学家估计已有大约7.4万吨的新气体排放到大气中,并以令人担忧的速度累积,虽然它们破坏臭氧层的速度很慢,但也因此可能长时间停留在臭氧层中,即便采取限制排放的措施也无济于事。

科学家表示,不清楚这些气体是从哪里释放出来的,可能的来源包括杀虫剂或者清洗电子元件的溶剂等化学品。

3. 二氧化碳减排和捕获研究的新发现

(1)发现能促进植物吸收更多二氧化碳的蛋白质。2011年7月,日本名古屋大学教授木下俊则领导的研究小组,在美国《当代生物学》杂志网络版上发表论文说,他们在利用十字花科植物拟南芥进行的实验中,首次发现催促植物开花的FT蛋白质,还具有调整叶片气孔开闭的作用,较多的FT蛋白质,可促进植物“深呼吸”,从而吸收更多二氧化碳。

在通常状态下,植物在感受到蓝光以后,会为进行光合作用而打开气孔,吸收二氧化碳。但该研究小组发现了一株即使感受不到蓝光,也会打开气孔的拟南芥。经过分析,研究人员发现其遏制FT蛋白质生成的功能遭到了破坏。

研究人员猜测,有可能是生成的FT蛋白质过剩导致这株变异的拟南芥的气孔一直张开。于是研究人员在野生拟南芥中的气孔部分增加了FT蛋白质,结果发现气孔大大张开,而减少FT蛋白质后,气孔就会变得难以打开。

研究人员说,如果操作FT蛋白质,就可以人为打开植物的气孔,或许能使植物更多地吸收大气中的二氧化碳,防止地球变暖。

(2)发现陆地吸收二氧化碳数量突然增加。2012年7月12日,新西兰《先驱报》报道,新西兰皇家水与大气研究所科学家米卡罗夫·弗莱彻博士参加的一个国际研究小组,在调研二氧化碳排放分布时发现:如果不是陆地吸收二氧化碳数量“不明原因”地增加,过去二十年间全球变暖速度会更快。

这个研究小组采用先进的统计方法,对20世纪50年代以来,陆地吸收二氧化碳的数据进行分析,结果发现从1988年至今地球生物圈吸收二氧化碳数量“突然增加”,达到每年约10亿吨的“大数”,超过了2010年全球化石燃料排放量的10%,这让科学家们感到十分吃惊。

米卡罗夫·弗莱彻博士介绍,这种“急剧增加”非常明显,但驱动变化的物理过程是个谜。虽然针对陆地吸收二氧化碳数量急剧增加的成因已经有些理论推测,但目前都还没有找到答案。科学家们正在致力于研究是什么引起陆地对二氧化碳吸收数量的增加,这种趋势将来是否会有变化,与此相关的一系列全新问题有待找到答案。

(3)发现土壤里捕获的碳会再次释放到大气中。2012年11月,美国加州大学戴维斯分校植物学教授约翰·希克斯、比利时鲁汶大学教授戈尔塔·范斯塔登和克瑞斯托夫·范·奥斯特等人组成的一个国际联合研究小组,在美国《国家科学院学报》发表论文称,他们确认,土壤里已被捕获的碳,将会再次释放到大气层中,从而成为碳排放的一个来源。这一发现,有助于更全面地理解过去和未来全球气候变化的成因。

土壤侵蚀是指土壤或成土母质在外力(水、风)作用下被破坏剥蚀、搬运和沉积的过程。尽管早先的研究发现,在土壤侵蚀过程中可以将碳埋藏于土壤里,其作用类似于碳汇或碳存储。但是,该研究小组发现,这些碳汇中的一部分仅是暂时性的。

希克斯指出:"这是我们发现的全球碳循环的一部分。碳源在哪里,碳汇又在哪里?在某种程度上土壤侵蚀是碳汇,但正如我们所发现的那样,它同样也能成为一种碳源。"

据研究人员估算,在土壤侵蚀过程中被埋藏的碳,大约有50%在500年之内会重新释放到大气层中。气候变化还可能导致这一过程加快,因为气候变化能够加速土壤分解的速度,进而加速碳的释放。

研究人员在研究过程中使用了放射性碳和激光断代技术,计算出过去6000年间,即从公元前4000年到公元2000年,比利时代勒河沿岸土壤所捕获的碳量,以及由土壤再次释放到大气层中的碳量。如此长时间跨度,使研究人员能够发现被土壤捕获的碳,再次进入到大气层的渐进过程。自工业革命以来的150年间所发生的农业耕地流转,是历史上造成全球土壤侵蚀的最主要原因,研究人员所设计的6000年时间框架将这段重要时期完全囊括。研究人员认为,过去150年间,由于农业的发展而被捕获于土壤中的大部分碳,目前依然没有被释放到大气层中,但这将是未来碳排放的一个主要来源。

范斯塔登指出:"我们的研究结果显示,由于农业土地的流转,早期存储于土壤和植物中的碳已有大约一半释放到大气层中。"希克斯则强调,采用免耕或少耕的方法可以使土壤侵蚀最小化,而利用覆盖作物栽培则可以确保土壤不处于裸露状态。奥斯特指出:"我们需要弄清楚碳来自哪里、它以何种方式释放或者被捕获,以便确定合理的、低成本的措施来减缓气候变化的进程。"

4. 大气污染影响健康研究的新发现

(1)发现吸入汽车废气可能导致老年痴呆症。2010年1月,德国海因里希·海涅大学,环境医学研究中心的一个研究小组,在美国《环境研究》杂志上发表研究成果,首次把认知能力损伤同吸入汽车废气联系起来。他们发现,居住在临街住宅并常年呼吸汽车废气的女性,年老后容易出现认知能力明显衰退的症状,并可能罹患痴呆症。

研究小组对399名68~79岁的老年妇女进行调查。她们都在某一地点居住了20年以上。研究结果显示,她们当中,住得离马路越近,吸入的污染物越多,记忆力及认知能力的衰退程度越严重。

研究人员分析了德国环境保护部门25年来，对接受调查的老年妇女居住点污染情况的监控数据，并对这些老年妇女吸入的污染物水平进行了计算和比较。

同时，研究人员还进行了一系列神经生理及认知能力测试，包括口头表述、学习能力、记忆力等。结果发现，居住在车流密度较大、污染较重地区的老年妇女，出现认知障碍的概率较高，而认知障碍在医学上被认为可能进一步导致老年痴呆症。

(2)发现空气污染有增加儿童患糖尿病的风险。2013年5月，德国亥姆霍兹慕尼黑研究中心发布研究报告说，空气污染除了给人体带来呼吸道方面的疾病外，还可能带来更多疾病风险。该研究中心的一个研究小组发现，空气污染会增加儿童"胰岛素抵抗"的概率，从而增加其糖尿病患病风险。

胰岛素抵抗，指体内组织对胰岛素促进葡萄糖吸收发生了抵抗，是二型糖尿病主要发病因素之一。

研究小组以397名10岁儿童为研究对象，在排除家庭社会地位、二手烟、出生体重、身体质量指数等因素影响后，他们发现，生活在交通繁忙、人口密集地区，并暴露在空气质量较差环境中的儿童胰岛素抵抗水平相对较高。

研究显示，空气中二氧化氮含量，每立方米增加10.6微克，胰岛素抵抗发生率便增加17%；空气中可吸入颗粒物每增加6微克每立方米，胰岛素抵抗发生率增加19%。住宅与车流密集路段之间的距离同样不容忽视，如果儿童居住在公路附近，每接近公路500米，胰岛素抵抗发生率便会提高7%。

究其原因，研究人员说，空气污染物毒性各异，但均属潜在氧化剂，他们可直接氧化脂肪或蛋白，也可间接激活细胞内氧化，从而引发胰岛素抵抗。另外，此前的研究结果显示，空气中可吸入颗粒物和二氧化氮浓度升高，可导致炎症标记物增加，这也可能是出现胰岛素抵抗的诱因。

5.防治大气污染研究的其他新发现

(1)发现二氧化碳含量增加会使农作物减少养分。2014年5月，美国哈佛大学专家塞缪尔·迈尔斯领导，美国、日本和澳大利亚等国研究人员参加的一个国际研究小组，在《自然》杂志发表研究成果说，他们研究发现，大气中二氧化碳含量增加，会使小麦、大米等主要农作物养分减少，进而影响民众健康。

研究人员表示，二氧化碳排放导致全球变暖，不仅会降低农作物产量，还可能减少其营养成分。它们在美国、日本和澳大利亚等国的实验田中，种植了41种农作物，研究大气中二氧化碳含量，对不同农作物营养有何影响。结果发现，二氧化碳增加，会普遍降低这些农作物的营养价值。按照目前大气中二氧化碳增加趋势，到本世纪中叶，大米、小麦、大豆等主要农作物中锌、铁和蛋白质的含量最多可减少10%。

迈尔斯说，新研究表明，二氧化碳排放增多不只会使农作物产量减少，还会降低其营养，这将在很大范围内影响人类健康。他认为，除了加强研发对二氧化碳耐受性强的作物,更应从根本上减少二氧化碳排放量。

(2)发现能够“吃”掉甲烷的细菌。2006 年 10 月,德国马普海洋微生物研究所,安帖·波埃修斯及其同事组成的一个研究小组,在《自然》杂志上发表研究成果称,他们发现了能够消耗甲烷的细菌,这有助于控制全球变暖的趋势。

波埃修斯表示:单细胞微生物有助于调节海洋通过火山喷发等形式释放出来的甲烷量。研究人员对位于挪威格陵兰海域的西斯匹次甲尔根南部的活跃的哈康·莫斯比泥火山进行了研究,结果发现了消耗甲烷的这三个关键微生物群落。

最近发现的一个细菌群落,属于古细菌——一种不同于细菌和真核细菌的单细胞有机体;另外一种是能够利用氧气分解甲烷的细菌;还有一种是另外一种古细菌,能够与其他细菌一起利用硫酸盐来分解甲烷。

但是,火山所喷发出来的硫酸盐和氧气的上升流,限制了嗜甲烷菌的生存环境。因此,最终微生物仅能够分解掉火山喷发出来的 40% 的甲烷。

二、防治大气污染的新技术

1. 发现一种可用来监控空气污染的新技术

发现遥测技术或可用来监控空气污染。2014 年 5 月,美国洛斯阿拉莫斯国家实验室,地球与环境科学部门的罗迪卡·林登麦尔、曼文德勒·迪贝及其同事组成的一个研究小组,在美国《国家科学院学报》上发表研究成果称,他们发现,对大型发电厂附近大气污染的遥测,可能提供一种监测空气污染和排放程度的方法。

化石燃料燃烧排放的二氧化碳和氮氧化物导致的气候变化和空气污染,已经成为一个被普遍关注的社会问题。旨在控制这些污染物的国际条约,面临的一个重要障碍,是难以对相关情况进行核查。而且,管理污染气体,需要准确评估释放气体的来源和数量。这样的评估,在确保实现减排目标等方面十分关键。

为了测量来自美国新墨西哥州西北部的两个燃煤发电厂的污染气体排放情况,该研究小组利用太阳摄谱仪,测量了圣胡安和福科纳斯发电厂附近地点的二氧化碳、一氧化碳和氮氧化物的大气浓度。研究人员还监测了二氧化碳的同位素成分,这可以作为燃煤发电厂排放的一种参考证据。

通过比较针对空气污染物气流的环境空气观测结果,以及发电厂烟囱内的观测数据后,研究人员报告说,这两个测试地区的大气约有 75% 被污染了。作者还指出,环境空气观测和烟囱内测量的一致性较强,这提示空气污染物的遥测技术,可能为监测空气化学和二氧化碳排放浓度等,提供了可靠而有效的方法。

2. 提出缓解全球气候变暖的新技术

提出通过云彩增白技术来治疗全球气候变暖的大胆计划。2005 年 8 月 14 日,《星期日泰晤士报》报道,英政府目前正在测试一种英国科学家发明的系统,该系统可以把海水喷洒到空气中,取得令云彩“增白”的效果。其设计理念是通过增强云层的反射能力,使热量远离地球,令全球范围内气温日益升高现象有所缓解。

这项技术,是由爱丁堡大学工程设计名誉教授斯蒂芬·萨尔特发明的,要使用一个小船队去制造良好的喷射效果。随着海水蒸发,微小盐粒将会随着升高的气流进入低空层积云。盐粒将会令层积云变白,使它们的反射效果更强,另外还会产生更多的水滴,进一步减少穿透大气层的太阳光线。萨尔特教授的此项研究将刊登在《大气研究》杂志上。萨尔特教授宣称,通过将全球1/3云层的反射能力增长4.5%,将有效减少到达地球表面的热量,从而打消了人们对全球气候变暖预言的忧虑。

萨尔特教授认为,试验计划将在4年内付诸实施。他一直与美国科罗拉多州玻尔国家大气研究中心的约翰·拉特哈姆合作。初期,先将500条无线电控制的无人小船部署到层积云最为普遍的非洲西海岸和秘鲁西部附近。这种小船每条造价100万英镑,高70英尺,每隔25英里停放一条,可以通过卫星跟踪。

小船在风力旋转装置驱动下前行,这种前行活动将使水下涡轮机产生转动,制造一个静电场。被吸入旋转装置的水流将撞击静电场,从而产生雾蒙蒙的海水。

在世界范围内,每秒大约会有四万吨海水被喷射到大气层。萨尔特教授认为,要想使云彩的“亮度”增长4.5%,必须每秒钟向大气层喷射半吨水。萨尔特教授认为,他们可以劝说企业向这一计划每吨投入10英镑,从而令排放到大气层使气温升高的二氧化碳量减少。

3. 合理开发利用大气资源的新技术

(1)开发出吸附空气中氧气的新方法。2010年6月,日本京都大学物质细胞统合系统据点的一个研究小组,开发出一种能够从空气中单单吸附氧气的新方法。这种方法,应用了大型放射光设施“Spring-8”制造的一种新型材料,为气体吸附产业提供了一条新的思路。

研究人员介绍,他们是利用空气中氧气和氮气分子中,各自电子运行方式存在差异的特点,首先开发出一种被称为四氰基对苯醌二甲烷的特殊多孔吸附材料。由于这种材料仅同空气中氧气的电子发生反应,亦只有氧气分子可以通过这种物质细小的孔被吸附进来,从而可以很方便地把空气中的氧气分离出来。

目前,利用多孔材料,从气体中吸附特定物质的方法本身并不稀奇,像活性炭和沸石,这些材料作为除臭剂和吸附剂早已经投入市场。但是,由于空气中氧气和氮气的分子大小几乎一样,这些物质都无法从空气中把特定的氧气和氮气分子吸附进来。

研究人员称,这种新的方法改变了以往的思路,如果将来能够进一步提高从空气中吸附及分离氧气的效率,对吸附产业来说将是一种非常有用的技术。此外,这种方法也为从大气中有效去除有害气体的研究,提供了一条新的可供参考的思路。

(2)研发从大气中收集电能的新技术。2010年8月25日,美国物理学家组织网报道,巴西坎皮纳斯大学,费尔南多·盖勒姆贝克领导的一个研究小组,在美国化学学会第240届全国会议上报告说,他们正在研制能从空气中捕捉电的电池板,为住宅提供照明或为电动汽车充电;该电池板还可以置于建筑物屋顶,以阻止闪电的形成。

从大气中收集电能,有望造就一种新型替代能源。实际上,科学家们很早之前就注意到,蒸汽从锅炉中溢出时会形成静电火花,当水汽聚集空气中的尘埃和其他物质的微小颗粒时,正是电形成之时。几个世纪以来,科学家们一直为从空气中捕捉电并加以利用的想法而激动不已,著名发明家尼古拉·特斯拉就是其中之一。

电在大气中如何产生和释放,这是一个200年来未解的科学之谜。科学家们曾经认为,大气中的水滴呈电中性,即便它们同尘埃颗粒和其他液滴上的电荷接触之后,也不会改变其"本性"。

但是,盖勒姆贝克表示,他的研究小组,在实验室模拟空气中的水和尘埃颗粒接触的过程,证实大气中的水确实能够获得电荷。他们选择的尘埃颗粒,为空气中常见的二氧化硅和磷酸铝颗粒,在高湿度环境下,空气中含有高浓度的水蒸气,二氧化硅变得带有更多负电荷,而磷酸铝则变得带有更多正电荷。盖勒姆贝克将这种电荷称为"湿电",也就是"湿度产生的电"。他解释说,这显然表明,大气中的水可以积聚电荷,并把电荷转移给与它接触的其他物质。

盖勒姆贝克表示,科学家可以研发出能够收集湿电的湿电电池板,就像收集阳光的太阳能电池板一样,并将收集到的电力提供给家庭和商业场所使用。在美国东北部和东南部,以及潮湿的热带等湿度很高的地区,湿电电池板的效率也会很高。另外,类似的方法也可预防闪电和雷击。把湿电电池板,置于雷雨经常光顾地区的建筑物顶部,这种电池板会把雨中潮湿空气所带的电完全吸收掉,防止电荷积聚后形成闪电。

盖勒姆贝克还指出,尽管未来还有很多研究要做,但大范围利用湿电的效益将非常可观。目前,他的研究小组正在对多种金属进行测试,希望从中找出最有潜力用于捕捉大气中的电同时预防雷击的金属。

三、防治大气污染的新材料

1.英国研制的捕捉二氧化碳新材料

(1)开发出"捕捉"二氧化碳等工业废气的新材料。2007年2月,英国科学促进会主办的科学新闻网站报道,英国巴斯大学一个研究小组,开发出一种新材料,它可以"捕捉"二氧化碳等工业废气,有助于减少工业产品生产和使用过程中造成的空气污染。

据报道,研究人员开发的这种新材料由纳米级多孔纤维构成。这种纤维上有许多小孔,孔眼大小不及一根头发丝直径的千分之一。这样的结构和纤维中所含的物质,均有助于从气流中“捕捉”二氧化碳气体、挥发性碳氢化合物和其他工业废气。

巴斯大学的专家指出,与目前工业生产中废气清理技术的能耗相比,制作并使用上述新材料的能耗只及前者的5%。这种新材料最初将应用于饮料制造业,此外加油站等设施,也可用该材料清除汽油挥发时所含的苯。

据报道,这种新材料的研制技术已获得英国皇家学会管理的一个创新奖,奖金额为18.5英镑。

(2)研制成可捕捉二氧化碳的新材料。2012年6月,英国诺丁汉大学等机构组成的一个研究小组,在《自然·材料》杂志上报告说,他们研制出一种新型多孔材料,这种材料中的孔洞就像一个个“笼子”,其他气体可自由通过,但二氧化碳会被截留,因此这种材料有望用于工业上捕捉二氧化碳,减少碳排放。

研究人员报告说,他们研发出一种名为NOTT-202a的新材料。它的分子结构单元,是以铟原子为中心,周围是以各种有机分子链条编织成的“笼子”,整体上看呈现出多孔特征,有些类似自然界中的蜂窝结构。

实验显示,这种“笼子”具有一种特殊性质,那就是如果把空气压入这种多孔材料之中,大部分气体如氮气、氧气、氢气和甲烷等随后可以从“笼子”中出来,唯独二氧化碳会被留下,锁在“笼子”中。

研究人员说,在当前需要减少二氧化碳排放以应对气候变化的大背景下,这种材料有望用于工业上捕捉二氧化碳。比如在工厂的烟囱中安装由这种材料制成的捕捉装置,减少工厂的碳排放,帮助减排。

(3)开发出新型二氧化碳吸收材料。2012年9月,英国诺丁汉大学施罗德教授领导的一个欧洲研究小组,在《自然·材料》杂志上发表研究成果称,他们在欧盟第七研发框架计划250万欧元的资助下,成功研究开发出一种新型的二氧化碳吸收材料。

它具有专门独特的吸收并储存二氧化碳的特性,可以被直接应用于降低大气中的二氧化碳含量,也可以通过设计开发出的新产品应用于减少化石燃料燃烧过程中的二氧化碳排放,属于新型的碳捕获及封存技术材料。

研究人员表示,新型材料独特的结构缺陷,显示出强大的吸收二氧化碳的能力。他们使用欧盟设立于英国的“钻石光源”大型科研基础设施,利用最先进的X-射线粉末衍射测定技术工艺和自行设计开发的计算机模拟系统,对开发出的新型材料,进行了详细的结构分析测定,并在此基础上确定和合理化新型材料的结构及功能。

研究小组开发出的新型材料,为连锁金属有机框架结构材料,主要由四羧酸配位体组成。其结构为铟金属中心,绑定到中央原子的系列粒子或离子构成,类似蜂巢状图案的材料结构,可以有效地保证有选择性地专门吸收二氧化碳,而其他的气体如氮、甲烷和氢等,可以顺利地通过材料结构。二氧化碳被材料结构中的纳米孔束缚住,甚至在很低的温度情况下也可以束缚住,从而可实现二氧化碳的捕获及封存。

2. 其他国家开发的吸附二氧化碳新材料

(1)开发出"吸毒"黑塑料。2006 年 2 月,德国媒体报道,目前,焚烧设备的烟尘过滤装置都采用聚丙烯制成。焚烧设备运行时,烟尘中的二氧化物很容易沉淀在其表面,在温度升高时,沉淀物又会脱落,重新回到烟尘中,造成排放超标。为解决这一难题,烟尘过滤装置必须定期更换,而且更换过程复杂,成本昂贵。

最近,德国科学家开发出一种新型黑塑料,既能吸附对环境有害的二氧化物等物质,又能阻止沉淀物落到焚烧设备烟尘过滤装置的表面。

在垃圾焚烧设备上的试验表明,这种黑塑料非常实用,具有很好的应用前景。目前,德国已有 3 套垃圾焚烧设备采用了该项技术。

(2)发明吸附二氧化碳的新材料。2008 年 2 月 15 日,美国加州大学洛杉矶分校,化学家奥马尔·亚吉领导的一个研究小组,在美国《科学》杂志发表研究报告称,他们发明了一种能吸附二氧化碳的新材料,有助于减少这种温室气体的排放。

报告说,研究人员利用化学合成法,研制出新一代沸石咪唑酯骨架结构材料,这种材料能有效吸附工厂烟囱和汽车排气管排出的二氧化碳。

它是一类具有可调整孔洞大小及化学性质的材料,具有高度稳定性和结构多样性,能分离物质,吸附储存气体,用作异相催化的催化剂。

研究人员说,这种材料吸附力强,能把二氧化碳固化,以阻止其向大气排放,然后人们可把如此吸附二氧化碳的新材料埋入地下。经过测试表明,体积为 1 升的这种材料,最多可吸收 83 升的二氧化碳。

亚吉说,把这种材料环绕放置在排放二氧化碳的工厂烟囱内壁,就能明显地减少二氧化碳排放,如果在汽车排气管内安放该材料,也能获得同样效果。

不过,美国能源部官员认为,这种材料虽然有可能大大降低处理二氧化碳的成本,但仍需进一步进行试验。

(3)开发可大量吸附二氧化碳的新材料。2008 年 5 月 5 日,法国国家科研中心宣布,他们研制出一种名为 MIL—101 的新型材料,能够大量吸附二氧化碳气体,这种材料有望提升对抗全球变暖的能力。

它由铬元素和对苯二甲酸合成,是一种多孔的复合纳米材料。由于它表面布满直径为 3.5 纳米的小孔,因此吸附能力十分强大:这种材料在 25℃ 的温度下,1 立方米可储藏 400 立方米二氧化碳。

报道说,目前全球二氧化碳的排放量还在持续增长,从而进一步加快全球变暖的速度,对生态系统造成灾难性影响。而这种新型材料可以被安放在汽车上,对其排出的二氧化碳进行过滤,从而达到减排温室气体的作用。

四、防治大气污染的新设备

1. 研制监测空气质量的新设备

(1)开发成功新型气体成分探测仪。2004 年 6 月,英国莱斯特大学化学系,保尔·蒙克斯博士领导的一个研究小组,开发出一种新型空气成分探测仪,这种探测仪具有反应灵敏、迅速的特点,能在很短的时间内探测出空气中包括人的呼吸等在内的微量成分。

新型探测仪,是该研究小组进行的城市污染监测项目的一部分,是研究人员利用质子转移电离反应和质谱分析相结合的成果。实验显示,利用这一技术,对空气中微小的易挥发有机物进行探测,在不到一分钟的时间内就可获得准确的分析结果。

蒙克斯博士表示,他们开发这种仪器的主要目的,就是要为人们监测日益增加的易挥发有机物,提供一种迅速准确的监测手段。这种仪器不仅能精确地探测大气成分,在医学、司法和电子探测领域,也有很大应用潜力。比如,由于人体平时,也会自然产生一些易挥发有机物,并从口中呼出来。因此,通过对呼吸成分进行分析,就可判断某人是否患有某种疾病。另外,通过探测腐烂尸体散发出的易挥发有机物,还可判断出尸体掩埋的大致区域等。

(2)研制出甲烷空中远程探测系统。2006 年 10 月,德国公司研制出一种甲烷空中远程探测系统,利用红外激光的吸收和反射原理,通过检测空气中的天然气含量发现管道泄漏情况。

德国境内约有 4.5 万千米长的高压天然气输送管,工作人员要定期检查管道是否受损。通常的直升机空中检查,只能判断地面上的管道是否出现泄漏。工作人员在检查埋在地下和铺设在居民区内的管道时,要使用气体探测器,即必须徒步检查,费时费力。

甲烷空中远程探测系统,由鲁尔燃气公司、德国航空航天中心和阿德拉勒斯激光公司联合研制。使用时,工作人员将这种基于红外激光的探测设备,装上直升机的货舱,就可在 150 米的飞行高度,发现空气中极微量的天然气。

探测器的工作原理很简单:直升机发射脉冲激光,机载接收装置记录并分析被地面反射回来的激光。激光遭遇甲烷分子时会被后者吸收。系统根据回射激光的强度,判断空气中的甲烷含量,一旦含量超标就会发出报警信号。

系统的协调装置还会根据直升机的运动调整激光的照射方向,使激光始终瞄准管道所在位置。在实际操作中,飞机根据管线图飞行。由于地下管道泄漏的天然气,可能受地面铺设物的阻隔,并不一定只从管道上方的地面溢出,所以激光扫描的宽度达到 12 米。

2. 研制治理汽车尾气的新装置

(1)开发出减少汽车尾气的“停车起步”装置。2004 年 9 月,有关媒体报道,汽车在临时停车不熄火时,尾气污染非常大,同时也白白消耗能源,而司机关闭发动机到需要启动时,往往造成更大污染。法国标致雪铁龙汽车公司宣布,推出一种新型汽车制动装置,很好地解决了这一矛盾。

装有"停车起步"装置的汽车。每当车停时,发动机就会暂时停转,以避免在红灯、停车和堵车时制造空气污染。它可使城市汽车减少10%的汽油消耗,堵车时甚至减少15%。

专家认为,因为城市里的汽车燃料消耗,比其他地区多1/4,发动机不断地重启和加速,也导致了更多的污染。"停车起步"装置,有联合启动器和交流发动机的功能,每当汽车停止不动时,发动机就会自动关闭;驾驶员松开刹车,引擎又会重新发动。

如果外面的温度低于10℃或高于32℃,它还会自动停止工作,以让空调保持运转。此外,配备该装置的汽车噪声及振动较小,乘坐的人感到舒适,而行车周围的人也少受干扰。

(2)发明让汽车废气变油变水的"绿盒"装置。2007年7月19日,英国媒体报道,英国北威尔士一名有机化学家和两名工程师组成的一个研究小组,发明了一个名为"绿盒"的装置,可以安装在汽车后方消音器的位置,收集汽车喷出的废气,经过处理后,这些废气剩下的便基本上只有水蒸气了。"绿盒"回收的废气包括二氧化碳和一氧化二氮,收集所得的废气经藻类生物反应器处理,再加提炼成为生物柴油,可供车辆使用。

"绿盒"装置化废为宝的过程非常简单,当"绿盒"收集满废气之后,车主可以换下它,然后放入藻类生物反应器,经过化学作用,"绿盒"中收集满的废气,被用来"喂养"给藻类。藻类长成后则被压碎,制成生物柴油,加入汽车用的油品中。研究人员称,"绿盒"能用在汽车、公车、卡车上,将来甚至能应用到建筑物、重工业厂房乃至于核工厂中。他们还开了一间公司专门研究这一技术。

过去两年,该研究小组共进行130多次测试,结果证明"绿盒"可收集85%~95%的汽车废气,现在还与日本,以及美国的几家大型汽车制造商接触,希望能建立合作关系。这三名发明家表示,他们共花了近17万英镑来研究有关技术。

3. 研制防治大气污染的其他新设备

(1)开发吸收二氧化碳的薄膜接触器。2005年1月,有消息说,新加坡南洋理工大学正在研制中空纤维薄膜接触器,用来吸收石油燃料燃烧过程中排放的二氧化碳。

研究人员说,他们希望所开发的薄膜接触器,能够比现有的接触器多吸收30倍的二氧化碳,但占地面积只有目前接触器的65%,成本则降低25%。

现在,发电厂一般使用化学吸收剂来吸收二氧化碳。薄膜接触器虽能增加二氧化碳的吸收量,但现有薄膜易遭化学物质损坏,必须不断更新,生产成本大幅度提升,经济效益不佳。

(2)发明新型厨房油烟过滤装置。2006年4月,德国媒体报道,德国格赖夫斯瓦尔德的莱布尼茨低温与等离子体研究所与一家咨询公司合作,研制出一种厨房油烟过滤装置,可以去除恼人的厨房油烟和气味。这一装置的首批产品已有50件被饭店和宾馆订购。

研究人员是基于等离子体研究而开发出这种新型过滤装置的。等离子体是除固体、液体和气体之外物质的第四种聚集态。等离子体的主要成分是带电粒子,处于等离子态的带电粒子,具有气体状态下物质所没有的各种物理特性。

据报道,新型过滤装置由三部分组成:第一层过滤主要是吸收油烟中的较大颗粒,第二层是等离子体过滤器,第三层是活性炭过滤器。等离子体过滤器可把气体变成等离子体,各种污染物颗粒会与等离子体的带电粒子发生反应,最终形成稳定的化合物。

研究人员称,这种新装置能够过滤掉最细小的污染物颗粒,甚至可以处理烟道中的污染水汽。

(3)推出制造绿色天然气的节碳器。2007年12月,加拿大媒体报道,位于加拿大新不伦瑞克省的大西洋氢能公司,正在开发一项新装置,它可从天然气中去除部分碳,并以氢取而代之,从而使天然气在燃烧时排放更清洁。

大西洋氢能公司正在开发的装置叫作"节碳器"。该装置使用一个低温等离子反应器。这个反应器耗能非常低,而且不产生温室气体。节碳器的工作原理是,当天然气流过节碳器时,部分天然气中的碳和氢发生分离,碳以固体黑色粉末的形式被移除,而氢被送回到天然气中,结果导致氢在天然气中的成分比例达到15%~20%。大西洋氢能公司总裁戴维·瓦格勒将最终产品称为"富氢天然气",也就是所谓的"绿色天然气"。

节碳器装置最引人注目之处在于不用对现有的天然气设备做任何改造,就能降低有害物的排放。节碳器产生的富氢天然气可用于任何目前以天然气为燃料的内燃机,也可用于燃气炉具和燃气轮机,其燃烧时排放的气体更加清洁,如二氧化氮的排放可降低50%~60%,二氧化碳的排放可降低7%。

在加拿大政府的支持下,大西洋氢能公司正与加拿大最大的天然气能源公司英桥公司开展合作,建造一个节碳器示范装置。理论上讲,节碳器可以安装在天然气分配网络的所有节点上,如天然气加气站,以及输气管道与入城管道的连接处。

目前,大西洋氢能公司,还在研究除碳过程中生成的固态碳粉末的再次利用问题。该公司认为,产生的碳粉末可作为制造墨水、染料、塑料,以及碳复合材料的原料,还可永久埋藏在土壤中,与肥料一同使用以增强农田的地力。

大西洋氢能公司,不久就将进行富氢天然气应用于100千瓦小型燃气发电机的试验,同时还将进行天然气动力车辆使用富氢天然气试验。该公司还计划扩大试验规模,提高天然气处理能力,将节碳器装置推向大型天然气发电厂。

第二节　减少温室气体排放的新进展

一、减少工农业生产过程的废气排放

1. 减少工业生产过程废气排放的新成果

(1)试验二氧化碳可“零排放”的发电技术。2007 年 4 月 5 日,德新社报道,德国第三大电力公司瓦滕法尔欧洲公司,开始在一座发电站试验一项新型发电技术,以确保二氧化碳“零排放”。

研究人员说,这项技术名为“氧燃料燃烧技术”。其主要工作原理是,当发电站在燃烧褐煤发电时,燃烧设备内的气体为纯氧而非普通空气。这样,褐煤燃烧过程中只会产生二氧化碳和水蒸气,不会产生其他杂质。由于水蒸气遇冷后会液化成水,使用氧燃料燃烧技术发电后产生的废气很容易实现分离。

技术人员介绍道,对于剩余二氧化碳,发电站可将其注入深层地下,真正达到温室气体“零排放”。

该公司首席执行官克劳泽·劳舍尔说:“我们着眼于,通过一种环保的方式,把煤转化成能源。”劳舍尔预计,这种发电技术,将在世界上首次实现在利用褐煤发电时,不向大气排放二氧化碳。他希望这项技术能在 2015 年前正式投入使用。

(2)运用膜法技术减少电厂碳排放。2007 年 12 月,挪威科技大学化学工程系一个膜研究小组对媒体介绍说,他们研制出一种高能效二氧化碳过滤膜,将首次低成本地应用于从烟气中脱除二氧化碳。这种膜,可以很容易地回收纯度为 90% 的二氧化碳。预计在 5 年内,欧洲 4 座大型电厂将进行中型规模试验,采用由他们开发的二氧化碳过滤膜。

常规情况下,从烟气中捕集二氧化碳需要大的吸收塔,气体通过有害的胺溶液被鼓泡吸收,然后再送到能量密集的脱附塔,以脱除二氧化碳。在提出的替代方案中,由于气流中携带含有二氧化碳的液体,被支撑的液膜会快速减少。但该大学研究小组开发的膜,解决了这些问题,他们应用比较固定的聚乙烯基胺纳米塑料,作为“固定化载体”,在聚合物结构中采用氟化铵交联,用以改进阴离子交换。当来自烟气的水蒸气饱和时,胺和氟化物离子将单独与二氧化碳结合成为双碳酸盐。因为碳酸氢根阴离子,随二氧化碳反复通过后,会再次显露,为此不需要使膜频繁地进行再生。

这种膜已在实验室规模利用经加热后的氮气、甲烷、二氧化碳和水蒸气组成的模拟烟气进行了 5 年的试验。研究人员还建立了小型中试,采用少量气流(约 0.15 nm^3/h)对膜曝置于实际烟气中进行了持久性试验,试验情况很好,并将在约三年内进行较大规模的中试。

(3)以“零排放”为目标改进火力发电技术。2009 年 7 月 27 日,韩国《中央日报》报道,韩国斗山重工公司,对火力发电技术进行改进,用纯氧替代空气注入锅炉燃煤发电,并将排放出的二氧化碳隔离储存,使得整个火力发电系统温室气体排放量降为零。

报道称,该公司在其位于英国的研发中心成功进行商用 4 万千瓦级火力发电站锅炉纯氧燃烧试验,并获得成功。技术人员介绍说,过去注入空气的情况下,煤炭燃烧产生的气体中包含大量的氮气,因此很难将二氧化碳单独储存,而注入纯氧气,产生的气体就只有二氧化碳和水蒸气,比较容易分离收集。

(4)发明不排放二氧化碳的“绿色炼铁”技术 。2013 年 5 月,美国麻省理工学院一个冶金工业专业的研究小组,在《自然》杂志上发表研究报告称,他们发明了一种“绿色炼铁”技术,可让炼铁过程不再排放二氧化碳,主要副产物仅有氧。

研究人员说,传统炼铁业是典型的高排放产业,这是因为传统炼铁技术要用碳除去铁矿石中的氧,炼铁时会产生大量二氧化碳。他们发明的“熔融氧化物电解技术”是让电流通过液态的氧化铁,将其电解为铁和氧,由于不使用碳,这一提取过程中的主要副产物就是氧,而不会产生二氧化碳。

研究人员还发现,使用金属铬作为电极,具有耐高温和抗腐蚀等优点,在电解氧化铁的过程中损耗较小。他们认为,“绿色炼铁”技术如果大规模推广应用,在保证炼铁质量的同时,还将有助于减少温室气体排放。

2. 减少农业生产过程废气排放的新进展

建立旨在减少家畜甲烷气体排放的“甲烷室”。2005 年 2 月 2 日,美国“每日科学”网站报道,澳大利亚作为一个农业大国,在农业生产,以及家畜饲养方面具有得天独厚的优势。然而,牛羊成群给这个国家带来的也并非全都是好事。因为农业发展的需要,澳大利亚成为受家畜排放出的大量甲烷气体困扰最为严重的国家之一。该国科学家正致力于减少家畜排放甲烷气体的研究工作,近日他们在这一研究领域取得了最新进展。

为了解决家畜排放出大量甲烷气体的问题,一种新型的“甲烷室”在澳大利亚应运而生。它有望帮助澳大利亚本国从牛羊排放的大量甲烷气体中解脱出来,同时也可以减轻温室效应引起的全球变暖现象。

澳大利亚联邦科学和工业研究组织,家畜产业部的科学家们一直致力于减少家畜排放甲烷气体的研究。近日,他们建立了 4 个“甲烷室”。它们就像 4 间透明的小卧室,研究者可以通过它们,准确地测出家畜在 24 小时里连续排放出的甲烷量。目前,这些“甲烷室”已经在一项旨在减少甲烷气体排放的试验中,有效运转了 4 个多月。

这项研究的负责人丹尼斯・赖特博士表示,这种新型的“甲烷室”与以前在家畜身后附上一个大桶来测量甲烷排放量比较,无疑是一个明显的进步。他说:“在这里,家畜(羊)可以看到自己的同类和研究人员,这样它们的压力才会更小,行动才会更自然。家畜的进食也不会因此而受到影响。”

赖特博士还表示,这种“甲烷室”具备的户外系统可以让研究者不间断地随时记录下家畜排放的甲烷量,同时这种方法也更精确,效率也更高。报道说,这种新型的“甲烷室”还将被更广泛地用在其他研究项目中。

以前曾有研究显示,牛、羊等动物会排放出甲烷气体,而甲烷与其他物质燃烧后所产生的废气,则会加重温室效应,对地球的大气环境构成威胁。目前世界上共有大约10.5 亿头牛和13 亿只羊,它们所排放的甲烷,占全世界甲烷排放量的五分之一。

2002 年的一份统计资料显示,在澳大利亚的温室气体中,甲烷占14%,而在新西兰,这一比例竟然高达50%。尽管其他国家的温室气体主要来自工业和汽车排放,但是这两国的温室效应,却应归咎于成千上万头牛羊排放的甲烷。澳大利亚有关部门说,该国每年由牛羊排放的甲烷有6000 万吨。

对此,赖特博士也表示:“牛羊等家畜排放的甲烷气占澳大利亚人造温室气体的12%之多,所以致力于减少甲烷排放量的研究工作非常重要。”

3.减少废气排放的其他新成果

开发出新型温室气体排放管理软件。2007 年9 月,澳大利亚的企业管理系列软件服务与解决方案提供商——供应链咨询公司,研发了一种新型软件,它能帮助分析、跟踪、控制整个生产链上温室气体的排放。用户可以借助该软件和碳排放的数据,分析复杂的供应链各环节。这能帮助使用该软件的公司直观地了解供应链各环节的碳排放实时水平,以便加以控制,并帮助公司作出经济可行的决策。

供应链咨询公司的市场营销经理约翰·纳德沃尔尼克,在一份报告中说:“像杜邦、IBM、3M 和沃尔玛这样的大公司,很早就开始在生产销售过程中采用环保措施。如今但凡有社会责任感的企业,都应该有一套自己的碳排放管理方案。有前瞻性的企业,已经开始打造他们的‘绿色供应链’,并将在环保方面提高自身的竞争力。”他同时也指出,虽然很多公司都意识到了“绿色供应链”的意义所在,但却始终停留在口头上,对如何迈出实际的第一步很茫然。

纳德沃尔尼克进一步指出:“这就是为什么我们要建立‘碳排放管理’模型。它只需五个步骤,就能在全公司范围内实施碳排放管理措施,并使用碳观察平台,这为后台支持提供了技术保证。”

该软件还能真实展现生产周期评估数据,帮助企业记录产品生产过程中、整个企业内和所关联的外部供应链环境中的碳排放的痕迹。它能帮助公司监控碳的释放,当其超过正常水平时,仪器便会自动报警。同时,供应链咨询公司强调,它还能帮助用户明确碳排放管理和经济效益之间的关系,即通过减少二氧化碳等温室气体的排放来提高效益。

二、发展清洁煤技术

1. 清洁煤发电技术的新进展

(1)推进煤炭清洁发电技术。2006 年 2 月,有关媒体报道,英国能源科技在世界上处于领先地位,尤其在减少二氧化碳排放的清洁能源研发方面具有优势。

英国对气候变暖和海平面上升十分敏感,对控制温室气体和碳排放也格外重视,目前已经研发出碳减排的组合技术,也称绿色煤炭技术或清洁煤技术。

应用这一技术可以减少碳排放 50% ~60%,使燃煤发电对环境的影响达到燃气发电的水平。由于煤炭价格相对便宜,因而清洁煤技术具有广阔的应用前景。英国在提高能源使用效率的同时,为减少碳排放,研究开发了碳的收集和储存技术,把燃煤排放的二氧化碳储存在地层中,可减少 85% 的二氧化碳排放,为煤炭等化石燃料应用提供了新的选择。英国计划到 2030 年,将 60% 的碳排放收集、储存起来。

当前世界发电燃料再度转为以煤炭为主,是由多种因素促成的。其中,最重要的是清洁煤技术的研究开发,使煤炭变得更加环保、更为经济,这证明了科学技术对于世界能源利用的积极推进作用。

(2)开发简单而经济的清洁煤炭燃烧技术。2006 年 4 月,位于斯德哥尔摩的瑞典瀑布能源公司透露,该公司计划建造煤基含氧燃料试验电厂,以开发更加简单、更经济实用的煤炭汽化技术。

煤炭汽化是指把煤转化成气态燃料的过程,这一技术是新一代清洁型火力发电厂的研究前沿。包括美国电力公司和德国 RWE 公司,都已经在开发能捕获二氧化碳的大规模煤炭汽化工厂。现在,瑞典瀑布能源公司生产的一种主要设备,超过了煤炭汽化技术的要求。该公司打算投资 5000 万美元,试验开发一种更简单、更有潜在经济价值的煤基含氧燃料技术。

瑞典瀑布能源公司通过在纯氧中,而不是空气中燃烧煤炭的技术,将传统的火电厂进行改进。由于空气中含有大量氮气,所以传统发电厂,会产生主要由氮气和部分二氧化碳及水组成的,气溶胶混合物;而将二氧化碳与氮气分离需要大量能量,因此捕获二氧化碳的成本很高。在煤基含氧燃料技术中,气溶胶主要由二氧化碳和水组成,而水很容易浓缩和去除,产生纯的二氧化碳很容易收集。

瑞典瀑布能源公司对外界宣称,该公司已经为一个 3 万千瓦的新型煤基含氧燃料试验电厂,安装了第一套设备。这个试验电厂,可以对这种新型的煤基含氧燃料技术,进行大规模试验。瀑布能源公司的战略董事兼煤基含氧燃料项目经理劳·桑博格表示,到目前为止,机械难题困扰着煤炭汽化技术的发展。

世界上只有四座煤炭汽化电厂,而且都运行得不好。他认为,用煤炭汽化技术生产电力和氢的容量同样被过分夸大,这也导致了燃料电池发展的缓慢。只有通过研发新型的煤基含氧燃料技术,煤炭汽化才能得到应用。

在东西德国合并之后，瑞典瀑布能源公司大规模地参与原东德的电厂重建，在20世纪90年代建成一些世界最先进的火力发电厂。这些电厂在600℃的温度下运行，煤炭的利用效率达到45%，相比之下，早期的发电厂效率不到40%。桑博格认为，煤基含氧燃料技术是这些发展的延伸。瑞典瀑布能源公司的新型试验电厂，将会对他的预言进行检验。运行的试验电厂位于该公司下属的黑水泵市一座200万千瓦火电厂附近，黑水泵市位于沿波兰边境距柏林2小时车程的地方。新型试验电厂产生的蒸气，被输送到附近电厂的大型涡轮发电机产生电能。

试验工厂里最关键的设备是熔炉和蒸气发生器，在这里通过整合低温氧舱将煤粉进行有氧燃烧。传统的煤熔炉中，助燃气体中混有的氮气可以稀释氧气的浓度，从而控制火焰的强度和燃烧的温度。在这一新的纯氧燃烧技术中，把燃烧后气体再次循环进入燃烧炉以控制氧气的浓度，因此具有相同的效果。德国斯图加特研究项目负责人弗兰克·卢戈指出，这次建立的试验燃烧炉，比先前的试验燃烧炉，体积将近大30倍。因此，可以更好更真实地反映燃料在这一新条件下的燃烧状况。不仅如此，该试验燃烧炉还可以选择进行氧气或者空气的燃烧方式，从而相互比较获得更准确的数据资料。

瑞典瀑布能源公司计划在两年后启动该试验项目，到时建成一个60万千瓦的纯氧燃烧炉。公司有关专家指出，全面推行这项技术，在实践中可能还有许多困难，储存燃烧后的二氧化碳就是其中的一个最大难题。储存二氧化碳最可能的实现方式就是通过深的蓄水层和废弃的油井进行地下存储。目前，研究人员正在调查中，包括位于柏林西部的一个盐碱蓄水层。问题是，即便法律同意释放二氧化碳进行重复利用，要把二氧化碳在地下储存也需要征得允许。该提议遭到了环境保护者的强烈反对，其中包括有很大影响力的德国绿色和平组织。

（3）拟建洁净煤技术示范发电站。2006年7月，美国媒体报道，包括美国埃克塞尔能源公司在内的几个公用事业公司，正计划在美国西部建一个造价10亿美元、应用洁净煤新技术的示范发电站，这种新技术被称为综合汽化联合循环发电技术。

据业内官员说，建一个这样的发电站比普通发电站要多花费20%以上，但新技术能使其电站运转更有效，还能避免人们关于污染的争论，并可省去购买防污染装置的钱。

传统的发电站是把煤碾成煤粉放入锅炉里燃烧来发电，污染物在最后的环节收集和过滤。综合汽化联合循环发电技术是把煤先转化为气体，在涡轮机里燃烧气体而得到电力。爱迪生电气协会的丹·里丁格说，污染物在尚未燃烧前就除去了。

怀俄明州立地质学会的地质学家尼克·琼斯说，因为西部的煤更潮且燃烧效率比较低，所以若要产生相同的热量，西部煤的用量要比东部煤多。

怀俄明州基础设施管理局的主管史蒂夫·沃丁顿说，除了处理西部煤的水分有技术难度外,建在空气稀薄的高海拔地区,发电站的效率可能不如其他发电站。

比综合汽化联合循环发电技术更进一步的是未来发电技术,它把煤转化为高浓度的氢气,这样燃烧起来比烧煤要洁净。这种发电站也能把大多数二氧化碳污染物,分离出来注入地下。一些人希望这些注入地下的物质能帮助已经枯竭的油田重新产油。

一些煤电公司,已给综合汽化联合循环发电示范发电站项目,投资 2.5 亿美元,联邦政府提供约 7 亿美元资金。

怀俄明州还希望应用未来发电技术,把二氧化碳污染物注入地下,来帮助已枯竭的油田再产油。

(4)开发让煤炭清洁起来的新技术。2009 年 11 月,有关媒体报道,美国哥伦比亚大学的一个研究小组,最近成功开发出一种新型固态煤"汽化"技术,该技术可有效提高能源效率,显著减少二氧化碳排放量。

所谓"汽化",是指加热有机物,产生一种包括氢气和一氧化碳在内的合成气体,它可以将污染物转化为清洁的可再生燃料。然而,传统的"汽化"需要高温的空气、蒸汽或氧气作为反应条件,属于高能耗技术;此外,"汽化"的效率较低,往往会留下大量固体废物。

为了提高汽化的效率,该研究小组尝试了各种不同的汽化炉成分。他们发现,在蒸汽中加入二氧化碳可显著提高产物量或煤的转化率。这种新型的"汽化"技术将给环境带来双重好处:首先它使原本会逃逸到大气中的二氧化碳得到了合理的利用;其次氢从合成气中分离之后,余下的一氧化碳可安全埋入地下。

2. 把未挖掘的地下煤直接转化为清洁燃气

着手建设世界最深煤层地下汽化工程。2009 年 12 月,加拿大阿尔伯塔省政府宣布,将帮助卡尔加里的天鹅山合成燃料公司,建设一个处于地下 1400 米的煤层汽化项目。它是目前世界上最深的煤层地下汽化工程,在此之前,把深埋地下的煤直接转化为清洁燃气的实验,已在地表下 1000 米的区间获得成功。

这项技术的具体措施是:采用定向钻孔技术,在煤层上打出给料井和生产井,两井大约相邻五六十米。把氧气通过输气泵送进给料井,点燃煤层,使得温度升高到 800℃ ~900℃,压力也将随之逐步提高。当压力达到一定要求后,氧气、煤层中的碳,将与煤层中原有的和通过给料井注入的水,发生化学反应,形成一种混合气体,其成分包括氢气约占 2/3,甲烷约占 1/3,同时杂有少量一氧化碳和二氧化碳。这种混合气体,经由相邻的生产井引出地面,其间一氧化碳被转化为氢气和二氧化碳,最终除去所有的二氧化碳,获得全部可清洁燃烧的气体。

该项目将于 2015 年动工,天鹅山合成燃料公司希望届时能通过产生的煤气,实现 30 万千瓦的发电能力,同时每年出售 130 多万吨的二氧化碳。这些二氧化碳,可供石油公司用于使老油田增产的驱油技术,最终被封存在油井里。据测算,2020 年前,该项目每年将可能储存 1000 ~2000 万吨二氧化碳。不久前,加拿大工业企业联盟发表研究报告称,这能帮助阿尔伯塔省,实现每年 2500 ~ 3000 万吨二氧化碳的捕获目标。

煤层地下汽化工程,不需要把煤挖掘到地面上,就可以直接转变为可清洁燃烧的气体,人类将会由此获得巨大的环境效益,其中最重要的一点,就是可以避免破坏性的采矿过程。

三、发展二氧化碳捕捉及储存技术

1. 推进碳捕获和存储的制度与设施建设

(1)专门为碳捕获和存储技术立法。碳捕获和存储(CCS)技术,是把大工业实体排放的二氧化碳捕获并存储于几千米地下特有安全地理结构中的一种技术。这项技术是联合国气候变化政府间专家委员会和国际能源署认可、支持的减排技术,该技术是目前公认可能实现大规模二氧化碳气体减排的技术方案。

加拿大阿尔伯塔省 2008 年制定了省“气候变化战略”,目标是到 2050 年减排温室气体 2 亿吨,其中 70% 希望通过实施碳捕获和存储项目来完成。同年,该省确定实施总额 20 亿加元的碳捕获和存储项目,但需要修改省现有法律,以适应该巨大项目的实施。2010 年 11 月初,该省就指导碳捕获和存储项目的法律修正案进入立法程序,标志它成为全加拿大第一个为碳捕获和存储技术立法的省份。

二氧化碳常被用于提高近于枯竭的传统油田石油采收率。碳捕获和存储法案在保证温室气体减排同时,可望通过二氧化碳驱油技术应用,使老油田产能提升,增加政府财政收入。

(2)建成世界最大的碳捕获与封存设施。2012 年 5 月 7 日,欧盟重点支持的世界最大的碳捕获与封存示范工程,在挪威蒙斯塔德建成。该项工程于 2007 年开工兴建,总投资 10 亿美元,由挪威政府提供资金支持,设计能力为年捕获 10 万吨二氧化碳。

新落成的碳捕获与封存示范工厂与两个大型的二氧化碳生产源相毗邻:28 万千瓦热电厂和年产 1000 万吨的石油冶炼厂,两厂年二氧化碳可捕获量合计为 10 万吨。挪威的碳捕获与封存示范工厂,将在工厂化层面,验证两项二氧化碳后燃烧捕获技术,即法国阿尔斯通公司的冷氨工艺技术、挪威安碁公司的氨气体净化脱硫技术。如果验证结果安全、高效,将在相关产业领域大规模推广应用。

在欧洲主权债务危机,以及财政紧缩的背景下,欧洲其他地区的碳捕获与封存示范工程设施,由于资金紧缺相继停工,唯有挪威的碳捕获与封存示范工程项目得以正常运行。参加项目落成仪式的欧盟能源委员奥廷格对此深表赞赏。他强调说:“这项工程对欧洲发展碳捕获与封存技术是一个重要里程碑,将对欧洲推广应用碳捕获与封存技术带来新的动力。”

2. 二氧化碳捕捉技术的新进展

(1)建成最大的二氧化碳捕捉中试发电厂。2006 年 4 月,丹麦埃斯比约市,建成世界上最大的二氧化碳捕捉中试发电厂。

作为京都议定书的签约方,欧盟承诺要减少其二氧化碳的排放量,而据预测,化石能(主要为煤炭),在未来相当长的一段时间内,仍将提供人们所需能源的85%,因此,碳捕捉技术为减少二氧化碳排放提供了解决方案。

这一技术因为可以从化石能中产生不含二氧化碳的氢,因而被看作是对氢基战略的很好补充。其原理是,这一技术把在发电中产生的二氧化碳捕捉并贮存于地下,使之不能够与大气发生作用,从而避免产生温室效应。这一技术,最适用于大型火力(以煤为原料)发电厂和炼油厂等。

这个项目工程得到欧盟第六框架研发计划的支持,其目的是要在实践中验证其相关的技术。科学家们希望通过其运行,来改进碳捕捉的技术程序,欧盟则希望借此,来巩固其在相关科技领域中的领先地位。

(2)探索用藻类生物反应器吸收二氧化碳。2007 年 7 月,加拿大媒体报道,在北美,目前有不少公司都在探索开发藻类生物反应器系统,这种系统可以与煤、天然气发电厂或大型工业设施相结合。开发的思路是把这些大型工业设施排放的二氧化碳气体,引导到一个人工的“藻类农场”,农场里的藻类植物靠吸取二氧化碳生存,待其长大成熟后用作工业原料。长大、成熟的藻类含油量丰富,可以用来生产生物柴油、酒精、动物饲料,以及各种塑料。

位于渥太华的门诺瓦能源公司是该项目的成员公司,该公司以其太阳能产品著称,所研制的太阳热电系统广泛应用于学校、工厂和大楼。另一家成员公司是三叉戟探测公司,该公司是一家天然气开采公司,正在寻求减少其二氧化碳排放的有效方式。这家公司明白,加拿大政府对二氧化碳排放实施罚款只是时间问题,所以它一直在寻求有效的解决办法。该公司从去年起开始与门诺瓦公司进行技术合作。

门诺瓦公司研究人员戈尔文,向当地媒体表示,碳回收技术既是一项创新性技术又是一项拥有很大经济回报潜力的技术。而门诺瓦公司擅长的热与光的技术,在使用藻类回收二氧化碳的技术中又是很关键的技术。

门诺瓦公司开发的功率晶石系统,一方面使用太阳光集中器,将阳光聚焦到光电太阳能电池板上生产电力;另一方面,充满流体的管道又能捕获太阳的辐射热量。这套系统甚至还可以更进一步,把捕捉到的光能,通过光缆输送到需要的地方。

拥有门诺瓦这样的技术,就意味着可以采用以下方式设计藻类农场:把热和光集中到一个相对小的区域,使藻类可以高密度地生长,而无须占据大片土地。戈尔文表示,初步估计,公司可以在 70 平方米的面积上,每年把 100 ~ 150 吨的温室气体变为生物质,然后将其加工成生物燃料。

戈尔文指出,这项技术的关键是保持常温。他们已经找到一种方式,可以在气温零下 30℃时,使藻类在零上 70℃的环境中生长。这意味着该公司可以全年进行藻类培植，解决了一些专家早前的疑问。门诺瓦公司现在正在为这套光生物反应器技术申请专利。

更重要的是，所有使用门诺瓦高密度生长及收集技术的藻类系统都可以发电，而且能够输送到常规电力网。而对于像三叉戟探测这样的公司，所发的电仅可供本公司使用。由此可以看出，门诺瓦技术与其他技术相比，在经济上表现出很大的吸引力。因为采用这种技术的公司既可以通过发电、生产制造生物燃料的原材料获得收益，还可以通过出售碳排放指标获得收益。门诺瓦和三叉戟探测两家公司，希望他们研制的藻类系统，可以把石油处理过程中产生的碳排放减半，这对于加拿大的石油工业无疑是一个好消息。

（3）成功完成燃煤电厂碳俘获试验。2008 年 7 月，澳大利亚联邦科学和工业研究组织完成电厂烟气俘获二氧化碳首次试验。其所使用的技术，旨在从燃煤发电减少温室气体排放。这是目前在南半球首次应用该技术的成功例子。

该组织称，试验是在维多利亚省一家电厂完成，该厂一台专门设计的机组每年可俘获二氧化碳 1000 吨。

该组织指出，澳大利亚电力 80% 以上为燃煤发电，释放二氧化碳比天然气燃料多。所谓的快速燃烧俘获技术，可以把已有机组碳排放削减 85% 以上。

该组织技术负责人表示，这项技术对澳大利亚非常重要，它是唯一一种可以从现有电厂俘获二氧化碳的技术。如果要改变温室气体现状，澳大利亚有能力从现有电厂去除二氧化碳。

（4）找到捕捉二氧化碳的新方法。2009 年 7 月，美国劳伦斯 · 利弗莫尔国家实验室阿米泰什 · 梅蒂领导的一个研究小组，在《化学与化工》杂志上发表研究成果称，他们利用离子液体作为二氧化碳吸收剂，开发出一种更清洁、稳定和高效的捕获二氧化碳新方法。

随着全球气候变暖的加剧，各国都在致力于减少燃烧化石燃料的二氧化碳排放量，碳捕捉技术成为研究的重点。目前的碳捕捉技术主要采用化学吸附法。二氧化碳会和胺类物质发生反应，二者在低温情况下结合，在高温中分离。一般可以使含二氧化碳的废气通过胺液，分离出其中的二氧化碳，之后在适当地方通过加热胺液再将二氧化碳释放。现今少数进行商用碳捕捉的煤电厂，都使用单乙醇胺作为二氧化碳吸收剂。但单乙醇胺具有腐蚀性，这种方法也需要使用大型设备，并且只有在二氧化碳处于轻微至中等压力下才有效。因此，其成本、效率都不是很理想。

在过去几年中，梅蒂一直致力于找到新的二氧化碳吸收剂。他测试了几种可有效溶解二氧化碳的离子液体，获得大量有用数据。与典型的有机溶剂不一样，离子液体一般不会成为蒸汽，所以不易产生有害气体，使用方便。梅蒂发现，使用离子液体作为二氧化碳吸收剂，可克服单乙醇胺的诸多缺点，比现今所用方法更清洁、更易于使用。其化学稳定性好、腐蚀性低，蒸汽压几乎为零，可制成膜使用。

离子液体种类繁多,有许多种具有潜在的高二氧化碳溶解度的离子可供选择。

梅蒂设计出一种基于量子化学热力学方法的计算工具,可计算出任何溶剂,在任意浓度下的二氧化碳化学溶解能力,以测定包括离子液体在内的溶剂的碳捕捉效率。过去几年积累的实验数据证明,这种算法十分准确。

据悉,梅蒂使用这种方法预测出一种新型溶剂,其二氧化碳溶解度,是目前实验证实的最有效溶剂的两倍。他说,离子液体种类繁多,目前所见仅是九牛一毛。他希望这种精准算法,能够帮助科学家发现更好的实用型溶剂,以进一步提高二氧化碳捕获效率。

3. 二氧化碳储存研究的新成果

(1)研究要在海中封闭二氧化碳的新技术。2004 年 6 月,日本地球环境产业技术研究所开发出一种新方法,把使地球变暖的二氧化碳封闭在海中。用这种方法,可检测二氧化碳的储存效果和对生态环境的影响。

作为防止地球变暖的对策,人们正在考虑把火力发电厂和钢铁厂产生的二氧化碳集中起来,封闭在海中储存,新的技术通过超级计算机的模拟实验,可预测封闭在海中的二氧化碳的移动和扩散状况。

模拟结果是,在冲绳东南 500 千米,深 800 ~ 1200 米的海中放出二氧化碳时,二氧化碳的一部分乘黑潮北上,一个月后到达鹿儿岛南部,三个月后与伊豆南部的海底山脉相撞,并在这一带迂回,所到之处,海水的二氧化碳浓度最高可保持 60%,有一定的储藏效果。

日本国土交通省的研究机构从 2003 年开始预备试验,地球环境产业技术研究机构真正的实验将从 2015 年开始。

(2)利用多余的二氧化碳使老油田增产。2004 年 9 月,有关媒体报道,石油越来越少,二氧化碳越来越多。“石油”“二氧化碳”这是当今两个牵动世人神经的名词。现在,加拿大人称,有办法既减少二氧化碳排放,又使油田增产,这样一举两得的好事,加拿大和美国走在了前面。

当今世界温室效应导致的全球气候变暖,给人类的未来蒙上一层阴影,如何消除温室效应,成为世界各国普遍重视的问题。现在,加拿大一些研究人员,通过在萨斯喀彻温省东部平原地区老油田的实验,他们找到了解决问题的钥匙,方法很简单:把温室气体埋葬掉。

研究人员表示,把二氧化碳“注入”油田的地下,不仅会大大减少向大气中排放的二氧化碳量,还可以提高油田的石油产量,而且增产的石油所带来的收益足以抵消向油井中“注入”二氧化碳的成本。

本·劳斯春是加拿大艾伯塔大学此项工程的一位协调人员,他表示:“这种方法可以安全地俘获那些要被释放到大气中的二氧化碳,我们的研究表明,油田的地下是存储二氧化碳的一个好地方。”有专家称,虽然单靠在油田地下储存二氧化碳不能完全解决全球变暖问题,但这种方法可以大大降低向大气排放的二氧化碳的数量。这项耗资2800万美元的在加拿大萨斯喀彻温省的维宾油田的示范工程，开始于2000年，用于检验在已投产44年的维宾油田储存二氧化碳的可行性。用于试验的二氧化碳产自一个工厂，这个工厂先将煤转化为燃烧后不会产生污染物的天然气，然后再将气体通过220英里的管道输送到这个油田进行实验。

研究人员表示，在老油田的地下储存二氧化碳，不仅经济实惠，还可使操作员在将二氧化碳注入时，避免水污染和二氧化碳泄漏。之所以选择在老油田的地下储存二氧化碳，其中有两个原因：

一是这种方法经济实惠。在向可渗透岩层注入二氧化碳时产生的高压，可将原油驱至油井中。另外，被注射进的二氧化碳还可乳化和部分溶解原油，这会使原油更容易流进油井，从而提高油田的产油量。这些额外增产的石油带来的收益，可以抵消分离、运输和用泵把二氧化碳打进油田地底的成本。这些成本是一笔不小的开支，现在从工业废气中收集1吨二氧化碳的成本，平均需要30美元左右。美国能源部正在资助这项研究，以期在工业废气中分离二氧化碳的成本降至每吨8美元。

二是科学家对油田的地质条件了如指掌。这可使操作员在把二氧化碳注入时避免两个潜在问题:水污染和二氧化碳泄漏。向油田地底注射二氧化碳会使油层压力增加，导致海水水位上涨，可能会污染地表饮用水。另外，二氧化碳有可能从地表排出，进入大气中，这会使整个工程的目标落空。该项目经理加拿大石油技术研究中心的迈克尔·莫尼亚说，到目前为止，注入维宾油田的二氧化碳并未从地表排出，有证据表明，注入的二氧化碳也没有使地表层的水源受到污染。

美国环境与自然资源保护理事会气候中心主任大卫·霍金斯说，虽然利用地下储存二氧化碳技术可大大降低二氧化碳排放量，但从长远目标看，要想完全解决全球气候变暖，还必须增加可再生能源的使用，并提高能源的利用效率。普林斯顿大学从事二氧化碳固定研究的教授罗伯特·斯克劳说，地下储存二氧化碳的技术同植被保护、风能、太阳能和核能利用一道，将成为日后人们降低二氧化碳排放量所采用的主要方式。美国气候变化审查小组称，如果我们现在不采取措施，100年后，全球二氧化碳排放量将会是现在的3倍。斯克劳教授说:“幸运的是，以我们现在的技术完全可以控制这种增长势头。在今后50年中我们应该始终不渝地将保护全球环境进行到底，在这个问题上没有一劳永逸。”

(3)认为把二氧化碳埋入海底可解决全球变暖。2005年4月，英国一个研究小组表示，他们已找到一个解决全球气候变暖的方法，就是把引致温室效应的元凶二氧化碳埋入海床下。

研究人员相信，他们每年可将数百万吨的二氧化碳重新泵回北海的海底，以减轻全球的气候变暖。他们选择英国石油公司的米勒油田进行首个试验。

根据这项技术，发电站不再将二氧化碳排放到大气中，而是通过液化技术，经由一条废弃不用的输油管,重新泵回米勒油田。液化二氧化碳,将填满在原本用来储存石油的岩石气孔中,而覆盖油田之上的不透气泥岩将阻止二氧化碳升上海床。研究人员表示,米勒油田每年可吸纳 500 万吨液化二氧化碳,并可将之储存在那里达 1 万年以上。

英国石油公司也可从中得益,因为这些被泵回的二氧化碳有助于油田的最后一批石油储藏流出来。

(4)通过二氧化碳注入使石油储量翻两番。2006 年 3 月,美国能源部称,美国石油产量自 20 世纪 70 年代以来,就一直处于下降趋势,但通过对那些将要枯竭的油田,进行二氧化碳注入,可使其石油储量翻两番,其潜力是不可估量的。美国是世界上最大的石油消费国,近 30 年来,美国已经成功地把少量的二氧化碳,泵入即将枯竭的油田,以及天然气田,目的是为了挤出这些在地下深处难以钻探的能源。

美国能源部称,目前美国的石油储量为 219 亿桶,通过使用这一方法,至少可以增加 890 亿桶石油的潜在储量,以目前的用量,这一储量够美国用 12 年。但美国能源部尚未给出具体的时间表。能源部的一位能源官员称,数十亿甚至上百亿桶石油储量的增加,要取决于商业二氧化碳的实用性。

(5)提出模拟自然的固碳新方法。2009 年 4 月 16 日,英国《每日邮报》报道,冰岛大学赫尔姆弗瑞德 · 辛格达瑞多特瑞领导的一个研究小组,希望模拟自然过程,让二氧化碳气体与钙发生反应,变成固体碳酸钙存储于地下深处。他们希望用这种方法,每年处理掉 3 万吨二氧化碳,为解决全球变暖提供一种有效手段。

研究小组对冰岛的火山起源进行探索,他们计划让二氧化碳同火山岩石层发生反应,以形成岩石,这种方法可以把二氧化碳牢牢地“锁”住几百万年。

研究过程中,他们使用冰岛一个地热能工厂产生的二氧化碳,通过高压把它溶解于水,然后把溶液泵入位于地下 400 ~ 700 米的玄武岩层,并观察发生的反应。

研究小组在实验室中进行的实验表明,溶解的二氧化碳将同玄武石中的钙发生反应,形成固体碳酸钙。

研究人员称,该项目是碳捕捉与存储的一种方式,因为矿物质不会发生泄漏,存储更为安全。

研究人员将在维也纳举办的欧洲地球科学联盟年度会议上公布该研究项目。辛格达瑞多特瑞表示,他们的研究小组会在 2009 年 8 月份,将溶解的二氧化碳泵入地下,二氧化碳气体是否能够如愿变成矿物质,还需要一年的时间进行观察。

(6)发现二氧化碳可安全储存于气田地下水中。2009 年 7 月,有关媒体报道,由英国曼彻斯特大学、爱丁堡大学和加拿大多伦多大学联合组成的一个国际科研小组,发现二氧化碳已在气田的地下水中,安全且自然地储存了数百万年的时间,这将对未来减缓气候变化的方法产生巨大影响。

自然产生的二氧化碳有两种埋藏方式，它能够以类似瓶装苏打水的方式，在地下水中溶解。或者，能够和岩石中的矿物质发生反应，产生新的碳酸盐矿物，从而基本上把二氧化碳锁定在地下。

（7）将尝试海底储存二氧化碳。2011 年 2 月 15 日，海牙媒体报道，荷兰政府近日宣布，将放弃早先计划将二氧化碳气体存储在地下的计划，转而寻求尝试在海底开展存储二氧化碳的试验。

荷兰经济大臣费尔哈亨对此表示，选择海底存储二氧化碳，将不会再引起一些没有必要的担心。他同时敦促有关方面，尽快批准并发放在海底存储二氧化碳所需要的许可。

荷兰政府 2010 年曾计划，在南部靠近鹿特丹的一个小镇，开展地下存储二氧化碳的试验。但消息公布后，引起当地民众的激烈反对，政府被迫放弃此项计划，随后寻求在北部的三个省份进行类似计划，但同样引起了当地民众的忧虑。几经波折之后，荷兰政府最终决定，尝试在海底存储二氧化碳。

（8）发现可储存二氧化碳的海洋地层。2012 年 5 月，韩国国土海洋部发布消息称，韩国首次发现可大规模储存温室气体二氧化碳的海洋沉积层。

国土海洋部有关人员表示，此次发现的沉积层，位于韩国蔚山东方 60～90 千米的大陆架附近，深度在 800～3000 米，二氧化碳储存量可达 51 亿吨。

韩国方面称，待本年度掌握具体地质结构后，将于 2015 年前，决定是否把它确定为二氧化碳的储存场所。

（9）用地下封存二氧化碳技术推动油田重生。2012 年 5 月 16 日，《日本经济新闻》报道，在二氧化碳回收和储存技术方面，以三菱重工为首的日本企业，已经掌握世界市场的主导权。正在研发的二氧化碳地下封存及有效利用相关成套设备，有望使老油田获得重生。

老油田留有很多高黏度原油，注入二氧化碳促进其流动，能使油田继续产油，如岩石下存在油层，注入二氧化碳后会加大压力，从而提高生产效率。

三菱重工瞄准全球市场，1990 年后期，开始启动在挪威和北美等地的二氧化碳地下封存项目，在美国阿拉巴马州的封存项目，马上就要动工，向老油田注入二氧化碳的需求，在中东和北非地区呈上升趋势。

第三节　温室气体综合利用的创新进展

一、温室气体资源化利用的新成果

1. 二氧化碳资源化利用的新进展

（1）把二氧化碳转变为可用的碳资源。2011 年 1 月，日本东京工业大学教授岩泽伸治等人组成的一个研究小组，在《美国化学学会会刊》上发表论文称，他们开发出一种新技术，使二氧化碳能转变为用于合成塑料和药物的碳资源，从而变“害”为宝。

二氧化碳的化学性质非常稳定，不容易与其他物质发生反应，因此在工业领域仅用于生产尿素和聚碳酸酯等。同时，二氧化碳是一种温室气体，许多人对它没有什么好印象。然而，岩泽伸治研究小组却发现，碳化合物经过处理后，可以与二氧化碳结合，形成新的碳物质。

研究人员向与铑结合在一起的碳化合物中，加入铝化合物，使碳化合物中碳氢结构变得容易断开，从而能够与二氧化碳结合在一起，形成新的碳物质，这种物质用处很大，能够用于合成塑料和药物。比如用乙烯（一种碳化合物）与二氧化碳反应结合后产生的物质，可合成制造树脂用的丙烯酸。研究人员说，这不仅有效利用了二氧化碳，还可减少石油产品的使用量。

（2）用微生物把二氧化碳转化为工业原材料。2012 年 2 月，有关媒体报道，德国能源公司与生物技术公司合作，开发二氧化碳微生物转化技术取得阶段性成果。

研究人员对从德国生产的褐煤发电厂烟道中采集到的 3000 多种微生物，进行了实验研究，初步确定 1000 多种具有所需要的功能，再从中筛选出 29 种能高效转化温室气体并具有良好成长性的微生物。

根据基因鉴别结果，其中有 10 种是新发现的微生物，这些微生物具有特殊功能，可以“吞噬”火力发电厂烟气中的二氧化碳，而且自身可以在 60℃ 的环境温度中生长。利用这些微生物开发的二氧化碳处理技术，可将烟气中的二氧化碳转化成生物质，或者直接转化为工业原材料，如生物塑料、化学中间体等，对其进行深度开发可生产出建筑及保温材料、精细化工产品及大宗化工产品。

合作双方对已取得的成果非常满意，将继续合作实现该项技术的工业规模应用，为实现二氧化碳气体转化提供一种可持续发展的新技术。

（3）认为二氧化碳资源化是最具潜力的技术。2012 年 4 月 29 日，《加拿大商报》报道，加拿大科学家们越来越对二氧化碳资源化利用产生兴趣，认为是最具潜力的新技术。随着人类对全球气候变化的关注，科学家正在通过各种方法利用二氧化碳，二氧化碳资源化将很快成为最具潜力的新技术。

在人类应对全球气候变化中，多数措施是减少排放。另一种思路是，把产生的二氧化碳转变成一种新的资源。例如，以纳米结构的材料为基础制成新型催化剂，把二氧化碳转变成烃类和其他含碳分子。这种催化剂，就可以在化学工业中充当清洁剂的作用。在石化行业中，使用催化剂进行二氧化碳处理，无论从资金还是技术上讲，都是比较容易接受的技术。

2. 甲烷资源化利用的新进展

（1）煤田着手回收利用甲烷为主要成分的煤层气。2005 年 1 月，有关媒体报道，煤层气是很好的碳氢原料和载能体，回收后的煤层气可当作能源使用。如果任其排向大气，一方面会造成资源浪费，更重要的是煤层气的主要成分是甲烷，其温室效应比二氧化碳高得多，因而俄罗斯煤田着手对煤层气进行回收利用。

煤层气一般是通过抽气管道排出矿井的，只要在矿井里装上抽取回收设备，就可从空气中把它分离出来，并压缩利用。专家认为，利用煤层气发电有广阔推广前景，所产生的电能可用于煤矿生产或向外供应。除了发电，从煤矿抽出的煤层气在去掉煤颗粒和水分并提高浓度之后，可用于工业生产或居民采暖，也可用作汽车燃料。

俄罗斯库兹巴斯煤田利用煤层气的经验表明，从矿井回收煤层气的成本，只有煤开采成本的30% ~35%，煤层气发电的价格费用要比煤电低得多。而且，由于煤层气燃烧比煤燃烧产生的二氧化碳少，用其部分替代煤炭进行采暖和发电不会产生太大的温室效应，因而除了能够改善地区生态环境外，还可减缓全球气候变暖的趋势。

（2）利用甲烷和空气混合物的瓦斯发电。2005 年 5 月，国外媒体报道，每个石煤层都存在天然的甲烷和空气的混合物，这就是人们俗称的“瓦斯”。矿井瓦斯是有机物在约 2.5 亿年的碳化过程中形成的。这种无色无味的混合物虽然无毒，但当浓度在 4% ~16% 之间时，却具有高度爆炸性。一提到瓦斯，人们自然会想到矿井爆炸，人员伤亡。德国老煤炭基地鲁尔区一家瓦斯利用公司，开发出一套能够利用瓦斯发电的新技术。他们生产的设备可以有效地把矿井内的瓦斯抽到地面，再把矿井瓦斯用作发电能源。

该公司负责人卡明斯基说：“这是一种减少环境污染，保护矿工生命安全的技术。”他指出，瓦斯虽然是可怕的矿井杀手，但同时也是一种非常洁净的能源，能带来可观的利润。把瓦斯变为再生能源，首先需要制造矿井瓦斯开采设备、矿井瓦斯预加工设备、燃气发动机，还要建造联合热电站。

煤矿瓦斯大部分从通风系统随主风机排出，瓦斯与风混在一起，其甲烷含量一般都低于1%，很难直接用作燃料。因此，该公司通过一台可调速的空气压缩机，对瓦斯进行压缩，然后使瓦斯在通常的气体内燃机中进行燃烧，内燃机带动发电机发出电能。在燃烧过程中内燃机的热量还被再次利用。输入的燃料能量中41% 转变为电能，45% 转变为热能。

德国的经验证明，利用瓦斯发电大有作为。煤炭中的甲烷含量，不是在所有煤层都一样。原则上，气煤和肥煤的甲烷含量，高于贫煤和无烟煤，其甲烷含量可达 25 立方米/吨，而 30% 含量的 1 立方米瓦斯，就可以发出 1 千瓦小时电。仅德国北威州的采煤区，每年利用瓦斯发电就达 4 亿千瓦小时。在萨尔州，有 110 千米长的矿井瓦斯网络，每年提供大量电能和热能。煤矿瓦斯发电除了可以解决瓦斯安全以外，还提供了双电源，当总电网出现问题时，瓦斯发电的电源还可以起作用。

瓦斯发电的另一个好处是减少环境污染。在很多国家,矿井的瓦斯被排出后,直接释放到大气中去,对环境造成严重污染。矿井瓦斯中天然形成的甲烷与二氧化碳相比,形成温室效应的潜力高23倍。所以对它的合理利用,对保护矿区地表,防止大气中产生导致温室效应的气体,尤其重要。一台发电功率为1350千瓦的矿井瓦斯设备,每年能减少约5.2万吨二氧化碳的排放,同时每年可节省超过10万吨的石煤,降低了对化石能源储备的消耗。

二、二氧化碳转化为能源的新进展

1. 通过藻类或细菌为媒介把二氧化碳转化为燃料

(1)研制出"藻类农场"变二氧化碳为生物燃料。2006年10月,英国《新科学家》杂志报道,能源短缺和全球变暖,是当今世界面临的两个严重问题,有没有什么办法能够同时解决它们呢?美国研究人员正在尝试建设一种"藻类农场",把最重要的温室气体——二氧化碳转变为生物燃料。

据报道,这种技术是美国马萨诸塞州的一家公司发明的,其核心装置是一些装满水的塑料容器,水中有大量绿色微藻。来自发电厂的废气输入容器,藻类吸取废气中的二氧化碳,利用阳光和水进行光合作用生成糖类,这些糖类随后经新陈代谢转变为蛋白质和脂肪。

随着藻类的繁殖,容器里的油脂越来越多。将这些油脂提取出来,利用一些现有技术就可制成生物柴油和乙醇。据报道,这家公司已经对此技术进行小规模试验,成功提取了十几升藻类油脂。

该公司计划于2009年,在美国亚利桑那州一座发电厂附近,建设一家"藻类农场"。公司负责人说,如果有足够多的藻类,来处理这座100万千瓦发电厂的全部废气,每年将可生产1.5亿升生物柴油和1.9亿升乙醇。

据估计,占地面积1平方千米的"藻类农场",每年可处理5万吨二氧化碳。与其他生产生物燃料的方法相比,"藻类农场"所用的资源较少,它不需要占用可耕地来种植农作物,也不必使用淡水。不过,这种技术是否经济可行,还需要大规模试验验证。

(2)通过海藻吸收二氧化碳炼出"生态石油"。2007年6月,西班牙《世界报》报道,西班牙阿利坎特大学生物技术教授克里斯蒂安·戈米斯,与热力学工程师伯纳德·斯特洛索一起领导的一个研究小组,创办了一家生物燃料系统公司,他们利用绿藻生物,研制出能在不断循环中吸收二氧化碳的可再生"生态石油"。

报道称,研究人员挑选了大约30种绿藻生物,用太阳光、二氧化碳和少量的磷和氮,对它们进行培育。这种人工环境没有剧烈的气温变化,也没有洋流,绿藻的生长和繁殖过程大大加快。通常海洋环境中绿藻生物的集中程度为每毫升300个,但生物燃料系统公司的系统,可以把绿藻培育数目提高到每毫升2亿个。

把这样的藻类细胞个体装在特制的培养液中,每隔12个小时,这些个体就会一分为二。研究人员每天把培养液倒出一半，将倒出的液体经过离心后留下有机物质，再用水灌满圆桶，以便剩余的细胞个体继续繁殖。

分离后的有机物质呈糊状，用于提炼或者干燥碳化。每1公斤这种有机物质团，含有5700千卡热量，就像煤炭一样。它可以用来发电，而发电厂产生的二氧化碳，则可以用来培育在另一边工厂生长的“生态石油”，两者互相供应原料，互为补充。

斯特洛索表示，这个过程是对海洋中浮游植物群转换太阳能方式的模仿，海藻是不衰老的生物，因为它们会不停地生长。属于海洋浮游植物群的数万种藻类的结构中，有一半多是油脂。因为油的密度比水小，这样它们就可以漂浮在海面上获得更多的阳光，光和二氧化碳是它们进行光合作用的两种主要原料。

生物燃料系统公司现在已经做到，在2立方米的水中，每天生产6公斤“生态石油”。这比种植大豆等生物燃料作物的效率要高数千倍，而且使用土地面积少，侵害性也不大。他们的下一步目标，是建立一个以“生态石油”为燃料的电厂，发电能力为3万千瓦。

（3）尝试以细菌为媒介把二氧化碳转化成甲烷。2010年1月4日，日本《读卖新闻》报道，日本海洋研究开发机构，正在开发一项把二氧化碳转化成甲烷的新技术，其关键是将二氧化碳封存到海底煤层中，然后以细菌为媒介将其转化成天然气。这一尝试尚属首次，该机构期望在未来3～5年内能够完成。二氧化碳封存技术，被认为是减少温室气体排放的有效途径。

报道称，日本海洋研究开发机构计划把青森县下北半岛附近的海底煤田，作为二氧化碳封存场所。据介绍，在下北半岛附近海底2000～4000米深处，分布着海绵状的“褐煤”层。这是一种尚未发育成熟的煤炭层，容易吸收气体和液体。

该开发机构称，此前的研究显示，这个海域的“褐煤”层中，存在着把二氧化碳转化成甲烷的“产甲烷菌”，而甲烷是天然气的最主要成分。在自然条件下，“产甲烷菌”在地层中，把二氧化碳转化为甲烷，需要1～100亿年时间。而日本研究人员的目的，是开发出提高“产甲烷菌”转化能力的技术，使转化周期缩短到100年以内。

（4）利用电力和微生物把二氧化碳转化为液体燃料。2012年4月，美国加州大学洛杉矶分校萨缪里工程与应用科学学院，化学及分子生物工程系的廖俊智教授及其同事组成的一个研究小组，在《科学》杂志上发表研究成果，首次展示了利用电力和微生物，把二氧化碳转化为液体燃料异丁醇的方法。

研究小组提出一种把电能储存为高级醇形式的化学能的方式，可作为液体运输燃料使用。廖俊智说：“目前一般使用锂离子电池来储存电力，存储密度很低，但当以液态形式存储燃料时，存储密度能显著提升，并且新方法还具备利用电力作为运输燃料的潜力，而无须改变现有的基础设施。”

研究小组对一种名为“富养罗尔斯通氏菌H16”的微生物进行基因改造，使用二氧化碳作为单一碳来源,电力作为唯一的能量输入,在电子生物反应器中生产出异丁醇和异戊醇(3-甲基-1-丁醇)。

光合作用是指植物等在可见光的照射下,经过光反应和暗反应(又称碳反应)两个阶段,利用光合色素,把光能转化为化学能,把二氧化碳(或硫化氢)和水转化为有机物,并释放出氧气(或氢气)的生化过程。在此次研究中,研究人员把光反应和碳反应分离开来,不利用生物的光合作用,而改用太阳能电池板把阳光转化为电能,随后形成化工中间体,以其促进二氧化碳的固定,最终生成燃料。

廖俊智解释说,这一方式将比普通的生物系统更为有效。后者需要基于大量农耕土地种植植物,新方式则由于不需要光反应和碳反应同时发生,所以可把太阳能电池板置于沙漠中或屋顶上。

理论上,太阳能发电所产生的氢,可促使转基因微生物中的二氧化碳转化,以形成高能量密度的液体燃料。但溶解性低、质量迁移率低,以及和氢相关的安全隐患,都制约了这一过程的效率和可扩展性。因此,研究小组采用甲酸替代氢,作为中间体和高效的能源载体。研究人员表示,他们首先借助电力产生甲酸,再利用甲酸促进二氧化碳在细菌中的固定,在黑暗中生成异丁醇和高级醇。

廖俊智表示,电气化学中甲酸盐的生成,生物学中二氧化碳的固定,以及高级醇的合成,都为电力驱动二氧化碳向多种化学物质的生物转化开启了可能。此外,甲酸盐转化为液体燃料也将在生物质炼制过程中发挥重要作用。

2. 依据光合作用原理把二氧化碳转化为燃料

(1)依据光合作用原理把二氧化碳变成汽油。2007年4月,有关媒体报道,美国加利福尼亚大学化学教授克利福·库比亚克主持的一个研究小组,已经证明,依据光合作用原理,利用太阳能加上合适的催化剂,就可以把二氧化碳转变成生产塑料、汽油等产品所需的原材料。

研究人员向人们演示:利用硅棒把吸收的光能转化成电能,可以加快将二氧化碳转化成一氧化碳和氧气的光合作用。库比亚克说,一氧化碳是一种重要的化学制品,广泛用于塑料和其他产品的生产过程中。它还是生产煤气、甲醇和汽油等合成燃料所需的重要配料之一。

加拿大安大略皇后大学的化学教授菲力普·杰索普说,人们一直在寻找二氧化碳气体的实际用途,加利福尼亚大学的研究人员,就是在这个过程中找到这种方法的。通常情况下,二氧化碳很难转换成一氧化碳,因此杰索普教授对加利福尼亚大学取得的这项成果,给予很高的评价。

库比亚克说,至少在刚开始的时候,这种方法是不会对大气层中的温室气体造成显著影响的,除非大规模进行这种转换,才可能对温室气体在大气中的比例造成显著影响。但是任何把二氧化碳用做原料,而不是最终产品的化学加工,都是值得去做的。他补充说:"如果化学制品厂商们需要生产大量的塑料,那么为什么不利用温室气体来生产呢?它总比在塑料的生产过程中产生大量的温室气体要好一些。”

这个光合作用,还可以用到持续解决太阳能问题的解决方案中。要想在太阳光不强的时候使用太阳能电池板,它们产生的电能就必须被储存起来。将电能转化成化学能储存起来也许是一个很实用的好办法。比较流行的做法是用太阳能电池来生产氢,然后再用氢去生产燃料电池。但是氢气在运输和储存方面比汽油等液体燃料要困难得多,而且汽油等液体燃料所包含的能量,也比同体积的氢气包含的能量要多。加利福尼亚大学研究出来的方法,可以利用太阳能来生产一氧化碳,然后再与氢发生反应而转变成汽油。现在,一氧化碳主要是从天然气和煤加工得到的。但是二氧化碳是一种更好的原材料,因为它的成本非常低廉。杰索普说,实际上现在许多企业,还要花钱来处理二氧化碳气体的排放。有极少数的化学制品,是比免费还要便宜的,二氧化碳就是其中之一。

在样品设备中,阳光穿过了溶解在溶液中的二氧化碳,然后被一根半导体负电极吸收,这个负电极可以把光子转化为电子。在合适的催化剂的作用下,电子与二氧化碳反应就会在负电极周围产生一氧化碳。而在正电极附近,在铂催化剂的作用下,水就分解为氢气和氧气。

利用著名的费托合成技术,一氧化碳可以与氢气反应而生成煤气。但是生产煤气的新工艺,是不需矿物燃料的。

库比亚克原本是想利用这套设备来制造氧气供载人航天飞机探索火星使用的,现在这套设备仍在开发之中。第一套样品设备利用太阳能只得到了反应所需的一半能量,另一半能量是通过外部电能提供的。那是因为研究人员决定证明,硅可以用作半导体。他们现在正在研究一种磷化镓半导体,打算只用它来提供光合作用所需的电能。

库比亚克表示,目前,这项研究还处于初级阶段。他预计这项研究要想投入商业化生产,可能还要 10 年的时间。因此,现在还无法知道,这种生产燃料的方法效率如何和是否经济。他说,在大规模应用中,可能需要使用外裹了催化剂的纳米粒子来增加接触面积和加快反应的速度。

(2)模仿植物光合作用把二氧化碳转化为天然气。2008 年 5 月,由西班牙专家马罗托·巴莱尔领导的一个英国研究小组,发明了一项模仿植物光合作用,把二氧化碳转化为天然气的新技术。

这一技术是英国诺丁汉大学碳捕获和存储技术创新中心专家的研究成果。该中心已经发明几项技术,收集热电厂、水泥厂和石油提炼工厂等高污染工业释放出来的二氧化碳,并将其储存在废弃油井或天然气井等地质沉积场所。但把二氧化碳“隐藏”在地下的方法,虽然减少了大气中的二氧化碳含量,但有人对此表示担忧,因为目前尚不清楚二氧化碳的最大存储期限,一旦它们大规模散发出来,将造成严重的环境后果。

因此,科学家利用一个与植物光合作用相似的过程,发明出把二氧化碳转化成天然气主要成分沼气的技术。植物把二氧化碳、水和阳光转化成糖，而该技术则用这3种物质合成沼气而不是碳水化合物。

马罗托·巴莱尔表示，如果这一技术在全球范围使用，将带来完美的能源循环。

3. 运用合成方法把二氧化碳转化为燃料

（1）用二氧化碳和“废电”合成燃料。2012年4月19日，德国慕尼黑工业大学发表新闻公报说，工业排放的二氧化碳破坏环境，发电厂生产的过量电能何处去也常让人头疼。针对这种情况，该校研究人员将在一个与政府、企业联合开展的项目中，探索利用这两者生产燃料甲烷。

现阶段，提出能源转型的德国正大力发展太阳能、风能等可再生能源。但风强日烈时产出的过量电能，面临储存难题。研究人员考虑，将传统发电厂等企业所排废气中的二氧化碳，与这些“废电”结合，生产较容易储存的甲烷。

用二氧化碳制甲烷已非新闻，但这种方法的实际应用尚未成熟。在这个名为iC4的项目中，研究人员将对净化废气到产出甲烷整个过程中的各个核心技术开展研究。德国联邦教研部将对项目资助630万欧元。

为实现能源转型，德国研究人员正为如何充分利用难以储存的多余电能，大动脑筋。抽水蓄能电站在环保上仍存争议，用多余电能生产氢气又面临氢气储存条件苛刻的难题。相比之下，甲烷的储存较为方便，这种气体还可直接进入欧洲天然气网，供至千家万户。

（2）用阳光、水和二氧化碳合成燃料。2014年4月29日，德国航空航天中心宣布，由该机构参与的一个国际研究小组用阳光、水和二氧化碳合成了液态烃，该物质可用来制造煤油。

首先，研究人员在太阳能反应器中，把金属氧化物分解为金属离子和氧离子，该过程所需的2000℃高温，可借助聚光的太阳能接收器获得。然后，让二氧化碳和水蒸气，穿过太阳能反应器，两者与此前分解出的金属离子和氧离子反应，生成由纯度很高的氢气和一氧化碳混合而成的合成气。

用这种合成气生产煤油可借助已有技术，即所谓的“费托合成法”完成。该方法以上述合成气为原料，在铁系催化剂和特定条件下合成液态烃，其中含轻质烃较多的液态烃可用来生产煤油。

德国航空航天中心说，研究小组已用这套新工艺成功制造出煤油。此后，该小组将进一步优化太阳能反应器等设备，探索将该工艺用于工业化生产航空煤油的可能性。

这项研究工作，是2011年1月启动的“太阳能－飞机”项目的组成部分，该项目受到欧盟为期4年的资助。除德国航空航天中心外，该项目合作伙伴，还包括瑞士苏黎世联邦理工学院、鲍豪斯航空协会和壳牌公司。

4. 运用催化或发电等办法把二氧化碳转化为能源

（1）通过催化作用把二氧化碳转化为工业甲醇。2012年7月，德国亚琛工业大学的一个研究小组,在德国期刊《应用化学》上发表研究报告说,他们发现,通过催化作用,可以把二氧化碳转化为工业甲醇。甲醇是重要的化工原料和清洁的液体燃料,被广泛用于医药、农药、燃料等领域。目前,工业生产甲醇,主要由氢气和一氧化碳在高温高压和多相催化下完成。

该研究小组表示,大量燃烧化石燃料产生的二氧化碳,被视为全球变暖的"元凶"。但他们实验中发现,在一种金属催化剂钌-膦络合物的均相催化作用下,二氧化碳和氢气可在加压溶液中生成甲醇,1 个二氧化碳分子和 3 个氢气分子反应后生成甲醇和水。

研究人员说,利用这种方法,把人们希望减排的温室气体二氧化碳与氢气结合,使它转化为甲醇,是对二氧化碳比较理想的处理思路,不过这对催化剂有着很高的要求,他们将继续寻找更为合适的催化剂。

(2)开发用二氧化碳发电的新技术。2013 年 7 月,荷兰可持续用水技术研究中心项目主管伯特·哈梅尔莱斯领导的一个研究小组,在美国化学学会杂志《环境科学与技术》上撰文说,他们发现一种用发电厂释放出的废弃二氧化碳发电的新技术,可产生比美国胡佛水坝多 400 倍的电量。他们的系统,包括把水、其他液体与含有由高浓度二氧化碳组成的燃烧气体混合后,从两层过滤膜间泵出,产生电流。

研究人员说,煤炭、石油和天然气发电站,每年产生 120 多亿吨二氧化碳,另外家庭和商业供暖系统又产生 110 亿吨二氧化碳。为此,他们提出,把发电厂和工业烟囱排放出来的废气用作发电原料。他们认为,这种用发电厂、工业和家庭排除的二氧化碳制造能源的方法,一年可产生 15700 亿千瓦时的电能。

哈梅尔莱斯说,这些电量相当于胡佛水坝一年电输出量的 400 倍。他指出,产生这些电量的同时,不会向大气排放任何额外的二氧化碳。但它不会像碳捕捉与储存技术一样从地球大气中把二氧化碳清除。哈梅尔莱斯说:"你用的是现在你浪费的能源。你把它收集起来,制造出更多能源,但你不能把它封存起来。"

碳捕捉与储存技术,是把发电厂等设施的二氧化碳收集起来,然后把它储存在一个地方。这个储存场所,埋藏于地下一个地质构造层。碳捕捉与储存技术,具有控制矿物燃料引起全球变暖的潜能,但这种方法,现在只用在商业上,长期储存二氧化碳依然是个比较新的概念。

由于荷兰科学家研发的这项技术,当前还是一项概念验证技术,所以在大规模使用它以前,还需经过一系列复杂的试验过程。

哈梅尔莱斯说:"我们的目标,就是要证实二氧化碳是一种前景广阔的能量来源,而且它还具有实际用途。"但他承认,在用一个真正的发电站测试这项技术前,必须对它进行更多研究。为符合社会对用电日益增加的需求,这种产生额外能源的方法,有望代替当前扩建的发电厂。

三、二氧化碳其他用途的新拓展

1. 开发出用二氧化碳作辅料的生产工艺

(1)开发用二氧化碳当工作液的金属加工工艺。2005 年 4 月,有关媒体报道,美国洛斯阿拉莫斯实验室,开发出一种新颖的金属加工工艺:用固体二氧化碳(干冰)的射流,为金属切割部位冷却(兼润滑),并且将加工过程中的废料带走。该工艺过程,二氧化碳有望替代金属切割和金属部件清洗中所使用的油性或化学合成的冷却液和清洗液类工作液,尽量减少这些溶液造成污染。

这项工艺的原理是:由于液态二氧化碳的绝热膨胀,大小为微米级的干冰颗粒在通过直径为 0.012 英寸的喷嘴时,高速喷射出来。喷射出的二氧化碳射流将加工时产生的金属废料吹走,在使被加工部件表面冷却的同时,也起到润滑作用。

研究人员表示,这种技术几乎不产生任何废物。而且相比于传统的冷却液和清洗液,二氧化碳还有成本低廉、不会燃烧、可以循环使用而且存量丰富等优点。该实验室的这项研究,最初是为了改进核武器项目中的干燥加工技术,这种技术可以帮助减少或消除实验室加工或清洗铀产生的带放射危害的废液。

目前,科学家正在逐步把这项技术的应用范围,扩展到传统加工业。据密歇根工科大学机械工程与工程力学系专家估计,美国工业界每年使用的金属加工油超过 1 亿加仑,同时使用的切割工作液更是数倍于此。试验表明,这项新技术表面抛光性能更高,切割工具的使用寿命更长,因而比传统干燥加工技术效果更好,成本更低。

据研究人员透露,该发明是基于该实验室此前的另一项发明,他们发明了使用液态二氧化碳,替代干洗业中的清洗液,这一方法现已在干洗业中广泛使用。

(2)开发出利用二氧化碳作溶剂的新模型铸造工艺。2011 年 1 月,美国科学促进会报道,德国弗朗霍夫学会,环境安全与能源技术研究院的一个研究小组,正在开发一种新的模型铸造工艺,利用二氧化碳作为溶剂导入高分子材料,能塑造出从有色隐形眼镜到抗菌门把手等各种高科技产品。

研究人员表示,这种新型灌注方法,有很广泛的新用途。能定做高价值塑材和时尚产品如手机外壳等。此外,还可用于制造有色隐形眼镜,镜片中还能注入丰富的药物成分,在整个白天缓慢释放到眼睛里,作为一种可重复使用的眼药水替代品,治疗青光眼等病症。

新工艺的最大优点是,能在温度远低于材料的熔点时,把颜料、添加剂或其他活性成分,导入接近表面的夹层,比传统灌注工艺更加温和。而且二氧化碳不可燃,无毒且廉价。它有类似于溶剂的性质,却不会像一般颜料溶剂那样对人体健康和环境造成危害。

2. 把二氧化碳用作空调的制冷剂

拟推出二氧化碳制冷剂车载空调。2004 年 8 月,有关媒体报道说,在德国,今后车用空调将成为汽车的基本配置,也就是说,所有新出厂车辆均带有空调。

然而,有专家表示,车用空调的大量使用,会给生态环境带来令人担忧的后果。其理由是空调不仅多耗油、多排放废气,而且其制冷剂本身就是一种温室气体。虽然理论上讲制冷剂应在被密封的管道里循环,但实际上,在长期工作中总会有一部分泄漏出来。据统计,一辆汽车寿命完结前,其制冷剂 R134a 的损耗量为 750 克。此外,每年还有上百万辆的汽车出口到东欧或非洲,它们的制冷剂在其报废前后也会进入大气层。

那么,有没有现用制冷剂的替代产品呢? 回答是肯定的。

环保拥护者和汽车制造商认为,从目前看,温室气体二氧化碳便是最佳的选择。现在,德国宝马、奥迪和日本丰田公司均准备把二氧化碳作为新一代制冷剂。专家认为,二氧化碳作为制冷剂,一方面对大气造成的危害小,另一方面对密封圈和软管的损伤也不大。即使是在汽车报废后,其制冷剂二氧化碳也可以直接排入大气。

试验表明,二氧化碳空调工作效率与 R134a 没有任何区别,且空调可以做得更紧凑。但这种空调器也存在着不足,它工作起来不如现有空调那么协调。因为它的制冷剂二氧化碳气体必须在 140 巴的压力下才能充分制冷。为此,汽车需要增加一台压缩机,而软管和密封圈均须采用能承受高压的材料。此外,汽车还须增加一个热交换器,否则室外气温高于 30℃时便无法正常工作。

事实上,近几年,汽车供货商已经从技术上,解决了采用二氧化碳制冷剂空调的问题,如在软管及相关连接件外,加一层特氟龙涂层,就可以承受这一压力。预计至 2007 年,二氧化碳空调将可以上市。德国环境保护署的一项研究表明,德国现在就有能力生产二氧化碳空调。

但是,汽车制造商还有疑虑。尽管宝马和丰田公司目前手里都有样车,但是它们必须通过安全鉴定。只有这样,才能让汽车驾驶人安全驾驶和乘坐,没有任何隐患。目前,宝马汽车公司的工程师们,正在对二氧化碳空调是否能与气囊电子系统匹配问题进行试验,他们希望如果遇到车祸时,二氧化碳气体能自动排放掉。

欧盟在计划出台汽车制冷剂新政策的同时,仍允许在 2007 年前出厂的新车每年损耗 40 克 R134a 制冷剂,而 R134a 可以使用至 2011 年。现在,何时能出台正式规定还不清楚。但据悉,德国汽车制造商,将根据自己的情况,提前引入二氧化碳空调技术。这样,德国汽车可以提前占领不断增长的国际汽车市场。

据估计,目前,国际市场对二氧化碳空调汽车的年需求量约为 5.5 亿辆,30 年后可达 10 亿辆。

3. 把二氧化碳当洗涤用品使用

(1)推出二氧化碳干式洗净装置。2004 年 6 月,日本推出新型二氧化碳干式洗净装置,可协助业者降低设备运转成本,还可将洗净剂回收循环使用,生产出高品质、高洁净度的产品，并能有效解决液晶面板在传统制程中需要大量水洗，费水而且产生污水处理的困扰，有助于高科技、光电产业的升级。

这款二氧化碳干式洗净装置，可由液化二氧化碳经过特殊设备，制作成3毫米以下的颗粒状干冰，利用喷射原理撞击被加工物，使黏附在工件上的污染质脱落，并由集尘装置收纳，另可搭配界面活性剂灵活运用，有效突破传统湿式洗净方式的缺点，使作业环境不再被污染，不再产生有机溶剂的化学异味，更不会产生破坏臭氧层、排污水等环保问题。

该设备设计轻巧、操作简单，洗净效率很高，尤其适合洁净度要求甚高的高科技设备内各类产品、塑胶元件、模型治具、机械零配件等使用。目前该设备已获日本电子产业、电路基板、精密机械等业界广泛采用。

（2）用液态二氧化碳洗衣物。2006年5月，德国《商报》报道说，一家德国工业气体制备公司，把液态二氧化碳运用于衣物干洗，还开设了运用这种新技术的洗衣店。

据报道，这是一种全新的干洗方式。店员首先把衣物放入可密闭的洗涤箱，抽出箱内空气直至形成真空，然后注入液态二氧化碳，添加特制的可降解洗涤剂。在滚筒转动的过程中，液态二氧化碳渗入纺织品纤维，吸附并除去油脂及其他污渍。

洗涤结束后，设备通过蒸馏、提纯，把二氧化碳从污物中分离出来，并将其存入储存箱。整个过程中，仅有约2%的二氧化碳挥发到空气中，其余98%可循环再利用。

该专利不久前由德国林德公司从一家美国公司购进。林德公司表示，与普通干洗使用的全氯乙烯洗涤剂相比，液态二氧化碳更加健康环保。

4. 利用二氧化碳制造塑料

（1）用二氧化碳制造塑料包装材料。2004年12月，美国媒体报道，一个由美国高分子专家牵头组成的研究小组，研制成一种新型塑料包装材料，它具有玻璃般的透明度和不透气性。所使用的原材料，是广泛存在的二氧化碳。

研究人员表示，二氧化碳的化学性质稳定，单一的二氧化碳是不能制造任何塑料的。他们采用了一项新技术：通过特殊的锌系催化剂，把二氧化碳和环氧乙烷（或环氧丙烷），按同样的数量混合，从而制成具有新特性的塑料包装材料。

研究人员说，这种新塑料包装材料，类似于聚碳酸酯和耐纶酰胺纤维树脂，在240℃的温度下，就会完成热分解而气化。同时，它还具有生物分解的性能，埋在土里几年时间，就可以完全消失，不会污染环境。

（2）研究把二氧化碳转化为塑料原料。2008年4月15日，德国媒体报道，德国亚琛工业大学研究人员托马斯·米勒，代表其领导的研究小组在美国化学协会年会上介绍说，德国正在研究将发电厂排放的大量二氧化碳，转化成有用的塑料原料。

在处理影响全球气候变暖的温室气体二氧化碳问题上，迄今研究的重点，都放在把二氧化碳如何储存于地下。米勒研究小组提出了一个不同的思路，即把二氧化碳转化成塑料原料，用于生产饮料瓶、DVD 光碟和其他有用的塑料制品。

米勒认为，把气候保护与塑料生产结合起来，比单纯地把二氧化碳储存到地下有意义得多。目前，米勒研究小组，已在亚琛工业大学建立了一个催化剂研究中心，并和位于勒弗库森的德国拜尔化学公司合作，共同研究如何从二氧化碳中，生产廉价的聚碳酸酯塑料。聚碳酸酯塑料是生产塑料瓶、DVD 光碟和镜片等塑料制品非常普遍的原料，每年全球的需求量达数百万吨。因此，如果能够研究成功，从二氧化碳廉价生产聚碳酸酯的工艺，其应用前景将非常广阔。

米勒认为，虽然利用二氧化碳生产塑料原料并不能完全解决全球气候变暖的问题，但对减缓气候变暖会有很大的贡献。米勒同时也表示，这项工艺的研究也并非很容易，因为二氧化碳是非常稳定的化学分子，要使其发生化学转化，本身就要消耗能源，另外还需要研究特殊的催化剂，估计至少还需要数年才能进入工业化应用。

(3)成功合成以二氧化碳为原料的新型塑料。2014 年 3 月，日本东京大学研究院野崎京子教授主持的一个研究小组，在《自然 · 化学》杂志网络版上发表研究成果称，他们成功合成了一种以二氧化碳为原料的新型塑料。这种塑料中的二氧化碳含量比例较高，有望为提高二氧化碳利用率、减少温室气体排放做出一定的贡献。

二氧化碳是能够廉价大量获得的碳资源，虽然研究人员此前也曾合成以二氧化碳为原料的塑料，但其中二氧化碳的含量比例很低，这些塑料在燃烧时会产生有毒的氮氧化物气体，而且其耐热性不强，在接近室温的条件下其硬度就会出现很大变化。

研究人员说，他们把二氧化碳与作为合成橡胶原料而大量生产的丁二烯组合在一起，利用钯催化剂和自由基聚合反应，制造出一种新型塑料。

这种塑料呈粉末状，熔化后可延伸成透明片状材料，即使燃烧也不会产生氮氧化物。该塑料的二氧化碳含量比例高达 29%，即使在高温下它也不易变形，其分解温度最高可达 340℃，熔化后可注塑成型。

研究小组认为，由于这种新型塑料硬度较高，因此用途广泛，可用于制造塑料箱、薄膜等。今后通过扩大产量和改良生产工艺，有望廉价生产这种塑料，还有可能利用火力发电站等产生的二氧化碳制造这种产品，从而实现减少温室气体的排放。

5. 运用二氧化碳制造化工产品

(1)尝试用水和二氧化碳合成甲酸。2011 年 9 月，日本丰田中央研究所的一研究小组，在《美国化学学会杂志》上报告称，他们以水和二氧化碳为原料，利用普通太阳光，尝试合成有机物甲酸。甲酸又称蚁酸，主要存在于蚂蚁等昆虫的分泌液里，在化学工业中被用作还原剂。

研究人员说，他们先在能够吸收阳光的磷化铟半导体上，涂抹上稀有金属钌，制成二氧化碳还原光催化剂，然后与氧化钛光催化剂组合在一起，中间放置一层质子交换膜，制成一套光触媒组件。

通过这一组件，研究人员首先利用太阳光和氧化钛光催化剂分解水，产生氧和氢离子，氢离子通过质子交换膜后，二氧化碳还原光催化剂在太阳光作用下发挥催化作用，使氢离子和二氧化碳最终合成为甲酸。研究人员表示，目前这项新技术要达到实用化程度还有相当距离。

(2)用海水中二氧化碳与氢气合成液态烃及燃油。2014 年 4 月，美国海军研究实验室表示，经过多年研究，他们已开发出一种利用海水所含成分，合成燃油的示范性技术，并成功让一架模型飞机，依靠这种燃油起飞升空。

据研究人员介绍，海水无法直接转变成燃油，但海水所含的二氧化碳和氢，可成为制油的原料成分。他们研发的示范性技术分为两个过程：首先是从海水中获取二氧化碳与氢气，然后需利用金属催化剂，把二氧化碳和氢气合成为液态烃。这样，以液态烃为原料进一步就可以制成燃油。

燃料专家解释说，海水含有大量二氧化碳，其浓度是空气二氧化碳浓度的 140 倍，其中 2% ~3% 的二氧化碳，以溶解形成碳酸的形式存在，1% 以碳酸盐形式存在，其余 96% ~97% 以盐酸氢盐形式存在。研发人员用一种电化学酸化电池，只消耗很少的电量，在阳极把海水酸化，然后与碳酸盐和盐酸氢盐反应，释放其中的二氧化碳并加以收集。与此同时，电池阴极则有氢气产生。

在获取二氧化碳和氢气后，研究人员利用铁基催化剂，把上述两种气体，转化为有 9 ~16 个碳原子的液态烃，这种物质可用来制造燃油。美国海军研究实验室表示，该技术无须另外添加化学物质，因此也不会有额外污染。不久前，使用这种燃油的模型飞机顺利升空表明，该燃油有替代现有航空燃料的潜力。

美国海军研究实验室，化学家希尔特尔 · 威劳尔在一份声明中说，这是一项“变革性”的技术，有可能在 7 ~10 年内实现商业化利用。据估算，这种新型燃油的生产成本，在每加仑(美制 1 加仑约合 3.785 升)为 3 ~6 美元。

第二章　水体污染防治领域的新进展

水体指水汇集的场所，又称作水域。水体包括多种形式，有江河湖泊、井水和泉水、沼泽池塘、冰川积雪、水库及灌渠等组成的地面水水体，有埋藏在土壤、岩石空隙中的水，以及喀斯特地貌的地下水流和暗河等组成的地下水水体，还有占地球总水量96.5%的海洋水体，从水资源开发角度来看，大气中的水汽，也是水体的重要组成部分。需要指出的是，水体不等于水，它除了水之外，还包括水中溶解物质、不溶性微粒、悬浮物、底泥和水生生物等。水体污染比水污染内涵要丰富得多，它表现为，原本洁净的水体由于某种物质的进入，破坏了水体的自净机制，使其无法通过自身的能力实现净化，引起水体物理、化学和生物等方面特征的改变，从而造成水质恶化，出现破坏生态环境或危害人体健康的现象。21世纪以来，国外在水资源保护与饮用水净化领域的研究，主要集中在通过海水淡化、空气取水和云烟取水等增加可用水资源；加强水资源监管，提倡节约用水；开发净化饮用水的新技术、新材料和新设备。在水体污染防治领域的研究，主要集中在揭示水体的自净化机制；开发水体污染物理处理、化学处理和生物处理的新技术。同时，推进水体污染防治的新材料和新设备研制。

第一节　水资源保护与饮用水净化的新进展

一、增加可用水资源的新方法

1. 通过海水淡化增加可用水资源

（1）大力研究海水淡化技术。自20世纪60年代起，以色列就致力于海水淡化技术的研究，目前已拥有先进的海水淡化技术和设备。有资料显示，2004年以色列海水淡化的水量约为2.15亿立方米/年，约占总供水能力的8%。

在以色列最南端，地处红海港湾的埃拉特市，建有一个大型脱盐处理厂，负责供应该市4万常住人口和每年50万人次游客的饮用水供应。该市位于以色列最干旱地区，常年几乎滴雨不降。

近年来，技术的进步使海水淡化的成本不断下降，海水淡化大规模发展的前景越来越光明。值得一提的是，以色列阿什克伦海水淡化厂创造了至今世界海水淡化价格的最低纪录。

(2)通过大规模海水脱盐来应对水资源危机。2004 年 7 月,有关媒体报道,气候变化引起海平面上升,使澳大利亚这个正遭遇特大旱灾的国家更加缺少淡水。为此,该国科学家近日建言,对海水及含较多盐分的地下水进行脱盐,可解决该国缺少淡水的问题,并认为这是应对长期淡水危机的切实可行的办法。

科学家们指出,在澳大利亚对淡水的需求在不断上升的同时,水脱盐成本在下降,而且,正遭遇历史上最大旱灾的澳大利亚有可能接连遭遇另一个旱灾,因此,现在澳大利亚,应该大规模地对海水和质量差的地下水进行脱盐,以应对淡水危机。

目前,澳大利亚堤坝水位下降至历史最低点,农民想方设法用淡水浇灌庄稼,主要城市的居民按照严格的用水限制规定使用饮用水。位于澳大利亚首都堪培拉的联邦科学工业研究组织的科学家们,近日告诫人们,澳大利亚利用大量的海水和含盐地下水为其水源的时期已经到来。

2004 年 6 月下旬,澳大利亚各州及联邦政府领导人在一次特别会议上共商解决其缺水问题的方案,力图使该国最大的河系之一墨累河恢复生机。这条河从昆士兰州起源,穿越新南威尔士和维多利亚州,最后到达阿德莱德,它不再汇入大海,其河口还吸入一些含盐的水。

澳大利亚和新西兰,地处世界上最干旱的有人类居住的陆地,前者是世界上最大的水消费国之一。长期以来,水脱盐一直被认为太昂贵,但位于堪培拉的联邦科学工业研究组织土地与水部门副主任汤姆·哈顿说,水脱盐成本以平均每年 4% 的幅度下降。

水脱盐技术在一些国家被广泛应用,如沙特阿拉伯半岛国家广泛采用这项技术,以色列建立了 50 个水脱盐工厂,美国得克萨斯州和佛罗里达州也采用这项技术。哈顿认为,水脱盐技术,是当今世界上,解决水供应问题的一个非常好的办法,尤其是在干旱地区。他指出,在西澳大利亚州边远地区,由一些采矿公司建造的约 10 个水脱盐工厂非常成功。西澳大利亚州政府,正在考虑是否建造一个耗资 2.42 亿美元的工厂,以满足佩思 15% 的饮用水需求。

(3)研制出高效海水淡化装置。2004 年 8 月,日本媒体报道,目前,不少国家都在进行海水淡化实验,一般采用的方法是反渗透模式,即利用海水和淡水浓度差,向海水施压并通过渗透膜变成淡水。但这种方法成本过高,需要经常清洗渗透膜,维护庞大装置的难度也非常高,而且海水利用程度只有 30% 。

不久前,日本辛德莱拉依特公司,开发出一种低成本、高效率的海水淡化新装置。其外表是一个不锈钢制多孔圆筒,里面装有一个由 1000 枚外径 156 毫米、内径 136 毫米不锈钢片摞成的管。这支管,经缓慢拧曲,内外会因不锈钢片位移而形成凸凹不平的层次,层次间出现纳米级空隙。使用时,首先将海水放入结晶装置中,再施加高频电压进行“加工”。几十秒钟后,海水中钠离子和氯离子会发生化合而形成细微食盐晶体,并逐渐增长为 1 微米左右的粒子。这些粒子凝聚后,可形成直径为几微米、容易被过滤掉的盐粒。然后，把这种海水放进上述不锈钢圆筒的容器中，施加一定压强，盐粒就会被挡在管外，其余受压而浸入拧曲管内的水便是要得到的淡水，其盐分浓度为0.067%左右，氯化镁等矿物质含量是正常海水的一半，成为理想的饮用水。

新型装置效率是渗透膜方法的3倍，海水利用程度高达95%，所需电费和维修费都很低。该公司已经制造出每分钟可生产200升淡水的大型装置。

(4)开发用海浪能低成本淡化海水新技术。2013年1月，芬兰阿尔托大学研究人员研发出一种新型海水淡化系统，该系统直接利用海浪能，实现了使用新能源低成本淡化海水的目标。

据介绍，该系统主要包括一个海浪能量转换器和一个反渗透设备。其工作原理是：安装在海水中的能量转换器对海水加压，使海水通过管道输送到陆地上的反渗透设备中，反渗透作用将盐分从海水中去除，再进一步做出后续处理，则能确保生产的淡水适于饮用。

阿尔托大学的可行性研究结果表明，该套系统的最大淡水日产量约为3700立方米，每立方米淡水生产成本可低至0.60欧元，成本与目前利用其他能源的海水淡化方法几乎持平。

研究人员表示，该系统适用于海浪能丰富，又存在大量饮用水需求的沿海地区，如美国西海岸、非洲南部、澳大利亚、加那利群岛和夏威夷等地。

据联合国水机制组织预计，到2025年，世界上将有18亿人口生活在缺乏饮用水的地区。与此同时，全球化石能源渐趋枯竭，环境污染日益加剧。阿尔托大学研究人员认为，他们的新技术有助于缓解饮用水缺乏，还为利用清洁能源开辟了新途径。

2. 通过空气取水增加可用水资源

(1)研制出从空气中提炼饮用水的“炼水机”。2006年10月，美国媒体报道，一种可以从空气中提炼出安全的饮用水的设备，开始在这些地方为人们服务。

这种机器的原理很简单。生活中，如果你从冰箱冷冻室里拿出一个玻璃瓶子，把它放在阳光下，很快你就会发现，瓶子上布满了小水珠。这些水珠就是这个玻璃瓶子从空气中提炼出来的水。当然，这些水珠不一定能直接饮用，需要经过处理。研究人员受到这一现象启发，制造出炼水机。美国有数家公司正在市场上销售这种产品。销售人员称，它可以从空气中提取干净、可直接饮用的水。

位于美国犹他州奥格登地区的水魔法公司，就是其中的一家公司。该公司总裁乔纳森·怀特说：“简单来说，这种炼水机是在玻璃瓶子上安装了一个连续震动的系统，将其产生的水珠收集起来，并且对其进行快速的化学处理。”

水魔法公司近来正在向消防、救援等部门推销炼水机，以帮助这些部门应对紧急状况下可能出现的饮水难题。怀特说：“虽然水魔法公司的设备，还不足以为整个城市的居民，在紧急状况下提供饮用水，但至少可以满足几个或者几十个救援人员、废墟清理工的饮水需求，这样可以省下从其他地方运输饮用水的麻烦和费用。”

目前，水魔法公司最大的一台炼水机，每天可以提炼水约5000升，可以满足数百人一天的饮用水。不过，这种大型炼水机每台的成本高达50万美元。当然，该公司还有每台成本仅需数百美元的小型炼水机。

美国密西西比州比洛克西市消防局副局长大卫·罗伯特，是水魔法公司的炼水机的买家之一。他所在的城市和新奥尔良城一样，在2005年的“卡特里娜”飓风中被洪水淹没。罗伯特认为，炼水机提供的水喝起来还不错。

除了遭受自然或人为灾害而遇到饮水困难的居民以外，那些缺乏水资源的发展中国家和地区，也是这种炼水机的重要市场。这也是美国这些炼水机制造商主要瞄准的市场。目前，全世界靠饮用受到污染的水维持生计的人多达12亿。迈阿密空气水公司总裁麦克尔·泽本表示，对于那些没有丰富的水资源，或者水资源不便开发的地区来说，炼水机大有可为，例如非洲。

(2)研制出从湿气中提取饮用水的新设备。2009年6月2日，德国弗劳恩霍夫学会下属的界面工程处理和生物技术研究所宣布，他们与一家德国公司联合组成的一个研究小组，开发一种可以自给自足地把空气中湿气转化为饮用水的设备，它可以帮助沙漠地区居民解决部分缺水问题，因为即使在沙漠里，空气中仍含有可利用的水分。在以色列内盖夫沙漠中，空气的年平均相对湿度是64%，相当于每立方米空气中含有11.5毫升水。他们希望，用这种方法有一天能够解决世界水资源短缺的问题。

研究人员说，这种设备完全依靠太阳能供电供热，可在没有电网的地区使用。其核心技术是利用盐水的吸湿作用吸收空气中的水分。第一步是让盐水从一个塔形装置顶部流下，并在这一过程中吸收空气中的湿气。然后将盐水泵入一个数米高的真空容器，再利用太阳能加热因吸收湿气而被稀释的盐水，蒸馏出不含盐的水分。之所以使用真空容器，是为了使这种盐水，在远低于100℃时就可以沸腾，从而降低蒸馏过程的能耗。

这种设备，将会使缺水的地区，不必再过分地依赖饮用水源，并且可以减少水储备和运输的费用。

(3)沙漠地区利用结网方式来“捕”水。2012年6月，有关媒体报道，智利天主教大学地理研究所比拉尔·塞雷塞达领导的一个研究小组，采用结网捕水的技术，解决了干旱地区民众的用水问题，使荒芜的沙漠，渐渐变成了绿洲。

智利中北部阿塔卡马沙漠南缘，有个叫丘贡戈的海边渔村，几十年前这里的人一年也难洗一次澡，而现在他们不仅可以天天洗澡，还可以养花种菜。这都得益于立在山头的巨大的塑料网，来自太平洋的浓雾在网上凝结成水，解决了长期困扰渔村的用水问题。

丘贡戈村位于厄尔多福山脉脚下，地处干旱沙漠地带，居民以下海采集贝类为生,人均年收入不到300美元。长年来,渔民们的生活用水,来源于附近铁矿的一处泵站,40年前政府关闭了铁矿,渔民们又无力维持泵水系统,200户居民只能靠运水车,每周一次从附近城市运水。

村民萨斯玛雅说:“以前洗澡不能打肥皂,因为只能用一次水。洗完衣服的水用来洗澡,刷碗的水用来浇菜。”当年铁矿关闭后,因为缺水,村里的年轻人纷纷外出打工,萨斯玛雅选择留了下来。如今他家的前庭后院,已种上了橘子树和玫瑰花,一小块蔬菜地能够提供一家人的每日所需。

这一神奇的变迁,来自一项结合了地理学与气候学的社会发展项目:结网捕捉云雾中的水汽。人们把一张张约50平方米的聚丙烯网,竖立在厄尔多福山顶上,潮湿、浓密的水雾,从太平洋沿海沿着厄尔多福山爬升时,撞击在细密的网眼上凝结成水珠,在重力作用下,水珠沿细塑料管流到山下的容器内。试验表明,平均每平方米网眼每天能捕获4~15升水,目前设置的80张网每天能捕获约2万升水。

塞雷塞达从20世纪80年代初,就参与了这个项目。她介绍说,智利北部太平洋沿海水域,有秘鲁寒流流过,海水温度比周围气温低7℃~10℃,使近海岸洋面多云雾,在距离海岸线不远的地方,由于安第斯山脉的阻挡,大量云雾沿山坡爬升。这项结网捕水技术,并非智利首创,但智利是全世界第一个把它付诸实践并取得成效的国家。

塞雷塞达研究小组,最早受雇于智利国家林业局,研究通过结网捕水,为恢复废弃铁矿区生态提供条件,后来他们发现了铁矿附近这个严重缺水的渔村。在智利林业局和国际机构的资助下,1987年他们在丘贡戈村设置了50张捕水网试验项目的可行性,1992年5月,项目正式开始供水。当时,居民们久旱逢水,欣喜若狂。

现在,捕水系统已完全由丘贡戈村村民管理。由于平均每5年需要更新聚丙烯网,每10年需要更新管道,村民们自发设立了基金用于维护和更新系统。此外,村里还成立了水资源管理委员会指导统筹用水。

看到这些变化,塞雷塞达深有感触地说:“有了水之后,丘贡戈村道路两旁种上了树木,村里开始养牛养羊,种上了蔬菜,很多背井离乡的人重返故土。水让这个渔村重新活了过来。”

(4)通过仿生技术使空气取水效率提高五倍以上。2013年9月,美国麻省理工学院一个研究小组,在美国化学学会出版的《朗缪尔杂志》网络版上发表研究成果称,他们运用仿生技术,研究出一种新的雾气取水系统,可以将取水效率提高5倍以上。

多年前,研究人员通过对存活于干旱和沙漠地区植物和动物的生存研究发现,这些生物体均具有从短暂飘过的雾气中获取水的能力。据此原理,过去17年来,许多从雾气中取水的装置纷纷被制造出来。但如何使这种装置的取水效率达到理想状态，仍然让人困惑。

从空气雾气中取水的基本原理是编织一张超大网络，让空气中的细小水珠遇到网线后凝聚成大水珠而被收集。该研究小组经过对比仿生研究发现，决定雾气取水效率的因素有三个，即网丝的粗细、网丝间距的大小和网丝表面的涂料。现有技术装置，主要是由聚烯烃材料编织的网络，虽然此网编织起来简单易行而且价格便宜，但往往因为网丝过粗、网眼过大等，结果不理想，只能在轻雾状态下获得2%的取水率。

研究人员发现，有些沙漠昆虫(如南部非洲纳米布沙漠的甲壳虫)身体上雾气取水的网丝表面是坚硬的，这种具有渗透性功能的网状结构，之所以具有很高的取水率，主要是因为风吹使雾珠围着网丝表面旋转而凝聚。他们因此采用比头发丝粗3到4倍的不锈钢作为网丝编织网络，网丝之间的缝隙约2倍于网丝，并在网丝表面涂上一种容易让水珠下沉的化学涂料，减少网丝交会角滞留现象发生，并让在网丝上形成的雾珠向下流进底部得到收集。这种称为“雾珠采集系统”的垂直网丝结构，在轻雾条件下可以让系统获得10%以上的取水率，如果将网络叠加使用，还可以得到更大的取水率。

目前，该系统已经被安置在智利北部阿塔卡玛沙漠边缘的沿海山区，每平方米网格每天一般可以获得几升饮用水；在强风和空气湿度好的季节，每天甚至可以获得12升以上饮用水。

3.通过云烟取水增加可用水资源

(1)发明从云中取水的人工降雨新方法。2005年7月，南非《星期日时报》报道，人工降雨是增加可用水资源的有效办法。传统的人工降雨方法，通常是通过向云内播撒碘化银或干冰(固体二氧化碳)等，使水滴凝结长大，最终成为雨水降落地面。而南非科学家，最近发明的一种新方法，比传统技术便宜高效，已经获得世界气象组织的大奖，正在推广实施。

世界气象组织的专家说，南非科学家的新方法实施起来有点像空战。在进行增雨作业时，气象飞机会在尾部燃烧盐的结晶体，紧贴着积雨云拉出一道长长的“火龙”或“火雾”，场面蔚为壮观。试验结果显示，这种“水火交融”的新方法，要更加有效果，一次作业所“挤出”的水量，是传统的人工降雨方式的两倍，而且不会产生多余的废物，人工降雨后对过往的飞行器没有任何影响。

这项发明的另一项优势是成本低，每立方厘米只花费四分钱，这也是气象专家对此情有独钟的重要原因。专业人员还对科学家专门为此开发的雷达跟踪软件也赞不绝口。

南非科学家的这项研究，是在阿拉伯联合酋长国的资助下完成的，阿联酋常年干旱，气候条件亟待改善。目前，世界气象组织已经拨款120万兰特(1兰特约合1.2元人民币)，作为对这项新发明的奖励，专门用于推广应用。

据悉，阿联酋、美国、墨西哥、印度等国已经开始应用该技术。但由于种种原因，南非的人工降雨新发明在干旱的南非却没有得到及时应用。目前，水利和林业部门，正在紧锣密鼓地研究，如何在干渴的南非大地发挥它的潜力。

（2）发明从工厂烟气中取水的新技术。2011 年 7 月 19 日，荷兰电力试验研究所发布新闻公报说，该研究所率领的一个国际团队发明了一种新技术，可以从工厂排放的烟气中回收出大量的水，此技术将为节约水资源做出贡献。

研究人员经过 10 年的研究，借助膜技术的突破，改善了可大量捕获水蒸气的气体分离膜，使得从工厂排放的烟气中回收大量水成为可能。

在荷兰和德国的工厂中进行的试验已证实，新技术至少能回收烟气中 40% 的水。据此测算，一座 40 万千瓦发电站的年节水量，相当于西方国家约 3500 户家庭的年用水量。

研究人员说，采用上述技术回收的水质较高，不仅可作为工业用水，也可用作消费用水。

二、合理利用水资源的新进展

1. 合理利用水资源研究的新发现

（1）研究发现合理利用水资源可缓解粮食危机。2009 年 5 月，瑞典斯德哥尔摩大学，与德国波茨坦气候影响研究所等研究人员组成的一个研究小组，在美国《水资源研究》杂志上报告说，如果人类能够合理管理和科学利用各种水资源，将能缓解全球未来可能出现的粮食危机。

报告指出，目前人类对水资源的管理和利用，往往更多地考虑“蓝水”，即来自河流和地下水的水资源，而忽视了“绿水”，即源于降水、存储于土壤并通过植被蒸发而消耗掉的水资源。这使人类应对水资源匮乏的措施受到限制。

该研究小组对地球的“蓝水”和“绿水”资源进行了量化分析。电脑模拟结果显示，到 2050 年，全球 36% 的人口，将同时面临“蓝水”和“绿水”危机。这意味着，这些人口将因缺水而无法实现粮食自给。

报告说，为了应对因水资源匮乏而导致的粮食危机，人类在合理管理和科学利用“蓝水”资源的同时，也要对“绿水”资源进行科学管理和合理应用。全球变暖加剧和人类需求增加，将导致全球 30 多亿人面临严重缺水，如若科学利用“绿水”资源，不仅能大大减少面临缺水的人口，而且在“蓝水”资源缺乏的国家，人们依然能生产出足够的粮食。

报告建议，为更有效应对水资源危机，人类应大力研发“绿水”资源利用技术，并在此基础上建立更能适应气候变化的农业系统，以应对未来可能出现的粮食危机。

此前研究发现，在全球的总降水中，有 65% 通过森林、草地、湿地等蒸发返回到大气中，成为“绿水”，仅有 35% 的降水储存于河流、湖泊，以及含水层中，成为“蓝水”。

(2)研究发现水荒将成全球未来主要隐忧。2013 年 12 月,德国气候影响研究波兹坦学院院长汉斯·乔阿钦·施勒恩胡伯领导的一个研究小组认为,虽然许多研究人员都曾模拟过全球气候变暖的各种现象,然而变暖对于人类社会,以及重要的自然资源,真正意味着什么,却缺乏一个综合的评估。于是,他们在 2012 年发起研究跨部门影响模式互补的计划。此举旨在产生一组基于同一套气候数据的统一的全球影响报告,这将是第一次让各种模型可以直接进行比较。日前该计划通过 4 个报告在美国《国家科学院学报》上发表了最初的研究结果。研究表明,无论是通过水荒、粮食减产或是极端天气,即便适度的气候变化,也能够对数十亿人口的生活环境产生剧烈影响。

研究小组警告说,水是最大的隐忧。如果全世界比当前温度平均水平升高 2℃,多达 1/5 的全球人口将面临严重水短缺,而这种局面,从现在的情况来看,到 2100 年将是不可避免的。

施勒恩胡伯说:“水,以及所有依赖于水的因素——从食物到环境卫生到公众健康,是气候变化的一个象征性方面,能够促使人们立即对此有所觉察。”

为了评估一个更温暖的世界对人类意味着什么,来自 12 个国家的 30 个研究团队,利用一套温室气体排放标准场景,开展了数千项模拟。研究人员根据一套全球水文学模型,连同 5 个最先进的气候模型,预测了未来的水资源可利用量。

多模型评估结果表明,在一些较为脆弱的地区,伴随着人口增长,气候变化将显著增加水短缺问题。建模者发现,气候造成的蒸发、降水和流量变化,将导致每年用水量不足 500 立方米的人口数量增加 40%。人均年用水量不足 500 立方米,是通常用来代表“绝对”缺水的一个阈值。

研究人员指出,各个模型之间的差异很大:一些模型显示,全球缺水的地区将增加一倍,而其他预测只有轻微的变化。

并未参与该项计划的瑞典斯德哥尔摩大学水资源专家、斯德哥尔摩应变中心主任约翰·罗克斯托姆表示,尽管有些模棱两可的地方,但这些研究使得气候风险分析大体上更加有效。他说:“影响模型将永远无法提供,最终对一个城市或沿海气候防护很重要的细节。但它们可以被视为脆弱的地区和国家正在面对的严重问题的第一个近似值。”

那些面临水荒的最危险的地区,包括美国南部、地中海和中东。相比之下,印度、热带非洲,以及北半球的高纬度地区,预计在温暖的条件下将出现更多的降水。

此外,干旱可能在南美洲的某些地区、欧洲中西部、中非和澳大利亚变得更加频繁和严重。关于洪水的威胁并不是很明确,但来自全球水文学研究的河道水流模拟,以及地表模型表明,全世界有超过一半的地区水灾风险将增大。

2. 监控和管理水资源的新成果

(1)发明可以监控水资源中有毒物质的机器人。2004 年 9 月,美国媒体报道,卡内基-梅隆纳米机器人实验室负责人，梅汀·思狄教授发明了一架微型机器人，不仅状似蜘蛛，而且还能像蜘蛛一样在水面上行走。有关专家表示，这个能在水面上行走的机器人，足以称得上是一个机械奇迹。

思狄是从大自然和麻省理工学院若干研究成果中得到灵感，从而发明制造出这个微型机器人的。

这虽然只是一个机器人原型，但一些研究学者认为这个水上机器人，可能有许多潜在用途。比如，装配上化学传感器，它可以监控水资源中的有毒物质；装配上照相机，它可以成为间谍或者探险器；装配上网丝或者机械手，它可以清除掉水面上的污染物，如此等等。

（2）绘制出地下深层水流分布图。2011 年 1 月，加拿大不列颠哥伦比亚大学的研究人员，在《地球物理通讯》上撰文称，他们首次绘制出地表下流经岩石和沉积物的地下水流分布图，并发表了绘制的地图和相关数据。这项成果，有利于准确评估地下水对气候的影响，有利于加强水资源的管理，也有利于更深入地了解地质的演变过程。

研究人员表示，这是世界上第一张全球范围近地表面渗透性的图像。与过去绘制的地下水流分布图相比，它参照了深度更深的岩石形态数据。加拿大研究人员，使用了德国和荷兰科学家提供的，最新世界范围岩石形态调查研究成果。这些成果，保证了他们在绘制渗透性地图时，可以把深度达到地表下 100 米左右。而过去的渗透性地图，只涉及地下 1～2 米，且只涉及部分区域。

（3）开发能帮助预测水系未来变动的模型。2014 年 3 月，瑞士苏黎世联邦理工学院博士生陈嘉俞及同事，与美国研究人员一起组成的一个研究小组，在《科学》杂志上发表研究成果称，他们设计出一个可预测水系未来变动的模型。江河是天然的分界线，但江河川流不息，却非亘古不变，因此了解水系的稳定性，对合理利用水资源，以及对未来的生态学及环境保护都具有重要意义。

陈嘉俞说，从高空往下看，河流就像无数树木覆盖着陆地的表面，这些河流的枝干夜以继日刻画着地表的山与谷。而河流能维持在目前的位置多久，却是科学界一直未能回答的重要问题。

该研究小组开发的预测模型，把重点放在分水线上。分水线是流域四周不同水流方向的界线，分水线两侧的降水，分别注入两个流域，如秦岭的山脊线即是长江和黄河的分水线。如果在分水线某一侧河流的侵蚀速率，快于分水线另一侧，则会导致地貌不平衡，分水线就必须变化以重新达到平衡。

但直接测量各河流的侵蚀速率并不是件容易的事，有些缺乏定年材料的地区速率，更无从得知。由于河流的侵蚀速率，与其集水区的面积和河道的坡度有关，而这些信息可以轻易地从地形数据分析获得，他们利用此关联并假设河流的侵蚀速率，与地表的抬升速率相等，推算河流平衡时的理论高度。若一分水线处于稳定状态，则其两侧河流此高度将会相等，否则会有差异，借由此高度的差异，即可得知河流未来移动的方向。

研究人员挑选了中国内地的黄土高原和中国台湾中央山脉东翼,以及美国东南岸 3 个地区验证这一模型。研究表明,黄土高原上汇入黄河的两条支流,及其周围地貌,似乎已经变得相对稳定;而在年轻且地壳构造运动活跃的中国台湾中央山脉东翼一些地区,以及美国东南岸的一些河流网络,仍处于不断变动之中。

陈嘉俞认为,此研究发现,河流的变动比过去所想象的还要活跃。他说,这一模型,"使我们能够知道一地的地貌是否达到平衡状态,找到过去曾发生变动但尚未达到平衡的地区,以及预测未来变动的方向,并可应用在构造运动、气候、河流生态学、物种迁移及生态系统演变等与地形相关的研究上"。

3. 节约利用水资源的新技术

(1)大力发展和推广农用滴灌节水技术。在以色列节水技术中,农业用滴灌技术是其一大杰作。据以色列驻华大使馆提供的资料,包括耐特菲姆(Netafim)公司在内的以色列企业,掌控着全球滴灌技术市场销售额的一半以上。以色列本土约 60% 的农田都使用了滴灌方式,而在美国的使用率只有 6% 。

实践证明,滴灌有许多好处,例如,水可直接输送到农作物根部,因此比喷灌节水 20% ;在坡度较大的耕地应用滴灌不会加剧水土流失。另外,从地下抽取的含盐浓度高的咸水或污水经处理后的净化水(比淡水含盐浓度高)可用于滴灌,而不会造成土壤盐碱化。

特别值得一提的是,包括滴灌方式在内的以色列所有的灌溉方式,都可以采用计算机控制。据以色列专家介绍,计算机化操作可完成实时控制,也可执行一系列的操作程序,完成监视工作,而且能在一天里长时间地工作,精密、可靠、节省人力。在灌溉过程中,如果水肥施用量与要求有一定偏差,系统会自动关闭灌溉装置,并做出相应调整。

计算机系统还允许操作者预先设定程序,自动进行间隔性地灌溉,同时通过埋在地下的湿度传感器传回有关土壤湿度的信息。还有一种传感器,它能通过检测植物的茎和果实的直径变化,来决定对植物灌溉间隔的时间,当需要灌溉时,它会自动打开灌溉系统进行操作。

以色列化肥制造商,也千方百计地开发出可溶于水的产品,因此施肥可与滴灌同时作业,既提高生产效率,也节约成本,使滴灌技术趋于完善。

(2)研制出减少水资源浪费的封堵水管渗漏技术。2009 年 12 月,特拉维夫媒体报道,以色列库拉管道公司,开发出一种封堵水管细微裂缝或小孔的技术,可有效减少因水管渗漏造成的水资源浪费,具有广泛的应用前景。

该公司在现有水管清洁技术基础上,开发出这种防渗漏新方法。通常,水管理部门清洗水管时,会将一些小海绵体放入管中,利用水压推动它们在管内穿行,以达到清除管内水垢或其他沉积物的目的。

为了封堵渗漏,研究人员开发了一种特殊装置,以两个海绵体为一组,中间为密封胶;将其放入水管后,遇有裂缝或小孔时,该装置能将密封胶注入其中,待固化后即可封住小孔。研究显示,利用该技术可减少渗漏 30% 。

由细微裂缝或小孔导致的水管渗漏,因渗水量很小,一般不太引起人们的注意。但这些看似微不足道的渗漏,造成的水资源浪费却十分可观。据世界银行估计,全球每天从水管小孔中渗走的水达 880 亿升,这种情况,无论在发达国家还是在发展中国家,都普遍存在。目前,大部分水管理部门,只把这种现象看作供水过程中难以避免的损耗,而不是检查现有基础设施或更换新的水管。即使采取措施,也只是通过降低水压减少渗漏,但这些简单方法,并非总是十分有效,而如果专门检修,则费用昂贵。

库拉管道公司首席执行官彼得·帕兹表示,现有水管探测装置,一般只能发现较大规模的渗漏,针孔渗漏很难发现。他们研发的技术较好地解决了这一问题。下一步,他们准备将这一技术用于天然气管道,这对减少能源损失和温室气体排放都有现实意义。

三、净化饮用水的新技术

1. 饮用水净化技术的新进展

(1)开发把生活污水变成纯净水的"新生水"技术。新加坡淡水资源严重短缺,每年大量从邻国马来西亚购水。为避免供水危机,新加坡决定大力发展海水淡化和污水再利用,"新生水"技术项目就是在此基础上得以快速发展的。

新加坡的新生水技术主要利用微过滤和反渗透两项先进技术。整个新生水的生产过程分为三步:一是用微过滤把污水中的粒状物和细菌等体积较大的杂质过滤出来;二是用高压将污水挤压透过反向渗透隔膜,将已溶解的盐分、药物、化学物质和病毒等较小杂质过滤出来;三是再经过紫外线消毒。这样,就得到了可循环利用的新生水。

其中,反向渗透隔膜技术是生产新生水过程中的主要技术。反向渗透隔膜的微孔非常小,能挡住细菌、病毒和化学物质。有人推算过,如果把反向渗透隔膜、水分子和污染物都放大 1 亿倍,那么反向渗透隔膜微孔的体积有网球大小,细菌的体积相当于一幢两层楼,病毒的体积相当于一辆大卡车,受污染的化学物质和药物体积有足球大小,都无法通过微孔。而水分子的体积如同乒乓球,可以通过微孔。

经过专家鉴定,新加坡生产的新生水各项水质指标,都优于目前使用的自来水,清洁度至少比世界卫生组织规定的国际饮用水标准高出 50 倍。

新加坡从 20 世纪 70 年代开始,开发污水再生相关技术。2002 年 8 月 9 日国庆日,新加坡正式宣布新生水技术开发成功。在这天,每个参加新加坡独立 37 周年庆典活动的人,都得到一瓶新生水作为礼物,数万人共饮新生水庆祝新加坡 37 岁生日,这也传为佳话。

新加坡新生水项目进展迅速，到 2005 年建成 3 座新生水水厂，每天提供 9 万立方米的新生水。到 2006 年年底，建成第四座新生水水厂，它的规模超过其他 3 座新生水水厂的总和。到 2011 年，每天供应新生水已上升到 25 万立方米，能够满足全国用水总需求的 15% 以上。

由于新生水的来源是洗浴等生活污水，其中还包含抽水马桶的污水，如何让市民克服心理障碍加以接受，是新加坡政府非常关注的事情。政府反复强调，新生水主要是用于工商业非饮用水供应。目前，新生水主要应用于芯片制造、制药等需要高度纯净水的工业，以及工商业建筑中的冷却系统用水。

据悉，新加坡从 2003 年 2 月开始，尝试着把小量的新生水注入蓄水池，与天然水混合后送往自来水厂，经进一步处理后成为饮用水。但其比例不到全部饮用水的 1%。新加坡的目标，是在 2013 年左右把这个比例提高到 2.5%。

(2)研制出有重大突破的饮用水纳米除砷技术。2005 年 1 月，有关媒体报道，美国马萨诸塞州欧文·博伊德任总裁的一家私有企业，其核心业务，是开发和生产能够既安全又经济地去除水中金属和金属化合物的专门技术。从 1994 年以来，该公司已获得多项专利，并在帮助全球范围内的企业减少污染方面，获得多个奖项。

近日，该公司成功研制出一种有重大突破的饮用水纳米除砷技术。将获专利的此项新技术已在美国西南部进行多次现场试验，并成功地展示了其处理能力和效果。该公司的纳米技术不仅应用于饮用水除砷，还应用在半导体废物及冷却塔用水的除砷方面。它一直是牙科废物、医疗废物、医疗废物焚烧炉、临床分析仪废物、地下水、实验室废物等领域，除汞技术领先的开发商。

矿物质从风化的岩石和土壤中大量脱落，使得砷广泛地分布于地壳当中。砷无色又无味，剧毒，能够致癌。经证实，长期饮用含砷的水，将会导致皮肤癌、肺癌、尿道癌、膀胱癌和肾癌。

在美国，有 4000 多个城市的饮用水中，砷含量超过每升 4 微克的污染物最高含量。另外，据估计，美国 1400 万有自备水井的家庭，都面临污染物含量超标。

欧文·博伊德表示，此项除砷技术，结合了离子交换介质的所有优点，以及纳米粒状铁介质经过科学验证的良好性能。该技术的主要优点，在于它的高度可选性，并且由于高分子的耐久性它无须回洗。这就意味着该技术操作简单、经久耐用。它已通过美国 NSF－61 测试认证，批准用于饮用水系统。

(3)开发出可清除病毒的饮用水处理新技术。2007 年 3 月，美国特拉华州立大学，农业与自然资源学院和工程学院的一个研究小组宣布，他们开发一种能去除饮用水中有害微生物的新技术。新技术方法成本低廉，能够除去饮用水中 99.999% 的病毒。

据介绍，研究人员是在目前的过滤工艺中，加用了具有较强化学反应性能的铁元素微粒，开发出新的水处理技术的。试验中，研究人员让 25 万个病毒进入采用了新技术的过滤系统,结果只有少量病毒能够渗出。研究人员称,由于采用铁元素,病毒等有害微生物的活动被抑制,而且不可逆转地被铁元素吸收了。

与目前采用的氯化水处理技术不同的是,新技术能够去除从大肠杆菌到轮状病毒等有害病原体。由于病毒比细菌还要小,大小只有约 10 纳米,病毒变异快,加之它又能抗氯化处理,目前的氯化法难以去除饮用水中的病毒。

研究人员说,由于所使用的铁元素可以很容易得到,新技术方法成本非常廉价,在水处理工业,特别是保障饮用水安全方面具有广泛的、重要的应用价值。新技术能以合理的成本解决目前水处理工业的难题,即如何在对饮用水消毒的同时减少和控制微生物病原体。同时,新技术能够去除地下水或饮用水中其他有机物及其副产物,如腐殖酸等,在消毒过程中腐殖酸能够与氯反应产生多种有毒物质。

从更广泛的意义上说,新技术能够显著地改善全球特别是发展中国家人口的饮用水安全问题。据世界卫生组织统计,全球每年有 10 亿人缺乏安全的饮用水,不少人特别是儿童因饮用水不清洁而患病甚至死亡。此外,新技术还可用于农业领域,以保证食品安全。新技术与农产品包装处理车间的水洗系统相结合,可以帮助清洁蔬菜等农产品,保证有些农产品上市后就可食用。另一方面,新技术可以对水洗系统用过的水进行循环处理和利用,并阻止病毒感染其他农产品。

目前,研究人员已就新技术申请了专利。新技术也已引起水处理工业界的兴趣。全球水处理领域知名的机构——加拿大卡尔加里水处理技术中心,准备将这一新技术,应用于一些便携式水处理设备上。

(4)发明用生物滤膜净化雨水的新技术。2011 年 3 月 24 日,《耶路撒冷邮报》报告,以色列的研究人员亚龙 · 诚尔博士,发明了一种应用生物滤膜净化雨水的新技术。这项技术的问世,将有助于以色列解决饮用水资源短缺的问题。

以色列每年有近 20 万立方米的雨水,排入大海。而实验证明,收集到的雨水含有多种有毒物质。污染了的雨水排入大海后,进一步污染近海水域。

这项技术的核心部位是生物滤膜,它由好几层构成,最上层是由具有净化作用的植物组成,底层是由能促进水质净化的厌氧细菌组成,整个系统协同工作,能有效地净化雨水并除去包括重金属离子、有机残留物和土壤颗粒等粒子。经检验,净化后的水各项指标均符合饮用标准。

(5)开发出能够过滤水中硝酸盐的技术。2011 年 12 月,有关媒体报道,以色列希伯莱大学伊苏姆技术转移公司纽斯诺维奇负责的一个研究小组,开发出一种能够过滤水中硝酸盐的技术,可用于清除水井或地下蓄水层中过量的硝酸盐。

研究小组使用的过滤物质,由一种特制生物聚合物组成。这种外形看上去很像泡沫塑料的白色小圆珠,里面含有能"吃"掉水中硝酸盐的细菌。把它投放到水井或地下蓄水层后,可以在规定时间内溶解,把水中过量的硝酸盐清除掉。

随着人口的增加，为提高粮食产量，对化肥和堆肥的需求不断增长，当它们随雨水渗入水井或地下蓄水层后，就会导致水中硝酸盐含量升高，使水质受到污染，这是发达国家和发展中国家都面临的一个问题。

据调查，以色列地中海沿岸地区，水井中硝酸盐超标的现象也很突出。水中硝酸盐无色无味，通常只有通过检测才能探测到，饮用这种水会对孕妇和新生儿健康构成威胁。由于用反渗透法清除硝酸盐成本太高，解决这一问题还没有一种有效的方法。

以色列研究人员表示，他们研发的这项技术环境友好、无毒，现正处于原型阶段，下一步他们将检测在大面积水域中的效果如何，并希望能找到合适的合作伙伴，建立实验点现场进行处理。此外，该技术也可用于化肥厂、农业加工厂和造纸厂等。许多水基础设施公司对此都表现出很大兴趣。

2. 饮用水检测技术的新进展

（1）开发出检测饮用水中镭元素的新方法。2007 年 9 月，美国乔治亚理工研究所环境辐射中心的贝尔恩德·卡恩，与化学家罗伯特·罗森等人组成的一个研究小组，开发出一种有效检测饮用水中镭的方法，这种方法可以显著减少测试时间。

研究人员表示，呼吸吸入、注射、食道摄入，或者身体暴露于相对大量的镭中，都会导致癌症和其他的疾病。美国环保署已经批准这种新的测试方法，它只需要两个步骤：首先，将盐酸和氯化钡加入到水样中，加热至沸腾，再加入浓硫酸，反应后收集镭的沉淀物，干燥并称重；最后利用伽马射线光谱系统分析检测沉淀物中镭-226 和镭-228 的含量。

罗森说，利用原始方法检测一种类型的镭元素，需要四个小时，检测镭-226 和镭-228 就需要 8 个小时。而我们这个新的方法，可以实现两种同位素的同时检测，而且主要技术只要花费半个小时。

（2）开发出能确定饮用水中所含细菌的 DNA 检测技术。2013 年 9 月，有关媒体报道，英国谢菲尔德大学凯瑟琳·比格斯教授主持的一个研究小组，开发出一种 DNA 检测技术，用以确定饮用水中所含细菌的具体种类。

研究人员发现，水管中几种常见细菌结合体，可以形成一种生物薄膜，成为其他可能对人体更为有害的细菌繁衍的“温床”。

研究人员把 4 种细菌分离出来，并发现其中任何一种细菌都无法独立形成生物薄膜。但是，当这些细菌与任何一种甲基杆菌属细菌混合在一起时，就可以在 72 小时内形成生物薄膜。

比格斯说：“我们的研究结果表明，这种细菌可以起到桥梁的作用，使其他细菌与其表面接合并产生生物薄膜。很可能不只这一种细菌能起到这样的作用。”

研究人员表示，这意味着，人们可以通过确定这些特定菌种，来控制甚至阻止饮用水中这类生物薄膜的形成，通过这种方式，就可以减少水处理中所添加的化学试剂含量。目前,净化饮用水的措施,就像是在不清楚究竟感染了何种细菌的情况下滥用抗生素。尽管这很有效,但需要大量使用化学试剂,并使消费者在一段时间内暂时无法用水。目前的测试方法,要花很多时间才能得出结果,而在此期间试样中的细菌已经开始繁衍。

比格斯说:“我们现在进行的 DNA 测试研究,将能提供一种更快、更精密的替代方法,让自来水公司能够精准地确定供水系统中发现的菌种,并有针对性地进行处理。”

(3)推出几分钟测得精确结果的快速饮用水检测技术。2013 年 10 月,德国弗劳恩霍夫应用固体物理研究所,发表研究公报称,该所一个研究小组利用激光技术,推出一种饮用水快速检测法,仅需几分钟就可得出检验结果。

研究人员表示,一种特殊的红外线激光器,可对自来水厂的饮用水样本进行自动分析。这种激光器的体积仅为鞋盒大小,其工作原理是,每种化合物分子都有特定的吸收光谱,用红外线激光照射水样本,并分析其吸收光谱,就可以确认化合物的种类。

这套红外线激光器已在德国黑森林地区的金齐希河自来水厂进行试用。在 6 周的时间里,这套仪器每隔 3 分钟就会对饮用水样品进行自动检测,共进行了约 2.1 万次检测,结果非常精确。

除对饮用水进行日常检验分析外,这套仪器和技术,还能快速检验出水中的危险物质,这将有助于政府部门对水污染事件作出快速反应。

四、净化饮用水的新材料和新设备

1. 净化饮用水的新材料

研制出用来净化饮用水的低成本砷吸附剂。2004 年 12 月,有关媒体报道,摄取大量的砷,可导致各种癌症和其他疾病的发生。如果把饮水中的砷含量限制在很低水平,则需耗费巨额资金。而美国桑迪亚国家实验室一个研究小组研制的新型砷吸附剂,有助于降低成本。

为制造能够吸附砷的化学物质,该研究小组采取了以下步骤:首先,选择已知的能吸到负电荷的原子团,即阴离子的矿物族,例如含有砷的化合物砷酸盐。接着,他们利用超级计算机模拟技术,快速评定这些矿物的上千种变体及化合物捕捉和吸收砷的能力。最后,选出一些有希望的矿物,将其称作特殊阴离子纳米处理吸附剂。

目前,研究小组正在实验室里,验证这种纳米吸附剂对砷的吸附能力。他们让受砷污染的水流过纳米吸附剂,然后测定流出的水中砷的含量。

研究小组希望,在新墨西哥州阿尔伯克基的一座计划建造的城市净水厂,以及乡村社区的一些规模较小的供水系统,检验这些纳米吸附剂的功效。

2. 净化饮用水的新设备

(1)开发出不需要电力的超滤膜水净化装置。2004 年 11 月,印度媒体报道,位于印度孟买的原子研究中心脱盐部科学家,设计了一种极为经济的超滤膜水净化装置,用于家用水的在线处理,但是不需要电力。

超滤膜可以去除水里的细菌、悬浮物及大分子有机物,去除机理是完全的物理截流,可以完全依靠自来水压力来进行过滤。超滤膜的使用寿命取决于膜元件的结构,现有的超滤膜组件主要是卷式、毛细管式或中空纤维,这些结构都无法实现物理清洗。随着膜面沉积物的增加,膜性能会日益减退。

孟买脱盐部的水净化技术,采用了柱状结构,没有这种限制。超滤膜是细菌和悬浮物的绝对屏障。在净化器中还有活化无烟煤,可以去除水中的色度、味道、有机物及余氯等污染物。

这种超滤装置由两部分构成:膜柱——在多孔聚丙烯上涂敷了聚醚砜超滤膜和装有进水口及出水口的塑料或不锈钢外壳。在膜柱和外壳中间的空间中,填充了镀银活化无烟煤。这种膜水净化装置采用全量过滤模式,水浪费率为零。膜柱轴向安装在其中。外壳的开启和闭合非常方便,这样就可以进行维护,清洗膜或更换掉。

孟买脱盐部的超滤组件在家用水净化应用中有许多优点。可以完全除菌、去除浊度,产出洁净的饮用水;体积小、价格便宜,在水龙头上安装即可;没有电耗、无须加药;安装极为方便;与紫外杀菌和化学处理完全不同,超滤只是一种物理过滤,在处理水中不会有微生物残体。

这种柱状的滤器结构可以进行物理清洗,膜元件可以反复使用多次,聚砜膜可以进行次氯酸和碱处理。利用自来水压力,运行成本基本没有。维护也只限于不会经常发生的膜清洗。

目前,这种技术已经在多家公司扩散。研究人员希望进一步扩大这种技术的应用面,比如与洗衣机结合使用,多次使用洗涤剂溶液。

(2)发明化废水为饮用水的“生命吸管”。2006 年 10 月,丹麦维斯特格德·弗兰德森公司,发明了一种戴在脖子上的“生命吸管(Lifestraw)”,它可以把污水净化为饮用水。

“生命吸管”实际上就是一根长 25 厘米,直径 29 毫米的塑料管子,里面装有 7 种过滤器,包括网眼直径 6 微米的网丝、注入了活性碳和碘的树脂。

“生命吸管”的操作很简单,只要把这个塑料管子伸进水里,并将水通过 3 个过滤器吸上来就可以了。当使用者通过它来吸水时,污水首先碰到的是两层纺织过滤器,能够除去较大的杂质和部分细菌。然后水将进入一个隔间,在这里碘会发挥作用,杀死细菌、病毒和寄生虫。最后的一个隔间充满了活性炭,它可以去除前面没有去掉的寄生虫,而且还可以消除大部分碘的味道。

这种简易净水器可以缓解水源污染地区的用水困难,能为飓风、地震或其他灾难的受害者提供安全的饮用水,还可以成为人们周末外出旅游随身携带的“装备”。

不过,“生命吸管”并非完美无缺,它无法过滤能够导致肝炎等疾病的细菌,也难以过滤砷等金属。

(3)研制出瓶塞式净水器。2007 年 3 月,有关媒体报道,位于本·古里安国际机场高技术园区的沃特希尔公司,是一家仅有 5 名雇员的高技术创新公司,但他们研制的水处理技术,却是一种成本低、处理速度快、体积小的新一代水处理技术装置。

这套系统被冠以希腊神话苏莉斯(Sulis)女神之名,即“苏莉斯个体净化系统(PPS)”。这个携带处理污水所需要的药物成分的装置,只有 10 克重,7 厘米长。像一个软木塞一样,可以套在瓶子、容器和水龙头的出口处。当瓶子(容器)里的脏水流经处理器时,可以得到快速和有效的清洁,之后流出来的水,则变成了可以直接饮用的清洁水。

这种净水器可以净化受到有机物、生物和化学污染的水质,工作速度很快,而且不需要外来能源保证它的运行。它比其他净水装置更加经济、快捷,过滤后的水没有异味。对于缺水国家的居民、旅游者、登山者和野外作战难以找到干净水源的士兵来说,可谓大有用处。

公司总裁尧西·桑达克说,“苏莉斯”以相当于一杯咖啡的低廉价格,为消费者提供了一种实用的净水装置,而且使用寿命长,一个“苏莉斯”可以净化 1000 升水。

(4)研制出可同步除盐的便携净水装置。2013 年 9 月,美国麻省理工学院、新加坡科技设计大学等机构研究人员,共同组成的一个国际研究小组,在《自然·通讯》上发布创新消息说,他们用纳米材料研制出一个如茶壶般大小的便携式净水装置,该装置不仅能滤掉水中的污染物,还能去除含盐水中的盐离子,为下一代便携式水净化设备,铺平了道路。

该研究小组中的韩昭君博士说,这种装置中,集成有一块经过等离子体处理过的碳纳米管增强水净化膜,将污水倒入一端,另一端出来的便是干净的饮用水。该装置可充电、价格低廉,并且比许多现有的过滤方法更有效。

韩博士说:“在一些发展中国家和偏远地区,小型便携式净化装置正日益被视为最好的满足清洁用水和卫生设施需求的方式,可以最大限度地减少罹患许多严重疾病的风险。”

他承认,一些较小的便携式水处理设备也已经存在。然而,由于它们依靠反渗透和热工过程,能够去除盐离子,但却无法将一些河流和湖泊系统里发现的咸水中的有机污染物过滤掉。他说,“有时,咸水对于在偏远地区的人是唯一的水源。这就显示出这种新型设备的重要用途,它不仅能除去盐水中的盐分,也可以通过净化过程过滤水中的污物。研究表明,碳纳米管膜能过滤出完全不同尺寸的离子。这意味着,它能够把水中的盐和其他杂质离子一并去除”。

第二节　水体污染防治的新发现与新技术

一、水体污染防治的新发现

1. 发现海水的自净化机制

发现海水依赖硅藻可以自然净化磷的运行新路径。2008 年 5 月，美国佐治亚理工大学，地球与大气科学学院副教授艾勒瑞·寅高和他的博士研究生朱利亚·迪亚斯等人组成的一个研究小组，在美国《科学》杂志上发表研究成果称，他们发现一个可以自然净化海水中磷的新路径，这一路径有赖于硅藻的运行。

硅藻是一种生活在海洋、湖泊等水体表面的自养微生物。在研究过程中，研究小组收集了英属哥伦比亚省范库弗峰岛附近的生物体和沉淀物，用传统的光学显微镜观察后发现，收集物中的硅藻以多磷酸盐的形式储存着高浓度的磷。

寅高指出，长久以来，科学家们无法量化在海洋中磷的含量，以及河水冲刷到海洋的磷含量间的差别。他说，由于在以往的分析中这些多磷酸盐没有被复原，所以传统研究总是监测不到。没有人知道它们的存在，也没有人测量和处理这些样品，甚至也想不到要寻找它们。

研究小组成功地解释了磷元素如何从海面来到海底：随着硅藻从海面沉降到海底，它们把各种形式的磷元素，转化成为胞内磷酸盐的形式储存起来。得到初步结果后，研究小组转向美国阿贡国家实验室进行了更深入的研究。他们发现沉积物中的一些是多磷酸盐，一些是被称为磷灰石的矿物质，另一些则是这两种物质的中间状态。他们已经证明了磷酸盐和磷灰石之间存在着联系，下一步他们打算通过实验实现这两类物质的相互转化。

据悉，这一发现，不仅一定程度上解释了海水的自净化机制，还开辟了关于磷元素如何参与生物体繁殖、储存能量，以及生成物质等正常生命活动的研究新领域。

2. 水体污染防治的其他新发现

(1) 发现细菌毒素会引发污水处理工人呼吸及皮肤疾病。2005 年 9 月，荷兰丝米特女士为主要负责人的一个研究小组，经过研究发现，污水处理工厂的工人，长期受到细菌毒素的困扰，这些困扰会引起类似流感的症状，会导致呼吸困难和引发皮肤疾病。

研究小组对荷兰 67 家污水处理工厂的 468 名工人进行了研究，发现这些工人都患有咳嗽、呼吸短促和皮疹等疾病，还有些工人表现出了类似流感的症状，如头疼和浑身酸痛。研究小组对这些工人首先进行问卷调查，了解他们在过去一年内，遭受以上这些病痛的频率和严重程度。在接下来的一年中，研究小组让一些工人戴上便携式空气取样器，来监控他们对细菌内毒素的暴露程度。

研究结果发现，污水处理工人患有日常咳嗽、呼吸急促和哮喘的概率，要比其他荷兰人高出50%左右。另外，随着对细菌内毒素暴露程度的增加，这些工人的类似流感症状、呼吸和皮肤疾病都变得越来越严重。那些在污水处理工厂工作了20多年的工人，几乎都患有呼吸系统和皮肤疾病，而且情况愈发严重。

研究人员指出，导致工人患有这些疾病的罪魁祸首是从细菌中释放出来的毒素，不仅污水中的细菌含有这些毒素，而且人们用来清除污水中污染物质的药物细菌，也会释放这种毒素。工人们如果长期暴露于这些被称为细菌内毒素的细菌物质，那么他们会逐渐表现出更多患病症状。而且，不光工人和技师会容易得这些病，许多办公室人员也会不时暴露在细菌内毒素面前，从而引发呼吸系统疾病和其他症状。

丝米特女士表示，这项研究结果应该引起广大污水处理工人的重视，他们应该有权知道自己危险的处境，并做出相应的预防和治疗措施。丝米特还建议，污水处理工厂可以采取各种措施，来降低工人受到细菌内毒素侵害的风险，比如遮盖那些会释放细菌内毒素的机器，或者保持空气流通，让污水和淤泥中的细菌能及时排放到空气中去。

丝米特发现，虽然在这项实验中，工人们都戴着面具进行特殊作业，但是他们在不干活或进行日常的工厂清理工作时都不戴面具。然而，研究发现整个污水处理工厂，到处都布满了细菌布下的陷阱，因此她建议工人们无论什么时候都应该保护好自己，而不能够掉以轻心。

(2)发现屋顶绿化可能成为未来的水污染源。2013年12月，英国曼彻斯特大学博士生安德鲁·斯皮克领导的一个研究小组，在《环境污染》杂志上报告说，他们评估了绿色屋顶和传统屋顶之间的差异后发现，屋顶绿化有可能成为未来的水污染源。

绿色屋顶能够有效地净化空气污染，到现在为止，人们都认为土壤层和植被将捕捉到的污染粒子保存下来了。研究小组报告说，他们的研究显示，污染物能够顺着屋顶泄入雨水中并影响水质。

斯皮克说："绿色屋顶的雨水径流是绿色和黄色的，因此我们把样本送去进行重金属和营养元素浓度的分析。结果发现一些重金属的含量相当高。铜、铅和锌的水平都超出了环境质量标准。"

由于铅含量在传统屋顶和绿色屋顶的雨水送检样本中都很高，研究小组于是对铅的可能来源进行了更深入的调查。研究人员从绿色屋顶上取了一些土壤样本，也从传统屋顶的石板下收集了灰尘样本，发现其中的铅含量都非常高。

然而，附近并没有任何明显的重大铅源，研究人员据此认为，铅可能是使用含铅汽油的汽车多年来遗留下来的，因为屋顶建于20世纪70年代，那时含铅汽油还远没有被淘汰。不过，随着我们已经走向无铅汽油，现代绿色屋顶将不会再有这类重大的铅供应源了。

斯皮克认为:“这项研究最大的发现是,虽然屋顶绿化的确可以减少空气污染,但污染物可能会积聚起来,导致将来出现雨水径流水质下降的问题。”

研究人员建议,如果规划者打算进行屋顶绿化,必须注意房屋所在的位置。基本上在未来任何车源性污染,能够影响到雨水径流的地方,比如繁忙的高速公路或者市内高速公路毗邻处,都不应该安置绿色屋顶。

该小组还建议,应该对绿色屋顶所使用的培养基做更多的研究,例如生物炭,这种类型的木炭已经被证明可以避免营养物质从土壤中流失,并且有助于缓解重金属渗入雨水系统中的问题。

二、水体污染物理处理的新技术

1. 处理水体污染的筛滤截留新技术

(1)开发出低成本的印染厂污水处理技术。2005 年 9 月 5 日,孟加拉国英文日报《新世纪》报道,孟环境管理项目组主管伊克巴尔·阿里介绍说,他们最近开发出一项低成本的污水处理技术,能将印染厂排放出的污水中的沉淀物和液体分离。试验证明该技术成本低廉,十分有利于环保。

研究人员表示,该技术的特点是能使污水中的化学染色物质分离出来得以再利用。印染厂排放出的污水首先经过几层过滤后,其中 75% 的化学染色物质能被分离出来。这些沉淀物可烧制成泥,加入水泥混合后可制成砖块。

据介绍,经首次过滤后余下的污水被导入一个“芦苇床”进行再过滤。“芦苇床”是一种用砖片、沙子、小石头做成的多重过滤层的人工湿地。其上层是土壤层,种植了一些特定的植被。试验发现,孟加拉国一些典型的湿地植被对“芦苇床”中所含的可溶性污染物的吸收能力特别强。经“芦苇床”过滤后就能排放出干净的水。

阿里说,这个试验项目仅耗资 6900 美元。目前,孟政府计划将这一新技术推广到所有涉及大量污水排放的行业。

孟环境和森林部长塔里克·伊斯兰称,这一技术成本低廉,因此中小企业也都有能力使用。

(2)开发出用纳米膜过滤技术处理印染废水。2006 年 5 月,有关媒体报道,印度开发出用纳米膜过滤处理印染废水的方法,这是一种减少活性染料排放液污染的新技术。

纳米膜过滤技术利用的是反渗透原理,可将废水中的杂质去除,并可将水解活性染料从盐溶液中分离,且该盐溶液可再循环利用于下次染色,以减轻废水处理负担。虽然,把纳米膜级过滤技术大规模用于治理废水的投资费用十分巨大,但就该项目而言,有望在两年内回笼资金。

(3)发明“捞干”废液中金属的新技术。2008 年 1 月,日本岩手大学一个研究小组,在东京发布消息说,他们发明了一种过滤金属物质的新技术,几乎可以100%地从废液中过滤出金属物质。

这项新技术与以往活性炭过滤方法相比,它利用了日本东北部岩手地区特产的木炭和一种有机硫磺化合物,提高了过滤能力,可以把各种浓度的废液中的金属物质“一网打尽”。此外,新技术的应用成本减少了至少30%。

工业废液中往往含有很多金属元素,处理不好就会造成土壤和水污染。岩手大学的专家认为,这项新技术既有助于保护环境,又可以循环利用金属资源,一举两得。环保节能。

(4)发明像钓鱼一样回收污水中磷的新方法。2014年3月19日,德国弗劳恩霍夫应用研究促进协会发表新闻公报说,磷是水污染的原因之一,同时也是许多工业领域需要的原料。该协会“物质循环与资源战略项目小组”与德国多所高校合作,开发出一种新方法,可像钓鱼一样,把污水中的磷“钓”出来,回收后予以重新利用。

研究人员说,从水中“钓”磷的关键,是利用一类名为“超顺磁粒子”的特殊物质作“鱼饵”。超顺磁粒子在感受到磁场时,自己也会具有磁性;而当磁场撤去时,则会退去磁性。

研究人员对超顺磁粒子进行了改造,使之具有与磷酸根结合的能力,粒子在水中就会抓住磷酸根离子。这时使用磁铁,超顺磁粒子便会带着磷酸根离子从水中脱离,水中的磷就被去除。据介绍,此法也可用于分离污水中的有毒重金属等有害物质。

2. 水体污染物理处理的其他新技术

(1)发明以水立体吸附和去吸附控制为基础的新技术。2004年7月,有关媒体报道,生态环境污染问题,已成为制约经济发展的一大障碍。其中,水污染问题又成了头号环境污染问题。但是许多污水处理方法因费用高或达不到要求而成了摆设。那么,有没有某种比较经济而又高效的污水处理技术呢?

据悉,乌克兰“条理”公司,有一种“以水立体吸附和去吸附控制为基础的无反应剂污水净化技术”。研究人员表示,这项新技术已基本成熟。

它与现有各种方法相比,具有以下显著优点:耗电少,占地面积小,生产效率高,运行操作简便(只需1~2个人),不用反应剂、膜、滤器(沙滤器以外的)、凝结剂等耗材。工作温度范围广(从4℃~40℃),再生水复用率高,且绝对符合工艺用水技术要求,甚至能在经济上合算的条件下,产出制造最纯净单晶硅所需要的高纯工艺用水。因此,投资回收期短。

还有一个任何现有方法都不具备的优点——适用范围广。可应用于下列领域:电镀废液净化;冶金机械厂、炼油厂及煤矿等的废水净化;清除石油里的蜡、重金属离子、硫和水;畜禽养殖场的废水净化;城市污水净化;城市饮用水地表水源(引水处的水)的净化及海水淡化等。此外,该法还可用于:废油再生、生产超纯工艺用水及矿山选矿。

从所获得的工艺流程图上看,基本技术设备有光(紫外线)处理器、超声波处理器、磁处理器和电解器等,但具体使用哪些设备,要视具体的污水性质和污染程度而定。乌克兰"条理"公司的水处理设备分三类:较小量污水净化工艺和装置;用于大型工业企业污水、城市生活污水处理的巨量污水净化工艺和装置;用于城市生产自来水的巨量城市饮用水水源净化装置与工艺。

(2)尝试运用超声波技术处理废水中的污泥。废水经过初级和次级净化处理后,会有残余的污泥。这些污泥含水量高,需要加以浓缩和脱水,减轻重量和体积后,才便于丢弃或做填土之用。

2005 年 11 月,新加坡公用事业局在发布的年报中透露,公用事业局和南洋理工大学土木与环境工程系的专家一起,正在试验性使用超声波技术,来处理这些废水污泥,使其产生有用的生物气体。

这一技术的操作过程是,把电流通过转换器变成高强度的超声波,超声波传入废水污泥,产生数以百万计的微小气泡,气泡爆开时会撕破细菌的细胞壁,废水污泥接着进行厌氧消化,就可以更有效地处理掉里面的细菌。实验显示,先把废水污泥经过超声波处理,进行厌氧消化时,可以更有效地分解污泥和细菌,而且可以产生更多生物气体。这些生物气体就是甲烷,可以收集起来发电。处理过程不会产生其他副产品。

目前,新加坡乌鲁班丹污水处理厂正在测试这项技术。初步结果显示,污泥的分解效率提高了,生物气体的产生也增加了 30% 以上。因此,公用事业局将考虑在乌鲁班丹污水处理厂,全面使用这项技术。未来的其他污水处理厂,也可能会使用这项技术。

参与研究的邹光耀副教授说,用在环境工程领域的超声波技术还处于初步发展阶段。尽管其他区域的国家在利用超声波处理废水污泥方面有很多成绩,但是这些成绩并不适用于新加坡,因为新加坡的废水污泥成分与其他国家不一样。目前,他已确定一些超声波处理废水污泥技术的控制常数,例如超声波降解的时间、密度和浓度等。这些常数都是依据新加坡的废水污泥成分,经过无数次测试得到的数据。实验显示,经过超声波处理的污泥,在进行厌氧消化时的速度更快,消除有机物质的效率更高,能加强生物气体甲烷的产生,并可以改善甲烷的成分。

(3)试用气田污水安全回灌新方法。2007 年 1 月,乌克兰媒体报道,乌克兰科学院燃气所的专家,研究出并在某气田成功试验过了,一种新的安全处理气田开采伴生岩层污水的办法。

在气田勘测钻探和开采过程中,会产生大量对环境有害的废物,如灌浆止水用的钻探溶液、伴生岩层水及其他污水等。这些废物含有大量的各种盐类、有机物和矿物混合物,不能随便回灌到地表下浅层水或含水矿层里去。传统的做法是挖池储存或加以除污净化处理,但这两种方法,已不符合今天的环保和经济要求,例如,储存池要占用大量土地。

最有效的回填埋藏法是将伴生矿层污水回灌到其出处,即其原来所在的、采气作业已结束的矿层里去,这是一种让污水自流回灌的办法,并且有助于维持矿层压力。在自流回灌过程中,伴生矿层污水回集聚到气井附近,这样可以确保其回灌埋藏的安全可靠。根据这种新的思路,乌克兰专家在奥帕尔气田为期两年的试验中,回灌了1万多立方米的伴生矿层污水。试验情况表明,这种新办法能够确保无污染和防止出意外事故,并能减少污水处理费用。

(4)用声学检测技术快速测定深海漏油。2011年9月5日,伍兹霍尔海洋研究所科学家理查德·凯米利主持,学者克里斯·雷迪等人参与一个研究小组,在美国《国家科学院学报》上发表论文称,开发了多种先进检测技术和测算方法,集中在忙乱和压力的情况下获取准确且高质量的数据,对评估漏油的环境影响起了关键作用。

在2010年的墨西哥湾马康多油井泄漏事件中,为了精确检测漏油情况,凯米利研究小组开发了上述检测技术。研究人员表示,这里最重要的一种技术是测量液体流速的声学检测技术,置信度达到83%。研究人员在一种叫作Maxx3的遥感操作车上,安装了两种声学仪,一种是声学多普勒流速剖面仪,可测量多普勒声波频率的变化;另一种是多波速声呐成像仪,能在油气交叉部分形成黑白图像,从而分辨海水中涌出来的是油还是气。

凯米利介绍说,用声学多普勒流速剖面仪瞄准喷出来的油气,根据来自喷射的回声频率变化,就能知道它们的喷射速度。这些声学技术就像X光,能看到流体内部并检测流动的速度,在很短时间内收集大量数据。这一方法,可直接检测油井泄漏源头,能在石油分散之前,掌握整个原油流量,几分钟内就获得了8.5万多个测量结果。

凯米利还在漏油地点通过卫星连接,和研究小组其他成员共同分析数据,用计算机模型模拟石油喷出的涡流,估算出石油从管道中流出的速度。利用收集的2500多份原油喷射流出的声呐图像,计算出漏油喷发覆盖的区域面积,用平均面积乘以平均流速计算出泄漏的油气量。

此外,他们还用伍兹霍尔海洋研究所开发的,等压气密取样仪采集井内原油样本,计算井内油气比例,结果显示油井喷流中包含了77%的油、22%的天然气和不到1%的其他气体。这些数据让研究人员对流出的原油有一个预估,然后计算出精确流量。

据流量技术小组报告,自去年4月20日起到7月15日安全封堵,总共泄露原油近500万桶,平均每天泄漏5.7万桶原油和1亿标准立方英尺的天然气。通过精确计算,工程人员能更清楚海面以下的情况,从而设计封堵方案,计算需要多少分散剂,制定重新控制油井、收集漏油和减少环境污染的策略。

凯米利说，过去10年来，超深海石油平台从无到有，产油量已占到墨西哥湾的1/3，而且这种需求还在增加。这些新工具是我们超深海监控能力的证明，代表了流速研究方面的新发现和一种综合性的数据分析方法，提供了一种分析整个系统早期不确定性情况的硬性统计评估方法。

雷迪表示，这些新技术设备，有望用于将来的深海地平线钻井平台，帮助监控油井设施中可能发生的问题。

三、水体污染化学处理的新技术

1. 处理水体污染的投加化学药剂新技术

（1）通过投放磷沉淀剂净化湖泊水体。2005年7月，德国莱布尼茨科学联合会发表新闻公报说，其下属的水域生态学和内河渔业研究所的一个研究小组，开发出一项通过"固定"富营养化湖水中的磷，来净化湖泊的新技术，并认为，借助该技术，能够恢复这类湖中鱼类的正常数量。

研究小组选中德国北部的一处湖泊，作为长期实验地。净化前，湖水的富营养化程度很高，尤其是磷含量超标。吸收了大量磷的藻类持续疯长，而这些藻类的呼吸作用，及死亡藻类的分解作用，会消耗大量的氧，致使水体处于严重缺氧状态，造成鱼大量死亡。

近4年来，研究小组每到夏季就借助一种深水通风装置，把湖泊实验区的水体多次混合，并投放高效的磷沉淀剂。这种沉淀剂，是在铝酸盐和氢氧化钙的合成物基础上制成的，它能与溶解于水中及泥浆中的磷，发生化合反应，把磷持久地凝固在湖泊沉积物里，使藻类不会因吸收过多的磷而过度生长。经过研究人员的努力，如今湖水中90%的磷，已通过上述方式被"锁住"，湖水逐渐清澈，湖中鱼类的生活环境显著改善。

（2）利用蟹壳提炼的脱乙酰壳多糖清除工业废水中有毒物质。2006年2月，《日经产业新闻》报道，无论在生产还是生活中，蟹壳通常都被作为垃圾一丢了之。然而，日本东京工业大学一个研究小组，却能够把这种垃圾变成宝贝，他们从蟹壳中提炼的脱乙酰壳多糖，能有效清除工业废水中的有毒物质苯酚。

据报道，研究人员向含苯酚的工业废水中，添加遇热凝固的脱乙酰壳多糖，以及少量能使苯酚变成苯酚类化合物的酶。接着，将其加热到37℃～45℃，脱乙酰壳多糖受热凝固，并把苯酚类化合物和酶包裹其间。然后，研究人员滤去沉淀的脱乙酰壳多糖，并使其温度降到30℃以下，这时，脱乙酰壳多糖由固态变成液态，苯酚类化合物和酶就从中分离。

研究人员通过实验证实，按照这种方法处理过的工业废水中苯酚含量，能达到环保要求。同时，脱乙酰壳多糖几乎可以100%回收再利用，酶也有70%左右能再利用。

目前，主要用填充活性炭的设备吸附工业废水中的苯酚，然后再加以燃烧处理。新方法,利用本身就是废弃物的蟹壳,提炼脱乙酰壳多糖,再添加少量的酶,处理工序简单,而且成本低廉。

(3)利用石膏废料处理工业酸性废水。2006 年 7 月,俄罗斯《科学信息》杂志报道,酸性废水和石膏废料是两种常见的工业污染物。煤矿废弃之后,内部往往出现酸性水。有时酸性水会溢出地表,污染河流。而工业制碱则会产生数量很多的石膏残余物。过去,针对这两种污染物并没有特别理想的处理方法。

俄国立彼尔姆技术大学的专家,研制出一整套净化设备,包括石膏池、可定量抽取液体的水泵、搅拌机和沉淀池,把制碱过程中产生的石膏废料和煤矿中的酸性废水,按特定比例抽入沉淀池中,加以搅拌,让两者发生化学反应,最后沉淀池中就得到金属含量不超标的水和无害的惰性沉淀物。

这样,除了再生水可被利用外,含铁和钙的惰性沉淀物也可用作人造土壤,发挥改善生态环境的作用。

(4)通过加入氯化钙高效回收污水中的磷。2006 年 7 月,《日经产业新闻》报道,日本广岛大学和大阪大学的联合组成的一个研究小组,开发出一项新技术,可回收污水中 50% 的磷,而所需时间不到原有技术的 1/10。

据报道,这项技术,首先把污水处理后残留的污泥,在 70℃ 的条件下加热 1 小时,破坏其中含磷细菌的细胞壁,使无数磷分子组成的多聚磷酸溶到外界液体中。再将溶有多聚磷酸的液体,倒入其他容器中,之后加入氯化钙使之与多聚磷酸反应,含磷物质就沉淀到容器底部。干燥沉淀物后,即可得到含大量磷的粉末。

新技术只要 2 个多小时,就能回收废水中 50% 的磷,而原有的磷回收技术则需要花费几天时间。

(5)通过投放臭氧杀灭污水中的病毒和细菌。2007 年 2 月,墨西哥媒体报道,臭氧具有破坏多种有害微生物化学结构的功能,墨西哥国立自治大学工程学院罗哈斯·巴伦西亚领导的环境项目小组,正在利用臭氧治理污水,臭氧可以达到 100% 的杀菌率,经过处理的污水可用于灌溉。

巴伦西亚说,常规的治污方法是利用氯和紫外线,现在用臭氧来治理污水效果更佳。据介绍,他们从空气中采集臭氧,同下水道里的污水混合在一起,它可以消灭污水中的细菌,如引起腹泻、发烧、视力疾病甚至死亡的细菌。而氯则不能完全消毒,它只能使细菌"昏睡",而不能将其摧毁。其他治污方法都要先用化学物质过滤,而现在这种方法是把臭氧直接放到水中,可以节省开支。只要一个小时的时间,臭氧就能破坏病毒和细菌的分子结构而且不会产生副作用。目前这种方法还处在试验阶段,法国和古巴等国家也在试验。

这种方法比较简单,只要在污水处理的最后一个环节安装臭氧装置就行了。臭氧在污水中不仅能灭菌消毒,而且经过臭氧处理的水用于灌溉时,有利于农作物吸收养分。农作物用这种水灌溉后,病虫害减少,农药的使用量也因而减少,农作物容易吸收养分,因此生长情况良好。关于这种方法的成本,巴伦西亚说,比传统的消毒方法更经济,现在的加氯和使用少量紫外线消毒的成本是100立方米5美元,而用臭氧的成本则为4.8美元。

(6)利用有机溶剂清除水中重金属污染物。2009年7月,新加坡生物工程与纳米技术研究院,应仪如博士为首的一个研究小组,在《自然·材料学》杂志上发表研究成果称,他们开发出一种新方法,利用有机溶剂提取水溶液中的金属离子。这种方法,不仅可用于合成各种多功能纳米粒子,还可用于改善环境,清洁受到重金属污染的水源。

该研究小组,通过把金属盐水溶液和十二胺(DDA)乙醇溶液混合,成功地把水溶液中的金属离子,快速转移到有机介质之中。金属离子会与DDA绑定,然后与有机溶剂一起被提取出来。这种有机溶剂的沸点很低,很容易蒸发,因此可以通过蒸馏法移除。而这些从水相转换成有机相的金属离子,则可成功地用于合成各种金属纳米粒子、合金纳米粒子和半导体纳米粒子。

能够溶于水的金属化合物的用途相当广泛。通过这种方法,许多有用的金属和可溶于水的稀有材料,就可以轻易地用于合成纳米粒子。相较于其他方法,该方法使用可溶于水的廉价普通金属作为前体物质,成本低廉,效率高,可合成具有广泛用途的多种类型纳米粒子,包括金属半导体纳米复合材料和混合纳米粒子。该方法简便易行,可在室温下进行,并且不会产生有毒的化学物质,十分环保。

应仪如博士表示,实验证明了使用这种方法将金属离子从水相转变为有机相的有效性。使用该技术从水中提取各种金属离子,将大大降低生产成本,使得制造各种金属纳米粒子、合金纳米粒子、半导体纳米粒子,以及混合型纳米粒子变得更容易,有助于设计制造出更具新奇结构和多种用途的新材料。这种方法不仅可用于合成各种纳米晶体,在环境保护方面也具有重要的应用价值,如从水和土壤中提取重金属污染物。

水源受到重金属污染,是世界各国长久以来面临的一个难解问题,不仅影响经济发展,更有害于人类的身体健康。要想纯化受到重金属污染的水源十分困难,其成本也十分高昂。而使用如甲苯等可清除金属残留物的有机溶剂,来提取溶于水中的金属非常有效。有机溶剂的密度要小于乙醇或水,会漂浮在水溶液之上。当搅动混合物时,金属会完全脱离水和乙醇而溶于甲苯。这样就可从水中提取金属,而无须沥出其中的矿物离子。除了铅、汞这样的高毒性金属,其他一些贵重金属,包括金、银、铱和锇,也能溶于水,也可以用此种办法加以提取。

2. 处理水体污染的离子交换新技术

(1)发明用电控阴离子交换技术去除水中的高氯酸盐。2006年7月,美国太平洋西北国家实验室林跃河负责的一个研究小组,发现一种新的无污染的去除水中高氯酸盐的方法。

高氯酸盐通常用在航空燃料、军火制造中,被它污染的地下水很难处理。高浓度的高氯酸盐,会导致甲状腺疾病,并可能致癌。目前,在美国35个州的饮用水中,都发现有高氯酸盐。特别是加利福尼亚州,由于这里有很多军事基地,高氯酸盐污染分布很广。

处理水中高氯酸盐的常规方法,是使用一种离子交换树脂。重生这种树脂,需要使用一种酸液,这将造成大量的二次废料。

林跃河说:“我们的方法,是一种电控的阴离子交换过程。这项技术的独特之处,在于使用电流来重生树脂,不会制造大量的二次废料。这个过程几乎不产生废料,所以属于绿色的技术。”

这项技术已通过许可,并可通过巴特尔公司开展联合研究。巴特尔公司为美国能源部管理和运行太平洋西北国家实验室,并加快实验室技术投放市场。

为了创造这个技术,林跃河研究小组引入一种带正电的导电聚合物,如聚吡咯,来选择性吸附带负电的高氯酸阴离子。然后,用电流来释放被吸附的高氯酸离子以作处理。中性的聚合物,再恢复成表面带正电以重复使用。

为了增加高氯酸的捕获量,科学家们把聚合物沉积在一个碳纳米管阵列上形成薄膜,制造出一个多孔导电的纳米合成物。

林跃河说:“碳纳米管的高表面积,为聚合物形成一个理想的衬底。聚合物通过原位聚合法电沉积到碳纳米管上。”在多孔的碳纳米管阵列衬底上的聚合物,比在平的导电衬底上要更稳定,延长了使用寿命。研究人员表示,电控阴离子交换技术,还可以用在铯、铬等许多其他污染物的去除中。

(2)用电控离子交换法把水中有毒废物转化为电力。2007 年 12 月 1 日,美国宾夕法尼亚州大学,环境工程师布莱恩·邓普塞等人组成的一个研究小组,在《环境科学与技术》杂志上发表研究报告称,他们发明的一项电控离子交换新技术,在清理矿山中有毒废物的同时,还能产生电力。

目前,来自煤矿和金属矿山的废水是严重的环境污染问题,威胁着饮用水安全和动植物的健康,甚至包括人类的生命健康。这种带有重金属的腐蚀性污染,如砷、铅和镉等,是目前最难治理且治理费用昂贵的一大环境污染。可喜的是,邓普塞研究小组如今开发了一种装置,在清理这种环境污染问题的同时,还可以产生新的电力。

研究人员对实验室规格的发明样品进行测试,让其处理含有铁的污水,类似于来自矿山的污水。此装置采用电控离子交换技术,可攻击可溶性铁,消除其电子,使其成为不溶性的铁。此办法在让铁离子沉淀的同时还可以产生电力,因此能有效净化这种污水。

研究人员表示,此装置回收的铁可用于颜料和其他产品中。按照这一原理,此装置还能去除污水中的其他金属成分。邓普塞说:“我们正在测试其他项目,去除砷和其他污染物。”

3. 处理水体污染的双重化学方法新技术

结合运用光催化和电化学氧化法治理水污染。2009 年 6 月,国外媒体报道,加拿大雷克海德大学材料和环境化学系的研究人员，把两种污水处理方法相结合，创造出一种新型水处理技术，能够更廉价、更有效地去除污水中难以清除的污染物。

研究人员把光催化和电化学氧化法两种污水处理技术结合使用，在一端电极喷涂光触媒，另一端电极则涂上电催化剂，从而创建出一个双重用途的电极。研究者对电极去除两种不同硝基酚的能力进行测试。结果表明，这个双重用途的电极，在3小时内去除了85%～90%的硝基酚。硝基酚是一种常用于制造药品、农药、杀菌剂和染料的化学物质，在工业废水中普遍存在，常规方法很难把它清除掉。

在污水处理领域，人们对光催化和电化学氧化法有过广泛关注，但两者的采用率并不高，因为它们的成本太高，而处理的效果却并不理想。在光催化法中，紫外线辐射触发二氧化钛等催化剂，推动材料中的电子达到一个高能状态。反过来，留下自由正电荷空穴对污染物进行氧化。但是，由于电子通常还会与空穴重新进行结合，这样会降低光触媒的效果。至于电化学氧化法，其工作原理是，电流穿过水中的催化剂对污染物进行氧化。将两种方法结合在一起，可以提升治理水污染的效率。因为电化学氧化过程，可阻止光触媒建立的电子和空穴进行再结合。

至今为止，尚无人尝试过把光催化技术和电化学氧化法结合来治理水污染。但相关专家也指出，此法仍需证明，不仅对硝基酚有效，还能清除废水中的各种其他污染物。

四、水体污染生物处理的新技术

1. 通过酵母和蛋白质处理水体污染的新技术

（1）通过假丝酵母发酵把废弃食用油制成化妆品。2007年3月，美国媒体报道，位于纽约州奥卡达尔市的道林学院，有个由维斯沙尔·沙赫率领的研究小组，最近，他们发现，用过的植物油能被假丝酵母发酵，然后被制成生物表面活性剂。

表面活性剂，在各种各样的去垢剂和杀虫剂等产品中，扮演着重要角色。在发酵过程中，一种生物可降解表面活性剂随之产生，它常常被用在皮肤和头发产品中。通常情况下，这些表面活性剂由石油制造，不能进行生物递降分解。

对人们来说，把油锅炸东西剩的食用油擦到脸上，是连想都不敢想的事。但是，通过假丝酵母发酵，餐馆厨房的废弃食用油，就可以被再次利用，用于制造化妆品、肥皂甚至用于清除油污的工业表面活性剂等产品。

沙赫表示，目前，废弃的食用油还是个没有被开发利用的重要资源。只拿美国的餐馆和饭店来说，每年就能制造出高达110亿升的废弃食用油，它们多数被浪费在下水道或垃圾站等地方。沙赫说："我们正试图把危害环境的废品，转变成既安全又有用的东西。"

此前，已经有人提出把废弃食用油变成生物表面活性剂，并制订了研究计划。但是，沙赫研究小组的发现，增加了这一计划的可行性。沙赫表示，当生物表面活性剂被用在化妆品上时，每升可能赚到 20 美元。

（2）通过缩胺酸结合碳纳米管探测水中重离子。2006 年 9 月，亚利桑那州立大学电子工程学教授陶农建、摩托罗拉实验室植入系统研究所副所长维达·艾德勒姆等人组成的一个研究小组，在《微粒子》杂志上发表研究成果称，他们基于碳纳米管制成超灵敏探测器，可以测出水中浓度为万亿分之一水平的重金属离子。

陶农建说，这种探测平台是通用的，他们在测试中使用这种探测器，来探测水中的重金属离子。但是，这个探测平台，还可以有很多其他用途，如探测空气中的有毒气体、作为药物研究的生物传感器等。

艾德勒姆说，把纳米探测器整合到探测器网络中，可以探测出非常低浓度的生物和化学制剂，这对公共安全和国防都很关键。

该研究小组发展了一种新方法，在场效应管中，把缩胺酸结合到单壁碳纳米管上。缩胺酸在这里起识别和探测特定化学成分的作用，它由 20 个左右的氨基酸构成，研究人员通过改变其顺序，就可以改变其能够识别的化学成分种类。在重金属离子检测实验中，科学家们制成了两种缩胺酸，来分别探测镍和铜。一旦使用探测镍的缩胺酸，探测器就只对镍的存在起反应，而对其他各种重金属离子都没有反应。

碳纳米管是原子互相联结并卷起呈管状的结构，这种结构因其每个原子，都能够与环境相互作用，而使探测器灵敏度大大提高。

研究人员利用缩胺酸的选择性和碳纳米管的灵敏度，制造出了有选择性的超灵敏的探测器。

研究小组认为，这种基于碳纳米管的探测器，具有很好的应用前景。因为它无须复杂的电路，就能探测含量很小量的被分析物。他们下一步，将把这种探测方法，应用到生物分子的探测上，如探测 RNA 序列。

（3）通过酶高效分解废水中的油脂。2009 年 7 月，日本能源产业技术综合研究机构与名古屋工业大学宣布，他们联合开发出一种新的生物处理技术，可把厨房排出废水中的油脂高效分解。

食品加工厂、餐厅，以及家庭的厨房每天排出的废水中，都含有大量的油脂。目前日本部分地方，是通过设置一种叫油脂回水弯的装置，在这些废水流入下水道之前收集其中的油脂，并最终作为产业废弃物处理的。

此次日本研究人员采取的方法，是首先寻找能高效分解油脂的酶，经过反复试验，他们发现了两种：脂酶和甘油三酯脂肪酶。这两种酶在弱酸环境下的回水弯中，可以构成共生关系，而且还都具有很强的油脂分解能力。研究人员还对回水弯的设计进行了改良，使酶更不容易流失。试验结果表明，新设计的回水弯中的这两种酶，可以高效地对积存在其中的油脂进行分解。

这一新技术不但节省能源,而且酶分解所产生的废弃物也更少,因此研究人员对其在食品工厂的大型油处理设施,以及日常使用的清洁剂等方面得到广泛应用,表示非常乐观。

2. 运用细菌处理水体污染的新技术

(1)用细菌和激活剂把废水转化灌溉用水。2004 年 8 月 3 日,墨西哥媒体报道,墨西哥大都市自治大学生物技术研究员豪尔赫·戈麦斯领导的一个研究小组,开发出一种能快速分解废水中有毒物质的新技术,可把废水转换成灌溉用水。

戈麦斯说,传统的废水处理技术利用微生物的作用来净化水质,但有些有毒物质无法被分解,废水处理的效果不理想。与传统方法相比,新技术不仅能将分解废水中有害物质的速度加快 100 倍,而且能提高处理过的废水水质,被处理过的废水可以用来灌溉农田和花草树木。

戈麦斯说,新技术处理污水的原理是以沼气为激活剂,同时用细菌去除一些有害物质,把亚硝酸盐等氮化合物分解成有利于植物生长的氮气,达到高效处理工业废水和改良土壤的目的。他说,用这种技术分解有机物质过程,还使二氧化碳转化成可以用于工业生产的碳酸氢盐。

(2)利用多阶段流程处理的生物反应池净化污水。2005 年 1 月,有关媒体报道,捷克在活性污泥处理法的基础上,研究开发出利用生物反应池,开展再生－无氧－缺氧－好氧多阶段流程处理,简称 R－AN－D－N 污水生物处理技术。活性污泥处理,由于相对高的污水存在期,需要大容量的曝气池,用于增加和维持硝化自氧细菌的数量,因此硝化作用受到一定限制。该污水生物处理技术解决了这一问题,这也是捷克专家在这一领域的主要贡献。

该生物技术处理污水的基本原理是:它也属于稳定接触处理污水流程,其基本特点是在反应池回收污泥中,增加使用再生区段(或称曝气区),目的是增加好氧污泥的存在期。把活化污泥,暴露在再生池以达到内源代谢条件,经内源代谢呼吸,导致细胞内贮存量部分耗尽。由于再生池的污泥浓度,至少是主活化污泥流程混合液的 2 倍,因此通过使用较小的池容量,也可达到增加污泥存在期的目的。

由于硝化作用完全需要氧气,并只能在有氧条件下进行,因此把好氧污泥存在期,看作为总污泥存在期的理论概念,已得到普遍认可。如果没有自氧硝化菌氨的物质作基质,生物质发生大变化是不可能的。假定整个再生区段是完全需氧的,即只有低浓度易降解的生物耗氧量存在,来自污泥脱水的废水量降低了碳氮比例,因此有利于硝化生物质的快速生长。硝化生物质能降低废水中氨氮浓度,还能不断增加该处理流程中曝气池的无机营养的含量。

这种生物增量原理的应用大大提高了污水处理效率。另外,还通过曝气池加温装置加快自氧硝化生物质的生长。为了缩短活化污泥处理系统反应时间,可以通过高温曝气池培养自氧硝化物质,然后再添加进反应池。捷克科学家通过建立生物增量数学模型，完善了 R－AN－D－N 处理流程，现已成功地应用于污水处理厂，并取得良好效果。

（3）利用微生物菌体吸附方法处理工业废水。2006 年 3 月，朝鲜中央通讯社报道，朝鲜国家科学院微生物学研究所，利用微生物菌体吸附的方法处理工业废水，获得了成功。

报道说，这一方法可以回收工业废水中 99.92% 的重金属，使重金属的含量降低到水质允许的标准以下。

这种新方法可以运用于所有产生重金属废水的工厂企业。采用该方法，不仅可以完全不使用昂贵的沉淀剂和化学药剂，而且还能够减少沉淀水量，提高净化效果。

该方法在一些企业的试用结果表明，重金属的含量、酸度和浊度等指标，均降低到现有标准以下。

报道说，新方法成本低，既能防止江河湖泊的污染，又能回收金属离子，经济效益很大。

（4）用细菌微生物把废水转化为电流。2006 年 5 月 15 日，比利时根特大学的威利·渥斯特及其同事组成的一个研究小组，在《环境科学和技术》杂志上发表的研究成果，进一步说明了，怎样利用生物能量加工系统生产出可利用的电流。

研究人员表示，水中寄生着大量微小的细菌，其中有些细菌微生物，可以稳定地分解水流中的有机物质，并在这一过程中产生电荷。通过研究和收集这些电荷，人们发明了微生物燃料电池。

该研究小组试验了以连续、平行、独立个体等不同排列方式的燃料电池。在历时 200 多天的检测过程中，他们分别把细菌微生物寄生于厌氧或者有氧的淤泥中，以及医院、马铃薯加工厂的废水中，经过一定的作用时间后，燃料电池的供能效率增大了 3 倍。

同时还发现，以平行方式排列的燃料电池，可以稳定地产生强电流，电荷生成效率最高。研究中发现，在试验开始阶段，这种微小的生物能量加工系统的运行，依赖于多种变形菌门的菌落，包括可以产生一些无效电流的地杆菌属，以及谢瓦纳拉菌属。然而，到试验结束电流生成量达到高峰时，产生电荷最多的只剩下一种微生物即短芽施杆菌。

（5）发明利用细菌混合物净化废水的新技术。2006 年 6 月 13 日，《联合早报》报道，新加坡科研人员发明利用细菌混合物净化废水的新方法，可把废水中的有机化合物减少七成多。

与目前主要以膜过滤法来净化废水的步骤相比，这种以微生物分解的新技术，费用较低。因为它的成本，主要是通过脱氧核糖核酸（DNA）顺序找到适当的细菌种类。过后，科研人员可利用生物反应器，大量培植这种细菌。

新加坡南洋理工大学土木与环境工程系毕业生林俊伟，在国际水源协会第三届年轻研究员大会上，向 170 多名亚太区域水务机构负责人及研究生，介绍了这项净化废水的新技术。

林俊伟说，一般废水的主要有机物为氮和磷，而有特定的几种细菌会自动分解这些物质，以获取自身所需的能量。利用这些细菌来分解清除有机物，比起目前采用的物理或化学方法来，清除有机物更为简易。

科研人员还在废水中加入少量铁矿石，让有机物被氧化的同时，铁离子进行还原反应，从而使氧化还原反应持续不断。经过这样的处理后，废水的有机物含量便能大幅度地降低。研究人员说，新净化法所需的成本很低，因为培植从污泥中找到的细菌，不需要高科技技术，而铁矿石价格也很低。

（6）破译一种能吞噬石油的单细胞细菌基因。2006 年 8 月，有关报道称，德国赫姆霍茨传染病研究中心科学家曼弗雷德·布劳恩领导意大利和西班牙专家参加的一个国际研究小组，破译了一种能吞噬石油的单细胞细菌基因，利用这种细菌可解决海洋石油污染问题。

针对因战争和油轮事故发生的石油污染海洋事件，研究小组破译了一种在海洋里能吞噬石油的细菌的基因，这种单细胞细菌，具有很强的清洁水源的能力。根据专家的观察和研究，通常这种细菌在洁净的海水中数量很少，细菌在没有油污的情况下，虽能生存但不繁殖。一旦碰到油污，这种细菌就会急剧繁殖，快速吞噬油污。

研究小组破译了这种单细胞细菌基因之后，有望在人工环境下让这种细菌繁殖，并把它们投放到海洋有石油污染的地方，利用这些细菌来清除污染。布劳恩称，破译这种细菌基因，有助于人们更好地了解其吃油原理，并了解在何种条件下吃油效果最好。赫姆霍茨传染病研究中心还将与德国阿尔弗雷德-魏格纳极地与海洋研究所合作，对“吃”油细菌进行实际应用试验。

（7）通过电击细菌把废水变为燃料。2007 年 11 月，美国宾夕法尼亚州立大学的布鲁斯·洛根，与其同事成少安等人组成的一个研究小组，在美国《国家科学院学报》杂志上发表研究报告称，他们发明了一项新技术：用电击以醋和废水为养分的细菌，可以制造出清洁的氢燃料，而氢燃料能够替代汽油给车辆提供动力。

洛根说，这种细菌被称为微生物燃料细胞，能够把几乎任何可生物降解的有机物质，转化为零排放的氢燃料。

现在的氢燃料通常是从矿物燃料中提炼而成，尽管氢动力汽车几乎不会排放导致气候变暖的温室气体，但燃料的生产过程会产生温室气体。

该研究小组的实验表明，在加入醋酸的电解池中自然出现了细菌，这些细菌快速分解醋酸，释放出电子和质子，遂产生最高可达 0.3 伏特的电压。当从外部输入稍多一些电力，氢气气泡就从液体中冒出。这与电解水生成氧和氢的办法相比，效率大大提高。

洛根说：“这种方法，仅消耗电解水所需能源的 1/10。”这是因为细菌承担了大部分工作,将有机物质分解成亚原子微粒,而电的作用只是将这些微粒聚合成氢。

这一过程,最终获得的燃料是气体而非液体,但仍能用于为车辆提供动力。洛根说,该反应过程能够作用于纤维素、葡萄糖、醋酸盐或其他挥发性酸性物质,而唯一的排放物是水。

3. 运用养鱼处理尿液污染的方法

把人尿作为培育养鱼饵料浮游生物的原料。2007 年 7 月,印度媒体报道,印度卡利亚尼大学,巴拉·比哈里·贾纳及其同事组成的一个研究小组,在《生态工程学》杂志上刊登研究成果称,他们发现,在冲淡的人尿中生长的浮游生物,比那些在其他富含氮的环境中生长的浮游生物繁殖速度更快,人尿有可能为用于养鱼场饲料的浮游生物提供丰富营养。

研究小组把取自尿池的人尿与地下水混在一起,接着把浮游生物——微型裸腹放入其中。这种浮游生物经常被用于喂养商业养鱼场的鱼苗。他们还尝试在牛尿、家禽粪便、牛粪等各种混合物中培育浮游生物,所有这些肥料一般用于贫困地区的养鱼场。通常,取来半升尿或半公斤粪便,加入 4500 升水,为这些买不起化肥的养鱼场的小鱼苗提供丰富的营养。

研究人员发现,浸泡在人尿中的浮游生物,要比浸泡在其他容器中的浮游生物起码提前四天开始繁殖,且寿命更长,繁殖物更多。英国伦敦大学帝国学院环境生物化学家斯蒂芬·史密斯说:“人尿是一种稳定的液体,含有颇有价值的营养物。如果它能为浮游生物的生长提供适当的化学环境,我们为何不将它用于这个方面?”

研究小组称,人尿含有高浓度氮化合物,氮化合物可迅速降解,释放氨基酸和矿物质,为藻类生长提供营养,而浮游生物就是以藻类为食。贾纳说:“我们认为这种营养物的快速释放诱使浮游生物快速繁殖。”浮游生物鱼食培育,在全球是一个数十亿美元的庞大产业,可以起到数百万吨化肥的作用。与化肥相比,人尿既廉价,又环保,不失为一个替代这种肥料的好办法。

人尿的使用还减少了超营养作用,在这一过程中,肥料不断冲刷土地,造成海洋湖泊中浮游生物的繁殖遭到破坏。史密斯说:“我们需要确认,诸如此类的废物和废水的新用法和替代用法。我唯一的担忧来自健康人群的尿,因为不清楚他们是否正在进行药物治疗,或服用抗生素,而这些药物会随同尿液排泄出去。”

而贾纳也说:“我们迄今尚未在装有人尿的容器里生长的浮游生物中,发现任何疾病或变异,但我们正在从中寻找激素残余物和抗生素,确保万无一失。”人尿还具有作为农业肥料的潜力。针对这种做法可行性和安全性的研究表明,人尿是可以接受的替代化肥的方法,只不过出于对疾病传播和人类食物链中抗生素和激素循环的担心,这一过程才受到阻碍。

第三节　水体污染防治的新材料和新设备

一、水体污染防治的新材料

1. 水体污染防治材料研究的新发现

(1)发现碳纳米管是净化污水的好材料。2011 年 7 月,奥地利维也纳大学梅拉妮·卡负责,其同事蒂洛·霍夫曼,及荷兰乌得勒支大学专家参加的一个研究小组,在美国学术刊物《环境科学与技术》上发表研究成果说,他们发现碳纳米管是处理污水的好材料,并发明了一种用碳纳米管净化污水的新技术,认为其效果好于传统方法。

梅拉妮·卡说:“技术创新总与对人类和环境质量的利与弊相关联。在碳纳米管被用作过滤器之前,了解污染物和碳纳米管的相互作用,以及碳纳米管在环境中如何操作,是非常必要的。”据此,研究人员对碳纳米管的环境可持续性及清污能力进行了研究。

通过运用分析化学和电子显微镜检查法的一系列测试,研究人员发现了一种合适、可靠和有效的研究碳纳米管的方法,即被动采样方法,以此来评估碳纳米管应用的环境可持续性。

碳纳米管由直径几纳米的圆柱形碳分子构成,是用来清洁被污染水的很好的材料。它有两大优势:一是一些水污染物对它具有高亲和势(吸收和吸附),有助于从受污染的水中将污染物清除;二是它有相对巨大的表面积(每克碳纳米管有 500 平方米),能以足够的容量去容纳污染物,解决过滤器的饱和问题。同时,它能减少由于水污染带来的维修和浪费。霍夫曼指出,碳纳米管具有很强的电子、机械和化学特性,十分适合用于净化污水,能有效降低水中污染物的浓度。

如果是处理污水中的非水溶性污染物,那么使用单孔直径只有几纳米的过滤器,就会显得成本太高,但由于活性炭很难有效清除污水中的许多水溶性污染物,这时采用碳纳米管技术就能较好地达到目的。它能够过滤掉废水中的抗生素或止痛药成分,甚至能除去废水中含量极低的污染物。

为此,研究小组发明了一种被动采样法,它能确定碳纳米管吸附致癌的多环芳烃等多种污染物的水平。污水中含有多种化学污染物。在污水处理过程中,不同的污染物在过滤器中“争夺”吸附位置的现象十分常见,而这种“竞争”会使得过滤器的功效因污染物的种类、数量不同而发生改变。

如果使用传统方法对高度污染的水进行过滤,当水中的多环芳烃种类还不到 3 种时,这种“竞争”就会变得尤其激烈。而新试验显示,在水中有 13 种多环芳烃的情况下,使用被动采样法,各种污染物之间也没有什么“竞争”。

(2)发现香蕉皮可作为水质净化材料。2011年8月,巴西圣保罗州大学一个研究小组,在美国化学学会的刊物《工业和工程化学研究》上发表论文称,他们发现,切碎的香蕉皮,可有效去除饮用水中有害的铜、铅等重金属。用香蕉皮制成的水净化设备,即使连续使用11次,其吸附重金属污染的特性依然显著。

研究人员表示,香蕉好吃且营养丰富,但大多数人可能不知道,看似"一无是处"的香蕉皮,还蕴藏一些神奇的功能,比如保养皮具、擦亮银器等。此外,香蕉皮还可以吸附水中的重金属污染物。

研究人员认为,香蕉皮能在水质净化领域发挥重要作用,因为同目前采用的净化方法相比,这一方法不但环保低廉,而且耐用性更好。

受矿冶产业和工农业污染影响,不少地区饮用水的重金属含量超标,严重危害人体健康。过去常用化学方法处理重金属污染,即在水中加入药剂与重金属反应,但这种方法不仅成本高,使用的药剂本身也可能有害。因此,开发廉价高效的水质净化方法是目前的一个研究难题。

研究人员说,除香蕉皮之外,此前还有研究表明,椰子壳纤维、花生壳等一些植物废料也可作为良好的水质净化材料。

(3)发现特殊纹理可提高材料的防水性能。2013年11月,美国波士顿大学机械工程助理教授詹姆斯·伯德领导,麻省理工学院机械工程系副教授克里帕·瓦拉纳西参加的一个研究小组,在《自然》杂志上发表论文称,他们研究发现,在材料表面增加一些特殊纹理,可将液滴与材料表面接触的时间减少40%,能大幅提升材料的防水防冻性能。

瓦拉纳西说,液滴和物体表面接触的时间非常重要,它影响两者动量和能量的交互关系,直接决定材料的防水性能。接触时间越短,带来的优势越大。例如,想要防止机翼结冰,就必须注意雨滴与机翼接触的时间,两者接触的时间越长,机翼冻结的可能性越大。

根据理论,液滴在接触物体表面后须经历几个阶段:首先扩展成薄饼状,然后再向内收缩,逐渐恢复形状,在物体表面张力的作用下发生回弹,继而离开接触面。为减少接触时间,传统的思路是尽可能地减少液滴与接触面的相互作用。据此,不少科学家都把重点放在了低黏性超疏水表面的研发上,但效果却十分有限。新研究中,研究小组发现,以一种特殊的方式增加接触面与液滴的相互作用,可加速这一个过程,大幅减少两者的接触时间。

实验中,研究人员在接触面上人工制造了一些突起的"屋脊",通过这种方式打破液滴对称性,继而将其分裂,使其以多个更小液滴的形式,快速离开接触面。与平滑表面相比,这种屋脊状的表面能将接触时间减少40%。

伯德说:"我们已经证明,可以通过改变接触面纹理的方式重塑液滴形状,让接触面具有更强的防水性能。此外,接触时间的减少,还意味着液滴在接触面冻结的可能性更低。"

该技术除防水和防结冰外,还可在其他领域获得应用。例如,用该技术对水力发电的涡轮机叶片进行处理后,将使叶片疏水性能更强,获得更高效率。此外,这项新技术,还可让金属材料具有更强的防锈性能。这种纹理,同样也可以用在纺织品表面,替代目前易燃的防水布料。

瓦拉纳西说,创建这些表面纹理非常简单,工厂中普通的铣削刀具都可以完成这一工作,原有生产线几乎不用更新。对该技术的潜力,瓦拉纳西信心满满地说:"通过对纹理的优化,接触时间还有望获得进一步减少,我们希望最终能将其减少 70% ~80% 。"

2. 研制出清除水中污染物的新材料

(1)开发出可根除水中砷污染的纳米铁锈。2006 年 11 月,美国莱斯大学,生物与环境纳米技术中心主任维姬・科尔文领导的一个研究小组宣称,他们已经开发出一种去除水中有毒物质砷的技术。这项技术的诞生,得益于一项关于铁锈颗粒具有纳米颗粒间磁相互作用的发现。

砷是水中的一种常见污染物,它既可能来自自然界,也可能来自人的活动。统计显示,摄入砷与膀胱癌和直肠癌发病概率增加有明显联系。为此,美国政府对饮用水中的砷含量,作出进一步限制。

科尔文说:"饮用水的砷污染是一个全球性问题,虽然现在有办法去除砷,但需要昂贵的硬件和使用电的高压泵。与此不同的是,我们的方法简单而不需要电力。尽管目前使用的纳米颗粒还比较贵,然而我们正在研究生产它的新方法,将来使用铁锈、橄榄油和燃气灶就可以制造。"研究人员发现,纳米级的磁铁矿颗粒和大块的铁矿石一样,对砷具有很好的吸附能力,而且砷一旦吸附就很难分离。

科尔文说:"这么小的磁性颗粒,过去被认为只会与强磁场发生作用。但在掌握了制作不同大小纳米颗粒的技术后,我们开始研究需要多大的磁场,才能把颗粒物移出悬浮液。我们吃惊地发现,并不需要多大的电磁场就能做到,某些情况下手持磁铁就能胜任。"

在试验中,水中悬浮着同样大小的铁氧化物颗粒在磁场作用下都被移出了溶液,只剩下净化水。研究人员测量了移出的颗粒,发现这并非是由于颗粒物在磁场作用下聚集在一起,而是纳米颗粒间磁相互作用的结果。研究人员内特森说:"随着颗粒体积的减小,颗粒上的作用力会快速降低,传统模型认为需要强磁场才能移出这些颗粒。但我们的试验表明,纳米颗粒间存在相互作用,只要用手持磁体使很少的纳米颗粒开始移动,纳米颗粒就会相互作用,从而一块被移出水外。"

经过不断的试验证明,这种颗粒可以使饮用水中砷污染物含量,减少到美国环保署要求的水平。

目前,科尔文研究小组正与同校的梅森・汤姆森小组合作,进一步开发砷处理技术。汤姆森的初步计算显示,这种方法是切实可行的,制造纳米铁锈的原料并不贵,而如果加工方法成熟成本将很低。此外,他们已经为此工作了几个月,使发展中国家的村民,可以很容易制造这种纳米材料,而原材料仅仅是铁锈和脂肪酸(可以是橄榄油或椰子油)。

(2)研制出可清除水中重金属的治污新材料。2007 年 7 月,美国西北大学材料专家迈尔库里·卡纳齐季斯及其同事与能源部下属的阿尔贡国家实验室研究人员一起组成的一个研究小组,在《科学》杂志上发表论文称,他们研发出一种多孔的新型材料,可以像海绵一样吸收水中的重金属,把诸如水银或铅这样的污染物从水中清除掉。

该材料是一种由凝胶制成的坚硬的泡沫状物,其中大部分的液体被气体所代替。卡纳齐季斯说:“我们制造的是一种新型气凝胶,其原料与制作半导体所用的原料是一样的。这些新型气凝胶可以吸收光线。”传统的气凝胶由二氧化硅或碳制成,通常是白色或无色的,不吸收任何光线,这种传统材料已被应用了数十年。

该研究小组把新型凝胶放置在含有金属离子的溶液中,发现新材料不仅清除了溶液中大部分的水银,还“带走”了大量的有机化合物。卡纳齐季斯说:“它非常像海绵,只是这种海绵的孔壁表层能防止硫原子进入溶液。水银喜欢与硫结合在一起。”

3. 开发出清除水中油污的新材料

(1)发明可以清除水中油污的“纳米纸巾”。2008 年 6 月,美国麻省理工学院电机计算机系助理教授孔敬,与该校材料系副教授史泰勒西两人带领的一个研究小组,在《自然·纳米科技》杂志中发表研究成果称,他们研发出一种特殊的“纳米纸巾”,它有抗水吸油特性,可以有效地清除水中的油污和有机污染物。

这种“纸巾”能够吸收其 20 倍重量的油污,而且可以回收重复使用。这项发明对清理近 10 年来海洋中倾覆的 20 万吨油污,将大有帮助。

这种“纸巾”是以交织成网的纳米电线构成,纳米电线做成的细面条状的垫子上,有许多细小的气孔吸收液体功能良好。内层薄膜覆上防水材质,纸巾完全防水,但可有效地吸纳油质杂物。除了应用在清理海洋污染等环保工作,纳米纸巾还可过滤和净化饮水。孔敬说,由于是纳米电线材质,此种纸巾的制造成本低廉,并可量产。

根据报告,目前虽有可在水中吸油的类似材料,但抗水力不够强,在吸油的同时,也吸取水分,影响效果。孔敬等人研发的纳米纸巾则完全抗水,他们宣称,放在水中一两个月后,质材仍是干的,但水中污染物则会被纸巾吸收。

(2)研制出有望用于水面漏油清理的纳米亲油材料。2012 年 4 月,以材料学专家丹尼尔·哈西姆为首,美国莱斯大学和宾夕法尼亚州立大学相关人员参加的一个研究小组,与美国其他大学,以及西班牙、比利时和日本的科学家开展了合作,共同完成一项研究成果,已在《自然》杂志网络版上发表。该成果表明,研究人员发现,生产碳纳米管时,在碳中添加少量的硼能够获得固态、海绵状且可重复使用的亲油块状材料,它具有极强的吸油能力,有望用于水面漏油的清理。

这是科学家首次把硼添加在纳米管中，形成共价键结构，且具有极强特性的纳米海绵状材料。研究人员表示，他们开发出的材料同时具有厌水性和亲油性。这种纳米海绵状材料的密度极低，内部 99% 为空气，这表明它具有极大的吸油空间。同时，它还具有导电性，人们可用磁铁对其进行操纵。

在演示纳米海绵状材料特性时，哈西姆把它放入盛有水的盘子中，水上漂浮着废机油。很快，机油便侵入纳米海绵状物。将其取出并用火柴点燃，机油燃烧完后，纳米海绵状材料恢复原样，可再次用于吸油。哈西姆介绍说，新吸油材料能够重复使用同时十分耐用，对样品完成的实验显示，在经过 1 万次压缩后，它仍具有伸缩性。此外，新吸油材料，还可吸取油作为备用。

研究人员表示，多层碳纳米管通过化学气相沉积法在基底上生长，通常彼此不会相连。但是，添加进的硼作为掺杂材料导致纳米管在原子水平相连，让其形成了复杂的网状结构。过去，人们曾研发出具有吸油潜力的纳米海绵状材料，但是纳米管之间以共价键相连构成纳米吸油材料还是首次被发现。

研究人员对新吸油材料在环境方面的应用寄予厚望，他们将开发生产大型片状吸油材料的方法，以便将其用于海上漏油的收集。同时，他们也打算利用新材料制造效率更高和重量更轻的电池，也可将其作为骨组织再生的支架或过滤膜，甚至通过将高分子注入新材料的途径为汽车和飞机工业制造先进的超轻复合物。

（3）研制出吸污和吸油能力超强的碳纳米管海绵。2014 年 2 月，意大利罗马大学研究人员卢卡·卡米利主持，拉奎拉大学和法国南特大学研究人员参与的一个研究小组，在《纳米技术》上发表论文称，他们研制出一种碳纳米管海绵，能够吸收水中化肥、农药和药品等污染物，净化效率超过之前方法的 3 倍。经掺杂硫后，还可提高吸收油污的能力，有可能在工业事故和溢油清理方面一显身手。

碳纳米管是由类似石墨结构的六边形网格，卷绕而成的中空“微管”。它所具有的非凡化学和机械性能，可以形成从防弹衣到太阳能电池板一系列的应用。作为废水处理极好材料的碳纳米管，面临的一大难题是，这种超微粒细粉很难操控，最终会散落到处理过的水中而被检测出来。

卡米利说：“使用碳纳米管粉末，去除泄露到海洋中的油污是相当棘手的，因为它们很难操控，最终会散落到海洋之中。不过，在研究中所合成的毫米或厘米级的碳纳米管更容易控制。它们的多孔结构可以浮在水面上，一旦吸附油饱和后，比较方便取出。然后，只简单地挤压它们将油释放，仍可将其重新使用。”

研究人员根据不同碳纳米管的所需尺寸，通过在生产过程中添加硫，形成平均长度 20 毫米的海绵。这种碳纳米管海绵表面加硫后，能激活在生产过程中另外添加的二茂铁，从而将沉积的铁存放入碳壳中微小的胶囊内。铁的存在意味着海绵可被有磁性地控制，并在没有任何直接接触下驱动，减轻把碳纳米管加入水表面时不好操控的问题。

二、水体污染防治的新设备

1. 研制出监测水体污染的新仪器

(1)发明有机水污染快速探测器。2006年4月,英国媒体报道,英国伯明翰大学地理、地球与环境学院安迪·贝克博士领导他的同事及仪器仪表生产公司研究人员参与的一个研究小组,研制出一种有机水污染探测器,能够在数秒钟内探测出水质的污染情况。

研究人员表示,这种水污染探测器可在河流与湖泊中使用。它利用荧光测量的方法,可以探测出下水道中,以及进行垃圾填埋造成的有机水污染。研究人员介绍,荧光是利用某种特殊物质吸收并发出光线的自然现象。利用这种方法还能够监测农业废水,并确定其成分。

贝克博士说:"起初,我们研究的是洞穴中地表水的荧光现象,但是后来发现,河水中出现了不同类型的荧光。随后又分析出河水中所含物质的荧光'指纹',据此便能够分析出水中的污染物质。"

贝克补充说:"一般意义上的检验要在实验室中进行,需要花费5天的时间,同时还要确保水样在从河边送到实验室的过程中,水质不会发生任何变化。所以我们希望能够开发出一种可以放置在河边,并能够立即对水样进行检测的设备。现在我们能够抽取水样、检测荧光并鉴别。"

研究人员希望,这种设备还能作为一种减灾方面的救生设备,特别是对那些人口众多、水源相对紧张的地区提供帮助。探测水源是否符合饮用条件,只是该设备的众多用途之一。环境保护组织和商务团体同样可以从中获益,特别是对于那些需要快速鉴定水污染源的工作。

(2)研制用于水污染监测的仿生鱼。2009年6月10日,有关媒体报道,英国BMT集团,正在研制一种可在水中自由游动,监测及报告原油泄漏等水质污染问题的仿生鱼。

这种"鱼"搭载了先进的传感设备,具备人工智能,相互之间可以用超声波进行通信联系,传达污染信息。更有意思的是,如果电力不足的话,它还能自动返回充电平台进行充电。

据介绍,这种仿生鱼长约50厘米,由于外形酷似鲤鱼,与其他鱼雷型探测装置相比,它转弯半径更小,也更灵活。研究人员称,今后这种仿生鱼还可以做到1.5米长,从而使之具备更多的功能。以往当油船等发生原油泄漏时,由于船是不断移动的,所以早期很难发现,以至于很容易造成大范围的污染。现在有了这种仿生鱼跟随油船活动,就有可能在第一时间发现并通报漏油情况,以便尽早采取应对措施。

(3)研制出快速检测液体中微量污染物的生物传感器。2012年6月,澳大利亚新南威尔士大学,化学纳米中心物理学教授贾斯廷·古丁领导的一个研究小组，在德国《应用化学》杂志上发表研究成果称，他们开发出一种新的生物传感器，可以在短短40分钟内，检测出液体中的微量污染物。

这种传感器满足了长期以来的挑战，不仅超级敏感，而且还能快速反应。其在生物医药或环境分析领域检测药物、毒素和农药具有广泛潜在用途。

在测试实验中，新传感器检测出了牛奶中存在的兽用抗生素恩诺沙星的微小痕迹。古丁指出："恩诺沙星是一种用于农业生产的抗生素，可以转移到食物链当中。新的仪器能够在40分钟内，检测一公升牛奶中精确到纳克级别的恩诺沙星。"纳克（毫微克）是一克的十亿分之一，为一个单细胞的质量。

新生物传感器可作为便携分析设备，其原理是采用金涂层磁性纳米粒子，用选择性的化学成分抗体改良。当这种纳米粒子消散到样品中，遇到被分析物，则会导致一些抗体从纳米粒子脱离。然后，使用一块磁铁，纳米粒子可被组装成两个电极和电阻之间被测量的薄膜。分析物出现得越多，从纳米粒子分离的抗体就越多，纳米粒子薄膜的电阻随之越弱。

古丁说："新型生物传感器，能够对分析物快速作出反应，其也比一般的生物传感器敏感，因为纳米粒子分散在整个样品中，可对整个样品进行分析，而不只是分析其中的一小部分。"

2. 研制出处理污水的新设备

（1）开发出小型臭氧水处理设备。2004年10月，安川电机开始投产小型臭氧水处理设备，它主要用于污水处理再利用和工厂污水排放处理。与过去的空气扩散方式相比，它具有如下优点：体积小，整个设备可用卡车搬运；可大幅降低导入费和维护管理费；容易搬运和安装；工期短等。

臭氧水处理，是污水处理再利用和污水排放的高级处理手段之一。然而，以往的设备，导入和维护管理所需成本较高，并且必须要有宽阔的安装空间。该公司通过采用高浓度臭氧发生装置、高效臭氧溶解装置、小型反应塔和小型且操作方便的加热式臭氧排放分解装置，开发成功体积大幅缩小的高性能臭氧水处理设备。

新设备的反应塔高度不大，仅约2米，通过采用可形成臭氧水未被稀释的活塞流特殊结构，提高了反应效率，从而使得其体积得以大幅缩小。由于是在工厂里安装主要配线和配管后出厂，因此用卡车搬运后，在现场只需接到管道上即可投入使用。

（2）发明世界第一套离心式污水处理装置。2006年3月，德国媒体报道，对日常污水处理厂来说，最让人头疼的莫过于过滤器的频繁更换，一套过滤器在使用不久后便会被堵死，无法对污水进行处理。

最近，德国斯图加特弗劳恩霍夫研究协会界面和生物技术研究所的一个研究小组，发明了世界第一套离心式污水处理装置，该装置采用所谓转片过滤器，在金属筒内装有直径31厘米，厚度6毫米和0.2毫米孔径的多孔陶瓷滤片。这些陶瓷滤片安装在旋转空心轴的几厘米处，同时可用作排水管。工作时，污水靠外界压力进入滤片，并经微细管道进入旋转轴。固态脏物和菌吸附在过滤器表面形成一覆盖层，这样使得过滤效果更佳，因为各种微生物喜欢吸附在这类物体上。

陶瓷片旋转运动的目的，是不让这一覆盖层积得太厚，以影响其过滤功能。当脏物积得太多时，通过离心机将这些脏物抛出。一般来说，经过滤处理过的污水，还需进行3级不同的生物反应处理，在生物反应罐内，特殊微生物会以自然方式去除水中的磷、碳化合物、氨和硝酸盐等物质。经处理后的水，在排放前还需被重新送往旋转片过滤。最后，从污水处理厂排出的是清澈见底，符合欧盟标准的泳池水质，有效过滤掉了水中的大肠杆菌和其他病毒。这用一般污水处理技术是无法实现的。

从以往的情况看，大型公共污水处理厂一般采用三级处理法，第一步是采用格栅和沉淀池去除污水中的固态物质，第二步是生物净化，即靠微生物去掉溶解在水中的有机物质，第三步靠化学或生物方式去除水中的氢和磷等物质。病毒和病菌仍保持在水中，并排入河流。这也是为什么德国的许多河流，尽管进行了水质改善仍不能作为游泳池用水的问题所在。从现在的技术看，陶瓷过滤片的孔径能够做到60纳米或更小，也就是说，采用这种细微孔径的过滤片，能够去除水中分子大小的各种物质。

研究人员称，这种技术的过滤装置坚固耐用，操作简便。它可以安装在集装箱内用于灾难地区，为那里的灾民提供洁净的饮用水，防止霍乱、伤寒等传染病流行。

目前，正在海德堡某污水处理厂运行的是一套示范设备，在为期3年的试运行中，研究人员将搜集详尽数据，以开发出功能更佳的设备，如能为5万居民处理污水的大型设备。研究人员认为，随着技术的成熟和工业化生产，不仅能提高质量，还能降低成本。将来，这种水处理设备将有可能成为德国出口的拳头产品。

（3）开发出压舱水净化装置。2006年10月，有关媒体报道，新加坡环境科学工程研究院研发一套压舱水净化装置，可让压舱水符合国际标准，不久即可上市。

压舱水是在船舶没有运载货物航行时，为保持船身平衡而注入船舱的海水，当船舶入港装载货物时，就会排出压舱水，但却容易把别处的海洋生物带入不同水域，进而影响海洋生态。

近年，船舶排放的压舱水，可能导致外来生物入侵港口水域、威胁海洋生态，已成为一个重要的环境问题。例如，美国俄勒冈州沿岸，发生非本土寄生虫寄生于潮间带的泥虾，对潮间带生态带来冲击，这种非本土寄生虫，就被怀疑是随着压舱水而来。因此，国际海事组织规定，所有新建中、大型船只，都必须在2009、2012年前，安装压舱水处理装置维护生态，但市面上尚无一套有效、实用的装置。

新加坡环境科学工程研究院长兼总裁郑俊华指出，远洋运输者都在期待符合国际标准的压舱水处理装置出炉。由于美国将提早实施这项规定，澳洲、新西兰、日本等国也预计随后跟进，如果要和这些国家做生意，就必须安装压舱水处理装置。因此,该院在海事及港务管理局、热带海洋科学研究院、义安理工学院、海皇轮船及美国海运局支持下,完成这套压舱水净化装置,并从 2005 年 5 月起,在亚洲、美国、欧洲的商船“海皇珍珠号”进行试验,净化率达 100% 。

(4)研制出既可净化污水又能发电的燃料电池设备。2012 年 3 月 29 日,美国克雷格·文特尔研究所的奥里安娜博士主持的一个研究小组,在第 243 届美国化学学会全国会议及博览会上报告说,他们开发出一种如家用洗衣机般大小的二合一新型设备,不仅能采用微生物净化污水,还能产生电力。

奥里安娜说:“我们最初对集成创新技术的样机进行了改良,使其比以前能够更有效地处理污水,而成本下降一半;并且其能量回收能力从 2% 提高到 13% 左右。如果这项技术可以商业化,便可生产出更多的电力,最终可以免费处理污水,这意味着在发展中国家或美国南加州及其他缺水地区,通过这种循环技术使更多的废水变得清澈。

这种新型设备采用的是微生物燃料电池(MFC),可利用氢气和氧气产生电力和饮用水。自然存在于污水中的微生物通过新陈代谢,能够消化分解污泥中的有机物质。奥里安娜说,新的微生物燃料电池,使用了从传统污水处理厂得到的污水,甚至具有分解污泥中的苯和甲苯等有害污染物的潜力。

在圣迭戈附近的污水处理厂进行的实验中,该设备每周可处理 20 ~ 100 加仑的废物量。研究人员用石墨电极和聚氯乙烯(PVC)框架取代了钛金属部件。正因如此,新微生物燃料电池处理废物的成本,约每加仑 150 美元,仅为以前原型机的一半。该研究小组希望,最终能实现比现有水处理技术,更具竞争力的成本,每加仑将低于 20 美元或更少。

同时,新设备的效率是以前原型机的 6 倍,将污泥转化为电能的效率为 13% 。研究人员解释说,一旦该设备扩大规模后,运行效率可达 20% ~25% ,可产生足够电力来运行传统的污水处理厂。据估计,一个典型的污水处理厂,可能消耗 1 万户或更多家庭的电力。未来,微生物燃料电池,有可能取代一些现有的城市污水处理系统。

3. 研制出处理污水并回收有用物质的新装置

(1)研制出新型电镀废液净化回收装置。2004 年 8 月,俄罗斯媒体报道,电镀车间工作过程中会生成大量含重金属微粒的毒性废液,清除废液中的杂质和有害成分,回收再利用废液花费较大。为更好地解决这一问题,俄罗斯门捷列夫化学技术大学克鲁格利科夫等人组成的一个研究小组,研制出一种简便的过滤、电解装置。

研究人员用聚氯乙烯硬塑料焊接而成的这种装置,能“潜伏”在电镀废液槽内。该装置内一个具有特殊结构的薄膜,能根据废液所含微粒的尺寸,把重金属等有害、无用物质的绝大多数离子,与可再利用物质的离子区分开。之后通过多次电解、分离、汲取,含有用成分的液体,将被传输至车间,再次用于电镀或制造印刷电路板。

克鲁格利科夫介绍说,采用该装置后,规模小的电镀车间,可不必再使用其他传统的废液净化设备;大规模的电镀车间,也能显著减少用于净化废液的费用,省略回收废液所用的化学制剂。

(2)发明让洗澡水回收再利用的装置。2005 年 2 月,比利时媒体报道,比利时发明家托尼·卡瓦莱里,研制出一个可以把洗澡水回收再利用的生态淋浴装置,该装置把洗澡水过滤后,重新装入抽水马桶,这样可节省 40% 的民用水资源。

据报道,目前欧洲的人均水资源消费量为每天 120 升,其中 50 升用于个人清洁卫生,44 升则用于清洗抽水马桶。

卡瓦莱里介绍说,利用他的发明,消费者可以把洗澡水再利用起来以冲洗马桶,从而达到节水目的。这一发明不仅可以为消费者省钱,还可以使水资源匮乏地区从中受益。

(3)开发污水中磷回收的新设备。2008 年 6 月,日本农业食品产业技术综合研究所网站报道,该研究机构中以畜产草地研究所为主的一个研究小组,开发出一种新设备,利用简单的技术,就可以从养猪场排出的污水中提炼出元素磷,再用于制造肥料等领域。

近年来,随着粮价的升高,农作物的种植面积逐年扩大,作为化肥主要原料的磷的价格也节节攀升。而日本是一个资源匮乏的国家,所使用的磷全部依靠进口,磷价格的升高迫使日本开始研究高效回收磷的办法,这就是此项技术的研究背景。

研究小组发现,从养猪场排放的污水中含有大量的磷酸离子、镁离子、铵离子等物质,而这些物质,如果浓度适合就会发生磷酸镁铵沉淀反应(MAP 反应),使磷酸结晶化。不过,由于只有氢离子的浓度(pH 值)在 8 ~ 8.5 的时候,才会发生磷酸的结晶化反应,而养猪场的污水并不能达到这一要求,因此必须想办法促成污水发生磷酸镁铵沉淀反应。

研究人员在流出污水的地方设置了一个曝气槽,向污水中打入空气,将溶于污水中的二氧化碳分离出来,这样污水的 pH 值就能上升到 8 ~ 8.5。这时再将金属网等回收器材放入曝气槽,污水中的磷酸镁铵沉淀物,就会附着在金属网上,收起金属网可以很方便地剥取出磷酸镁铵沉淀物。

利用这套设备可以回收到污水中一半的磷酸镁铵沉淀物,即 1 立方米污水最大可以提取到 170 克。而回收到的磷酸镁铵沉淀物,只要晒干了,就可以直接作为磷酸肥料使用。利用这种肥料进行的洋葱栽培实验证明,其肥效要高于目前市场上售卖的磷酸肥料。

据研究人员介绍,这种回收设备方便简单,只要对以往养猪场的污水处理系统,稍做改装就能应用,而回收到的磷酸除了可以用于肥料外,今后也可能用于制造陶瓷器的釉药等领域。

第三章　固体废弃物处理领域的新进展

固体废弃物，俗称“垃圾”。它是指在生产、生活和其他活动中产生的，固态、半固态和置于容器中气态的废弃物品或废弃物质。它可能由于丧失原有使用价值而遭到抛弃，也可能虽未丧失使用价值但持有者不想继续使用而被扔掉。其具体内容，主要包括废弃设备与工具、破损器皿、残次品、废旧包装、破旧塑料制品、竹头木屑、锯末刨花、炉渣、污泥、固体废弃颗粒、动物尸体、变质食品、人畜粪便等。固体废弃物可能含有致毒性、放射性、腐蚀性、爆炸性、燃烧性、致病性与传染性的有害物品或物质。它在产生、排放和处理过程中，如果不加重视或方法不当，就会造成生态环境污染，甚至对人的身心健康造成危害。21 世纪以来，国外处理固体废弃物领域，特别是在废塑料及其他固体废弃物综合利用等方面，取得许多创新成果，本章拟择要述之。在废物制塑料与废塑料再利用领域的研究，主要集中在用甲烷废料、皮革废料、鸡毛和蟹壳等工农业废弃物制造塑料；把废塑料转化为燃料、建筑材料、工业原料，并加强塑料的循环使用。在固体废弃物综合利用领域的研究，主要集中在工业、农业、畜牧业和水产业废弃物的再利用；通过推进垃圾处理制度创新和垃圾处理方法创新，做好城市垃圾的处理及利用。在固体废弃物处理新技术与新设备领域的研究，主要集中在试用转基因植物、微生物清除有毒有害污染物；开发工业废弃物回收和再制造、再循环利用，以及清除或降解技术，开发抵抗和清理太空垃圾技术；开发处理种植业、牲畜业废弃物，以及农业有机废料技术。研制检测、清除和利用固体废弃物的新设备。

第一节　废物制塑料与废塑料再利用

一、利用废物制造塑料的新进展

1. *以工业废弃物制造塑料的新成果*

（1）通过细菌吃甲烷生产耐高温塑料。2005 年 4 月，日本大阪燃气公司，及其合作研究单位沼津国家技术学院联合组成的一个研究小组，用一种可消耗甲烷的技术，开发出可通过细菌进行循环利用的塑料，据称这种塑料可耐 150℃高温。

目前，他们正在开展研究工作，设法在 2 ~ 3 年内，把其低成本的高新技术用于塑料餐具、食物包装材料、垃圾袋及其他物品的生产。这种被称作聚羟基丁酸酯的塑料,是在一种吃甲烷的细菌体内产生的。它们一边吃甲烷一边在体内聚集这种塑料。

甲烷来源丰富,石油、煤气及沼气中均含有甲烷。而且,一些生产过程会产生甲烷废料,这为细菌循环利用废物制造塑料提供了原料。据了解,通过这种高新技术制造的塑料,生产成本是采用传统技术制造的1/3。

(2)开发用皮革废料做塑料制品。2007 年 3 月 22 日 ~24 日,在阿博格技术日活动上,人们都把谈论焦点集中在一款阿博格注塑机所生产的皮质骰杯上。这种产品是由德国一家高档车皮革内饰制造商巴德尔公司开发生产的。活动中,该厂模塑业务负责人亚历山大·斯托尔,向来宾分发了数百只这种棕色骰杯。

这种杯子由60%的皮革纤维,与40%的低密度聚乙烯混合而成。但这不是固定比例,巴德尔公司表示,可定制不同的材料比率和使用不同的树脂,来获得客户想要的性能。有塑料工程背景的斯托尔说:“有时我们在一种复合产品中要用到两三种塑料或树脂,以体现出这种新材料的特殊性能。”斯托尔说,模塑件的皮革含量可高达80%。该公司还在产品中混入了由皮革生产工艺分离出的生物聚合物。

大约在5年前,巴德尔公司的管理者决定为其废旧皮革开拓新市场。总部位于德国格平根县的巴德尔公司开始向巴基斯坦和其他亚洲国家出口废旧皮革,那里的企业再把这些废料加工成手提包和其他商品。

斯托尔说:“但这些市场不够稳定。有时我们的原料能卖个好价钱。但有时他们的出价又很低,甚至微乎其微。价格波动很大。于是我们开始思考,是否能为皮革废料找到新用途呢?”据斯托尔透露,巴德尔公司的技术人员,先后向5家注塑机生产商,描述塑料与皮革混合生产的想法,但没人感兴趣,最后他们找到了阿博格公司。阿博格公司当即表示愿意一试,这家公司以敢于尝新而闻名,如注塑生产陶瓷制品。双方合作的首款产品是一种棕色的皮质咖啡杯,雅致的杯柄则用模内成型制成。

这家皮革公司的高层主管,建议斯托尔购买一台100吨的阿博格塑机,专供巴德尔公司的实验室使用。首先,把清洗干净的皮革废料磨成细粉放入铣床,制成绒毛纤维。然后巴德尔公司用一条小型挤出生产线将材料与各种颗粒混合在一起,主要是黑、棕、灰三种颜色的颗粒,但可自行添加颜色。

斯托尔说,这种模塑皮革具有天然的质地,制成的产品比硬塑料的触感更柔和。有些产品,如工具柄、汽车变速杆把手、行山棍握柄等产品的一大卖点,是皮革的吸汗能力,而且能使握手更美观舒适。巴德尔公司还在推广该复合产品在汽车门板和座椅上的应用,将其作为乙烯基的替代物。通过加入增强玻纤,材料的物理性能得到提高。它也可采用发泡成型。

斯托尔说,有关这种新材料,巴德尔公司听到了许多崭新的应用建议,甚至还包括玩具。他展示了一种带鞍座的玩具小马,这种真皮马鞍可通过注塑机大批量生产。

2. 以农业废弃物制造塑料的新进展

(1)用鸡毛制造可降解塑料制品。2005 年 5 月,美国媒体报道,由美国农业部的农业研究服务实验室开发的一项新专利,可以把清洁的鸡毛粉末,加工成塑料容器、塑料膜、塑料包和其他由塑料制成的任何特殊产品。

如今,美国每年的鸡毛产量可达 25 亿磅,且还在逐年增加。一些鸡毛用作饲料,更多地被当成垃圾处理掉了。随着禽流感的日趋流行,鸡毛饲料的发展面临威胁,研究人员正在另想办法来利用鸡毛。

这项新加工技术,可充分利用鸡毛中的主要成分角蛋白。通过重新排列角蛋白的分子结构,就可以生产成任意长度和宽度的纤维织品、任意形状的塑料和塑料膜。也许,充足的鸡毛能减少制造商对石油类产品的依赖,因为如聚酯、聚乙烯和聚丙烯这一类的产品,随着石油价格的上升也在水涨船高。

这种新材料非常结实、轻便,同时又可生物降解,对环境没有一点白色污染的痕迹。2004 年夏天,研究人员测试了由鸡毛制成的农用塑料地膜。结果显示,由传统塑料制成的地膜当庄稼长高时,不得不揭开才行,这需要花费人力。而鸡毛地膜就用不着了,它会自然降解,变成植物可吸收的氮。农民可以将此地膜留到下一个种植季节,当他们再次种植新的农作物时,这些地膜就变成了氮肥,肥沃了土壤。

(2)用蟹壳制成可用于显示屏的塑料。2011 年 11 月 21 日,日本京都大学的一个研究小组,在英国科学杂志《软物质》网络版上发表研究成果称,他们利用螃蟹壳和虾壳,成功制作出柔软透明的塑料。新塑料有望用于研制下一代有机发光显示屏。

研究小组首先利用螃蟹壳极细的纳米尺寸纤维结构特点。他们使用制剂去除螃蟹壳的碳酸钙和蛋白质,把粉末状的螃蟹壳加水混合,过滤后做成厚度为 100 ~200微米的白纸状薄膜,然后在薄膜上浸透透明丙烯酸树脂。这样树脂被增强,白色薄膜变为透明。

由于螃蟹壳的纤维,比人工纳米纤维还要细致,而且粗细均匀,因此提高了薄膜的透明度。不过,把它用于有机发光显示屏,以及太阳能电池基板,尚需要进行改良,以减少热膨胀导致的透明度损失。薄膜经过改良后可以和现在使用的玻璃同等程度地抑制热膨胀。在虾壳试验中也得到了相同的结果。

二、回收或降解塑料的新方法

1. 开发回收塑料的新方法

(1)研制出回收塑料复合包装新方法。2005 年 1 月,巴西媒体报道,巴西巴拉那理工学院的 8 位研究人员组成的一个研究小组,共同研制成功一种回收塑料复合包装材料的新方法,使强化塑料包装材料的分类回收成为可能。

目前,由塑料、纸张、铝箔分层压制而成的强化复合包装,正越来越多地应用于食品饮料和药品包装上。强化复合包装材料虽然有抗腐蚀、保鲜能力强的特点,但这种包装的结构特性使它们的回收成了令人头疼的问题,它在垃圾填埋场里的数量与日俱增。

研究人员表示,他们通过一种化学溶剂来回收包装中的3种成分。将强化包装袋浸入这种溶剂一段时间后,包装材料中的塑料、铝和纸张便会分层。随后由人工将这3层成分分离,高压除去残留的溶剂,3种物质就可以分类回收了。

这种溶剂对纸张、聚氯乙烯或是聚乙烯塑料都颇为有效。这项技术既适用于回收牛奶和果汁等饮料的包装,也适用于更薄的诸如食盐、真空咖啡,以及鸡蛋等的包装。

(2)研发出特氟龙材料安全回收方法。2010年8月11日,德国拜罗伊特大学发表公报说,该校材料加工学家与企业界合作,研发出一种经济有效且无污染的特氟龙材料回收方法。这一成果将有助解决特氟龙垃圾处理问题。

特氟龙学名聚四氟乙烯,有"塑料王"之称。它是一种具有耐热性、化学惰性、绝缘稳定性和低摩擦性的高性能材料,被广泛用作煎锅涂层、透气运动服材料、电子产品绝缘体等。至今尚无有效回收再利用这种材料的方法,而传统的燃烧处理法不仅易损害燃烧设备,且会产生高污染气体。

德国研究人员开发的回收方法是,首先把这种材料分解成较小的分子,并以微波作为加热源产生热解作用,从而使回收率达到93%。研究人员说,该方法的另一特点,是在处理过程中不会产生有害副产品,可保证特氟龙的安全回收。据研究人员透露,他们下一步将建立小型实验厂,以验证这种方法的产业化可行性。

2. *研制降解塑料的新方法*

研发出利用真菌降解塑料的新方法。2011年8月11日,奥地利工业生物技术中心发表公报说,该中心专家格奥尔·古比茨领导的一个酶与聚合物研究小组,不久前研发出利用真菌降解塑料的新方法。

研究人员表示,聚对苯二甲酸乙二醇酯是当今用途十分广泛的工程塑料,却难以自然降解。他们研发出一种利用真菌降解这种材料并使其循环利用的新方法。

酶是一种特殊的蛋白质,可起到生物催化剂的作用。此前,奥地利格拉茨技术大学和维也纳技术大学等机构的研究人员,已在一些真菌菌株中发现了能"拆解"工程塑料的酶。

基于前人的研究成果,该研究小组借助基因工程技术提高了利用真菌及其产生的酶,把工程塑料高效分解成初始单体的能力。分解出的初始单体能重新用于生产优质材料。

古比茨说,这种工艺能避免产生垃圾,使资源得以再利用,且对环境无害。目前,该中心已与一些企业建立了伙伴关系,以开展应用实验。研究人员还计划进一步提高真菌分解工程塑料垃圾的速度,从目前的约24小时缩短到几小时。

三、废塑料综合利用的新成果

1. 把废塑料转化为燃料

(1)利用废弃塑料研制成汽车燃料。2005 年 3 月,有关媒体报道,印度马德拉斯大学为了解决塑料回收再生这个重要课题,4 名机械工程系大四学生在老师帮助下,组成一个研究小组。经过多次试验之后,他们终于成功地把废弃塑料变成汽车燃料。

这些年轻发明家们向人们演示了整个研制过程:先是把塑料废弃物加入一种催化剂,然后放在真空状态下加热,在催化剂的作用下,塑料废弃物逐渐融化成它的原生态——石油。然后再经过蒸馏和提纯,最后变成了汽油、柴油和煤油。由于是在真空状态下加热,整个过程不会产生出二氧化碳,因而不会对空气造成污染。

据介绍,按这种方法,2.5 公斤的废弃塑料可以生产出 1 升汽油,0.5 升柴油和0.5 升煤油。生产成本在1.5 美元左右。目前,这项发明,已经通过了印度石油公司地区实验室的鉴定,现在就等着有厂家投资真正投入生产了。

(2)研究用废塑料代替焦炭炼钢。2004 年 12 月 3 日,英国《金融时报》,发表了一篇题为《看废塑料如何使炼钢变洁净》的文章,称澳大利亚正在研究利用废塑料代替焦炭炼钢。

近来,澳大利亚的研究人员正在研究一种一举两得的方法,既可减少燃烧废塑料所产生的大气污染,还可以减少炼钢所需的煤和焦炭的用量。

这一最新方式是悉尼新南威尔士大学的韦娜教授研究发明的。目前,当地的几家炼钢公司正在对此进行讨论。

按传统方法,将 100 吨废铁转化为钢需要大约 1 吨煤或焦油,钢中的含碳量最多达 1%。韦娜教授所提出的新方法,则可以用废塑料代替一半的煤或焦炭,且钢的质量不打折扣。

人们通常需要对处理过程进行严密监控,以保证碳溶解到钢中,使其坚硬,并拥有钢应有的其他特性。在这一过程中,还需要用碳来形成一层一氧化碳"保温层",正是由于该保护层的保护,热量才不会大量流失。

韦娜说,塑料替代物可以使钢铁工业产生的温室气体大大减少。这种方法,对环保的益处很快就会进一步显现。长期以来,大量的废塑料被倾倒在垃圾站或是送进焚烧炉,而大多数焚烧炉的温度都比较低,只有 1000℃左右,因此塑料燃烧并不充分。这就意味着有毒气体会伴随二氧化碳气体一同产生。

韦娜接着说,炼钢所需的温度要高达 1600℃,足以使主要由碳、氢组成的塑料材料充分燃烧,并最终分解为水和二氧化碳。虽然我们还在不断产生二氧化碳,但至少那是制造必需品的化学反应所产生的。

她说:"我们还通过其他方式,减少二氧化碳排放量。例如,把小型钢铁企业移到人口密集地区的附近,以节省运费。大多数回收再利用都是在这些地区进行的。与远距离运煤相比,将塑料废品运送到几千米之外则更简单、更合算,也更环保。

这些塑料必须经过粉碎、球化,再注入电弧炉中,才可用来冶炼废旧钢铁。这种煤和焦炭的替代物,特别适于在电弧炉中使用。在欧洲,41%的钢铁都来自这种电弧炉。在美国,这一比例更是占到了51%,因此,采取这种新工艺,可以节省大量能源,并大大减少温室气体排放量。

适用于电弧炉的塑料制品包括:聚乙烯、聚对苯二甲酸乙二醇酯(又叫PET,用来制造饮料瓶或其他包装物)。含有聚氯乙烯等影响钢铁质量的化学成分的塑料制品,则是不适合的。

(3)把废塑料用作高炉燃料。2007年1月,日本媒体报道,日本钢铁工程控股公司(JFE),自1996年10月开始,在京滨厂1号高炉,利用工业废塑料作燃料。这是日本最早开始进行高炉喷吹废塑料炼钢的钢铁公司。到2000年4月,在实施《包装容器再生利用法》时,日本高炉开始喷吹普通废塑料。

高炉喷吹废塑料的工艺是先把收集的废塑料进行破碎分解,分成薄膜类塑料和固形类塑料。后者用破碎机破碎到适合高炉喷吹的粒度。薄膜类废塑料破碎处理后,利用比重差法的离心分离装置分离出聚氯乙烯,通过制粒工序进行制粒。将两个系统加工的废塑料颗粒装入贮料仓,然后再送入喷吹罐。喷吹时再从喷吹罐与喷吹气体一起喷入高炉风口回旋区。废塑料在高炉风口回旋区内会急剧燃烧气化,并在炉内作为还原气体被有效利用。

另外,JFE钢铁公司为掌握适合喷吹废塑料的性状,采用试验炉和实际高炉进行了各种燃烧气化实验。通过实验可知,高炉风口回旋区是被焦炭填充层包裹的空间,如果喷吹的废塑料的粒径大小在不会从焦炭填充层界面飞散的范围内,达到比瞬间通过的微细颗粒更高的燃烧汽化效率。根据这一研究结果,采用上述喷吹工艺时,应把废塑料制成粒状或破碎到数毫米,通过简单的预处理就能全部喷吹。

目前,JFE钢铁公司已具备年处理大约15万吨废塑料的能力。神户制钢公司加古川厂也同样实施了高炉喷吹废塑料。

2. 把废塑料转化为建筑材料

(1)把塑料垃圾转化为铺路和建房材料。2004年7月,匈牙利媒体报道,匈牙利科学家研究出一项新技术,他们把化工塑料垃圾转化为建筑材料,并进行再利用,从而改变了以往把这些垃圾随便丢弃或进行焚烧的做法。

使用这项新技术,科学家们能把化工塑料垃圾加工成一种新型建筑材料。实验表明,这种建筑材料与沥青按比例混合后,可以用于铺路,增加路面的坚硬程度,减少碾压痕迹的出现,还可以制成隔热材料而广泛应用于建筑物上。有关专家认为,由于该技术使塑料垃圾转化为新的建筑材料,因此,不仅在环保方面意义重大，而且还能够减少人们对石油、天然气等初级能源的使用，达到节约能源的效果。

(2)利用废塑料开发出木塑合成建筑材料。2005 年 8 月，有关报道称，新加坡绿可科技公司，开发出一种新型绿色环保的材料——“绿可”(LESCO)木塑合成建筑材料。

“绿可”合成建筑材料是把少量的废塑料和废弃的边角木材粉末，聚合而成的人造木材。由于产品中掺入少量塑料成分，“绿可”材料能够有效地除去天然木材的自然缺陷，具有防水、防火、防腐、防白蚁的功能。同时，由于该产品主要成分是木、碎木和渣木，质感与实木一样，能够钉、钻、磨、锯、刨、漆，不易变形、龟裂。独特的生产过程和技术，能够使原料的损耗量，降低到几乎为零。

“绿可”材料和制品具有突出的环保功能，可以循环利用，几乎不含对人体有害的物质和毒气挥发，经有关部门检测，其甲醛的释放只有 0.3 毫克/升，大大低于国家标准(1.5 毫克/升)，是一种真正意义上的绿色合成建筑材料。

(3)利用废弃塑料瓶生产出高密度砖块。2005 年 12 月，墨西哥媒体报道，该国工业工程师马里亚诺·穆涅斯，挑拣回收的香波、酒、矿泉水、饮料等塑料瓶，使用模制工序生产出高密度的砖块。据悉，塑料砖与普通砖块相比，具有抗震、寿命长、重量轻、成本低等优点，可节省 30% 的建筑费用。

穆涅斯说，墨西哥每年丢弃 9000 万个塑料瓶，可以将它们制成改良砖块用来砌墙。这种塑料砖块修建的房屋以汽车轮胎作地基，寿命可达 400 年。

据介绍，用塑料砖盖 60 平方米的房子 30 天内就可以盖好，费用不超过 10 万比索，而普通房子一般需要建 3 个月，费用则达 15 万比索。

(4)把废弃塑料袋用作铺路材料。2009 年 2 月 27 日，印度亚洲通讯社报道，印度的贝拿勒斯印度大学研究人员发现，把废弃塑料袋当作铺路材料，可以增强道路的使用寿命，并已准备为此申请专利。

报道说，由于废弃塑料袋不可生物降解，大规模使用塑料袋已对环境造成严重污染，而将废弃塑料袋作为铺路材料，用于铺路，为解决这一环境问题提供了新方法。

研究人员说，在进行热处理后，塑料袋的成分聚乙烯能将铺路的石子包裹住，从而与煤焦油有效地黏合在一起，这样铺出的路浸水后不易出现裂缝。

(5)利用废旧塑料建造房屋。2010 年 2 月，英国媒体报道，英国威尔士斯旺西一家公司，以总经理兰·麦克弗森为首的一个研究小组，最新推出一项垃圾回收技术，可利用废旧塑料建造房屋。他们认为，这既可解决住房问题，也可解决垃圾处理问题。

研究人员说，可将无法回收的废旧塑料和矿产品，加工成一种坚固质轻的板材，用于修建房屋。建造这样一所 3 居室“垃圾房”，平均需要 18 吨废旧材料。这不仅可解决垃圾处理难的问题，还为人们建房提供新选择。

麦克弗森说，这种由垃圾制成的房屋十分坚固，坚固程度几乎是普通水泥的4倍。房屋还有诸多优点，不仅防火、防风、防腐、绝缘、可回收，由塑料制成的它还具有天然防水功能。另外，这种房屋隔热效果，是一般房屋的两倍，可替房主节约一半采暖费。房屋预期使用寿命大约60年。

据介绍，建造这样一座集厨房、浴室、排水系统于一身的“低碳”3居室房屋成本较低，大概需要花六七万美元。

公司管理人员表示，无论桌子、椅子，还是建筑物固定装置，几乎所有塑料都可被加工成一种名为TPR的材料。麦克弗森说，由这种材料做成的TPR板既结实又便宜，“你可以用一把长柄大锤砸着试试，它肯定不会坏……还能为我们减少10%～15%建房成本”。

这家公司员工介绍，建造房屋时，人们可用40块TPR板构建一个用于承重的房屋框架，再在外侧贴上砖石，内侧粉刷涂料。这样，一座房屋即可大功告成，看上去与普通房屋几无差别。

由于这种板材在工厂加工而成，人们不必担心实地建房可能造成材料浪费。另外，这种板材质量较轻，便于运输，搭建房屋的方式也较灵活。按公司方面说法，搭建房屋框架一般可在4天内完成。

麦克弗森最初产生建“垃圾房”的想法，需追溯至3年前，他卖掉自己的IT公司，随后与英国卡迪夫大学、格拉摩根大学等机构合作，研发这一技术。他认为，用废旧塑料建房可谓一举两得，既可解决国内住房问题，又可回收垃圾，保护环境。

麦克弗森说：“这种方法能帮我们解决垃圾处理问题，现阶段，50%～60%的塑料制品可被回收，我们要收集其余的40%～50%，用它们做一些真正有用的东西……用我们扔掉的东西造出新东西让人激动。”

他说，世界各国都需要处理垃圾，用废塑料建房的市场潜力巨大，特别是在人们关注减少碳排放、节能房屋，以及可持续发展之时。该公司计划3年内，利用这一技术建造3000所房屋，主要投放在住房市场。

3. 把废塑料转化为工业原料

（1）把废塑料再生为塑料颗粒。2004年3月，日本新日铁化学公司，以所拥有高市场占有率的阻燃性聚苯乙烯为中心，采用配料调配技术再生为塑料，准备在千叶县木更津市的综合研究所，设立年处理能力1000吨左右的实验工厂。

该公司将环保关联事业，定位为新颖领域而致力于研究开发，除了和新日本制铁共同在君津制铁所进行废塑料的化学再生外，还研讨发泡聚苯乙烯制浮标的再生事业。

该公司从事把废塑料再利用做塑料的研究开发，因技术上已有头绪，且家电回收再生产法的施行，社会要求高涨等而决定事业化，将以该公司对家电拥有高占有率的阻燃性聚苯乙烯为中心，使用配料调配技术，把废塑料的物性恢复到原来状态，再生做成塑料颗粒。

(2)把废旧塑料高效转化为石化原料。2005 年 2 月，日本石川岛播磨重工业公司宣布，公司已开发成功将聚乙烯、聚丙烯等废旧塑料，转化为石化原料的高效再生利用工艺。利用这项技术，可把废塑料中的聚乙烯、聚丙烯，用催化剂将其裂解为苯、甲苯、二甲苯的混合油和氢。

过去，大多废塑料的化学再生利用，多以燃料或石脑油形式回收，此次开发成功的，是以附加价值更高的石化原料形式回收。

去年，该公司成功开发规模为 10 千克/小时的实验装置，2005 年度在其横滨厂内进行试验。该公司计划和其他公司合作，把这项技术用于工业化生产。

据介绍，这种工艺在该公司开发的自动筛选装置中，把聚乙烯、聚丙烯等废塑料，于 230℃熔融后，被裂解为气体，再在装有硅酸钾的催化裂解槽中裂解。生成的气体在分离机中，被分离为氢气和混合油。分离所得苯、甲苯、二甲苯的混合油，可作为塑料原料、医药原料等石化原料再利用。

(3)用废旧塑料制造新型包装原料。2007 年 1 月，新西兰媒体报道，该国奥克兰大学高级合成材料研究中心一个研究小组，成功把两种廉价废旧塑料，合成为一种高级新型包装原料。研究者说，目前这种新型包装原料正在申请专利，并处在商业化筹备阶段。

他们用废旧的聚乙烯塑料牛奶瓶和聚对苯二甲酸类塑料可乐瓶，合成了一种新的聚合包装原料。试验证明，这种新型包装原料的性能，明显优于两种原材料，比任何一种原材料的硬度都大，而且隔离氧气的效果提高了 2～3 倍，非常适合作食品的包装材料。该研究中心还发现，加入合适的添加剂后，这种新型原料的电磁屏蔽功能大大增强，是电子产品理想的包装材料。更有意义的是，这种新原料可回收循环使用几次而性能不会降低。目前，这种新型原料的生产机器，也已由该中心设计制作完成，日产成品能力达几百米。

成功合成这种新型包装原料，主要是因为两种原材料具有不同的、相差至少 40°的熔点。当牛奶瓶和可乐瓶在一起熔化时，具有较高熔点的聚对苯二甲酸类塑料，就形成了直径达到微米甚至纳米级微小的纤维，这些小纤维均匀地分布在新原料里，大大提高了强度和硬度。

4. 塑料循环使用的其他成果

(1)推出可反复使用的塑料箱。2004 年 7 月，日本积水化学工业公司，开发生产并在市场上推出一种供食品配送流通使用的新塑料容器，它既可保热，又能保冷。自此以后，食品加工公司、超级市场和食品物流中心等，用于发送货物时的贮物容器方面的费用，可以减少 50%，因为这种新贮物箱可以用水洗净，还可以反复多次使用。

迄今为止，以水产食品为首的，许多需要冷藏的货物，大多利用发泡聚苯乙烯容器，在一次使用过后就废弃了。为此，食品流通业界，都期望能开发出耐用性好的新贮货箱柜容器，可以减少废弃容器处理费用，及反复多次使用。

这次积水化学公司开发的新容器，实现了可反复多次使用的目标，改变过去发泡聚苯乙烯贮物箱，由一次性物流流通为可循环使用型物流系统。现在由于新容器可重复使用约300多次，因此使货物配送容器的流通费用降低约50%，同时也使配送容器的废弃处理费用大幅度降低，只有过去的1%左右。

这次积水化学公司，应用该公司独创的成型技术，将硬质材料的外层与发泡的内层，用同一材质的树脂——特种聚丙烯材料通过成型处理合二为一，然后再进行一次热处理，加工制成回收洗净后可反复使用的新塑料成型贮货箱。

(2)研制出环氧树脂的再生利用方法。2005年1月，有关媒体报道，日本东芝公司和东京工业大学联合组成的一个研究小组，研制成功环氧树脂再生方法，并已投入使用。

环氧树脂广泛应用于变压器、印刷电路板等领域，日本每年在这些方面的用量达20万吨，并且还在快速增加。

以往变压器、印刷电路板报废后，对其所含的环氧树脂的处理方法主要是掩埋和焚烧。此次研制的方法，把废弃的环氧树脂破碎、分解、液化，之后加入新环氧树脂使其硬化再生。在分解过程中使用的胺化物，作为再生树脂的组分，省去了以往需除去分解剂的过程，同时没有废水产生。此外，该技术不需特殊的装置，处理成本较低。

第二节　固体废弃物的综合利用

一、工业废弃物的综合利用

1. 利用工业废弃物制造建筑材料

(1)研制出用铝业废物做混凝土原料。2004年8月，有关媒体报道，美国一个研究小组，正在开展变铝业废物为宝的研究。美国每年的铝工业废物产出量约为100万吨，它们来源于铝的熔炼过程。

研究员说，这种铝废料通常被称为“盐壳”。它们是在铝的精炼过程中，被撇出来的废物。每年，铝制造业主都要耗费巨资来处理这种“盐壳”，这些钱主要用在废物填埋和环境补偿费上。

研究人员正在研究一种新的技术，它将使“盐壳”转化为有用的原材料，用来制造混凝土制品，如轻型砖、泡沫混凝土和矿山回填灌浆材料。通过利用铝“盐壳”内在属性，可以将其用作泡沫剂和混凝土细骨料。

(2)把电厂粉尘变废为宝作为制砖原料。2006年5月，美国媒体报道，燃煤电厂排放出的粉尘、微小颗粒物等固体废物，都带有汞、铅，以及其他有一些有毒化学物质，给人体和环境带来巨大危害。据估计，美国每年生成的此类废物达 7000 万吨，其中多数都通过倒入特建的坑池或填埋场处理。

如今从美国密苏里－哥伦比亚大学退休的民用工程教授亨利·刘找到了这一问题的最新解决办法，即利用粉尘制造砖块。目前，69 岁的刘先生已经为进一步研究申请到国家科学基金。这已经是他第二次获得此项基金资助。

2001 年刘先生退休之前，曾带领一个研究小组开展以水为动力的高密度压缩煤管道运输研究。他在研究过程中发现，压煤技术可以用于压缩其他物质，如庭院废物、垃圾，以及粉尘。他退休后创立了“管道货运公司”，对此开始研究开发。通过压缩，一些垃圾可以被转换成生物燃料块。而粉尘通过加水及一系列加工过程，被制成砖块，刘把它们称为生态友好型建材。刘先生很快就为他的研究找到一家电厂做合作伙伴。

阿麦隆电厂是刘先生的合作伙伴之一，为他的后期研究提供支持。电厂负责管理煤燃烧副产品的马克·布赖恩特称：“这一作法绝对是环保的，原先被当作废物的东西得了有价值的利用。”

粉尘具有强粘合特性。一些水泥厂和砖厂早已经开始把它作为一种添加剂。但刘先生的研究与此不同，他完全是使用粉尘为原料制砖。而且在制造过程中不会生成新的污染。他说，粉尘砖比其他砖价格要便宜，而且比传统的砖在大小上更统一。

在制砖压缩过程中，汞及其他有毒污染物等微量化学物质被固定到了砖块里。刘先生正计划进一步开始研究，建造一个完全以粉尘砖为材料的 11 平方英尺的房子，从而进一步监测房室中的空气质量，确定这种建材对人体健康的影响。布赖恩特对此并不表示绝对乐观。他说，即使空气质量通过检查合格，消费者是否会愿意采用这种电厂废物制造的建材来建房，仍然有待时间和市场的检验。

(3)用玻璃瓶碎片制造建筑装潢材料。2006 年 12 月，日本媒体报道，对于处理玻璃瓶碎片，以及浇注钢筋混凝土时产生的淤渣问题，人们一般将其填埋了事。日本东京都立产业技术研究所一个研究小组，却成功地使这些废物，变成一种理想的建筑装潢材料。

制造原料的 95% 以上是玻璃瓶碎片，以及钢筋混凝土淤渣，另外还要加入一定的硫化铁、硫酸钠和石墨以控制结晶的生成。制造时，先给混合后的原料加 1450℃ 的高温使之熔融成形，然后除去成形物中的气泡，再在 850℃ ~1100℃ 的环境下加热后使之渐渐冷却。

经测试，用此法生产的建筑装潢材料，其弯曲强度约为大理石的 1.65 倍，耐酸性则是大理石的 8 倍。虽然目前这种材料因成本较高还不能成为装潢市场的主流，但业内人士认为，这种技术有助于处理都市废弃物，今后有望得到普及。

2. 利用工业废弃物制造燃料

(1)利用糖果业废弃物制造氢气。2006 年 5 月，有关媒体报道，英国伯明翰大学生物学院的林恩·马卡斯奇教授领导,位于伯明翰的国际糖果饮料公司吉百利·史威士公司等参与的一个研究小组,经过研究发现,微生物能够利用糖果厂的高含糖量的废弃物产生氢气,这将为开发无污染的清洁氢能源带来希望。该项研究得到英国工程和自然科学研究委员会的资助。

氢已经用于燃料电池,产生清洁的电能。展望未来,氢有可能驱动明日的氢燃料汽车。人们越来越认识到,在未来十年里,氢能因其安全、环保的特性将取代化石能源,成为能源的主流。

马卡斯奇教授进行的实验室研究非常成功地证明:微生物能够以糖果厂的废弃物为原料产生氢气。试验用的糖料废弃物由吉百利·史威士公司提供。由另一个合作伙伴出具的经济评估报告显示,这项研究成果具有大规模重复生产的实用价值。

除了对能源和环境有好处,这项技术也为糖果企业和其他食品行业,提供了一个处理生产废弃物的有效途径。目前这些废弃物的处理方法大多是垃圾场填埋。

这一研究项目,还得到英国生物工艺学和生物学研究委员会的资金支持,旨在寻找一些新的途径,可以去除环境中的污染物质,诸如六价铬酸化合物、多氯联苯等。该反应过程中也需要氢的参与,同样可以通过糖消耗反应过程获取,从而进一步体现了这项新型制氢技术所具有的绿色环保特点。

马卡斯奇教授指出,氢作为一种无碳的能量载体,可以提供巨大的能量,虽然这项研究目前还处于起步阶段,但是研究人员已经试验了氢气产生、废弃物处理的整个过程,或许还需要 5 ~ 10 年的时间就能用于工业发电和废弃物的处理。

研究小组正在进行后续研究试验,力求勾勒出一幅采用同样基础技术、用于更广泛的高糖废弃物生产清洁能源的清晰画面。

(2)把巧克力废料转化为生物燃料。2007 年 11 月 8 日,路透社报道,英国生态技术公司的安迪·帕格负责的一个研究小组,研发出一套新的生产程序,能够把制造巧克力时所产生的废料,转变成生物燃料。

据报道,该研究小组把巧克力生产过程中的废料转化成乙醇,然后与植物油混合起来,制造生物柴油。一辆由这种生物柴油驱动的卡车,准备将在两周后,从英格兰南海岸的普尔市出发,目的地是西非国家马里,进行一次慈善之旅。

组织本次活动的帕格说:"生产巧克力的废料,过去都用于废渣填地。但是现在我们能让它转变成生物燃料。"他还说,使用这种燃料的汽车,排放出的气体不会有巧克力的味道。

为了制造生物燃料,人们往往把本来种植粮食作物的农田改种可用来生产燃料乙醇的其他农作物,或大面积毁掉森林,而利用巧克力废料生产生物燃料则不会导致这种后果。

3. 利用工业废弃物制造其他产品

(1)从食品废料中提取乳清衍生物。2005 年 4 月,澳大利亚一个食品废料综合利用研究小组,从奶酪制造后的副产品中成功提取出营养物质乳清,应用到药品和保健增补剂当中。这一副产品通常被转化为低价值乳糖乳清粉或作为废料丢弃。

食品废料的提取过程有四个阶段,即离子交换、纳滤、套色版和结晶化。利用这一技术可以开辟全球功能性食品和营养产品市场。这一市场的价值达 900 亿美元,并且在持续增长中。

据悉,该技术除从奶酪加工废料中提取生产保健食品外,还可以从葡萄酒、食糖、水果和蔬菜的加工废料中提取有价值的物质,如低聚果糖、天然香料、色素、抗菌蛋白、酚类抗氧化剂、有机酸和矿物质等。目前,该研究小组正在寻求伙伴来拓展研究。

(2)把废弃玻璃加工成混合漫反射涂料。2005 年 9 月,日本环境商务风险投资单位下属的常总木质纤维板公司,把废碎玻璃制成一种廉价的混合涂料,正在快速走向商品化。从 2004 年起,它已应用于道路、建筑物、居室墙壁、门用涂料等方面。使用这种混合废碎玻璃涂料的物体,如受到汽车灯光或阳光照射就能产生漫反射,具有防止事故发生和装饰效果好的双重效果。

这种废弃资源再利用涂料的制法,是把回收的废弃空玻璃瓶破碎,磨去棱角,加工成安全的边缘,成为与天然砂粒几乎一样形状的碎玻璃,然后与数量相等的涂料混合后制成。据说,日本每年约有 140 万吨空玻璃瓶未经再生利用而被掩埋。开发混合碎玻璃涂料是废弃玻璃再生利用的有效途径之一。

(3)用造纸废弃物制成电池阴极。2012 年 4 月,瑞典皇家科学院院士、瑞典林雪平大学生物分子和有机电子学教授欧勒·印嘉纳斯等领导的一个研究小组在《科学》杂志上发表论文称,他们利用造纸工业的废弃物制造出太阳能电池的阴极,它可以采用一种更加智能更加廉价的方法存储太阳能,使得人们能持续从太阳能电池和风涡轮机获得廉价的电力。

传统电池使用金属氧化物导电,但这些金属材料非常稀缺。后来用导电塑料制成的有机太阳能电池,虽然成本较低、性能很高,足以进行商业化生产,具有明显的竞争优势,然而,太阳能必须要把它产生的电从早储到晚,风涡轮机产生的电力也必须存储起来,等到无风的日子使用。因此,研究人员一直在寻找用低廉且可再生的材料,来制造电池的阴极。

瑞典研究人员从植物的光合作用过程中获得灵感。在光合作用中,太阳的带电电子,由电化学性能非常活跃的醌类运输,醌类是由包含六个碳原子的苯环组成的分子。在这一灵感的启发下,他们选择制造纸浆过程中的副产品褐色液体,作为制造电池阴极的原材料。这种褐色液体主要由木质素构成,木质素是位于植物细胞壁内的一种生物聚合物。

接着,瑞典研究人员与波兰同事一起,使用一种叫"吡咯"的五倍杂环混合物,以及从褐色液体中提取出的木质素,设计出一个厚度仅为 0.5 微米的薄膜,让其作为电池的阴极,以便运输电池内的带电电荷。

实验表明,这种方法可对电池产生的电力进行持续地存储,而不需搭建大型电网。研究人员表示,这种利用廉价回收原材料制造的新能源存储方式,还有待进一步研究。他们认为,一棵树所含有的生物质中,20% ~30%是木质素,这是一个源源不断的材料来源。

二、农业废弃物的再利用

1.利用农业废弃物发电

(1)利用甘蔗渣发电。2004 年 9 月,有关媒体报道,印度经常闹"电荒",缺电现象非常严重。面对国际油价不断上涨,饱受能源短缺之苦的印度开始将目光投向替代能源,即利用甘蔗渣发电。

利用甘蔗渣发电可以很方便地输往附近的农村家庭。地方发电可以大大降低传输费用、输电损耗和线路负担。地方电厂用 1 单位热量的甘蔗渣发电产生的效率,就相当于中央发电系统用 2 单位的矿物燃料发电和输送电力的效率。而甘蔗渣可以完全燃烧,没有矿物燃料那样的含硫物质,大大降低了污染。

自从印度国家电力委员会改变电力政策以来,效果显著。目前,印度制糖业已建了 87 家甘蔗渣发电厂,总发电能力为 71 万千瓦。这些甘蔗渣发电厂改变了数十万户印度农村家庭的生活。目前,在卡纳塔克邦、泰米尔纳德邦、北方邦和安德拉邦,甘蔗渣发电正在成为当地电力供应的主要来源。

甘蔗渣发电给印度社会带来的变化可从以下对比中看出来。印度目前甘蔗渣发电的总能力为 71 万千瓦,如果这些电力由中央电力系统提供,由于在输电过程中会有损耗,将需要矿物燃料发电 92.2 万千瓦,而且新的用于发电和输送电力的中央投资将超过 15 亿美元。

从电费开支看,地方甘蔗渣发电输送到农户家中的成本价格,比利用煤炭、石油等发电和输送到农户家中的电费要低 31%,从而使印度农民每年减少 9.23 亿美元的电费支出。

从废气排放方面看,甘蔗渣燃烧排放出的含硫废气几乎可以忽略不计,而煤炭、石油等矿物燃料的废气排放很严重。如果不利用甘蔗渣发电,而是把甘蔗渣做堆肥,就会产生大量沼气,对温室效应的影响要超过甘蔗渣发电的 27 倍。印度已建和在建的甘蔗渣发电厂,每年将使印度的二氧化碳排放量减少 550 万吨。

尽管 2003 年至 2004 年,甘蔗榨季的糖产量比前一榨季下降,印度最大的制糖公司巴拉姆普尔制糖厂,遍及北方邦的 4 个甘蔗压榨厂仍然机声隆隆,正在开足马力发电。该公司主管说:"过去我们工厂发电只是为了自己用。去年,我们开始向地方电网输电了。"

据统计,一个制糖厂用所产生的 1/3 的甘蔗渣发电就能满足糖厂自身的电力需求,其余甘蔗渣产生的电能可以向其他单位输出。一旦印度制糖业充分发挥甘蔗渣发电的潜能，那么将会使更多的印度老百姓受益。

另据有关媒体报道，到2007年下半年，巴西的生物发电装机容量约为168万千瓦，所用原料的94.5%来自甘蔗渣。巴西蔗糖产业联盟提供的资料说，如果到2020年巴西用甘蔗渣发电的能力达到2000万千瓦，将能满足其国内能源消费的20%。而巴西能源和矿业部正在考虑将生物发电作为一项长期发展战略。

巴西是世界上最大的甘蔗生产国，该国现有甘蔗种植面积约650万公顷，其东南部的圣保罗州是巴西最重要的甘蔗产地，甘蔗种植面积达330万公顷，其产量占巴西甘蔗总产量的60%左右。

(2)建立世界首家剑麻渣发电厂。2004年11月16日，世界首家剑麻渣发电厂，在坦桑尼亚东北部的坦噶举行奠基仪式。包括中国在内的世界主要剑麻生产国，均派代表参加奠基仪式。该发电厂的设计发电能力为3万千瓦，建成投产后能够满足坦桑尼亚坦噶省全省的电力需求。

剑麻植株，仅有2%能够被梳理成可用纤维，其余98%被作为垃圾丢弃。剑麻渣发电，就是利用这些被称为生物物质的丢弃物，经过特殊的汽化工艺，把剑麻渣转化成可燃气体，燃烧发电。

(3)利用农场牛粪发电。2005年1月18日，美联社报道，在美国佛蒙特州的一家名为“蓝色云杉”的农场中，1500头奶牛不仅是用来生产牛奶的，而且它们还有一个重要作用，那就是利用它们的粪便发电。

这种发电方式的工作原理是，利用牛粪中释放出来的甲烷气体，为发电机发电提供必要的能量。像这样以农场为基地，利用动物粪便发电供应给大部分普通家庭用户的做法，在美国尚属首次。此前许多农场也曾利用动物粪便发电，但主要都是为了满足自身的能源需求。

牛的粪便受热分解后会产生甲烷气体，这是供发电机运转的燃料。粪便分解通常需要3周的时间。利用牛粪发电还有其他好处，例如从粪便中提取甲烷可以去除粪便90%的臭味，分解后的粪便仍可用作牛棚的铺垫或者制成混合肥料等。

牛粪发电的“威力”也不可小觑。与兄弟一起拥有“蓝色云杉”农场的厄尔·奥迪特预计，这1500头牛将足够供应330个家庭的用电量。到目前为止，已经有1000名农场客户签约，表示原意以一度电4美分以上的价格购买“蓝色云杉”农场的电，以支持各自农场的正常作业。而普通家庭用户要支付的价格一般在每度电12美分左右。

奥迪特说：“这些奶牛现在已经正式创造了两项收入，一个是牛奶，另一个是能源。这又是一条农场多元化经营的路子，增强了我们的经济实力，另外也使粪便得到了充分合理的利用。”

牛、羊等反刍动物是甲烷、二氧化碳等加剧空气污染和地球温室效应物质的重要释放者。目前，世界上共有10.5亿头牛和13亿只羊，牛羊通过放屁、粪便、尿液所排放的甲烷气体含量占全世界甲烷排放量的1/5。其中，牛产生的甲烷气体量最大，是其他反刍动物的 2～3 倍。

为了解决这一问题，保护地球环境，目前科学界和各国政府都在积极地想办法，力图将牛羊等动物的甲烷排放量降到最低水平，包括发明抑制牛羊胃中产生甲烷的 3 种微生物繁殖的疫苗，以及在一些畜牧业大国征收“牛羊打嗝”税等。

2. 种植业废弃物的再利用

(1)加强西红柿废料的综合利用。2004 年 12 月，有关媒体报道，大家知道，西红柿可加工成西红柿酱等罐头食品，但可能不知道，加工处理过程中，西红柿皮和西红柿籽等，将作为垃圾废料白白流失掉，这部分约占西红柿原料的 40%。

意大利生物化学分子研究所的科研人员发现，西红柿加工后的废料，尤其是废弃的西红柿皮，可提取复合糖化物，经过提炼和净化，可转化成为一系列可降解的环保塑料制品，包括人们购物经常使用的塑料袋，以及在农田使用的塑料薄膜等。该项目实现了经济和环境的可持续发展，既保证垃圾废物回收再利用，又能保护环境和节约资源，同时降低了垃圾回收和处理成本，可以创造更多就业机会，可谓一举多得。

目前，这一研究成果已经转化为产品，并得到了意大利政府的资金支持，正在南部城市那不勒斯市的一些企业中生产。西红柿废料的再利用将成为一种潜力巨大的经济资源。另据报道，西红柿废料迄今已被成功地用于制造树脂、人造血浆产品及一些医疗用品等。

(2)利用葡萄渣成功提取食用纤维。2005 年 2 月，俄罗斯媒体报道，俄罗斯利用葡萄汁加工或酿造葡萄酒后的产物葡萄渣提取食用纤维。产品含多聚糖、木质素、含氮物质，性能接近于小麦麦麸食用纤维，可广泛应用于饮料与糕点生产。

研究人员介绍说，提取食用纤维工艺是把种子分离后，用 3 种方法处理：一是用 96℃热水，用水率 10%，分别经 30、60、90、120 分钟，过滤并烘干食用纤维；二是用 1.7% 的硫酸水溶液，按第一种方法处理后，用氢氧化钠中和到 pH 值为 5.5，用水冲洗，过滤烘干；三是用 2% 氢氧化钠水溶液，96℃，用水率 10%，经 60 分钟，冷却，冲洗，再用 2% 盐酸溶液中和食用纤维，用水冲洗过滤烘干。制得的食用纤维达 75% 左右。

(3)推进香蕉废弃物的开发利用。发明香蕉纤维制造包装袋。2005 年 9 月，有关媒体报道，日本东京都立产技术研究所，木通主任主持的一个研究小组，通过深入探索应用制纸技术，开发出以香蕉废弃物为原料，制成一种强度较高的纸。

香蕉纤维非常硬，能否把它的纤维处理成像棉纤维那样光滑的细纤维，是技术的关键。研究小组经过多次试验，终于开发出能批量生产的加工方法。他们剥下香蕉茎上的皮，用制蔗糖用的压榨机使其脱水。然后把脱水后的茎在水中发酵，或者在碱水中浸泡发酵。同时，改造生产棉、麻等纤维用的通用开松机，在上面装上几个可以旋转的刀。用这样经过改造的开松机，可以制造 100% 的香蕉纤维。这样制成的香蕉布手感如麻，可以用于制作咖啡的包装袋。

用香蕉植株废弃物生产纳米级纤维。2008 年 1 月,有关媒体报道,印度香蕉产量约占世界香蕉总量的 15%,每年留下大量废弃物。最近,位于印度果塔延的巴塞柳斯学院化学系的一个科研小组发明了一项新技术,用香蕉种植园的废弃物生产纳米级纤维素纤维。

该技术所得的产品具有广阔的市场前景,可用于医药、电子材料、复合材料和模塑材料等。它在很多场合可作为纸和塑料的替代品。同时,经营香蕉种植园的农民可通过出售作物废弃物而获得额外收入。

(4)加强稻谷废弃物的综合利用。开发出具有美肤效果的稻糠纤维。2008 年 1 月,日本媒体报道,日本铃木制袜公司是一家总部位于奈良县的袜子生产企业。最近,该公司成功地从稻糠中提取出具有美肤效果的稻糠纤维,并制成袜子和围巾面向百货店、日用品专业商店进行销售。

据介绍,稻糠中还有植物纤维、维生素 E、伽玛酸等。铃木制袜公司成功地把稻糠中的相关成分渗透进化学纤维中,从而起到皮肤保健的作用。与后加工不同的是,产品的耐洗涤性能明显改善,即使洗涤 50 次也不影响产品性能。

铃木制袜公司是一家从事运动装贴牌加工业务的生产企业,开发稻糠纤维的目的在于推出公司自有品牌。一般来说,从事贴牌加工的制袜企业很难拥有自有品牌,即使推出自有品牌,也往往局限在袜子产品。由于铃木制袜从纤维层面开始进行研发,扩大了自有品牌的使用范围。据介绍,从 2007 年秋天开始,公司开始将产品推向日本各地百货店。今后,公司将进一步开拓日用品商场等销售渠道。

利用废弃稻壳制成世界最轻固体之一的气凝胶。2008 年 3 月,有关媒体报道,马来西亚女科学家哈莉梅顿·哈姆丹以废弃稻壳为原材料提取出二氧化硅,成功开发出世界最轻固体之一的气凝胶。

气凝胶又被称为“冻结的烟雾”,99% 是空气,质量轻,具有良好的隔热、隔声和绝缘性能,还能承受相当于自身重量 2000 倍的巨大压力,是一名美国科学家在 1931 年发明的。

气凝胶是一种高科技耐高温绝缘材料,能用来保护建筑物免遭炸弹侵袭、吸附油污和空气污染物。美国航空和航天局曾利用气凝胶的吸附功能,在一个太空探测器中放置装有这种材料的手套,用来收集彗星颗粒。但由于它生产成本昂贵,一直难以推广应用。

哈姆丹经过 7 年努力解决了一系列工艺问题,终获得成功,把成本降低了 80%。在传统工艺中,每 100 克气凝胶的生产成本为 300 美元,而以废弃稻壳为原材料制备同等重量气凝胶仅需 60 美元。哈姆丹把自己通过这种新方法研制出来出的气凝胶命名为“Maerogel”,即“马来西亚气凝胶”(Malaysian aerogel)的缩写。

用稻壳生产绿色建筑材料。2009 年 7 月,《发现》网络版报道说,早在数年前,科学家们就已发现稻米壳作为建筑材料的潜在价值。稻米壳富含二氧化硅,而该成分是混凝土的重要成分。过去人们试图利用燃烧稻壳后剩下的稻壳灰作为水泥替代材料，但这种方法产生的稻壳灰含碳量过高，不宜充当水泥成分。

报道称，如今，在多项社会科学基金的支持下，美国科学家发现了一种新的稻壳加工方法可以在稻壳灰充当混凝土成分的同时促进绿色建筑事业的繁荣。

美国得克萨斯州普莱诺市工程服务公司 Chk 集团总裁拉詹·温帕蒂，目前已经与一个研究小组合作，找到了制成几乎无碳稻壳灰的方法。新方法把稻壳放入熔炉，利用 800℃ 高温燃烧，最后剩下高纯度的二氧化硅颗粒。近日，温帕蒂研究小组在马里兰大学帕克分校举行的绿色化学和工程会议上展示了他们的研究结果。

温帕蒂表示："尽管在这个燃烧过程中也会产生二氧化碳，但从整个过程来看还是'碳中和'的。排放的二氧化碳会被每年新种的稻谷吸收回去而抵消。"

事实上，混凝土的使用和消耗给抑制气候变化带来了难题。每生产一吨用于制成混凝土的水泥，就要向大气排放一吨二氧化碳。而世界范围内，水泥生产占所有人类活动导致的二氧化碳排放的 5%。

据了解，近年来，水泥成了各式各样废料产品的仓储库。从钢铁厂的炉渣、煤矿飞尘到硅金属产业剩余物的硅灰，这些都作为高含碳量硅酸盐水泥的替代物而得到"重生"。

美国普度大学的简·奥莱克表示："稻壳灰之所以没有成为混凝土的主要成分，通常是由于它碳含量太高。如果能解决这个问题，稻壳灰会成为混凝土的良好材料，从而为混凝土行业减少二氧化碳排放量。"

研究表明，混凝土中掺入稻壳灰会变得更加坚固、更具抗腐蚀性。该研究团队预测，修筑摩天大楼、桥梁或任何近海或水上建筑时，如果能用稻壳灰替代 20% 的水泥，则制成的混凝土优势就会大大体现出来。

目前，温帕蒂研究小组正在进行一项试验，如果能证明高温燃烧稻壳的方法奏效，他们将募集资金开始投入建设大型熔炉，并计划每年产生约 1.5 万吨稻壳灰。

研究人员表示，如果稻壳灰制造上规模，利用美国产生的所有稻壳每年可制成 210 万吨稻壳灰。事实上，对于中国、印度等稻米和混凝土消耗都非常大的发展中国家而言，稻壳灰的应用潜力将更大。

（5）利用果皮果核提取药物原料。2011 年 5 月 17 日，智利健康食品研究中心埃尔薇拉等人组成的一个研究小组对媒体宣布，他们通过一系列生化过程，从农业加工业废弃的果皮、果核中提取出了可治疗癌症和心血管疾病的药物原料。

埃尔薇拉说，很多水果的果皮、果核里，含有大量的抗氧化成分，这些成分能够有效延缓人体衰老，对于心血管疾病具有很好的防治效果。此外，在抗氧化成分提取过程中还可以获得植物纤维，在通过不同的生化过程后，可以产生能够抗癌的低聚糖。

埃尔薇拉研究小组从研究浆果开始,不断完善生化提取方法。现在这种方法已经可以应用于其他水果和干果,如猕猴桃、葡萄、西红柿、甘蔗,以及核桃等。

埃尔薇拉表示,智利是水果出口大国,水果加工业非常发达,但是由此产生的果皮果核等农业残渣也相当可观。这种生化提取方法,不仅可以解决农业加工业残渣的处理问题,还可以极大提高这些废料的附加值。

(6)拟将废弃的洋葱皮制成营养补充剂。2011 年 7 月,西班牙马德里自治大学与英国克兰菲尔德大学组成的一个联合研究小组,在美国《植物类食品与人类营养》杂志上撰文说,洋葱皮富含人体需要的多种营养成分,可用来制成营养补充剂,而不应将其扔弃。

研究小组发现,棕色洋葱皮富含纤维、酚类化合物、栎精、黄酮醇,以及硫磺化合物等有益健康的成分。研究人员指出,常吃富含纤维的食物,可降低患心血管疾病、胃肠不适、结肠癌、II 型糖尿病和肥胖症的风险,而补充酚类化合物和黄铜醇则有助于预防冠心病和癌症。此外,硫磺化合物具有抗氧化和消炎的作用,可起到防止血小板积聚,改善血液流通,促进心血管健康的作用。

研究人员认为,洋葱皮的营养价值应该受到重视,可用它来制造非水溶性的营养补充剂,或将洋葱皮提取物添加到其他食品中,以造福人类。

3. 畜牧业废弃物的再利用

(1)把鸡肉加工废料制成肉馅添加剂。2004 年 6 月,俄罗斯《消息报》报道,鸡肉加工过程中剩下的软骨、皮、肉筋、肠子等通常被当作废物扔掉,但是这些东西里也含有对人健康有益的角蛋白、胶原等蛋白质。因此,俄罗斯沃罗涅日国家技术研究院安季波娃等人组成的一个研究小组,利用新工艺提取了上述“废物”中的有用成分,并将其制成肉馅添加剂。

研究人员从螃蟹等无脊椎动物和某些微生物体内提取了多种酶,并根据所需加工的不同“废物”按配方将不同的酶组合起来,在高温和一定压力的环境下处理“废物”,将其中的角蛋白等有用物质分解、加工成可被人体消化吸收的粉末状肉馅添加剂。

安季波娃说,研究人员主要针对鸡肉加工中的剩余物进行了研究,但上述新工艺也适于从其他禽畜肉加工的剩余物中提取对人健康有益的物质。

(2)研究用毛发和羽毛制造有机肥料。2008 年 7 月 12 日,《印度人报》报道,印度国立旁遮普大学和旁遮普省政府科技委员会成立的联合研究小组,利用防治毒草银胶菊的技术,包括利用蚯蚓分泌可分解死亡蛋白的酵素成功开发出以人类毛发和鸟类羽毛制造的有机无臭肥料,并已取得技术专利。

4. 水产业废弃物的再利用

(1)用虾壳制造农产品防腐剂。2005 年 9 月,越南渔业大学生物学和环境学研究中心,前不久成功利用虾外壳制造农产品防腐剂。

这种防腐剂主要形态为粉末和溶液能使农产品特别是秧苗和水果保持新鲜

的时间延长3~4倍。除此之外，这种防腐剂没有任何害处，因为它是利用自然成分制造的。该中心计划在不久的将来大量生产这种防腐剂投入市场。这种防腐剂同时也可以用来处理废水、生产油漆布料或丝线。

这种新产品将帮助人们有效利用虾壳。虾壳在越南的数量很大，仅空港省一年就有大约2000吨虾壳可以利用。

（2）利用海藻制成贺卡专用纸浆。2006年5月，智利媒体报道，智利北部地区的海滩每天有大量海藻被海水冲上岸边，散发出难闻的气味。当地政府不得不支付上千美元的费用派专人清除。

近日，一位名叫奥尔蒂斯的女专家找到一个变废为宝的方法：她把这些没用的海藻磨成粉末加入循环再生纸浆和木质纤维，最终可制成贺卡专用纸浆。

据报道，以海藻为原料的纸张不但经久耐用，还可循环利用。奥尔蒂斯目前正在设法出口这种海藻纸，同时争取提高质量，增加产量。

三、城市垃圾的处理及利用

1. 城市垃圾处理的制度创新

（1）建立饮料包装瓶罐的“押金回收”制度。世界各地的饮料有各种各样的包装，通常以塑料瓶、铝罐、玻璃瓶居多。瑞典政府为了确保饮料包装的回收率，制定了“押金回收”制度。在瑞典，任何饮料瓶的标签上都会标示这个饮料瓶的押金，一般是0.5~2瑞典克朗，在你购买饮料的时候，除了饮料价格外，必须先支付押金。

饮料瓶的回收很方便，一般超市门口都有专用的回收机器，把废弃的饮料瓶分别投进回收机后就会打印一张小票，上面有这次回收的金额。凭这张小票可以在超市退款或者在购物时直接抵扣购物款。

押金回收制的原理是，通过对产品如果不回收利用而使环境受到的破坏进行估算，进而要求产品使用者预缴费用，以此引导消费者把废弃物纳入正当渠道进行回收。

在瑞典，就消费者层面来说，这一政策还被用于电池等产品；而从生产商层面来说，许多强制回收的产品在生产之前就需要向环境保护部门预缴一笔押金，只有在产品经检验达到了回收比率之后押金才能退还。瑞典实施的这项政策和制度，有效地促进了环保回收体系的建设。

（2）建立垃圾分类回收和利用的制度。2012年4月，有关媒体对瑞典分类回收利用垃圾制度进行了专题报道。2005年，瑞典法律规定，填埋有机垃圾是非法的。所有有机垃圾都要通过分类回收和生物技术处理，变为堆肥、沼气或混合肥料，或进行焚化。

瑞典环境保护机构高级顾问桑娜说：“如今垃圾变得越来越有价值，大家都争着要垃圾呢。”瑞典的垃圾分类处理制度，原则上是最大限度地循环使用，最小限度地进行填埋。

焚烧处理垃圾产生的能源要么用来发电,要么卖给地区供暖系统。目前,瑞典共有30家城市固体垃圾焚化厂,其中16家是热电联产式,13家是锅炉供热式,可为81万户家庭供热,为25万个家庭供电,还有一家是为企业提供蒸汽。

瑞典政府于2006年制定"焚化税",即按照焚化厂的电能产量交税,电能产量越高交税比例越低,目的是推广热电联产式焚化炉,减少供热式焚化炉,从而提高能量利用效率高。

2000年开始,瑞典对旧的焚化炉进行改造。2005年,位于马尔默市的垃圾处理企业SYSAV公司,安装了多功能烟道气清洗系统,可以分别去除氯化氢、二氧化硫、氢氟酸等污染物,严格确保烟道气排入大气时,空气污染低于国家标准,还能同时回收余热。所以现在人们看到的烟囱排放出来的白烟,主要成分是水蒸气。烟道气回收物可用于中和矿山废料并一起填埋。焚烧产生的能源,则可以卖给政府或供应地区的家庭取暖,或转换为电力。现在该公司每年能"消化"55万吨垃圾,胃口填不满时,还会从挪威"进口"垃圾。它每年产生的能源可为7万户家庭供暖。

瑞典垃圾分类回收产生的另两大资源,是通过生化处理得到沼气和堆肥。

在瑞典二代生态城区、马尔默的西港区,住宅区中都有厨余垃圾处理器。住户或者餐厅的食物残渣,通过厨余垃圾粉碎机处理制成浆状送到沼气厂在生物反应器中发酵就可得到沼气燃料或生物肥料。1吨食物残渣可制造120~180立方米的沼气。大多数沼气用作环保汽车和公交车的燃料。

2. 城市垃圾处理的方法创新

(1)研发生物反应器填埋场的垃圾处理方法。2006年5月,环境媒体报道,法国威立雅环境服务公司是废弃物管理领域的领先者。它致力于环境与健康的发展,并提供废弃物管理方面创新、经济的解决办法。为此,该公司的环境、能源和废弃物研究中心主要从事于研发控制垃圾污染的有效措施,避免垃圾对环境产生影响。生物反应器填埋场是其开发的垃圾处理先进技术之一。

生物反应器填埋场的原理是通过控制渗沥液的回灌来保证填埋场的最佳湿度,从而加速垃圾的降解。此项技术有很多优点,通过压实垃圾显著增加了垃圾填埋的库容加速垃圾稳定化进程,从而缩短垃圾填埋场封场之后的维护期,使填埋场尽快与周围环境相协调。

该公司对生物反应器的研究目标是把填埋场地内的垃圾降解时间缩短一半,并提高填埋气体的循环利用。在填埋气体中,50%由甲烷组成,甲烷对温室效应有很大的影响。填埋气体的回收及循环利用可替代化石燃料,对减少温室效应有事半功倍的效果。

该公司的研发项目由位于法国拉维尼城堡的中试填埋场实施,经过8个月的运营,填埋气体的产量比普通填埋场高出3~4倍。环境、能源和废弃物研究中心已开发并使用一套测量垃圾湿度的系统,以更好地控制渗沥液的回灌。

(2)利用微生物处理生鲜垃圾的方法。2007 年 11 月 4 日,日本《每日新闻》网站报道,日本京都大学教授今中忠行领导的一个研究小组,最近开发出一种利用微生物处理生鲜垃圾的新方法,与以往微生物处理方法残余的污泥量相比,新处理法残余的污泥量约为前者的 5%,可稀释后冲入下水道。

据报道,研究小组开发的新处理法需使用 4 个水槽,部分槽中经过特殊处理的化学纤维,能使水中微生物的浓度提高到以往处理法的 6 倍。在用捣得很碎的马铃薯做实验时,经过第一个水槽中的乳酸菌和第二个水槽中纳豆菌的处理,细碎的马铃薯大多被分解成葡萄糖,另两个水槽则沿袭以往的下水处理法,通过化学反应清除大部分污泥。根据水槽中微生物组合的不同,新方法几乎可以处理所有的食物残渣。

(3)减少垃圾处理过程产生污染的方法。2013 年 2 月,有关媒体报道,瑞典对待垃圾的一项重要措施是,通过不断提高垃圾处理技术来减少其污染,提高回收效率。

瑞典处理废弃物有四个层次,首先考虑回收再利用;回收再利用有困难的,尝试生物技术处理;生物技术处理不了的,焚烧处理;如果确实不适合焚烧的,再掩埋。由于在废弃物回收、生物处理、垃圾焚烧领域都科技先进,最后填埋处理的比例不高,而且逐年下降,2004 年瑞典有 9.1% 的垃圾需要填埋,到 2008 年只有 3.0% 了。

相比填埋垃圾的逐年下降,现今垃圾焚烧技术在瑞典的应用就广泛得多了。2008 年,瑞典 48.5% 的垃圾通过全国 22 个垃圾焚烧中心进行焚烧处理,通过垃圾焚烧产生了 13.7 兆瓦时的能量——大多数用作取暖。2008 年瑞典通过垃圾焚烧为 81 万户家庭供暖,占全瑞典供暖能量的 20%,此外剩余部分能量为 25 万户中等大小的家庭提供了日常电能。

因为垃圾焚烧会产生烟气排放和固体残渣,如果处理不当会对环境造成很大的影响,垃圾焚烧在瑞典也曾引起过很大争议。1901 年,瑞典就已建立第一个垃圾焚化厂,到 20 世纪 70 年代,瑞典全境已建成 27 个规模不同的焚化中心。之后,随着公众对环境关注日益提高,瑞典出台了一系列严格的环境标准和法规,27 个垃圾焚化厂中的 20 个进行了技术升级或部分重建,其余 7 家由于无法达到标准而最终被陆续拆除。

通过一系列的技术投入,目前瑞典垃圾焚烧厂的有害气体排放已大幅下降。1999 年,检测机构曾对瑞典 22 家垃圾焚化厂进行取样化验,其二恶英排放量最低的仅为 0.14 奈克/克(I - TEQ,国际毒性当量标准。1 奈克等于十亿分之一克),在此标准下,全年瑞典焚烧垃圾排放的二恶英总量为 3 ~ 5 克,相比其他二恶英来源几乎可以忽略不计。当然,良好的垃圾分类体系也是降低二恶英排放的重要原因之一。

在垃圾收集后的运输流程上,瑞典也有很多先进技术以减少运输过程中产生的二次污染,例如恩华特公司发明的自动垃圾收集系统。20 世纪 50 年代末,一个瑞典工程师在使用吸尘器打扫房间时问了自己一个很简单的问题:为什么可以用吸尘器来吸灰尘却没有大型的吸尘器来吸垃圾呢?这催生了他的灵感:1961年,全世界第一套真空自动垃圾收集系统开始在瑞典的索莱夫特奥医院安装运行。

如今,垃圾自动收集系统在瑞典随处可见。这是一套密闭式的系统,由地面的垃圾箱和一系列隐蔽在地下的竖井和管道组成。垃圾筒直接连接地下运输管道,管道中根据垃圾收集的频度,预设了"刮风"的时间,每隔一段时间各个管道就像大型的吸尘器一样被定时开启,各种垃圾就被吸入中央收集站。

使用自动收集系统一方面减少了二次污染,垃圾在投入垃圾箱后的极短时间即被处理,大大减少了次生污染的可能,也避免了垃圾车运行带来的环境影响。对于有特殊要求的医院、机场、宾馆等场所,更能有效提高环境服务水平。

(4)智慧城市运用电脑控制垃圾处理的方法。2013年3月,有关媒体报道,瑞典首都斯德哥尔摩的哈姆滨湖城,拥有陆地面积1.6平方千米,居民1.8万人,近年成为斯德哥尔摩智慧城市项目最大的近郊发展工程,同时,近两年起步建设的皇家港口新区(面积为2.63平方千米)也沿袭同样的理念来打造智慧城区。这两个城区都被官方认可为斯德哥尔摩未来城市发展的标志和典范。

哈姆滨湖城信息中心负责人玛琳娜·卡尔松表示:"如何使用有限的城市资源和能源来满足城市居民的需求,同时又保证资源可持续,以及循环利用,才是智慧城市最大的挑战。"

在哈姆滨湖城能看见一排电子垃圾桶,分别用于接收食物垃圾、可燃物垃圾,以及废旧报纸等不同类别的垃圾。垃圾桶通过各自的阀门与同一条地下管道相连,阀门分别在每天自动打开两次,不同类别的垃圾进入地下管道并以每小时70千米的速度被输送到远郊,在电脑的控制下自动分离并输送到不同的容器里,按需要循环利用,整个过程都是通过电脑控制。

玛琳娜指出,这个系统提高了垃圾传输和处理速度,以及再利用效率,环境保护程度相应提高了。玛琳娜继续说道:"这就好比把一个装着技术、设施、行为、环境等的大盒子,放到可持续性这么一个托盘上。"

3. 把城市垃圾转化为能源的新进展

(1)发展把垃圾变废为宝的生物发电项目。2004年9月,有关媒体报道,在努力建设循环型社会的日本,生物发电有着无限的生命力。日本每年家畜排泄物为9100万吨,食品废弃物为2000万吨,给环境带来沉重的负担。根据有关法律,从2004年11月起,家畜排泄物禁止露天堆放。而日本的《食品循环法》也规定,到2006年排放含有生鲜有机物质垃圾的单位要减排20%,同时对排放的垃圾有义务进行循环利用。于是,生物发电在日本悄然兴起。

日本岩手县葛卷町有300家奶牛专业户,饲养奶牛1万头,散居在435平方千米内。2003年4月,建在畜产基地内的葛卷町第一座牛粪发电厂开始运转,利用200头牛的粪便发电,该町还计划利用牛粪制造燃料电池等。在北海道地区,牛粪发电也很受欢迎。目前日本有很多地方都在考虑用牛粪发电,以解决露天堆积污染环境的问题。

由于人们越来越追求食品新鲜度,日本的食品垃圾日益增多,过去多用焚烧的办法处理,但食品多含有水分,焚烧时要用重油,不仅浪费能源还容易产生二恶英,严重污染环境。为解决这一问题,近年来日本开始用食品垃圾发电。东京都江户区部分企业,2003 年开始,回收商场和饭店的食品垃圾,发酵后生成的沼气用于发电。一些企业设置食品垃圾箱,将垃圾粉碎混合成液体,用密封车回收。经过一个月的发酵后提取含 60% 沼气的气体,用于发电。产生的电力除供参与回收食品垃圾的企业外,还可供给附近居民。

2004 年 4 月,东京地区开始动工兴建一座大型的生鲜垃圾发电厂,到 2005 年秋天建成时,将成为日本国内最大的生鲜垃圾发电厂,主要依靠回收的残羹剩饭进行发酵,产生沼气发电。电厂的设计垃圾处理能力为每天 110 吨,相当于 73 万人排出的生鲜垃圾量,产生的电力可供 2420 户居民使用。

日常生活中,每个家庭都会排出很多生活垃圾。日本国土交通省从 2003 年开始实施垃圾发电计划,利用垃圾中的菜叶和污水处理厂的沉淀物,混合发酵生出的沼气,作为涡轮发电机的燃料。这项计划实施起来取材比较容易,除菜叶之外,树木枝叶、粪尿也可用来发电。生物发电既把垃圾变废为宝,又可解决垃圾堆放占据空间和污染环境问题,可谓是一举两得。

(2)开发出垃圾汽化与烘烤相结合的高效发电技术。2005 年 5 月,日本媒体报道,日本电力中央研究所,与环保器材厂家奥喀德拉(okadora)公司合作,开发出利用废料和家庭垃圾高效发电的技术。这种新技术,发电效率达到约 30%,比原有的垃圾发电高出约 20 个百分点,而且不必对垃圾进行细致分类。

电力中央研究所把自己使煤炭汽化的独家技术,与奥喀德拉公司通过烘烤垃圾使其碳化的技术相结合,开发出这种高效发电的新技术。只要是能够燃烧的垃圾,基本上不用分类就能用于发电。

利用新技术发电时,首先用 500℃ ~650℃的高温,对垃圾进行烘烤,使垃圾成为热分解气体和碳化物,然后将碳化物加入到 1000℃的燃烧炉中,使碳化物分化出一氧化碳等气体,最后再将产生的气体通过燃烧转化成电能。研究人员指出,发电过程中产生的热能可以反过来用于烘烤垃圾。

研究人员说,现在的实验设施每天能够处理 5 吨垃圾,他们计划在年内建设能够每天处理 50 吨以上垃圾、发电 2000 千瓦以上的设施。

(3)建成利用城市垃圾发电的生态气化发电厂。2012 年 5 月 8 日,芬兰南部城市拉赫蒂建成一座新型生态气化发电厂,并正式投产。这座发电厂可利用城市垃圾发电,给困扰现代城市的垃圾处理和电力供应问题的解决提供了新思路。

据介绍,该发电厂可以利用新的气化技术,把城市垃圾转化成电力和热能。芬兰南部地区不可回收利用的城市垃圾,如一些工业垃圾、建筑垃圾和生活垃圾被运往该发电厂,这些垃圾通过气化炉转化成燃气,然后进入高效燃气锅炉进行焚烧,从而产生蒸汽驱动汽轮机发电。

这座耗资1.6亿欧元的发电厂以热电联产的方式提供电力和热能,不仅可以"消化"大量城市垃圾,还可减少化石燃料的使用,降低废气排放。

(4)从城市有机废物中提取出燃油。2008年9月27日,孟加拉国科学信息与通信技术部下属的科学工业研究委员会首席工程师尤努斯·米亚赫接受记者采访时说,他们已经从可降解的城市有机废物中成功提取出燃油,目前正在对这项技术进行经济评估,以期大规模开发利用。

米亚赫说,他们使用的原料包括城市垃圾中的有机物和稻壳等农业废弃物。提取共分为两步:第一步是分解有机废物,然后提取出生物燃料,第二步是把提取出的生物燃料升级,使最终产品能够达到实用的要求。

研究人员表示,他们对这一技术的前景表示乐观,因为在达卡市收集垃圾的费用并不高。科学工业研究委员会的另一名科学家奈姆勒·哈克说:"即使采用这项技术只能做到不亏本,那我们也是赢家,因为这可以减少国家石油的进口量。"孟加拉国能源匮乏,能源供应主要依靠进口石油产品。

(5)把垃圾填埋场的可燃气体转化为氢能燃料。2011年7月,首尔市政府人员宣称,韩国利用垃圾填埋场的可燃性气体生产出氢燃料,并为氢能源汽车建设氢能供应站。

据介绍,首尔市利用上岩洞世界杯公园内的兰芝岛垃圾填埋场产生的可燃性气体,建造了每天可生产720标准立方米氢能的氢能供应站。由于该氢能是从垃圾填埋场产生的气体中提取的,这与国外利用天然气或液化石油气生产氢能的方式大不相同,在世界尚属首例。

(6)使垃圾成为冬季供暖的主要能源。2012年10月,法国《世界报》报道,由于循环利用太发达导致垃圾紧缺,瑞典计划今后每年进口80万吨垃圾,用于冬季供暖。每个瑞典人都知道"垃圾就是能源,4吨垃圾等于1吨石油"。而这一切得益于瑞典先进的垃圾处理循环系统。

在欧盟中,瑞典是垃圾焚烧比例最高的国家之一。垃圾被投入1000℃高温的锅炉中焚烧,产生大量热能,通过连接着城市四通八达的供暖管道为城市居民供暖。瑞典废弃物管理局的资料显示,垃圾焚烧为瑞典人提供约20%的城市供暖,同时满足25万户家庭的用电需要。以第二大城市哥德堡为例,全市约1/2的暖气供应来自垃圾焚烧产生的余热。

长期以来,如何使经济"循环"起来,是瑞典政府非常关注的问题。企业在政府带动下也积极开发垃圾处理新技术。世界第一套真空自动垃圾收集系统就是由瑞典工程师发明的。依靠地下的真空管道吸走地面垃圾,以减少运输过程中产生的二次污染。2012年瑞典政府提出,用20~30年时间摆脱对石油依赖的目标。环保署官员卡特琳娜·厄斯特隆说,我们不想燃烧更多的垃圾。瑞典和欧盟对垃圾处理的规划是减少垃圾总量，增强垃圾分类，回收更多原料。

4. 城市垃圾处理及利用的新成效

（1）把填埋垃圾的小岛改造成犹如度假村。新加坡在境内南部的一些小岛建立垃圾埋置场，实马高岛是其中一处，主要用来埋置无法焚化的垃圾，如建筑废料和垃圾焚化炉的底灰等，使用至今已有十多年时间。该岛围建成的垃圾埋置场总面积5250亩，总埋置量可达6300万立方米。多年来，岛上埋置垃圾的数量日均2000吨。

新加坡政府，高度重视垃圾埋置场的保护环境工作。从其修建初期开始，不仅对全岛的垃圾埋置场区块做出规划，而且对全岛的植树造林、埋置场植被重新覆盖和污染治理等，也制订出详细规划。

岛上开始修建垃圾埋置场时，需要对土地进行适当平整，难免会损伤到天然植被和原有的红树林。为了尽量减少垃圾埋置场建设对周边环境的影响，新加坡国家环境局在原先不长红树林的沿岸地方铺上泥土，然后把修建垃圾埋置场时清理挖掘出来的红树迁移到这里，使它们在新的地方茁壮生长，至今实马高岛沿岸新培植的红树林总面积已有200多亩。同时，岛上没有开辟为垃圾埋置场的边角空余地带，尽量维持原来的天然植被，多保留当地的土生植物和天然红树林，目前，岛上天然红树林的总面积还有540亩，而且4个品种的红树都有自己茂盛生长的地盘。红树林是很好的自然生态标志，如果发现红树开始落叶或变黄时，就表明水质在改变，提醒人们必须留意，可能有垃圾污染了海水。

为了绿化和美化环境，岛上管理部门还特意引进一些新树种。例如，栽培来自南美洲、佛罗里达和加勒比海的植物海葡萄，来自中国海南的琼崖海棠树，来自中国台湾南部和马来群岛的棋盘脚树等。其中海葡萄是一种蔓生植物，通常树高2米左右，最高的可达8米。它的叶子很大、圆形及革质，直径达25厘米，主脉呈红色，衰老后的叶子会整片转为红色。树皮平滑及呈黄色。夏末会产出紫色的果实，直径约有2厘米，像葡萄般是一串一串的，成熟时从绿色变成紫红色，可用来酿成类似酒的饮料。琼崖海棠树姿浓绿亮丽，树性强壮耐瘠，是良好的园林树种。它属常绿乔木，树皮厚，有块状深裂、灰色。树冠呈波状圆形。树高8～15米。花腋生，圆锥花序，洁白芳香。开花期长，一年开花结果两次，果实呈球形。棋盘脚树属于常绿小乔木。叶倒卵形长椭圆形，花呈乳白色，果实缩陀螺形，有4个棱角。目前，实马高岛上的路旁和岸边，栽种着360棵琼崖海棠树和棋盘脚树。

新加坡对于垃圾埋置场本身，更是严格按照环境保护的要求，有计划有步骤地向前推进。新加坡环境局先把垃圾埋置场划分成11个区域，引进新鲜海水加以储存，做好埋置垃圾的前期准备工作。每当一个区域的垃圾填到二三米高时，就铺沙种草，恢复植被，然后经过一定周期再继续用来埋置垃圾。目前，已经埋置垃圾的区域还不到总数的一半。垃圾最高可埋置到30米，到时候，再在上面栽种植物。这样，实马高岛在完成埋置垃圾的“使命”后，将是一幅山峦起伏的景象，与其他小岛没有什么区别。

新加坡一些社区为了配合清洁与绿化活动,常会组织社会人员和学生到实马高岛植树或参观考察。当人们看到岛上茂盛的土生植物、红树林和外地引进的绿化树,特别是面对徐徐而来的清新空气,而闻不到垃圾的臭味,都会对这里的生态环境留下深刻印象。有的参观者回来后说,实马高岛真是风景宜人,甚至可以把它开发成度假村。

(2)实现全城取暖能源几乎全部来自垃圾。2012 年 4 月,有关媒体报道,瑞典南部小城克里斯提斯塔市,即使在寒冷的冬天,这里取暖也基本不用石油、天然气、煤炭等化石燃料。它取暖的能源几乎全部来自垃圾。

这里的公交车全部以沼气为燃料。除了巴士,不少汽车、卡车也改用沼气,每年可节约近 50 万加仑的柴油或汽油。这座城市计划到 2020 年完全杜绝化石燃料。

使用沼气的巴士和汽车可以通过沼气站补充能源。城市规划者希望居民们都购买可以使用沼气的混合燃料汽车。虽然这种汽车比传统汽车要贵 4000 美元,但沼气燃料的价格比汽油便宜 20%。

十年前,当该市发誓要戒掉化石燃料时,这还是一个高尚但遥不可及的理想,就像公路交通零事故、消除儿童肥胖症一样。但是现在,它已经跨过了一个关键的门槛:这座城市及其周围的乡村,全部人口为 8 万,都已经不采用石油、天然气、煤炭等化石燃料取暖。这和 20 年前截然不同,当时所有的暖气都来自化石燃料。但是这座位于瑞典南部,以“绝对伏特加酒”出名的城市并没有大量采用太阳能电池板或风力发电机,那么它的新能源来自哪里?由于该地区是一个农业和食品加工中心,工农业生产留下马铃薯皮、过期食用油、过期饼干、猪内脏、动物粪便,当地人因地制宜地将这些垃圾用于生产能源。

在克里斯提斯塔郊外矗立着一座有 10 年历史的工厂,用一种生物过程将垃圾废料转化成沼气(甲烷的一种形式)。沼气燃烧产生热能和电力,或者经过提炼制成汽车燃料。

当官员们习惯了城市自己生产能源之后,慢慢发现,能源无处不在:旧垃圾填埋场和下水道产生的沼气,地板生产厂留下的碎木屑和园艺师修剪下的小树枝都可以利用。

第三节　固体废弃物处理的新技术与新设备

一、固体废弃物处理的新发现

1. 发现处理固体废弃物的新方法

(1)发现转基因植物清除有毒污染物潜力大。2007 年 10 月,美国华盛顿大学研究人员莎伦·多蒂与尼尔·布鲁斯等研究人员一起组成的一个研究小组,在美国《国家科学院学报》上发表研究报告称,经过基因工程改良的白杨树苗可以吸收三氯乙烯等有毒物质,并能将其分解或经过代谢转化成无毒的副产物,其解毒速度是正常树苗的100倍。该研究揭示了利用基因改良植物来清除有毒污染物的极大潜力。

十多年来,科学家不断试验用植物净化土壤和环境的各种方法,其中一项技术称为"植物修复"。该技术比化学、工业方法要廉价得多,负面影响更小,也能美化环境,但存在的问题是,这种方法非常缓慢,而且植物在冬天停止生长。因此,这种方法在经营者看来实用意义不大。

白杨树可以产生一种称为细胞色素P450的酶,这种酶能分解三氯乙烯中的氯离子,并能把其中的碳、氢元素与氧重新结合,生成水和二氧化碳。而在许多动植物中也能发现细胞色素P450,多蒂研究小组独辟蹊径,把兔子肝脏中能产生细胞色素P450的基因片断,移植到白杨树的基因中,培养出一种基因工程改良白杨树。这种经过基因改良的白杨树,能从培养液中清除多达91%的三氯乙烯(一种最常见的地下水污染物),而普通白杨只能清除3%的三氯乙烯,清除速度也超过普通白杨100倍。

布鲁斯发现一种细菌能从污染土壤中过滤分解三次甲基三硝基胺(RDX)。三次甲基三硝基胺是一种有毒爆炸物,可导致土地和地下水大面积污染,在自然环境中很难自身分解。研究人员把细菌的这段功能基因注入水芹和阿拉伯芥中,发现这两种植物清除三次甲基三硝基胺的能力,比通常植物要大得多。

布鲁斯表示,用植物把三次甲基三硝基胺分解成无毒物质,如可用作植物氮肥的亚硝酸盐。他们下一步准备将这种基因注入白杨中。但一些小虫子会去吃这些植物,他们正计划一项安全实验,以检验这些植物组织会不会伤害到其他生物。他们还要将这些白杨种在土壤中观察实际效果。

(2)发现可用来清除黑索金污染的微生物。2009年10月,英国约克大学的一个研究小组,在美国《生物化学杂志》上发表研究报告说,他们发现了一种结构独特的酶,可以用来清除高能炸药黑索金对环境造成的污染。

研究人员告诉大家,他们找到了一些以黑索金为食物的细菌,并正在以此培育转基因植物,它能把黑索金污染物从土壤中分离出来,最终将其分解。研究人员说,在这个过程中起关键作用的是一种名为Xp1A的酶,它可以帮助细菌或植物分解黑索金。

黑索金是一种高能炸药,因其威力强大而常被军方使用,近年来恐怖分子也常使用这种炸药进行恐怖袭击。研究人员说,黑索金具有毒性,吸入或误服后会引起中毒,因此爆炸后对环境造成的污染是一个值得重视的问题。

2. 固体废弃物处理的其他新发现

(1)发现邻苯二甲酸酯严重危害健康。2004年3月,德国研究协会发布新闻公报说，该协会资助德国埃朗根－纽伦堡大学进行的专项研究结果表明，人体对邻苯二甲酸酯类化学物质的摄入量，远比原先预测的多，儿童尤其如此。

邻苯二甲酸酯类化合物主要用作塑料和橡胶等的增塑剂，全球邻苯二甲酸二乙酯的年产量达 200 万吨，其中 90% 用作增塑剂，许多化妆品和纺织品的生产也离不开邻苯二甲酸酯。近年来，科学家怀疑这类化合物会干扰人体内分泌，损害生殖和发育。但一直以来，人们对人体一般会从环境中吸收多少邻苯二甲酸酯并不清楚。

此次的研究测试结果显示，在某些情况下，人体对邻苯二甲酸酯的摄入量已经超过了每日允许吸收的最大剂量。专家认为，邻苯二甲酸酯在环境中普遍存在残留，人体主要通过食品和空气两个途径吸收。

目前，越来越多的权威科学家和国际研究小组已认定，过去几十年来男性精子数量持续减少、生育能力下降，与吸收越来越多的邻苯二甲酸酯有关。此外，男性睾丸癌和生殖器官发育不良，也与这种化学物质有关。

（2）发现微波炉等绝大多数废弃家电可被轻易修复。2012 年 5 月 16 日，美国科学促进会网站报道，英国曼彻斯特大学阿扎德·邓德艾琳博士领导一个研究小组经过研究发现，通过更换保险丝或插头这样简单的维修，英国绝大多数被扔掉的微波炉都可以重新"上岗"，此一项每年就可帮助英国节约数百万英镑。

邓德艾琳研究小组从英国的垃圾站中找到 189 台微波炉，结果发现其中 54% 被丢弃的原因仅仅是因为外观问题或一些小故障，这些微波炉有 85% 以上都可以被修复，并安全使用。他们还发现，如果在家电设计时进行一些简单的改变，就完全可以防止这些故障的发生。

研究人员称，这些被废弃的家电在垃圾回收站中往往会被粉碎机直接捣碎，而不会将其中的有用材料重新利用。如果这些微波炉都能够被修复并重新使用，不但能节约开支，每年将减少数千吨电子垃圾。

邓德艾琳说，这项研究表明，绝大多数被丢弃的微波炉等白色家电都可以很容易地被修复并重新使用。此外，一些家电中有部分功能几乎从购买后就未被使用过，这不但增加了成本，也增加了出现故障的可能，在设计之初就应被简化。

邓德艾琳还在英国下议院的会议上，对此项研究进行介绍，她希望通过她的努力能够引起人们的重视，让政府、家电厂商，以及普通用户都参与进来，减少浪费，实现更为绿色的循环经济。

除微波炉外，研究人员还计划把研究对象扩展到洗衣机、冰箱，以及其他家用电器，以更全面地了解英国废旧家电的浪费状况。

据介绍，英国每年要产生将近 100 万吨电子垃圾，而对世界而言该数字将达到 2000 万—5000 万吨，非但如此，这些电子垃圾的数量每年还在以 4% 的速度增长。

二、处理工业废弃物的新技术

1. 工业废弃物回收和再制造的新技术

(1)发明在一定温度下能自动解体的旧手机回收技术。2006 年 7 月,有关媒体报道,市场上的手机回收站通常都是把旧手机送到一个工厂,然后集中销毁或拆卸。然而,诺基亚正在寻求一种新的方式,使旧手机能够更有效被再利用。诺基亚的研究中心与芬兰 3 所高校一起研制一种新型手机,可通过高温分解成各个元件,以方便循环再利用。

该产品的设计思路在于,采用了非接触式的热激活机制,在类似激光的集中热源作用下,机体内的形状记忆合金(SMA)驱动器被激发,手机内部保护壳被打开,电池、显示屏、印刷电路板,以及其他机械组件相互分离,最后可按材质不同进行分类回收。手机自动解体需要 60 ~ 150℃的温度。

按传统方法拆解一部废旧手机平均需要 2 分钟,而采用诺基亚的新方法仅需 2 秒钟。有人也许会担心,自己的手机在温度较高的车内会自动分解。诺基亚公司就此解释说,该手机解体的起始温度为 60℃,远高于太阳暴晒一天之下的车内温度。

(2)开发废弃轮胎的回收利用技术。实现废弃轮胎回收利用的热气体爆破技术。2007 年 5 月 29 日,英国《新科学家》周刊网站报道,英国斯旺西大学的戴维·艾萨克领导,他的同事参与的一个研究小组,近日发现,经过超热气体爆破处理的旧轮胎,回收后可成为制造新轮胎的材料,这将解决世界上最大的废物处理难题之一。

当前,世界各地的废旧轮胎,往往被集中掩埋,循环使用的余地有限。这是因为轮胎所使用的橡胶经过了硬化处理,不会熔化,因而难以回收和再利用。

研究人员把旧轮胎放进氧气离子室中进行爆破处理,可产生大量橡胶碎屑。把这些碎屑掺入未经硬化处理的新鲜橡胶中,就可以制造新轮胎。实验表明,经过这种处理的旧轮胎橡胶与新鲜橡胶的拉伸强度等力学特性相似。

开发出回收利用废弃轮胎的"生态热解"法。2009 年 10 月,马德里媒体报道,对废弃轮胎进行处理和再利用一直是个不易解决的问题,为了更有效地将废弃轮胎变废为宝,西班牙巴伦西亚市的一家企业开发出"生态热解"法,它能回收利用 98% 的轮胎成分。

这家企业对当地媒体说,废弃轮胎很难自然降解,如果露天存放,不仅占用大量土地,而且日晒雨淋后,极易孳生蚊虫,产生有害气体,并有火灾隐患。

为了改进对废弃轮胎的处理,该公司研究人员在低温、无氧条件下,用一种特殊催化剂,对废弃轮胎的成分进行分解和加工,这一过程,可将 7% 的轮胎成分转化成可燃气体,将 40% 的成分制成粗柴油或石蜡,51% 的成分可转变成可制作增强橡胶拉伸强度制剂的炭黑。

据研发人员介绍，上述分解加工过程不排放废气所获得的可燃气体可用作工厂燃料。目前，这家企业已能够以“生态热解”法对废弃轮胎进行工业化分解和加工，并准备进一步扩大产能。

(3)加速开发从废旧超硬工具中回收钨的技术。2007 年 7 月 6 日，日本住友电工集团一个研究小组宣布，正在加速开发从废旧超硬工具中有效回收钨并进行再利用的技术。他们提交的研究课题已经被经济产业省出资的 2007 年委托研究业务所采纳。该课题的开发目标是以低环境负荷、低能耗的方式，从废旧工具中分离出不限定用途的钨。

在住友电工集团中，住友电工硬金属公司主要生产并销售以钨、钴等为主要原料的超硬工具。该公司已经利用销售渠道，致力于废旧工具的回收再利用。研究小组采用的是“锌处理法”。这种方法是从废旧工具中，以粉末的形式回收钨碳化物和钴，但由于回收再利用的原料构成和超硬工具一样，所以用途受到限制。

(4)开发出废弃家电金属回收新技术。2008 年 2 月 26 日，日本松下电器产业公司一个研究小组在新闻公报中说，他们开发出一种废弃物处理新技术能把废弃家用电器中的树脂等有机物转化成无害的气体，从而提炼回收被有机物覆盖的金属材料。

研究人员说，以树脂为例，新技术利用氧化钛的氧化能力分解树脂，直到树脂完全转化为无害状态再将它们气化。由于采用了独特的搅拌系统，树脂和混合塑料等有机物材料，能够充分与催化剂接触，高效率地转化成气体，而剩余物就是要回收的金属。

此外，催化反应产生的热量足够维持反应，不需要外部加热，有助于减少二氧化碳排放量。为使上述反应温度，保持在最合适的 500℃ 而使用的冷却水可作为温水留作他用。

新闻公报说，目前废旧家电总重量的 80% 都可以回收利用，但仍有 20% 无法回收，只能当作废弃物。这些废弃物中除垃圾和玻璃外，多数是混有金属的混合塑料等有机物材料，如果对其焚烧，就可能释放二恶英。而上述新技术可以提高回收利用率，减少环境污染。

(5)突破碳纤维回收再生的技术难题。2008 年 10 月，德国媒体报道，昂贵的碳纤维作为新型复合材料，已被利用在航空航天、高级汽车等尖端产品领域，但其回收再生技术一直是个难题。近日，德国专家开发出一种新工艺，有望实现碳纤维的二次利用。

碳纤维复合材料具有比铝合金还轻、比钢还硬的特性。在最新的欧洲空中客车 A380 飞机制造中，就大量采用了碳纤维轻型结构材料，这可使飞机的自重和油耗大大下降。由于优势明显，美国波音公司在制造与 A380 相对抗的新型梦幻客机时，也大量使用碳纤维。而包括汽车工业、计算机工业也都看好碳纤维复合材料。但碳纤维复合材料价格昂贵、加工复杂，另外回收再生困难等因素限制了其广泛应用。德国不来梅碳纤维研究所所长赫曼称:“材料回收再生是实现碳纤维广泛应用的关键。”

目前,碳纤维材料加工的废料和回收材料或被用于修路的铺垫材料或被简单地填埋。但2005年出台的欧盟新规定已禁止这样处理,原因是碳纤维也属于有机材料,会污染环境。另一种处理办法是燃烧,但要使碳纤维复合材料分解,这不仅消耗大量能源,而且对昂贵的材料来说也太可惜。最近德国一家名为卡尔·迈耶的再生材料公司成功地开发出一种新工艺,可以有效地使碳纤维复合材料得以再生利用,这项新工艺得到陶氏化学公司和众多研究所的支持,首个试验装置已投入运行。

据该公司专家舒尔特介绍,新工艺的核心是在特殊加热炉中,通入保护气体隔绝氧气,使复合材料分解后不影响到碳纤维本身。所采用的保护气体和加热温度是技术的关键,否则处理后的纤维就像一团乱麻,无法再利用。再生后碳纤维外观与新的碳纤维没有太大区别,只是纤维长度较短,强度有所降低,因此不适宜制造飞机外体部件材料。但其成本比新的碳纤维明显降低,可以用于飞机内饰和其他要求不太苛刻的复合材料部件。

现在,仅欧洲每年的碳纤维废料就有400~1000吨。预计今后5~10年内,随着空中客车等新型飞机的大量投产和更多风力发电装置的生产,碳纤维的需求量还将大幅度增加,因此碳纤维回收再生具有很大的市场前景。

(6)积极推进旧产品的回收再制造技术。2012年6月,有关媒体报道,新加坡积极发展旧产品的回收再制造技术。目前,被用于研发回收再制造技术的第二座洁净科技中心动工修建。该中心将投资7000万新元,预计2014年第三季建成。

所谓回收再制造,是将回收的机电旧产品,利用先进的修补翻造技术再造出质量及性能与新产品相差无几的产品,赋予旧产品第二次生命。回收再制造技术,涉及的相关领域是航空、机电、车辆等。

与再循环概念不同的是,再循环是把旧产品销毁后取得组成该产品的材料,但回收再制造是保存了产品的附加价值。以汽车为例,通过再循环得到的原材料只是汽车市价的1.5%;但回收再制造把制造原产品所耗费能源的85%保留下来。换言之,再制造节省了从零开始生产一件产品的、高达85%的能源消耗。有一项研究结果预计,全球目前的回收再制造活动所节省的能源相等于1600万桶原油,这是600万辆汽车一年内所需的能源。

2. 工业废弃物再循环利用的新技术

(1)发明用废弃混凝土生产再生水泥的技术。2004年8月,有关媒体报道,韩国利福姆系统公司,开发成功从废弃的混凝土中分离水泥,并使这种水泥再生利用的技术。

利福姆系统公司说,他们首先把废弃混凝土中的水泥与石子、钢筋等分离开来,然后在700℃的高温下,对水泥进行加热处理,并添加特殊的物质,就能生产出再生水泥。这种再生水泥的强度与普通水泥几乎一样,有些甚至更好,符合韩国的施工标准。但是,这家公司没有透露添加的特殊物质是什么。

每100吨废弃混凝土就能够获得30吨左右的再生水泥。特别需要指出的是,这种再生水泥的生产成本仅为普通水泥的一半,而且在生产过程中不产生二氧化碳,有利于环保。有报道说,这项技术目前已经在韩国申请专利。

韩国平均每天都产生5万多吨废弃混凝土,而且水泥的原料石灰石资源也正在枯竭。因此,这项技术不仅有利于解决建设中的废弃物问题,还能解决资源枯竭问题。

(2)发明用废弃手机种植花卉的新方法。2004年11月,国外科技网站报道,美国沃里克大学克里·科万博士领导,其同事及PVAXX研发公司和摩托罗拉公司等研究人员参与的一个研究小组,发明出一种新颖的回收废弃手机的办法:把废弃手机掩埋在肥料中,并使其转化为各种花卉。

手机是目前消费市场电子产品中,更新速度最快、被丢弃速度最快的一种。技术的飞速发展、人们品位的不断提升,意味着消费者在频繁的升级更新更好的手机,但是同时留给环境的是越来越多的废弃手机。不过,目前政府决策者在向制造商不断的施压,责令他们研制回收废弃电子产品的有效途径,同时压力也来自于越来越多的消费者对环保型产品的需求。该研究小组进行的这项研究正是为手机制造商提供了一条有效的回收废弃手机的途径。

该研究小组研制出一种新的手机外壳包装。当装配有这种外壳的手机遭到丢弃,只要把它放在肥料中数个星期之后,手机的外壳将开始分解,然后其中的种子就会发芽并长成各种花卉。在这一研究中,主要应用了两项关键的技术:

一是研究人员应用了PVAXX研发公司的一种特殊可降解型聚合体,使得手机外壳可以在肥料中迅速分解。

二是沃里克大学的研究人员,在这种新材料手机外壳上做出许多微小的透明观察孔,然后在其中放置各种花卉的种子。这些种子是透明可见的,不过只有在废弃手机回收时才会发芽。研究人员还请教了沃里克大学园艺研究中心的专家,最终确认哪种花卉的种子在这种情况下最为适合。在第一次的实验中,他们使用的是矮小的向日葵的种子。

(3)发明用采矿废弃物生产化肥的新方法。2005年4月,捷克媒体报道,捷克科学院无机化学研究所研究员马尔克·瓦尔特领导的一个研究小组,发明了用化学采铀时产生的废弃物生产高质量化肥的新方法。

马尔克·瓦尔特说,这种生产化肥的新方法是捷克研究人员在治理本国化学采铀造成的生态影响过程中,经过近10年的努力发明的。

据介绍,在处理这些化学废弃物时可得到明矾,它含有氮和硫酸盐,适宜制造富含这些物质的化肥。此外,还可以把明矾加工成合成硅酸铝,而硅酸铝则是陶瓷材料不可缺少的成分。

(4)开发用碎纸发电的技术。2011 年 12 月,在日本东京召开的环保产品发布会上,日本索尼公司一个研究小组,向公众展示了一种利用碎纸发电的技术。他们邀请几个孩子把碎纸放在一种水和酶的混合液中,摇匀后等上几分钟,这种液体就变成了一种电源,能给一个小风扇供电。

索尼公关部经理吉川千里解释说,这跟白蚁吃下木头产出能量的原理是一样的。碎纸或瓦楞纸碎片都可以直接提供纤维素,酶可以分解这些纤维素,然后用另一种酶进一步处理就产生氢离子和电子。电子通过外接电路迁移产生了电流,氢离子则跟空气中的氧结合生成水。

尽管人们早就开始研究这种发电形式,但通过概念论证的还很少。吉川千里说,这项技术是索尼公司开发的糖基"生物电池"的一部分,生物电池能将葡萄糖转化为电力,有着广阔的前景。它不需要金属和有害化学物质,非常环保。

索尼公司曾在 2007 年首次展示了糖动力电池,此后这些电池变得更小。由于它们的输出电功率太低,还无法代替普通电池给大多数电子产品供电,但目前,用这种电池为数字音乐播放器供电已经足够。此外,还有一种糖动力电池可嵌入圣诞卡中,滴入几滴果汁就会播放音乐。

(5)研制出从工业废物中提取碳酸钙的新技术。2012 年 3 月,南非科工研究理事会网站消息,该理事会研究人员研发成功,从富含钙质的工业固体废弃物中,回收高质量轻质碳酸钙的一种新技术,最近递交了专利申请。碳酸钙具有广泛的工业用途,如胃酸处理、药用片剂填料、整形外科、油漆、黏合剂,以及纸浆和造纸等领域。

南非电力、能源、水处理、造纸业等许多行业都排放出大量废弃物,需通过地面处理点或者填埋方式进行处理。国家立法对于垃圾填埋处理要求日趋严格,因此需要采取其他创新方法处理废弃物。据科工研究理事会生物化工研究人员介绍,采用该技术进行废弃物处理可以创造就业机会,同时减少危害环境的固体废弃物数量。

新开发的技术包含三个步骤:利用矿物酸从固体废弃物滤出钙;用氢氧化铵对滤出物进行中性化处理;用富含钙质溶液通过碳的酸化作用生产高质量碳酸钙。

3. 清除或降解工业废弃物的新技术

(1)开发清除石化污染物的堆肥技术。2006 年 3 月,有关媒体报道,石化生产中废弃的油泥里常含有沥青树脂、苯酚、二甲苯等有毒甚至致癌的碳氢化合物。目前,长期储存或用化学方法清除这些油污都存在不少无法解决的难题。为了更经济有效地处理这些污物,俄罗斯喀山大学开发出了一种堆肥技术,逐步清除油污并进行"废物利用"。

研究人员先在堆放场晾晒石化油泥,再将晒干的油泥一层一层地刮下。与此同时,收集一种生物过滤工艺使用过的木屑填充料,将这些木屑撒在特制的堆肥场底层，使其厚度达到 30 厘米。随后，将刮下的干油泥铺在木屑层上，再往干油泥上撒木屑，如此叠加并使总高度达到 1.4 米。木屑堆中含有特定的微生物能通过分解吸收，清除、转化油泥中的污染物。为促使微生物快速繁殖，还得向堆放物泼洒聚丙烯化合物生产中的多种废弃物，以此来补充微生物所需的养料。同时，要给堆放物内部通风，通过堆肥场的底层斜坡收集废液。

用这种办法堆肥一年半后，油泥的碳氢化合物含量，由最初的每公斤 56 克降至每公斤 12 克，其中能稳定存在的多环芳香烃馏分减少了 90%。经此处理的堆积物可用作培植土，种植小水萝卜。

(2)利用微生物菌群降解有毒化学污染物质的新技术。2012 年 6 月，有关媒体报道，在欧盟第七研发框架计划资助的支持下，德国专家领导、欧盟多个成员国研究人员参加的一个研究小组，研究开发出利用新型微生物修复技术，努力克服卤代化合物的有害影响，其治理卤代化合物污染场所的研究已取得明显效果。

化学污染物质对人类健康、环境保护和生态系统造成了的严重的威胁及危害。其中，卤代化合物是现代经济社会中最大量存在的环境化学污染物质之一，主要来自人类广泛使用的杀虫剂、化学溶剂和化工产品等。

研究小组充分发挥“喜好”脱卤酶微生物家族的新菌群，即厌氧的细菌(CBDB1菌株)的“特殊”作用来消化吸收和有效降解卤代芳香化合物污染物质。为进一步深入理解和掌握厌氧菌群降解化学污染物质的机理，从而提高微生物修复技术的效率，他们从 CBDB1 菌株生理学的同位素和蛋白质组学入手，集中科技资源研究突破 CBDB1 菌株的生理学特性，尤其是显示还原卤化苯脱卤和剧毒卤化二恶英的机理。基于生物学技术知识的科研成果，已揭示 CBDB1 菌株有效降解卤化苯酚和卤代联苯，以及其他几种化学化合物毒性的奥秘。

研究小组的成果，充实了厌氧菌群的生物学基础知识及其降解危险化学污染物质的应用潜力。该项新型微生物修复技术的普及推广，对生态环境的友好性改善和经济社会的可持续发展具有重大的现实意义。

4. 开发抵抗和清理太空垃圾的新技术

(1)研制出能够抵抗太空垃圾的保护航天器新技术。2004 年 11 月，俄罗斯国家航空系统科研所与科学院应用力学研究所联合组成一个研究小组，对外界宣布，他们通过多年研究与试验成功地开发出保护航天器免受与太空垃圾碰撞的新方法，改进与完善了目前在太空中保护航天器的措施。有关专家指出，这项研究成果对解决日益严重的太空垃圾问题具有重要实践意义。

自从人类开始征服太空，太空垃圾的问题就随之出现了。太空垃圾是指人类空间活动的废弃物，比如卫星碎片和报废卫星等。随着航天活动的日益频繁，太空垃圾与日俱增，严重威胁着航天器及其宇航员的生命安全。有资料统计，目前在环地球运行轨道上，大约有 3.3 亿个直径大于 1 毫米的物体，大到废弃卫星和各类航天器的金属部件，小到固体发动机点火产生的残渣和粉末。

太空垃圾中最大的危险,来自具有很高动能的金属废料,它们在太空中的运行速度可达每秒16千米。如果一个在较低轨道上运行的卫星,与太空垃圾相遇时的平均碰撞速度为每秒10千米,在此情况下,一个直径只有1厘米大小的颗粒在与卫星碰撞时就能释放一颗手榴弹爆炸的能量。为了防止宇宙飞船、轨道空间站等航天器,免受太空垃圾的碰撞,多年来,各国研究人员一直在积极探索解决太空垃圾的问题。

1947年,美国科学家惠普耳曾提出保护航天器免受高速飞行的太空垃圾袭击的方法。为了代替镶嵌在航天器表面越来越厚的保护层,惠普耳建议在保护层前安装一层防护屏,当太空垃圾与防护屏发生碰撞时,防护屏被击碎,同时太空垃圾也被撞碎变成粉末,从而解除了对航天器的威胁。随着人类对太空的不断开发,宇宙飞船等航天器的体积也在不断增大,惠普耳防护屏的面积也大大增大,相应的发射航天器的费用也大大提高了。

俄研究人员研制的方法不仅保护性可靠,由于降低了航天器发射的重量,经济效益也提高了。该方法包括两个部分:一是要确定宇宙飞船等航天器上的哪些部位,可能与太空垃圾发生碰撞及碰撞的强度水平。同时,把飞船的运行方向,与太空碎片可能发生碰撞的方向等因素综合考虑,计算出飞船上每个部位最佳的保护方案。二是根据确定的保护方案,选择相应的材料制作防护屏,并将防护屏幕制成网状。网状防护屏幕具有重量轻、保护性能好的特点,以每秒5千米速度飞行的太空碎片,与其碰撞后会瞬间变成粉末。

俄专家研制的防护屏幕的一个重要特点,是在网状的防护屏上还涂了一层特殊材料,当太空碎片与其发生碰撞时,碰撞产生的能量使其与太空垃圾发生爆炸式的化学反应,大大促进了太空碎片变成粉末的过程。网状防护屏还能使与其碰撞的太空碎片横向面积增大,降低碰撞的强度。因此,研究人员把这种保护法称为力学-化学保护法。

据悉,研究人员用速度达每秒7千米、直径1厘米大小的铝球粉,向防护屏幕射击的地面试验中获得了成功。该研究项目得到了国际科技中心的资助。

(2)测试用钢丝绳清理太空垃圾的新技术。2014年1月17日,物理学家组织网报道,日本航空研究开发机构的研究人员,正在测试一种绳索清理技术,希望它能把近地轨道上的太空垃圾拉出来,把地球周围乱七八糟的东西清理出几吨。

地球上空有超过两万个从各种设备上脱落的碎片,包括老旧卫星、火箭残骸和其他碎片,它们在地球上空800千米到1400千米一带,绕地球运转不仅毫无益处,而且可能撞上正在工作的设备,给设备造成巨大损失。研究人员设计了一种被他们称为"电动力绳"的细金属线,它由不锈钢和铝制成。他们的设想是把绳索一端系在一个已经"死亡"的卫星或火箭碎片上,希望当绳索摆过地球磁场时会产生电流,这时的"电线"会给太空垃圾施加一种减慢效应,把它们的轨道拉得越来越低。最终让垃圾残骸在进入地球大气层、撞到地球表面之前就会烧毁,而不会造成损害。

与日本航空研究开发机构合作的日本香川大学副教授能美正浩说:"这一实验,是专门设计的,以促进开发清理太空碎片的方法。"他们大学开发出来的卫星,预计在2014年2月28日发射升空,同时带上这根金属绳。

能美正浩接着说:"在下个月的实验中,我们主要有两个目标。第一是把一根300米长的绳索带到轨道上;第二是观察其中电流的传导。"真正要把轨道垃圾卷绕出去,则是未来实验的目标。而日本航空研究开发机构的一位发言人说,他们也计划在2015年进行自己的绳索实验。

三、处理农业废弃物的新技术

1. 处理种植业废弃物的新技术

(1)开发出以稻草为原料生产生物乙醇的技术。2008年11月,日本川崎重工表示,该公司旗下工程子公司——川崎成套设备工程公司,与日本秋田农业上市公司一起,已经被政府选为实施以稻草为原料,生产生物乙醇试验项目的企业。

研究人员说,该项目是日本农林水产省可再生燃料技术计划的一部分。日本农林水产省计划开发以软纤维素材料,如稻草和稻壳为原料生产生物乙醇的技术,以这种原料生产生物乙醇,不会影响食物供应。该试验项目的期限为2008—2012年,川崎成套设备工程公司将负责这一生物乙醇试验装置的运营。稻草原料将由秋田农业上市公司负责收集。但该公司未透露投资细节,以及装置投产的具体日期。

据悉,该装置将使用一种新型生物乙醇生产技术,当前正在由川崎重工,以及日本新能源和工业技术开发组织联合开发。

(2)开发出用稻壳制成高性能活性炭的技术。2011年2月,有关媒体报道,日本长冈技术科学大学,斋藤秀俊教授领导的一个研究小组在发表的论文中称,他们开发出了利用稻壳制造高性能活性炭的技术。

斋藤秀俊说,水稻脱粒时产生的稻壳往往被当作废弃物扔掉。长冈农业合作社的工作人员,曾向他反映处理稻壳很麻烦。研究人员在尝试把稻壳回收利用的研究中发现,如果单纯把稻壳加热后制成炭,稻壳内残留的二氧化硅会阻碍其作为活性炭发挥作用。要是把上述"稻壳炭"与氢氧化钾和氢氧化钠混合在一起,然后进行热处理,就可以成功去除二氧化硅。

在去除了二氧化硅的这种稻壳活性炭表面分布着大量直径约1.1纳米的微小孔隙。由于这些孔隙的表面积累积后非常可观,因此具有强大的吸附能力。据测算,与普通活性炭相比,这种稻壳活性炭及其孔隙的表面积相当于前者的2.5倍。

参与这项研究的一家日本企业介绍说,这种稻壳活性炭在经过进一步加工后,有望成为蓄电装置的电极材料,该企业正加紧开发相关技术。

(3)发明利用香蕉杆造纸的技术。2009 年 5 月,澳大利亚昆士兰北部一家造纸公司的首席业务官格兰特·皮格特称,该公司已经发明一种以生态的可持续发展的方法进行造纸的技术。也就是说,用香蕉树杆为原料进行造纸。

皮格特说,由于香蕉树杆的纤维太长,一般的生产流程不能使其作为造纸的原料。但是他们的公司却已经开发出这种技术,能够把香蕉的树杆用于造纸和生产供表面镶饰(或生产胶合板)用的材料。

估计在几周之后,将在澳大利亚凯恩斯市的西南部地区开始投产,因为香蕉杆就来源于该地区的当地香蕉种植园;厂家的年产量将可达到 2 万吨。

据说,基本的生产方法就是:把香蕉杆切成短条,然后通过一种特殊的生产流程,将短条制成纸张和纤维制品。还可将原料经过干燥的程序,将其投放市场,这样可作为多种不同用途的材料。

2. 处理牲畜业废弃物的新技术

(1)用鸡蛋壳提取骨胶原和纯氢的技术。2006 年 2 月,有关媒体报道,美国学者麦克耐尔博士率领的一个研究小组,发明了从鸡蛋壳上剥离同纸一样薄的蛋壳内膜的技术专利,它可以用来生产骨胶原等贵重制品。

根据美国农业部提供的数字,2005 年美国生产鸡蛋 900 亿枚,即有 45.5 万吨鸡蛋壳废弃物。其中美国的食品生产工厂每年约产生 12 万吨蛋壳废弃物,原来为把这些蛋壳废弃物深埋地下,每年需耗费资金约 10 万美元。

麦克耐尔指出,利用除去蛋壳的这种专利技术,可以不破碎地将蛋壳膜完整地剥离下来,而且剥离蛋壳膜的操作十分迅速。这项新技术目前已经转让给一家公司。

研究人员说,剥离下来的蛋壳薄膜是骨胶原的好资源。鸡蛋壳膜含有大约 10% 的骨胶原,纯净的骨胶原具有很重要的商品价值,每克纯骨胶原的市场售价高达 1000 美元,它可用于制药、食品和医疗工业,如帮助烧伤患者恢复皮肤或进行整容手术等。

(2)研发出从牛粪中提取汽油的技术。2006 年 3 月,日本东京大学农业和科技项目研究小组表示,他们发现了一种新的汽油生产源——牛粪,并成功开发出从牛粪中提取汽油的技术。

研究小组称,在日本产业技术综合研究所研究人员的协助下,他们已经成功地从每 100 克(3.5 盎司)牛粪中提取出 1.4 毫升(0.042 盎司)的汽油。研究人员表示,他们将继续改进这项技术,以使其能在 5 年内达到商业用途。

据悉,研究人员向放在容器中的牛粪加入几种金属催化剂,然后对容器进行 300℃、30 个大气压力的高温高压处理,终于成功提取出了少量的汽油。但他们拒绝透露所加入催化剂的具体名称。

研究人员说,这项“牛粪提取汽油”技术,不仅可以从一定程度上解决能源问题,而且将使家畜饲养者们享受到实惠,因为该技术可以大大减轻饲养者处理大量家畜粪便的沉重负担。据统计,日本每年产生大约55万吨牛粪。

日本资源能源厅官员表示,日本是自然资源极其匮乏的国家,所需石油和天然气等资源几乎全部依赖进口。为了解决能源短缺的难题,日本多年来一直致力于新能源和新技术的开发及利用,但利用牛粪提取汽油却是闻所未闻。

(3)开发牲畜排泄物的堆肥好氧发酵处理技术。2007年9月24日,有关媒体报道,在全球气候变暖,国际社会呼吁减少温室气体排放之时,畜牧业发展面临的最严重挑战之一,就是牲畜排泄物的无害化处理问题。对此,日本畜产草地研究所生物质资源利用研究组组长本田善文,在枥木县那须盐原市的试验场,介绍了他们的最新研究成果:堆肥好氧发酵处理技术。

本田善文说,该技术的最大特点,一是成本低,二是设备重量轻,便于运输,三是技术简单易行,便于掌握和运用,四是不仅能有效解决氨气蒸发问题,还可以变废为宝,增加收入。

本田善文介绍道,该技术与传统堆肥发酵技术的不同点在于:传统方法是从下面低压送风,氨气蒸发掉了。新技术则是从下面通过吸入送风,可以降低氨蒸发量,并且在堆肥下面安有排气管道,把蒸发的氨气吸收后作为液体肥料使用,将其他热量送到温室作为能源使用。其关键点是把中和液作为作物液体肥料使用。

这套设备的技术关键点:一是把过去排气管道的多个小孔,变成4个大孔,在4个大孔中放入木屑。二是把机器翻动堆肥,改为用机械抓手翻动堆肥。这两条途径,解决了管道孔的堵塞问题。处理过的堆肥松软、无味无菌,用来垫圈,有利于牲畜的健康卫生。因为堆肥在发酵过程中发酵温度高达80℃以上(一般堆肥发酵温度还不到60℃),所以,在堆肥制作过程中可以杀灭病菌、寄生虫,以及杂草种子,有利于防止作物病虫害和杂草的传播,这样制作的堆肥,可以安全地施到农田里。同时从堆肥过程中回收的氨,可以作为追肥施入稻田。

3. 处理农业有机废料的新技术

2010年4月,以色列阿格瑞拜克斯公司创建者艾萨姆·沙巴赫博士对外宣称,他们利用数种厌氧细菌的组合,开发出一种农业有机废料处理技术,可用于油料及肉食品加工等含高浓度有机废料的领域。

这项技术的处理过程,主要在升流式厌氧污泥床生物反应器中进行。有机废液从反应器底部进入后,与饱含厌氧细菌的厌氧污泥接触并发生反应;厌氧细菌先将有机废料转化为多糖、多酚等相对比较简单的有机物,之后再转化为其单体。在此基础上,由产乙酸菌将酚和糖单体转换为醋酸、乳酸等有机酸。最后,由产甲烷菌,把有机酸转换为可用作再生能源的生物气体。

沙巴赫表示,有机废料是农产品加工中不可避免的产物。由于这种废料的有机成分,要比普通生活废水高200倍,因此,不能随便向城市排污系统倾倒,否则将导致排污系统因过载而瘫痪。现在大部分农场或食品加工厂,处理有机废料有两种方式,购买废料处理设备,或每月花数千美元请其他公司前来收集。即便如此，在处理榨橄榄油废水等流体有机废料方面，还没有令人满意的方法。

他们研发的这项技术不仅成本低，处理过程稳定、流畅，而且可适应大部分现有农产品加工设备，不用更换新的系统。

四、处理固体废弃物的新设备

1. 发明检测固体废弃物的新仪器

开发出二恶英快速检测仪器。2005 年 8 月，日本大阪大学教授中岛信昭等人组成的一个研究小组，与大阪激光技术综合研究所合作，开发出一种检测仪器，它利用激光击射，能够快速测定二恶英等环境污染物的浓度。

中岛信昭介绍，传统的二恶英类化学物质的测定，由于需要在测定前进行严密的处理，因此测定结果出来要花费 7 ~ 30 天，然而使用这种新仪器，只要一个小时就够了。

这种新方法与以往化学分析方法不同，它在杂质混入的情况下也能够进行检测，因此使用这种测试仪器时，只需对水、土壤和垃圾焚烧炉排出的气体等进行简单的前处理。

研究人员说，由于检测前处理过程非常简单，所以它能够进行快速测定。检测时，在将二恶英类物质、多氯联苯、苯等有机化合物浓缩、抽出之后，先用低能量的激光把它们击射成气态；接着再用高能量的近红外线激光，对它们反复进行十万亿分之一秒的所谓“超瞬间”照射，在不破坏分子结构的情况下使其处于带电状态；最后根据这些“分子”在测试仪器内移动的时间，计算出它们的质量。

二恶英类化合物，即使在 1 克污染物之中含有万亿分之一克，也能够被检测出来。因此，有了这种检测仪器，人们对土壤的污染状况能够把握到极其精确的程度。

据中岛信昭说，他们已经开发出能够搬运到污染现场的轻型测试仪器。他还认为，如果激光价格降下来，这种仪器将会变得很普及。

2. 研发清除固体废弃物的新设备

(1)研制出防爆垃圾桶。2006 年 5 月，瑞士媒体报道，瑞士研制出一种防爆垃圾桶，引起巴黎、伦敦等城市市政当局的兴趣。

据报道，瑞士苏黎世一家企业开发的这种防爆垃圾桶是用不锈钢板制成的，桶体嵌有高强度聚碳酸酯透明玻璃，从外部可以看到丢进桶内的物体。瑞士军备采购检验中心对防爆垃圾桶进行测试，在桶内放置一枚手榴弹，引爆后桶体裂成两半，但上千块弹片全部留在桶内。

据报道，巴黎市政府订购了 3 个防爆垃圾桶用于测试。大约 10 年前，由于巴黎凯旋门发生垃圾桶炸弹爆炸事件，巴黎市政府撤掉了香榭丽舍大街上的垃圾桶，改用透明塑料袋。

(2)研制可识别太空垃圾的大型红外望远镜。2004 年 11 月，位于伊尔库茨克州的俄罗斯科学院西伯利亚分院，其太阳－地球物理研究所，目前正在萨彦天文台，装配一部新型的超宽角红外望远镜。

这部 AZT－33IK 型望远镜，由位于圣彼得堡的 LOMO 公司研制和生产，于去年夏天被拆解运到了萨彦天文台，目前组装工作已接近尾声。俄天文学家介绍称，AZT－33IK 型红外望远镜，将主要用于观测和追踪宇宙空间中，那些亮度较低和体积较小的天体。现在，望远镜的组装工作已持续了 1 年半的时间，主、次两个镜面的安装工作已经完成。

据悉，该望远镜，能够准确可靠地识别出星空中的微弱天体，并测定它们的来源。尤其重要的是，它还可以发现散布在地球轨道上的大量“太空垃圾”——近年来，它们对人造卫星和其他航天器造成的威胁正在日益加剧。

AZT－33IK 型红外天文望远镜，主镜片的直径为 1.5 米，在当今世界上可与其比肩的仪器也是为数不多的。

(3)发明清理太空垃圾的新设备。2004 年 11 月，美国媒体报道，随着人类飞离地球的愿望逐步实现，给太空制造了大量飞行垃圾。这些垃圾包括废弃的火箭、松开的连接栓、临时车轮、核燃料芯棒等，其中停止工作的卫星也是大型垃圾。它们在地球外无控制地飞行，好像是一颗颗定时炸弹，随时危及航天器的工作。到 2004 年 10 月，已发生 124 起卫星撞上垃圾，导致受损的事故。而且，今后这样的危险还会增加。

科学家说，占据卫星轨道的各种物体有可能飞行几百年。唯一的解决办法是升高卫星轨道高度，但是所费资源太大，技术难度也需要大幅度提高。例如，给卫星加装一个推进器，在需要的时候，持续地将卫星推向高空，可是这样不仅卫星的重量将增加，而且燃料和导航系统的寿命也将受到限制。

科学家还指出，面对宇宙射线的危害，卫星的高度不能无限增加而离开地球磁场。因此，必须研制出清理太空垃圾的新技术。目前，美国科学家已研制出名为“终结者”的太空缆索，并且通过了无重力测试。这种新设备，由一条 5000 米长的轻量电缆加上一个线轴组成。

专家介绍说，在制造人造卫星的过程中，太空缆索也被安装在其中。卫星发射成功并且开始运行后，该装置处于休眠状态。但它能定时启动检查卫星的状态，准备接收激活命令。当卫星完成使命，销毁的命令下达后，这条 5000 米长的电缆就会自动展开。电缆与电离层的等离子体和地球磁场作用，从而在电缆中产生一股电流，对卫星形成一种拉力，促使它降低轨道，直至在地球大气层中完全燃烧。这样，人造卫星将自动消失，从根本上解决了低地轨道的太空垃圾问题。

(4)研发清理太空垃圾的卫星。2012 年 2 月，美国物理学家组织网报道，瑞士洛桑联邦高等理工学院的瑞士空间中心，将发射一颗特别的“清道夫卫星”，它专为清除散落于太空轨道上的垃圾碎片而设计。

报道称，该中心正在兴建造价约 1100 万美元、被誉为“清空一号”的卫星家族的首颗卫星。这颗卫星将在 3 ~ 5 年内发射，其首要任务，是去攫取瑞士分别于 2009—2010 年曾发射升空的两颗卫星。

美国国家航空航天局说，在环绕地球的轨道上，有超过 50 万个报废火箭、卫星碎片及其他杂物。这些残骸以每小时接近 2.8 万千米的速度飞驰，快得足以摧毁或损坏卫星或航天器，这样的碰撞还会产生更多的碎片飘飞在太空中。洛桑联邦高等理工学院教授、宇航员克劳德 · 尼科里埃尔说："意识到太空碎片的存在及其叠加的运行风险，非常必要。"

研究人员称，建造这样的卫星，意味着得过三大技术关卡。首先是应对轨道问题，该卫星应能够调整其路径与目标保持一致。研究人员在实验室寻找到一个新的超紧凑型发动机，来做到此点。接下来，卫星需要在较高速度中紧紧稳抓碎片而不出现闪失。科学家们正在研究一些植物和动物如何紧握东西的技能，并以此作为备用模式。最后，"清空一号"可以去抓获太空轨道中的碎片或废弃卫星，将其遣返地球大气层燃为灰烬。

瑞士航天中心主任福尔克 · 盖斯说，将来会尽可能地设计出具有可持续性的多种类卫星，以提供和出售这种专门清理空间碎片的卫星家族的全套现成系统。

3. 研发利用固体废弃物的新设备

（1）研制出能废物利用的实验型发电机。2006 年 6 月，俄罗斯媒体报道，俄罗斯国立鲍曼技术大学，研制出能废物利用的实验型发电机，它主要由两大构件组成：燃气制造炉和基于柴油发电机技术的内燃机。他们通过大量实验和工程学计算，确定了制造机器的材料、温度控制范围和生产用料量等参数，以保证燃气制取效率，减少对环境的影响。

研究人员说，利用上述方法开发出的燃气制造炉，能以锯末等林业加工的废料、畜牧业生产的废弃物、炭化程度低的泥炭和含水分较多的褐煤等为燃料。当这些物质在炉内依次经过烘干、脱氧和燃烧等工序后，便有混合气体生成。其中氢气、甲烷、氧气和一氧化碳等可燃气体占混合气体总量的近一半，其余为不可燃的二氧化碳和氮气。可燃气体会进入内燃机汽缸，压缩燃烧并做功，通过连杆装置驱动发电机发电。

据负责研制工作的马斯洛夫副教授介绍，实验型发电机在加满燃料后的发电量为 10 千瓦/时。理论上来说，这种发电机的发电量可提高到 30 千瓦/时，这些电量可供小型农场和企业使用一段时间。

（2）推广涤纶再生先进循环再利用流程装置。2007 年 1 月，在上海举办的国际（秋冬）纺织面料博览会上，日本帝人公司不同凡响地集中推出"绿色环保"的理念，宣传涤纶再生先进循环再利用流程装置，颇为引人注目。

帝人公司中国区域总经理森本 · 宽先生介绍说，日本帝人公司是日本规模最大的化纤业公司之一，近几年公司通过积极开拓市场，发展新产品，经营业绩达到了历史最高水平。同时，又进一步提出"坚持绿色环保，为保护地球母亲做贡献"

的理念，并持之以恒，坚持不懈。在这次国际面料博览会上，帝人公司推出的涤纶面料再生的先进循环再利用流程装置，就是其中的一个项目。

涤纶面料的服装穿旧了怎么办？一般人的选择就是丢弃，但因为涤纶面料不能溶解，可以造成污染地球的恶果。帝人公司经过反复实验，推出的涤纶面料再生的先进循环再利用流程装置，成功地解决了这个难题。它将废弃的涤纶面料服装进行回收集中，再经过粉碎，制成颗粒状，然后经过化学处理分解，成为聚酯原料，然后纺丝再生，变成新的涤纶原料，又可再制作服装。

森本·宽继续介绍说，该工艺在世界上是属于顶尖的，目前只有帝人公司和美国一家公司拥有，其中把涤纶和其他纤维区分、粉碎磨粒、褪色等都是属于特殊工艺，具有相当大的科技含量。帝人公司的涤纶再生纤维质量等级很高，和新的涤纶原料基本上没有差别，也可仿制超细、差别化等高档的纤维。

森本·宽指出，把3000件旧T恤，进行回收再生后，跟用石油制成涤纶原料的制作过程相比较，可以节约所需能源的84%，这相当于日本一个家庭一年的能源消耗量，可以减少二氧化碳的排出量的77%，这个量相当植树造林228棵，可为保护环境污染，防止地球变暖出一份力。

(3)开发新型农业废弃物微生物分解利用装置。2012年7月，美国密歇根州立大学微生物学家杰玛牵头的一个研究小组，在美国《环境科学与技术》期刊上发表论文称，他们采用微生物分解、消耗和利用农业废弃物，生产出生物燃料和氢的新型装置，所产生的能量比现有方法高出约20倍。

杰玛说，他们开发出微生物电化学装置作为微生物电解池(MECs)，它利用细菌分解、发酵农业废弃物来制造乙醇。目前，大多数的微生物燃料装置以玉米秸秆作为生物燃料原料的最大能量回收率只有3.5%左右。而这个新装置的独特之处，在于它加入了第二种细菌，在发电的同时，可去除所有废物发酵的副产品或非乙醇物质。

杰玛认为，这是因为具有发酵力的细菌，在降解和发酵农业废弃物上更加“认真”高效，而所产生的副产品又被可产生电力的细菌新陈代谢掉了。

研究人员采用的第二种细菌叫地杆菌。其在微生物电解池中可以产生氢气，使生产过程中的能量回收提高到了73%。电解池内的玉米秸秆经过了氨纤维膨胀过程处理。氨纤维膨胀是一个已经成熟的先进预处理技术方法，由密歇根州立大学化学工程和材料科学教授布鲁斯·戴尔开发并率先使用。

杰玛正继续优化其微生物电解池，开发从小到中等规模，如堆肥箱和小型存贮规模的分散式农业废弃物处理、产能装置，以便使其符合商业化生产要求。

第四章　其他污染防治领域的新进展

本章拟分析国外防治噪声污染和辐射污染的创新进展。噪声是发声体做无规则振动时发出的声音，通常是指不恰当或者不舒服的听觉刺激，是周围受体不需要的声音。它会干扰人们的休息、学习和工作，会引起心情烦躁不安，严重时会危害人体健康。当噪声对人、动物、仪器仪表，以及建筑物等造成不良影响时，就出现了噪声污染。21 世纪以来，国外在防治噪声污染领域研究的成果主要有：发现用声音消除噪声的方法，发现坐公交戴防噪耳塞可保护听力。开发出三维计算机模型声波地图、防治铁路噪声污染的计算机程序；发明消音窗户装置、噪声阻隔墙系统和“静音斗篷”模型。同时，开始研制低噪声商务客机、机身机翼融为一体的“静音飞机”。辐射由电磁辐射与放射性辐射两种类型组成。电磁辐射，表现为能量以波的形式向四周发射和扩散；放射性辐射，表现为能量以波的形式和粒子一起同时向四周发射和扩散。所以，辐射污染包括电磁辐射污染和放射性辐射污染两部分。电磁辐射污染，一般是指人为发射的和电子设备工作时产生的电磁波，对人体健康产生的危害。放射性辐射污染，表现为排放出的放射性污染物，对环境造成污染，对人体造成危害。放射性辐射污染来源主要有：宇宙射线、地球上天然放射性物质、人类活动引起天然照射增加、核燃料的“三废”排放，以及医疗照射引起的放射性影响等。国外在防治辐射污染领域的研究，主要集中在揭示辐射污染出现的一些新现象；发现检测或清除铀污染、清除放射性铯污染和滤掉水中放射性碘污染的新方法。开发检测和清除核辐射、防电磁辐射和防太阳辐射的新材料。研发安全利用放射性资源的新技术，推出核能安全管理新方案。开发检测和治疗辐射伤害的新技术，研制治疗辐射伤害的新药物。

第一节　噪声污染防治方面的新成果

一、噪声污染防治的新发现

1. 发现用声音消除噪声的办法

2006 年 1 月，美国普林斯顿大学，机械与空气动力工程学助理教授克拉伦斯·罗利领导的一个研究小组，在《流体力学年度回顾》及《流体力学》杂志上发表论文认为，理解空气穿过汽车顶棚的方式，也许可以帮助减少喷气式飞机引擎发出的噪声。

实际上,罗利并没有在一个顶棚上进行他的实验,他领导的研究小组使用计算机模拟技术,与位于普林斯顿及美国科罗拉多州空军研究院的亚音速风洞来实验类似于飞速行进中汽车顶棚的模型。

罗利表明,他的模拟可以预测在不同状况下的顶棚空气流。同样重要的是,他指出如何消除其产生的噪声。这一研究,也许最终会导致改进喷气发动机,使之在飞行中变得更为安静。研究也存在着重要的军事应用价值。例如,它可以使执行秘密行动的飞机飞得更快,因为它可以减少武器舱打开时的震动。罗利目前正使用工作中所取得的成果,来帮助开发超微型无人飞机,这种飞机可用于监视或执行搜寻拯救任务。

罗利的任务并不简单。为精确模拟气流,需要解出超过 200 万个方程式。要解出这些方程式,对今天的计算机而言并不是一个多大的挑战,但运用它们来找出如何让气流变得安静,则需要多得多的计算。

罗利认为:"从基本上说,这将是不可能计算出的。"所以他采用了一种非常规的方法。他有选择性地从 3 个不同学科中挑取数学工具。这 3 个学科分别为:动态系统,控制理论和流体力学。罗利把他们结合到计算机模拟中,只需解 4 个方程式,就可以几乎完全鉴别出,以往需要 200 万个方程式才能找出的问题答案。一旦他找出了模型,就可以借助声音来对付声音。

罗利介绍说,他的注意力主要集中在其模拟顶棚的近上方的一层空气上,在这层空气中,从移动得较慢的空气上"剪除"移动得较快的空气。这一剪切层,像风中的旗帜一样上下飘动。

每次这一层空气拍下来并碰到顶棚的前边时,就会发出科学家们称之为音波的东西来(大多数人只是称其为噪声)。

在这项研究过程中,罗利与伊利诺斯理工学院戴维·威廉姆斯教授合作,开展电脑模型和风洞试验。这期间,他在顶棚前端后方放置了一个扬声器,并在顶棚的后端放置了一只麦克风。麦克风监视着拍打情况,并把信息反馈到控制器那里。控制器依照罗利模型的预测结果向扬声器发送相反的信号,这与一台普通立体声中的情况没有什么不同。

2. 发现坐公交戴防噪耳塞可保护听力

2009 年 6 月,有关媒体报道,美国华盛顿大学奈泽博士与哥伦比亚大学格尔雄博士等人组成的一个研究小组,经过多方面研究发现,城市公共交通所产生的噪声水平足以导致听力受损,而且这种损伤是永久性的。据估计,目前全世界约有三千万人的听力被噪声损伤。

科学家们测量了纽约公共交通系统的噪声水平,发现在交通工具中,地铁达 80.4 分贝,轻轨也有 79.4 分贝;车站就更吵了,地铁月台达 102.1 分贝,巴士站台达 101.6 分贝。总体情况是:车外高于车内,大站高于小站,地下高于地上。

格尔雄称，在嘈杂的站台上，每天待 2 分钟便足以造成候车乘客的听力下降。奈泽表示，长期暴露在噪声稍弱的环境会造成慢性损害，而且噪声水平只要增加一点，受损风险就会显著增加，例如，95 分贝的风险是 85 分贝的 10 倍，75 分贝的 100 倍，“你的听觉敏锐度只要下降 10 分贝，你听清别人说话的能力就会大打折扣”。

美国环境保护署和世界卫生组织推荐：每日 24 小时的平均噪声水平应在 70 分贝以下，一般就不会影响听力。格尔雄说，除了听觉损伤，过量的噪声还与高血压、心脏病、内分泌紊乱、睡眠障碍有关，甚至能影响儿童的学习能力。

因此，科学家们建议加强个人防护。听音乐的耳机不但不能减少噪声，反而还会增加，因为人们把 MP3 的音量调高来压过周围的噪声。各种防噪耳塞、耳罩可以有效地把噪声水平降到安全范围以内，建议出门坐公交的时候戴上。

二、噪声污染防治的新办法

1. 提高防治噪声污染的信息化水平

（1）研制出拟用于解决噪声问题的三维计算机模型声波地图。2006 年 8 月，英国媒体报道，都市和城镇产生的大量噪声严重影响着当地居民的生活。这些噪声不仅来自邻居、夜总会和酒吧，还可能来自工业生产、穿梭于马路上的机动车、火车和飞机等。

为了响应欧盟指令，解决欧洲城镇当中过多的噪声问题，欧洲研究人员日前开发出一种三维计算机模型声波地图，通过变换的颜色表明不同等级的噪声来源。这种声波地图可以确定哪些地方的城市噪声等级，超出了人们可以接受的范围，从而采取措施来降低这些噪声给人类带来的危害。目前，由英国领导的一个国际团体已经率先在波兰的格但斯克，开始进行首批声波地图项目试验。

据报道，根据“2002 年欧盟环境噪声指令”，覆盖所有欧洲重要城市的声波地图，计划将于近期启动。因此在未来的一年，随着更多的城镇加入到指令要求的行列，声波绘制技术将得以迅速传播。据悉，“2002 年欧盟环境噪声指令”的提出是 1966 年欧盟关于噪声政策讨论报告的直接结果，其目的是为解决欧盟地区的噪声问题达成共识。指令要求欧盟成员国依据统一噪声指标，为公路干线、铁路、机场和人口聚居地草拟噪声声波图。

噪声监督项目的一位发言人解释说：“绘制噪声地图的目的是为了了解什么等级的城镇噪声，超出了所能接受的标准，从而最终能够绘制出一个受噪声威胁地区的全球地图。这些地图，将用来分别评定欧洲范围内受噪声影响而感到恼火和无法入睡的人数。”

这样的声波地图将有望为设在哥本哈根的欧洲环境署提供资料，以建立一个欧洲中心数据库。按计划，第一批在主要人口聚居地绘制的地图，将于一年之后，即 2007 年中期启动。随后，为了评估噪声对单一人口聚居地带来的影响，格但斯克和其他城镇的声波地图,将每 5 年更新一次。这位发言人补充说:“这一项目,还将为缓解噪声提供解决方法,并建立潜在的保护系统。”

从事声波地图研制工作的英国海事技术公司的研究人员表示:“为了绘制这一地图,我们发明的这一信息技术系统,将按照业界标准,把所有这些信息储存在中央数据库,从而方便人们,在市镇大厅或是通过互联网这样的公共渠道,获取这些信息。同时,它还便于自动或是半自动地输入数据,可以升级并对外开放。将来,这一系统将逐步完善为一个整合的环境数据库,以便在模拟或是标准的数据基础上,对城镇环境进行综合分析。”参与该项工作的欧文·哈罗普说:“噪声评估和管理,已经成为欧洲一个日益重要的议题。随着欧洲各大城市不断积极地响应欧盟指令,这一市场注定要在将来蓬勃发展。”

为了响应欧盟指令,波兰格但斯克的相关人士力图寻找一个不但能够绘制声波地图,而且还是市政地理信息系统成员的机构。格但斯克市政厅的官员由此掌握了关于测地学、空间计划、环境保护和人口数量的相关情况,并将之与三维计算机模型展示出的城市地形地貌、道路,以及建筑物相结合。为了完成声波地图,他们分别在昼夜不同的时间段内,对该城市不同类型的噪声进行了追踪分析,这些噪声包括:电车噪声、火车噪声、工业噪声、飞机噪声,以及机动车辆噪声。

(2)开发出防治铁路噪声污染的计算机程序。2010 年 10 月,瑞士联邦政府宣布,他们委托有关专家,成功研发出用于防治铁路噪声污染的计算机程序,以减少噪声对铁路沿线居民的侵害。

由埃帕声学与噪声控制实验室专家领衔的研发小组受瑞士政府委托,耗时近 4 年完成了该计算机程序的研发。研发小组在建立程序过程中充分考虑了列车车型、车速、周边地形、建筑、路基结构和天气等变量。为确保程序的精确性,他们收集了在瑞士铁路网上运行的 1.5 万辆列车的噪声,形成了巨大的数据库。通过数据分析,程序可以得出降低特定地段噪声污染的最有效办法。

据介绍,该计算机程序不仅能为现有铁路网降噪,还能在新铁路网的规划中发挥作用。研发小组希望它能成为瑞士乃至其他欧洲国家的标准。此外,他们还打算将该计算机程序用于降低公路和射击场等公共设施周围的噪声。

2. 发明降低噪声污染的消音装置

(1)发明以噪声抗噪声的消音窗户装置。2006 年 10 月,德国媒体报道,柏林技术大学专家安德烈·雅各布领导的一个研究小组,开发出一种新型的降噪声窗户装置,能够通过窗上的扬声器传出与户外噪声的声波恰好相反的声音,从而达到降噪消音的目的。

雅各布表示,这种降噪原理其实和机场工人带的保护耳塞一样,都是通过人造的声音干扰外界的噪声,使得两种声波恰好相反的声音相互抵消。

雅各布说,设置在窗户双层玻璃中的麦克风能接收户外穿过外层玻璃的噪声,麦克风内的电脑芯片迅速分析噪声的声波,并将其信息传递给扬声器,扬声器能够随即发出与噪声声波相反的声音。噪声声波达到波峰的时候，扬声器传出的声波恰好达到波谷，从而使得两种声音相互抵消。

(2)发明可回收的聚碳酸酯建筑隔音系统。2008 年 11 月，美国维吉尼亚里士满媒体报道，一家美国公司近日推出一种名叫“声清晰”的建筑隔音系统。研究人员在工业噪声阻隔墙系统项目开发过程中，对原有的无噪声阻隔墙系统进行了技术创新，使其效率更高，成本更低，适用性更强，而外观更加优美。

“声清晰”是由可回收聚碳酸酯模块制造而成，与工业传统产品相比，它免于维修，耐久性，轻质并可根据用户需求进行定制。

“声清晰”板的模块设计，增强了墙系统设计的灵活性。该系统可由钢铁、高强复合材料或混凝土安装制造。并且，它对施工现场布置没有特殊要求，可以即时安装，从而实现安装时间的最小化，并尽量减少对环境的负面影响。

“声清晰”噪声阻隔墙系统，在墙体两面均有折皱；从而降低了噪声等级，并使 80% 的光可透过墙系统。该系统所增添的安全性，使其能够适用于对安全性要求较高的居民住房和市政设施。

目前，“声清晰”噪声阻隔墙系统已经成功应用于各种领域，如高速公路、飞机场，以及通往学校、医院和居民区的运输系统。

(3)开发出“静音斗篷”装置模型。2011 年 8 月 16 日，美国物理学家组织网报道，西班牙瓦伦西亚大学一个研究小组，在《应用物理快报》杂志上发表论文称，他们开发出一种能够让人们对外部的声音“充耳不闻”的“静音斗篷”装置。该装置能够在不改变原有声波的波形和方向的情况下，使“斗篷”内获得静音效果。

研究人员通过使用 2D 数学模型，在计算机中创建了这个静音斗篷装置模型。该装置由排列在一个 22.5 厘米宽的物体上的 120 个圆柱状物体组成，每个圆柱的直径为 12 毫米。不同于通过制造相反波形的声音消除技术，静音斗篷装置并不会改变周围声波的形状和方向。

计算机模拟实验结果表明，该装置目前对特定频率有效，能够在不改变该声波波形和传播方向的情况下使其通过，静音效果良好。

研究人员称，该装置的工作频段与圆柱体的数量相关，日后可通过增加圆柱体，来获得更宽的频段和实现其他功能。如果这种技术能够在现实中应用，它可以帮助城市中生活的人们降低背景噪声，并有望建造出音响效果更好的剧院或音乐厅，以及功能强大的静音头盔，帮助在噪声环境中的工作人员保护听力。

3. 研制新一代低噪声飞机

(1)开始研制新一代低噪声超音速商务客机。2006 年 8 月，有关媒体报道，美国洛克希德 · 马丁公司，目前正在设计一种低噪声的商用超音速飞机。在这种飞机投入使用后，纽约至洛杉矶的飞行时间将被缩短至 2 小时 15 分钟。最为重要的是，新机在进行超音速飞行的过程中，将不会惊扰到地面的居民。

洛克希德 · 马丁公司介绍称，这种被称为“宁静超音速飞机”的新型运输工具,将是一种12座的超音速商务客机,最高飞行速度可达到音速的1.6倍,航程在7400公里左右。

据工程师们估算,通过运用一系列最新开发的空气动力学技术,尤其是特殊的机头和倒“V”字形的尾舵设计,“宁静超音速飞机”所产生的噪声水平,将较“协和”式客机下降20分贝。

有消息称,负责“宁静超音速飞机”设计工作的是洛克希德·马丁公司旗下著名的“臭鼬”工厂,它设计过U-2高空侦察机、F-117隐形战斗机等产品。预计这种新型飞机,将在2012年之前投入使用,单价约为8000万美元。

(2)联手研制机身机翼融为一体的“静音飞机”。2006年11月6日,“静音飞机计划”研究团队负责人,在伦敦英国皇家航空学会举行新闻发布会,公布了概念性的设计方案。这个研究团队,有来自英国剑桥大学和美国麻省理工学院的40多名研究人员,此外,还有来自30家企业的工程师。他们正在研制一种新型飞机,其努力的目标是,通过特殊设计,让将来的飞机不但具有省油和宽敞等优点,而且几乎没有噪声。这个研究项目的资金支持,主要来自英国贸易和工业部。

“静音飞机”设计上,至少有3项降低噪声的措施:一是摒弃机翼尾部可以偏转的襟翼,从而消除起飞和降落时噪声的一个主要来源。襟翼是一种辅助翼,主要功能是增加空气浮力或阻力。二是它的引擎将装置在机身内,而非像传统飞机那样装置在机翼部位,这样可以降低传到地面的噪声。三是这种喷气式飞机引擎的喷射管,大小可以调节,以便在飞机起落时减缓喷气推力,而飞行中途则加力高速飞行。

这些形状和技术特点能够降低引擎噪声,使飞机在空气中穿梭时,地面几乎听不到让人烦恼的噪声,从而达到“静音”效果。噪声扰民,尤其是影响机场周边居民,往往是扩建机场和增开航班遭遇阻力的主要原因之一。参与“静音飞机计划”的,美国麻省理工学院飞行学教授爱德华·格雷策说,“静音飞机”能够解决这一问题,从而有助于满足日益增长的航空运输需求。

研究人员表示,这项研究计划的目标,并不是近期投放商业市场的产品,而是积累经验,以便在2030年前开始研发这种飞机。它的商业表现如何还是未知数。

“静音飞机计划”主要工程师之一、麻省理工学院航空学教授佐尔坦·斯帕考夫斯基说:“我们的目标,是找出需要的技术,而且也尝试一下,如果把低噪声作为设计的主要追求之一,飞机看起来是什么样子。”

“静音飞机计划”吸引了全球各地30多家企业参与设计,其中包括飞机制造商美国波音公司和引擎制造商罗尔斯·罗伊斯股份有限公司。

罗尔斯·罗伊斯公司发言人马丁·布罗迪说,他们之所以参与这一项目,主要是看准了它追求环保的理念,可能成为飞机设计领域走向的决定因素之一。

除追求低噪声外,“静音飞机”还将考虑其他一些飞机设计领域的主流理念。这种飞机可搭载215名乘客,燃油效率为每加仑燃油支持124名乘客飞行1英里,优于波音公司计划2008年交付的“梦幻航班”波音787型客机。波音787型客机的燃油效率，是每加仑燃油支持100名乘客飞行1英里。

“静音飞机”的另一特点，是机身和机翼融为一体，使其整体都产生向上推动飞机的空气浮力。传统飞机机身一般是狭长形。机身和机翼融为一体的飞机设计其实已经存在，但其应用基本局限于某些特殊要求的军用机型，如远程轰炸机。

美联社记者马克·朱厄尔认为，“静音飞机计划”相当于，在省油和更大空间两项要求的基础上，额外增加一个新目标。

第二节　辐射污染防治方面的新进展

一、辐射污染防治研究的新发现

1. 发现辐射污染出现的新情况

(1)发现电子污染会“迷惑”知更鸟。2014年5月，德国奥尔登堡大学感觉神经生物学家亨利克·牟里岑领导的一个研究小组，《自然》杂志上网络版上发表研究成果指出，调频广播的交通流量报告，可能有助于司机驾驶车辆，但由此产生的电磁波却对鸟类造成了负面影响。一项历时7年的调查发现，无线电波会干扰迁移中的欧洲知更鸟的飞行。专家表示，该研究提供了有力的证据，证明这种电子传输会改变动物行为。

数十年来，科学家一直担心，移动电话、输电线、其他来源的电磁辐射可能影响人类和大自然的健康。欧洲知更鸟和很多候鸟一样，可以利用地球磁场飞行。30年前，科学家就发现，知更鸟的磁感有时会失效。例如，当它们处于一个地球磁场强度发生急剧变化的地点。低强度的无线电波就是一个重要的干扰因素。

2004年，德国奥尔登堡大学生物学家，在测试欧洲知更鸟行为的基本特性时，偶然关注到该现象。在春季和夏季，知更鸟的迁徙愿望是如此强烈，以至于被捕获的知更鸟会反射性地向迁徙方向跳跃，甚至在被囚禁的笼子底部留下抓痕。但当知更鸟被关在大学的木制小屋中时，它们突然变得毫无头绪，不知道自己该往哪个方向飞。

因此，研究人员想通过实验弄清，鸟类身体中的生物罗盘为何关闭了。是食物的改变吗？还是室内人工照明改变了其睡眠周期？都不是。最终，他们发现校园里电子设备产生的磁场，可能是罪魁祸首。

研究人员在知更鸟的小木屋内装上了铝制壁板。这个金属壁板上连接着很多电线，另一端通向埋在外面泥土中的金属棒。当电磁噪声接触到铝板时会被后者吸收，并将噪声转移到地面上。这一过程被称作“接地”——使电磁噪声无法穿过铝板，只有地球磁场仍在起作用。在这种情况下，知更鸟能准确地对准方位。

但当关闭铝板的机能时，它们再次无法分辨方向。

考虑到先前的研究存在很多质疑（针对电磁噪声和动物习性），该研究小组采用了双盲实验法。本科生和研究生都参与到该实验中。一些参与者被分在铝板开启的小木屋中；另一些人在铝板关闭的房间中——为了消除误差，这些学生并不清楚铝板是处于开启还是关闭的状态。

牟里岑说："我们做了大量补充实验，确保得出的结论并不是天方夜谭。不同年级的学生都重复操作了该实验，且参与者都不知情。"

（2）发现一火山顶部紫外辐射水平创纪录。2014 年 7 月，美国搜寻外星文明研究所纳塔莉·卡布罗尔负责，德国气象局等机构人员参加的一个研究小组，在《环境科学前沿》期刊上报告说，2003 年 12 月 29 日，正值南半球的夏天，部署在距赤道约 2400 千米、海拔近 6000 米的玻利维亚利坎卡武尔火山山顶的测量仪，测到了 43.3 的紫外线指数。这一数值与火星表面的平均紫外辐射水平很相似。

研究小组说，地球表面紫外辐射最强的地方，不是在出现臭氧空洞的南极，而是在南美。他们这项新研究显示，南美安第斯山脉一座火山的山顶，曾记录下创纪录的紫外线指数，它不仅是刷新了地球表面的纪录，还堪比火星的平均辐射水平。

卡布罗尔在一份声明中说，一般夏日美国海滩上的紫外线指数，也就是 8 或 9。当紫外线指数达到 11，就被认为很危险。到了 30 或 40，没有人会愿意到户外去。前述测量数据创下了地球表面紫外辐射的纪录，在因臭氧空洞而面临较强紫外辐射的南极，都没有记录到如此高的指数。

研究人员表示，这一地表紫外辐射纪录与多个因素有关，包括当地位于热带、高海拔地区，当时有季节性风暴及亚马逊雨林火灾产生的气溶胶造成臭氧层损耗等。此外，在之前两周还出现了一次大型太阳耀斑，也可能影响了地球大气，导致臭氧层损耗进一步增加。

2. 发现检测或清除铀污染的新方法

（1）发现一种安全检测放射性铀污染源的新方法。2006 年 11 月，有关媒体报道，澳大利亚皇后岛技术学院科研人员找到安全探测放射性矿藏的新方法，这对于保障放射性矿藏资源的安全开发利用意义重大。

这项新技术，主要利用光纤探测器和近红外光谱分析仪，能够从远处对沉积在土壤和水中的铀矿石等放射性矿藏资源进行遥控探测，这有效地解决了目前近距离探测放射性矿藏的安全性问题，免遭近距离的放射性污染。

目前，许多铀矿石、特别是一些二级矿的铀矿石，通常具有可溶性，能够在水中迁移，往往漂离人们起初发现它们的地方，这直接导致人工开采的不精确，并大大增加放射性矿藏污染的风险。采用新技术方法，即便铀矿石远离原来地方，人们也能很快发现它们。新方法对于铀矿安全开采利用尤为重要。

现在，许多国家因发展核电需要加紧开发铀矿，而原有技术由于无法精确开采造成更多的资源浪费和放射性材料污染问题。利用新方法还可以监测铀矿开采过程中的污染问题。另一方面,利用新方法可以安全地探测铀材资源,可以更好地防范恐怖组织偷采和运输铀矿,进而大大减少他们可能制造核弹的机会。

(2)发现能在核废料中生存并能吃铀等有毒金属的细菌。2005 年 8 月,物理学组织网站报道,德国德累斯顿放射性化学和核物理研究所的一个研究小组,发现了一种能够在核废料中生存的细菌,它们能够积聚有毒金属,可用来清洁金属有毒物废弃场所。

目前,该研究小组正在研究使用生物复育的方法,作为消除核废料的手段。生物复育法是一个利用微生物使被污染环境恢复原状的过程。研究人员在研究中,把位于德国东南部的一个核废料场作为示范点,在该废料场储积了球形芽孢菌的菌种。

这种球形芽孢菌的菌种具有水晶表层(S - layer),该表层覆盖在细胞外面,除了作为保护层外,还能够聚集大量的有毒重金属,如铀、铅、铜、镉等。新工艺是把晶体表层(S - layer)与硅片、金属、聚合物、纳米团簇,以及生物陶瓷盘结合,得到的产品可用于把有毒金属从已污染的水和土壤中清除。此外,该技术还可用于从工业废料中提取铂或钯等贵重金属。研究人员现正在研究寻求各种使用细菌的方法。

在核电及核武器生产过程中也产生了类似铀的各种放射性物质,这些金属对生态环境、动植物健康及核废料场附近的土地和水源构成了很大威胁。人们经过 30 年的铀矿开采,仅仅一个核废料场就有 23 万吨核废料。

(3)发现大肠杆菌配合肌醇磷酸可回收铀。2009 年 9 月,英国伯明翰大学林恩·麦卡斯基教授主持的一个研究小组,在本月上旬爱丁堡赫瑞瓦特大学召开的普通微生物学学会会议上报告说,他们近期发现大肠杆菌配合肌醇磷酸可以用来回收铀矿污染水中的铀,同样的技术甚至可被进一步利用于核废料的清理。肌醇磷酸也称为植酸,是一种可从米糠和其他农作物种子、麸皮等廉价农业废料中提取的物质。这意味着,在不久的将来,清理核废料也许将拥有一种低成本的便利方法。

研究人员在试验中,把大肠杆菌与肌醇磷酸配合使用,肌醇磷酸是一种存在于植物种子中的磷酸盐的储存原料,大肠杆菌能分解其中的磷酸盐,让磷酸盐分子处于自由状态。之后,磷酸盐分子与铀结合称为铀磷酸盐,并凝结沉积在大肠杆菌细胞表面。最后,这些细胞就可以被收集起来重新回收铀。大肠杆菌是我们生活中最常见的细菌之一,而肌醇磷酸也是一种来自植物的廉价化学物质,这种方法显然拥有非常明显的优势——低成本。

不过,早在 1995 年,这项技术就曾被提出,但在当时因成本高而被弃用。因为在早期的研究中,这种技术需要使用一种非常昂贵的添加剂,用这种方法来回收当时相对低成本的铀并不划算。然而,在这次的新研究中,科学家发现了廉价的农业废料——肌醇磷酸,成本很低,同时却能让反应过程中对铀的回收效果提高6倍。这对于企业来讲更具可行性和吸引力。尤其是目前,为了寻求低碳能源,越来越多的国家,开始涉足并扩大核技术的研究和运用,铀的价格在全球市场上势必会不断提高,这种低成本高效率的方法具有重要的意义。

更重要的是,这种技术除了经济上的优势外,还具有环保效益:既可回收再利用农业废料,同时又能清洁水中的铀污染。

麦卡斯基指出:“英国没有天然的铀储量,然而在核废料中却产生了大量的铀。尽管目前全球的铀能源还非常充足,然而,从能源安全和环保的角度来看,欧盟有必要尽可能多地从矿井中回收铀(这绝对是一种污染环境的物质),同时尽可能重复利用铀核废料。”

有了经过实验证明的技术,有了成本低廉的反应物质原料,虽然目前还没有成型的反应设备,但一种经济又高效的核废料回收技术的推广,可以说已经指日可待了。

(4)发现地杆菌能够清除掉溶解在水里的铀。2011 年 9 月 5 日,美国密歇根州立大学的研究人员杰玛·雷格拉领导,他的同事参与的一个研究小组,在美国《国家科学院学报》上发表论文称,他们发现,一类称为地杆菌的细菌有潜力用于铀污染的生物治理。

研究人员表示,在清除放射性铀污染的队伍中,有望增加一批新成员。这些只有千分之一毫米长的清洁工挥舞着细长的“毛发”,能把溶解在水里的铀清除掉。此前已有研究表明,一些地杆菌能够通过还原周围环境里的金属(也就是向金属添加电子)来获取能量。溶解在水里的铀经过这样的还原之后,会变得难以溶解,从而缩小污染范围,并且容易被清除掉。

雷格拉猜测,这些细菌外面的细长丝状物菌毛可能是问题的关键。这些由蛋白质组成的菌毛能够导电,曾被用于研制“纳米电线”。

研究小组以硫还原地杆菌为对象,培育出因缺乏某种基因而不能产生菌毛的菌株,与能正常产生菌毛的菌株进行比较。结果显示,菌毛能大大增强细菌清除铀污染的能力。

研究发现,如果没有菌毛,铀的还原反应是在细菌内部进行的,会伤害到细菌自身。而有菌毛时,大部分反应围绕着菌毛完成,不仅扩大了反应过程中可用于电子传输的空间,还拉远了铀与细菌的距离,提高安全性。

研究人员用一种荧光染料,测量地杆菌细胞的呼吸酶在接触铀之后的活性。结果显示,有菌毛的细菌呼吸酶活性更高,因而生存能力更强。有菌毛的菌株在接触铀之后,还能恢复过来,并且比没有菌毛的菌株生长更快。

雷格拉说,由于菌毛的成分是蛋白质,可以比较容易地往上面添加不同的官能团(决定有机化合物化学性质的原子或原子团),来调节菌毛功能。他认为,这种方法,理论上也适用于其他一些金属元素的放射性同位素,包括锝、钚和钴等。

因此，该成果不仅可用于治理以往核试验造成的铀污染，还有可能帮助应对日本核电站事故。

3. 发现清除放射性铯污染的新方法

（1）发现金属矿渣可吸附核电站废水中的放射性铯。2004年11月，俄罗斯媒体报道，俄科学院卡累利阿科学中心的一个研究小组，最近发现金属矿渣，可以用来处理核电站废水，因为这种废渣能吸附放射性物质，包括核废料的主要成分铯－134。

据报道，研究人员仿造核电站废水配制了铯硝酸盐溶液，并往溶液中放入铁、铝、镁和硅混合而成的矿渣。之后，他们每隔一段时间抽取几毫升溶液，测试其辐射强度。实验表明，矿渣在20个小时内吸附了溶液中97%的放射性物质，矿渣吸附的铯越多溶液的辐射强度越小。

这一发现也可用于处理，核动力船只产生的含放射性物质的废水。在一般情况下，海水中的盐分会妨碍矿渣对铯的吸附能力。但研究人员发现，这一问题可通过多次更换矿渣予以解决。他们把铯和矿渣放入装海水的容器中，通过3次更换矿渣，使溶液的放射强度在10天内下降到原来的约1/500。他们认为，这样的液体经稀释后可回流入海，不会对海洋生物构成威胁。

研究人员认为，把吸附铯的矿渣制成混凝土再掩埋起来，不会对环境造成污染。目前，他们正致力于使这一新工艺“走出”实验室，早日用于处理核电站废水。

（2）发现交换性钾可助大米减少放射性铯污染。2012年2月，日本农业和食品产业技术综合研究机构，首席研究员加藤直人主持的一个研究小组，公布一项新成果称，向被放射性铯污染的水田施撒交换性钾肥，可使糙米吸收的放射性铯至少减少一半。

研究小组最近在福岛、茨城、枥木、群马四县的农场，进行了有关实验。这4个县的土壤，都遭到福岛第一核电站事故泄漏的放射性物质的污染。他们发现，与在没有施撒交换性钾肥的农田中收获的糙米相比，施撒交换性钾肥的农田糙米，吸收的放射性铯至少减少一半。研究人员认为，铯与钾的化学性质相似，所以钾代替铯被水稻吸收。

交换性钾是作物直接吸收的钾素形态，但土壤中交换性钾的数量相当有限。不过，研究人员发现，并不是交换性钾肥施撒得越多效果约好，在交换性钾原本数量就非常高的土壤中，再施撒交换性钾肥几乎看不到效果。

加藤直人认为：“这种方法在交换性钾数量很低的土壤中有效。如果将糙米进一步加工成精米，放射性铯的浓度还将进一步降低。希望今年日本一些地区耕种时，就采用这种方法。”

4. 发现可滤掉水中放射性碘的新材料

2011年4月14日，美国物理学家组织网报道，美国北卡罗来纳州大学生物材料学副教授乔尔·帕夫拉克领导的一个研究小组发现，一种由林业副产品和甲壳类动物外壳组成的复合物,有助于从水中滤掉放射性污染物。

帕夫拉克说,正如我们目前在日本所看到的,由核电事故引发的众多灾害中,放射性碘化物对饮用水水体的污染是其中的一大问题。由于放射性碘化学性质与非放射性碘化物相同,人体无法通过感官进行区分,而这种物质一旦进入人体就会在甲状腺中形成沉积,如果不及时采取措施便有可能引发癌症。

研究人员称,这种新材料是一种半纤维素的复合物,外形如同塑料泡沫一般,主要由林业副产品和壳聚糖组成,外部涂有一层木质纤维。该材料在水中能与放射性碘相结合,并将其捕获。在使用时,只需将其浸入需要净化的水中即可,不需要电力和专门的装置。此外,研究小组还发现,该材料也能清除淡水或海水中的砷等重金属物质。

帕夫拉克说,在发生自然灾害等紧急事件时,供电一般都会出现紧张,复杂的大型电力净化装置一般都难以派上用场,此时这种新材料的优势便会体现出来。该材料应用起来也较为方便灵活:小尺度应用中,可将这种材料像茶包一样浸入杯中实现净水;在大规模净化中,则可以将其制成大型过滤装置,让需要净化的水从其中通过即可。

5. 辐射污染防治研究的其他新发现

(1)发现宇宙射线对人体影响与水硬度有关。2006 年 2 月,俄罗斯圣彼得堡北极与南极科研所,通过多年研究发现,宇宙射线对人体影响与水硬度有关:人体心血管系统受各种宇宙射线作用的敏感性,取决于所饮水的硬度。饮用软水提高了机体对地磁作用的敏感性,而饮用硬水增加了机体对太阳引力的依赖性。

研究人员是在研究了圣彼得堡两个地区,居民高血压病发作规律后,得出上述结论的。在这两个地区生活着 9 万人,他们生活的地理环境一样,但饮用的水不一样。第一个地区的居民使用的水很硬,一升水中含有 68 毫克的钙、多于 30 毫克的锰。另一地区的居民使用涅瓦河中的水,比较软。研究人员还选择了 9 月到 12 月这个时间段,因为在这个时间段里没有炎热的天气,没有影响人体心血管系统的其他因素。在这段时间里,共有 1670 位居民,因血压升高求助医疗救护机构,其中 90% 是高血压危机症。

研究了这些高血压患者的分布情况后,研究人员发现,患病情况与地区的分布有关:来自饮用硬水地区的高血压患者,受太阳引力作用很明显,作用的周期为 31.8 和 14.8 昼夜。太阳引力作用程度越高,高血压患者的发病率越少;但在太阳活动比较频繁的年代,太阳活动对心血管系统的影响很大,太阳活动越活跃,高血压患者越多,但受太阳引力的影响比较弱。饮用软水地区居民的血压,准确地随地磁的变化而周期性变化,周期为 27 昼夜,但太阳活动的增加降低了高血压患者的数量,周期性太阳引力的作用远远比地磁的作用弱。

研究人员认为,水的化学成分可调整机体器官对各种宇宙射线的敏感性,因此,研制一种方法来抑制宇宙射线的作用是可能的。

(2)发现抗辐射菌的自我保护机理。2007 年 3 月 20 日,美国媒体报道,美国国防部军队卫生服务大学,病理学系副教授迈克尔·戴利率领的一个研究小组,发现了抗辐射菌,在高剂量电离辐射环境中保护自己的机理。该发现有望帮助科学家开发出保护人们免遭辐射影响的新方法。

50 年前,科学家就发现了抗辐射菌,并认为它的抗辐射能力在于它自身的DNA 修复机理,此后绝大多数有关该细菌的研究均基于这种假设。然而,戴利研究小组通过研究发现,该细菌的 DNA 修复成分并没有明显的不同之处,同时在辐射剂量设定后,具有不同抗辐射能力的细菌的 DNA 修复量相同。此外,许多被电离辐射杀灭的细菌,实际上其 DNA 几乎没有受到损伤。

早在 2004 年的研究中,该研究小组就发现,抗辐射细菌的细胞和辐射敏感细菌的细胞,所含金属元素量完全不同,细胞尽可能高地含锰,同时尽可能低地含铁,对细胞在遭受辐射后的恢复具有重要作用。他们表示,抗辐射能力最强的细菌含锰量是辐射敏感细菌锰含量的 300 倍,而含铁量则少 3 倍。研究人员对金属元素含量不同导致的抗辐射能力,进行新的研究后认为,胞质锰的高含量和铁的低含量,能够保护蛋白(而不是 DNA),免遭电离辐射引起的氧化损伤。

这项发现,有可能导致科学家对抗辐射菌的研究方向发生转变,把注意力从DNA 损失和修复,转向有效的蛋白保护形式。根据这项新研究开发出的人体辐射保护方式,将有望最终帮助医生根据每个病人的体质,决定其进行放疗时所接受的辐射剂量,并为保护癌症患者免受放疗副作用影响开辟新途径。

二、开发防治辐射污染的新材料

1. 研制检测和清除核辐射的新材料

(1)开发出能探测到核辐射的新材料。2011 年 9 月 22 日,美国西北大学温伯格艺术与科学学院,化学教授梅科瑞·卡纳茨迪斯领导的一个研究小组,在《先进材料》杂志上发表论文称,他们研制出一种能探测到核辐射的新材料,能用来制造检测核武器和核物质的手持式探测设备。

核材料发射出的伽马射线能被汞、铊、硒和铯等致密材料和重金属材料很好地吸收。所以,可通过伽马射线穿过这些材料引起的电子变化来检测核辐射。不过,这类研究面临的最大难题是,重金属材料内本身就有很多可移动电子,当伽马射线穿过材料时,引发的电子变化不能被检测到。

卡纳茨迪斯解释道:“这就像有一桶水,往里面加一滴水,这个变化是可以忽略的。我们需要一种没有大量自由移动电子的重元素材料。但在自然状态下,这并不会存在,因此,我们需要研发一种新的材料。”

研究小组制造出一种新的晶体结构的重元素半导体材料,这种新材料由铯—汞—硫化物和铯—汞—硒化物组成,能在室温下正常工作,其内大多数电子绑定在一起而不再自由移动。当伽马射线进入新材料时,会将电子激活,使电子开始自由移动,据此检测出伽马射线。而且,由于每种元素都有自己特有的图谱,这些信号还能够用来确定所泄漏的核物质。

卡纳茨迪斯表示,新材料非常具有前途和竞争力,而且还可能用于生物医学,比如诊断显像领域。

(2)制成可清除核废料中放射性离子的新晶体。2012 年 3 月,美国圣母大学教授托马斯·施密特领导的一个研究小组,在《先进功能材料》杂志上发表研究论文称,他们研制出的一种晶体化合物,能将核废料中的放射性离子除去,为核废料“变身”清洁燃料扫清了障碍。

研究小组研制的晶体化合物名为圣母大学硼酸钍 - 1(NDTB - 1)。实验表明,它能安全地吸收核废料中的放射性离子。一旦这些放射性粒子被捕捉到,它们可以与同样大小的、带电荷更多的材料相交换,将核废料回收再利用。

施密特表示:“该晶体的结构是其能回收核废料的关键。每个晶体都包含有通道和笼子,这些通道和笼子上有数十亿个细小的微孔,这就使得环境废物尤其是核工业中使用的铬酸盐和高锝酸盐等的阴离子相互交换成为可能。”

放射性核素锝 - 99(99Tc),在全球各地的大多数核废料存储点都存在。全球 30 个国家目前约有 436 个核电厂,因此,产生的核废料很多。实际上,从 1943 年到 2000 年,全球的核反应堆和核武器测试产生的放射性核素锝大约有 305 吨。几十年来,如何将其安全地存储起来一直困扰着科学家们。

该研究小组已经在实验室取得成功。他们使用这种新晶体,除去了核废料中差不多 96% 的放射性核素锝;在萨凡纳河国家实验室进行的实验也取得了成功,结果表明,它能够成功地从核废料中除去放射性核素锝。

(3)开发出能吸收放射性铯的布料。2012 年 5 月 28 日,东京大学生产技术研究所,迫田章义教授率领的研究小组宣布,他们开发出能够高效吸收溶解在水中的放射性铯离子的布料。这种布料,有望用于清除福岛核泄漏事故后土壤和水中的放射性铯污染。

研究小组用一种新技术将能够吸收铯的蓝色颜料普鲁士蓝的微粒固定到布上。用这种方法制成的长 60 厘米、宽 40 厘米的薄布,就能 99% 地吸附溶解在 10 升水中的 10 毫克铯。如果把这种布用盐酸溶液浸泡,则几乎能够 100% 地回收铯。这种布,还有望用于净化雨水槽中积存的雨水,或清洗污染建筑物产生的污水。

研究人员还考虑,利用这种布清除土壤中放射性物质的方法:先将土壤中容易吸附放射性铯的黏土清洗掉,再加入肥料溶液加热,上部就会出现含有放射性铯的澄清溶液。把布料浸到溶液中,能够从污染土壤中清除 70% 的放射性铯。

(4)开发出吸收放射性铯的建筑材料。2012 年 5 月,日本近畿大学兼职讲师森村毅等人领导的一个研究小组,近日宣布,他们开发出含有矿物沸石的建筑材料“沸石钙灰浆”。这种灰浆在凝固后能最大限度地吸收溶解在水中的放射性铯,有望用于建造存储放射性污染物的设施，或者净化污水的过滤器。

沸石的微小孔洞具有吸附性，能够吸收放射性铯。在美国三里岛核电站事故中曾用这种材料处理污水。混有沸石的灰浆以前被作为具有防臭功能的建筑材料使用，在此次开发中，研究者通过添加钙离子水，提高了灰浆凝固后的强度和耐水性。

当含有放射性铯的污水通过新型沸石钙灰浆凝固体时，铯和含有铯的物质就能被吸收和过滤。由于具有容易渗水等性能，在利用这种沸石钙灰浆凝固体进行吸收含铯水溶液实验时，曾成功吸收水中99%以上的铯。由于沸石钙灰浆凝固后拥有无数极小的孔洞结构，所以即使过滤含固体杂质的污水，也不易堵塞。

今后，日本研究小组准备继续研究沸石钙灰浆的各种使用方法，提高其作为建筑材料的性能和吸附放射性铯的能力。

(5)发明新型核工程防辐射屏蔽材料。2012 年 6 月，德国慕尼黑技术大学海因茨·迈尔-莱布尼茨试验中子源，即慕尼黑实验反应堆 2 号 FRM II 的研究人员，发明一种可回收利用的新型防辐射屏蔽材料。

这种材料是一种粉末，含有铁颗粒、石蜡油和硼化合物，看起来像湿的黑色砂子。与传统的表观密度大于等于每立方分米 2.8 公斤(2.8 kg/dm^3)的重混凝土相比，重量要轻 20%，但屏蔽效果相当。

与传统重混凝土相比，这种材料的最大优点是可重复使用：它填充在钢制容器中，置于实验终端以屏蔽辐射；若此处不再使用，可从容器中取出，异地再用。这种材料目前已申请专利。

2. 研制防电磁辐射的新材料

(1)研制出新型防电磁辐射涂料。2004 年 8 月，俄罗斯媒体报道，俄罗斯季科公司最近研制出，一种新型的防电磁辐射涂料，这种涂料是用炭黑和石墨制成的，通过特殊工艺加工成为乳胶状溶液。

这种涂料能吸收电磁波，由此可以用于军事上。如把它涂在飞机和火箭外壳上，就能吸收雷达的电磁波而不被雷达发现，所以它还是制造隐形飞机和火箭的理想涂料。

(2)发明防电磁辐射的布匹。2007 年 1 月，爱沙尼亚媒体的报道，爱沙尼亚塔林理工大学斯特朗德贝格教授领导的一个研究小组，发明了一种布匹，可以在战时用来防核爆炸产生的电磁波辐射，以及防止被敌人发现。

斯特朗德贝格教授说，这种布匹内含一种能够导电的金属纤维，能大量吸收电磁波辐射，从而大大减少电磁波对人体的伤害及影响。这种新型布匹，还能使电脑或军方电台不受某类电磁波的干扰。

此外，这种布匹的保暖性很好，军人要是穿上用这种布匹制成的军服，其体内热量的散失就会大大减少，因此可以降低敌人用夜视仪捕捉目标散发的热量从而发现目标的可能性。

据报道，爱沙尼亚军方已决定2007年上半年，在防电磁波辐射和隐身领域，试用该布匹制成的产品。

3. 开发防太阳辐射的新材料

研制出防太阳辐射的“夹心玻璃”。2006年7月3日，墨西哥《改革报》报道，墨西哥国立自治大学能源研究中心，能源专家豪尔赫·奥维迪奥等人参与的一个研究小组，研制出一种可以防太阳辐射的高强度复合玻璃。

报道称，研究人员通过热力和压力作用，把多种材料复合在一起，在由两层玻璃和两层塑料做成的“夹心玻璃”中间，还用化学方法镀上了一层0.1毫米厚的聚乙烯薄膜。这种玻璃具有强度高、防辐射的特性，能使热辐射降低50%。

据介绍，虽然这种复合玻璃可以过滤紫外线，以及15%的红外线，但并不影响大部分可见光的透过，因此不会影响采光。

奥维迪奥说：“这种玻璃可在沿海地区使用，它与挡风玻璃类似，在遭到物体撞击或飓风袭击时也会破碎，但碎片仍能粘连在一起。”

三、研制防治辐射污染的新设备

1. 研制抵御太空辐射的新设备

研发登月“金钟罩”来抵御太空辐射。2005年1月，美国媒体报道，人类要在地球以外的星球长期居住，太空辐射是一大致命威胁。由美国宇航局赞助的研究小组，正在以月球为研究对象，研发未来登月宇航员抵御太空辐射的工具。

研究小组，正在测定一套安装在40米高杆上的带电球体所产生的“静电防护屏”，看其能否消除覆盖范围内的辐射。如果证实可行，它将保护宇航员在脱离地球磁场的太空飞行期间，免受长期的致命辐射危害。

静电辐射防护屏是个非常简单的构想，主要抵御太阳在大规模太阳风暴中发射，或以银河系宇宙射线形式在宇宙中穿梭的高能质子和电子。

在过去的月球探索中，抵御宇宙射线的研究进展缓慢。然而，没有足够的防护，人类要在月球上居住和进行长时间太空探索是不可能的。

研究小组正在寻找安置那些不同尺寸的球形大型电场发生器的方案，从而建立一个电场来抵御高能质子和电子。小组的专家指出：第一个要解决的问题是，用什么样的电场阻止这些带电的粒子。

当前的设计是，采用带有微弱负电荷的球体分布在防护屏外围，以此过滤电子；而带有强大正电荷的发生器聚集在中心地带，则使高能质子偏离。然而，技术难题在于，安置一定数量的球体来建立一个综合电场，其强度要足以消除辐射，却又要不至于剥离月球基地建筑或周围物质的电子。因此，需要一个40米高的高杆，必须保证发生器处于安全的水平距离。研究人员指出，这是设计最大的约束因素之一。

为了让这种静电场在月球上效力最佳化，研究者还设想了一个将辐射防护分层的办法:球形发生器可与贴近地面的平面静电防护屏结合,防止发生器表面吸附月球灰尘,影响正常工作。

2. 研制处理核辐射的新设备

研发出福岛核电站废炉作业除污机器人。2013 年 3 月,日本新华侨报网报道,近日,日本相关大型电机制造厂商研制出一款机器人,可除去福岛核电站废炉机房内部放射性物质,改善废炉内部作业环境。

据日本放送协会电视台消息,为推进东京电力福岛第一核电站废炉作业,日本相关大型电机制造厂研制出一款除废炉机房内部放射性物质的机器人。该机器人是由该电机制造厂商灵活利用国家补助资金研制而成。

据介绍,该机器人高约 1 米,用 2 条行车带带动行走。操作者可通过与机器人相连的长电缆进行远程操作。机器人手臂能以一般水管数百倍的水压进行喷水,可将机房地板和墙壁上附着的放射性物质去除。手臂前端还安装有回收放射性物质装置。

东京电力福岛第一核电站,虽然持续对废炉展开作业,但由于机房内部放射线量很高,作业员很难深入现场阻碍了作业进展。该机器人制造厂商,以今夏将机器人投入现场使用为目标,正在与东京电力公司进行协调。

负责研发该机器人的主任技师米古丰说:"希望将该机器人早日投入现场,改善废炉作业环境。"另外一家电机制造厂商,还为该机器人研发出一种除放射性物质用的细小干冰,预计将于今夏投入现场使用。

四、防治辐射污染的新方法和新措施

1. 处理和清除放射性物质的新方法

(1)研究利用细菌清理铀废物。2006 年 8 月,美国西北太平洋国家实验室,首席科学家吉姆·弗雷德里克松领导的一个研究小组,在《公共科学图书馆·生物学》杂志网络版上发表研究成果称,他们发现一些普通的细菌,能够"将致命性的重金属转化为危险性较小的纳米球体。"实际上,这些细菌能够将可溶的辐射性铀,转化为无毒的沥青铀矿固体。虽然大规模利用这些细菌尚需时日,但是毕竟已经向前迈进了一步。

自从十多年前发现有的细菌可以化学改性,能够把有毒金属转化为对人类无明显威胁的物质,科学家们就对这些细菌究竟如何做到这一点而感到迷惑不解。例如,希瓦氏菌就是能够将铀化学改性的一种细菌,它外表类似珍珠粒,大约 5 纳米长,互相之间纠缠在一起,外面包裹着自身分泌的黏液。

铀、铬酸盐、锝,以及硝酸盐都是对人类和其他生物体有毒的物质,并且是美国能源部关心的许多场地的主要污染物。据美国能源部估计:在美国,目前大约有 2.5 万亿公升地下水,被核武器所释放出的铀所污染。希瓦氏菌能够净化核废料污染场地的地下水,它可以利用许多有机化合物和金属作为呼吸作用的电子接收体，进而减少铀、铬等金属离子。

（2）提出冷却处理核废料的新方法。2006年8月，德国波鸿的鲁尔大学的克劳斯·罗尔夫教授领导的一个研究小组，在《物理世界》上发表研究成果称，他们发现了一种新的技术，使核废料的处理更加简单。这种技术处理的核废料，将在几十年内变为无害，而不是像从前的技术那样需要几千年。

罗尔夫教授说，这项技术将使核废料可能在生产这些废料人的寿命内，完全地处理掉。而不需要把废料埋在地下，让其后世子孙付出代价。该技术包括把核废料埋在金属中，然后把它们冷却到超低温。这样会加快放射性物质的辐射速度，把它们的半衰期减小100倍或更多。

他接着说，目前，研究小组在研究镭226，一种半衰期为1600年的用过的核燃料中的危险物质。而使用新技术，会使其半衰期减小到100年。最好的条件下，半衰期将减小到2年。这避免了把核废料深埋在地下仓库的，既昂贵又困难的过程。

罗尔夫是在尝试用实验方法，重建恒星中的原子核反应后，发展出这项技术的。当使用粒子碰撞来进行研究时，他发现如果原子核被包入金属再被冷却时，会发生更多的核聚变反应。聚变反应是轻的原子核聚合成较重的原子核并释放能量的过程。而放射性衰变则是它的反过程：原子核放出粒子。罗尔夫相信，如果冷却在金属中的原子核能够增强核聚变，那么也会增强它的相反的反应，即会加速放射性粒子衰变的速度。

按照罗尔夫的说法，金属的超低温，意味着自由电子能够接近放射性核子。这些电子使带正电的粒子加速朝原子核运动，于是增加了聚变反应的概率，或者在相反的情况下，使粒子加速离开原子核运动。

罗尔夫最后表示，目前，研究小组在使用各种放射性原子核，验证上述假设，初步结果是肯定的。现在还是早期，要想把这个想法付诸实践还需要许多工程上的研究要做，但他认为一定会克服所有技术难关的。

（3）确认浮游选矿法能清除放射性物质。2011年7月，日本京都大学的一个研究小组，在东京举行的一个研讨会上报告说，他们通过实验确认，浮游选矿法可在短时间内从放射性污水中清除放射性物质，不仅高效而且成本低廉，正在应用于处理福岛第一核电站储存的大量污水。

研究人员说，这种方法无须加热，而且使用很少的药剂就能够完成，与福岛第一核电站目前使用的净化装置相比，产生的放射性废弃物的量也较少。

该研究小组把铁和镍等元素组成的化合物，放到放射性污水中，原先溶解在水里，或以微粒形式漂浮在水中的铯等放射性物质，就会被这些化合物包裹起来，沉到水底。研究小组随后向水中加入药剂，使水下产生气泡，沉淀的放射性物质，就会与气泡结合在一起漂到水面上，把气泡回收就可以清除掉放射性物质。

研究小组利用京都大学的实验堆产生的低放射性废液进行实验显示，浮选法对铯、锶和锆等5种放射性物质的清除率达到99%以上,而且整个过程只需要十几分钟的时间。

(4)用高压水分离易受铯污染的黏土。2012年5月,日本大学教授平山和雄率领的一个研究小组宣布,他们开发出一项新技术,通过向被放射性铯污染的土壤喷射高压水,把土壤中铯容易附着的黏土分离出来,从而大幅减少受污染土壤的量。

研究人员注意到,放射性铯的化学结构,使其具有易吸附在黏土上的性质,向被污染土壤喷射高压水后,直径不到1毫米的黏土微粒就会与沙子和小石子等分离开。研究人员利用,每公斤放射性活度约5000贝克勒尔的受污染土壤进行实验,发现经高压水喷射处理后剩下的沙子和小石子等的放射性铯活度,降至原有水平的1/10以下,已经达到可以回填原来所在场所的程度。

目前,开发的实验装置,每小时能够处理约15立方米土壤。平山和雄指出:"这一技术如果能够达到实用化,将有助于大幅减少受污染土壤的量。"

(5)开发吸附土壤放射性物质的新方法。2012年7月14日,日本《每日新闻》报道,人工沸石在水质净化和土壤改良等领域早有应用,它还有吸附放射性铯的功能。日本爱媛大学农学部逸见彰男教授等研究人员组成的一个研究小组发现,在人工沸石的这一性能基础上,通过化学合成使其带有磁性,它就能在清除土壤放射性物质时派上用场。

据报道,人工沸石可由火电站发电副产品粉煤灰制成,原料价廉易得。研究人员在人工沸石的合成过程中混入铁化合物,成功地获得了带有磁性的人工沸石。把这种沸石铺敷在被放射性物质污染的土壤上,沸石会吸附放射性物质,由于这种沸石带有磁性,最后可用磁铁将吸附了放射性物质的沸石与土壤分离。

据介绍,这一技术可以将每千克被污染土壤中的放射物污染程度,从数千至1万贝克勒尔降低到每千克500贝克勒尔以下。他们期望两年内将这一技术实用化。

2. 研发安全利用放射性资源的新技术

(1)计划研发回收利用核废燃料的新技术。2006年2月6日,美国政府计划对国内核电站核废燃料进行回收利用,并在当天向国会提交的2007财年预算中,申请为能源部拨款2.5亿美元,以用于相关新技术的研究和开发。

这笔资金将用于名为"全球核能伙伴"的核废燃料回收利用计划。根据设想,美国将与俄罗斯、法国和英国等合作,进行向世界其他国家供应核燃料的基础设施建设。美国能源部长博德曼称,该计划"在加强环保的同时减少核扩散的危险"。

采用旧技术从核废燃料中分离钚不仅费用昂贵,还有钚外流用于制造核武器的风险,因此,美国在20世纪70年代就放弃了核废燃料的回收利用。美国政府表示,希望逐步淘汰旧技术,转而采用新技术。新技术会使钚继续与其他高放射性材料混合在一起,使其不便于用来制造核武器,以减少安全隐忧。

美国核电站废料储藏于拉斯韦加斯附近的亚卡山。白宫称,利用新技术回收利用核废燃料的计划,可使亚卡山的核废料储量减少 80%,并利于建设更多的反应堆,以扩大美国国内核电供应。美国政府还在 2007 财年预算中申请 5.45 亿美元,用于在亚卡山建设一个永久性的核废料储藏设施。

(2)发明合成未来核燃料铀氮合成物的技术。2010 年 7 月,美国洛斯阿拉莫斯实验室,材料物理和应用部科学家贾奎林·吉普林格等人组成的一个研究小组,在《自然·化学》杂志上发表研究成果称,他们利用光能首次成功合成一种罕见的铀氮(U-N)分子合成物,该合成物带有独立的铀氮结构末端,末端上氮原子仅与一个铀原子结合。在过去完成的研究中,氮原子总是同两个或更多的铀原子相连。

为合成铀氮分子合成物,科学家对叠氮化铀(包含有 1 个铀原子和 3 个氮原子的分子)进行了光解作用的技术处理:把分子暴露在紫外光下,用单光子能量从叠氮化铀分解出 1 个氮分子,从而留下了单铀单氮合成物。科学家说,他们获得的新突破十分重要,因为高密度、高稳定性和高热导性铀氮物质,有希望成为未来先进的反应堆所需核燃料。

铀氮合成物是一种陶瓷化合物,它包含有众多重复的铀氮结构单元。新获得的铀氮分子仅包含单铀单氮,它是陶瓷固体中能够被观察到的最小结构单元,有利于人们研究其物理和化学特性,帮助解答铀化学和材料科学中长期困扰人们的问题。

吉普林格表示,锕系元素氮化物,是未来核燃料的候选物质,能满足未来核反应堆的需求,以及太空旅行动力的需求。此次新获得的铀氮分子,能够帮助人们更好地认识,单铀单氮结构单元的功能特性、电子结构和化学反应性,为铀化学揭开新的篇章。

(3)试用纳米材料把放射线转换为电能。2008 年 3 月,英国《新科学家》周刊网站报道,美国洛斯阿拉莫斯国家实验室前核工程师波帕·西米尔等科学家说,把放射线直接转换为电能的材料,可以开创宇宙飞船的新纪元,甚至还可以开辟以高功率核电池驱动的地面交通工具的新时代。

核电站的电力,通常是利用核能加热水产生蒸汽,从而驱动发电涡轮机而产生的。自 20 世纪 60 年代起,美国和苏联开始研究通过热电材料,或者使用放射性衰变材料,直接把核裂变产生的热能转换为电能,从而为宇宙飞船提供动力。"先锋"号太空探测行动,使用的就是放射性衰变材料,即"核电池"。

弃用蒸汽和涡轮机使得那些系统型号变小,也不再那么复杂。但热电材料的功率很低。现在,美国研究人员说,他们开发出高功率材料,可以把核燃料及核反应产生的放射线,直接转换成电能,而不需通过热能。

西米尔说,将放射粒子的能量转换成电能效率更高。据研究人员计算,比起热电材料的功率,他们正在试验的材料,从放射性衰变中提取的能量最多可高出19倍。研究人员正在对多层碳纳米管进行测试。这种纳米管与黄金一起被氢化锂包裹起来。猛烈撞入黄金的放射性粒子撞击出大量高能电子。这些电子通过碳纳米管进入氢化锂形成电极,使得电流通过。

(4)提出从地球红外辐射中获取能量。2014年2月,美国哈佛大学工程与应用科学学院研究员斯蒂芬·伯恩斯主持,应用物理学教授费德里科·卡帕索等人参加的一个研究小组,在美国《国家科学院学报》上发表论文称,地球以红外辐射的形式,向外释放的能量,达到100亿兆瓦。这么巨大的能量"一直被忽略",而他们的最新研究表明,从地球释放的红外辐射中获取能量是"有可能的"。他们认为,从地球向太空释放的红外能量,是一种重要的可再生能源,具有可用于发电的潜力。

卡帕索说:"首先是怎么利用地球向太空辐射的红外线来发电。利用辐射发电而不是靠吸收光,这听起来似乎离奇。虽然违反直觉,但它在物理上是说得通的。这是物理学在纳米领域的全新应用。"

当热从较热物体传到较冷物体时,能产生可再生能源。从温暖的地表到寒冷的外太空,也存在这种热传递,这就是红外线辐射。

伯恩斯认为:"阳光是一种能源,所以光伏电池才有意义,你只需要收集能量。但事情并非那么简单,要捕获红外光的能量还很困难。用这种方法,能发多少电并不明显,是不是经济划算值得研究,我们还必须坐下来仔细计算一番。"

伯恩斯指出:"比如把这种设备与太阳能电池结合,就能在夜晚获取额外的电力,而无须额外的装置成本。"

为了证明红外辐射发电的可行性,该研究小组提出了两种不同的辐射能量收集器:

第一种设备,由"热"板和"冷"板组成,"热"板的温度和地球及环境空气温度相同,"冷"板装在"热"板上,面朝上,由一种高辐射性材料制成,能把热量高效地辐射向天空。研究人员在俄克拉荷马州拉蒙特进行了实验测量,根据计算,两板间的热量差,每平方米在一昼夜能发出几个瓦特的电。虽然要保持"冷"板温度,低于环境温度还比较困难,但这种设备证明了温差发电确实可行。伯恩斯说:"这种方法比较直观,我们正在把人们熟悉的热力发动机原理和辐射制冷原理结合起来。"

第二种设备的原理,深入到电子行为的层面,就不那么直观了。它是靠纳米电子元件二极管和天线之间的温差来发电,这不是人们用手能感知的温度。卡帕索说:"如果你有两个温度相同的元件,显然不能做什么功;如果两个元件温度不同,就能做功了。"。它的工作原理类似光电池,其核心是整流天线,利用吸收外界热量后,不同电子组件之间存在温差,来产生电流。

研究人员在论文中,设计了一种单体扁平设备,印上许多这种微电路而朝向天空，以此来发电。他们还指出，目前整流天线技术，只能产生“可忽略的电力”，但技术的进步可能会提高发电效率。

研究人员更看好第二种方案。光电子的方法虽然还很新，但根据目前的技术发展趋势，随着等离子学、微电子学、新材料和纳米制造方面的进步，还是可行的。论文中还指出了今后研究中面临的技术挑战和未来前景。

3. 推出核能安全管理新方案

公布核能安全管理体系改革方案。2013 年 11 月 27 日，韩国安全行政部召开第八次政府安全政策调整会议，公布了核能安全管理体系改革方案。根据该方案，韩国政府将新设直属于国务总理的核能安全管理政策调整会议。

该会议由韩国原子能安全委员会委员长主持召开，由相关部门的室长和局长级人士参加，负责开展有关放射线安全管理和防止核辐射灾害的相关工作。目前，韩国的放射线安全管理相关工作，由海洋水产部和食品医药品安全处等 7 个部门分管，防止核辐射灾害工作则由 11 个部门分管。

从 2014 年开始，韩国政府将对核电站主要部件进行跟踪管理，在核电站从开始建设到运营和关闭等整个过程中，对主要部件的磨损情况进行预测和及时维护。

根据新出台的改革方案，防止核辐射灾害的训练周期，将从 4 ~ 5 年缩短至 1 ~ 2 年。在核电站出现问题时，韩国水力核能公司(韩国国有企业)，将通过自动通报系统，通知民间环境监视机构和地方政府，扩大核电站异常现象的通报范围。

另外，由于韩国国民，对日本产水产品安全的担忧不断增加，韩国政府将在食品医药品安全处官方网站上公开日本产食品的生产地区、进口量和核辐射检测结果等信息。

五、防治辐射损伤研究的新进展

1. 检测辐射伤害研究的新成果

(1)发明检测辐射如何损害人体的新方法。2006 年 3 月，有关媒体报道，美国麻省理工学院原子能科学及工程学系副教授杰弗里·科戴勒主持，加利福尼亚大学洛杉矶分校研究人员参与的一个研究小组，设计出一种新方法，用来检测辐射是如何损害人体的正常细胞的。这一新方法的应用，大大减少癌症患者因放疗而产生的副作用，并且推动了辐射暴露的治疗技术发展。

目前，有大约 50% 的癌症患者接受放疗来治疗疾病，有的单独进行放射治疗，也有的配合其他类型的治疗手段。射线可能对杀死癌细胞十分有效，但同时也杀死了癌细胞周围的正常组织。例如，在对胃肠道进行放射治疗时，射线对这一区域正常细胞的损伤会引起长达数天甚至数周的呕吐和腹泻。

科戴勒说，辐射产生的长期影响并不像短期影响那样是可逆的，特别是在治疗后的半年至一年甚至更长时间后，产生的副作用尤其如此。而且这种副作用是无法预知的。这种损伤类似于伤疤组织的形成,损伤会对胃肠道内的组织功能产生严重影响。

科戴勒说:“我们使用了一种工具对血管进行选择性的照射,来研究在短期和长期过程中,辐射是如何损害正常组织的。这也是我们首次进行类似的研究。对于这一类型的研究,传统外部辐射的技术显得不够精确。我们有选择性地向组成全身微血管的所有细胞发射一定剂量的射线。”

(2)成功模拟测试宇航员太空受辐射状况。2006 年 9 月,美国布鲁克海文国家实验室,生物学家贝特茜·萨瑟兰德主持的一个研究小组,在《辐射研究》杂志上发表研究报告称,他们对宇航员在太空中所受的辐射进行模拟测试实验,得出以下看法:宇航员在太空中受辐射的影响程度,不仅要看所受的辐射量,而且辐射时间、带电辐射粒子对人体细胞的辐射顺序,也是重要的参考因素。

在模拟测试辐射的研究中,当人体细胞在短时间内暴露于两种特定类型的高能粒子时,这些受辐射的细胞比平常细胞多三倍的可能性,会发展成类似于癌症初期阶段的特性。在太空中,宇航员们所面临的辐射场中含有大量高强度的高能质子,以及许多低强度但原子序数比较高的高能粒子如铁和钛(也称为高能重粒子)。

萨瑟兰德说:“大多数研究辐射对人体影响的研究人员,只观察一种类型的粒子对人体细胞产生的影响,要么是高能质子,要么是高能重粒子。在布鲁克海文国家实验室中的模拟实验,第一次试着对太空环境进行真实模拟,使得其中的辐射条件更接近太空中的具体情况,在模拟测试的场景中,平均来说,一个细胞首先会被高能质子击中,随后又会受到高能重粒子的辐射。我们于是决定对在这一环境下的人体细胞进行检查。”

研究小组为了测试这种双重粒子辐射的影响,在布鲁克海文国家实验室下属的美国宇航局空间辐射实验室中,首先将正常的人体细胞暴露于一束高能质子辐射下,随后间隔 2.5 分钟到 48 小时后,使受过质子辐射的人体细胞再次暴露于高能重粒子的辐射下,如高能铁粒子或高能钛粒子。随后让细胞正常生长,研究人员对那些存活了并形成细胞群的细胞数量进行清点,这些细胞获得了可以不黏附在固体表面生长的能力。细胞的这种特性被称为不依赖地点生长(是肿瘤细胞的特性之一,也是其发生转移的前提),这种特性是细胞形成癌症的早期指示器。

萨瑟兰德表示:“有许多基于动物的系统可以帮助检测癌症,但对于人体细胞来说,不可能仅仅通过辐射或化学药品然后马上可以得到癌细胞。我们需要进行数个疗程,才能真正得到癌细胞,有些研究人员对这一过程的最后阶段进行了研究,但我们的研究着重于早期步骤。”

研究小组发现,那些受辐射的细胞,经历的最初转变的概率,与暴露于高能质子辐射,以及高能重粒子辐射的间隔,有直接关系。当细胞暴露于两种辐射的间隔在 2.5 分钟到 1 小时时,相比于其他的辐射间隔,其存活的细胞形成不依赖地点生长细胞群的概率要大三倍。萨瑟兰德说:“如果用质子对细胞先进行辐射,然后间隔不到一小时,使每个细胞平均被一个铁离子击中,在这种情况下,细胞发生转变的概率要大得多。如果这种辐射情况发生在太空中,许多宇航员的身体细胞,将面临着发展为癌细胞的危险。”

萨瑟兰德同时也解释说,好消息是,在真实的太空环境下,大多数带电粒子的辐射并不会像上面所说的那样密集。因此,宇航员身体上只有一小部分细胞有癌变的危险。目前,高能质子同高能重粒子辐射间隔,为何会产生细胞的不依赖地点生长,其中的原因还不是很清楚。

萨瑟兰德表示,但其中有一点十分明确,那就是这些存活的细胞,或者说细胞周期,并不是引起细胞发生转变的原因。研究小组对实验进行了进一步的观察,并试着将高能质子和高能重粒子辐射的顺序进行颠倒,也就是先用高能铁粒子或钛粒子对细胞进行辐射,随后让细胞暴露于高能质子环境,细胞的不依赖地点生长特性并没有增强,也就是说这些受辐射的细胞并没有癌变趋势。

2. 治疗辐射伤害的新方法

干细胞移植治疗辐射伤害取得成功。法国佩尔希军事医院医疗人员,用干细胞移植治疗辐射伤害取得成功。该院在治疗一位受伤的智利工人时,抽取他自身的骨髓干细胞,经过培养后再注射到病人被放射性辐射灼伤的部位。

3. 治疗辐射伤害的新药物

(1)研制出可有效抵御辐射伤害的特殊疫苗。2006 年 4 月,俄罗斯媒体报道,位于北奥塞梯共和国的俄罗斯科学院弗拉迪高加索研究中心生物技术所,维阿切斯拉夫・马利耶夫教授领导的一个研究小组,研制出一种能够抵消辐射对生物肌体影响的疫苗。接种了这种疫苗的动物可以在致死性射线的照射下健康地生存下来。

马利耶夫教授介绍说,该中心生物技术所的研究人员,成功从动物的淋巴中,分离出一种能够在辐射作用下破坏肌体的物质——辐射毒素。而抗辐射疫苗正是在这种辐射毒素的基础上研制的。

目前,研究人员正在联合美国国家航空航天局的相关部门,开展一系列抗辐射试验。马利耶夫教授指出,两国科学家将通过试验对各自的抗辐射疫苗的效果进行比较。

马利耶夫表示:“在试验过程中,我们将试验动物分成了两组。其中一组注射俄罗斯的疫苗,而另外一组则注射美国的疫苗。其间,动物们总共经受了连续 7 天的高剂量辐射。结果,接种了美国疫苗的动物在试验进入第四天后相继死亡。而接种了俄方疫苗的动物则存活了下来。在之后的两个月时间里,它们的肌体中也未发现任何不良病变。”

马利耶夫强调说:“如果当年切尔诺贝利核事故的清理者们注射了这种疫苗,或许,他们中将不会有人因为接受了过量核辐射而丧命。”

科学家们认为，注射这些疫苗，可以保护执行太空飞行任务的宇航员，免遭宇宙辐射的伤害，并能因此节省数百万美元的防护费用。除此之外，这种新型疫苗还可用来协助治疗肿瘤疾病，从而可降低化疗带来的负面影响。

（2）研制出可用于抗辐射的新药物。2006 年 7 月，白俄罗斯媒体报道，白俄罗斯国家科学院细胞与遗传学所科学家，研制出一种可供活机体抗辐射用的新药物，能显著减少人和动植物所受的辐射剂量。有了这种药物，未来的航天飞船和空间站有可能可以不再设防辐射舱。

报道称，该药物是以一种从土壤真菌体内分离出的黑色素为基质制成的，而且培育这种真菌费用不大。

白俄罗斯学者说，这种黑色素具有很强的抗辐射作用，大量存在于土壤真菌中，此外在人的毛发、鸟类的羽毛、其他动物的毛发、绿色葡萄和绿色菌类中也都含有这种黑色素。白俄罗斯学者最早开始关注这种黑色素的抗辐射作用，是起因于他们发现，含有这种黑色素的菌类，在辐射量达 3500 伦琴/时的环境里也能生长繁衍。

（3）研制可有效预防辐射损伤的口服药剂。2009 年 7 月，美国波士顿大学一个研究小组，在《生物无机化学杂志》上发表研究报告说，他们发现，一类名为“EUK－400 系列”的合成化合物，可以预防辐射对人体造成的损伤。初步实验显示，这类化合物制成的口服药剂可有效预防辐射损伤。

人体受到辐射时，体内会产生自由基等，对肾、肺、皮肤、肠道、大脑等造成不同程度的损伤。研究人员表示，他们人工合成的这类化合物属于抗氧化剂，可以有效地保护人体组织不受自由基等的伤害。

此前，该研究小组曾合成出可防辐射损伤的化合物，但必须注射使用，因此在实际应用中十分受限。而用“EUK－400 系列”化合物，制成的药剂口服即有效，一旦突发辐射事故，可短时间内给大量受辐射者服用，大大提高处理时效。

通常，人体会在遭受辐射数月甚至数年后才出现组织损伤。研究小组说，他们目前研发的口服药，即便在受到辐射后才服用，也能够有效预防辐射损伤。

接下来，研究人员把重点放在测试“EUK－400 系列”化合物，针对不同辐射损伤的效果。此外，研究人员将来还可能利用这类化合物制成抗氧化剂药物，应用到某些疾病的治疗中，例如肺病、心血管疾病、自体免疫性疾病等。

（4）发现两种治疗辐射中毒药物。2012 年 6 月 24 日，美国俄亥俄州辛辛那提儿童医院医疗中心，干细胞生物学家哈特穆特·盖格主持的研究小组，与威斯康辛州血液中心哈特穆特·威勒研究小组联合，在《自然·医学》网络版上发表论文称，他们发现两种治疗辐射中毒的药物，即使在受到辐射 24 小时后注射，仍能显著提高生存率。这一发现为人们理解并治疗辐射伤害开辟了新途径。

这两种药物是血栓调节素和活性蛋白 C，前者最近在日本已经获批用来预防血栓症；后者曾是治疗由血液中毒所致炎症的主要药物，由美国印第安纳州制药公司制造,因疗效不佳,于2011年10月退出美国市场。在实验中,研究人员给小鼠照射了致死剂量的40% ~80%的辐射,两种药物中任一种,都能使产生白细胞的关键骨髓细胞增加8倍之多。

长期以来,人们认为高剂量辐射造成的伤害是瞬间发生且不可逆转的,会导致肠道破坏、骨髓细胞丧失、造血和免疫机能受损。为预防群众辐射中毒,许多国家储备了一种叫作粒细胞集落刺激因子的药物作为应对措施。这种药能增进骨髓功能,但必须冷冻保存,偶尔还会有副作用,必须在受辐射后尽快使用。盖格说:"大部分人认为,一旦被辐射了一切就都完了。但现在你要知道,事情还有转机。"

这项成果是两个独立研究联合组成的。盖格小组正在研究变异小鼠的辐射抗性,变异让它们能产生更多的血栓调节蛋白,而威勒小组在研究肠道自然产生的蛋白C对辐射产生的反应,血栓调节素产生了活性蛋白C。他们发现,在缓解总体放射致死率方面,这种血栓调节素—活性蛋白C(Thbd - aPC)路径是一种新机制。尽管该路径效果还有局限,但将可溶性Thbd或aPC进行系统组合管理,能显著提高辐射保护的效果。

实验中,他们给48只小鼠照射了9.5戈瑞(吸收剂量单位,指被照射物体单位质量所吸收的辐射能量)的辐射。经24小时和48小时后,给30只小鼠注射了活性蛋白C。30天后,未注射小鼠仅30%生存下来,注射后的小鼠70%有生存下来。血栓调节素也能提高生存率,但必须在照射后30分钟内使用才有效。

日本福岛核事故后,很多机构致力于研发治疗辐射病药物。2011年哈佛医学院发现,一种高效抗生素联蛋白,能阻止辐射所致感染,而这两种药在人类临床实试上更进了一步。美国武装部队辐射生物学研究所辐射生物学家马克·怀特诺说:"这两种药剂非常好,已经用在人类身上。"他还提醒人们,研究人员尚未对所有范围的辐射剂量进行实验,以确立这一领域的标准。不过,这为找到潜在药物标靶带来了新希望。

(5)发现可防治致命核辐射的药物。2014年5月14日,美国斯坦福大学教授阿马托·贾奇尼领导的一个研究小组,在《科学转化医学》杂志上发表论文称,他们利用小鼠进行的新研究表明,一种用于治疗贫血等疾病的药物,可能会在核辐射事故中帮助挽救生命。这项成果同时有助于提高放射疗法的安全性。

严重辐射可导致死亡,主要是因为骨髓和胃肠道受到严重破坏。骨髓伤害可以用骨髓移植治疗。而与严重辐射相关的胃肠道综合征则无特效疗法,该病会引发快速失水、腹泻、呕吐与恶心等,患者通常会在两周内死亡。

研究人员报告说,一种代号为DMOG的小分子药物,似乎可以保护机体胃肠道不受辐射伤害,包括防止液体流失及败血症的发生等。据研究者推测,这种药物是一种脯氨酰羟化酶抑制剂,可能是通过有效提高机体中HIF1蛋白与HIF2蛋白的水平而发挥作用。

为验证这一推测,研究人员首先培育出,缺乏脯氨酰羟化酶的转基因小鼠,结果发现小鼠的上述两种蛋白水平大幅增加。然后他们让这些小鼠分别接受致死剂量的腹部辐射与全身辐射,全身辐射与核事故中人体受到的辐射情况类似。结果发现,接受腹部辐射的小鼠中 70% 能存活至少 30 天,接受全身辐射的小鼠中 27% 能存活至少 30 天。

研究人员又改用正常小鼠进行实验,发现摄入 DMOG 药物的小鼠,在致死剂量的腹部辐射,与全身辐射中,存活至少 60 天的比例,分别占 67% 和 40% 。在上述两个实验中,作为对照的正常小鼠接受任何一种辐射后,没有一只能存活超过 10 天。进一步的实验表明,真正具有辐射保护效果的是 HIF2 蛋白,而非 HIF1 蛋白。

研究人员还分析了先遭辐射再使用该药的效果。结果发现,在辐射 24 小时内用药,仍可"挽救相当一部分小鼠的性命"。

贾奇尼在一份声明中说:"DMOG 药物,对小鼠的保护效果之好,令我们十分吃惊。重要的是,我们并未改变肠细胞因辐射而受到的伤害程度,我们只是改变了机体组织的生理机能,改变了它对伤害的反应方式。"

《科学转化医学》杂志在编辑概要中指出,DMOG 药物的效果,仍需在人身上得到验证。然而,即便它不适合人类使用,也会为将来开发保护人类免受辐射伤害的疗法,提供极为宝贵的信息。

第五章　研制节能环保产品的新进展

节能环保产品，通常表现为用尽量小的能源消耗与环境代价，制造出具有同等效用或更大效用的产品。它通常要求从构思设计、制造加工、包装入库、储藏运输、使用消费，直到报废处理的整个产品生命周期中，实现资源特别是能源的利用率最高，对环境的负面影响最轻。节能环保产品的生产过程，多以系统集成的观点，考虑产品的资源消耗和环境属性，有利于从源头开始抓好环境保护工作。本世纪以来，国外在节能环保电器设备领域的研发，主要集中在节能型光电子元件、电机零部件；节能空调、清洁冰箱、节水洗衣机、节水节能用水器、智能清洁用具；节能环保仪表仪器、设备装置和智能化设施。在节能环保交通工具领域的研制，主要集中在设计制造氢燃料动力汽车、电动汽车、压缩空气推动汽车、风力驱动汽车、可自动消化尾气汽车；设计制造氢燃料、生物燃料或太阳能动力飞机，以及可伸缩机翼的节能无人机；设计建造节能环保船舶和火车；研制节能环保的电动汽车配套设施和汽车发动机、汽车节能装置和节能软件。在节能环保建筑领域的研发，主要集中在建造利用太阳能和地热供暖的节能房屋、充分利用风能的节能环保房屋、综合利用太阳能、风能和生物能的环保房屋、设计建造具有某种特殊环保功能的房屋；提高建筑物局部的节能效果，提高厕所的节能环保效果。在节能环保技术与管理领域的研究，主要集中在探索环境友好型发电技术，开发基于海藻的节能环保技术，寻找循环利用贵金属的新方法；开发钢铁产品和化工产品的节能环保工艺；制定促进节能环保技术发展的宏观计划和微观计划，出台发展节能环保型建筑的鼓励政策。

第一节　研制节能环保型电器和设备

一、研制节能型电子零部件

1. 节能型光电子元件的创新进展

提出加快推广节能效果显著的发光二极管。2005 年 5 月，美国伦塞勒工艺学院教授弗雷德·舒伯特等人组成的一个研究小组，在《科学》杂志上发表论文指出，以发光二极管为代表的新一代固态光源如果得到推广，全球电力消耗将可以节约 10%。如果用新型固态光源取代基于燃料的照明，那么节能效果将更加显著。这对能源供应日益紧张的当今世界,无疑具有现实意义。同时,日益“智能化”的固态光源除节能外,如果在医疗、信息技术、农业和交通运输等领域得到推广,还会给人类带来更多益处。

研究人员说,发光二极管的电能转换效率远高于目前使用的白炽灯和荧光灯,功率为3瓦的发光二极管,照明效果就相当于60瓦的白炽灯。尤其是目前的交通信号都还在用白炽灯,电力浪费更加严重。全球电力有22%消耗在照明上,如果发光二极管能得到推广,照明用电力就能下降一半。同时,这也减少了矿物能源的消耗和温室气体排放。

此外,如果对固态光源的特性如光谱构成、发光方式、偏振性、色温和亮度等加以控制,这种光源将有更广泛的用途。比如,调节蓝色系照明光的色温就能调节控制人体的生理节奏,对人类健康、情绪和工作效率产生有益影响;高频闪动的灯光,可以用来发射交通信号;将这种光源用于显微术照明,将提高成像清晰度;调节这种照明光的光谱构成,可以在自然光照下不宜种植蔬菜水果的地带进行农业开发等。

研究人员认为,目前发光二极管等固态光源的改进方向在于:寻找能发出不同颜色光谱的新发射材料,在量子水平上继续提高其发光效率;研究将固态光源封装入灯泡、灯具的更好方式,加快向日常生活推广;提高发光二极管芯片尺寸、电流密度和应用温度范围等。

在同期杂志上,劳伦斯·伯克利国家实验室专家伊万·米尔斯发表的一篇文章指出,全球目前仍有16亿人得不到稳定的电力供应,他们中相当一部分依靠直接燃烧矿物燃料照明。他计算出,煤油灯等照明工具每天烧掉的燃油为130万桶,相当于卡塔尔的产油量,在全球初始能源消耗中占33%。

米尔斯认为,对发展中国家居民,发光二极管将是合适的照明光源,它的电力消耗只相当于最省电的荧光灯的1/5。在没有电网的地区,可以将太阳能发电与发光二极管照明结合起来,会大幅减少能源浪费。

2. 节能型电机零部件的新成果

(1)开发出用于振动发电的新合金。2012年4月25日,日本弘前大学研究生院理工学研究科教授古屋泰文率领的一个研究小组宣布,他们开发出一种新型铁钴合金,在微小的晃动下就能产生电力,其振动发电的效率优于铁镓合金和陶瓷材料。振动发电指将振动机械能转换成电能,其作为一种新能源,吸引着各国科学家从事研究。

研究小组发现,利用磁应变金属材料进行振动发电时,根据合金组成的不同,发电效率也不同。他们经3年反复研究,最终成功制造出上述新型铁钴合金。

在数十赫兹的较低振动频率下,长2厘米、宽2毫米、厚1毫米的新合金材料,输出功率可达0.17瓦特,相当于此前被认为最适宜用于振动发电的铁镓合金的约2.5倍,是陶瓷材料的10倍。如果材料尺寸更大,能获得数瓦特的输出功率。

现在,一般的陶瓷材料用于振动发电时发电量很少,且容易毁坏。新开发的铁钴合金除了发电量大外,强度也是陶瓷材料的10倍以上。此外,在振动发电领域,稀土超磁致伸缩材料目前也得到广泛应用,但是由于含有资源面临枯竭的稀土,造价比较高,而且同样非常脆弱。铁钴合金廉价且强度高,又很容易加工成各种形状,从毫米以下到数米的发电装置都可以使用。

如果这种铁钴合金实现实际应用,就可以制作通过按压按钮发电,而无须电池的遥控器、利用路面振动提供电力的路灯等,使至今一直被忽视的振动能有望成为新能源。

(2)研发出稀土金属镝用量减半的新型电机磁铁。2012年5月15日,《日本经济新闻》报道,日本信越化学工业公司,最新研发出稀土金属镝用量减半的新型高性能电机磁铁。

镝是银白色稀土金属,是空调和混合动力汽车电机,为了具有耐热性而在磁铁中添加的主要材料。空调电机磁铁中镝的重量约占5%,在混合动力汽车电机磁铁中约占10%。现行的技术是把镝和铁、钕混合加热溶化后凝固成型。而新技术是在其他材料凝固后,再把镝涂在磁铁的表面,大大减少镝的使用量。利用这项技术,空调电机磁铁的镝使用量可减半。

日立和东京电气化学工业公司等电机和电子元器件企业,都在开发不使用稀土金属的高性能电机和磁铁,进展情况不一。但目前看来,信越化学工业公司减少稀土金属使用量的技术,实用化更快,该公司已为此进行了十多亿日元的设备投资。

二、研制节能环保型家用器具

1.研制节能环保的空调

(1)研制出节省能源的太阳能空调。2006年12月,有消息说,为节省用于调节建筑温度的能源,位于瑞典首都斯德哥尔摩以南海格斯滕的太阳能空调公司,推出一种新装置——太阳能空调。

传统制冷或制热的设备和装置,一般使用煤炭、石油或天然气作为能源,或者需要耗费电力。而瑞典研究人员开发出的这种太阳能空调,可通过有效控制被太阳能加热的水来减少能源使用,并可储存太阳能供阴雨天时使用。

这种空调依靠水与盐在真空中进行热化学交换。水从一个罐里蒸发,被与之相连的罐里的盐吸收,盐于是变成盐浆;水在蒸发过程中吸收能量,能量在盐罐里释放,由此产生能量交换:水变冷,盐变热。

瑞典太阳能空调公司首席执行官佩尔·奥洛夫松说,使用太阳能空调,每月可为一套标准住房节省130美元的能源开支。另外,由于不依靠传统燃料,使用太阳能空调的普通家庭,年均可减排11.8吨的二氧化碳。

(2)研制出新型太阳能空调系统。2010年6月,有关媒体报道,以色列利纽姆公司,研制出一种新型太阳能空调系统,可以有效地避开夏季因用电激增而导致电网断电的状况,为缓解夏季供电压力开辟了一条新途径。

该空调的室内部分与普通空调类似,外部太阳能集热器依用户需要确定。他们的主要目标是200平方米至300平方米的办公室;据称,在300平方米的室内安装该系统,三年即可收回成本。由于用特殊的热循环方法实现制冷,不使用化学物质和添加剂,因此,不会造成环境污染。

该公司首席执行官波尔松表示,近年来,随着热浪、酷暑等极端天气的增加,因空调使用量骤增导致的断电现象日益突出,已成为电力公司面临的一大挑战。据美国能源部统计,空调用电约占一个标准美国家庭能源消费的50%;在加利福尼亚,30% ~40%的电力增加是空调导致的。研究显示,如使用他们开发的太阳能空调系统,夏季阳光充足时,每天可减少电力消耗85%,每年可减少电力消耗40%,对节能环保具有现实意义。

2. 研制节能清洁的冰箱

(1)设计背在冰箱后面的新式洗脸盆。2005年2月,有关媒体报道,冰箱的用途是冷冻和冷藏食物,背后带个洗脸盆干什么呢?

当冰箱工作的时候,它的后壁会热起来。这热是从冷藏室"抽"出来的,还有电动机和压缩机工作时产生的热。德国一家商行的设计师考虑了利用这种热的问题,在北极牌新冰箱的后壁上附加了热交换器和水箱。每昼夜可以把75升水从15℃加温至55℃,经试用,一台冰箱能满足4口之家热水用量的50% ~60%。而且冰箱压缩机的启动次数也少了,结果是既省电又有热水可用,冰箱附加热水供应的任务一举两得。

许多主体事物和冰箱一样,都有可以利用之处。在不影响主体事物正常工作的前提下,通过附加把主体的某一方面利用起来,可以扩大主体事物的用途。

(2)研制出表面防指纹油污的不锈钢冰箱。2006年8月10日,瑞典伊莱克斯(Electrolux)股份有限公司中国区负责人宣布,在中国市场上首度推出"尊银"系列冰箱,它具有不锈钢冰箱表面的防指纹油污技术。据悉,这将是中国市场首款采用全球专业高科技防指纹油污的不锈钢材质的冰箱。

伊莱克斯是世界知名的电器设备制造公司,是世界最大的厨房设备、清洁洗涤设备及户外电器制造商,同时也是世界最大的商用电器生产商。1919年创建于瑞典,总部设在斯德哥尔摩。目前在60多个国家生产,并在160多个国家和地区销售各种电器产品。

伊莱克斯中国区总经理薛佳玲表示,"尊银"系列冰箱产品,不论在外观的设计上,还在在内部的技术运用上,都采用伊莱克斯的专业标准。

据介绍,"尊银"系列冰箱采用具有物理磁性、强硬度、耐湿抗腐特性的SUS430不锈钢素体钢材,其纳米覆膜层更能抵抗油污,有效防止指纹印记。在内部技术运用上,除拥有伊莱克斯冰箱固有的6段生物保鲜技术外,还针对消费者实际的使用情况，推出了专业食品空间管理概念，奶制品、熟食、果蔬、美酒都有独立的储存空间，为防止意外发生，冰箱内部还特设了一个安全储存盒，使有限的冰箱空间得到合理有效的分隔，可以改善冰箱的内部环境，保障食品安全。而独特的自动冰吧，更能在一分钟之内快速制冰，满足生活需要。

3. 研制节水环保的洗衣机

(1)推出用“一杯水”洗净衣物的节水洗衣机。2009 年 6 月 22 日，英国《每日电讯报》报道，英国利兹大学教授斯蒂芬·伯金肖领导的一个研究小组，在法国爱碧集团资助下研制“一杯水”洗衣机。据悉，它只需一杯水就可以洗净衣物。这款超级节水洗衣机，在进入百姓家庭之前，可能先供旅馆或洗衣房等商业用户使用。

负责推广这项技术的英国克赛罗斯有限公司说，“一杯水”洗衣机明年先向旅馆或洗衣房等商业用户推广，然后逐渐争取普通消费者认可。

这家企业已与美国干洗连锁商“绿色大地洗衣”签约，将新款洗衣机率先打入北美市场。

“一杯水”洗衣机的奥妙就在于它用数千枚塑料珠，代替传统洗衣机所用的大量水。洗衣时，消费者只需在洗衣机内加注 1 杯水，便足以产生洗衣所需的水蒸气，伴随塑料珠运转，衣物脱去污渍。洗衣过程结束后，这些塑料珠会落入滚筒内的过滤网，以便回收使用。报道说，这种塑料珠能重复洗衣数百次。报道说，“一杯水”洗衣机用水量不到传统洗衣机的 10%，能耗减少 30%。

(2)设计无水干洗洗衣机。2012 年 4 月，有关媒体报道，科技往往能使我们生活中一些单调乏味的事情，变得有趣而轻松。以洗衣为例，瑞典电器巨头伊莱克斯新近设计了一种名叫“轨道”的概念式洗衣机，能使你的衣物漂浮半空，且能利用干冰(固态二氧化碳)，在数分钟内将它们洗净而无须用水。

“轨道”洗衣机，在外形上就像带有光环的卫星，中间是用超导金属制成的球形洗衣篮，洗衣篮表面还覆有防震器和抗碎玻璃，里面则装有可以用来降温的液氮装置。“轨道”洗衣机的外面一圈，则是可以通电的同心圆环。洗衣篮因温度降低而使自身电阻系数下降，在外层同心圆环产生的磁场中，得以悬浮起来。

“轨道”还拥有一个瓷制触摸式控制屏。开启后，洗衣篮内会有极速升华的干冰，以超音速冲击衣物，升华的干冰通过和某些特定有机物的相互作用，将这些有机物分解，污垢会通过一个可以冲洗的管子被过滤掉。气态的二氧化碳会被重新冻结回固态，而你的衣物则在毫不沾水的情况下变得干干净净。尽管这款新型洗衣机尚处于概念之中，但不难想象其将来会成为居家的必备电器。

4. 开发节水节能的用水器具

(1)推出节水环保的新洁具。2005 年 3 月，有关媒体报道，日本东陶(TOTO)卫生洁具是世界著名高档洁具。多年来，它致力于打造节能环保、有效用水、达至完美卫浴洁具产品。其科技创新的代表性产品主要有：

水力发电自动感应水龙头：它采用全新的水力发电方式，用水力来产生电能，可真正实现日常节能，并有效杜绝水的浪费现象。

恒温水龙头：独创形状记忆合金（SMA）和偏置弹簧巧妙配合，使沐浴可保持恒定水温，您就不必不停的调节水温，舒适又节水。

智洁技术：使陶瓷表面产生离子隔离壁，当污垢与其接触时立即被弹开；配合超平滑表面技术，水流一冲即可彻底干净，这样，智洁的陶瓷洁具就能持久清洁，解除了卫生间的清洁隐患。

珠光浴缸：采用日本原装的胶衣技术，使浴缸表面具有前所未有的闪亮光泽；浴缸背部有极厚实的附层，使其保温性能特别好；自然曲线外形，既符合人体工学原理又典雅舒适。

卫洗丽：是由 TOTO 发明的温水洗净式便座。卫洗丽可调水温，可调冲洗力，还可前后摆动清洗；此外除臭、暖风烘干、便座保温，以及喷嘴自动清洗这些舒适齐全的功能，体现的是的生活质量的飞跃。让消费者感受的是清洁舒适与健康。

（2）推出恒热灵感辨温数码节能型热水器。2005 年 4 月，澳大利亚恒热热水器公司，新推出一款家用节能产品——恒热灵感辨温数码节能型电热水器。该产品除了更趋于完美的人性化设计之外，节能技术的升级，更是受到市场前所未有的关注。

热水器的节能指标，主要体现在保温层保温能效、智能控制技术、热效率提高等方面。恒热的灵感辨温热水器，除了沿袭专有的恒热数码控制、64 线均衡注水等节能技术外，还新增设了“辨温感应系统”。它是一套自主节能的系统，能使热水器一直在最节能的状态下运行。它就像一个心思细腻、善于变通又不失沉稳的管家，随时会对主人室内的平均温度、用水习惯和自来水温度等环境状况，进行全方位的自动感应，再通过记忆性辨别及信息处理，自动选择启动当前环境下的节能模式，以获得预置的当前热水使用最佳温度。

恒热的 64 线均衡注水系统，还具有不容小视的节能效果。该系统安装在热水器底部，冷水通过时，受压自动均分成 64 线注入，延缓冷水与上部热水的接触，既保持热水温度，又减少了因温度下降过快、热水器重复加热的次数。蕴含当前高端制造技术，综合节能可达 30% 以上的恒热灵感辨温节能新品，一经推出，必将成为市场的节能新宠。

（3）发明夜里也能提供热水的太阳能热水器。2005 年 12 月，德国媒体报道，德国卡塞尔大学热能技术研究所一个研究小组，发明了一套夜里也能提供热水的太阳能热水器。

研究人员介绍，这种新设备由空气收集器、水气热传导装置和太阳能收集装置组成。空气收集器，吸收被太阳光加热到 45℃ 的外部空气。然后，在水气热传导装置里，被吸入的空气，可以使水温提高到约 20℃。接着，在太阳能收集器里，水温通过太阳照射升高到 35℃。最后，水被传统方式加热到 60℃，并通过远距离供热管道送到居民住宅。

在同样把水温加热到60℃的情况下，采用太阳能预热方式，要比通常加热方式，节省燃料约1/3。即使在夜里，这种热水器，也能继续利用白天被太阳晒热的周围空气，提供热水。

(4)发明新型节水节能淋浴器。2005年7月，外电报道，夏天热，人们洗澡次数增多，这样一来就会加大水的消耗量。最近英国首都伦敦，一位名叫彼得·布鲁因的大学生，发明了一种新型淋浴器，既节水，又节能。

据报道，这个新型淋浴器从外形上看与一般淋浴器没什么不同。不过，它的最大特点就是节水，因为淋浴器的内部设有净化与循环装置。在使用过程中，淋浴器能够把使用过的洗澡水收集到过滤器中，废水在旋流器的带动下不停旋转。由于洗澡水中的污物密度比较大，在离心力的作用下，污物就会从水中分离出来，然后，经过初步净化的洗澡水将通过过滤装置获得进一步净化。

布鲁因介绍说，这种新型淋浴器有一个控制系统，实际上就是一块触摸式面板。它很容易清理，只要擦一擦就行，就像擦浴室墙上的墙面砖一样。他还说，除了省水，这种新型淋浴器还具有调节温度的功能。

据报道，用这种新型淋浴器洗澡，可以节约70%的水和40%的能源。目前已经有商家对这种新型淋浴器表示出兴趣。

5.开发有利于节能的智能清洁用具

(1)开发出高楼自动擦窗器。2004年11月，有关媒体报道，新加坡淡马锡理工学院和新加坡国立大学，成功开发出新型高楼自动擦窗器，从而解决清洗高楼窗户和外墙必须依赖人工的问题，大大提高清洁高层建筑的安全性。

这种新型自动擦窗器，结合安装有水蒸气清洗功能的吊架、无须屋顶吊轨的移动式自动化吊架系统。自动擦窗器使用移动自动化吊架系统，清洁工也不必到达现场，通过电脑控制吊架，就能将它移到所需要清洗的范围，整个清洗工程实现了完全自动化。另外，这种擦窗器利用水蒸气冲洗污垢，不但清洗效果好，而且可以杀菌，水可以循环利用，有利于节省水资源。

(2)研发出智能地毯导航的智能吸尘器。2005年6月，德国媒体报道，机器人真空吸尘器能够自动打扫清洁，但它们任意选择的行进路线，有时可能也会有打扫不到的地方。

目前，该机器人制造商德国哈母林福沃克公司，与慕尼黑英菲尼尔公司合作，研发出一种电子地毯。这种地毯可以对自驱动机器人进行无线导航，使它能够打扫到每一寸地面，甚至还可以指挥机器人重新回到打扫过的区域，打扫无意中遗忘的地方，同时具有明显的节能效果。

智能地毯设想的提出人，英菲尼尔公司的资深工程师克里斯托·劳德巴赫说："机器人能够轻松地存储并记忆它还没进行清扫的路线，留待以后再清扫。"

该系统所使用的无线电频率识别技术，与高速公路收费站的收费通道所使用的技术，是相同的。它的信号点，像金属箔一样薄，大约有1.5平方英寸，被植入在一张格子花纹地毯的背面。每个信号点内,都有一个天线卷和一块微型硅芯片,这种芯片都有自己的独特的识别号码。而对应的机器人为一个圆形个体,直径约13英寸,有5.5英寸高。内部有个无线电频率识别技术的读取器和一张格子区域的电脑地图。这张地图上,有每一个信号点的具体位置。

机器人内部的电脑,能够记录下每一个不同的识别号码,并能够在吸尘器经过这些格子区域时,储存下每个信号点中如日期、时间等数据。而机器人的红外线传感器,则能够探测到临时障碍物,如站在行进路线上的人,然后改变机器人的前进方向。留待以后,让机器人再回到这个没有记忆的格子区域,完成任务。

到目前为止,无线电频率识别技术,主要是用于跟踪设备,如用在零售店铺所售的衣物上,防止衣服失窃。

三、研制节能环保型仪器设备

1.研制节能环保的仪表仪器

(1)研制成一种能迅速找到污染源的分光计。2004年9月,俄罗斯《科学信息》杂志报道,俄罗斯特种仪表制造科技中心,最近开发出一种体积小、不怕振动的新式分光计,它能进行瞬间调整,只需很短的时间间隔即可从测量一种波长的光转换成测量另外一种波长的光。在发生环境污染时,新式分光计可以帮助环保人员很快找到污染源。

据报道,如果声波作用于透明晶体,晶体内部的空间结构就会发生周期性改变,其折射率也会发生微小变化。从外部照射到这种晶体内部的光束会发生衍射,并且其衍射率取决于声波的振幅。因而,通过调节声波的振幅即可改变晶体的光学属性。新式分光计正是基于这一原理开发而成。

使用这种新式分光计时,操作人员通过电子信号,来控制压电晶片产生时所需频率的振动,使晶体内部产生所需振幅的声波。通过改变电子信号可以瞬间改变晶体内部声波的振幅,从而达到瞬间改变晶体光学属性的目的,使这种晶体成为可以瞬间进行调节的声光过滤器。这种声光过滤器只需很短的时间间隔,即可从测量一种波长的光转换到测量另外一种波长的光。而目前普通的分光计从测量一种波长的光转换到测量另外一种波长的光时,一般都要通过一套复杂的机械装置进行调节,往往需要白白消耗几十秒的时间。

新式分光计还具有很高的测量灵敏度,能够记录强度非常微弱的光波。如果用于测量海水污染,测量人员只需坐在飞机上,即可利用分光计借助海面反射的可见光,很快找到具体的污染源。不但如此,新式分光计还可帮助测量人员,在不提取海水样本的条件下辨别污染物的具体类别。

开发这一分光计的专家认为,由于没有复杂的机械调节部件,新式分光计体积小、重量轻,并且不怕振动,能够被广泛应用于工业、生物医疗、航天等领域。

(2)发明可以直接测量清洁度的测试仪。2004年10月,德国《世界报》报道,夫琅禾费生产技术和自动化研究所研究人员亚历山大·拉普等人组成的一个研究小组,研究出一种“地面检查仪”,以用于直接测量地面污染程度和打扫的效果。

拉普表示,在这一仪器研究成功前,人们依靠撒彩色颜料或荧光微粒的方式,间接地测量地面和工作场所的清洁程度。他们在打扫后检查哪些地方还能看到微粒。在撒荧光微粒时,用操纵台仪表照明灯照射表面而使微粒发光。另一种方法是光泽检查,人们把光投到表面上,然后测量光的反射强度。

“地面检查仪”也是用光测量清洁度,研究人员用侧光照射表面,然后借助摄像机判定尘粒。在用“地面检查仪”测量清洁程度时,光的移动与被检测的表面平行,这样表面的凹凸不平可以渐渐消失。而尘粒作为发亮点显现出来。研究人员用摄像机自动地把发亮点拍摄下来。拉普说:“每一个发亮点都是微粒。我们根据像素的数目来确定微粒的大小。”这种仪器,能识别小到直径 20 微米的微粒,因此它的识别能力要比人的眼睛强 5 倍。测量一个 20 平米面积的房间,大约需要 1 个小时。研究人员背着与箱子差不多大的检查仪在房间里走动。他们每隔 30 至 40 厘米检测 12 平方厘米地面。最后有约 2.5% 的面积受到检测,然后他们从中得出整个房间的清洁度。

目前“地面检查仪”还没有投放市场,只有样机。但它的同系列产品“微粒防护器”已试用了两年。这种装置也是夫琅禾费生产技术和自动化研究所研制的,被用于监视微芯片生产环境的清洁度。

(3)发明针对包装香气的测量仪器。2005 年 8 月,瑞典一家纸板公司的感观及化学分析实验室的研究人员,开发出一种独特的香气测量仪器,它可以检测出穿透包装材料的香味量。该实验室的研究成果,得到政府机构的感官分析认证,由瑞典委员会的技术评审组对实验室的工作进行监督,确保其质量。

这将会给食品包装带来重大变革,而且对于纸板公司那些研发不同用途的涂料纸的专家们来说,非常有价值。

实验室技术总监贡纳尔·弗斯格仁称,通常情况下,人们只注意研究氧气、水分、二氧化碳和不同的包装材料对内容物的影响,而现在我们可以对任何固态或液态形式的香气成分进行检测,而且还可以同时对四种不同的香气成分的作用进行测量。

这家公司的纸板,主要用来包装敏感产品,如食品和糖果。同其他包装材料一样,纸板可以通过释放或吸收香味,而最终影响到包装产品的口感和味道。如何密封包装材料,以及有多少香气成分渗入或渗出都能决定需要包装的食品中应该添加的香料量,以及不同的储藏环境中对包装内容物的影响。

就像橡木桶储藏可以改善葡萄酒和威士忌的风味一样,来自包装物的气味,也有可能产生积极的效果。如果包装制造商改变印刷油墨、材料或成分,食品的风味也会发生改变,这就是为什么包装材料供应商,对于保证长期稳定的产品质量是非常重要的。

(4)研制出高效节能电度表传感器。2007 年 7 月,有关媒体报道,电度表是电力工业中不可或缺的计量工具,但其本身又在消耗着一定的电能。

保加利亚专家称,像纽约这样的特大城市,电度表所消耗的无功电能,几乎抵得上装机容量为 200 万千瓦的尼亚加拉河水电站的发电量。机械电度表耗能大,误差率达 7% ~8%,已逐渐被感应式电子电度表取代。但电子电度表则需要电流和电压参数放大器,在计算功率时仍要考虑无功功率损耗,即著名的功率因数 cosφ。加之放大器中的电流和电压参数是非线性的,对其作线性处理又是一项复杂的技术工作,同时环境温度对放大器也有一定的影响。

保加利亚专家认为,解决这些问题的关键,在于制造出成本低、可靠性高的传感器,并使它具有放大器的功能。目前,这种多用传感器,已在保加利亚管理和系统研究所问世。它是一个由半导体硅元件制成的集成块,功能远不止只是测量单一数值。它与当前广泛使用的霍尔传感器相比,转换效能提高了 50 倍。其技术秘诀,在于能对所感应的电压和电流进行放大。

(5)研制出现场设置型工业气相色谱仪。2007 年 12 月,有关媒体报道,ABB 集团,研制出无须保护罩的,现场设置型工业气相色谱仪"PGC1000"。ABB 集团是瑞典 ASEA 公司和瑞士 BBC Brown Boveri 公司,在 1988 年合并而成,是一个业务遍及全球的电气工程集团。

这个新仪器,采用在机身内配备 2 个分析系统及检测器的结构,可测定碳化氢流体中所含的 C2 ~ C2 +、惰性气体,以及硫化氢(H_2S)。

作为检测器,该气相色谱仪,备有热传导检测器(TCD),以及氢离子化检测器(FID)。测定范围方面,最小量程下为 0 ~ 10ppm,最大量程下为 0 ~ 100%。除适用于产业用气之外,还适用于天然气、甲烷,以及其他含有生物气体的燃料用气等的碳化氢色谱处理。

(6)研制出为风力发电机选址的"风立方"仪器。2009 年 12 月 7 日,欧洲航天局宣布,其下属的一家企业,开发出一种名为"风立方"的仪器。这一基于先进航天技术的仪器,能准确测量风速和风向,从而帮助有关机构为建造风力发电机选择最为恰当的位置。

该企业研究人员说,空气中散布着灰尘、水滴等微粒,"风立方"发射的激光会受到这些微粒的"干扰",通过对这些干扰的分析,研究人员就能计算出风速和风向。

欧洲航天局官员表示,"风立方"可运用激光探测和修正遥感技术,精确测量从地面到空中 200 米以内的风速和风向,以及空气涡流和风切变等相关数据,这些数据对于建造风力发电机至关重要,如果选对了建造地点,将大大提高发电效率。

据介绍,这种技术还将被用于制造欧航局"ADM - 风神"卫星。按计划,该卫星将于两年后发射升空,其主要任务是对大气动力进行探测。届时,"风立方"将帮助卫星获取数据，从而大大提高天气预报的精确度。

2. 研制节能环保的设备装置

(1)开发出新的矿井煤尘探测装置。2005年12月，俄罗斯《科学信息》杂志报道，俄罗斯专家最近开发出一种射频传感器，可以准确测量矿井中煤尘的含量。专家希望这种传感器用于煤矿开采，以预防煤尘积聚导致的矿井爆炸。

这种传感器的主要部件是一个高灵敏度振荡电路，该电路由两条金属丝组成，可以根据矿井空气中煤尘含量不同，而产生不同频率和品质因数的振动。与传感器相连的电脑可以通过分析传感器的振动，判断出矿井中煤尘的含量。在矿井中进行的实地测量表明，这种探测装置的准确性能够达到100%。

俄罗斯专家认为，利用这种探测装置，可以准确了解矿井巷道中的煤尘含量，从而可以通过加强通风等措施，部分地防止煤尘大量积聚导致的爆炸，减少人员伤亡情况。

研究人员同时介绍说，这种探测装置的不足之处在于，传感器与电脑的距离必须在100米之内。

(2)制成世界上第一台太阳能自动提款机。2007年10月，有关媒体报道，太阳能作为一种清洁能源越来越受到人们的青睐。目前，在南太平洋的所罗门群岛上，出现了使用太阳能的银行，那里的居民也用上了世界上第一台太阳能自动提款机。

澳大利亚澳新银行工作人员泰特·詹金斯说，在与澳大利亚相邻的，岛国所罗门群岛的瓜达康纳尔岛上，没有传统的发电厂，于是他们试用了太阳能。詹金斯说，最初使用太阳能提供能源需要投入较多资金，不过现在他们已将费用降下来了。

太阳能电池，可将天气晴好时产生的多余电能储存起来，保证人们在多云的天气情况下，也有充足的电能。现在，除了银行的自动提款机使用太阳能外，邮局的自动提款机和公用电话也在使用太阳能。詹金斯预计，在不久的将来，林立的太阳能面板将成为岛上一道独特的风景。

詹金斯说，澳新银行还计划，把这个太阳能项目在澳大利亚全国推广，一旦获得成功，他们将把这一项目向整个太平洋地区推广。

(3)开发燃油降污节能的新装置。2008年11月，以色列那萨·沃尔特公司研究人员亚伯拉翰·沙木尔的一个项目研究小组，开发出一种针对重油等燃料的降污节能装置，使用该装置不仅能清除燃油燃烧后产生的污染物，还可降低燃料消耗。

这种新装置叫作“分子加速器”，其外形看起来很像一截金属管，使用时与发动机燃油管道相连接。据以色列佳德奶制品厂和斯迪姆洗衣厂的数据显示，安装该装置后，可节省燃油25%，燃烧后产生的二氧化碳、二氧化硫、氮氧化物等污染物也明显减少。

沙木尔表示,该装置具有降污节能作用,关键在于它能够把燃油分解为更小的颗粒。这样,用同样燃料即可产生更大效能,且燃烧时没有烟雾,不需要化学添加剂,在燃烧室及烟囱中也不会有碳存积物留存。

沙木尔说,为了保护环境,抑制全球气候变暖,现在许多国家都推出更为严格的温室气体和污染物排放标准。在这种形势下,企业为了实现各自的环保目标,也开始对新的降污减排技术产生了更大兴趣。他所开发的装置,正是适应企业的这种需要,因此,相信会有较好的发展前景。目前,这种节能装置,已通过美国CSA和德国TUV认证,并在意大利燃烧炉制造商及以色列能源产业的一些厂家中得到使用。

3. 体现节能环保的信息化和智能化建设

(1)研制出能清扫大街的机器人。据2009年5月的有关媒体报道,意大利科学家成功研制出一款新型机器人,它可用于清扫大街上的垃圾。报道称,这款机器人目前只有两种型号:一款可用于进入居民房屋,捡室内垃圾。另一款则是用于在户外清扫大街。居民可以向机器人发出指令,让它清扫房屋周围的垃圾。

据悉,这一研发项目获得欧洲委员会的资金支持。欧洲委员会曾提出"设计、开发、测试和演示一种改善城市卫生管理的系统"。此款开创性发明,首次在2009年3月进行过测试,后来又在意大利西部城市比萨一些肮脏的街道进行进一步的试验。目前,该机器人已开始在意大利部分城市的街道进行清洁工作。

(2)开发可自动调节亮度的节能型智能路灯系统。2011年7月,《每日邮报》报道,目前,荷兰代尔夫特理工大学,正在校园内测试一套能够自动调节亮度和诊断故障的智能路灯系统。这套系统不但比现有系统节电80%,维护费用也更为低廉。该系统中的路灯采用LED(发光二极管)照明,内置运动传感器和无线通讯系统。

其智能之处在于:当有行人或车辆靠近时,路灯会自动提高亮度;反之,当行人或车辆走远后,路灯又会自动变暗,以之前1/5的功率继续照明。此外,这种路灯的维修也十分便捷,不再需要工人们辛苦的进行故障判断,相关故障信息会由路灯上的无线通讯系统自动发送到控制室,而后维修人员可在短时间内快速修复。

据统计,荷兰每年用在道路照明上的电费开支超过3亿欧元,除此之外,为生产这些电力,发电厂每年还会向环境中排放超过160万吨的二氧化碳。

研究人员称,代尔夫特理工大学的这项试验是对该系统的一次全面测试,根据测试结果,他们还将对系统作出一些调整。如果试验获得成功,将有望首先在英国进行应用。

据了解,英国每年花在全国750万盏路灯上的费用,估计有5亿英镑之多。有鉴于此,该国各地都在试图削减这部分开支。为节约电能,不少地方管理机构还计划在午夜后关闭农村和住宅区的路灯,或将其更换成能够自动变暗的照明设备。

(3)设计建设新一代绿色超级计算机。2012 年 5 月,国外媒体报道,高性能超级计算机是重要的科研基础设施,在云计算等商业应用领域也有很大需求。目前的超级计算机能耗巨大,具有高能源利用效率的绿色超级计算机,是超级计算机的重要发展方向。德国大科学研究中心——亥姆霍茨研究中心,将在达姆施塔特重离子研究所,设计建设代号为“绿色立方”的,新一代绿色环保超级计算机。德国联邦教研部将提供 1900 万欧元,占全部建设投资的 90%,其余部分由黑森州承担,预计 2014 年建成。

“绿色立方”超级计算机,将是一个具有超大带宽(1Tera 比特/秒,相当 2 万条 DSL 专线)的计算网络的中心。其设计理念是,基于一种特殊的直接水冷却技术,能耗只有传统超级计算机的 1/4,并且使用通用的元件构成,建造成本比目前的超级计算机约可降低 50%。

整个系统是由安装在机柜中的计算单元形成的网络,在每个机柜的背后用直接水冷方法,通过热交换器对空气进行冷却,通过水的蒸发实现冷却效果,因而系统的冷却费用,平均只占全部运行费用的 8%,而目前的超级计算机的冷却费用,一般占全部运行费用的至少 50%。同时每年可减少二氧化碳排放 1.5 万吨。

“绿色立方”超级计算中心将安装在一个宽 27 米、长 30 米、高 25 米的长方体型建筑中,其内部结构犹如一座立体仓库,配备有 6 层钢结构支架,可安装 800 个水冷却的计算单元机柜。这种结构的紧凑性(空间利用率)是传统结构的 100 倍。计算单元使用的芯片,是个人微型计算机图像处理卡中,通用的图形处理芯片。因此,“绿色立方”超级计算机,除了具有非常低的能耗外,还具有建设投资较小的优点。

“绿色立方”超级计算中心将首先用于在达姆施塔特重离子研究所,进行的国际大科学项目“FAIR”(反质子与离子研究设施),承担加速器实验中获得的巨量数据的处理任务。“FAIR”是一个国际性的大科学研究项目,其结果对人类认识物质微观结构、宇宙成因和宇宙大爆炸过程具有重要意义。

(4)开发出降低网络能耗的软件系统。2012 年 5 月 28 日,物理学家组织网报道,瑞士洛桑联邦理工学院嵌入式系统实验室的一个研究小组,开发出一种软件系统,能监控和管理大型数据中心的能源消耗量,使其比当前的能耗量降低至少 30% 甚至 50%。

统计数字表明,瑞士的互联网能耗量,占据了其每年总能耗的 8%,这一数字还将在未来几年内上升至 15% ~20%。为了应对这种情况,该研究小组开发出一种被称为“电力监控系统和管理”的新工具,能够监视和追踪数据中心的能耗,也可被用于分配多个服务器之间的工作量。服务器是指一种管理资源,并为用户提供服务的计算机软件,通常分为文件服务器、数据库服务器和应用程序服务器。运行以上软件的计算机或计算机系统也被称为服务器,可提供邮件收发、文件分享、业务操作和数据存储等互联网服务等。

这一系统由包含一组传感器的电子盒所组成，每个都可连接至机架的主电源，或直接连接至为服务器的电子元件供应能源的电缆。通过测量在某一时刻通过的电流，传感器能估算出消耗的能源，记录能耗的改变，并控制系统不至于过热。记录下的信息将传送至该软件所运行的中央处理器，并与室温等其他数据一同等待处理。系统能够创建一个显示服务器能耗变化的表格，使科学家可远程实时访问。

这一方案的优势，在于它提供了一个对服务器群使用的精确概览。此外，新系统还能将一台计算机的工作负荷转移到另一台机器上。研究人员表示，由于一台服务器承担80%的工作量可比两台服务器分别运行40%的工作量耗能少得多，因此此举可实现能源的大幅节约。

科学家称，这一软件是应瑞士信贷集团的要求所开发，以减少其下属银行数据中心的能耗和经济成本。目前，新工具已经安装在数据中心的5200个服务器的机架上。该集团相关负责人表示，由于新系统有助于"服务器虚拟化"过程的实施，这一解决方案对他们具有很大的吸引力。该系统允许他们，把服务器集中在更小的空间内，系统记录下的具体信息，也能使其更好地控制温度等因素，令公司设施的管理更为安全。

第二节　研制节能环保型交通工具

一、研制节能环保型汽车

1. 设计制造氢燃料动力汽车

（1）突破氢燃料电池汽车行驶的里程记录。2004年9月20日，法国研制的一辆燃料电池车，从柏林行驶到巴塞罗那，创造出一个行驶里程新的世界纪录。从来没有汽车，在仅仅使用氢燃料电池，跑过这么远的路程。

这辆汽车的核心部分，是一个质子交换膜燃料电池。在这里，氢和氧发生反应生成水。这种反应产生的能量驱动电动机。当刹车的时候，电动机相当于发电机，同时对电容器进行控制。

对于这种只有三个轮子的汽车来说，它的空气阻力，仅是普通轿车的一半。不算驾驶员和氢燃料，车的重量为120公斤，最大的时速为每小时80千米。

（2）研制出氢燃料电池驱动的"绿色"跑车。2006年4月，英国广播公司报道，英国牛津大学，与克兰菲尔德管理学院联合组成的一个研究小组，研制出一种极为清洁的汽车，其排气系统产生的唯一废物便是蒸馏水。

这辆超级跑车不仅速度快而且无须其他燃料便能行驶。无论你选择什么颜色,由于达到了零排放,因此从环保角度而言,这款跑车都是“绿色”的。据该项目的一位发言人介绍:“该项目是车辆动力方面的革命性改变。它在兼顾车辆性能、行驶距离,以及燃料经济性方面取得的成果,将为未来汽车发展奠定基础。最终,这款车在达到环保要求的同时,还将具有极小的噪声和时髦的外形。”

据报道,该车将以摩根公司生产的气流－8型跑车为基础,配备由奎奈蒂克公司生产的燃料电池。这种燃料电池可以把氢和从周围空气中获得的氧,转化为电能。这一系统在工作时非常清洁、安静并且具有很高的经济性。而且,在车辆运行过程中,产生的唯一废弃物就是水。

特别值得一提的是,这款车的燃料电池系统通过电化学手段使车辆上携带的氢与周围空气中的氧发生反应并产生电能。从产生电能的方式来看,燃料电池,更类似于引擎而不是普通电池,它通过储存在燃料箱中的燃料产生电能,而不是直接储存电能。但是从某种意义上说,它又与普通电池有些类似:它们都有电极(固体导电体)和电解液(某种电解质)。当氢分子接触到负电极后便分裂为质子和电子。此时,这些质子便会穿过质子交换膜,聚集在燃料电池的正电极周围,而电子则沿着外电路运动产生电流。氢分子和氧分子发生化学反应时,产生的唯一废物就是水。燃料电池产生的电能,驱动电动马达,从而带动车轮转动。

这辆车的动力系统,表现同样令人惊讶。研究人员表示,对比原先的燃料电池车辆,其动力系统的效能,得到了令人难以置信的提升。这辆车的燃料电池系统,能够为驱动四个车轮的四台独立的电动马达提供动力。该车的动力系统,能够如此高效的主要原因,就在于减轻重量和采用了与众不同的设计方法。这种新的设计方法,不仅能够减少车辆的能量损耗,还能减少车辆行驶过程中的能量需求。

这款车在刹车时,产生的能量,以及剩余的能源,将被用来为超级电容器充电,而当车辆需要加速时,超级电容器将释放储存的电能。这种设计,使得这款车所使用的燃料电池,比老式设计中使用的燃料电池小得多:它在维持运行速度时所需功率,仅为24千瓦左右,而其大多数竞争对手,在维持运行速度时则需要大约85千瓦的功率。

作为汽车工业强国,英国政府对于这项有利于环境的研究项目十分重视。据悉,这项为期30个月的研究项目,得到了英国政府贸易与工业部的大力支持。

(3)研究用水产生氢直接驱动汽车。2006年8月,英国《新科学家》杂志报道,以色列魏茨曼科学研究院塔里克·阿布·哈米德教授领导的一个研究小组,发明了一种制氢装置,可以在汽车上用水产生氢来直接驱动汽车,使之成为零排放交通工具。

研究人员介绍说,这种制氢装置的工作原理是:通过水和硼发生反应产生氢,氢再进入内燃机燃烧或装入一个燃料电池发电。

为使硼和水发生反应,必须先把水加热到数百摄氏度,使其变为蒸汽。因此,车辆仍然需要某种启动动力，比如说电瓶。当发动机启动后，硼和水经过氧化反应产生的热量能够为进入发动机的水加热，产生的氢则可以从发动机转移并储存起来，用作启动燃料。氢在内燃机中燃烧，或在燃料电池中反应时产生的水，也可以收集并循环到车辆燃料箱里，使得整个过程在车上完成，真正做到无排放。硼和水产生的唯一副产品氧化硼可以再加工，转变成硼，并循环利用。

据研究人员计算，一辆汽车装载 18 公斤硼和 45 升水，就可以生产 5 公斤氢，产生的能量相当于一箱 40 升传统燃油产生的能量。

(4)推出首辆氢动力豪华汽车。2006 年 9 月 12 日，德国宝马汽车公司表示，将很快推出世界上首辆氢动力豪华汽车，并将销售目标定为美国市场。

这款氢动力汽车，将在宝马 7 系列的基础上研制，其发动机既可使用氢燃料，也可使用汽油。该公司表示，在使用氢动力状态下，汽车除了排放水蒸气外几乎对环境没有任何污染。氢动力汽车有 12 个汽缸，最高时速可达 228 千米。这款车将在欧洲生产，并最终销往美国，但具体销售日期尚未确定。

(5)氢燃料发动机清洁汽车整装待发。2012 年 3 月，有关媒体报道，汽车是人类出行代步工具的一大创举，其快捷、便利、舒适、自由度的特性，为人类活动提供了更广阔的空间和时间概念。但汽车对燃料的消耗，又造成了世界能源的紧缺和对环境的污染，仅二氧化碳排放就占到全球人类活动排放总量的 20% 左右。既然汽车暂时不可替代，那么寻找合适的替代燃料就成为世界各国研究人员肩负的“光荣使命”。欧委会第七研发框架计划资助的，由德国宝马集团牵头、欧盟 4 个成员国 11 家企业和科研机构参与的汽车氢燃料发动机大型研发项目就是利用氢气替代碳氢燃料(汽油或柴油)的世界先行者。欧委会希望通过该项目的研究，制造出世界上最清洁的汽车，从而继续保持欧盟机器机械工业的世界领先地位。

传统的燃油发动机，通过碳氢化合物和空气中的氧燃烧化学反应，产生功率转化成机械能，排放出二氧化碳，以及有害的污染物。而氢燃料发动机是通过氢气和氧的燃烧化学反应，产生功率转化成机械能，排泄物是水，因此可称之为“最干净”的发动机。因燃油发动机已经过长期的“千锤百炼”，具有较高的能效输出功率，研究人员的主要任务，就是在传统的内燃发动机上，以更经济、不牺牲输出功率、合适的方式找到氢气替代燃油的办法。

研究人员经过反复试验，找到了两种注入氢气混合的方法：一种以大气常温最低温度为参考值，直接把氢气注入气缸混合燃烧反应；另一种以大气常温最低温和储氢压力罐最低压为参考值，把氢气注入进气管混合，再进入气缸燃烧反应。两种方法同样取得了较好的效果，均使输出功率提高了 25% 左右。氢燃料发动机气缸的单位输出功率达到 100 千瓦/升，相当于 136 马力；而标准的柴油发动机是 77 千瓦/升，只有 105 马力。研究人员还根据试验数据，对注入氢气的混合流量，进行了匹配和验证，制作了一套注氢计算模块的软件系统，从而为氢燃料发动机的系列开发打下坚实基础。

2. 设计制造电动汽车

(1)发布首款全电动汽车。2009 年 8 月 2 日，日本日产自动车公司，发布其首款全电动动力汽车，取名“叶子”，宣称由此掀开日产零排放汽车新时代。

日产自动车公司当天在位于横滨的总部，为“叶子”揭幕。这款全电动汽车使用专用底盘和超薄锂离子电池，单次充电行驶里程超过 160 千米，最高时速 140 千米。

戈恩则用一句话评价：“‘叶子’绝对环保，没有排气管，没有内燃机。它只有一套由我们锂离子电池提供的宁静、高效电力系统。”

(2)推出有利于美容与养生的护肤电动汽车。法国雷诺汽车公司，与法国著名的化妆品生产商碧欧泉公司合作，推出一款绿色概念电动汽车。它不仅仅外观设计巧妙，而且其独特的空调系统还具有美容养生功效。这一功能，将会受到大量女性消费者的热烈欢迎。

对于法国人来说，家庭汽车的高油耗往往令人无法忍受，令他们更加难以忍受的是，汽车排出的废气，会对他们的皮肤造成伤害。新设计的概念车，就是为了解决这道难题而诞生的。

这款电动汽车，看起来像一个 4 米长的泡泡，车门仿佛是泡泡上长出的两个翅膀。车身上涂有一层厚厚的聚亚胺酯胶体，用来保护车体不被划伤。它最大的亮点，是其车内美容养生功能。雷诺公司声称，不管对于男人还是对于女人来说，这款电动汽车将是他们最佳护肤环境。即使是在开车过程中也不影响护肤。

这款电动汽车的空调系统，相当于巴黎最好的美容养生馆的空调装置。它由碧欧泉公司研发，加强了空调系统的空气加湿和冷却功能，有助于皮肤的保养。如果这款车跟在一辆货车之后被其排出的废气包围，那么它车上的毒性传感器将自动关闭汽车空调的进气口，以防止自由基破坏车内人员健康的皮肤。在这款电动汽车空调系统中，还装有一个电子香水喷雾器，车厢内总是充满一种芳香的气息。雷诺公司称，该车配备的高级香水，是由碧欧泉公司专门研制的。香水中富含的有效成分，正是车内人员保养皮肤所需要的物质，同时还可以让驾驶者早晨精力充沛、晚上驾驶高度警惕。

(3)推动电动汽车研发和使用。2011 年 6 月，巴西媒体报道，南美最大城市圣保罗市政府与当地汽车商代表，日前签署意向性协议，推进研发和使用电动汽车。根据协议，圣保罗市政府与尼桑公司，将共同推进研发项目，研究如何在该市建立充电站网络，以及鼓励“聆风”牌电动汽车的使用。

2010 年 12 月，尼桑汽车公司开始出售 100% 电动汽车“聆风”，这是一款中型汽车，配备有锂离子电池，属于世界第一款大规模生产的电动汽车。尼桑公司称这一电动汽车可行驶 160 千米而无须充电，其速度可达每小时 140 千米。电动汽车没有燃料箱和排气管，因此没有排污问题，噪声也很小，且充电可靠、快捷，一次快速充电大约 30 分钟即可充电 80% 。

日产公司称，圣保罗是南美洲第一个签署此类协议的城市。圣保罗市市长称，将建立充电站网络，研究推广使用电动汽车的可能性。巴西日产公司总裁克里斯蒂安·梅尼尔说，适当的基础设施，加上市政府的合作，电动汽车将会在巴西成为现实。

3. 设计制造压缩空气推动的汽车

（1）研制压缩空气发动机和电动马达双动力汽车。2005 年 4 月，韩国一家公司研发出一种用压缩空气为动力的汽车发动机，以及一个用电动马达来交替为车子提供能源的系统。由于不使用燃料，该混合动力汽车（PHEV）对环境没有污染，十分环保。

该系统由车中内置的电脑控制，由其根据具体情况，对压缩空气的发动机和电动马达发出指令。有一个采用 48 伏特电池为动力的小型马达，促使空气压缩机工作，同时它还给电动马达提供能源。研制者介绍说，空气被压缩后，储存在一个气缸里。当车需要大量的动力，如在发动和加速时，压缩的空气就会派上用场，它会驱使活塞，令车轮转动。当车趋于常速时，电动马达即开始工作。

可以说，这种车有了两个“心脏”，也就是说在不同的时段将运转的马达分开，使其能够最大限度地发挥效率。据说该系统不复杂，便于生产，并且适用于任何常规的发动机（引擎）系统。

由于采用该系统可以不需要给汽车装置冷却系统、燃料水槽、点火装置（发动塞）或是消音器，因而能够减少 20% 的汽车制造成本。该公司希望在不久的将来，更多的车会采用混合动力在路上奔跑。

（2）推出以压缩空气推动的环保汽车。2007 年 6 月，有关媒体报道，法国的马达研发国际公司成功研制出一款新型汽车，它以压缩空气推动，不需要任何燃料，不会产生污染。该公司给这款环保车取名“迷你猫”，它体内有一个“气缸”，里面储存压缩空气，这空气可用来推动引擎的活塞。加满一次压缩空气可跑 200 千米，空气耗尽之后，可以另行补充。引擎排出的空气，还可以再循环，供车内冷气系统使用。

马达研发国际公司费了 14 年时间，才成功开发“迷你猫”环保车。它体型精巧，外壳用玻璃纤维制造，时速可达 110 千米。

印度的塔塔汽车公司与马达公司签约，抢先推出这款环保汽车。目前，设计师正在研发这种车的混合动力，努力做到在汽车运转过程中自己制造压缩空气，这样所产生的动能足以横跨整个印度大陆。

4. 设计制造风力驱动的汽车

推出世界最快的风力汽车。2009 年 3 月，有关媒体报道，英国的一位动力工程师，驾驶自己设计制造的“绿鸟”风力驱动车，在风速仅为每小时 48.2 千米的情况下，创造了每小时行驶 202.9 千米的最快世界纪录。此前由美国人创造的风力车速度纪录是每小时 187.8 千米。

与传统的风帆汽车不同的是,“绿鸟”风力车采用一种钢性翅膀,它能以与机翼同样的方式,产生向上提升的动力。整辆风力车几乎全部采用碳复合材料,唯一的金属部件就是翅膀和车轮的轴承。据介绍,这种空气动力学设计和较轻的质量,能够让“绿鸟”风力车轻易达到风速的三到五倍。“绿鸟”风力车早期的一个原型,曾经在风速为每小时40千米的情况下,跑出每小时144千米的速度。

5.节能环保型汽车研制的其他新成果

(1)研制出超级节能型汽车。2004年8月,巴西媒体报道,为把所学知识应用于实践,巴西理工科大学生兴起研制超级节能型汽车热,并驾驶研制汽车参加比赛。

圣贝尔纳多大学工业工程系学生,在里卡多教授的领导下,研制出X-11型超级节能型汽车。这种汽车长约2.5米,宽约1.5米。汽车装有特殊发动机,当时速达到45千米时,发动机会自动熄火,汽车靠惯性行走。时速降至15千米时,发动机又会自动启动,直至时速重新达到45千米。由于有了节能型发动机,1升汽油可供其行驶760千米。

参加设计的大学生弗拉维亚将驾驶这辆汽车参加比赛,她的身高1.62米,体重45公斤。比赛的目的不是看谁设计的汽车开得快,而是看谁的汽车更节省能源。

里卡多说,学生开展这种活动是极其重要的,以便把所学知识应用于实践,为巴西汽车工业培养出一批有用的人才。他透露,2004年有11辆学生设计的汽车参加节能型汽车赛,2005年参赛的汽车将达到40辆。

(2)开发出可自动消化尾气的环保汽车。2005年6月,有关媒体报道,伴随着汽车工业100多年的发展,公路上的汽车尾气一直是城市环境的主要污染源,也是造成当今全球气候变暖、出现温室效应的原因之一。为了减少汽车尾气的排放量,世界各主要汽车制造商,都在加紧研制环保型汽车。近日,汽车工业巨头戴姆勒-奔驰,就在美国推出该公司最新研发的环保汽车。参与研发工作的戴姆勒-奔驰公司专家,向媒体介绍称,这款新车主要有以下3大特点:

一是该汽车车头形状,模拟鱼类头骨的生理结构设计而成。研究表明,鱼头骨的生理结构,帮助鱼类克服了水中游动时,遇到的大部分水流阻力。这种设计结构,大大削弱了汽车在行驶过程中遇到的空气阻力。风洞实验结果表明,汽车车头的风阻系数CX值仅为0.09。汽车车身结构设计和选取的漆料颜色,也分别模仿鱼类身体形状和鱼鳞的色泽。此外,车身全长为4.24米。因此,戴姆勒-奔驰公司把这款新车,命名为梅塞德斯仿生车。

二是其仿生车动力系统,采用了耗油量极小的140型柴油发动机。平均每百千米的耗油量仅为4.3升;在车速为90千米/小时的情况下,每百千米的耗油量则降低到2.8升。

三是车体内安装了,目前世界上独一无二的,选择性催化还原降解装置,该装置里有一种名为 AdBlu 的化学试剂。当汽车产生尾气时,这种化学试剂会自动喷射到汽车尾气排放系统里;经过化学反应,最终将有害气体分解为水和氧气并从汽车尾部排出。戴姆勒 - 奔驰公司专家透露,经过选择性催化还原降解装置处理后,汽车尾气中 80% 的有害气体都被处理掉了。公司近期内,将在其他类型的汽车中广泛采用这种装置。

(3)推出新型环保重型卡车。2006 年 4 月 20 日,《瑞典日报》报道,瑞典沃尔沃卡车公司日前宣布,推出新型环保重型卡车。这种新型卡车的废气排放量符合欧盟最新推出的欧Ⅴ排放标准。

沃尔沃卡车公司,在新车发布会上展示的新型环保重型卡车,是专门为哥德堡市垃圾处理公司定制的。卡车备有柴油发动机和特殊的大型垃圾铲,可以处理诸如近万人参加的大型体育活动产生的垃圾。沃尔沃卡车公司介绍说,新型环保重型卡车同目前欧盟实行的欧Ⅲ排放标准相比,可将废气排放量降低 60%,空气中颗粒排放量降低 80%。

从 2006 年 10 月 1 日起,欧盟将重型卡车废气排放量的标准升级到欧Ⅳ。沃尔沃卡车公司预计,当年欧洲市场对新型重型卡车的需求量为 27 万辆。

(4)着手开发更安全更环保更智能的绿色汽车。2007 年 9 月,欧盟委员会公布了一项计划,将加快开发更安全、更清洁和更智能的汽车。在未来数月,委员会将与欧洲和亚洲的汽车制造商展开会谈,意在从 2010 年起,在所有新车上推行全欧汽车紧急呼叫技术,以及促进其他安全和绿色相关技术的开发。

为改善道路安全,欧盟委员会的智能汽车新倡议,鼓励相关各方在中型和小型汽车上加速实施电子稳定控制系统。该系统具有速度传感器和制动分离装置,可保证在高速或湿滑路面上行驶的车辆的可控性。

欧盟委员会估计,如果每辆汽车都配备有电子稳定控制系统,每年大约可拯救 4000 多条生命和避免 10 万次的撞车。欧盟负责信息社会和媒体事务的专员雷丁说:“技术可以挽救生命,改善公路运输和保护环境。如果我们对在欧洲的公路上抢救生命的事情感到忧虑,那么所有 27 个成员国应该设定一个期限,把紧急呼叫技术和电子稳定控制系统,设定为所有新车的标准配备。同时,我们必须清除行政障碍确保汽车更安全和更清洁。”

欧盟交通委员会主席巴洛特称,为达到 2010 年道路伤亡事故减半的目标,必须在保证司机安全、设施安全和车辆安全方面行动在前。在智能汽车行动中,委员会正在推动并确保尖端技术能够尽可能地进入汽车,这将有助于挽救生命,并减少运输对环境的影响。关于智能公路运输系统,委员会呼吁所有相关者制定一个标准接口,以连接移动导航设备和其他集成到车内的系统。

欧盟委员会副主席费尔霍伊根建议,到 2011 年,所有新车都应强制安装电子稳定控制系统。他说:“我们要充分利用技术和知识造福社会。我们拥有的技术可更好地帮助司机,这样做将有助于避免人间悲剧的发生。”

(5)加速研制节能减排型汽车。当前,世界各地都在大力发展低碳经济,努力降低二氧化碳的排放量。对此,法国的标致雪铁龙集团根据中国发展低碳经济的要求,公布了一个新能源汽车发展战略,提出标致雪铁龙系列汽车,到2020年在中国二氧化碳排放量降低50%。

为实现这一目标,该集团将首先优化汽车动力驱动系统。到2020年,将至少有6款新型的汽油发动机,引进中国市场。新一代汽油发动机,将比现在的发动机节省燃油,并降低二氧化碳排放量达20%。此外,该集团还将致力于研发新一代的变速箱技术,特别是自动变速箱技术,争取达到同样的节能减排效果。

除此之外,该集团还将进一步优化汽车结构及汽车行走系统,在确保舒适性和安全性不变的前提下,采用新型材料,把每一代新型汽车的重量降低10%。并且采用新型轮胎,为其实现降低5%能耗的目标。

在电动车技术和混合动力技术方面,该集团也将进一步推进研究。早在1942年,该集团就推出第一款城市轻型电动车VLV,并进行批量生产。截至2005年,它的销量已占全球总销量的1/3。如今,该集团不仅在电动车技术方面处于领先地位,而且其独有的汽油发动机Hybride4充电式全混技术,也将于2015年引入中国,其节能减排量将达到30%;在混合动力方面,作为"中国特色攻略"的前奏,该集团已在深圳的东风雪铁龙世嘉车型中,全球首次搭载停车起步微混装置(STT技术),它可以使二氧化碳排放降低5%~15%。

二、设计制造节能环保型飞机

1. 设计制造氢燃料动力飞机

(1)以液态氢为燃料的飞机试飞成功。2005年7月,美国媒体报道,飞机试飞并不稀奇,但是最近在亚利桑那州的尤马试验场,进行试飞的无人驾驶飞机却备受关注。原来,这是美国研制的氢飞机进行的第一次成功试飞。

报道称,美国一家公司,成功地完成了一架以液态氢为燃料的飞机的飞行测试。这架被命名为"全球观察"的飞机,看起来更像一架滑翔机,它的翼展超过15米,翼展下面悬挂着机身,而后面是一条伸展出去的"龙尾",沿着机翼边缘有排成一线的8个螺旋桨。

加利福尼亚无人机制造公司表示,机身上的"油箱"是这架飞机最具创意的地方。"油箱"里储存着大量的液态氢,当液态氢与大气中的氧结合在一起,并充分燃烧后,就能产生使螺旋桨转动的动力,这样飞机也就能够自由地翱翔了。

由于氢非常活跃,如果储存不当极容易引起爆炸。该公司华盛顿地区主管亚历克斯·希尔解释说,"我们给飞机注入低温保存的液态氢。因此油箱的绝缘性及密封性就变得至关重要。这次飞行试验证明,我们可以控制液体氢。在此之前,我们已经在地面做过多次试验,而这次试飞的主要目的,就是想测试一下这种技术,是否能在天空中应用,所以我们自始至终都没有给飞机加足燃料。如果我们加足燃料的话，一油箱液态氢，可以保证无人机连续飞行24小时。”

这架氢飞机的首次试飞，是在美国陆军的亚利桑那州的尤马试验场进行的。该公司认为，它今后可用作电信平台，取代或补充人造卫星。更值得一提的是，以氢为动力，可以减少飞机在全球气候变化方面所扮演的负面角色。

由于飞机排放出的温室气体越来越多，跨政府气候变化委员会，早在1999年就比较与评估了影响气候的各种数据，最后发现：飞机在人类造成的全球变暖因素中所占的比重人约是3.5%。

民航旅客数量每年以5%的速度递增，而航空货运增长的速度甚至更快，每年增幅达6%。即使改进飞机的性能，到2050年它在全球变暖中的负面作用也将增加2.6到11倍。这个问题已经引起各国环保部门的广泛重视。避免使用碳氢化合物燃料和排放二氧化碳的新技术，可能成为一种控制这种趋势的重要手段。

（2）以氢电池为动力的飞机试飞成功。2008年4月3日，美国媒体报道，美国飞机制造业巨头波音公司宣布，他们已成功完成氢电池动力飞机的试飞，这也是全球第一次利用氢电池的飞行。这项技术的突破有助于推动航空业发展“绿色飞机”。

据报道，波音公司在2008年2月和3月共进行了3次成功试飞。用于测试的小型双人座螺旋桨飞机重800公斤，机身长6.5米，翼展长16.3米。试飞时机上只有一名飞行员，依靠氢电池提供动力，在1000米高度以时速100千米飞了约20分钟。

氢电池被安装在测试飞机的乘客座上，而驾驶座旁放着一个类似潜水员使用的氧气筒。氢电池利用的是氢氧化合生成水时产生的能量，只会生成对环境无害的水蒸气，是一种干净且能再生的绿色“燃料电池”。波音称，这架氢电池飞机的飞行时间可达45分钟，起飞时仍须靠其他电池提供辅助动力，但是在空中飞行时就完全靠氢电池。

波音首席技术官约翰·特雷西说：“这是航空史上开先河之举，波音已经完成以氢电池为动力的载人飞行。这项进展是波音历史性的技术成功，它预示着更环保的未来。”

不过，氢电池还难以成为大型商用客机的动力来源。负责试飞计划的波音工程师拉裴纳说，氢电池作为大型飞机的后备动力来源，大概是20年后的事情。

（3）完全靠氢电池起飞和驱动的“零排放”飞机升空。2009年7月7日，世界首架完全依靠氢电池起飞和驱动的有人驾驶飞机在德国汉堡升空，全过程实现二氧化碳零排放。在最佳情况下，这种飞机可连续飞行5小时，飞行半径达到750千米。

这架飞机名为“安塔里斯”DLR－H2型机动滑翔机。它由德国航空航天中心和一些私人企业共同研制。德国航空航天中心专家约翰－迪特里希·沃纳说：“我们在电池效率和表现上实现了许多改进，飞机可以只靠氢电池实现起飞。”

“安塔里斯”利用氢作为燃料，通过和空气中的氧发生电化反应产生能量。从起飞到航行的全过程，不发生燃烧，不排放温室气体，产生的唯一副产品为水。如果生产氢燃料的过程，也采用可再生能源，那么这种飞机就可实现真正彻底的“零排放”。

2. 研制生物燃料或合成燃料动力飞机

（1）研制出首架乙醇动力飞机。2005 年 3 月 15 日，巴西媒体报道，一家巴西公司把世界上首架“乙醇驱动”飞机，交给一家作物喷洒公司。这家巴西公司正见证着“酒精驱动”飞机市场的蓬勃发展。

这架单座位的“EMB 202”型伊帕内玛飞机，是被巴西民航当局批准的首个“酒精驱动”飞机，飞机用作驱动的乙醇燃料炼自甘蔗。

该公司介绍，这架飞机的造价为 24.7 万美元，这比通常的“汽油驱动”飞机贵了 1.4 万美元。不过“乙醇驱动”飞机的燃料价格非常低。在巴西，一升乙醇的价格是 0.44 美分，而一升汽油的价格则为 1.85 美元。此外，该公司称，“乙醇驱动”飞机更为耐用，并且其驱动力比“汽油驱动”飞机高出 7%，这些都弥补了它在造价方面的高昂之处。该公司称，今年他们已经接到了 70 笔预购这种飞机的订单。

“乙醇驱动“飞机，是巴西全国乙醇燃料计划的最新进展，这一计划启动于 1970 年代的石油危机时期。

巴西是世界领先的甘蔗生产大国。到 20 世纪 80 年代，从该国甘蔗中提炼的乙醇燃料已经成为巴西汽车的主宰燃料。截至目前，巴西全国大约 1/3 的汽车被改造成了“乙醇汽油两用汽车”。

在该架“乙醇驱动”飞机出厂之前，巴西已有近 400 架小型“乙醇驱动”飞机。不过，这些飞机，绝大多数都是从“汽油驱动”飞机改造而来，并且被禁止用于商业生产。

（2）世界首架天然气合成燃料客机试飞成功。2009 年 10 月 12 日，卡塔尔航空公司官方网站发表新闻公报称，世界上首架以天然气合成燃料驱动的客机成功试飞，这标志着，全球航空业在开发替代燃料方面，迈出了重要一步。

卡塔尔航空公司的新闻公报说，该公司一架空客 A340－600 型客机，当晚从英国伦敦飞抵卡塔尔多哈，客机以传统航空燃油和天然气合成燃料，按一比一比例组成的混合燃料为动力，整个航程历时约 6 个小时。

3. 设计制造太阳能动力飞机

世界最大太阳能飞机完成洲际往返飞行。2012 年 7 月 24 日，瑞士太阳驱动公司官方网站报道，世界最大太阳能飞机瑞士“太阳驱动”号，完成跨越欧洲和非洲长途飞行的最后一段，抵达位于瑞士帕耶讷的基地。

飞行员贝特朗·皮卡尔驾机从法国南部城市图卢兹起飞，穿越法国中央高原地区进入瑞士境内，飞跃瑞士境内西北部汝拉山区，最终降落在帕耶讷。

“太阳驱动”号 5 月 24 日从瑞士帕耶讷起飞，开始首次洲际飞行。飞机经停马德里短暂休整，6 月 5 日抵达摩洛哥首都拉巴特。7 月 6 日，“太阳驱动”号踏上归途,途中先后经停马德里和图卢兹。"太阳驱动"号的整个跨洲飞行完全依靠太阳能为动力,未使用一滴燃油,创造了太阳能飞机载人飞行的最远纪录。"太阳驱动"号2010年4月7日首飞成功,当年7月7日实现昼夜试飞,2011年5月首次完成瑞士至比利时的跨国飞行。

"太阳驱动"项目始于2003年,造价90万欧元。"太阳驱动"号由超轻碳纤维材料制成,翼展63.4米,堪比空客A340型飞机,而重量只有1600公斤,仅相当于一辆普通小汽车的重量。为减轻重量,飞机驾驶方式基本是机械操纵。

该机是世界上第一架设计为可昼夜飞行的太阳能环保飞机。它的机翼下方设有4个发动机舱,各配有一个10马力发动机、一个锂聚合物电池组和一个调节充放电及温度的控制系统。令人瞩目的是它的动力装置:总共有11628个太阳能电池板,其中10748个安装在机翼表面上,余下的880个位于水平尾翼。太阳能电池板能将白天吸收的22%光能转化为电能,为晚间飞行提供动力。这些强劲的太阳能电池板使得"太阳驱动"号长时间持续飞行成为可能。

这架高技术含量飞机创造了太阳能飞机飞行史上多项世界第一:2010年7月,成为历史上首架载人昼夜不间断飞行的太阳能飞机,最长飞行纪录是在瑞士上空达到的26小时10分钟19秒,也创下了海拔9235米和飞行高度(从起飞地算起)8744米的纪录。

国际航空运输协会希望能在2050年实现飞行器碳排放量为零的目标。阳光动力公司决定在未来着重解决光能吸收问题,因为只有大幅度提高电池功效,才可能使机上人数增加。预计40多年后,能承载300名乘客的全太阳能飞机有望正式投入运营。

4. 研制节能型飞机

(1)研制节能环保型"未来飞机"。2008年10月6日,美国宇航局宣布拨款1240万美元,给6个科研小组,以研发节能环保型"未来飞机",并力争在21世纪30年代投入使用。

美国宇航局发布的新闻公报说,这6个研发小组,由波音、洛克希德-马丁、诺思罗普-格鲁曼、麻省理工学院等企业和科研机构的研究人员领衔,他们将首先进行亚音速和超音速新型商业运输飞机的概念研发。在第一阶段研发中胜出的小组,将获得进一步的资金支持。

美国宇航局说,如果一切顺利,"未来飞机"预计可在2030年至2035年间投入飞行。美国宇航局官员胡安·阿朗索在新闻公报中介绍说,未来的空中运输就是要在保护环境的同时,又能有效解决燃料成本问题。阿朗索说:"我们需要更加安静、燃料利用效率更高的飞机,但同时又不希望以牺牲空中商业运输的便利和安全为代价。"

这些研究小组为此将把研发重点,放在设计更先进的机身和推进系统,以及减小飞机对环境的影响等方面。美国宇航局称,"未来飞机"将代表飞机研发的

“N +3”代，即比现有的空中商业运输飞机先进3代。

(2)开发可伸缩机翼的节能“蝙蝠”无人机。2012年6月4日，物理学家组织网报道，马德里理工大学的研究人员朱利安，与美国布朗大学工程学院教授布洛伊尔等人组成的一个研究小组，模仿蝙蝠翅膀的运动机制，利用形状记忆合金，研发出一架无人驾驶飞机“Batbot”，其机翼在飞行中可改变形状，以减少空气阻力，降低能耗35%。

布洛伊尔已经研究蝙蝠十几年，发现它具有极不平凡的空气动力能力，例如可密集成群飞行、避开障碍物、灵活地用翅膀捕食、穿越浓密的热带雨林和高速180度转弯等。“Batbot”翼展的灵感，便来自一种特定类型的蝙蝠——澳大利亚最大的蝙蝠“灰头飞狐”。

朱利安说，蝙蝠的翅膀具有惊人的可操纵性水准，其翅膀的骨骼类似人类的双臂和双手，将这种机制运用到飞行设备上，机翼形状可在飞行中改变，可潜在提高飞行机动性。具体而言，“Batbot”复制蝙蝠可改变其翅膀上、下行运动之间的外形方式。蝙蝠通过翅膀向上一击并朝向自己身体折叠时，可减少空气阻力，节约能源达35%。

他们使用形状记忆合金作为“肌肉”，其行为类似人的二头肌和肱三头肌，如同驱动器沿着机器人机翼骨架结构制动。当不同的电流通过时，在形状记忆合金丝的控制下，机翼在延伸和收缩两种形态之间切换。机器人之间“肩”和“肘”的电线旋转肘部，在机翼向上一击时，拉动翼指收缩翼展。

研究人员表示，这种设计还可以用于其他方面，建造出由较软材料和人工肌肉制成的仿生系统机器人；通过模仿蝙蝠翅膀在飞行中运动的方式，改善飞行设备的可操作性，最终建造出比固定翼飞机更敏捷、更自主的无人机。

三、研制其他节能环保型交通工具

1. 设计建造节能环保型船舶

(1)设计出新型环保高科技航船。2005年5月，挪威航运公司华伦纽斯·威廉姆森公司，设计出一种以风和海浪为动力的高科技航运船，希望能在今后的20年里，推动整个行业使用更加环保的航运工具。

该公司负责环境方面的副主席莉娜·布罗姆奎斯特表示：“从某个角度看这是在立法，从另一角度我们希望能被看作改革者。我们意识到我们是问题的一部分，我们也在寻找解决环境问题的方法。”

这艘高科技航运船的废气排放等级接近零，该公司希望设计的船，其承载量为一万辆汽车，并且能够成为未来航运工具的典范。

这艘船的动力主要来自高科技帆，水面以下的船舱也能够从海浪中获得能量。另外，帆上的太阳能电池能够给燃料电池充电，这样就能够使用电力发动机航行。

该船的设计者,造船工程师盘·布林曲曼说:“我们在海上航行时,可使用的能量几乎是无限的,但是现在的船只没有遵循这一点。信天翁在天空飞行时98%的能量来自风,只有2%来自它的翅膀。”

令人关注的是,近几年该公司已经使燃料使用量降低了10%,并且减少了氮和二氧化硫的排放。

(2)设计制造出第一艘太阳能渔船。2007年4月,古巴设计和制造的第一艘太阳能渔船,在本国海域试航成功。

这艘太阳能渔船是渔业部电器工程师、技术局长里卡多,在古巴太阳能公司专家的协助下,经过4个月的研究设计出来的,最长航行时间可达4小时。他说,这种渔船与普通的船只相似,但在船上安装了太阳能接收器,把接收的太阳能存储在电瓶内,就可以为船上的电动发动机提供能源了。

太阳能渔船的优点是没有噪声,不会使鱼群受到惊吓,不会对水域造成污染,可广泛用于渔业和库区的巡逻。里卡多透露,他目前正在研究设计更实用的太阳能船只。

(3)研制出波浪动力船。2008年3月1日,国外媒体报道,随着环境意识的提高,各种环保设备应运而生。最先出现的是由空气提供动力的环保车,现在又出现了由波浪提供动力的船只。

据报道,由《朝日新闻》发起,在三得利公司资助下,常石造船公司设计制造出一艘3吨重的波浪动力船。它呈双体船结构,是用再循环铝制造的。这艘船尽量利用生态动力,以实现绿色航行为目标。

它具有创新性的波浪推动系统,其工作原理是,船艏里面一对并排的鳍状物吸收波浪动力,将它传递到一个像海豚的装置内。这种鳍状物与海浪起反作用,因此能让船体更加平稳,其效果就像汽车在崎岖不平的道路上行驶一样,轮胎在不停地颠簸跳跃,而乘客室却非常平稳。两者的差别是,汽车通过减震器消除道路颠簸产生的能量,而波浪动力船则通过鳍状物获得海浪颠簸产生的能量。

它安装了8块太阳能电池板,最佳情况下能产生560瓦特的电能,可为舱内电灯、船员电脑,以及手机提供电能。另外,它还有一个舷外发动机和船帆,这些装备,只有在遇到紧急情况,或船只行驶速度太慢时才能使用。

这艘波浪动力船的志愿船长兼船员名叫堀江千一,是一名经验丰富的生态航行成员,曾在1993年创下一项世界纪录:借助脚踏船行驶7500千米,成为这个项目距离最远的人。他在试航前说过一句话:“石油是一种有限的能量来源,但是波浪动力是无限的。”

(4)世界最大太阳能动力船游走塞纳河。2013年9月16日,法国媒体报道,世界最大的太阳能动力船结束了在巴黎5天的公众展示活动,向下一个目的地法国布列塔尼亚大区进发。

这艘双体船,长31米,宽15米,自重89吨,最高速度为每小时9.25千米,船体的唯一动力来自太阳能,船载电子设备均通过太阳能来供电。船长热拉尔·德·阿波维尔先生介绍,该船体顶部为可调节面积的太阳能电池板,最大面积为512平方米。太阳能发电最大功率可以达到120千瓦,但实际上20千瓦即可推动船前进。船上备有6组锂离子电池,电池充满后,可以满足72小时的航行需要。

2010年,这艘世界上最大的太阳能动力船,在德国下水,2012年5月完成以太阳能为唯一动力的环球航行。2013年,这艘船两度横跨大西洋。目前,该船已经成为一个多功能的平台,包括科学研究、教育基地和光伏应用的宣传大使。2013年6月以来,日内瓦大学的马丁·伯尼斯顿教授把该船作为研究墨西哥湾流的科学基地,研究海面上大气沉降对海洋生物的影响。伯尼斯顿教授说,由于此船没有化石燃料的燃烧排放,使其成为研究海上大气沉降最适合的平台。

据法国燃气苏伊士集团能源技术观察员李天伦先生介绍,尽管它停靠塞纳河畔当天一直阴雨不断,但太阳能电池板依然提供了5千瓦的发电功率。除了具有强大的太阳能动力系统,该船船体设计方面也有很多独到之处,例如新材料的使用和船翼船艉的流体设计。它的驾驶舱内有一台实时分析天气情况的电脑,这台电脑可通过卫星连接法国气象局,通过对海面上光照强度和风暴信息的分析,实时调整船的航行方向。

2. 研究开发出环保型火车

开通世界上首列燃烧生物气体的列车。2005年11月,俄罗斯新闻社报道,瑞典开通世界上首列,利用生物气体的无人驾驶列车。生物气体由于生物量分解而产生,其中以甲烷为主,新型列车将行驶在瑞典东海岸林雪平市至瓦斯特尔维克市之间80千米路线上。

据报道,拥有新型列车的瑞典斯文斯克沼气公司声称,新型列车目前将每天完成一次行驶,但今后计划增加开出的次数。加足一次燃料,列车能行驶600千米,最高时速为130千米。用作燃料的生物气体,能减少向大气排放有害气体和减轻温室效应,并能减少对昂贵能源特别是石油的依赖。

新型列车能运载54名乘客,建造一辆列车需花费130万美元。列车利用两台燃烧生物气体的发动机驱动,值得一提的是,目前,在瑞典,已有779辆公共汽车采用燃烧生物气体的发动机。

四、研制节能环保的交通配套设施

1. 研制节能环保的电动汽车配套设施

(1)开发能够"在线"充电的节能电动汽车系统。2009年5月,有关媒体报道说,电动汽车与传统的内燃机汽车相比更加节能环保,在城市中,由它取代以汽油为燃料的公共汽车,已成为势不可挡的发展趋势。然而,一个令人头疼的问题是,如何解决电动汽车的持续行驶能力。对此,韩国研究人员着手开发一种"在线"充电的电动汽车系统。

据悉,“在线”充电系统,不像传统有轨或无轨电车那样,通过路轨或头顶电线输送电力,它是事先在地下铺设有感应条的路面,车辆在其上行驶时便可自动充电。

目前,韩国高等科学技术院的研究人员赵东镐,正在领导一个科研小组,负责研发“在线”充电汽车系统。试验表明,在新的系统中,一块约为传统电池体积20%的小型电池,能保证车辆继续行驶80千米。

韩国政府曾为高等科学技术院的两个主要项目,拨款5000万美元,其中一个项目便是“在线”充电汽车系统。这一汽车样品,已在该院内部场地试验运行,2009年2月李明博总统曾经进行试驾。

首尔市政府已承诺投资200万美元,用以建设“在线”汽车的地下充电系统。该市现有9000辆以汽油为燃料的公共汽车,每年将以1000辆的速度逐步退出市场。人们希望,取而代之的将是电动汽车。

(2)研制出一分钟充满电的电动汽车储能设备。2011年9月,美国俄亥俄州耐诺蜕克仪器公司的一个研究小组,在《纳米快报》发表论文称,他们利用锂离子,可在石墨烯表面和电极之间,快速大量穿梭运动的特性,开发出一种新型电动汽车储能设备,可将充电时间从过去的数小时之久缩短到不到一分钟。

众所周知,电动汽车因其清洁节能的特点,被视为汽车的未来发展方向,但电动汽车的发展面临的主要技术瓶颈就是电池技术。这主要表现在以下几个方面:一是电池的能量储存密度,指的是在一定的空间或质量物质中储存能量的大小,要解决的是电动车充一次电能跑多远的问题。二是电池的充电性能。人们希望电动车充电能像加油一样,在几分钟内就可以完成,但耗时问题始终是电池技术难以逾越的障碍。动辄数小时的充电时间,让许多对电动车感兴趣的人望而却步。因此,有人又把电池的充电性能,称为电动车发展的真正瓶颈。

目前,在电池技术上主要采用的是锂电池和超级电容技术,锂电池和超级电容各有长短。锂离子电池能量储存密度高,为120瓦/公斤到150瓦/公斤,超级电容的能量储存密度低,为5瓦/公斤。但锂电池的功率密度低,为1千瓦/公斤,而超级电容的功率密度为10千瓦/公斤。目前大量的研究工作集中于提高锂离子电池的功率密度,或增加超级电容的能量储存密度这两个领域,但挑战十分巨大。

新研究通过采用石墨烯这种神奇的材料,绕过了挑战。石墨烯因具有如下特点成为新储能设备的首选:它是目前已知导电性最高的材料,比铜高五倍;具有很强的散热能力;密度低,比铜低四倍,重量更轻;表面面积是碳纳米管两倍时,强度超过钢;超高的杨氏模量和最高的内在强度;比表面积(即单位质量物料所具有的总面积)高;不容易发生置换反应。

新储能设备又称为石墨烯表面锂离子交换电池,或简称为表面介导电池(SMCS),它集中了锂电池和超级电容的优点,同时兼具高功率密度和高能量储存密度的特性。虽然目前的储能设备尚未采用优化的材料和结构,但性能已经超过了锂离子电池和超级电容。新设备的功率密度为100千瓦/公斤，比商业锂离子电池高100倍，比超级电容高10倍。功率密度是指电池能输出最大的功率，除以整个燃料电池系统的重量或体积。功率密度高，能量转移率就高，充电时间就会缩短。此外，新电池的能量储存密度为160瓦/公斤，与商业锂离子电池相当，比传统超级电容高30倍。能量储存密度越大，存储的能量就越多。

表面介导电池的关键是其阴极和阳极有非常大的石墨烯表面。在制造电池时，研究人员把锂金属置于阳极。首次放电时，锂金属发生离子化，通过电解液向阴极迁移。离子通过石墨烯表面的小孔到达阴极。在充电过程中，由于石墨烯电极表面积很大，大量的锂离子可以迅速从阴极向阳极迁移，形成高功率密度和高能量密度。研究人员解释说，锂离子在多孔电极表面的交换可以消除嵌插过程所需的时间。在研究中，研究人员准备了氧化石墨烯、单层石墨烯和多层石墨烯等各种不同类型的石墨烯材料，以便优化设备的材料配置。下一步将重点研究电池的循环寿命。目前的研究表明，充电1000次后可以保留95%容量；充电2000次后尚未发现形成晶体结构。研究人员还计划探讨锂不同的存储机制对设备性能的影响。

研究表明，在重量相同的情况下，仅以尚未优化的表面介导电池替代锂离子电池，它与锂离子电池电动车的驾驶距离相同，但SMC的充电时间不到一分钟，而锂离子电池则需要数小时。研究人员相信，优化后它的性能会更好。

(3)发明在高速路上通过轮胎给电动汽车充电的技术。2012年7月8日，物理学家组织网报道，在高速公路上，让电动车无须靠边停车或是等候电池充电，却可以永续保有动力，这种颇有前途和实际的设计想法，一直萦绕在科学家的脑海里。近日，日本丰桥科技大学一个研究小组，在横滨无线技术贸易展上，演示了通过四英寸厚混凝土砌成的道路，把电力传送到一对轮胎给汽车充电的技术。

这里，研究小组的重点任务，是采用无线电力传输技术，给正在行驶的车辆传送电力。该解决方案，是基于一个无线供电原型，成功地通过混凝土砌块传输电力的形式。研究人员认为，这种原型设备早一步获得改善，这种做法便会早一天保持电动车永续移动。

研究人员先后开发出电场耦合系统，通过轮胎给汽车供应电力。目标是当车辆沿着道路行驶时，能够使电力以合适的效率和功率，传输到轮胎给汽车充电。

在演示中，研究人员把一块金属板与代表路面的一块四英寸厚混凝土放在一起，50~60瓦的电力便被传送到实际大小的汽车轮胎。演示还显示，附着在汽车轮胎之间的一个灯泡，在轮胎的带动下被点亮了。

此次演示，是研究人员通过以前类似研究努力的最新进展。去年，日本丰田中央研发实验室和该大学，在关于这项研究的工作报告中称，要让电动车在电气化道路上驾驶无限距离。报告显示，该系统类似于，通过在两个轮胎内置传动钢带和道路上的金属板之间，传输电力。

研究人员曾在京都研讨会展示其研究结果，提出通过轮胎橡胶传输的电力会损失多少能量，同时，研究人员还设立了一个金属板的实验。研究发现，在电路中会有不到20%的发射功率损失。研究人员补充说，如果有足够的电力供给，该系统将可以运行标准的客车。

为了使目前的技术在实际生活中发挥作用，这个系统的电力需求将要增加100倍。研究小组表示，正在努力应对该项目中的挑战。

(4)研制电动车无线充电的远程磁力传送装置。2012年11月，物理学家组织网报道，加拿大不列颠哥伦比亚大学物理学教授罗恩·怀特黑德领导的一个研究小组研制出一种使用“远程磁力传送装置”，对电动车进行无线充电的技术，并成功地在校园服务车上进行测试。该技术将有望加速电动车在加拿大的普及使用。

无线充电对从手机到电动车的一切电气设备来说是一个炙手可热的技术解决方案。但是，人们一直对无线充电所用的高功率、高频率电磁场，及其对人类健康的潜在影响，十分关注。加拿大研究小组发明了一种完全不同的方法，其运行频率要比通用技术低100倍，且暴露的电场可以忽略不计。他们的解决方案是使用“远程磁力传送装置”，由电网电力驱动的旋转式基底磁座(第二个置于车内)，来消除利用无线电波。设于充电站的基底磁座，可遥控启动车内的磁座旋转，从而产生电力对电池充电。

研究人员在不列颠哥伦比亚大学校园内安装了4个无线充电站，并对测试的校园服务车利用新技术进行改装。试验表明，该系统与电缆充电相比，效率提高90%。车辆一次充满电需要4个小时，充满电的车辆可运行8个小时。

该大学负责基建运营的总经理戴维·伍德森表示，电动车面临的主要挑战之一是，需要连接电源线和插座，而且还往往是在恶劣天气和拥挤的条件下。该系统开始测试后，驾驶者的反馈一直非常积极，他们所需做的是把车停好，车辆就会自动开始充电。

该研究小组最初的设想是为植入式心脏起搏器等小型医疗设备设计磁力驱动充电系统。而目前的这个较大系统得到了加拿大国家研究理事会创新基金的支持，将校园作为一个活生生的实验场所进行测试，有望为下一步的研究和开发提供宝贵的数据。

(5)可网络预约租车的电动汽车共享系统投入使用。2013年5月9日，韩国首尔市电动汽车共享系统正式投入使用。“电动汽车共享系统”是一种智能化无人服务系统，用户可通过网络或手机进行预约并利用。

首尔市电动汽车共享系统服务由韩国LGCNS、韩国铁道公社、HANKA、KT锦湖租车公司四家企业共同提供。该服务出台的目的在于节能减排、减少汽车流量、改善空气污染、促进环保型汽车技术发展等。电动汽车共享系统正式启动后，每辆电动汽车可以替代4－10辆普通汽车。目前，首尔市在57个租车点共备有184辆电动汽车。

该系统的用户,需先在电动汽车共享系统相关网站及四家服务提供商的网站上注册后领取会员卡。需要用车时通过网络或手机进行预约,并在预约的租车点租车。用户注册条件为:年满 21 周岁,有个人信用卡且取得驾驶执照满一年的公民。一旦注册成为会员,每次租车时不用签任何合同类文本,就可以在指定租车点通过智能化无人服务系统完成一切手续。还车时,用户将车开到租车点,停车后重新将汽车与充电器相连,系统将通过用户登记的信用卡信息自动扣除租车费用。

租车费用方面,包括保险费在内,使用该共享系统下的电动汽车,每 30 分钟费用平均约合 17 元人民币。由于不用支付额外的燃料费,使用共享电动汽车比开私家车更为划算。但用户需要注意的是,充满电时可持续行驶的里程仅为 90 千米,且除首尔外的地方城市充电设施处于不足状态。

首尔市气候环境本部表示,为弥补可持续行驶里程较短的缺点,首尔市在公共停车场等地点,设置了 28 台高速充电器。首尔市还计划在 2013 年下半年确保推出更为多样的车型,以进一步推广和普及电动汽车共享系统。

(6)把传统的路灯柱改造成电动车充电桩。2013 年 12 月,柏林媒体报道,能否提供方便快捷的充电装置是影响电动车发展的重要原因。柏林目前正在进行一项测试,把 100 个传统的路灯柱改造电动车成充电桩。如果运行良好,将有望在全德国推广。

把电动车充电装置集成到传统的路灯上,这是世界各国都在努力尝试的,降低电动车公共充电设施成本的方法之一。而现在,德国柏林米特区的大街上已经开通了第一个这样的路灯充电桩。项目组织者认为,该技术便宜、方便,且节省空间。德国汽车工业协会也希望这一新的充电技术能给电动车带来革命性的影响。

这种充电桩的核心是德国一家公司研发的充电插座,它可以被毫不费力地集成在传统的路灯柱上。插座能够提供相应的电流、电压、熔断器、接地漏电保护等标准配置。

此外,充电系统还包含一个专门开发的,用于计费的“智能电缆”。它包含了 SIM 卡的模块,可以通过无线向电力公司发送数据。只有已经注册的用户被识别和授权后“智能电缆”才会允许电流通过,为用户充电,相应的电费则会每月通过账单寄送给客户。

2. 研制节能环保的汽车发动机

(1)研制低污染的柴油发动机。2005 年 6 月,有关媒体报道,对污染物日益严格的限制,给发动机的运转带来了新的要求,特别是针对高效柴油发动机。对于运输车辆来说,自燃式的柴油发动机可以产生高效的能量。由于柴油发动机,具有较高的经济性和较低的二氧化碳排放量,它们早已在市场上占据了很大的份额。但是,它们也必须符合关于氮氧化物和微粒的排放新标准。

为此,法国一个项目小组研制出一种新的燃烧程序。在旧技术的基础上,这项创新技术使用了燃烧室的全部空间。研究人员运用一种称为"均质充量压缩点燃"的专业技术，实现该创新程序。通过一种新开发的柴油喷射系统的帮助，空气燃料混合物，注入均质压燃发动机。

该点火系统的基本理念是：每个喷射孔喷射出的雾状燃料只占用适当的"空间"，将多个喷射的效果相结合。因此，这种柴油发动机的燃烧程序能在燃烧室的最大空间内进行，而且不会有燃料引起汽缸壁变湿。

该柴油发动机的压缩程序，经过不同的单汽缸在稳定状态下的运转检测，结果显示，排放出来的微粒极少，氮氧化物的排放量接近于零，而且还保留了柴油发动机的高效性。

(2)研制达到"欧6"标准超低尾气排放的柴油发动机。2009年11月，德国慕尼黑工业大学发表公报说，两个月以前，欧洲新产汽车开始实行"欧5"尾气排放标准。而该校一个研究小组，目前已研制出一种卡车内燃柴油发动机样机，它几乎能完全达到更严格的"欧6"排放标准，其尾气污染物排放已降到几乎测不出的水平。

该研究小组通过不断改进这种所谓"最低排放卡车柴油发动机"，最终目标是不用尾气净化器就能达到"欧6"标准。"欧6"标准要求包括柴油发动机汽车，行驶每千米碳烟排放应低于5毫克，一氧化氮排放低于80毫克。这两项指标，分别仅是2009年8月才过期的"欧4"标准的20%～25%。

公报说，进一步降低尾气污染排放的一大障碍是碳烟颗粒和一氧化氮排放，很难分别降低。一氧化氮是柴油在发动机燃烧室中与空气混合燃烧后产生的。空气中的氧气将柴油主要燃烧成二氧化碳和水。这一化学反应瞬间完成，在燃烧室中产生很高的温度。高温作用下，氧气会与空气中的氮气发生化学反应产生一氧化氮。现代的柴油发动机，会将经冷却的部分尾气与空气一道重新导入燃烧室。这种混合气体中的二氧化碳和水会使柴油燃烧减缓，从而使燃烧室内温度不会很快上升，其结果是产生了较少的一氧化氮，但同时也产生了更多的碳烟颗粒，因为混合气体中氧气含量少了。

该研究小组想出了一个解决方法：他们为柴油发动机设计出特殊的结构，使其涡轮增压机，把上述尾气即空气混合气体，以10倍大气压的压力压入燃烧室，目前量产汽车发动机只能承受不到一半的压力。经高压的混合气体又有足够含量的氧气与柴油充分燃烧。

研究人员想出的第二个窍门，是改进发动机柴油喷嘴，使其能够以极高的压力把柴油以非常微小的雾状油滴形式喷入燃烧室，与氧气充分混合燃烧，从而只产生极少的碳烟颗粒。

但是，微小油滴充分燃烧的后果是燃烧室内温度又会迅速上升，导致一氧化氮排放有所增加。目前，研究人员正着手在尾气回送、混合气体压力和柴油喷嘴设计三者间，找到适当的平衡，以进一步降低发动机污染物的排放。

(3)研制出最强悍的小排量节能发动机。2009 年 9 月,在法兰克福车展期间,德国一家曾经隶属于奔驰旗下的发动机制造公司,尽管很少有人了解,但其却以新发动机震惊了世界。

这家企业研制成功最新的 0.7 升小排量发动机,其最大输出功率竟达到 97kW,即 130 马力,最大扭力输出则达到 165N · m。更特殊的是,它使用 5 冲程结构,并配合涡轮增压和对点燃油注射技术,这不仅动力更强,而且其燃油效率将比同等直喷发动机提升 5% 以上。

该企业并没有公布细节数据和结构状况,但仅从亮相的样品上就可看出,全铝合金的整个机械结构十分规整,焊接口和各个接缝都显得光滑和整洁,足以看出其做工的精湛性。

研究人员表示,目前,这款 0.7 升的小排量发动机,还处在试制阶段,并没有批量生产,不过一旦研制成熟,并经过一系列耐久性测试,这款小排量发动机,将很可能配备到奔驰旗下的车型上。这或许也代表了奔驰未来小型车的发展方向。

该公司表示,目前各项技术已经成熟,在未来他们还将开发新汽缸容量、气门设计及不同涡轮增压选择,预计这款 0.7 升的发动机输出会轻松提升到 150 马力,并使自身重量减轻 20% 左右。

原来奔驰汽车的背后还隐藏着这样的高手,无可否认小排量节能发动机的纪录将由他们不断刷新。

3. 开发汽车节能装置和节能软件

(1)研发出汽车省油装置并已通过测试。2005 年 1 月,菲律宾一名司机发明的汽车省油装置,已经通过菲律宾能源部和中国台湾地区有关方面测试。

据介绍,如果汽车发动机内的空气和燃料比例不正确,汽油燃烧就会不完全。这名司机发明的“豪斯超级涡轮增压器”,实质是一项空气调节装置,能向发动机提供正确的空气对燃料的比例。汽油有效燃烧可降低汽车废气排放量,延长汽车发动机、火花塞、消声器和机油的使用寿命。

现在汽车使用的一般触媒转化器是燃烧后的装置,用于过滤和储存污染物,而“豪斯超级涡轮增压器”是燃烧前的装置。根据对 1000 多辆不同汽车所作的实验,该装置可为车主节省高达 50% 的汽油。

该司机 1973 年发明“豪斯超级涡轮增压器”后经几次改进,目前由菲律宾一家公司生产。美国、德国、新加坡和中国内地的几家公司已表达了合作意愿。

(2)研制出氢燃料实时喷射的汽车节能装置。2005 年 8 月,国际能源机构的统计数据表明,2001 年全球 57% 的石油消费在交通领域。由于能源短缺,交通能源转型将是一个长期的循序渐进过程。专家预计燃料电池轿车的大规模商业化大约在 2020 年,最终的氢能经济将在 2040—2050 年实现。近期推广并已经投放市场的汽车节能装置,起到了节油、减排、提高能效等效果。

加拿大氢能公司研发的氢燃料喷射系统,能增加卡车发动机功率 5% ~15%,

提高柴油机燃烧率10% ~30%。在加拿大每辆卡车每月可节省500 ~3000加元，提前达到美国环境保护署2007年颗粒排放标准。这是世界上目前唯一产生经济效益的氢能产品。

氢燃料喷射系统的基本原理是:利用发电机发出的多余的电,将蒸馏水中的氢和氧分离,然后再将两者实时注射到供油系统,使柴油得以充分燃烧,排放的油烟和颗粒减少;生产出的氢即刻被注射到输油系统,避免了氢储藏风险。车辆正常行驶时,电瓶通常是充满电的,大部分时间不需要发电机为其充电。在使用中唯一额外增加的原料是水,按每辆卡车每周平均行驶0.6万千米计算,仅需1.9升水。

北美地区约有300万辆大型卡车,每年的油耗达数十亿升,同时排放大量颗粒。一辆普通的大型卡车每月燃烧支出5000 ~10000加元。添加该节能增效装置后,加拿大氢能公司确保可节省10%的燃料费,并且已创下节省30%的记录。在月燃料支出为5000加元时,按节省10%计算,每辆卡车每月可节省开支500加元。在月燃料支出为10000加元时,按节省30%计算,每辆卡车每月可节省开支3000加元。

(3)利用车辆排热发电的节能组件。2008年8月,日本《日经产业新闻》报道,日本古河机械金属公司,正在把热电转换材料作为汽车零件实用化,这种技术可以利用汽车排热发电。据悉,该材料是以锑为主要原料并混入镓等金属的化合物。相关节能组件,放置于车辆发动机或排气装置附近,即可将受热值的约7%转为电能进行再利用。这可节省2%的燃料费用。

热电转换材料的原理是:在同一材料之中,同时存在的高温部分与低温部分之间可以产生电能。在以前的研究中,经常出现一处受热整体升温的情况,而且转换效率极低。除了利用温泉发电之外,很少得以实用化。

古河公司“素材研究所”以锑为主体,通过加入镓、铟、钛等差异较大的金属的方式,形成了不规则的材料组织,即使材料部分受热,整体温度也很难升高。

通常,汽车消耗的汽油能量仅有25%用于驱动车辆,另有一半则通过车身和排气管变为热量散失。新材料的使用,可以将7%的排热,转换为车内电器所用的电能,这将减轻发动机负荷。据测算,如果使用20块前述新材料,就可以使汽车耗油减少2%。今后,古河公司还将继续提高这种材料的热电转换效率,并预计在3年内投入批量生产。此外,锑等材料虽系稀有金属,但目前看货源和成本尚不存在问题。

(4)开发出可减少汽车油耗的软件。2007年2月11日,《新科学家》网站报道,荷兰埃因霍温大学科学家约翰·克塞尔领导的一个研究小组,开发出一种用于汽车发动机电脑控制系统的软件,可使汽车的油耗减少2.6%。

该研究小组在与美国福特汽车公司联合进行的研究中,开发了一种可提高汽车发动机性能的软件。这种软件能根据不同情况,自动开关给汽车电瓶充电的发电系统,比如,当发动机运转驱动发电系统发电的效率特别低时,这种软件就能使发电系统停止工作,从而提高发动机的整体工作效率。克塞尔说,这种软件适用于所有配置发动机电脑控制系统的车辆。

克塞尔说:“只需(给发动机电脑控制系统)安装一种软件,增加一根普通电线,就能将汽车油耗降低2.6%。”同样方法已被用来提高许多混合动力车的工作效率。

在各国政府下大力气减少温室气体排放的大背景下,如何提高燃油效率,是汽车制造商关注的一大问题。克塞尔说,即使新技术只能让燃油效率小幅提高,也会受到汽车制造商的欢迎。

欧盟委员会2月7日刚公布了汽车尾气排放新标准立法提案,要求在2012年前将欧盟新车平均二氧化碳排放量削减25%。

第三节　设计建造节能环保型建筑

一、设计建造节能环保的新型房屋

1.建造主要利用太阳能和地热供暖的节能房屋

(1)建造能够供暖节能的“生态屋”。2005年4月,有关媒体报道,冬季供暖向来都是令人心疼不已的耗能大户,如何发挥能源的最佳供暖效应,自然成为实用技术的主攻方向之一。目前在俄罗斯,被称作21世纪节能建筑的“生态屋”或“太阳屋”,可以算得上是当之无愧的“供暖节能典范”。

这是一种基本上甚至完全靠太阳能转换、房屋内部人体热源及房屋保温性能来供暖、供热水以至照明,把人主动“外加”的供热能耗,即用常规供热锅炉或常规电力网采暖和供热水的能耗,降到零或近于零的房屋。

“生态屋”是一种高效而和谐的利用生态资源的系统。它由“零能耗房屋”和屋旁地构成。屋旁地,用于采用高效生物方法和新式耕作法种植农作物,对所有液体的及固体的有机废物,进行生物加工利用,包括沼气发生器等。采用这些方法,可以比在纯天然条件下,更快地培育屋旁地的生态资源。

20多年前,新西伯利亚就有一些专家学者,自发地开始研究和兴建“生态屋”。这些房子都按国际社会生态联盟开发的技术建造。一幢总面积七八十平方米的两层楼式“生态屋”,包括地皮租金、道路建设费用、杂费等总造价为1.1万~2.5万美元。

“生态屋”的房前屋后有块地,种点蔬菜和果树之类供冬季食用。它主要靠太阳能集热器供暖,不足部分以燃用可再生载能体(秸秆、木材、沼气等)的发热机补充。但“生态屋”一般也都备有烧煤、柴油或天然气的供热设备(所谓的“慢燃炉”),以防不测,只是其能耗要比普通房屋采暖要少得多,为其几分之一。据报道，即使在西伯利亚这样的世界最寒冷地区，“生态屋”在 2～5 月和 9～10 月也能仅靠太阳能供暖。

“生态屋”的一个重要特点，是强调建房采用当地的建材(但必须是生态建材)。可称作生态建材的不仅是对人无害的建材，还应该是生产中对环境无害、房屋使用期结束后可就地以自然方式无害化处理的建材。如加气泡沫混凝土、泥砖、压制秸秆构件、木材(在林区)等。用作墙体保温材料的主要是秸秆、芦苇、亚麻秆等。

此外，“生态屋”的有机废物全部要用生物技术自行资源化处理，使之变成肥料。污水也要经天然过滤系统处理而可以用于浇地等复用。

建“生态屋”在选址地形上也有讲究，它的北面要能防寒，南面和东面要开阔无遮蔽，此外住房本身和花圃、菜园、果园等布局要合理，要考虑到其配置角度、风向、周围植被、土壤分布等。

据称，建造优良的木结构“生态屋”式庄园房，实际造价为 100～150 美元/平方米。例如，“住宅建筑技术”公司，就以交钥匙方式为客户建造“杜布拉瓦”式 2 层小楼，每层面积 6 米×6 米，造价 19 万卢布。也有人以交钥匙方式，建造总面积 70 平方米的(也是 6 米×6 米)圆木结构房，价格 10 万卢布。

(2)建造“被动屋”等节能新型建筑。2005 年 4 月，有关媒体报道，在德国，“被动屋”住户的采暖花费比普通房屋住户少 95%。而且，这种房屋也颇具市场竞争力。随着“被动屋”的逐渐普及，其市场售价已降到几乎与普通房屋持平的水平。据一份营销研究报告预测，到 2010 年，德国“被动屋”的总数将占全国房屋的 20%。

在德国，建“被动屋”已有十多年的历史。它是一种不用传统供暖系统的房屋，转而利用太阳能和屋内热源——家用电器、生火造饭及人体自身的天然热辐射来采暖。这种采暖方式比普通新房节能 2/3 到 3/4，比 20 世纪 60 年代盖的预制板简易房节能 4/5 到 5/6。

传统房屋有近一半的热量通过墙体散失，近 1/3 通过窗户散失，还有少量通过屋顶和地下散失，此外还有一部分通过通风散失。“被动屋”的墙和窗都做到最大限度的保温——墙体都用矿物棉、聚苯乙烯泡沫塑料、秸秆束等作隔热材料，而从南面超大型窗户进来的太阳能比散失出去的多。另外，“被动屋”都装有强制通风系统，它的热交换器能把外排空气的热量，转给吸入的空气，从而使外排空气所含热量的 90% 得到回用。有了这种通风系统，就不必开通风小窗了，这也能起保温作用。此外，“被动屋”是一种漂亮的玻璃房，极具观赏性。在建筑上，它的南面(正面)总是镶玻璃的，几乎占满整个南墙的玻璃窗就是用来最大限度吸收和储蓄太阳能，以加热屋内空间的。

据称，在欧洲一些“被动屋”里能把供热能耗降到 15 瓦/平方米。在一个房间里，只要有 2 个人待在里面和开着 2 只白炽灯就能保持最佳温度。这首先是由于墙体保温性能极高，其次是因为其窗户非常密封，还有就是因为能有效地利用太阳能、地热和通风排气热。

不过，在屋内长久无人的情况下，“被动屋”还需配备一套常规节能型备份供热设备，一般为分户式燃气热水炉。

学校等公共建筑和企业生产用房，建成“被动屋”也很有意义。拿学校来说，如果建成“被动屋”校舍，由于每个人体辐射的热量相当于一个功率相当大的电加热器，一个约 30 名学生的教室，完全可以靠学生在场而减少近一半的供热量。同样，如果把养鸡场、养猪场等盖成“被动屋”，畜禽的体热也可以大大减少舍间的供热量。

白俄罗斯一家研究所，经多年跟踪研究德国“被动屋”的建设情况，得出这样的计算结果：“被动屋”的造价，平均每平方米比普通预制板式或砖式房屋高 10 美元（总造价高 3% ~5%），成本回收期为 6 ~8 年。

这种“被动屋”并不一定非得建新，还可以改旧。在德国，就有许多“被动屋”是通过把传统房屋翻修而成的。这种改旧而来的“被动屋”，现在有了一个更驰名的民间俗称——“3 升屋”。因为它翻修后，采暖能耗仅 3 升汽油/平方米/年，比德国现行能源消费标准还低 60%。

德国是个重视节能的国家，早在 1979 年就通过了三项关于节省热能的法令，显著降低了供热的能耗。由于这一领域仍有节能潜力，德国政府最近又拟定了一项新的节能计划，其中按能耗原则划分出“低能耗屋”“被动屋”“零能耗屋”“有余能屋”和“有进项屋”几类。

“低能耗屋”：是符合现代建筑技术水平的房屋。这种房屋的基本思想，是通过提高房屋的隔热保温性能来节省能源消耗。

“被动屋”：能耗要低得多。年/平方米/采暖能耗 15 千瓦时。这种房屋设有很好的通风、保温和热交换性能，能在没有专门的供热和供冷设备情况下，保证室内拥有舒适的小气候。

“零能耗屋”：被动屋还可以改进，使其将不可再生能源的消耗降低到零。采用的技术是一种能在冬季，把太阳能储蓄起来使用的热水储存器。整个房屋原本已经拥有非常高效的隔热保温性能，采用这种热水储存器后，能够进一步减少这种房屋本来就不高的供暖需求。

“有余能屋”：年/平方米/采暖能耗 11 ~15 千瓦时，和低能耗屋几乎一样。其太阳能电池一年到头都能保证房屋能源小有盈余，所生产的电能比消耗的还多一些，多余部分可以储蓄起来或接入电网。

“有进项屋”：人们自然千方百计追求有余能屋。因为，供电企业对住户接入电网产生的盈余电能会给予补贴。结果，人们不但无须为采暖供热出钱，还可因此小赚一笔。

该计划还规定，建造符合环保要求的住宅或改造老式供暖系统，都可以得到各种渠道的补贴，以及联邦和州政府及地方公共事业机关向居民提出的各种计划的扶持。

（3）设计出能随太阳旋转的环保屋。2007 年 4 月，英国媒体报道，英国发明家汉密尔顿，已经设计出一座能随太阳旋转的环保房屋，并准备在英格兰中部的德比郡建造。

这座房屋高三层，将装备太阳能电池板，利用轮子和轨道使房屋随太阳转动，并在屋顶安装风力发电机，以利用当地较强的风力，房屋建材也将使用环保材料。该房屋的总造价为 50 万英镑。

目前，汉密尔顿的房屋建造计划已得到当地建筑规划部门的许可。

（4）建成随时向阳的转动房屋。2009 年 12 月 6 日，英国《每日邮报》网站报道，澳大利亚卢克·埃弗林厄姆和黛比·埃弗林厄姆夫妇，想让自己的房间随时充满阳光，着手建造一座能像向日葵一样随太阳转动的房屋。目前，这座旋转房屋，已经矗立在澳大利亚东南部新南威尔士州温纳姆镇，它依山傍水，大部分由玻璃和钢材搭成。

该房屋呈八边形，直径约 24 米，外围有一条约 3 米宽的游廊环绕。房屋可以绕中央转轴做 360°旋转。在卧室墙上装有一块液晶触摸屏，只需按照选择要求点击，便可以控制房屋转动的方向和角度。这种设计不仅让每个房间采光更好，而且比一般设计更宽敞。驱动房屋转动的，是两台比洗衣机马达大不了多少的电动机。

这座房屋，不仅能够利用自身旋转获得理想的自然光以节省电能，而且还包含其他一些符合生态环保理念的设计。例如，房屋利用地热供暖。一条 120 米长的地热管道埋入地下 2.5 米，再通过中央转轴通往屋内各个房间，以保证屋内温度维持在 22℃左右。

2. 开发充分利用风能的节能环保房屋

（1）开发自然通风而无空调建筑的设计软件。2006 年 9 月，有关媒体报道，美国麻省理工学院建筑系主任利昂·格利克斯曼教授领导，英国剑桥大学专家参与的一个研究小组，正试图开发一种软件，以帮助建筑师设计楼房的自然通风路径，利用房屋朝向、科学设计的窗户等方法，尽量减少空调的使用。

研究小组在英格兰卢顿市，尝试建造了一幢利用自然风原理设计的楼房。楼房呈“口”字形，每层房间都面向中央庭院，中央庭院上方有 5 个巨大的通风口。这些设计很好地解决了空气流通问题。

研究人员记录了楼内 6 个月的温度和空气等指标，发现这种设计仍有瑕疵。例如，庭院里的空气有时会出现“反对流”，与楼外流入的空气形成漩涡，不利于新鲜空气的获得。最后，研究小组通过模型和电脑数据分析，找到了解决问题的办法。

在这些实验和发现的基础上，专家将研究出一套简单易操作的软件，帮助建筑师设计自然通风的路径,使楼房无须安装空调系统就能保持空气新鲜和凉爽。

格利克斯曼认为,正确的楼房设计可以改善空气流通,保持楼内温度,从而减少甚至取消传统空调的使用。但建筑师们担心这种新理念行不通。因此研究小组现正在开发实现这一目标的软件模型。

(2)设计可作风力发电站和城市景观的环保建筑。2013 年 5 月,英国每日邮报报道,瑞典首都斯德哥尔摩市中心计划建造的一座摩天大楼,与其他摩天大楼迥然不同,乍一看它好像是戴着一头假发。

然而,未来它将成为建筑设计的一支新秀,不仅具有奇特的外观,而且具有极强的环保性,这座摩天大楼覆盖着的“毛发”事实上是一种纤维体,可将风力动能转变为电能,在高层建筑能够充分利用风能。

设计公司把它称为“稻草摩天大楼”。该公司指出,稻草摩天大楼提出了未来建造城市风力发电厂的最新技术。通过使用压电科技,大量的微型“稻草”在风中飘动可以产生电能。

这种新型风力发电站开启了如何使建筑物产生电能的可能性,在该技术的支持下,一座摩天大楼将转变成为一个能量生产实体。

该公司称,奇特的建筑覆盖物还可作为一个旅游景点,稻草的持续移动从外观上形成一个波浪状景观。通常人们认为建筑物都处于静态,但是稻草摩天大楼却赋予生命力,能够随风飘动,仿佛这座大楼会呼吸。

随风飘动的稻草使建筑物持续改变外观,夜间能够发光,不断变换颜色。艺术家描绘的瑞典首都“多毛摩天大楼”,这种多毛结构事实上是纤细的纤维体,随风飘动可将风能转化为电能。

3. 建造综合利用太阳能、风能和生物能的环保房屋

(1)设计出用足太阳能和风能的环保建筑。2007 年 11 月,美国媒体对洛杉矶建筑师迈克尔·伽特泽的设计做了报道。伽特泽是个喜欢标新立异的人,他常常设计一些稀奇古怪的建筑。他的创意如此奇特,以至于这些建筑一旦落成,就成为地标式建筑,而且引领建筑设计的时尚潮流。伽特泽同时也是个重视环保的人,他喜欢让自己设计的建筑,能够利用天然的绿色能源,其中主要就是太阳能和风能,他的设计往往能引发人们对环保建筑的一些思考。以下简要介绍伽特泽的作品,让公众一睹环保建筑的风采。

旋转式太阳能住宅。伽特泽设计的旋转式太阳能住宅用 8 个扇形外墙和一个圆形地板组成。8 个扇形外墙相互叠加,可以围绕着中央的支撑柱旋转。外墙是一种百叶窗式的结构,打开时可以透光,封闭时可以遮雨挡风。在天气好的白天或月夜,扇形外墙在底座电机的带动下,可以完全或部分叠加在一起,形成一个开放式或半开放式的亭子,人们可以充分享受到阳光和清新的空气。如果出现风雨或者太阳光太强烈等恶劣天气,扇形外墙可以围成一圈,让你拥有一个全封闭而且完全的家。这种旋转式住宅顶上有太阳能电池板,可以提供日常生活用电和

旋转外墙的用电。

适合沙漠地区的风凉大棚。伽特泽为风沙大的地区设计了一种名为“风凉大棚”的建筑。这种建筑看上去像是一个两端没有封口的大棚。但是，无论风沙有多大，无论太阳光有多强烈，你只要进入这个大棚，你就安全了。有人会说，这个大棚没有封口，风还是可以吹进来。其实你不用担心，大棚的屋顶上布满了涡轮风扇，这些风扇可以吸收四周吹来的风，并用这些风力来发电。因此，风凉大棚不但可以为路人遮阳挡风，还可以为附近的居民提供电能。这种大棚坐落在沙漠里最合适了，如果给大棚配备一些插座，行人还可以在里面为自己随身携带的小电器充电。

能折叠的曲折外墙。这种住宅的外墙折来折去，看上去有些令人犯晕。伽特泽之所以设计出这样的外墙，是为了让建筑充分利用太阳能。这种住宅其实是由一些部件搭建起来的临时住宅，需要搬家时搬起来也容易。临时搭建的住宅往往在风雨中就变得不安全了，曲折的外墙设计可以有效地抵御风吹雨淋，至少可以抵御七级左右的大风。曲折的外墙还可以增加太阳照射的面积，让房子冬天也很暖和；曲折的外墙还可以贴上太阳能电池板，这可以给夏天的房屋降温，而且能提供夜晚日常生活的用电需求，一举两得。

可转动的风力旋转公寓。伽特泽设计的风力旋转公寓共有 7 层，除了底部的一层不能转动之外，上面的 6 层可以随风转动。因此，你每分钟看到的房子外形都是不一样的。这是世界上第一栋以风作为旋转动力的建筑。这栋公寓由超轻材料制成，这便赋予了可以随风转动的特质，旋转起来的公寓从远处看就像一个大风车。居住在这所公寓里的人还可以随喜好自行操控自家房子，例如改变房子的朝向、温度和景色等。风在吹动房子改变其外观的同时还可以用来发电，为居民提供夜间照明。

风力发电的太阳风礼堂。这个宏伟的太阳风礼堂，是伽特泽为加州州立大学设计的，可以用于中型的集会和平时师生的休闲，可以同时容纳 300 人。这座建筑最醒目的是位于建筑中部的风力涡轮发电机，它离底座有 45 米的高度，可以发电直接使用或存储在电池里，电池安装在礼堂的基座下。巨大的太阳能电池板位于礼堂顶部的百叶结构上，也能产生额外的电能供校园使用或存储在电池里。而且，电池里的电能，也可以用来分解建筑收集到的雨水产生氢，把太阳能和风能用氢能的方式储存起来。

（2）建成太阳能、风能、生物能同用的环保样板住宅。2007 年 3 月，英国著名环保组织“地球之友”发起人马蒂·威廉，历时 5 年，终于把他位于伦敦的一套普通复式楼房改建成当今“环保样板住宅”。据悉，该住宅安装了太阳能电池面板、风力涡轮机、生物发电机及绝缘墙壁、双层真空玻璃等节能设施。

马蒂·威廉在伦敦东部的汉克尼区拥有一套 3 居室的复式小楼。大约 5 年前，他突然萌生一个大胆的念头，将自己这幢普通住宅楼全面改造成一套“环保样板房”。经过长达5年的艰苦摸索和不断实践,一套堪称当今“最环保”的住宅终于问世。乍望去,这套尖顶复式住宅并无什么特别之处。可仔细一瞧,不难发现其中玄机多多。

首先,住宅迎风的院墙前矗立着一个扇状涡轮发电机,随着叶片的转动,不时将风能转化为电能。其次,在斜面屋顶外铺设着数块巨大的太阳能电池板,将日照转化成电能,并加以储存。再次,在一楼的储藏间安装有一个硕大的生物发电机,食物的残渣和人畜的粪便,在此经发酵变成沼气,继而转化为电能。

另外,所有门窗的普通玻璃,被清一色的双层真空隔热玻璃取代。原有混凝土墙体经过改造,内部夹层一律添加了绝缘材料。此外,住宅内原有的普通洗碗机、电冰箱、洗衣机、烘干机及电灯泡一律淘汰,取而代之的是全面升级换代的环保型家电。另外,还安装了一个节水型马桶和一套屋顶废水回收系统。一共花了近3万英镑。

据测试,他家的水电费与原来相比,现在每月骤降70% ~80%。不过,要想收回全部房屋改造资金,怎么也得几十年,可见改造成本还是比较高的。然而,不久前,马蒂试探性地宣布出售这套绿色住宅,市场对此的追捧程度竟大大超出他的预期,连日来前来问价的顾客络绎不绝。

(3)设计建成多能并用的碳零排放环保住宅。2007年6月,英国媒体报道,碳零排放的新型环保住宅揭开神秘面纱,在英国沃特福德亮相,这是首座完全符合英国可持续性住宅法所规定的,六级环保标准的五星级商业性住宅。英国建设部部长库玻为其颁发了免除财产购置税证书,专家预计这种新型节能环保住宅,今后将在英国大量涌现。

这种新型零排放4层木框架结构住宅,是由斯图尔特米尔恩集团设计开发的,住房为两卧室,居住面积大约为110平方米。该设计的最大特点是使用可再生能源,由太阳能热水器提供热水,屋顶的风能涡轮发电机及太阳能板提供电力,生物质能锅炉燃烧特制的小木球来供暖。屋顶装有雨水回收器,室内用水为循环使用,洗澡洗脸用过的水,可用于冲刷卫生间。住宅的密封条件极高,据计算,比传统住宅减少60%的热量散发。室内装有温度传感器,自动控制通风口调节室内的温度,保持室内空气流通,保证空气质量。智能电表可向住户提供详细的能源消耗情况,帮助其提高能源使用效率。当住户外出度假时,其可产生的再生能源还可并入国家电网中,供其他居民使用。

据统计,英国住宅的二氧化碳排放量,约占全国二氧化碳排放总量的1/4。解决住宅二氧化碳排放问题成为英国政府当务之急。今年4月,英国颁布了可持续性住宅法,对住宅建设和设计提出可持续性新规范。根据房屋的能源效率,设定了一至六星的评定等级,要求到2016年,英国的新住宅需按照可持续住宅法的标准进行设计和建筑,并对符合可持续性标准的住宅,提供免除财产购置税的优惠政策。

虽然这种新住宅,还没有达到可持续性住宅最高六星的评级标准,斯图尔特米尔恩集团的执行总裁表示,新住宅还不能称作完全意义上的零排放住宅,比如生物质能锅炉还要排放二氧化碳,还需要利用作物生长吸收二氧化碳来做抵偿。不过,他认为,这毕竟是首座达到五星级可持续性标准的商业住宅。随着时间的推移,六星级的可持续性住宅肯定会在不远的将来出现。

另一个民众非常关注的问题,就是新型住宅的成本问题。开发者表示现在谈论成本,还有点为时过早。虽然目前样本房的建筑成本,比标准住房要高40%左右,今后如果大规模开发建设,其成本将会大大降低。此外,还要考虑免除1%的财产购置税及大幅降低的用电支出等因素。如果有50户以上居民使用风能,可降低当地60%到80%的能源消耗。一个标准的新型住宅一年的电费只需要31英镑,而同等大小的传统住宅年平均电费则需要大约500英镑。

(4)推出“零排放概念环保房屋”。2009年4月,日本松下公司在东京“松下中心”,向当地媒体展示了其面向未来的“零排放概念环保房屋”。这种房屋充分利用自然风、光、水、热资源,采用节能环保材料,以及太阳能等,最大限度地减少二氧化碳排放。公司称,这种环保屋预计3~5年后将成为现实。

据松下公司介绍,环保屋的主要特点是“节能、创能、蓄能”。“节能”就是提高对自然界既有资源的利用率,同时采用环保隔热的建筑材料,以及最先进的环保节能家电设备等。例如,室内的通风换气系统,采用自然换气和机器换气相结合;房屋设计成透光结构,可大量采用自然光;照明设备全部用LED节能灯;卫生间等全部采用节水设施;在合理利用自然界热量方面,房屋大量使用高性能隔热材料,同时通过热泵技术采集空气中分散的热量“为房所用”,可以达到降低电力消费的效果。

所谓“创能、蓄能”,就是通过大量采用燃料电池、太阳能等清洁能源,获得日常生活中所必需的一些能源,并通过蓄电装置把多余能源储存起来以备不时之需。研发人员希望通过节能、创能和蓄能,实现环保屋二氧化碳零排放的目标。

据悉,由于“创能、蓄能”方面的技术成本较高,目前这个环保屋对大多数人来说还是“奢侈品”。松下公司预计,随着技术进步和成本降低,在不久的将来,普通人也能住上这种环保屋。

4.设计建造具有某种特殊环保功能的房屋

(1)开发出能吸收污染净化空气的房子。2006年11月,英国《星期日泰晤士报》报道,位于英国林肯郡格里姆斯比附近的千年化学药品公司,研发出一项创新成果,它正被用于建造吸收污染的建筑物。这一成果,使人们有望用上不会被烟熏黑甚至能够净化周围空气的房屋和写字楼。

据报道,这种技术是把二氧化钛雾化,喷在建筑物的表面,或把它作为塑料、织物或瓷砖的配料。通过这种方式,它可以成为分解汽车排放污染物的催化剂。

报道说,这种材料,可用于现有建筑物外墙涂层,或直接加入新的建筑物当中。除了保持墙面洁净，它还能通过净化建筑物周围的空气，来减少呼吸系统疾病。伦敦市中心的一处人行道和伦敦约翰卡斯爵士学校，正在进行实地试验。

这项技术及其有关用途的研究，得到欧盟的支持。数十年来，二氧化钛一直作为牙膏等产品的漂白剂，而它具有吸收污染的能力，最近才得到确认。

(2)设计建造防火并能减少碳排放的“稻草屋”。2009 年 11 月，英国巴斯大学发布公报说，该校一个研究小组利用稻草和植物纤维等材料做成预制板，然后把它嵌入木制框架中，并用石灰等进行特殊处理，建成了一座“稻草屋”。稻草是易燃材料，而这座“稻草屋”，刚刚通过了 1000℃高温的防火测试。

据介绍，这是一座绿色环保的房屋。由于稻草预制板具有良好的隔热效果，因此与普通房屋相比，这座“稻草屋”，不仅能大大节省供热费用，而且还能减少因供热等导致的碳排放。

目前，人类排放的二氧化碳有很大一部分来自建筑领域，包括生产建筑材料和对房屋供热等。研究人员说，这座“稻草屋”的建成说明，在建筑领域使用新型绿色可持续建筑材料，是可以实现的。

二、节能环保建筑的配套成果

1. 提高建筑物局部的节能效果

(1)研制出一种太阳能百叶窗帘。2006 年 10 月，有关媒体报道，德国最新研制出一种太阳能百叶窗帘。百叶窗通常是控制室内采光的一种简单而有效的装置，而德国的太阳能百叶窗帘，则能把不必要的光吸收并储存起来，在晚上使用。

这种百叶窗帘的每一条叶片的向阳面都有一层薄薄的柔性光电膜。它能将太阳光转变为电能，储存在充电池内。夜间，叶片朝向室内一边的荧光发出柔和的光线，提供房间背景光。一扇 0.9 米 ×1.8 米，带有 14 条叶片的，太阳能百叶窗帘发出的光，相当于两个 20 瓦的白炽灯泡的亮度。

为了营造不同类型的氛围，此电荧光源可调成纯红色到白色不同颜色。阳光充足时，太阳能百叶窗帘可产生 49 瓦的电。它储存的电能除用于照明外，还可以用来驱动其他电器如换气扇等，节省了电能。

(2)设计出同时用风能和太阳能发电的“能源屋顶”。意大利科学家设计了一种新型的“能源屋顶”。这种新型“能源屋顶”同时利用太阳能和风能两种方式发电，屋顶的西翼安装了有利于能量产生的透明太阳能电池，而东翼则是利用风能，通过 5 个风力涡轮机产生能量。它主要用于意大利佩鲁贾市周边重要历史文化遗址的探索与保护。

目前，这种新型“能源屋顶”已安装于佩鲁贾市一个历史悠久的老城区内。整个“能源屋顶”是作为一个考古遗址地下展厅入口的顶棚，而这个考古遗址地下展厅展出的都是佩鲁贾市周边重要历史文化遗址的考古成果，代表了该市的历史。

(3)收集余热为办公楼供暖。2012 年 4 月，瑞典首都斯德哥尔摩中央火车站，环境部门负责人克拉斯·约翰松,对媒体介绍说,他们组织了一个项目组,研究利用热能交换系统,收集车站余热为其附近的办公楼供暖,已经获得显著效果,一年可节能25%。

约翰松说,中央火车站每天约有25万名乘客来往,这里还有很多咖啡厅和食品店等,都会产生很多热量。"我们利用热能交换机收集通风系统里放出的热量,然后利用这些热能把水加热,通过水泵和管道,为火车站大厅旁边的办公楼供暖。结果,一年下来,获得节能25%的成绩"。约翰松说,"它给我们的启示是,在城市里,地产开发商应该多想想如何综合利用各种设备和技术、周围环境等,从而实现节约能源,少用化石燃料的目的"。

2. 提高厕所的节能环保效果

(1)发明冲厕所可让房子变暖的设备。2006年4月,挪威在首都奥斯陆建成一座污水热泵厂,它的设备使用了电冰箱的技术,从污水中吸取热量,然后直接向用户供热。自此以后,挪威人可通过冲洗厕所等活动,让他们的住房和办公室变得暖和起来。

这项工程是由奥斯陆能源公司具体负责的。他们在奥斯陆市中心的一个高坡上挖出一条300米长的隧道,隧道尾部的机器从下水道中吸收热量,然后把热量传送到热水管网系统,最后,这种热量会输送给市内各处用户的散热器和水龙头。世界其他地方也有类似的利用污水加热系统,但挪威人表示,他们研制的这套系统是全球最大的。工程负责人说,抽水泵使用的是压缩机和冷凝器系统,它们产生的热能足够加热9000套公寓,这样,每年就可以节约6000吨燃料。

在奥斯陆,抽水马桶、浴缸、洗碗池的水和街道上的雨水都会流入这种系统中。此外,工业废料燃烧厂也参与为这个管道系统里的水加温。据设备运行测定,流入的温度为9.6℃,热量被制冷器提取后,流出的温度变成5.7℃,那么这些能量足以把一条400千米长的管道系统里的水加热到90℃,加热后的水沿管道流向办公室和家庭,最后再流回污水处理厂,管道里水的温度下降到52℃。

据悉,驱使这套系统正常运转的热量,1/3来自电能,其余的2/3来自污水。国际能源机构热泵中心负责人莫尼卡·阿克塞尔博士表示,对很多城市而言,只需建起必要的基础设施,这套污水热泵系统就可以使用。该系统唯一的问题是污水的循环可能没有规律,但只要摸清情况,进行适当调控,问题是不难解决的。

(2)发明一种能发电产肥的新厕所。2012年6月27日,物理学家组织网报道,新加坡南洋理工大学废弃物资源化研究中心主任王靖元副教授领导的一个研究小组,发明了一种新型厕所系统,不但能够把厕所废弃物转化为电力和肥料,还比传统冲水厕所节水90%。

这种厕所,被称为无混合真空厕所。它有两个间隔,能把液体和固体废弃物分离开来。该系统,采用与飞机卫生间类似的真空抽吸技术,冲刷液体和固体废弃物,分别只需用水0.2升和1升。而现有的传统冲水厕所,每次冲水都需耗水4

升至6升。以公共卫生间为例,如果每天冲水100次,采用这种新技术后,一个卫生间每年将能节水16万升,这些水足以装满一个10米长、8米宽、2米深的游泳池。

研究人员表示,他们的最终目的不仅仅是节约用水,而是使其形成一个完整的循环系统,让所有的资源都能够循环使用,这对资源匮乏的新加坡来说,具有特别重要的意义。

研究人员说,由于处理混合废弃物成本和能耗较高,这种新型系统所采用的分离技术,能够显著降低处理厕所废弃物的成本。凭借这种新型厕所系统,我们不但能够用更为简单便宜的方法,收获有用的化学物质,甚至还能将这些厕所废弃物转化为燃料和能源。

据了解,这种无混合真空厕所能够把液态废弃物转化为氮、磷、钾等可供回收的物质。与此同时,固体废物将在生物反应器中发生反应,释放出包含甲烷的沼气。这些甲烷可用作燃料,或通过发电厂和燃料电池直接转化为电能。

目前,这个研究项目已获得新加坡国立研究基金会的资金支持,其成果将有望在新加坡新建的居民区、宾馆、度假村中获得应用。由于这种厕所是一个闭合的循环系统,不会向环境排放废弃物,特别适用于没有污水处理系统或市政管线的建筑。南洋理工大学的研究人员,已经开始采用这项技术,对校园内的两个卫生间进行改造,以对其可靠性进行实验。如果一切顺利,人们有望在未来3年内,亲身体验到这种节能环保的新技术。

第四节　节能环保方面的技术与管理创新

一、节能环保方面的新技术

1.探索环境友好型的发电新技术

(1)花农试验利用温室发电技术。2006年6月3日,英国《泰晤士报》报道,目前,荷兰种花业主协会,正尝试把种花温室,在夏天产生的过剩热能转化为电能,并使产生的电力并入荷兰公共电网。

据悉,在政府资助下,荷兰花农不久前开始对温室发电进行试验,这一试验可望使温室在夏天产生的过剩热能保存至冬天,或利用发电机将其转变为电能。

荷兰花卉种植者正在开展一项把日益增加的电、气费用降低25%的运动,温室发电计划是这项运动的一部分。据荷兰花卉批发商组织主任彼得·范·奥斯泰詹估计,一旦这项计划落实,一位拥有3公顷土地的花农每年能节省25%的能源花费。

报道说,荷兰花卉种植者还在试验利用生物燃料代替天然气来给温室加热,从而摆脱对天然气的依赖。生物燃料不仅可降低二氧化碳排放,而且比天然气更经济。

(2)开发利用水滴获得电能新技术。法国电子与信息技术实验室和微米与纳米技术创新中心的科学小组,合作开发出利用水滴获得电能的技术方法。研究人员称,这种获取电能的方法可为建筑物外部的微型电子设备供电,比如,建筑的探测器等。

为了确定从水滴中能获得多少能量,研究人员开发出了试验装置:水滴从高处落到用聚偏二氟乙烯制成的薄膜上,当水滴下落撞击 25 微米厚的薄膜时,薄膜会产生机械振动,就是这种机械振动产生了电流。

(3)提出余热发电新方法。2011 年 11 月 15 日,德国卡尔斯鲁厄专业信息中心,发表新闻公报说,工业生产通常会产生很多余热,如何有效利用余热,使其不致浪费一直是个难题。据悉,德国大约 1/4 的能源生产以这种形式流失。为了更好地利用余热,德国萨尔州一家技术公司提出一种新的余热回收理念和方法,可大大提高余热发电的效率。

这家公司提出,蒸汽膨胀发动机与有机朗肯循环低温余热利用法相结合的思路。有机朗肯循环低温余热利用法工作原理和传统蒸汽发电原理类似,区别在于,这种方法用沸点较低的有机液体代替水作为工质,即用作实现热能和机械能相互转化的媒介物质,这样,温度较低的余热也可以产生蒸汽。

截至目前,有机朗肯循环低温余热利用法通常与涡轮机结合使用,但发电效率相对较低。如将涡轮机换成蒸汽膨胀发动机,整个发电过程将变得更加灵活高效。这种新方法可适用于不同的温度和压力,相同热能下,发电效率明显提高。

现阶段,这种蒸汽膨胀发动机,与有机朗肯循环低温余热利用法相结合的余热发电系统,正在测试当中,预计 2013 年投入市场。这项技术有望在金属加工、玻璃制造、化工、造纸等领域拥有应用潜力。

(4)探索把电子设备废热转化成电的新方法。2012 年 7 月,美国俄亥俄大学物理学与机械工程教授约瑟夫·海尔曼斯主持,材料科学与工程夫教授罗伯托·梅尔斯等人参与的一个研究小组,在《自然》杂志上发表论文称,他们找到一种新方法,能将“自旋塞贝克效应”放大 1000 倍,将其向实际应用推进了一大步。通过“塞贝克效应”产生热,是热电循环的必需而关键的环节。这项研究有助于热电循环的实现,从而最终有望开发出新型热电发动机,还可用于计算机制冷。

热电循环是电子设备循环利用自身产生的部分废热,把废热转化成电。根据“塞贝克效应”,当导体被放在一个温度梯度中时,会产生电压使热能转变为电能。2008 年,日本发现了“自旋塞贝克效应”,即在磁性材料中,自旋电子会产生电流使材料接点产生电压。这以后,许多科学家都在试图利用自旋电子学来研发读写数据的新型电子设备,以便在更少空间、更低能耗的条件下,更安全地存储更多数据。但这种“自旋塞贝克效应”产生的电压一般非常小。

目前新方法，是把此效应放大为“巨自旋塞贝克效应”。研究人员利用锑化铟及其他元素掺杂制成所需材料，并将温度降低到零下253℃至零下271℃附近，外加3特斯拉磁场。当他们把材料一面加热使其升高1℃时，在另一面检测到电压为8毫伏，得到比以往的5微伏高三个数量级的电流，是迄今为止通过标准“自旋塞贝克效应”产生的最高电压，且功率提高了近百万倍。

海尔曼斯说，科学家认为热是由振动量子所组成，他们能在半导体内部引发强大的振动量子流，在流过材料时撞击电子使电子向前运动。而由于材料中原子使电子自旋，电子最终就像枪管中的子弹那样旋转前进。

梅尔斯说，以往人们只在磁性半导体和金属中发现过自旋塞贝克效应，而此次成功的关键是选择材料。但由于材料是非磁性的，还需要外加电场和低温环境，这是实验的不足之处，他们还在进一步研究其他材料。

海尔曼斯表示，其最终目标，是开发出一种低成本、高效率将热转化为电能的固态发动机。这些发动机没有运动部分，不会磨损，可靠性几乎是无限的。他说：“这是真正的新一代热电发动机。17世纪我们有了蒸汽机，18世纪有了燃气机，19世纪有了第一个热电材料，而现在我们正要用磁来做同样的事。”

2. 开发生产过程减少二氧化碳排放的新技术

(1)开发出使环境负荷减半的汽车涂装技术。2008年9月18日，日产汽车宣布，开发出可使来自涂装工厂的环境负荷——二氧化碳和挥发性有机化合物减半的汽车涂装技术。由于新技术的涂装速度是原来的2倍，因此能够以全球最小规模进行汽车涂装。环境负荷最大可比原来削减50%。

汽车涂装工厂利用空调加热、冷却和加湿所消耗的能源，在所有工序中占到约1/4。另外，近年来涂装正向环保型水性涂料转变，但这导致蒸发水分所消耗的能源增加。这项技术，通过把工厂自身规模降至最小，大幅削能源消耗量，从而削减二氧化碳排量。另外挥发性有机化合物方面，可将涂料及洗净溶剂的废弃量最大削减50%，有利于资源的有效利用。

(2)开发不排二氧化碳合成物质的人工光合作用。2010年4月23日，韩国科学技术院新材料工程学系教授朴赞范率领的研究小组，在德国著名纳米学术杂志《微小》(Small)的网络版发表论文称，他们利用纳米材料，成功地开发出人工光合作用技术。

研究人员仿效自然界的光合作用，利用纳米大小的光感应材料，将光能转换成电能，由此产生氧化还原酶反应。简而言之，这是一种利用光能生成精密化学物质的技术。这种人工光合作用技术有望成为绿色生物工程研发的开端，凭借该技术能够利用太阳能生产具有高附加值的各种精密药品。

朴赞范说：“当前，全球面临着地球变暖、化石燃料日渐枯竭的问题。人工光合作用技术的优点，是以取之不尽的太阳能为材料，在不排出二氧化碳的情况下合成化学物质。因此，该技术有望被广泛利用。”此外，该技术还为氧化还原酶的产业化应用,提供了良好平台。

(3)减少碳排放的一项新技术:用转基因光合细菌生产单糖。2010 年 7 月,美国哈佛大学维斯生物启迪工程研究所科学家杰弗里·维博士和帕梅拉·瑟尔沃教授领导的研究小组与哈佛医学院研究人员一起,在《应用和环境生物》杂志上发表研究成果称,光合细菌进行基因工程改造后能够产生单糖和乳酸。利用该项研究成果有望开发出新的环保型生产日用化工产品的方法。

光合细菌(PSB)是一种能进行光合作用而不产氧的特殊生理类群原核生物的总称,是一种典型的水圈微生物,广泛分布于海洋或淡水环境中。它作为一种特殊营养,如具有促进生长、抗病因子及高效率净化活水功能,以及作为特殊细菌,已在畜牧、水产、环保、农业上进行应用试验。

杰弗里·维表示:"我们的研究主要是利用转基因技术,让微生物按照我们的要求来工作,此次是生产食物添加剂。这些发现在人类社会走向绿色经济过程中,具有十分重要的现实意义。"

研究人员表示,采用转基因光合细菌生产糖和乳酸等化合物,有多种益处。

首先,能够减少二氧化碳排放。目前,糖主要由甘蔗来生产,而甘蔗生长在热带和亚热带地区。糖产品通过交通工具送往世界各地时,向大气中排放了大量的二氧化碳温室气体。采用转基因工程光合细菌在各地生产糖,则可避免许多二氧化碳的排放。

其次,有助于生产更多的生物可降解塑料。乳酸是可降解塑料产品的主要基本原料,转基因工程光合细菌生产乳酸,有望降低乳酸的生产成本,从而促使人们相对廉价地大量生产可降解塑料。

再次,转基因光合细菌生产糖和乳酸依靠的是光合作用,这个过程能够"捕获"空气中的二氧化碳,减少空气中的碳含量。此外,这种利用光合作用进行糖、乳酸和其他化合物的生产方式,其生产成本也会大大降低。

转基因技术只有二三十年历史,光合细菌则是地球上最早出现的具有原始光能合成体系的原核生物。把人类最年轻的技术嫁接到自然界最古老的生物上,哈佛大学这项成果为我们开辟了一种低碳经济的美好前景。作为重要的微生物资源,光合细菌显著、确切的应用效果已被研究证实,而其中不少限制和难题未来都可望以转基因手段加以解决。

3. 发明显著降低产品生产能耗的新技术

(1)发明可显著降低乙醇生产能耗的低频磁波技术。2007 年 9 月,巴西坎皮纳斯大学的维克特和他的同事组成一个研究小组,对有关媒体透露,他们发明的在乙醇生产中采用低频磁波技术,可以显著降低单位乙醇产品生产所需的原材料,有利于提高乙醇产量,节约能耗,减少成本支出。

相对于化石燃料而言,从玉米或其他植物中提取的生物油是非常有前景的能源替代选择,但是目前价格比较昂贵,而且效能不高。所以,各国科学家都在加紧探索,改进生物燃料提取的方法,这种新技术的问世,对于可再生能源产业而言将是里程碑式的。

在该项研究中,维克特,展示了生产乙醇的过程。把含有碳水化合物的树枝(巴西生物乙醇的主要原料来源),经过酵母菌发酵后,给予频率极低的磁波,由此导致乙醇的产量增加了17%,相应降低了单位产品中原材料的消耗。科学家同时还发现,乙醇生产的速度也加快,比正常标准的发酵方法,缩短了两个小时。专家表示,结果表明磁波可以引起乙醇能耗降低和产量提高,而且这种方法在工业领域中极易实现大规模推广。

(2)推出可大幅降低能耗的超热水蒸气干燥法。2009年5月28日,德国弗劳恩霍费尔界面工程处理和生物技术研究所,发表新闻公报称,用水蒸气进行干燥处理,听起来似乎自相矛盾,但是该所一个研究小组推出的一种可大量节能的工业干燥法,所用的就是水蒸气。

食品加工等工业领域,很多都需要对原材料进行干燥处理。传统的方法,是用热空气干燥,但这种干燥法用时较长,需动用大型干燥设备,且相当耗能,往往仅干燥过程,就能消耗整个生产过程所需能源的90%以上。

该研究小组推出一种用高于沸点的超热水蒸气,进行干燥处理的方法,据称最高可使干燥时间缩短约80%,设备也较小,而且可以大幅降低能耗。

据介绍,温度超过沸点的水蒸气,并不含水珠,可以说是“干燥”的,它比饱和水蒸气能吸收更多的水蒸气分子。当需要干燥的原材料,被置于120℃至180℃的超热水蒸气时,原材料中的水分会以蒸汽的形式逸出。这一蒸发过程,会吸收超热水蒸气的部分热量,因而需要给后者加温,使其保持恒定的温度,以进一步吸收从原材料中蒸发的水分。干燥室内多余的湿气,会作为饱和水蒸气被抽走或冷凝。

由于干燥室中仅有水蒸气,没有氧气,所以原材料也不会被不必要地氧化,而且这种干燥法,还可以大幅降低粉尘爆炸的危险。另一个好处是,超热水蒸气可以同时起到消毒效果。

4. 发明可以减少环境污染的新技术

(1)发明不用洗衣粉去油渍的绿色洗衣法。2005年1月,澳大利亚国立大学的一个研究小组,在《物理化学通讯》上发表研究报告说,他们发明了一种绿色环保的洗衣方法:不使用洗衣粉或清洁剂,就可以把油渍和污渍清除掉。

其实,这种方法很简单,就是把自来水中的气体全部除掉,普普通通的水就具备了强大的除污效果。他们在实验中对蒸馏水和经过除气处理的水进行了比较。他们将两种水分别装在油迹斑斑的试管中,然后再将两支试管晃动几秒钟。结果,装有除气的水的试管明显浑浊,试管壁上的油污在水中形成微小的油滴,这说明除气水能将衣物上的油渍去除。

报告称,普通水中含有氮气和氧气泡,能够在类似油渍表面形成气泡层,气泡层的表面张力会将油分子紧紧锁住,因此油渍就不可能被洗净。传统洗衣粉就是在油分子周围形成一层亲水物质,就可以将油渍去除。而新发明的这种方法除去了水中的所有气体,无法将油分子锁住,因此就可以把油渍轻松洗掉。

科学家指出,这种方法不使用洗衣粉,可将环境污染降到最低。另外,通过一些简单的工业方法,就可以用非常低的成本将自来水中的气体有效除去,因此这种方法值得提倡。

(2)开发绿色环保的印刷电路板生产技术。2006 年 6 月,有关媒体报道,澳大利亚格里菲思大学,微技术工程合作研究中心大卫·希尔教授领导的一个研究小组,已经开发出一种新的电子电路技术,能够回收利用,比传统的印刷电路板使用更少的有毒物质。

报道说,该研究小组发明了一种塑料导线的专利技术。据悉,这是世界上第一种采用塑料作为导线的印刷电路板生产技术。

目前,全球每年会产生 2000 万 ~ 5000 万吨的电子垃圾,在澳大利亚,去年有 300 万台电脑报废。希尔教授说塑料导线技术,能有效减少不断增长的电子垃圾的压力。希尔说:“这种新技术是绿色环保的,在印刷电路板的制造过程,没有采用任何的化学药品,同时也减少了垃圾填埋的巨大压力。”

根据希尔的说法,塑料导线符合欧盟制定的《关于在电子电气设备中限制使用某些有害物质指令》,而传统的采用有铅焊接的印刷电路板,并不符合这个法规的规定。他说:“这些环保法规对电子制造商来讲关系重大,即使他们目前并没有在欧洲销售他们的产品。但是越来越多的国家将会实行类似的法规,那么对像塑料导线这一类技术的需求,就会越来越强烈。”

希尔最后说:“很多新的环保技术正在研究当中,包括有机打印电子技术,但还不能商用。目前,传统印刷电路板生产的唯一代替技术就是塑料导线。”

(3)发明减少废料的碳纤维增强塑料加工方法。2009 年 4 月,德国弗劳恩霍夫化学技术研究所宣布,其研究人员发明了一种新的碳纤维增强塑料加工方法。

这种方法主要采用微波加工技术,预计未来将会在此种材料的船舶建造中大量应用。在传统的加工方法中,要加热大型的船舶部件如船体是一件十分困难的事情,因为没有哪种方法能够快速而均匀地把热量传递到材料内部。这种微波加工方法利用了树脂对微波的吸收机理,从而能很好地解决这些问题。

使用该方法加热后的聚合物树脂混合物黏度低,因此它在室温下变硬的速度,相对比较慢。这就使得纤维能够更好地融入树脂中,同时还留有足够的时间来进行修正。不过这种方法对零件的位置安放要求比较严格。

这种新的方法,还有其环保的一面:它能最大限度地减少废料,以及其他污染物的产生。目前,这一加工方法已经在工业中开始应用,效果良好。

(4)发明制造无污染“绿色”润滑剂的新技术。2009 年 7 月,西班牙韦尔瓦大学一个研究小组,在英国《绿色化学》杂志上报告说,他们发明了一种制造无污染润滑剂的新技术:利用蓖麻毒素和纤维素的衍生物,研制出一种新型工业环保润滑剂。它不含任何传统润滑剂中的污染物质,有利于环境保护。

研究人员介绍说,这种新型环保润滑剂,实际上是一种"油凝胶",以植物纤维素和蓖麻毒素的衍生物为基础研制而成,其原料完全取自天然,因此100%可生物降解,可作为传统润滑剂的替代产品,从而避免传统润滑剂对环境造成的污染。

目前,工业使用的传统润滑剂多采用难以生物降解的物质制成,如合成油或石油的衍生物等,尤其还需添加对环境污染严重的金属增稠剂。这一类润滑剂虽然性能良好,但却不够环保。

另外,与传统润滑剂相比,这种新型润滑剂的生产技术和加工流程更加简单,它的机械稳定性与传统润滑剂相当,而且耐高温,黏度稳定。不过,在高温环境下有强惯性力作用时,它会大量流失。

研究人员说,他们还要对这种新型的"绿色"润滑剂进一步研究,以改进它的润滑和抗磨性能。

5. 开发以海藻为劳动对象的节能环保新技术

(1)研制出海藻类生物质反应器技术。2010年7月,南非媒体报道,南非尼尔森曼德拉城市大学化学技术研究所与开普敦大学化工系合作设计和生产的海藻生物质液化反应器技术近日面世,这项反应器技术可以把海藻类生物质转化成生物油和其他产品。曼德拉大学希望不久就能把这项绿色技术,推广到工业应用领域。

化学技术研究所主任本兹利教授解释说,该液化反应器的原理是把生物质和催化剂在理想的反应条件下混合在一起,通过微藻类将大气中的二氧化碳转化成生物油、氢气、富含糖类和蛋白质的水溶液。生物质的直接液化是大量化学反应的组合,其中包括水解反应、脱氧化反应,以及把小分子组合成大分子的聚合反应等。对于海藻类生物质,在催化剂的作用下,上述反应就可以在温和的温度和压力条件下实现。

化学技术研究所的工作是通过创新的反应器设计和催化剂优化来增加生物质与催化剂的接触,同时减少能量输入。本兹利说,在通过微藻类制备生物燃料的商业化利用方面,一个最大的障碍就是如何最大化地利用藻类生物质所含有的碳。他们设计的反应器与众不同之处在于,通过该反应器进行直接液化,可以达到很高的碳利用率,这是其他方法难以实现的。

另外,藻类养殖成本的很大一部分来自营养肥料,目前一些利用藻类制造生物柴油的厂家,往往把剩余的(含有很多养分的)生物质当作动物饲料等低附加值副产品出售。而通过他们设计的反应器将海藻生物质直接液化,不仅最大限度地提取利用其中的碳,剩余的营养成分还可以回收和循环使用,从而大大降低了海藻养殖成本。

本兹利说,这项技术的应用也面临一些挑战。其中之一就是海藻养殖,包括如何提高海藻生物质的生产速度，以使其更具经济效益，同时使资金投入和运行成本保持在一个合理的水平上。同时，选择能够在南非高(太阳)辐射和高温条件下以理想状态生长的藻类等。另外一大挑战是，要找到一种合适的催化剂，能在水中将微藻类生物质液化，同时又在较低能量输入的情况下提供足够的转化效率。

本兹利表示，目前在许多方面已经取得了进展，他对第一代海藻液化技术进行工业规模示范的前景充满信心。

(2)从海藻中低成本提取纳米纤维素的技术。2013 年 4 月，据国外媒体报道，通过最新技术，此前由被粉碎的植株提取而成的纳米纤维素，现在可由经“工厂”提供水、光照及时间培育出的海藻提取。这个方案不仅成本低廉，成长迅速，而且具备极高商业价值。

研究人员在研究一种可广泛运用于生产从盔甲到智能手机屏幕等各种产品的原料，据称，他们即将有能力从制作醋的醋酸杆菌中提取出这种材料。直至最近，该细菌才被用在合成纳米纤维素领域，不过因其成本过高，故并不具备足够的商业价值。

纳米纤维素可由粉碎的海藻制作而成，它不仅价格低廉且成长迅速。海藻仅需提供足够的水、光照，以及时间便可生长。这表明纳米纤维素将能大量生产以满足日益增加的需求，故其具备了很高的商业价值。

德州大学的布朗·马尔康姆教授称：“如果能将其彻底研发，那么我们就实现了史上最具潜力的农业转化。我们将种植海藻，以便能以低成本大量生产作为生物燃料，以及其他各种产品原材料的纳米纤维素。同时，种植的海藻还能吸收导致全球气候变暖的元凶——二氧化碳。”

6. 研制节能环保方面的其他新技术

(1)寻找循环利用贵金属的新方法。2007 年 7 月，英国媒体报道，英国卡的夫大学地球、大气和行星科学学院黑兹尔·普瑞博士领导，他的同事及伯明翰大学研究人员参加的一个研究小组，正在研究循环利用道路灰尘和汽车尾气中的贵金属，以创造绿色能源。

目前，汽车上用来将排放尾气的污染物浓度降到可以接受水平的催化式排气净化器，都使用金属铂，然而，天长日久，铂会通过尾气排放管而损耗掉。据普瑞博士估算：每年有数公斤的金属铂被喷射到街道和马路上。

普瑞博士表示：铂不仅对汽车尾气催化转化器来说至关重要，同时它也是燃料电池的关键元素。燃料电池是一种重要的新兴清洁能源。铂是一种贵金属，其来源稀少并且昂贵。而该项研究旨在寻找循环利用铂，以及其他贵金属的方式。

目前，普瑞研究小组寻找铂浓度足够大，以至可以回收的地点，以开发重新利用这种有限资源的经济可行的、可持续的方法。他们设想的一个主要目标就是街道清扫车上的垃圾罐。

同时，研究小组也在开发利用食品垃圾，以及环境友好型细菌，创造绿色能源的方法。他们的目标是利用目前生产燃料电池的技术，创造可靠的更绿色的能源，同时尽可能减少垃圾的数量。

（2）积极推进太阳能制冷技术的研发创新。2012 年 3 月，有关媒体报道，太阳能提供的光和热，被人类作为能源，广泛地应用于日常生产和生活之中，但如何将太阳能有效地转化成价格合理、市场接受的制冷技术，一直是欧盟研究人员研究的新课题。欧盟第六和第七研发框架计划，积极推进太阳能制冷技术的研发创新，其连续资助支持的，由奥地利研究人员领导的国际研发团队通过多年的努力，已研制成功适合市场运行的、具有竞争力的吸附式制冷系统原型样机。

研究人员利用高温（120℃）太阳能复合抛物面聚光器技术，分别制作出一台可调试的太阳能聚光器和两台不同温度水平的吸附式制冷样机，一台用于室温的空调制冷，另一台用于食品的保鲜制冷。吸附式热力泵制冷系统样机由 4 个主要部分组成——1 个蒸发器、2 个吸附器和 1 个冷凝器，四部分的连接方式，便于冷凝器的冷却水连续不断地进入蒸发器，从而保证制冷过程的持续进行。

研究人员通过调试和优化各种参数，逐步改进和完善太阳能抛物面聚光器，与吸附式制冷系统之间的配合，以及不断提升制冷系统的性能、效率和性价比。研究人员希望所开发的太阳能制冷技术，可以早日进入应用前景广阔的世界制冷市场。

二、节能环保方面的新工艺

1. 开发钢铁产品生产的节能新工艺

开发出钢水直接轧制板材的节能工艺。2006 年 3 月，有关媒体报道，韩国浦项制铁公司开发出一套轧钢节能工艺，能把钢水直接轧制成板材，它的最大优点是，省掉了钢水浇铸成钢坯再进行反复轧钢的生产过程。

这套设备可以将 1500℃以上的钢水在 0.2 秒的时间内，让它在轧机两个滚压机之间变成固态，立即进行轧钢，轧成 2～6 毫米的不锈钢板。这种连轧设备工艺比原有生产设备投资节省 30%，能源消耗量降低 85%。

韩国浦项制铁公司是全球最大的钢铁制造厂商之一，分别在韩国浦项市和光阳市设有完善的厂房，生产各种先进的钢铁产品，包括热轧钢卷、钢板、钢条、冷轧钢板、电导钢片和不锈钢产品等，被美国摩根士丹利投资银行评定为“全球最具竞争力的钢铁制造商”。

该公司新技术开发部表示，自 1989 年开始，他们就组成专门一个技术开发班子，对不锈钢板连轧技术进行开发，其生产工艺流程的特点是，由钢水直接轧出板材。目前，该公司还在研究能在零下 40℃正常输运石油的输油管线用钢管，开发研究适合液化天然气运输船储存舱用不锈钢板，这种薄板能耐零下 196℃ 的超低温，因为液化天然气运输船要在船舱内保持零下 163℃的低温条件，才能进行液态天然气的长途海运。

2. 开发化工产品生产的节能环保新工艺

(1)用生物发酵的环保工艺生产甘醇酸。2008 年 7 月,有关媒体报道,法国一家生物化工企业,利用生物合成生产的各种特种化学品,广泛应用于涂料、溶剂、胶粘剂、纤维和医用材料等领域。不久前,这家公司又在甘醇酸合成领域实现技术突破。

该技术的创新之处在于能够通过细菌发酵的方式合成高性能的甘醇酸产品,并且已经通过实验室的小产试验。这一重要的技术突破将为甘醇酸的生产提供一条与传统合成工艺完全不同的环保之路。

甘醇酸是一种常用的化学添加剂,大量应用于化妆品和工业表面处理产品中。同时,它也可以用来生产能生物降解的聚合物。

(2)开发出“绿色”水泥生产工艺。2009 年 12 月 14 日,德国卡尔斯鲁厄技术研究所,在一份公报中宣布,他们开发出一种“绿色”水泥生产工艺,既可大大降低能耗,也可明显减少水泥生产过程中的温室气体排放。

据悉,水泥生产属高能耗行业。每年全球水泥生产企业,会排出超过 10 亿吨的二氧化碳,这相当于全球航空业二氧化碳排放量的 3 ~4 倍。而该研究所开发的,这种基于水合硅酸钙技术的水泥生产工艺,可以比传统水泥生产工艺少排出一半的二氧化碳。

公报指出,在这种新型工艺下,生产水泥所需的原料用量将大大减少,且生产过程所需的温度低于 300℃,而传统水泥生产通常需要约 1450℃的高温环境,大幅降低了能耗。

(3)开发出乙烯低温制备新工艺。2010 年 7 月,《纽约时报》报道,美国麻省理工学院分子生物学家安吉拉·贝尔奇领导的一个研究小组,通过使用一种经过基因改造的病毒,不但可以大幅提高甲烷转换为乙烯的效率,还能显著降低生产过程中热量的消耗。研究人员称,如果这种材料能够大规模商业量产将预示着与分子生物学和化学工业相关的一系列技术变革的到来。

乙烯是一种无色、无臭、略带甜味的气体,是生产有机原料的基础,广泛应用于合成纤维、合成橡胶、合成塑料,以及合成乙醇的制造。但在乙烯制备中长期以来所使用的裂解法,需要耗费大量热量(裂解温度为 750℃ ~950℃),乙烯生产企业也被扣上了“耗能大户”的帽子。

为找到更为高效和廉价的乙烯制备方法,世界各国的科学家们,已经进行了 30 多年的努力。其间虽然也取得了一些进展,但到目前为止,仍没有任何一种技术能完全取代裂解法,在商业生产中得以大规模应用。

该研究小组表示,他们通过使用一种经过基因改造的病毒,不但可以大幅提高甲烷转换为乙烯的效率,还能显著降低生产过程中热量的消耗。研究人员称,如果这种材料能够大规模商业量产,将预示着与分子生物学和化学工业相关的一系列技术变革的到来。

研究人员称,他们生产乙烯的技术主要依赖一种具有催化作用的基因工程病毒。该反应的关键,在于这一病毒能在其表面包裹一层杂乱的、具有催化效用的纳米线(研究人员称其为“毛团”),这种特殊的结构能为化学反应提供更多的化合空间,从而加强了反应效果,也让反应所需的能量大为减少。

据介绍,这个化学过程被称为“甲烷氧化耦合”,从20世纪80年代开始,一直是石油化工领域研究人员所研究的热点。虽然取得了一定成果,但在实际能耗上却一直改进不大。而在使用了这个包裹了不特定金属线的病毒制造的毛团后,研究人员在200℃~300℃下就完成了制备乙烯的化学反应。

研究人员利用的这种病毒名为噬菌体。这种对人体无害的病毒,具有一种独特的本领,它能够识别并附着于某些特定的材料之上。

2009年,贝尔奇实验室就曾在《科学》杂志上发表论文,描述了在室温下合成钴氧化物纳米线的方法,该方法可提高锂电池的容量。2010年4月,贝尔奇研究小组,对一种病毒进行改造,将其作为生物支架把一些纳米组件搭建在一起,成功模拟了植物光合作用的原理,在室温下将水分子分解成了氢原子和氧原子。下一步,研究人员还计划进一步优化催化方法,在室温下将乙醇转化为氢气。除此之外,该技术还可应用于生物燃料、氢燃料电池、二氧化碳封存,以及癌症的诊断和治疗等领域。

三、节能环保方面的管理创新

1. 制定促进节能环保技术发展的宏观计划

(1)推出促进节能环保技术发展的战略计划。2011年9月1日,瑞典政府公布旨在推动瑞典节能环保技术发展的新战略,计划从2011—2014年,每年向环保技术行业投资1亿瑞典克朗。

瑞典工业与能源大臣毛德·奥洛夫松,在新闻发布会上指出,新的节能环保技术战略主要包括三个目标:①为瑞典环保技术企业的发展创造良好条件;②推动瑞典环保技术出口,以此促进瑞典经济可持续发展;③推动环保技术领域的研究和发明,促进其商业化。

奥洛夫松说,瑞典政府将在出口和人员雇佣方面,为环保技术企业创造条件,促使环保技术企业产值增长,超过2010—2015年瑞典整个工商业产值增长的平均水平。

根据瑞典中央统计局公布的数据,2009年瑞典环保技术行业共有6500多家企业和4万多名从业人员,年产值接近1200亿瑞典克朗。

(2)制定提高全国充电电池产业竞争力的计划。韩国知识经济部联合企划财政部、教育科技部和绿色增长委员会,联合制定一项旨在提高韩国充电电池产业竞争力的计划,内容包括未来10年投资125亿美元,用于充电电池技术的研发,以增强该技术在全球的地位,大力拓展全球的市场份额,在2020年之前,把韩国打造为世界最大的充电电池生产国。

该计划主要包括四项内容:①增强大中型电池产业竞争力;②集中研发充电电池核心材料;③构建良性循环的产业生态;④推动建立"国际充电电池产业融合路线图"。韩国政府预计,如果相关项目的研发达到预期目标,到2020年,韩国在该方面的技术能力将达到发达国家水平的80%,韩国电池制造商在全球市场的份额将达到50%。

目前,韩国十大集团中的三星、LG、韩华、POSCO、乐天、GS等7个集团,已进军充电电池市场或宣布进军该市场。以三星SDI和LG化学为首的韩国企业,继手机、笔记本电脑小型电池市场后,在具有巨大发展潜力的汽车电池领域也将领先日本。

2. 制定开展节能环保活动的微观计划

(1)研制出可减少等待降低污染的飞机计划系统。2004年12月,英国诺丁汉大学的一个研究小组,成功研制出一种用计算机控制的飞机计划系统,它不仅可保证飞机飞行的安全,而且可把飞行所造成的空气污染降低到最低程度。

这一飞行计划系统,研制工作得到国际工程与物理科学研究所和英国国家空中交通服务公司的赞助。该系统首次实现飞机在跑道上时,就开始对其进行控制,减少了飞机在跑道上等待起飞信号的时间。系统的运行是基于一个计算机模型,它可以保证飞行的安全和高效。

该系统可以自动记录飞机的大小、速度、飞行路线等数据。对于大型飞机,该系统可以对其进行更加完全的监控。该系统还可以自动为飞机提供导航信息和航线占用情况,在最短的时间内,向还在跑道上的飞机发出指令。此外,该系统还可以最大程度的降低飞机在飞行过程中所产生的噪声污染和燃料污染,减轻对机场附近居民的影响,并节约大量的航空汽油。

这项研究成果为飞行的安全控制技术,找到了一个新的发展方向,那就是研发基于计算机平台的控制系统,采用这一系统,还可以减少10%~25%的飞机起飞等待时间。

(2)启动生物柴油测试计划。2007年12月12日,新加坡发布一项,针对13辆,来自德国的高科技生物柴油驱动汽车的测试计划。这个项目的发布,将进一步提升新加坡国民对于汽车的热情和政府在推动环保方面的努力。

高科技动力车所使用的生物柴油,是一种可以清洁燃烧的可替代燃料,一直以来都被视作为新型未来燃料。

这项试验由新加坡罗柏博世(东南亚)私人有限公司牵头,另外包括8个合作单位:新加坡经济发展局,国家环境局,戴姆勒(东南亚)私人有限公司,柴油科技私人有限公司(DieselTech Pte Ltd),丰益国际集团旗下的郭兄弟粮油私人有限公司,Nexsol(新加坡)私人有限公司,东方蚬壳石油公司和大众(新加坡)私人有限公司。这项为期三年的测试活动的关键前提就是:项目中使用的生物柴油,需来自可再生的可持续资源,并以环保的生产过程生产。

此次的测试项目,包括这些现代柴油车的污染排放和燃油消耗。这些现代柴油车都装有柴油微粒过滤器(DPF),但目前这类车辆还未在新加坡投入使用。此项测试另外一个目的,是为了测试并发展混合了5%棕油甲酯的生物柴油,这个项目希望能够证明,在类似新加坡的热带国家,这些混合5%棕油甲酯的生物柴油可以被直接用于柴油发动机车,而不会引起其他技术或环境问题。

负责倡导这项试验计划的德国公司博世(Bosch)亚太区域汽车售后服务副总裁沃特·乔尔格说,与新加坡现在使用的那些旧的柴油动力车相比,这项高科技生物柴油车使得废气排放降低近90%。此外,如果现代柴油动力车能够引进新加坡,代替原有的汽车,那么每位车主每年将省下近600升燃料。也就是说,新加坡一整年可以节省3亿升燃料,二氧化碳排放量降低了8亿吨。这意味着,柴油是十分值得信赖的可替代能源,能有效降低二氧化碳排放量,为实现《京都协定书》所提及的降低温室效应气体排放量的规定,做出巨大的贡献。

3. 出台发展节能环保型建筑的鼓励政策

(1)实施鼓励发展环保型建筑的"绿色标签"认证措施。2007年3月20日,新加坡宣布实施一系列鼓励和推广环保型建筑的措施,旨在进一步节约能源和保护环境。

新加坡国家发展部官员傅海燕,在一个"绿色标签"认证计划研讨会上表示,根据新加坡国家发展部下属建设局的绿色建筑总体规划,从2007年4月1日起,所有新的政府公共建筑及正在进行大规模翻新的建筑都必须获得政府颁发的代表绿色环保建筑的"绿色标签"认证,这些拥有"绿色标签"的建筑都具有节水、节约能源和室内环境良好等特点。

傅海燕表示,根据这项工作的安排,将推出2000万新加坡元"绿色标签"认证奖励计划。同时,新加坡国家发展部还将推出一个5000万新加坡元的研发基金,以支持研究如何提高建筑的环境质量,其中绿色建筑技术是研发重点。

傅海燕说,上述措施有助于使新加坡房地产及建筑领域,达到环境可持续发展的更高标准。并指出,为了面对新挑战,新加坡有必要采取更多措施。其中包括,使"绿色标签"认证计划,具有法律效用和修改建筑控制法规,使新建筑必须具有节水、节能特点及良好的室内环境,鼓励使用再循环及可重新使用的建筑材料。此外,新加坡有关方面还将加强公众宣传计划,扩大公众对绿色建筑和可持续建设的认知。

(2)出台鼓励民众对房屋进行节能改造的系列政策。2009年11月,英国路透社近日报道称,硅谷新兴企业希尔利斯材料公司是一家开发和生产可持续发展的绿色建筑材料的公司,该公司研制出的一种生态石,不靠加热凝固,使用无须开采的可循环材料制成,而且具有更好的承重力,可以大大降低建筑对气候的影响。

用这种生态石头代替石膏墙壁，每年可以减少美国250亿磅的二氧化碳排放量。

报道称，美国的就业市场仍然低迷，新建房屋很少，大规模兴建节能建筑还一时难以铺开，但美国政府相继出台了一系列政策，鼓励屋主对房屋进行整修以达到节能目的，这同样将大力促进美国绿色建筑材料企业的发展。

随着美国经济的复苏，以及联邦政府支持翻修建筑物来节能的刺激计划的不断推出，该公司有望于2010年获得更大的发展。该公司位于芝加哥的工厂也将于接下来的两个月内开始投产。

苏拉切说："我们有稳定的利润，并且，我们公司的发展也非常迅猛。产能已达到4亿美元。目前，订单纷至沓来。"

绿色建筑材料领域方兴未艾，正在吸引越来越多的关注，发展越来越迅猛。美国清洁技术产业投资集团的数据显示，2008年这一领域的风险投资达到3.5亿美元，有45个项目成交。

专家表示，与使用太阳能和风能技术相比，使用绿色建筑材料，比如隔热能力更强的玻璃或者节能灯，能够更有效地节约电能、减少温室气体排放。目前，在美国，大约40%的能源消耗在建筑物的加热、降温和其他日常生活上。

希尔利斯材料公司表示，他们生产的隔热窗户和玻璃，能够把加热和冷却的能源消耗，以及温室气体的排放减少40%。该公司现已获得1.2亿美元的风险投资，包括上个月获得的6000万美元的风险投资。

该公司主要从房屋整修方面获得订单，目前，美国政府也制定了一些政策，来支持房屋整修以节能。比如，使用地热采暖、太阳能热水和采暖系统，最多可减免税收1500美元；政府为低收入家庭免费进行节能改造等。

目前，新建房屋市场仍然低迷，但是因为政府的刺激计划，房屋的整修翻新持续增多，节能潜力无穷。

第六章　环保材料与药剂的新进展

环保材料,又称绿色环保型材料,它是指使用和消费过程不会对环境带来负面影响的材料,主要包括三种类型:一是以无毒无害天然产品为原料,只经简单加工未受生产过程污染的材料。二是以加工、合成方式形成,虽然含有微量有毒有害物质,但可通过技术手段有效控制其积聚,或通过生物降解缓慢释放,不会对环境和人类健康构成危害的材料。三是以现有科技水平为基础的检测手段评估,属于无毒无害的材料;这类材料,随着科技发展和检测方法进步,可能会有新的鉴定结论。环保药剂,是指对大气污染、水体污染和固体废弃物污染等处理所专用的化学药剂及材料。本世纪以来,国外在环保材料领域的研制与开发,主要集中在生物降解塑料、环保型包装材料、自洁玻璃、环保染料与环保漆、自洁涂料、环保建材、环保布料和超强自愈高聚材料等方面。在环保药剂领域的研究,主要集中在制造清洁能源氢、把二氧化碳转化为燃料、开发生物燃料、分解转化石脑油、清除有机污染物等使用的催化剂。另外,开发出环保技术用酶与细菌,研制成吸附清除污染物材料,研制出环保化学药剂等。

第一节　研制环保型塑料及包装材料

一、研制环保型塑料的新成果

1. 开发生物降解塑料的新进展

(1)欧美日推广生物降解塑料。2004 年 11 月,外国媒体报道,2002 年世界塑料总产量 1.5 亿吨,而一次性降解塑料制品占 30% 左右,即 4500 万吨。一次性塑料制品采用生物降解塑料已成为发展趋势,庞大诱人的市场规模使国际化工公司趋之若骛。

生物降解塑料是解决塑料废弃物对环境污染,以及缓解石油资源短缺的有效途径,是今后塑料工业发展的一个方向,市场前景非常广阔。近年来,欧美日等发达国家在这方面投入了大量的资金,加快了生物降解塑料的产业化步伐,以图在未来的市场竞争中抢占主导地位。

英国是生物降解塑料的发源地,2002 年英国首次举办了生物降解塑料展览会,以促进行业交流和推进产业化进程。英国在超市已开始大量推广使用淀粉系列的,聚乳酸可生物降解的购物袋及食品包装袋,每年消费量可达200亿个。意大利是世界上最早进行生物降解塑料产业化的国家之一,有多家研究机构。主要生产淀粉系列的生物降解塑料,2002年生产能力为2万吨,应用于多领域的降解塑料制品。2003年意大利生物降解塑料市场规模约为12万吨。

德国的巴斯夫、拜耳,以及瑞士的汽巴精化等公司,也得益于政府和民间环保组织的支持,生物降解塑料的产业化进展迅速,产品包括淀粉、聚酯、PVA系列等。巴斯夫公司已推出商品名为"Ecoflex"的生物降解塑料,产业化能力为3万吨/年,其工厂建立在德国东部。荷兰一家公司正成为欧洲生物降解塑料市场的新龙头,其生产能力已达到4万吨/年,并计划于2005年后在法国、北美和亚洲开设更多的新工厂,其产业化目标之一,是在两年内将产品降到与普通塑料一样。

美国作为一个技术发达的工业大国,对于生物降解塑料的开发也不甘落后,目前,设有开发机构和生产企业十几家,其中Gargill Dow公司,是目前世界上生物降解塑料产业化,生产规模最大的公司,主要生产聚乳酸系列的生物降解塑料,现已建成14万吨/年规模的生产能力。该公司宣布在未来2年内,将投资30亿美元进行聚乳酸和聚交酯的大规模产业化。

日本对于开发生物降解塑料也十分重视,并得到了政府机构的支持,在行政、科研、产品应用等方面都做了大量的工作。早在1989年日本49家公司就联合成立了"生物降解塑料研究会",1990年又制订了8年计划,对生物降解塑料进行有计划的全面开发研究工作。昭和高分子公司的化学合成脂肪族聚酯产业化规模,将达到10万吨/年;日本玉米淀粉公司同美国合资建立淀粉系列生物降解塑料工厂,生产规模在2万吨/年;日本化学品公司商品名为"Lacea"的生物降解树脂,用做农用薄膜和堆肥袋,在2002年将达到3万吨规模;日本丰田汽车公司和富士通公司分别在汽车内饰和笔记本电脑上使用生物降解塑料。

欧美日等国这些公司,之所以花大力气推进生物降解塑料的产业化,其核心还并不仅仅在于环保方面的需求,更主要的是替代逐渐减少的石油资源,特别是近期世界原油价格,一度高达55美元一桶的情况下,以期利用可循环使用的天然资源,来满足市场需求已成为全世界工业界的共识。生物降解塑料,作为高科技产品和环保产品,正从研究开发大步走向产业化、实用化,它的大力发展,展示了生物技术和合金化技术在塑料领域的广阔前景。

(2)用玉米等植物制成可分解塑料。2004年12月,有关媒体报道,日本正在推广使用,一种以玉米等植物资源为原料,制成以聚乳酸为基础的可分解塑料。此类塑料,在使用时和普通塑料制品相同,但使用后能在自然界微生物的作用下还原成土壤。

这种新式塑料与聚酯塑料相比有很多优点。它的抗菌性和抗霉性强,燃烧时发生的热量只相当于以石油为原料制成的塑料的一半,且不会产生有毒气体。经过技术改良,可分解塑料还加强了耐热性,可以放入微波炉中使用,因此可以用来制造日常生活中被大量使用和废弃的食物容器。

这种塑料还可用于制造电子产品，比如立体声收放机的外壳和电脑的闪存。目前人们正在研究如何加强可分解塑料的耐热性，以使这种塑料具有更广泛的用途，更好地保护人类的生存环境。

近 10 年来，塑料垃圾数量，在日本比过去增加了近一倍。这些塑料垃圾绝大多数以石油为原料制成，只能用填埋的方式处理。如果燃烧这些塑料垃圾，会严重污染空气。

(3)发明可加快生物降解的纳米杂交塑料。2007 年 12 月，美国康奈尔大学，材料科学与工程系伊曼纽尔·贾内利斯教授领导的一个研究小组，在《生物大分子》杂志上撰文称，他们发明了一种新的可生物降解的“纳米杂交”聚羟基丁酯塑料。它分解速度，比现在的任何塑料都要快。

研究小组对聚羟基丁酯塑料进行改良，他们把纳米级的黏土颗粒(或称纳米黏土)，掺入该塑料中，然后和未经改良的聚羟基丁酯塑料进行比较。结果发现，改良聚羟基丁酯塑料的强度，明显高于未改良的。更重要的是，改良聚羟基丁酯塑料的降解速度，要比未改良的快许多。经“纳米杂交”的聚羟基丁酯塑料，在 7 周后几乎全部分解。而作为其对照物的未改良聚羟基丁酯塑料，却看不到分解的迹象。研究人员还发现，通过控制聚羟基丁酯塑料中纳米黏土掺杂量，还可对其生物降解速度进行精细调控。

聚羟基丁酯塑料，可由细菌制得。人们广泛认为它是石化塑料的绿色替代品，可用于包装、农业和生物医药等行业。不过，由于它的易碎性和其生物降解速度难以预测，尽管在 20 世纪 80 年代就有商业化的产品，但其实际应用还很有限。专家称，聚羟基丁酯塑料纳米复合物的首次发明，将推动它在更广泛的范围内得以应用。

(4)开发出耐高温的生物降解塑料。2008 年 1 月，日本精工开发出用于轴承的生物降解塑料。将耐热性及强度提高到可在滚动轴承等构件上使用的程度。通过在聚乙烯醇树脂中添加纤维状的强化材料，与聚乳酸树脂相比，拉伸强度和刚性更高。另外，通过配合使用改良剂，获得了组装所需要的柔软性。

原来的生物降解塑料，在 120℃下会迅速劣化或者溶融。而新开发的塑料则不同，即使在 120℃环境下放置 1000 小时也几乎不会劣化，因此能够实际用作构件。熔点约为 200℃，最高使用温度为 100℃。该公司表示，将新开发的塑料放置于土壤中，在 180 天内便可分解 60% 以上。

该公司试制了在保持器和密封件中，使用该塑料制造的“高度环保型滚动轴承”。内部填充的润滑油，采用生物降解性“EXCELLA GREEN NS7 润滑油”，通过对内外轮的形状下工夫实现了低转矩。该轴承在 100℃的环境下，进行耐久试验，确认该材料具有出色的耐久性。

(5)用糖类作物成功制出可降解塑料。法国埃尔斯坦糖厂、马赛开发研究所和蒙伯利埃大学的研究人员,经过10余年的研究找到了用糖类作物制造可降解塑料的办法。该技术特性可靠,整体水平处于国际前列。

据介绍,以往的工业生产通常用玉米淀粉制造可生物降解的塑料,但这种工艺生产成本非常高,除了生产选用塑料之外,在其他领域很少使用。法国的科学家发现,糖类作物生产聚合物成本较低,并且解决了用糖类作物制造可降解塑料的关键技术难题。

(6)以甘蔗为原料制造环保聚丙烯塑料。2008年10月,巴西媒体报道,巴西化工巨头Braskem公司一个研究小组,日前发布公报称,他们研发的可再生环保聚丙烯塑料,已获得世界首项可再生环保聚丙烯塑料绿色认证,计划从2011年开始商业化生产。

研究人员指出,这种可再生环保聚丙烯塑料,以甘蔗乙醇为原料。与传统石油原料聚丙烯相比,它生产过程中的二氧化碳排放量较少,有利于包装、个人卫生用品和汽车制造等相关产业的可持续发展。该公司计划于2011年启动这种生物塑料的商业化生产,每年生产能力为20万吨。

(7)从腰果壳中开发出优于聚乳酸的生物塑料。2010年8月,日本媒体报道,日本电气公司开发出一种生物塑料材料,该材料所采用的植物性度(植物原料比例相对于总质量的比例)高达70%。新的生物塑料的一些特性,如韧性、耐冲击性及耐热性等,不亚于聚乳酸。该公司计划继续发展电子设备材料领域的生物塑料材料研究,争取在2013年内实用化。

新的生物塑料的主要原料,是植物茎中的纤维素和腰果壳中的腰果酚。具体的生成工序是:使利用醋酸提高了活性的纤维素(醋酸纤维素),以及通过生成和重整,提高了活性的腰果酚,在有机溶剂中发生反应。由此获得可加热熔融的塑料。进行反应时,添加了提高密度的物质。该公司未具体公布该添加剂的详细情况,不过已经得知是一种在苯环上带有高活性官能团的物质。该公司认为,纤维素也好,腰果酚也好,在产量上都有保证,是一种可以稳定供应的原料。

醋酸纤维素,是一种已经实用的生物塑料。主要用于制作照片和电影胶片,以及显示器用偏光薄膜等。不过,为了获得可塑性,必须大量添加源自石油的增塑剂,而且还需要提高强度和耐热性的添加剂,因此植物度为40%左右。另外,由于耐水性较低(吸水性较高),因此不适合用于电子产品的机壳,用途仅限于前面提到的薄膜材料。

新材料采用了源自植物的腰果酚代替增塑剂,因此可以实现高达70%的植物度。另外,与在生物塑料中得到普及的聚乳酸相比,虽然聚乳酸本身的植物度为100%,但是在用于构造电子部件材料时,为了改善强度和流动性等,会添加源自石油的塑料,多数情况下的实际植物度为25%左右。因此,日本电气公司认为新材料在植物度这一点上比聚乳酸占有优势。

不过,新材料在流动性和阻燃性上尚存在一些问题,今后如果为了改善这些问题而采用添加剂的话，植物度有可能会下降。另一方面，从植物中提取为了重整纤维素而使用的醋酸的研究也在推进之中，如果取得成功的话，将有望把植物度提高至近90%。

腰果酚是一种苯酚类物质，直链碳氢化合物在羟基的附近结合。由于该部分的存在，给材料带来了疏水性和柔性。现已作为汽车用制动器的摩擦力调整材料、涂料，以及绝缘材料的添加剂等，但目前的现状是，并未使用腰果壳的全部，壳的大部分被用作了燃料。

今后，日本电气公司，将进一步致力于该材料物性的改善和量产技术的确立。目前只是研究室级别的合成反应，还计划开发可以进行高效合成的工艺。设想在量产时与材料厂商进行合作。

（8）利用大肠杆菌“造”出最耐热生物塑料。2014年2月，日本科学技术振兴机构等机构组成的一个研究小组，在美国化学学会刊物《大分子》网络版上发表论文称，他们利用大肠杆菌，通过转基因操作和光反应等方法，制作出400℃左右高温下也不会变形的生物塑料，是当前同类塑料中最耐热的。

研究人员说，这种塑料是透明的，硬度特别高，用于汽车上代替玻璃，能大幅度减轻汽车重量，从而节约能源、减少二氧化碳排放。

生物塑料用来自植物等的生物质为原材料生产，有利于保护环境。但此前的生物塑料硬度和耐热性都较差，所以用途有限，一般都是作为一次性材料使用。

该研究小组注意到，某些放线菌分泌的一种氨基肉桂酸，拥有非常坚固的结构。他们根据这一发现，对大肠杆菌进行基因重组，再利用它使糖分发酵，制造出自然条件下几乎不存在的“4－氨基肉桂酸”。

研究人员通过光反应和高分子化等方法，用“4－氨基肉桂酸”聚合制取聚酰胺酸，然后在150℃～250℃的真空下，加热制成聚酰胺薄膜。这种薄膜难以燃烧，能够耐受390℃～425℃的高温，而此前生物塑料的最高耐热温度是305℃。

研究人员认为，比起以石油为原料、通过复杂工艺制造的传统塑料，这种生物塑料成本相对较低。他们今后准备进一步提高其强度，争取早日达到实用化。

2. 研制其他环保型塑料的新成果

（1）研制出可循环利用的塑料。2004年11月，美国麻省理工学院安妮·梅斯等人组成的一个研究小组，研制出一种可以在室温及标准制造压力下，进行循环利用和再成型的新型塑料，为解决“白色污染”问题提供了新的途径。

目前，使用的部分塑料制品，要被加热到200℃或是更高温度时才能够充分软化。这种方法，除需要消耗大量能源并带来一定环境污染外，还会破坏塑料的聚合体分子链，降低塑料的强度，使其不能进行循环再利用。

与加热软化的方法不同，梅斯研究小组利用硬度较高的聚苯乙烯与另一种比较柔软塑料的混合物，开发出到一种新型物质，这种物质经过处理能软化成一种可以被模塑成各种形状的透明塑料，并在重复利用10次后，其韧性和强度保持不变。

(2)研制出像废纸一样可回收的新型塑料。2006 年 11 月,据德国《世界报》报道,德国研究人员研制出像废纸一样可以回收利用的新型塑料。

这种新型塑料以苯乙烯和丙烯酸盐单体的聚合物为基础,加入羧基基团令分子链静电键合,使其成为可以回收的材料。

据报道,新型塑料可被轻易分解。把以这种塑料制成的购物包装袋洗净,用1%的氢氧化钠溶液使其中的聚合链分解,把羧基基团转化为聚合盐,塑料就可溶解。多次过滤提纯之后,该材料就能符合与食品直接接触的要求。如果加入一种弱酸,该材料还可以重新加工成包装袋。

(3)开发出首款自我修复塑料。2013 年 9 月 16 日,英国《每日邮报》网络版报道,西班牙圣塞瓦斯蒂安电化学技术中心科学家阿莱茨·里孔多、罗伯特·马丁等人组成的一个研究小组,对外界宣布,他们已经开发出世界上第一个自我修复的聚合物,可以自发重建,被称为真实版“终结者”。其目前最实际的一个应用就是能显著延长汽车、房屋、生物材料,以及电器元件的使用寿命,并提高安全性,从而减少塑料废弃物对环境的污染。

研究小组开发的这款新产品名叫“自愈热固性弹性体”。此前,科学家们研制的自愈有机硅弹性体,需使用银纳米粒子作为交联剂,十分昂贵,过程中也要施加外力。现在他们利用了十分普遍的聚合起始材料,以及简单而廉价的方法进行开发,新产生的聚合物是首个无需催化剂、不进行干预诱导就能自发、独立愈合的材料。

在实验中,研究人员把一段样品材料切断后再推回到一起,在两个小时内,样本的97%已告“痊愈”——看似完全融合在一起,在用手向两端拉伸时其仍然牢固。研究人员表示,新材料的突破点是在室温环境下,表现出了定量的自愈合效率,而不需要施以热或光等任何外部干预。

研究人员同时指出,该材料可以显著提高任何家用电器中塑料部件的寿命和安全性。而鉴于聚脲氨酯聚合物在一些商业产品中得到的应用,这款新材料将在工业系统中非常容易、快速地发挥实用价值。

目前,新材料被西班牙研究人员称为“终结者”,这是因为该聚合物的行为就好像“它是活的,总是自己愈合”,与电影《终结者 2》中登场的机器人创意非常相似。在这部电影中,出现了一个日后非常著名的 T－1000 液态金属的杀人机器,它由可还原记忆材料构成,全身能随意变形,被破坏后当场能够自我还原,损失了也可以再造,其特性一直令科幻爱好者津津乐道。

(4)研制出能够自我修复破损直径达 1 厘米的塑料。2014 年 5 月 9 日,美国伊利诺伊大学香槟分校材料学家圣克鲁斯主持,她的同事、化学家杰夫瑞·穆尔等人参与的一个研究小组,在《科学》杂志上发表研究报告称,能够自我修复的聚合材料如塑料,并不是什么新东西。但以往这种材料只能够修复非常微小的缺口,最多不超过几毫米。现在,他们把化学与机械工程学研究结合起来,研制出一种具有自我修复机制的塑料,它能够修补直径达1厘米的空洞,并且在这一过程中恢复材料绝大部分的原始强度。

研究人员表示,这项技术的优势在于,瞄准了能够在潜在的灾难性损伤,例如很难接近的弹道冲击损伤或裂纹之后,修复自身的合成材料。

研究人员研制了两种当分开存放时不起化学反应的液体。然而将这两种液体混合后会引发两个反应:第一个反应能够把混合物变成凝胶,第二个反应则逐渐将其凝固成硬塑料。

研究人员面临的挑战是需要找到一种方法来合并这两种液体,使两个反应在一个单一的系统里发生,并且是在不同的时间。

为了实现这一目标,研究人员从身体的静脉和动脉网络中获得了灵感。他们首先使用了包含有微小通道的普通塑料。这种材料是在塑料呈液态时加入纤维,之后在其凝固后除去纤维所制成的。研究人员随后在每一个“微通道”中注满了其中一种液体。穆尔表示:“你可以把这些微通道看作是一个脉管系统,就像血管那样。”

穆尔指出:“随着越来越多的液体被泵入微通道,凝胶最终跨越了整个受损的区域,并完全填充了空隙的空间。”

在这一过程中,注满一个直径约为1厘米的孔洞需要20分钟,而这种凝胶大约需要3个小时便可以凝固为坚硬的塑料。研究人员如今正在致力于使这套系统能够以更快的速度自我修复。

并未参与该项研究的西北大学化学家弗雷泽·斯图达特指出,这项新技术的潜在应用范围,从航空航天工程一直到外科植入手术。斯图达特说:“这一研究表明,我们能够期待自动修复比之前所想的更大长度尺度的断缝、裂痕和孔洞。”

但斯图达特强调,现实生活中的聚合物断裂,可能比实验室中所产生的断裂要复杂得多,因此自我修复机制可能需要依赖于多种技术的结合。

3. 开发环保型塑料的新技术

(1)利用柑橘类植物和二氧化碳制塑料的新技术。2005年1月,美国康纳尔大学,化学和生物学教授杰夫瑞·考茨领导,他的研究生参与的一个研究小组,在《美国化学学会会刊》载文称,他们研制出一种以锌为主要成分的催化剂,用它把柠檬油精与二氧化碳合成为聚合物,从而发明了一种制造环保型生物塑料的新技术:通过橘子等柑橘类植物和二氧化碳来生产塑料。

柠檬油精是种含碳化合物,存在于三百多中植物中。橘子皮更是含有95%的柠檬油精。在工业上它有多种用途,如制成家用清洁剂的芳香剂。合成塑料需要两种原料:一是经过氧化形成的柠檬油精氧化物,二是二氧化碳。二氧化碳随着人类大量使用化石能源,其大气浓度在过去一个半世纪中稳步上升,已成为危害自然环境的温室气体。考茨通过自己研制的催化剂,把这两种原料化合成碳化柠檬油精多聚物,它具有许多聚苯乙烯的特性。聚苯乙烯是各种塑料制品的主要成分，目前主要通过石油生产。

考茨解释说："催化剂在化合过程中可反复使用，如果没有它们，柠檬油精氧化物和二氧化碳不会自动化合。目前，无论服装业使用的聚酯还是食品包装袋、电子产品中用到的塑料制品，无一不是通过石油化工获得。我的工作就是不用石油，而通过来源稳定、丰富、可再生、廉价的原料生产优质塑料。生产中用到的二氧化碳将有助于减少大气二氧化碳的含量，减轻温室效应。"

（2）利用细菌和沼气制造可降解塑料的新技术。2005 年 9 月，德国莱比锡－哈雷环境研究中心一个研究小组最近宣布。他们已研究出一种新工艺和新技术：利用细菌和沼气，制造出对环境无害且可降解的塑料。

据介绍。研究小组利用的细菌是甲烷单菌。这种细菌，可将甲烷经过新陈代谢，在其体内产生细微颗粒状的聚合多羟基丁酸，提取出来后可以制成塑料。聚合多羟基丁酸，在物理特性上，与聚乙烯、聚氯乙烯等塑料产品相似，但却易于生物降解，且最后产物只有水、二氧化碳，不会污染环境。

研究人员表示，生产这种塑料所需要的原料，是有机废物发酵产生的沼气，沼气中含有 60% ~80% 甲烷。经过培养的甲烷单菌在反应器中经过 24 小时后，就可以生产出聚合多羟基丁酸，产出量可达 0. 02 克/升，产生的废水、残余物和热量，可以在反应中循环使用，从而节约成本。

（3）通过细菌把蔗糖制成塑料的新技术。2005 年 10 月，巴西媒体报道，用蔗糖制造生物降解塑料，已成为一些国家的热门研究课题。巴西技术研究院的路易・济依婀娜等人组成的一个研究小组，在甘蔗田里发现了一种名叫 B 傻瓜糖袋的细菌，能够高效率地把蔗糖变成塑料，每 3 公斤蔗糖就能产 1 公斤塑料。

研究人员对这项技术介绍说，他们用蔗糖培养出 B 傻瓜糖袋的细菌，这些细菌能迅速增肥和繁殖。过量的蔗糖使细菌体内产生大量的聚羟基丁酸颗粒，科学家们打碎细菌的体壳，用沉淀法分离出细菌与聚羟基丁酸颗粒，然后用化学添加剂使聚羟基定酸颗粒增大，即生物降解塑料颗粒。最后，把这些塑料颗粒送到工厂加工，就制成了塑料成品。

傻瓜糖袋细菌早在 1994 年就已经被发现。2005 年年初，研究人员发现此细菌还携带着另一种细菌，因此将这种细菌取名为 B 傻瓜糖袋。经过实验，科学家们摸索出上述制造塑料的生产工艺，并已经开始小规模生产。现在，巴西技术研究院、圣保罗大学和巴西糖业联合会，决定联合投资 500 万美元，对该项目进行大规模开发。

济依婀娜称：巴西在此项目上拥有一些独到的高技术，能够与国外竞争。目前我们正进一步研究 B 傻瓜糖袋细菌的新陈代谢机理，以提高塑料的产出率和质量，同时使这种细菌适应不同品种的蔗糖。

（4）通过直接发酵制成聚乳酸的新技术。2009 年 11 月，韩国李相烨教授领导的研究小组，在《生物技术与生物工程》上发表了一项成果。它表明，韩国研究人员通过生物工程技术，而不是通过矿物燃料化学合成，成功研制出用于生产日常塑料产品的聚合物。这项技术创新成果有望推出物美价廉的环保型塑料制品。

该研究小组成员来自颇有声望的韩国科学技术院和韩国化学公司LG，他们对聚合物进行研究的重点不是以塑胶和橡胶形式存在的分子群，而是聚乳酸。聚乳酸是一种生物基聚合物，它是利用天然可再生资源生产塑料的关键。

李教授认为，过去聚合脂及其他日常生活中所用的聚合物多来自精炼或化学工艺制成的矿物油，由于环境问题日益严峻，而矿物资源又非常有限，所以利用可再生生物来制造聚合物的想法一直引人瞩目。聚乳酸具有生物可降解性，并且对人体危害较小，因此被认为是石油化工塑料产品的良好替代品。

此前，聚乳酸通过两步发酵和聚合的化学工艺制成，不仅过程复杂而且造价高昂。现在，研究小组通过使用大肠杆菌的一种可代谢的工程品种，开发出一种单一步骤的生产工序，可通过直接发酵制成聚乳酸及其共聚物。该方法的创新之处是通过可再生资源的直接微生物发酵，从而生产出聚合物产品和聚合脂产品。这样，使聚乳酸的生产过程，以及含有乳酸的共聚物再生产过程，更省钱，更具商业价值。

(5)研制新型环保塑料技术取得突破性进展。2011年11月，英国利兹大学雷阿德博士领导，欧盟8个成员国的科研机构、大学和企业研究人员参与的一个研究小组，在欧盟第七研发框架计划350万欧元的资助下，对研制新型环保塑料取得重大突破。

塑料已深入到人们的日常生活，极大地丰富了我们的物质世界，但其不可降解的“垃圾”特性，又常常使人们左右为难。

该研究小组经过多年的努力，在大量搜集数据的基础上，利用两组信息技术编码组合的方式：第一组用于设计大分子链之间的连接，从而构成新的聚合物溶剂；第二组将直接显示这些大分子通过化学方法所表现出的形状和特性，为设计新型可降解塑料铺平道路。利用这项微尺度聚合物操作系统，研究人员就可以在实验室设计出“十全十美”的聚合物，为塑料工业的革命性突破打下良好基础。

迄今为止，化学工业一直沿用事先研究生产出一种塑料，再根据其特性寻找用途的方法。鉴于塑料在溶解、流动、再成形的过程中，大分子的特性会发生变化，往往需要经过反复无数次的试验，随机性很大。该项技术的应用可以在创造新塑料时，就为其专门的用途进行设计，省钱省时，同时又兼顾化学工业和保护环境的双重利益，皆大欢喜。

二、研制环保型塑料配料与塑料制品的新进展

1. 研制环保型塑料配料的新成果

(1)开发出用于生物降解塑料的新增塑剂。2006年12月，一项由英国政府部

分资助的项目,最近成功开发出一种生物降解塑料用增塑剂,用于薄膜和其他软包装用聚乳酸中,可大幅改善聚乳酸的力学性能。

该项目得到英国政府可持续发展技术启动计划的支持,它使常规硬聚乳酸的柔性得以改进,其延伸度可从原来的5%提高到320%。这类增塑剂可被生物降解,它们在产品中的用量为助剂的10%~20%。这种改性剂,基于聚乳酸与聚乙烯乙二醇之间生成的嵌段共聚物。经过改性的聚乳酸可在混合料中在20~25天内消失。目前,该类助剂已实现工业化规模生产。

(2)开发出不含金属的聚氯乙烯用稳定剂。2007年4月,日本媒体报道,日本水泽化学工业公司开发出下一代新型聚氯乙烯树脂用稳定剂,其最大的特征是完全不含金属。新产品的基本成分,是环氧树脂化合物与氨基化合物,它不仅与以往的铅系及非铅系稳定剂具有同等的性能,而且连以往加工时的耐热性问题也能够解决。

聚氯乙烯在成形加工时,为防止加热造成的收缩劣化而使用聚氯乙烯稳定剂,以往是使用铅系材料为主。然而由于环保的规定,厂商多改用非铅系材料的替代品。聚氯乙烯的稳定剂材料,逐渐从原来的铅系产品,转变为非铅系的锡系或钙锌系等产品。此外,欧洲的环保规定对于汽车、电器、电子零件的制品有限制使用重金属的趋势。因此欧洲有厂商开发无重金属的稳定剂,但是仍然含有少量的锌,且耐热性也还有待改进,因而没有实用化。水泽化学工业公司为突破使用上的限制,开发完全不含金属盐的新稳定剂,并将针对高级聚氯乙烯用途为市场,进行新产品的开发和推广。

该公司新开发的聚氯乙烯稳定剂,采用特定选择的环氧树脂化合物与氨基化合物,它们的成分都具有耐热持续性。经过实验确认,新产品使用量仅需和以往稳定剂一样,在180℃~190℃下,具有持续耐热1小时的效果,已解决聚氯乙烯制品成形加工时成为问题的耐热性,同时也能够抑制聚氯乙烯氧化分解及变黄。

(3)开发出环境友好型的塑料中磷系阻燃剂。2012年6月29日,日本科学技术振兴机构发表新闻公报说,大阪府片山化学工业公司的一个研究小组受该机构委托,开发出一种新技术,有助于今后大批量生产对环境友好的磷系阻燃剂。

公报说,塑料是日常生活和工业生产不可缺少的材料,但是多数种类的塑料都易燃,为了使塑料变得难以燃烧,目前常用的阻燃剂多为卤系阻燃剂,这种阻燃剂含有害的卤族元素,在产品废弃后容易污染环境。

对环境友好的磷系阻燃剂,这些年作为卤系阻燃剂的替代品备受瞩目。但是这类阻燃剂多为液态,添加后会导致塑料耐久性和耐水性下降。

在本项研究中,研究人员摒弃了以往物理混合的方法,改为把磷元素直接导入高分子树脂的骨架,实现了阻燃剂性能的稳定。添加了这种阻燃剂的塑料机械特性、耐水性等都未出现下降,同时耐燃性得到了很大提高。

公报说,在本项研究中,研究人员使用的阳离子镍氢络合催化剂,是以廉价的氯化镍为原料开发出的,可以高效催化合成阻燃剂,这将有助于今后大批量生产对环境友好的磷系阻燃剂。

2. 开发自行降解塑料薄膜的新成果

(1)率先开发出植物原料的聚乳酸薄膜。2004 年 7 月,日本东丽宣布,在世界上率先成功开发出以植物为原料的聚乳酸薄膜。经过加工形成的这种薄膜在具有聚乳酸原本具备的透明度与耐热性的同时,还具有可以卷起来的柔软性,作为可完全降解的环保型薄膜有望引发旺盛需求。

虽然聚乳酸被视为环保型材料备受关注,但在此之前的添加低分子液态可塑剂的生产方法中,存在受温度、压力等外部变化影响大,透明度与柔软性等随时间发生很大变化的缺点。然而,东丽此次开发的新技术中,设计了可与聚乳酸特强相互作用、具有高移动性单元的生物分解高性能合金成分。另外,通过高精度二轴延伸技术,使结晶规则排列等,提高了薄膜的柔软性。

(2)发明可反复使用又可自行降解的环保薄膜纸张。2005 年 9 月,有关媒体报道,很多注意节约纸张的人,喜欢随身带一支配有橡皮头的铅笔。这样,不管是会议记录还是生活中的一些琐事都可以用铅笔在纸上写下来,等过了一段时间后,再用橡皮把不需要的内容擦掉。这样做能够大量地节约纸张,可以让纸张在自己手里反复使用。

关于纸张的重复利用,德国 NOPAR 公司斯特凡·施密特领导的一个研究小组想出了更好的办法,他们用生活中经常使用的塑料薄膜,通过高科技处理来代替普通的纸张。

把这种"纸"贴在玻璃窗上,它就能牢牢地吸附在玻璃上,看上去就像一块小小的白色写字板。用一种特制的白板笔,就可以在"纸"上写字。不要这些字时,只需用一张普通的纸巾轻轻一擦,就可以把所有字迹都抹去。

研究人员介绍道,这是因为白板笔是水融性笔,所以用纸巾可以反复擦拭,这张薄膜也就可以反复使用。薄膜可以贴在玻璃上,也可以贴在房间的任何地方,看上去和办公室里开会使用的白色塑料板有些相似,但是它只有薄薄的一层,当不需要的时候可以把它取下来折叠收藏,帮助节省空间。

研究人员表示,不要小瞧这些看似简单的"纸",它是德国高科技的全新体验,因为它具有静电吸附功能,所以在张贴文件或宣传材料时,只要把薄膜贴在需要张贴文件的反面,就无须再借助胶带和胶水了。这种全新的室内张贴环保材料,在阿富汗战争中,曾经被美军大量使用,欧美国家把它推崇为一次产业技术革命。

施密特说,用最简单的话来形容,其实它就像一块环保的充电器。因为"神奇纸张"是利用静电吸附原理在多层薄膜中间进行超高压处理,使薄膜双面都产生较强的吸附力,并且可以任意张贴在墙上、玻璃上或者任意一个平面上,使其不需要借助于胶水和图钉就可以吸附于物体平整的表面,揭下而不留任何痕迹。同时也给"纸"循环带来了另一条更为经济简便的环保节约之路。

“神奇纸张”看似一块简单的塑料薄膜，可是它又不是传统意义上的塑料制品。据了解，它以可降解的环保塑料薄膜为原材料，经过分割、充电、成形等几个工序后，每张（60 厘米 ×80 厘米）吸附力可以达到 1 公斤，而且时间越久吸附力越强。由于产品的原材料塑料薄膜都是可降解的原材料，所以它是一种全新的绿色环保产品，并且可以重复使用，这从根本上改变了传统塑料无法降解、环境污染严重的问题。

（3）开发出微波炉专用能自行分解的塑料薄膜。2007 年 11 月，有关媒体报道，瑞士一家塑料加工公司推出一种名叫西姆卡欣的薄膜，是专供微波炉烧烤覆盖用的特殊新型塑料制品。

该薄膜耐高压，防雾性能好。用它在微波炉中加热各种菜肴，既安全又方便。在加热进程中，水蒸气产生的压力可安全地通过薄膜释放出来。同时，它是一种自行分解型塑料，可在自然条件下逐渐溶解，不再污染环境。

（4）研发出可调速降解农用塑料薄膜。2012 年 5 月 30 日，《日刊工业新闻》报道，日本宇都宫大学研究生院，木村隆夫领导的一个研究小组，与枥木抗菌研究所合作，通过调整可降解塑料主要成分的扇贝壳微细钙化合物比例，成功开发出可调速降解农用塑料薄膜。

研究人员采用三种可降解塑料作基础材料，添加抗菌研究所开发的氧化钙和氢氧化钙的微粉，再用辣椒、印楝微粉作改性材料做成塑料薄膜后，进行试管内加水分解和土壤掩埋试验发现，30 克基础材料加 3 克改性材料加热混合做成的 0.1 毫米厚的薄膜，加水分解试验开始 60 天后，重量损耗率约 25% ~40%，不加改性材料的情况下，重量损耗率只有 1.0% ~1.8%。试验中还发现，添加了钙化合物的薄膜，在土壤中分解后能促进酸性土壤向中性转变。同时，由于添加了辣椒和印楝等成分，塑料薄膜还能起到防治病虫害的作用。

开发可调速降解和改良土壤的塑料薄膜，是 2010 年足利银行、枥木县政府、野村证券联合发起的支农项目，目的是解决农业物资中常用的塑料薄膜的废物处理问题。可调速降解塑料埋在土里降解不仅保护环境也省力，可破解农用塑料薄膜，埋在土里 1 -5 年才能降解的难题。

3. 研制自行降解塑料容器的新成果

（1）开发出可自行降解的酸奶杯。2004 年 5 月，德国两家公司合作，开发出一种能快速自动降解的酸奶杯，这种“绿色杯子”是由聚乳酸材料制成。

聚乳酸属于 α 聚酯类聚合物，类似的还有聚多羟基丁酸酯、聚多羟基戊酸酯等。乳酸可以从甜菜发酵的糖液中提取，然后进行开环聚合反应生成聚乳酸。聚乳酸与常用的聚苯乙烯、聚丙烯等包装材料有类似的物理机械性能，并具有良好的防潮、耐油脂和密封性。

聚乳酸在常温下性能稳定，但在温度高于 55℃，或在富氧和微生物的高温度下会自动分解。用这种材料制成的绿色酸奶杯，经 21 天后开始自行降解，60 天后完全降解。

(2)发明可生物降解的塑料饮料瓶。2006 年 6 月,英国贝卢公司研制生产的,第一批可生物降解矿泉水瓶,近日正式投放英国市场。这种水瓶以植物性塑料制成,大大缩短了降解所需时间,是环保型材料应用领域的又一新突破。但环境保护学家在肯定这种塑料环保价值的同时,又对饮用瓶装水这一行为本身提出了质疑。

生产可生物分解矿泉水瓶的贝卢公司,是一家致力于开发绿色环保产品的公司。这种瓶子用以玉米为原料的塑料制成,虽然容量达到 0.5 升,但在商业肥料作用下,只需 12 周便可全部降解。即使使用家庭肥料,9 个月到 1 年之内也可完成降解过程。而普通塑料,掩埋在土壤里需要几百甚至上千年才能分解。玉米塑料瓶的广泛应用,有助于从根本上遏制英国垃圾场,将被越来越多难降解塑料制品淹没的不妙趋势。

贝卢公司认为新研制的环保塑料瓶,可以刺激消费者对可生物分解制品的需求。该公司官员"想想看,用玉米制成的塑料,这种绿色原料环保潜力巨大"。贝卢公司官员麦·西蒙森说。

但这种可生物分解制品在英国推广有其困难之处。因为英国没有这种瓶子分解所需的商业肥料,而且作为原料的玉米聚合物,也要从美国海运进口。以贝卢公司的经营规模,要长期进行如此大规模的商业运作仍有困难。

贝卢公司常务董事里德·佩奇说:"希望我们开发的新材料矿泉水瓶,能够打开市场获得消费者青睐,以鼓励更大型的公司也引进生产。"

其他公司也在努力研制可生物降解产品。马莎百货公司的三明治已采用玉米淀粉制成的塑料薄膜包装。可口可乐公司正在试验减轻塑料瓶重量,并表示他们也在研究使用可生物降解瓶的可行性。瑞士著名企业雀巢公司正在为其牛奶巧克力制品开发新型包装盒,其好处是在水中即可分解。

英国大型连锁超市森斯伯瑞已在旗下 140 家连锁店,引进可家庭降解的包装袋和盘子,用于盛装有机食品。这样做的部分原因是意识到日常食品包装需求扩大,将导致对环境更为严重的破坏。

4. 研制环保型塑料建材的新成果

(1)研制出有利于环境保护的注塑模板。2004 年 11 月,在第六届中国国际建材及室内装饰展览会上,越南机械工程公司首次在中国展示了其建筑用注塑模板。

该公司模板采用 PP、PE 增强塑料通过注塑制成,它可在恶劣环境下反复使用 100 次以上,与木制模板和金属模板相比,可大幅度降低使用的成本。注塑模板质量轻、运输及安装方便,便于拆卸,可降低人力成本。另外,该模板还能确保浇注混凝土表面的高度平整性,可最大限度节省最后修整所需的时间和人力。同时注塑模板的材料还能回收再利用,有利于环境保护。

建筑模板是建筑工业中用于墙体、支柱、地基、楼板等浇注的重要工具,以往为木制或钢铁制成,木制模板只能使用1~2次,而钢铁模板易锈蚀、质量重、安装不便。该公司介绍,这种模板是全球第一套注塑模板,它的问世改变了以往建筑模板只能使用木制或钢铁制模板的局面。

(2)研制出高效超薄的聚氨酯泡沫隔热材料。2006年4月,一幢超低能耗的房屋在德国慕尼黑完工。该建筑加上办公驻地、公寓,每年每平方米仅消耗20千瓦时的能源,相当于两升燃油的消耗,是慕尼黑普通建筑1/10的能源,甚至还大大低于具有挑战性的低能耗房屋标准(每年每平方米40~60千瓦时)。

这主要是因为,该房屋采用了哈西特公司的聚氨酯隔热材料,并与真空隔热板巧妙结合,从而降低了供热成本。同时高效超薄的聚氨酯泡沫隔热层还增大了可用面积。这种硬质聚氨酯泡沫隔热材料是位于吕伯林根的泡沫塑料公司,采用拜耳材料创新集团的聚氨酯原料制造而成。据介绍,这种材料在所有大体积热绝缘材料中的导热系数最低,也就是说以最小的热绝缘厚度实现最大程度的节能。哈西特及其合作伙伴现已荣获柏林德国建筑技术研究院为这一系统颁发的综合建筑证书。

这幢房屋的外墙隔热装置对于整体节能效果起到至关重要的作用。这栋房的外墙隔热是由超薄真空隔热板与一层硬质聚氨酯泡沫隔热层相结合而成,其中泡沫隔热层仅有8厘米的厚度。把隔热材料与外墙连接,而不使两者间产生热传导,这是一个关键因素。同样由泡沫塑料公司生产的固体聚氨酯材料窄条,被安装在墙体的混凝土内,作为螺钉的固定点,从而将垂直、防潮的聚氨酯板固定在建筑的外墙中。

5.开发其他环保型塑料制品的新成果

(1)研制出新型植物塑料IC卡。2006年12月,日本索尼公司公布了一项有利于促进环保的新成果:该公司开发出用植物基塑料制作的非接触IC卡。这种卡可以用于非接触通信,也可以用于预支付服务。另外,这种卡可作为ID门禁卡,将来可使用索尼非接触式智能卡技术。

索尼是经过调整材料配比和制作方法,并通过多次试验后,才将植物塑料应用于卡片制作的。这种用植物塑料制造的卡片与普通塑料卡片在功能上没有任何差别,但可以全降解。索尼表示,积极提倡植物基塑料应用于产品和包装,有利于环保。

(2)研发出以聚乳酸为绝缘体的环保电线。2009年3月16日,日本《每日新闻》报道,日本兵库县的技术员名切卓男,以源自植物的聚乳酸为绝缘体,制成了环保电线。这种电线,生产过程中排放出的二氧化碳量,约是使用来自石油的聚乙烯材料时的一半,而且聚乳酸材料还有可生物降解不污染环境的优点。

据报道,聚乳酸被称为“对环境友好的塑料”,广泛应用于生产塑料文件夹等用品,但是用来生产电线还需要解决一些技术问题。首先是聚乳酸电线会比较硬，一弯曲就会折断。不过，名切卓男解决了这个问题。他发现，由于聚乳酸分子存在右旋和左旋等类型，只要向右旋聚乳酸分子中添加少量左旋分子，就能制成柔软的聚乳酸材料。

制作电线时，让铜线穿过熔融的聚乳酸，聚乳酸冷却凝固后电线就制作完成，但是这个过程中又存在另一个问题。聚乳酸绝缘体的内侧冷却比外侧慢，如果内外不同时冷却的话，容易出现厚度不均匀的问题，铜线容易剥离。为此，名切卓男又开发了一种专用装置，能促进绝缘体内侧的聚乳酸凝固，同时放慢外侧聚乳酸的凝固速度，从而制成厚度均匀的环保电线。

聚乳酸可用来制成透明的材料，所以，新技术还有可能用于生产光纤，但这还需要解决生产成本过高等问题。

(3)采用植物提炼聚乳酸制成车内饰品。2009 年 8 月，日本媒体报道，汽车设计中的环保创新技术，已经越来越多地展现在人们面前。目前，丰田汽车公司又研发出一种新型的汽车内饰材料，该材料采用植物提炼，实现完全的环保。

报道说，丰田的子公司丰田纺织开发出新型的植物性塑料，同时这类材质还可继续开发出无纺布料和无压成型材料，这些材质均可用于制造汽车的内饰部件。丰田汽车公司已把这些产品应用于 2009 年 7 月发布的新车型雷克萨斯上。

丰田纺织研发的无纺布表皮材料已由聚对苯二甲酸乙二醇酯转换成聚乳酸最终成型，这些材料不但可以用做后备厢包布、饰条等，在中控台的布质和仿皮包围也可使用这种材质。而通过最适于环保塑料的成型方法、产品形状及成型条件，最终实现将这类无纺布表皮材料，制造出与普通汽车布艺和皮艺内饰相同的性能、品质及手感。此外，该材料还可应用于组合尾灯罩、后备厢门饰条、后备厢前饰条、后备厢侧饰条及后备厢垫。

另外，把植物中的聚丙烯部分换成聚乳酸，用于制造出成型材料，新材料改变了模具设计、产品形状及成型条件，并确保了与以往产品同等的性能和品质。其中，丰田普锐斯的上述该部件即使用了这类新材料。而雷克萨斯还配备了用蓖麻油成分提炼出的汽车坐垫和亚麻纤维的后备厢托盘。

三、开发环保型包装材料的新进展

1. 研制基于可降解塑料的包装材料

(1)开发出可转化为肥料的包装材料。2004 年 7 月，德国巴斯夫集团研制出可转化为肥料的包装材料。这种包装材料是由完全可降解的塑料 Ecoflex 制成的。由这种塑料制成的薄膜和包装材料与有机垃圾一起腐烂，最后只留下水、二氧化碳和生物团自然残留物。

目前，在食品包装材料中，使用天然材料制作纸饭盒或纸浆包装盒，可能有个大缺陷，即油脂和液体会很快渗出，而覆盖一层巴斯夫发明的塑料就能对此得到改善。

抗水抗油脂性能，也让使用该塑料做垃圾袋、杂物袋和薄膜成为可能。使用后，废弃塑料可与有机废物一起处理。这意味着现有的市政设施可以不作调整，因为该塑料在正常的分解过程中几乎与植物性淀粉浆分解得一样快。在农业上有了这种塑料，农用薄膜将重获新生。使用后只要将其埋在土地里任其分解，便会在短期内转化成土地所需要的养分。

(2)用可降解塑料与艾蒿制成食品保鲜袋。2005 年 8 月，日本一家公司利用植物艾蒿制造出一种新鲜食品保鲜袋。这种保鲜袋可反复使用，用完后还能够被生物分解，化为土壤。

据这家公司提供的资料，艾蒿具有抗菌、防毒、防虫和药用功能。新开发的食品保鲜包装袋是用60%的可降解塑料、20%的艾蒿粉及20%添加物混合加工而成的薄膜制作的。把蔬菜、水果等食品放在里面，置于冰箱内，可确保食物处于抗菌、防毒、防虫的环境中，能够将食物保鲜期延长两倍。如果这种保鲜袋用脏了，经过涮洗还可以反复使用，直到用破为止。

(3)开发出可降解聚苯乙烯泡沫包装材料。2007 年 4 月，加拿大有家名叫“小瀑布”的企业称，目前已在全球率先开发出，完全氧基可降解聚苯乙烯泡沫包装材料。

据介绍，新产品加入了由加拿大温哥华环保技术有限公司开发的，完全可降解塑料添加剂，可与食品直接接触。该企业称，这种产品在氧气、热、紫外线或机械压力作用下，可被转化成一种细粉，而其细粉可由细菌和其他微生物分解，3 年内可降解。这种可降解发泡材料的问世，对减轻环境压力意义重大。

(4)发明可作燃料的包装材料。2007 年 4 月，有关媒体报道，美国纽约理工大学布鲁克林校区，化学教授理查德·格罗斯领导的一个研究小组，发明了一种“燃料包装材料”，也就是经过转化可以用于燃烧的包装材料。这种包装材料可以做成硬的，也可以做成软的，和普通塑料包装材料一样使用，但是在废弃不用后，可通过一种酶的降解成为替代燃料。

研究人员表示，目前，这项技术还没有成熟到可以大规模商业化的程度，但是因为它有望大大减少向遥远的军事基地运输物资的负担，美国五角大楼已经兴致勃勃地追加了 234 万美元的研究经费。这种燃料包装材料具有双重功能，既可用于包装又可用于燃烧，更妙的是，它能大大减少基地的垃圾处理工作。

美国国防部的国防先进技术研究计划署，把他们资助的这项计划，命名为“可持续集成移动能源恢复计划”。该技术的具体细节如下：利用一种转基因酵母，从豆油或其他生物燃料中提取脂肪酸进行改造，形成高分子长链，经过加热塑造等处理，进一步形成实用包装材料。当这种包装材料的包装使命完成后，用普通碎纸机打碎，将碎片浸入温水中，加入一种名为角质酶的酶，这种酶来自一种天然寄生虫，科学家们将其 DNA 片段，植入大肠埃希氏杆菌中进行大量繁殖。耐心等候 3 -5 天，由包装材料转化的燃料就会浮到水面上。

研究人员表示,该研究项目仍然处在实验初期阶段,目前主要的难题在于减少加入发动机的酶的数量,以便降低成本。目前,这种包装材料转化来的燃料价格较高,还无法与普通石油燃料竞争。但是如果石油价格继续走高,或者政府开始对碳排放加收污染治理税,那么这种燃料包装材料就大有用武之地了。

(5)研制出能自动消失的包装材料。2007 年 6 月,有关媒体报道,瑞典保洁生态洁净公司化学家奥克·罗森,研制成一种新型包装材料。这种新材料的生产无需耗费太多的能源,其原料主要是一种储备丰富的天然材料。经几小时的日晒,它就会完全消失。

罗森从 20 世纪 80 年代开始,就想着能研制成一种混合包装物,它由一部分天然材料和一部分合成材料组成。这种材料必须具备普通塑料的耐用、质轻和廉价的特点。但是,当时他认为,这个计划还一时难以实现。1995 年,罗森在瑞典南部的赫尔辛堡成立了自己的生态洁净公司,在这里他可以专心地研究梦想中的包装材料。

最初,罗森考虑用淀粉作为基本原料,但淀粉生物降解速度太快,他还试用过滑石粉。后来,他从蛋壳中找到灵感。蛋壳的成分中,有 95% 是碳酸钙,也就是白垩,这是世上最普通的一种矿物质。对于鸡蛋来说,它是绝好的包装材料,只是太容易破碎了。不过,罗森找到了改进自然配方的办法。蛋壳中另外 5% 的成分是重要的"黏合剂",可以使白垩不至于散成粉状并使蛋壳更加坚硬。罗森采用了从天然气里提取的塑料聚烯烃,而不是天然蛋白质作为黏合剂。在尝试了不同的混合比例以后,罗森偶然发现了组成新型环保包装材料的最佳比例:70% 的碳酸钙和 30% 的聚烯烃。

这种新型包装材料看起来和摸上去都很像传统的塑料,但它不是塑料。根据罗森的实验,它像玻璃一样坚硬,像橡皮一样柔软;可作为塑料、纸板和铝制包装的廉价替代品。对环保人士来说,这种材料有很多好处。尽管它的成分中含有塑料,其生产耗费了能源,但是聚烯烃对环境的影响却非常小,它可以降解为碳和氧。另外,较少的塑料意味着使用较少的石油。石油是塑料的基本成分,是不可再生的资源。同时,它的主要原料白垩在许多地方都非常丰富,并且便宜,而且很多就蕴藏在地表或接近地表的地方。与合成塑料,以及其他用于包装的纤维、纸和薄纸板相比,开采白垩所耗费的能源要少得多。特别是生产纸、塑料和铝需要建化工厂,一旦建化工厂就会产生污染。而罗森发明的这种新型包装材料,仅利用自然资源,是地球自己生产的。

这种新型包装材料最吸引人的特点,在于它是极易处理的垃圾。由它制成的瓶子、酸奶杯或糖果包装纸都可全部降解。把这些包装物留在野餐后的地上,在阳光照射下,一两个月后就会完全变成沙子。如果把它们扔进焚化炉,剩余的灰烬富含碳酸盐,有助于降低泥土的酸性。

(6)开发出遇水分解的包装材料。2007 年 12 月,澳大利亚种植工艺技术公司一个研究小组,在英国《食品工程和配料》科技杂志发表研究成果称,他们已经研究开发成功,一种用后可以舍弃的塑料包装新容器。研究人员开发的是一种在外形和手感上与日本化成公司生产的塑料材料完全一样,而且同样可以进行彩色印刷的生物分解性新包装材料。

应用试验说明,这种新材料,作为巧克力和饼干等干燥食品的包装材料,是稳定而又稳妥的。新包装材料,一旦投放在水中,就可以立即开始分解,直到最终完全分解而消失。

(7)研制出新型可降解生物包装材料。2012 年 2 月 9 日,欧盟第七框架研发计划的一个研究小组宣布,他们在食品包装领域取得重要成果,研究人员从乳清蛋白中提取出一种生物材料,用于生产多功能薄膜,并且已经研究出规模化生产方法。

食品包装在食品保鲜及食品安全中发挥着重要作用。这种新型包装材料,可有效防止食品氧化、霉变,阻止化学和生物污染,可显著提高食品的货架期。

目前,食品的包装都采用从石油化工原料中提取的聚合物,如乙烯醇聚合物生产的塑料薄膜为包装材料,对环境构成污染。欧盟研究人员采用乳清为原料,研制的包装材料具有生物降解特性。生产工艺为:首先将甜乳清和酸乳清分离和提纯,制备高纯度乳酸蛋白分离液,然后利用各种方法,获得具有超强成膜特性的蛋白。最后,在乳清蛋白中混入不同浓度的生物软化剂和添加剂,增加薄膜的机械承载力。

食品包装生产企业只要对现有的生产工艺和设备稍加改进,就可生产这种生物降解包装材料。该技术目前已申请专利。

2. 研制其他环保型包装材料

(1)用胡萝卜制成可食用的包装纸品。2004 年 12 月,英国一家公司的科研人员利用胡萝卜为基料,添加适当的增稠剂、增塑剂、抗水剂,研制成功价廉物美的可食性彩色胡萝卜包装纸品。

这种产品可用作盒装食品的内包装或直接当作方便食品食用,既能减少环境污染,又能增强食品美感,增加消费者的食趣和食欲。若能进一步提高强度和可塑性能,改善表面质感,可制成各种形状的盒、碗等。

(2)开发出新型环保包装材料钢箔。2005 年 8 月,日本一家公司开发出一种前所未有的环保包装材料钢箔。当它被废弃送到垃圾填埋场后,可以很快地生锈分解,几乎不会污染到周围的环境。

这种用金属制成的钢箔,厚度仅 30 微米,质地柔软、细腻。其弹性和绸缎相似,同时坚韧耐磨。用它包装糖果、饮料等食品,可以有效地防止微生物、昆虫和啮齿动物的入侵,既确保食品的安全,还可延长保质期。

第二节　研制环保型玻璃与涂料等材料

一、研制环保型玻璃的新成果

1. 运用纳米技术开发自洁玻璃的新进展

(1)利用纳米塑料绒毛制成不用雨刷的挡风玻璃。法国原子能委员会的科学家,正加紧研制一项技术,它可以让雨滴遇到汽车挡风玻璃后,仍然保持圆珠状,并自动滑走。专家认为,这项技术的开发可能预示着汽车玻璃上的雨刷将成为摆设。

新技术在原理上,借鉴了郁金香花瓣的特点。

科学家发现,一些水和灰尘,落到郁金香花瓣上以后,会逐渐流走,而不附着在上面。其中原因在于,郁金香花瓣表面粗糙不平,上面有许多仿佛人身体汗毛的物质,一层层不断把水滴推走,使其无法摊开。水滴由此仍然保持圆珠形,并像在气垫上一样滑走。

科学家把这种原理,“嫁接”到玻璃上:他们在玻璃上,大量移植只有几个纳米长的塑料“绒毛”,取得了与郁金香花瓣一样的效果。

科学家认为,雨滴在这种玻璃上因为仍然是圆形的,所以接触面很小。汽车行驶时,雨滴会在风和重力作用下,自动滑走,不会影响司机视线。专家下一步研究,是要小绒毛不影响玻璃的透明度。

(2)利用纳米凸状涂层发明自我清洁的玻璃。2005 年 2 月,有关媒体报道,美国俄亥俄州大学的一个研究小组,发明了一种拥有自我清洗能力的玻璃。有了这种玻璃,人们再也用不着为擦玻璃窗而烦恼了。

研究人员表示,他们这一新成果,是利用荷塘中荷叶上滚动着水珠这一原理研制出来的,并且纳米技术成为这一新发明的核心要素。

在纳米技术领域,各种小装置正在以超乎想象的速度接踵而至。能发动机器人的纳米电池比一分的硬币还小,肉眼看不见的传感器却灵敏到能检测有毒化合物的“蛛丝马迹”。但是这些纳米小玩意都面临着同一问题:摩擦,而且传统的润滑油对纳米产品也不适用。研究人员正是在研究摩擦问题的过程中,意外获得这种抗污性的挡风玻璃的。

研究小组负责人表示,他有一次正在候机的时候,突发奇想:荷叶能违背摩擦定律,我们为什么不模仿这一自然奇观,并加以改进呢? 一般地,摩擦低的物质,其表面具有疏水基团,这些疏水基团的排水性,正是抵抗摩擦的关键所在。所以,为了降低纳米产品在运行中的摩擦,需要在其表面涂上疏水性物质。

研究表明,荷叶运送水珠的特性,在于其表面覆盖的凹凸不平的纹理,这种纹理状凸起能阻止水珠沾附在其表面。但是,荷叶表面纹理状凸起的尺寸大小,是多少才是最合适的呢? 该研究小组开发了一个计算机模型,根据这一模型,可以获得不同物质和不同用途所需要的凸状大小,结论是,这些凸状涂层的物质都非常小,正是纳米级尺寸。

一些商家寻找的是这种商业化产品,把它喷射到挡风玻璃或微型引擎上来降低摩擦。由于任何物质都存在损耗的问题,他们又开发出一种模型,可以根据不同用途,选择不同尺寸的凸状涂层。目前,一家大型商家已经开始与研究小组洽谈,以大大降低公司这方面的开发成本,许多公司也表示了对这一技术的兴趣。而发明这一技术的研究人员,关注的却是,这一挡风玻璃将再也不需人工清洗。

(3)发明基于二氧化钛纳米镀膜的自洁玻璃。2005 年 5 月,英国媒体报道,克温·桑德尔松教授领导的研究小组,带领英国玻璃公司研究人员共同努力,研制出一种特殊玻璃,具有能够借助自然界力量来自我清洁的神奇功能。这样,人们擦拭外窗玻璃之苦,将会大大减轻。

桑德尔松教授介绍,这种玻璃和普通玻璃的不同之处在于,它使用了一种并不十分复杂的工艺,为玻璃的表面镀上了一层超薄的化合物膜。而这个薄涂层的主要成分是二氧化钛,它是一种光触媒,能够引起特殊的催化作用。当这种物质在受到大于二氧化钛能隙宽度的光线照射时(例如紫外光),内部电子会被激发,与空气的氧气和水分子发生作用,产生负氧离子和氢氧自由基,由此产生强烈的氧化还原反应,将附在表面的有机物分解成水和二氧化碳。正因为如此,这种玻璃就能够利用户外的阳光中的紫外线将附着在玻璃上面的各种有机污垢分解掉。

也许有人会担心,在不断的氧化作用中这层镀膜会被消耗殆尽。不过研究人员告诉大家,因为二氧化钛非常稳定,在整个过程中也只起到催化作用,本身不损失,所以从理论上来讲这层镀膜可以永远地发挥作用。而且在太阳光照的作用之后,镀膜还能维持这种作用,这就使得我们窗户玻璃上的清洁工作,即使是夜间和阴霾天气也不会停止。

完成了清洁之后,自洁玻璃窗还能把清洗工作一并完成,科学家们发现二氧化钛光触媒涂层在光的作用下具超级亲水性,被涂在玻璃上的镀膜中也含有能够有较强吸水作用的化合物,于是过路的雨水很容易就被这层镀膜拦截了下来,早已被分解的有机污垢是非常容易从玻璃表面剥落的,这些雨水自然就能够将它们全部冲刷掉,保持洁净的外表了。

尽管用二氧化钛化合物做自洁玻璃是一种很好的想法,但是二氧化钛本身确实呈白色,直接使用会影响玻璃的透明度,为此桑德尔松研究小组所想出的解决之道是,把这层镀膜纳米化,其厚度仅仅只有 40 纳米左右,是人的头发细丝的一千五百分之一,基本可以保证玻璃的透明度,只是在一些特殊的角度可以观察到玻璃的颜色有些泛蓝。

(4)利用纳米纤维发明无雾免擦玻璃。2006 年 3 月,美国马萨诸塞州一科研机构，驻波士顿技术中心负责人迈克尔·鲁博尼尔主持的研究小组称，他们发现了一种新技术可以让玻璃永远不会沾上雾气。应用这种新技术制成的玻璃可以做眼镜、汽车的风挡玻璃和家里浴室中用的镜子，使我们不用再对它们进行频繁的擦拭。

研究人员表示，他们曾经研制成功对光的反射率只有 0.2% 的纳米纤维材料。我们通常所用的纤维材料对光的反射率，都在 2% ~3% 之间。

研究人员进一步研究，发现这种材料还可以吸引小水滴，而这种小水滴正是在玻璃表面产生雾气的元凶。他们利用这种材料，合成了一种新的玻璃纤维。这种玻璃纤维，在纳米程度上有许多网状的小缝隙可以吸引水滴。研究人员称其原理与海绵有些类似。使用这种新材料，可以使玻璃上的水变成薄薄的一层而不是滴状，从而永远告别玻璃上的雾气。

研究人员介绍称，这种新材料的粒子直径只有 7 纳米。它比普通可见光的波长要小几百倍，可以保证其透明程度。研究人员用了一系列的办法，如将材料粒子的正负极颠倒相连接，把许多层新材料叠合在一起，这样可以让这种新材料更加坚固耐用，而且还可以耐 500°的高温。

(5)开发出自洁不反光纳米结构玻璃。2012 年 4 月，美国麻省理工学院一个研究小组，在美国化学会的《纳米》杂志上发表研究成果称，他们在玻璃表面创建出一种纳米结构，使其几乎消除了反射。由于它没有眩光，而且表面的水滴能如小橡胶球一样反弹，令人几乎无法辨认出这是玻璃，表现出自洁不反光的特性。

该玻璃的表面结构为高 1000 纳米、基底宽 200 纳米的纳米锥阵列。研究人员采用了适于半导体的涂料和蚀刻技术的新式制造方法，先在玻璃表面涂上几个薄膜层，其中包括光阻层，然后连续蚀刻产生圆锥形状。由于生产过程简单，无需特定方法便可在玻璃或透明聚合物薄膜表面形成这种结构，只增加了极小的制造成本，该研究小组已经对这一生产过程申请了专利。

研究人员说，研发的灵感来自于大自然中荷叶表面构造、沙漠甲虫甲壳，以及蛾的眼睛，这种新型玻璃集多种功能于一身，可自洁、防雾和防反光。虽然通过显微镜观察玻璃表面的纳米尖锥阵列显得很脆弱，但计算表明，它们应该可以抵抗大范围的力量，包括强暴雨雨滴的敲打和直接用手指戳。研究人员希望通过廉价的制造工艺，将其应用于光学器件、智能手机和电视屏、太阳能电池板、汽车挡风玻璃，甚至建筑物的窗户屏幕。

研究人员解释说，虽然经过疏水性涂层处理，但太阳能光伏板表面仍容易积聚灰尘和污垢，6 个月后效率损失可达 40%，如果采用这种玻璃制造电池板，可更有效地防水，并更长久地保持面板的清洁。此外，疏水涂层不能防止反射损失，而新材料却有这个优势，由于更多的光线能透射过其表面而不被反射掉，电池板的效率将会更高。

这种新型玻璃还可应用于光学器件，比如显微镜和照相机，在潮湿的环境中工作时可具有抗反射和抗雾能力。在触摸屏设备方面,这种玻璃不仅可消除反射,还可抵挡汗渍沾污。研究人员说,如果以后其成本降到足够低,便可大规模用作车的挡风玻璃,可自清洁窗户的外表面污垢和砂砾、消除眩光、增强能见度,并防止内表面雾化。

英国牛津大学格林坦普尔顿学院高级访问研究员安德鲁·帕克评价说:"据我所知,这是第一次从自然界中常见动物和植物的多功能表面学习高效制造,来优化抗反射和抗雾设备。未来这种'师法自然'的方式很可能会构造一个更加绿色的工程学。"

2.研制节能省耗玻璃的新进展

(1)发明兼有太阳能热水器功能的外墙玻璃。2005年2月,来自巴黎的消息说,法国国家实用技术研究所,建筑材料专家罗宾等人组成的一个研究小组,发明了一种建筑外墙玻璃。这种建筑外墙玻璃,同时可以作为太阳能热水器使用。

研究小组认为,这一研究成果非常符合法国提倡的建筑节能要求,其综合成本低于普通的太阳能热水器。

据介绍,这种双层中空玻璃40%的面积是透明的,余下部分被盘旋状铜管,以及银反射管所覆盖,当然覆盖物在玻璃内层。

罗宾说,这种双层中空玻璃可以吸收太阳能把水加热,对于一个大楼说,仅仅利用外墙玻璃就能解决热水问题,每年可节省大量电力或煤气。当然,新型玻璃在保持屋内温度,防止过多阳光进入屋内等方面与普通建筑外墙玻璃没有区别。

罗宾介绍道,这种玻璃并非是完全透明的,因此它不是用来取代窗户玻璃的,而是用来替代除窗户外的其他各种建筑外墙玻璃的。

罗宾还指出,从价格方面,在法国,安放在屋顶的太阳能热水系统往往需要每平方米1000多欧元,而这种新产品除了可以把水加热外,还可以做外墙玻璃,成本已经打入建筑工程成本,无须其他支出,因此很有市场竞争力。

近年来,法国政府大力发展节能型建筑,旨在改善房屋结构和利用自然能源达到节电和环保目的。利用太阳能将水加热,是受到法国政府支持的重要建筑节能技术之一。

(2)研制冬暖夏凉的智能玻璃。2005年3月,美国《发现》杂志报道,近日英国伦敦大学的一个研究小组研制出一种"智能玻璃",不用空调,光是玻璃就能让室内冬暖夏凉。这种玻璃能够有选择性的吸收或反射红外线,从而保持室内温度舒适宜人。

为什么"智能玻璃"具有如此神奇的作用?研究人员说,秘密就在于涂抹在它表面上的超薄层物质——二氧化钒和钨的混合物。天气寒冷的时候二氧化钒能吸收红外线,产生温热效应,从而提高室内温度;相反,在炎热的天气里,超薄层混合物中,黏在一起的两种物质的分子发生相应变化,反射红外线,从而使得室内温度凉爽。薄层混合物质中2%含量的钨决定了二氧化钒是吸热还是散热。

目前,智能玻璃距离大规模的生产还存在一定距离,它面临的问题是:智能玻璃表面有一层黄棕色的色调薄层,这层涂层看上去很脏,不能吸引建筑设计者的眼光。现在研究人员正在考虑的是,能否在薄层中加入其他成分来中和这种颜色,让智能玻璃变得干净起来,好尽早把这种玻璃运用到实际生活当中。

(3)开发出高效反射红外线的节能玻璃。2007 年 6 月 25 日,日本产业技术综合研究所发表新闻公报说,该所一个研究小组,开发出的节能玻璃,可以反射走阳光中 50% 以上的红外线,用这种玻璃做窗玻璃,夏天空调耗电量可大幅度减少。

据测算,夏季白天进入建筑物的热量 71% 经由窗户,采用这种节能玻璃做窗玻璃,室内一侧温度比采用普通玻璃低 1.5℃。同时,这种玻璃对可见光的透过率超过 80%,不会影响居室采光,还能阻挡阳光中几乎所有的紫外线。

公报说,研究小组使用名为“溅射法”的技术方法,使以氧化钛和氧化硅为主要原料的薄膜层附着到玻璃基板上,每层薄膜的厚度仅为几十纳米。通过对薄膜层厚度的调控,使玻璃有选择性地反射波长 750 ~ 1000 纳米之间的红外线。在阳光中,这一波段的红外线输送的热量最多。

现有红外线反射玻璃的反射率约为 30%。此外,与新开发的节能玻璃相比,“半透半反镜”玻璃,虽然具有同等程度的反射率,但是可见光难以通过,会降低室内光线强度。

公报指出,这种节能玻璃的价格,是现有红外线反射玻璃的 2 ~ 3 倍。产业技术综合研究所计划与企业合作,使其价格接近普通红外线反射玻璃,并在 5 年内使这种节能玻璃进入实用阶段。

(4)研制成可节省能耗约 70% 的智慧型玻璃。2007 年 8 月,西班牙媒体报道,现代感十足的玻璃建筑,除了能为沉重的水泥丛林增添一些美丽的景色,那毫无阻碍流泄进来的光线,更能让在里头生活的人们感受到温暖。只不过,有时这“温暖”实在太暖了些,使得大楼的空调费用节节高升。

这种热情如火的问题,在西班牙的夏天更是严重。为此马德里工艺大学的研究人员发明一种“智慧”型玻璃:也就是把两块玻璃组装起来,中间空出一公分的空隙,并灌入可循环流动的水,借此将热量带走。

根据实验数据,大量采用“智慧”型玻璃的大楼,将可省下 70% 的空调用电。目前这项产品还没正式上市,不过,从开发这项技术的研究人员已经独立出来成立公司这个举动来看,这项技术应该离我们不会太远了!。

(5)研制出节能的智能玻璃。2011 年 9 月,德国弗朗霍夫学会报道,该学会聚合物应用研究所的一个研究小组,研发出智能防晒玻璃,可大大降低玻璃建筑物的制冷费用。

大面积玻璃外墙是现代建筑的时尚趋势,火车站、展览馆甚至住宅楼部分或全部采用玻璃房顶、玻璃外墙,或是大尺寸的玻璃窗户已很常见。其优势是采光性能好,即使阴天也光线充沛。建筑师和建筑商希望利用玻璃,尽可能地满足用户对阳光的需求,到了冬天较少甚至不需要暖气,以节省电能。

可是一年四季中,阳光下室内温度正好适宜的时期很短。从春末开始玻璃房内的气温便大幅攀升,为降温还是得耗能。除此之外,即使在冬天也有阳光眩眼的问题。迄今为止用来对付阳光和眩光的是机械百叶窗和遮阳板,这种方法费钱、费事、维修频繁,还不能完全阻隔外来热量,用户为制冷仍需支付大笔电费。

德国研究小组,经过反复研究,找到更好的解决方案。他们和德国一家玻璃公司分工合作,研制出有自我调控能力的防晒玻璃。这种玻璃会自行变暗,可将30% ~50% 的太阳热量隔离在外,但变暗后仍有足够的光线透入,使房间保持明亮。

制造这种玻璃遵循的是"三明治原则",两层玻璃中夹着一层含有聚合物微胶囊的树脂膜。为获得预期效果和最佳产品,专家们首先需要研究光学活性成分和树脂基体,其次是热变色铸造树脂系统的固化过程。最后获得的成果令人印象深刻:温度达到一定高度时,三明治玻璃即从透明变为模糊,挡住热量,射入的光线呈散射状。这个过程可逆向发生:温度一旦下降,热值层便恢复至原状,窗户玻璃重新变得透明光亮。此产品目前已经可以上市。

二、开发环保型染料涂料的新进展

1. 研制环保染料与环保漆的新成果

(1)研制出能使衣物自动清洁的染料。2004 年 11 月,美联社报道,美国南卡罗莱纳州克莱姆森大学,纺织化学家菲尔·布朗领导的一个研究小组,研制出一种能够自动清洁的染料,它可以合成在任何衣物上,在有水的情况下衣服就会自动清洁。

这种染料已经申请专利权,向涂有该染料的衣物喷洒水雾或是用湿毛巾擦拭,就能快捷而又方便的达到清洁目的,这样做能够大大简化衣物清洗过程。

研究人员称这种染料技术,将提供给纺织品公司来合成在各种织物上,在不久的将来,该类衣物就会出现在市场上供消费者选购。

这一染料技术是目前"纳米技术"的最新应用之一,而纳米技术是当今科学应用的热门,从抗污染、抗褶皱的衣料到增加电脑的内存等领域都有该技术的应用。

这种衣物染料是一种由镀银微粒混合而成的高分子膜,当它合成到织物纤维上时,能够产生一系列极小的微粒凸起,一旦与水接触这些凸起就会自动把附着在其上的灰尘,以及其他物质弹走,达到清洁的目的。

布朗说:"你可以设想当有细小的水珠,尝试着接近这些微小凸起时,凸起对水的排斥性,会令水珠连带着灰尘一起弹开。如果没有这些高分子膜的凸起,排斥的效果也就不会发生。"

研究人员表示,雨衣上的防水涂料,与新研制的纳米染料完全不同。雨衣涂料类似于杜邦公司生产的聚四氟乙烯。因为这些涂料都是在衣物表面附加一层较厚的防水层，而纳米涂层形成的高分子膜，却是合成在织物纤维上的。布朗说："新的涂层，要比其他的传统涂层效果明显，主要是因为它能够合成在纤维中并与之发生反应。"

他还说，新的高分子膜不会使衣物看上去更加光滑，因为凸起非常的微小，无法用肉眼观察。同时，理论上说，这种微粒也不会有颜色，因为它们远远小于光的波长。

除了能够在衣物制造上应用该高分子膜染料外，研究人员还指出在制造家具表面防水涂层、汽车顶棚防水层，以及户外野营帐篷等方面，也可以使用新研制出来的防水高分子膜染料。

(2)研制出可抵御紫外线并能杀菌的抗菌环保漆。2006 年 11 月，德国《世界报》报道，如今漆的作用不仅可以防止木材腐烂，还可以防止桌子打滑，抵御紫外线，甚至杀菌。荷兰阿克苏诺贝尔有限公司最近研制出一种抗菌漆，它是一种含有银离子的粉状漆。

据悉，这种粉状漆有许多优点。它和液态漆同样有光泽，同样防水。同时，粉状漆无需溶剂即可使用，这种特性使它比含有大量化学溶剂的普通油漆更环保。此外，由于它是喷涂在物体表面上的，所以浪费很少，用起来比较节省。使用时漆粉加载静电，由喷枪喷涂到物件上形成漆层。

报道说，银的杀菌作用广为人知，这种传统抗生素不仅无损人体健康，而且也不会提高细菌的耐药性。因此，阿克苏诺贝尔公司建议医用和居室家具使用这种漆。

2. 开发基于二氧化钛自洁涂料的新成果

(1)开发出新型自洁瓷砖涂料。2004 年 3 月，日本东京大学的研究人员，研制成功一种新型自洁瓷砖涂料，解决了卫生间和厨房打扫卫生和消毒的难题。

这种新型瓷砖应用稀土技术，将二氧化钛通过特殊工艺喷涂在瓷砖表面，二氧化钛对水的物理和化学吸附力大于对油的吸附力，即它同时具有亲水性和厌油性，故清除黏附于其上的油污非常容易，不用去污剂，也不用人工和机器擦洗，只用水冲洗，就能使油污和着水滴一起落下。

二氧化钛在紫外线照射下，还能发生某些化学反应，产生一种"活性氧"，而活性氧可以分解有机物。利用这种方法，几小时就可将瓷砖表面的污物清除干净，将细菌杀死。

除应用于瓷砖外，上述材料亦可当作涂料来使用，对消除一些难以擦除的污点，如大气污染而产生的建筑外墙上污点，特别有效。如果建筑物的墙上事先涂上该涂料，这些污点就很难产生。一旦产生，一场大雨就会使建筑物焕然一新。

(2)研制出可吸收有毒烟雾的涂料。2004 年 10 月，英国一家公司研制出一种新型涂料，它能吸收空气中的有毒烟雾。

这种涂料的秘密在于，它含有一种极小的二氧化钛和碳酸钙球形粒子。这种粒子与一种特殊的、能吸收有毒烟雾的多空硅酮材料混合在一起。然后，紫外线使其发生特殊的化学反应，有毒的氧化氮就被分解成了硝酸，而硝酸很容易被雨水冲刷掉或者被碳酸钙的碱性粒子变成二氧化碳、水或硝酸钙。

(3)研制出聚硅氧烷生态涂料。2005 年 2 月，有关媒体报道，欧洲科学家已研制出，能协助清除汽车所排放的包括氧化氮在内废气的，聚硅氧烷生态涂料。氧化氮气体是一种对环境和人体造成损害的污染源，它会形成烟雾，并引发人类呼吸道疾病。

据悉，当聚硅氧烷涂料涂在建筑物表面后，能吸附和消除氧化氮气体，这种作用长达 5 年，直到其神奇功能耗竭为止。生态涂料的神奇功能，来自在直径仅 20 纳米的光触媒二氧化钛和碳酸钙微粒上，它与聚硅氧烷树脂混合而产生作用。由于微粒非常细小，这种涂料是清澈透明的，能添加各种颜料调成想要的颜色。

聚硅氧烷具有相当多的细孔，能让氧化氮气体通过后被吸附在二氧化钛微粒上。二氧化钛微粒吸收太阳光中的紫外线，利用其能量产生化学反应将氧化氮气体转化成硝酸，再利用碱性的碳酸钙予以中和。

(4)发明可清洁空气的特殊涂料。2006 年 7 月，有关媒体报道，通常夏天阳光强烈，空气变得更加污浊，而由欧盟多国专家合作开发的一种二氧化钛纳米涂料可以改变这种状况，用它涂抹建筑物外墙或铺设地面，在阳光的作用下，可以吸收大量有害气体。

这种新涂料是由设在希腊的欧盟公民健康和保护研究所与丹麦、法国、意大利和希腊的企业，经过 3 年时间，共同开发出来的。氧化钛颗粒具有很强的附着力和发光特性，常用于室内墙面涂料和纺织颜料，也用于纸张、防晒霜和牙膏等生活用品，作为清洁室外空气的墙面和地面材料还是材料科学上的创新。

项目负责人科齐亚斯介绍说，这种新涂料可以吸收空气中有害的有机物和无机物分子，并在太阳光紫外线的作用下，破坏有害物质分子结构。它不仅可以减少对人体有害的一氧化氮气体烟雾，也可以对汽油这样的液态有毒物质起催化作用。

研究人员曾在意大利米兰的一段 7000 平方米的公路上，进行为期 18 个月的试验，结果数据显示，铺设该涂料的公路可减少 85% 的一氧化氮和 15% 的多氧化氮。他们现在还在试验，在光照和温度、湿度条件改变的情况下，这种涂料在室内是否也能起到清洁空气的作用。

(5)发明能让浴室自我清洁的涂料。2006 年 12 月，有关媒体报道，许多人都为如何对付浴室内的水渍、污垢和霉斑苦恼不已。针对这一问题，澳大利亚新南威尔士大学的罗斯·阿马尔教授发明了一种新型环保涂料，可实现浴室的自我清洁。

据报道，新研制的涂料中含有带二氧化钛微粒子的纳米材料，将其涂在浴室的瓷砖和玻璃上，一经光照便可释放大量氧化能力极强的粒子，能将有机灰尘、污渍等分解为二氧化碳和其他无害成分,达到去污、杀菌的目的。

这种新涂料不仅神奇,而且环保。它不会对环境造成危害,也不损害使用者的健康,而且氧化能力比传统漂白剂——氯要强得多。这种涂料中含有的钛成分是无毒的,此前已被广泛用于医疗领域,因此不用担心它会给环境带来威胁。

不仅如此,瓷砖和玻璃表面涂上这种新型涂料后特别光滑,水不会在其表面形成水珠,而是直接流走,起到了冲洗的作用。

目前,这种新涂料还只能被日光中的紫外线所"激活",不过科学家正在努力改进它,使其在室内光照条件下也能发挥功效。

(6)研发出具有自洁功能的抗反射涂层。2014 年 2 月,英国剑桥大学发布新闻公报称,该校研究人员开发出一种具有自清洁功能的新型抗反射涂层,可在阳光照射下快速分解附着其表面上的污垢,这种涂层,不仅可使得建筑物窗户自洁,更可增强太阳能电池效率。

对于太阳能电池研究来说,能提高一个百分点的光转换效率都是十分重要的,而目前太阳能电池板的抗反射性能,多会因其表面附着的一些污垢而降低,从而影响到电池效率。

研究人员的设计理念,源于飞蛾眼睛的结构。飞蛾的眼角膜很特别,有很多细小的凸块,凸块之间的缝隙十分微小,排列成六角型阵列,这种结构使得飞蛾的眼睛可以吸收不同波长、不同角度的光线,从而具有很强的抗反射效果。目前很多的抗反射涂层,都是模拟蛾眼结构而开发。与其他涂层不同,剑桥大学研究人员研发的新型涂层上的孔洞要更大一些,其结构中包含有二氧化钛纳米晶体。这些二氧化钛纳米晶体具有光催化特性,当受到阳光照射时,它们会将阻塞这些孔洞的污垢,分解成二氧化碳和可蒸发的水,从而达到自清洁效果。

测试结果显示,堵塞抗反射涂层孔洞的绝大部分碳氢化合物,都可以被这种二氧化钛纳米粒子分解掉。比如,附着在涂层上的指纹油脂,可在 90 分钟内被完全分解。

新闻公报称,研究人员目前正在研究,如何把这种新材料用于建筑玻璃和太阳能电池上。他们指出,这是其首次有效地把纳米粒子纳入抗反射涂层的研究中,使得开发出具有自清洁功能的,抗反射塑料或者抗反射玻璃成为可能。由于需要紫外线催化,目前这种新型材料还只能用于室外,如果这种材料适用于室内光线,则会具有更广阔的应用前景,但这还需要进行更多的研究。

3. 开发基于特氟龙自洁涂料的新成果

(1)研制出新型玻璃自洁涂料。2007 年 3 月 25 日,美国普渡大学助理教授杰弗里·扬波路德与研究生约翰·霍沃特等人组成的一个研究小组,在芝加哥举办的美国化学协会第 233 次全国会议上报告说,他们发明了一种新型涂料,可使眼镜、挡风玻璃和太阳镜具有自洁雾气功能。

这种新研发的涂料是以阻止水在玻璃表面形成气体的方式来避免雾气形成

的。它由一种称为“聚乙二醇”的、单分子厚度的涂层组成,每个分子都被一个由氟元素构成的特氟龙“官能团”所包裹。

(2)发明遇水自洁轻松去油垢的神奇涂料。2009 年 8 月 16 日,英国《每日邮报》报道,美国普渡大学杰弗里·扬布拉德博士领导的一个研究小组,多年来致力于研制遇水就可以轻松摆脱油渍的涂层材料。近日,在华盛顿举行的美国化学学会年会上,扬布拉德把研究成果“自我清洁”涂层介绍给世人。

这也许是家庭主妇最熟悉的场景之一:在厨房里系着围裙,戴着手套,左手举着清洁剂,右手握紧抹布,用力擦拭各个角落里的顽固油渍。如今,美国科学家发明的这种新型涂料,可以帮助她们摆脱这种辛苦场景,在厨房台面和地板上喷上这种自洁涂料后,只需洒上水,油渍就会神奇般地消失掉,从而可以轻松去除厨房油垢。

研究人员介绍,这种涂层厚度,仅为人类头发直径的二万分之一。它有着可以吸附水的底层和特氟龙材质的防油表层,因此清洁时,只会留下一层水膜,而不见油渍踪影。

扬布拉德说:“油垢向来令人头疼。不少人忽视单单用水并不能去除油渍这个事实。不过,使用这种材料可以将水转化为‘超能清洁剂’。我们的想法是在不方便使用肥皂或你想轻松去除油渍时,就可以使用这种聚合物。”他还说:“在家用清洁剂、油漆、滤水器,以及密封胶里添加这种材料,可以让地板和墙面保持清洁。”

据悉,这种涂料还具有防雾功能,可以在窗户、镜子、眼镜片,以及潜水面罩上使用。

研究人员正在检测这种聚合物,在不同金属和瓷器上的“自洁”和防雾性能,并对“防雾寿命”的初步检测结果表示乐观。研究人员表示,把这种涂层材料存放数月,再使用时并未发现性能下降。

扬布拉德解释说,新型涂料是环保涂料,因此无论在厨房或机械商店,人们都无需为去除顽固油渍而使用强力洗涤剂或溶剂。与此同时,人们还可以减少洗衣服时的洗涤剂用量。洗涤剂用量减少后,人们排入河流和湖泊里的磷酸盐也会随之减少。

环保专家说,水域里如果磷酸盐含量过高会导致藻类疯长,夺走原本属于鱼类的氧气引发鱼群大量死亡。

4. 研制基于纳米技术环保涂料的新成果

(1)开发出含有金属纳米颗粒的抗菌防护涂层。2005 年 10 月,德国弗劳恩霍夫学会下属的化学技术研究所的一个研究小组,借助纳米技术,开发出一种新型无毒防护涂层。该涂层中的主要有效成分,是一种类金属材料,它可以持久清除微生物病菌。

研究人员表示,这种类金属材料,可以直接作用于微生物细胞壁,阻止病原体繁殖,甚至可以杀死病原体。研究人员说,这种类金属材料的颗粒直径,大约在10纳米,这相当于霉菌孢子和细菌的千分之一。由于这种材料不会进入空气造成污染,它有望取代传统对付微生物的药物。

利用这种类金属材料,研究人员最终合成了一种新型涂层。这种涂层不仅可以阻止墙壁表面受到霉菌和藻类等侵袭,还可以独自清除对抗生素具有抵抗性的"医院病菌"。研究人员认为,未来这项技术还可以用于假牙涂层、人造骨骼、心脏瓣膜、食品包装和玩具等领域。

(2)开发出使用纳米粒子的防污涂料。2005年10月,日本住友大阪水泥公司,以纳米复合陶瓷粒子为原料,开发出一种防污涂料,用于不锈钢的表面。它的粒子非常细小,因此粒子之间不会纳污。同时,它具有亲水性,因此在有水的环境中不易粘油和水垢。由于粒子达到了纳米级,因此它的另一个特点,是涂层呈现透明状态,不会破坏不锈钢的金属光泽。

过去用于不锈钢的涂料方面,有珐琅和硅石等陶瓷类材料。但珐琅易裂,硅石则易溶于热水且不耐碱性。这次的新材料不仅硬度高,而且不易溶于热水和碱性溶液。

通常情况下,不锈钢表面的硬度,按铅笔的硬度标准来说,大约相当于HB级。但经过新材料镀膜处理后可达到9H级左右。另外,据该公司所做的试验,即使在沸水中浸泡24个小时也不会出现异常,不会溶于强碱性洗涤剂、中性洗涤剂和弱酸性洗涤剂。不过,对于强酸性洗涤剂,随着不锈钢腐蚀的发生会产生剥离。用于不锈钢水槽时,在正常使用条件下可用10年左右。

(3)发现石墨烯可成为防金属腐蚀的理想涂层。2012年2月,美国某大学化学专家迪拉吉·帕拉赛和同事组成的一个研究小组,在美国化学学会的期刊《纳米》上发表研究成果称,他们发现,石墨烯真是一种神奇材料,除了是目前已知的最坚硬材料外,还是目前最纤薄的涂层,能够保护铜、镍等金属不被腐蚀。

在最新研究中,研究小组指出,金属生锈和腐蚀是一个非常严重的全球性问题,科学家们都在殚精竭虑地寻找减慢或防止其生锈或腐蚀的方式。腐蚀源于金属的表面同空气、水或其他物质发生了接触。目前,普遍采用的防腐蚀方法是用某些材料包裹金属,从而把它表面隐藏起来,但这些包裹材料都有其自身限制。

石墨烯只有一层碳原子的厚度,是目前世界上最薄的材料。科学家们发现,在石墨烯内,碳原子像一个细铁丝网围栏一样,排列成一层,该层非常纤薄,使得其看起来就是透明的,而且,一盎司(28.350克)石墨烯足以覆盖28个足球场。

研究小组研究发现,不管是把石墨烯直接放在铜、镍表面上,还是通过其他方法转换到其他金属表面,都能让金属免遭腐蚀。在实验中,他们让单层石墨烯,通过化学气相沉积在铜上生长从而包裹住铜,结果表明,其腐蚀速度比光秃秃的铜慢7倍。通过让多层石墨烯在镍上生长从而包裹住镍,其腐蚀速度比光秃秃的镍慢20多倍。另外,令人惊奇的是,单层石墨烯,与传统有机涂层的抗腐蚀能力一样，但有机涂层的厚度是石墨烯的 5 倍。

研究人员表示，石墨烯涂层可能是理想的抗腐蚀涂层，可以应用于很多方面，尤其是需要纤薄涂层的领域，比如用来包裹连接设备和航空航天设备，以及用于移植设备中的微电子元件等。

(4) 开发出几乎可抗任何液体吸附的超级涂层。2013 年 2 月，网络媒体报道，美国学者图泰加博士领导的一个研究小组认为，把液体从一种材料上弹开的关键，是在液体和表面之间设置上气囊。这个问题最初是一个化学问题，但是却很快变成一个物理学问题。

图泰加说道："我们可以借助化学方式让水形成水珠但是油却不行，为了获得成效我们必须对涂层的形状进行设计。"为了创造这种涂层，研究小组使用了一种聚合物溶液，并且为它增加了一个电场。通过改变聚合物溶液的浓度，他们能够改变溶液分解成为微小液滴的方式。这些液滴随后被沉淀在物体表面上，而且还发现，它们能够涂抹在任何材料表面。

研究人员表示，涂层可以形成了一种分层结构，这是由纳米孔组成的高孔隙度的表面。在液体下方形成了的液体气囊，以至于液体和表面几乎无法接触。

图泰加称，他们已经把样本浸在水中长达两个月时间，但是样本出来的时候完全是干的。他说，虽然它在纳米级别上几乎无懈可击，但是在机械水平上很容易受到伤害。持久性仍然是一个大问题，它很容易脱落。好消息是他们正致力于更加耐用的涂层研究，它使用的是类似的方法，但是聚合物和制造过程是不同的。

图泰加说，这只是系列调查的一部分，这个研究小组已经运营了 5 年时间，而当时他也只是麻省理工学院的一名博士后。随着他们的发展，一些材料能够快速商业化，而其他的材料则帮助他们了解应用于下一个项目的新方法。他还说："我们在实验室进行的全部工作，是进行特殊的应用。我们尝试考虑新的方法，来解决特殊问题，并且判断是否有一种更好的方式来进行处理。这是一种立竿见影的项目，可以马上就知道是成功还是失败。"

(5) 开发出以纳米结构为基础的自修复超级光滑涂层。2014 年 2 月，美国哈佛大学韦斯研究所助理研究员西塞莉等人组成的一个研究小组，在庆祝《纳米技术》成立 25 周年特刊上发表研究成果称，他们在 2011 年开始研究自修复的光滑液体注入式多孔表面，即自修复超级光滑涂层，几乎可以"抵御"任何其接触的水、冰、油、盐水、蜡、血液及细菌等浸染。现在，他们修改棉布和涤纶织物的界面，使这些面料具有与自修复超级光滑涂层一样强大的抗污染能力。这一最新进展将满足大量消费者和工业应用的需求。

这种最先进的抗污面料的灵感和设计来自于荷叶，荷叶的纳米微结构表面可抵抗水，引导液滴在边缘气垫上形成珠状。新研发的面料用空气填充的纳米结构排斥水，使其能够击退最水性的液体和灰尘颗粒。但西塞莉表示："珠状的形成过程，很容易受到外来压力影响，比如在暴雨时会出现扭曲和磨损等物理性损害。

它们还很容易受油状等有机或复杂的液体污染。”

研究小组又受食肉猪笼草创建一个漂亮的光滑涂层表面，吸引蚂蚁和蜘蛛等昆虫滑落其陷阱之中的启发，让该涂层集合了光润膜注入式纳米多孔固体表面的优点，在压力或物理性损坏下也可表现得很好，并能抵抗各种液体，包括石油。

研究人员说：“我们不想在制冷线圈中有冰、不希望医疗设备里有细菌、不想衣服上有污渍，利用大自然这本藏书可能找到各种解决方案。”在过去几年的研究中，他们已经证明了该涂层在极端 pH 和温度条件下的多功能性，并将其成功地涂在从制冷线圈到镜头、窗户和陶瓷不同材料上。

为了创建具有自修复超级光滑涂层性能的面料，该研究小组从商店买来现成的棉和涤纶织物，然后在实验室里用两种化学方法处理它们。一种用微小颗粒二氧化硅涂覆；另一种用基于氧化铝的溶胶凝胶处理。随后把这种面料按照行业标准进行扭曲、揉搓和沾染等测试。结果表明，该涂层织物表现出前所未有的抗污能力，能抵御大范围的液体和染色等污染，并且，它处理物理性压力及过度拉紧力也非常好。

虽然不是每个自修复超级光滑涂层织物都具有透气性，但研究人员希望，这种面料的表现优于目前几乎所有可用的其他抗污面料性能。因此，它最有可能满足极端环境下的需要，比如暴露在污染的液体和处于生物性危害之中，或者军事服装、实验室外套、医用服装，以及建筑业、制造业，甚至帐篷和体育场馆的特制用料。

5. 开发防霉除毒环保涂料的新成果

（1）开发出环保无毒防霉涂料。2004 年 11 月，日本研制成功一种新型防霉、环保无毒的环氧树脂涂料。这种涂料不使用任何药剂，只需加入一种牛骨粉末，其加入比例不受限制。

以往使用的防霉涂料是在液态涂料中拌入具有防霉功能的药剂，然而这些药剂大多属于农药型的，有的是有机水银系的或砷系的化合物。

这种新型环氧树脂涂料所用的是水性丙烯酸涂料、溶剂型聚氯乙烯涂料、溶剂型环氧树脂涂料、双组分环氧涂料、水性聚氨酯涂料、溶剂型聚氨酯涂料、双组分型聚氨酯涂料、邻苯二甲酸涂料、有机矽涂料等。牛骨粉末粒径介于 0.5 ~5 微米之间者，牛骨粉末的混入比在重量占 5% ~15% 之间。

（2）研制出能吸附空气毒素的新涂料。2004 年 12 月，印度媒体报道，印度北方邦的年轻科学家普列姆昌德，成功研制出一种可吸附空气中有害毒素的化学涂料。把这种涂料，用在汽车的排气管和工厂锅炉的烟囱上，可在一定程度上缓解大气污染。

普列姆昌德已在印度有关部门申请了专利。他说，汽车尾气和工厂锅炉排放的气体中，都含有大量一氧化碳、二氧化硫、二氧化氮和粉尘，它们都对人体有着不同程度的伤害。经过多次实验证明，他发明的这种新型涂料可以完全吸附上述有害物质。

据悉,这种涂料呈膏状,很容易涂抹,也很容易被清除。当涂料吸附的空气中的毒素达到饱和后,人们可轻松将其刮掉,使用起来十分方便。

三、研制环保型建材的新成果

1. 开发环保水泥的新进展

(1)发明能够吸收污染物的新型水泥。2006 年 5 月,意大利安莎通讯社报道,意大利水泥集团开始将一种新型水泥投放市场,它可以吸收交通车辆所排放出来的污染物。新型水泥的活性源于它含有二氧化钛,能使阳光中的紫外线产生光催化作用。当水泥表面的二氧化钛,接触到空气中的污染物时,就会引发化学反应,分解空气中的污染物。

报道称,研发人员花费了近十年的时间研制出这种活性水泥。他们表示,这种新型建筑材料能够把市区内的污染减少 40% 以上。此前,已在意大利米兰附近的道路上,对该水泥吸收污染物的效果进行测试。结果表明,其活性成分能够使得道路上的二氧化氮和一氧化碳的浓度减少 65% 。

目前,活性水泥已被广泛用于各种建筑物,包括法国航空公司在巴黎戴高乐国际机场的新总部、罗马的仁慈堂教堂等。

(2)研制筑成墙体可透光节能的透明水泥。意大利水泥集团的研究人员把特殊树脂与一种新混合物结合在一起制成透明水泥。采用这种水泥建成的建筑物,整面墙就像个巨大的窗户,阳光能穿透墙体射进室内,这样就可减少室内灯光使用量,从而节省能源。

据介绍,透明水泥里面有很多小孔。它们可在不损伤建筑物整体结构的前提下,让阳光投射进来。靠近看,这些宽度接近 2 ~3 毫米的缝隙组成令人难以置信的图案。从远处看,它们跟普通混凝土没有什么不同。但是在阳光明媚的日子,利用这种材料建成的建筑物内会有另外一番景象,阳光穿透墙上的光孔射进室内,整个墙面看起来就像个大窗户。

上海世博会的意大利馆使用了透明水泥,已经证明它能省电。使用这种材料的建筑物,白天室内不用开灯。18 米高的意大利馆,大约 40% 的墙面,采用了意大利水泥集团的透明水泥产品。该公司用 189 公吨新材料制成 3774 块透明板和半透明板。每块透明板大约有 50 个孔,透明度接近 20% 。半透明板的透明度大约是 10% 。

2. 开发环保混凝土的新成果

(1)发明出透明混凝土。2004 年 8 月,有关媒体报道,匈牙利建筑师阿龙 · 洛孔济发明了一种新型混凝土,它可透过光线。现已申请专利并成立了公司,准备尽快出售透明混凝土块。这为建造"水晶宫"提供了方便。

该透明混凝土与普通混凝土一样结实牢固,但它有一个明显的优势,由于植入数以千计的玻璃纤维,因而可以透过这种混凝土看见对面物体的轮廓。使用这种透明材料,可让室内装饰变得轻盈、明快而通透,给人一种厚重的墙体仿佛并不存在的幻觉感受。

(2)开发出可减少温室气体排放的无水泥混凝土。2008 年 11 月,韩国联合通讯社报道,韩国科学家开发出一种不用水泥的混凝土,有助于减少温室气体排放。近日,这项混凝土制造新技术已转让给韩国国内两家企业进行商业化生产。

报道援引韩国教育科学技术部的消息说,韩国全南大学的科研人员利用鼓风炉矿渣和尘土作为水泥替代品,然后混合微生物和轻且结实的材料等,便能制成一种新型混凝土。

报道说,无水泥混凝土之所以重要,是因为水泥生产过程中需要燃烧大量化石燃料,所排放的温室气体约占人类排放温室气体总量的 7% 。

韩国研究者指出,与普通混凝土相比,无水泥混凝土的隔热性得到增强,同时制造成本和产品重量有所降低,今后有望成为具有竞争力的建筑材料。

(3)开发出低碳沥青混凝土。2009 年 9 月 22 日,韩国建设技术研究院宣布,他们成功开发一种新技术,从而生产出低碳沥青混凝土。这项技术,使用一种新开发的特殊添加剂和新工艺,在较低温度下实现沥青和骨料的良好混合。它能够减少 32% 的能源消耗,降低碳排放 88% 。

传统的沥青路面,铺装技术使用 c 级重油,把沥青和骨料加热到 160℃ ~170℃,以制造适合道路铺装的沥青混凝土。而新技术只需将物料加热至 120℃ ~130℃。

据该研究院测算,使用新技术生产沥青混凝土位,每吨可减少 3 升重油的使用量,减排二氧化碳 10 公斤。由于加热温度降低,施工中排放的重油馏分等有害气体也大幅减少。特别是其中二氧化硫、一氧化碳,以及环境荷尔蒙物质排放大幅降低,保障了施工现场的周边环境。

3. 开发其他环保建材的新进展

(1)用海藻生产环保型的新式隔热材料。2005 年 6 月,德国之声电台报道,德国莱比锡大学的一个研究小组研究发现,大叶藻是一种很好的可再生原材料。

报道说,研究小组已经开发出一种生产成型件的技术,利用海藻和黏结剂混在一起,制成建筑材料,以及汽车、船舶的部件,并且获得了专利。

大叶藻在植物分类学上属于眼子菜科。在气候适中的地带,沿岸海域的海底,到处都生长着大叶藻。德国研究人员介绍说,大叶藻的透气性能及隔热性能好,不会点燃,利用它可以生产出环保型的新式隔热材料。

在德国北部,人们从 6 年前开始专门在波罗的海的海滩收集大叶藻,并将其加工成环保型的隔热材料,以及健康的、不含化学药剂的铺料,用来给家中的宠物做窝铺床。

(2)研制出能消除烟尘污染的自清洁建筑材料。2005 年 8 月,瑞典有关媒体在一份报道中说,从催化转换器到替代燃料,消除大城市烟尘的努力,多年来都是在内燃机和排气管上展开的。现在,科学家们正把注意力转移至街道上,通过研制"智能"建材,在自然力的少许帮助下净化空气。据悉,运用现有的自清洁窗和卫生间瓷砖技术,科学家们希望能够使用在阳光下和雨水中分解并洗刷掉污染物的材料来清洁整个城市。

瑞典建筑巨头斯堪斯卡公司发言人科林·彼得松说:"我们首先想建造把汽车尾气分解在隧道里的混凝土墙,也可能造出净化城市空气的铺路材料。"

斯堪斯卡公司的总部设在瑞典首都斯德哥尔摩。这家公司参与了一个耗资170万美元的瑞典与芬兰的联合项目。这个项目旨在开发催化水泥和具有二氧化钛涂层的混凝土产品。

二氧化钛是通常被应用在白漆和牙膏中的化合物,接触到紫外线后会变得非常活跃。其原理为:紫外线光束照射二氧化钛,引起催化反应,消灭污染物分子,包括矿物燃料燃烧时产生的氧化氮,而氧化氮与易挥发的有机化合物结合就产生了烟尘。同时,催化反应能避免细菌和灰尘长时间附着于物体表面,以便它们能轻易地被雨水冲走。

参加瑞典与芬兰联合项目的另一家企业,希曼塔公司的研发负责人博·埃里克松说,催化反应的副产品是无害的,尽管它取决于参与反应的物质:有机化合物被分解成二氧化碳和水,而二氧化氮则产生硝酸盐。

(3)发明节能环保的"太阳能瓦片"。2006年6月,澳大利亚西悉尼大学应届毕业生塞巴斯蒂安·布拉特,发明一种"太阳能瓦片",具有三种功能:一是发电,利用太阳光产生电能,可使照射到瓦片上的12%~18%的太阳光转换成电能;二是加热,通过中间换热器,提高住宅自来水管中的水温,它依靠热辐射而不是通过接收光电板来实现,所以不同于一般的太阳能热水器的功能;三是盖房,它与普通太阳能电池有一个明显区别:不是简单地安放在屋顶表面,而是直接制成一整套屋顶上的瓦片,可以替代普通瓦片覆盖在屋顶上,节省了盖房所用的瓦片,这是该发明的一个重要创新之处。

"太阳能瓦片"是由透明聚碳酸酯底板和两块主层组成,其中一块主层是太阳能电池,另一块主层是带有载热体的薄贮存器,其优点是可以拆卸电学和水力学部件。

这种"太阳能瓦片"把发电、加热和盖房三种功能结合在一块瓦片上,用它来建造新型城郊住宅,不仅能在晴天确保住宅的用电和热水,而且可以把多余的电能输入电网或蓄电池中,使阴雨天也能保证电力和热水的供应。

(4)开发出可有效防止室内病的涂装钢板。2006年8月,日本神户制钢所,开发出了可吸附并分解甲醛的涂装钢板。甲醛被公认为室内病致因之一。在涂装钢板中增加可减轻室内病的功能,这在全球尚属首例。它主要使用于以隔断为代表的房门、推拉门及顶棚等室内装饰建材。计划在实施用户评测后上市。

新涂装钢板,在钢板上形成化学合成皮膜后,进行了底漆和面漆涂装处理。

具有甲醛吸附分解功能的，自然是最表面的面漆。面漆使用的涂料混入了可发挥甲醛吸附及分解功能的添加剂。另外，为了长期保持分解效果，“利用了催化剂反应”。

把10厘米见方的这种涂装钢板样品，放入聚氟乙烯气体采样袋，然后注入甲醛浓度为5ppm的气体，结果表明，甲醛浓度在大约20个小时后降到了2ppm，在大约50个小时后降到了1ppm。

在进行该试验后，把气体一次性全部抽出，重新注入3升空气、在40℃下进行1个小时的热处理，这时再进行检测时，甲醛浓度只有0.1ppm，已达到检测管的检测极限。这说明，甲醛一旦被该涂装钢板吸附后就不会再释放出来。

（5）开发纤维灰建筑材料。2009年6月，英国媒体报道，英国建筑研究所建筑材料创新中心主任彼得·沃克领导的一个研究小组，以英格兰的巴斯大学为基地，已经开始开发纤维灰建筑材料应用的独特住宅项目。

纤维灰是一种轻质合成建筑材料，它通过快速生长的纤维类作物的纤维，并以基于石灰的黏合剂黏着在一起而制成。纤维类植物在生长时会储存碳，这些碳与石灰的低碳足迹及其有效的绝缘性能相结合，使该材料具备了近乎零碳的碳足迹。

沃克说：“我们将着眼于利用纤维灰来代替传统材料的可行性，以使这种材料可以被更广泛地应用到建筑行业中去。”他表示：“我们还要测量纤维灰材料的特性，比如它的结实程度和耐性，以及使用这种材料的建筑物的能源效率。使用可再生作物，来生产建筑材料，具有真正的意义。仅利用一块橄榄球场面积大小的土地，在4个月的时间里，就可以生长出足够建造一个典型三居室房屋所需的纤维来。”沃克说：“通过农业及相关领域的新市场，种植纤维类作物，也能为农村经济提供经济和社会利益。”

四、研制其他环保型材料的新进展

1. 开发环保布料的新成果

（1）开发出一种不用清洗的新型布料。2005年10月，日本媒体报道，日本一家布料公司开发出一种新型布料，不用清洗也能保持干净状态。据了解，这种具有良好自洁功能的布料是通过在丙烯酸纤维中，掺入光催化剂二氧化钛来实现的。

研究人员说，不需要将它放到洗衣机中，也无需人工清洗。要让它变得干净，只需把它放到太阳底下暴晒，因为清洗它的最好洗涤剂是阳光。

这种新型布料具有三大功能。它能除臭，能消除厨房和厕所中的氨、硫化氢、三甲胺、硫醇等四大恶臭，以及装修产生的苯、甲苯、二甲苯等挥发性有机气体。同时，它还能够除菌，消灭沾在布料上的黄色葡萄球菌、霉菌、螨虫等病菌。

原来，新型布料的丙烯酸纤维中，有许多直径不到10纳米的微孔。它们可以有效地吸附异味、细菌、污物等有机物质。微孔中有许多纳米级的二氧化钛粉末，在阳光的照射下，可以把有机化合物，顺利地分解成无毒无害的无机化合物。

在最近的一次试验中，研究人员把一块布料，用作该公司吸烟室中的地毯，在吸烟室里放了一个月后，拿到窗台上让阳光照射。两星期后，这块地毯变干净了。

(2)研制出环保型羊毛大豆纤维面料。意大利比埃拉地区的 REDA 公司，是高级男装羊毛织品制造商，一直为世界顶级男装品牌提供羊毛面料。经过一年多的研发过程，这家公司在 2007 年 12 月发布一项新成果：羊毛与大豆纤维融合的高端面料，它体现了这家企业在不断创新技术的同时对环境保护的注重。

大豆纤维原色为黄色，触感柔软而细密，自身性能好于棉和丝，而且易于上色，具有出色的光泽度。它有棉的手感、吸湿能力和更好的透气性，有丝绸的亮丽光泽，而且富含氨基酸，对皮肤有保护作用。因此，大豆纤维织品比棉织品更舒适，更有益于健康。

把大豆纤维与羊毛融为一体形成的新型面料，具有诸多优越的特性：富有弹性，经久耐穿，舒适透气，又保留了羊毛的热隔绝性能，既防严寒又耐高温。

研发者认为，越来越多消费者，寻求在整个生产过程中，产品及特质都具有自然特性的创新面料。这里研发的羊毛-大豆纤维这种新型面料，其目的正是为了满足消费者的这种需求。同时，研发者表示，这种新面料生产过程，严格控制所涉及的化学助剂，最大限度地保证成品的自然特性，确保穿着者的安全，以及在生产过程中最小限度地对环境造成影响。

2. 研制热电材料的新进展

(1)研制可把汽车废热转化为电能的新材料。2011 年 5 月 26 日，美国《技术评论》杂志网站报道，普通汽车燃油产生的能量中，被有效利用的大约只有 1/3，其余的 2/3 大都通过废热的形式直接排放到环境当中。这不仅浪费了能源，也对环境造成了巨大压力。现在，美国一个研究小组研制出一种热电半导体材料，不但能够捕获这些被白白浪费掉的能源，还能将其转化为电能供汽车使用。研究人员称，由这种材料制成的热电设备，有望把现有汽车的燃油经济性提高 3% 到 5%。

目前，美国热电技术公司 BSST 与美国通用汽车公司全球研发中心，都在独立进行相关的研究和测试。BSST 公司将在宝马和福特轿车上进行测试，而通用公司则选择了雪佛兰 SUV 车型，两家公司选择的装车测试时间都在夏末。

碲化铋是一种常见的热电材料，包含了昂贵的碲，其工作温度最高只能达到 250℃，但热电发电机的温度最高可以达到 500℃。所以 BSST 采用了另一种热电材料，这是一种铪和锆的混合物，这种混合物不仅在高温下工作状态良好，还能将热电发电机的效能提高 40%。

通用公司的研究人员，正在装配的原型机所使用的是另外一种热电材料钴和砷的化合物，其中还掺杂了一些稀土元素例如镱。这种材料不但比碲化物便宜，还可在高温下工作。

通用公司科学家格雷戈里·迈斯纳说，整个实验过程旷日持久，过程极为复杂。由于存在着巨大的温度梯度，在热电材料接口上存在很大的机械应力，因此，如何使这种材料与汽车保持良好的电力和热力接触，就成为一个技术难点。另外，不同的物质加入在提高其耐热性的同时，也增加了热电材料的电阻，如何减小这种影响也是一大挑战。通过努力科学家们成功解决了这些问题，通用的计算机模拟显示，装备了这种热电设备的雪佛兰测试车能产生350瓦特的电能，可将雪弗兰的燃油经济性提高3个百分点。

在解决了基本的技术问题后，把这种热电设备与现有车辆设备的完美融合，成为研究人员考虑的重点。虽然，在测试中，研究人员已把碲化铋通过插入汽车排气系统的方式，安装到了一辆运动型多用途汽车中，但迈斯纳对此并不满意，他说："这看起来就像是一个消声器，我们需要设计出一些和车辆集成度更高的产品，而不是一个附加设备。"

迈斯纳表示，由于这些材料的生产成本还有待进一步降低，可能还需要4年左右的时间才能投入商用。

(2)发现可把热直接转化为电的多铁性材料。2011年11月，美国物理学家组织网报道，美国明尼苏达大学，理查德·詹姆斯领导的一个研究小组，希望利用多铁性材料中自然出现的相变，代替水的相变来发电，他表示，让水沸腾和冷凝需要庞大的压力容器和热交换器。

多铁性材料一般都拥有铁磁性、铁电性或铁弹性。铁弹性的天然展示就是相变，即一种晶体结构会突然变形为另一种，这种相变被称为马氏体相变。詹姆斯研究小组研发出马氏体相变数学理论，并借此找到了一种方法，可系统地协调多铁性材料的组成，来打开和关闭该相变。

一般而言，金属会打开磁性，但磁滞现象会阻碍其发生。詹姆斯表示："关键是操纵合金的组成，使发生马氏体相变的两个晶体结构能完美地共处，这样，相变的磁滞现象会显著减少，可逆性大大增加。为了确保磁滞下降，我们需要真的看到，被协调合金内出现完美的接口。"

为此，詹姆斯和比利时安特卫普大学，材料科学电子显微镜实验室的尼克·斯库瑞沃斯携手，对赫斯勒合金家族中的"成员"进行了实验。赫斯勒合金由19世纪德国采矿工程师康拉德·赫斯勒首先制成，尽管组成该合金的金属都没有磁性，但其却拥有惊人的磁性，也有马氏体相变。

詹姆斯研究小组改变了赫斯勒合金Ni2MnSn的基本组成，让其变身为Ni45Co5Mn40Sn10。詹姆斯表示："Ni45Co5Mn40Sn10是一种令人惊叹的合金，低温相没有磁性，但高温相却拥有强磁性，就像发电厂中发生相变的水一样。如果用小线圈环绕该合金，并通过相变加热它，磁性的突变会在线圈产生电流。在这一过程中，合金会吸收一些潜热，将热直接变为电。"

这项技术将具有深远的影响，人们有望不再需要为发电厂配备庞大的压力容器、运送和加热水的排水设施,以及热交换器。而且,这一原理也适用于地球上很多温差小的热源。詹姆斯说:“我们甚至能使用海洋表面和几百米深处的温差来发电。”

科学家们也研制出了这种设备的薄膜版本,其可用于计算机中,将计算机排出的废热转化为电给电池充电。詹姆斯强调说,这只是马氏体相变用于能源转化的诸多应用中的几个。这两个相位除了磁性不同之外,还有很多物理属性也不同,可用于用热发电。

3. *研制抗污防锈或自愈材料的新进展*

(1)研制成有自洁功能的抗污新材料。2007 年 12 月,美国麻省理工学院和空军研究实验室联合组成的一个研究小组,在《科学》杂志上发表研究成果称,他们开发出一种能实现自清洁功能的新型抗油污材料。该材料可以自动清除手机屏幕上留下的指纹痕迹,因而在手机屏幕制造等领域拥有广泛应用前景。

研究人员从改善化学成分及微观结构两个方面对现有材料进行了改良。

空军实验室研究人员研制了一种类似特氟纶的材料。特氟纶里的化学基团氟,能够增强这种材料的抗油性,而化学成分的改善还不足以使这种材料具有超强的抗油性。于是,研究人员采取另外一种方法对材料微观结构进行改变。研究人员用静电纺丝制成一种微观线状含氟材料,这种线状物中会形成一个保留空气的网状纤维,这种结构可以使油滴更容易悬浮在空气中,而不是吸附在材料表面。但当作用力过大时,线状物中的空气就有可能冲出进而形成油污。为避免这种情况的发生,研究人员在材料中添加了能增强抗冲击作用力的氟。经改造后的新材料,甚至能够让原本会吸附在物体表面的油滴弹起来。

研究人员表示,对材料科学来说,研制这种防油新材料是一个巨大挑战。因为,水分子在超级防水材料表面会快速凝结成水滴不易停留,而油的表面张力比水小,更易吸附在材料表面,这给这种新型“超级疏油”材料的研发工作带来了重重障碍。

专家认为,这种新型材料的工作原理将给相关研究者带来更多灵感,据此可能研制出性价比更高的抗油材料。利用这种材料,手机制造商可开发出真正具有自洁功能的手机屏幕。

(2)用石墨烯开发出超强防锈材料。2012 年 6 月,美国布法罗大学,化学家萨巴基特·班纳吉和罗伯特·丹尼斯领导的一个研究小组,在防锈技术上取得重大进展。通过使用一种基于石墨烯的复合材料,他们已经能使普通的钢铁,在浓盐水中持续浸泡长达一个月的时间而不生锈。研究人员称,他们已对该技术申请了专利,相关技术的开发和应用也正在逐步展开。

石墨烯是一种由单层碳原子,以六角形蜂巢结构组成的二维材料,是人类目前已知最薄最坚硬的材料。研究人员推测,这种材料的疏水性和导电性能,或许是其能够长时间防锈的关键所在。石墨烯的这种特性可防止水对材料的腐蚀,延缓铁的电化学反应,这种反应会把铁转化成三氧化二铁使其生锈。

在第一次实验中,研究人员把涂有这种材料的钢件放在浓盐水当中,但只过了几天钢材就发生了生锈现象。之后,研究人员对复合材料中石墨烯的浓度,以及与其他材料的配比进行了调整,处理后的钢材可在浓盐水中连续浸泡一个月的时间而不生锈。研究人员称,由于现实世界中很少会遇到如此恶劣的环境,因此,在正常使用时,经过该技术处理的钢材的耐腐蚀能力,将远远优于在浓盐水中的表现。

研究人员说,该技术优势在于环保和低投入。目前在冶金行业中,为了提高材料的抗腐蚀性和耐久性,经常会用到一种有毒物质——六价铬。这种材料经废水、废气排入环境中后极具危险性,可通过消化道、呼吸道、皮肤及黏膜侵入人体,无毒的石墨烯复合材料,完全可以把它取代。此外,该技术可直接使用目前大多数工厂中的现有铬电镀设备,而不必对原有设备进行升级改造,这在一定程度上降低了成本。

(3)运用计算化学开发出新型超强自愈高聚材料。2014 年 5 月,美国 IBM 研究所先进有机材料科学家詹姆斯·海德里克及其同事与加州大学伯克利分校、荷兰埃因霍芬理工大学等单位科学家组成的一个研究小组,在《科学》杂志上发表论文称,他们通过“计算化学”把实验室实验与高精计算相结合,模拟新材料的形成反应,开发出两种能循环利用的新型高聚材料,有望给运输、航空、微电子等行业的加工制造带来变革。

研究人员指出,这些新材料,首先具有抗开裂性质,强度高于骨骼,还能变形自愈,所有材料能完全恢复成最初原料的样子。而且,它还能“变身”成新的聚合结构,强度再增加 50%,成为另一种超强轻质材料。

航空材料需要有良好的抗开裂性,但目前的聚合材料抗开裂能力有限,而且很难循环利用,不能重铸、自愈或热分解,废弃材料只能用废渣填埋法处理。研究小组发现的是一个新材料“家族”,其属性可按照需要广泛调节,也为探索研究和应用开发带来更多机会。他们开发出的两种新型材料各具特色,包括高硬度、耐溶解、开裂自愈强化等。

这些新型聚合材料原料廉价,通过冷凝反应大分子连在一起,小分子形成水或乙醇。反应简单而容易调节。在 250℃时,聚合物通过共价键重组,除去溶剂变得比骨骼还强,但缺点是脆而易碎。它在高 pH 值水中分毫无损,但在低 pH 值水中会选择性分解,因此适当条件下,能可逆地变成最初材料形式,重新形成新的聚合结构。而且,把聚合物与碳纳米管或其他强化填充剂混合,高温加热后能变得更强,拥有类似于金属的性质,可用在飞机、汽车上。

研究人员介绍说,在室温环境下,能形成另一种像弹力胶似的聚合材料,溶剂嵌在聚合网络中,不仅强度比大部分聚合材料更高,而且仍保持柔韧性,就像橡胶带。如果开裂,把碎片拼在一起,能在几秒钟内重新形成化学键而连成一个整体。

这种性质让它能在中性环境实现循环利用,在需要可逆重组的应用领域大显身手。研究人员指出,这种非传统的方法,将带来许多前所未有的新材料,加速新材料的开发过程。

海德里克说:“虽然高性能材料研究已取得巨大进步,但目前设计的聚合材料还缺乏许多基本性质。新材料创新在应对全球挑战、开发新产品等方面非常关键。现在,我们能通过计算,来预测分子在化学反应中会怎样,制造出新的聚合结构,帮助推动新材料的开发,满足交通运输、微电子或先进制造行业中对复杂先进材料的需求。”

4. 开发出制造清洁无毒产品的新原料

使用氧化硼和金属金制成新型超级卤化物。2010 年 10 月,美国弗吉尼亚州立联邦大学物理化学教授普路·詹纳、麦克尼斯州立大学的助理教授阿尼尔·坎达拉姆、德国康斯坦茨大学的格尔德·甘特福尔等人组成的一个国际研究小组,在《应用化学》杂志上报告称,他们使用氧化硼和金属金,制造出新的带负电化合物——“超级卤化物”,它或将在工业领域“大展拳脚”,用于制造清洁无毒的产品。

詹纳表示,卤族元素包括氯、氟、溴、碘等,以杀菌消毒和脱嗅能力著称,广泛应用于药品制造和工业过程中。

詹纳说,卤族元素获得一个电子后,会成为带负电的离子,此时的状态比它作为原子处于中性状态时更稳定。卤族离子获得的能量为电子亲合能,在元素周期表中,氯的电子亲合能最高,为 3.6 电子伏特。而詹纳一直在研究如何制造出电子亲合能更高的化合物。

此前,苏联化学家盖纳迪·古特塞弗和亚历山大·波狄瑞夫已经证明,存在着一类分子,其中心为一个被卤族元素环绕的金属原子,这类分子拥有的电子亲合能比氯大,他们将这种分子命名为“高级卤化物”。

詹纳介绍道,高级卤化物可以这样得到:让一个钠原子和一个氯原子生成一个氯化钠分子,接着让该氯化钠分子同另一个氯原子反应,所得到的化合物因为额外的氯需要另外一个电子,其电子亲合能比氯原子大,它就是一个高级卤化物,其性质同卤化物一样,只不过更优异。

詹纳和坎达拉姆因此推测,用高级卤化物代替卤化物作为基本原料,围绕在金属原子周围,能形成让电子亲合能更高的分子。甘特福尔验证了该推理的正确性。他们把得到的电子亲合能非常高的物质,命名为“超级卤化物”。

詹纳解释道,他们让两个氧化硼高级卤化物环绕在金属金周围,得到了一个电子亲合能为 5.7 电子伏特的超级卤化物。

目前,该研究小组,正在测试由四个氧化硼高级卤化物构成的超级卤化物,其电子亲合能高达 7 电子伏特,他们的最终目的是制造出电子亲合能为 10 电子伏特的超级卤化物。詹纳表示,超级卤化物有助于研究人员发现其他新奇的化学物质,其或将在工业领域“大展拳脚”,用于制造清洁无毒的产品。

第三节　研制环保技术用品与药剂

一、研制环保技术用催化剂的新进展

1. 开发清洁能源氢催化剂的新成果

(1)研制出低成本制氢催化剂。2007 年 7 月,丹麦科技大学的一个研究小组,在《科学》杂志上发表研究成果称,他们以廉价的二硫化钼模仿贵金属催化剂,采用低成本金属硫化物的催化反应,以水成功制取得到氢气。这种金属硫化物有望成为贵金属催化剂经济的替代物。

研究表明,铂、钌和位于周期表同一区域的其他金属,具有独特的表面性质,并赋予这些材料可以催化大量化学反应。它们应用广泛,譬如用于汽车排气净化和燃料电池中。然而,这些金属成本较高,因此人们开始探索低成本的替代物。

丹麦科技大学研究小组采用合成方法,控制单层、扁平硫化钼纳米颗粒的尺寸和形态学,从而验证了这些颗粒可在水溶液中使氢放出反应得以催化。研究人员还确定,这一反应沿着颗粒的周边发生,该发现具有理论和实用价值。

据了解,这种气体放出反应,在太阳能驱动的氢气生产过程中通过水的分裂发生,与燃料电池的运行相反,它是通过类似贵金属催化反应而获得的。过去,虽然有人在理论上提出纳米颗粒的二硫化钼边缘可催化该反应,但是一直没有实验加以证实。现在,丹麦科学家验证了这一事实。

(2)开发出可制造更多更便宜氢燃料的催化剂。2007 年 8 月,美国能源部阿尔贡国家实验室,化学家迈克尔 · 克鲁姆佩特领导,他的同事参与的一个研究小组,研制成一种新型催化剂,可以帮助研究人员克服目前燃料电池使用的氢制造障碍。

该研究小组利用一种基于掺有铂或钌的二氧化铈,或铬化镧的催化剂,提高了较低温度下氢的产量。克鲁姆佩特说:“我们大大提高了应用所需要的反应速率。”

目前,工业上大部分氢的制造是通过蒸汽重整反应,在这一过程中,一种基于镍的催化剂,被用来催化天然气和蒸汽的反应,最终得到纯氢和二氧化碳。这些镍催化剂通常由金属氧化物表面上的金属颗粒组成,每个颗粒的直径上含有成千上万的原子。

与此相反,该研究小组发明的新型催化剂,是在氧化物阵列上植入单个的原子点。由于重整过程中的碳和硫化副产物,会阻塞大部分的大型催化剂,因此较小的催化剂能使燃料更有效,在低温下产生更多的氢。

该研究小组最初实验,使用的是掺有铂、钆的二氧化铈,结果尽管它在 450℃

就可以进行重整,但是该物质在较高温度下就会变得不稳定。为了寻找到更适合于氧化还原循环反应的催化材料,克鲁姆佩特发现如果在钙钛矿阵列中使用钌,只需要铂的百分之一,就可以既在450℃时开始反应,又在高温下有好的热稳定性。

(3)利用二甲醚低成本制取氢气的催化剂。2008年9月26日,日本东京大学副教授菊地隆司主持,京都大学、出光兴业,以及科学技术振兴机构的研究人员共同参与的一个研究小组,在名古屋市举行的催化学术讨论会上公布的研究成果表明,他们开发出以有望成为石油替代燃料的"二甲醚"为原料,高效生产氢气的催化剂。

研究人员表示,这种催化剂,以价格低于贵金属的铜为主要原料生产,即使长时间使用、催化性能也不会降低。与此前以液化天然气等为原料的制氢技术相比,可在温度相对较低的环境下轻松制取氢气。作为燃料电池中使用的氢气的原料,有望受到业内的关注。

研究人员说,此次开发的制氢催化剂,可使微小的铜粒分散在氧化铁表面上,并与之形成立体结晶结构。由于使用了价格相对较低的铜等,因此可用于低成本生产。

(4)开发出使氢燃料电池成本降低八成的催化剂。2010年5月,德国柏林工业大学研究人员彼得·斯特拉瑟负责,他的同事及美国学者参与的一个研究小组,在《自然·化学》杂志发表研究成果称,他们研发出一种新型铂合金催化剂,它可节约大量的贵金属铂,使氢燃料电池的化学反应成本降低80%。

作为新型清洁能源之一的氢燃料电池,除可替代传统车用柴油和汽油发动机外,还可广泛用于电力供应,以及便携式电子设备,如笔记本电脑。氢燃料电池的工作原理实际上是个电化学过程,在这个过程中氢气和氧气结合,释放出电和水,不会对环境造成任何污染。为了使这个过程快速和高效,需要使用大量贵金属铂作为催化剂。然而,铂材料昂贵,而且是稀有资源,因此,发展氢燃料电池的关键是研发可替代铂的高效廉价催化剂。

研究人员把铂与铜混合,然后从铂铜合金中去除部分铜,形成直径只有几纳米的球状铂铜催化剂颗粒,这种球状铂铜颗粒里面是铜,外壳是只有几个原子厚度的铂,从而极大减少了铂的使用量。研究人员证实,通过铜铂金属混合和去除部分铜的过程,可使催化剂合金颗粒表面铂原子的排列密度,比普通铂紧密得多。这种反常结构,减少了这些颗粒上氧原子的结合力,使铂合金催化剂比纯铂催化剂性能更好,让氢燃料电池制造成本大大降低。

研究人员的进一步试验证明,催化剂表面金属铂结构的改变,可以优化催化剂的活性。斯特拉瑟指出,类似的结构变化也适用其他的贵金属,对降低使用贵金属的化学过程成本具有普遍意义。研究人员将进一步研究铂与其他非贵金属的结合效果,以期找到性能更加优良的催化剂。

(5)发现铝钛合金可作为低温捕获氢原子的催化剂。2011 年 10 月,美国德克萨斯大学达拉斯分校和华盛顿州立大学联合组成的一个研究小组,在《自然·材料》杂志网络版上发表研究成果称,他们发现,利用铝钛合金作为催化剂,即使在低温下也能分解并捕获单个氢原子。这为构建经济、实用的燃料存取系统奠定了基础。相关研究报告发表在近期出版的《自然·材料》杂志网络版上。

当两个氢原子相遇时,它们会结合形成一个非常稳定的氢分子。但氢分子必须在极大的压力和极低的温度下才能存储,这使想要利用其驱动车辆或为家庭供电,都无法成为现实。因此科学家希望找到一种材料能够在一般的温度和压力下,高效存储单个氢原子,并在需要时将其释放。

要把氢分子转化为氢原子,通常需要催化剂打破两个氢原子间的化学键。目前,可用的最佳催化材料,通常由钯和铂等贵金属制成,其可以有效激活氢,但稀有性和昂贵的造价限制了它们的广泛使用。

此次研究小组通过向铝中浸注少量钛,形成铝钛合金,作为激活氢的催化剂,以实现氢的高效存储。铝金属含量丰富,钛的自然界含量比贵金属更加丰富,且在合金中的含量极少。

为了观测铝钛合金表面是否确有催化反应发生,研究人员在对温度和压力的严格控制下,将基于红外反射吸收的表面分析新方法、首个基于原理的催化剂效能和光谱响应预测模型融入研究。他们把一氧化碳分子作为探针,一旦原子氢产生,绑定在催化金属中心的一氧化碳所吸收的波长便会变短,表示催化剂正在工作。结果表明,即使处于非常低的温度,这一变化仍会发生。

研究人员表示,虽然钛不一定是最佳的催化金属,但结果首次显示钛铝合金也能激活氢,并具备经济、含量丰富等优势。而作为氢储存系统的一部分,铝钛合金催化材料另一更大优势在于,铝能在钛的辅助下和氢反应形成氢化铝固体,而氢化铝中存储的氢,可简单通过提高温度释放出来,这正是发展实用型燃料存取系统的关键一步。

(6)开发出用酸水制备氢气的新催化剂。2012 年 2 月,美国劳伦斯伯克利国家实验室,赫马马拉·卡伦娜达萨领导,杰弗里·龙和克里斯托弗·张等人参加的一个研究小组,与加州大学伯克利分校的相关研究人员一起,在《科学》杂志上发表研究成果称,他们研发出一种新技术,并用其制造出一种在结构和化学性质上,与广泛使用的工业催化剂,辉钼矿的活跃部分相类似的新分子。新技术可用来制造出比铂更高效且廉价的新型催化剂,从酸性水中制备氢气。

研究小组合成出的这种分子能模拟沿着辉钼矿晶体边缘的三角形二硫化钼单元。研究人员表示,从催化角度而言,块状辉钼矿晶体材料,相对来说是惰性的,但其边界点拥有催化活性。因此,与边界点类似的分子能被用来制造更高效且更廉价的新型催化剂,让科学家们能用更少的材料获得同样的催化效果。

辉钼矿是金属钼的晶体硫化物,也是提炼钼铁的主要矿物质,一般用作润滑剂，但它也是标准的催化剂，可用于剔除石油和天然气中的硫，以便减少其燃烧时二氧化硫的排放量。最近已有研究证明，辉钼矿纳米粒子也能作为用水制备氢气的电化学和光化学反应的催化剂。

目前，最好的制氢方法是使用铂催化剂，将水分子分解为氢分子和氧分子。然而，随着铂价飙升，人们急需一种低成本的替代催化剂。辉钼矿储藏丰富，且成本仅为铂的七十分之一，因此，科学家们开始研究辉钼矿在制氢中的潜力，希望借此研发出一种便宜、高效且碳中和的制氢手段。但辉钼矿也有问题。高分辨率扫描隧道显微镜研究和理论计算，已确定辉钼矿仅其三角形二硫化钼边界具有催化活性，但制造出具有更高密度的有催化作用的边界点的辉钼矿，是一个巨大挑战。

研究小组使用一种 PY5Me2 配位体，制造出一个二硫化钼分子，尽管自然界中并没有该分子，但其性能稳定且结构与辉钼矿三角形的边界点一样，它也能形成一层与构建辉钼矿硫化物边界类似的材料。利用新分子作为配体，合成出的辉钼矿复合物，能高效地催化从酸水中制备氢气的反应。

研究人员表示，他们能通过修改配位体，来调整这种分子的电子结构。这表明，他们能定制所得材料的活性、稳定性，以及氢还原要求的超电势来改善其性能。

研究人员说，他们现在正在研制与其他催化材料内的活跃点类似的分子，它有望在更大 pH 范围的环境下工作，同时研究光驱动的催化反应。最新分子或许并不能完全替代现有催化剂，但它确实提供了一种增加无机固体催化材料的活性点密度的方法，让开发者能花小钱，办大事。

(7)发明能推动清洁能源氢发展的水分解催化剂。2012 年 4 月，瑞典皇家理工学院化学系孙立成领导的研究小组，在《自然・化学》杂志上发表论文称，他们研发出一种光合作用分子催化剂，它直接利用阳光从水中分解出氧和氢的效率，已提高到接近自然界光合作用的水平。这一技术可提升太阳能等清洁能源的转换效率，并降低生产成本，更好地推动清洁能源的实用化。有关报道表明，瑞典乌普萨拉大学和中国大连理工大学的研究人员，对这项成果的取得也作出过贡献。

光合作用主要指植物、藻类和某些细菌，在阳光照射下经一系列反应，把二氧化碳和水转化为有机物，并释放出氧气(某些细菌释放出氢气)。30 多年来，欧洲、日本和美国科学家在清洁能源技术中，特别是太阳能方面，研究人员都试图模仿这一自然现象实现能量转化，但在效率上无法与真正的光合作用相比拟。孙立成解释道，在制造出完美的人工光合作用系统的道路上，催化速度一直是主要的"拦路虎"。

据悉，研究小组发明了一种基于金属元素钌的新型催化剂，它每秒能进行 300 次光合作用，而天然光合作用每秒能进行 100 次到 400 次光合作用。对此，孙立成说，它的催化速度创造了世界纪录，首次能与自然界天然存在的光合作用相媲美。

孙立成认为，最新分子催化剂取得的速度，可以让人们在未来制造出大规模的制氢设备,应用于光照丰富的撒哈拉沙漠里。人们也可以把这种技术与传统的太阳能电池结合在一起,获得更高的光电转化效率。

针对该成果有关专家指出,在油价不断飙升的今天,这项最新技术确实非常重要。高效的分子催化剂将为很多即将到来的变化铺平道路。它不仅能使研究人员利用阳光把二氧化碳转化为不同的燃料(比如甲醇等),也能用来把太阳能直接转化为氢气。

不过,研究人员也提到,还在努力研究如何降低这种新型催化剂的生产成本,估计在10年后基于这一技术的清洁能源,可在价格上与传统的煤和石油等化石能源竞争。

(8)发明让制氢过程一氧化碳排放接近零的催化剂。2013年5月,美国杜克大学,工程学院机械工程和材料学助理教授尼克·霍特兹领导,霍特兹实验室的研究生提提雷约·索迪亚等人参加人一个研究小组,在《催化学报》杂志上发表论文称,他们在制氢反应中使用了新催化剂。结果表明,新方法能在产生氢气的同时将一氧化碳(CO)的浓度降低到接近零,而且进行新反应所需的温度也比传统方法低,因此更实用。

尽管氢气在大气中无所不在,但制造并收集分子氢用于交通运输和工业领域的成本非常高,过程也相当复杂。目前,大多数制氢方法会产生对人和动物有毒的一氧化碳。最新的一种制造可再生能源的方法,是使用从生物质中提取的以乙醇为基础的原材料,比如甲醇。当甲醇用蒸汽处理后,会产生一种可用于燃料电池的富含氢气的混合物。霍特兹说:"这一方法的主要问题,也是会产生一氧化碳,而且少量一氧化碳,很快就能破坏对燃料电池性能至关重要的电池膜上的催化剂。"

索迪亚表示:"现在,人人都希望能用可持续且污染尽可能少的方法,制造出有用的能源以取代化石燃料。我们的最终目的,是制造出供燃料电池使用的氢。与传统方法使用金纳米粒子作为唯一的催化剂不同,我们的新反应使用金和氧化铁纳米粒子的组合作为催化剂。新方法可以持续不断地制造出氢气,产生的一氧化碳浓度仅为0.002%,而副产品是二氧化碳和水。"

索迪亚解释道:"人们一直认为,氧化铁纳米粒子,仅仅是盛放金纳米粒子的'容器',金纳米粒子才为反应负责。但我们发现,增加氧化铁的表面积,可以显著增加金纳米粒子的催化活性。"

研究人员让新反应进行了200多个小时,发现催化剂,减少富含氢气的混合气体内一氧化碳数量的能力,并未下降。

索迪亚承认:"目前,我们还不知道新反应内含的机制是什么。尽管金纳米粒子的大小对反应来说非常关键,但未来的研究应专注于氧化铁粒子在化学反应中的作用。"

(9)发现磷化镍纳米粒子可成为制氢催化剂。2013年6月,美国每日科学网站报道,美国宾夕法尼亚州立大学化学教授雷蒙德·萨克领导的一个研究小组发现,由储量丰富且廉价的磷和镍构成的磷化镍纳米粒子,可以成为制氢反应的催化剂,为该反应提速,最新研究将让更廉价的清洁能源技术成为可能。

为了制造出磷化镍纳米粒子,研究小组使用经济上可行的金属盐进行试验。他们让这些金属盐在溶剂中溶解,并朝其中添加了另外一些化学元素,然后加热溶液,最终得到了一种准球形的纳米粒子。萨克解释道,它并非完美的球形,因为拥有一些平的暴露的边角。纳米粒子个头小,但表面积很大,而且,暴露的边缘上有大量的点,可以为制氢反应提速。

接着,加州理工学院化学系教授内森·刘易斯领导研究小组,对这种纳米粒子在反应中的催化表现进行测试。研究人员首先把该纳米粒子放在一块钛金属薄片上,并将薄片没入硫酸溶液中,随后施加电压并对生成的电流进行测试。结果表明,化学反应不仅按照他们所希望的那样发生,效率也非常高。

萨克解指出,磷化镍纳米粒子的主要作用是帮助人们从水中制造出氢气。这一反应对很多能源生产技术,包括燃料电池和太阳能电池来说都很重要。水是一种理想的燃料,因为其廉价且丰富,但我们需要将氢气从中提取出来。氢气的能量密度很高且是很好的载能体,但产生氢气会耗费能量。

研究人员一直在寻找廉价的催化剂,以便让水制氢反应更加实用且高效。萨克表示:"铂可以很好地完成这件事,但铂昂贵且稀少。我们一直在寻找替代铂的材料。此前有科学家预测,磷化镍会是好的'替身',我们的研究结果也表明,在制氢反应中,磷化镍纳米粒子的表现,的确可以和目前铂的效果相媲美。"

萨克说:"纳米粒子技术有望让我们获得更廉价且更环保的能源。接下来,我们打算进一步改进这些纳米粒子的性能并厘清其工作原理。最新技术有望启发我们,发现其他也由储量丰富的元素组成的催化剂,甚至其他更好的催化剂。"

(10)发现可用以廉价制氢的原子尺度催化剂。2014 年 1 月,美国北卡罗来纳州立大学材料与工程学助理教授曹麟游主持的一个研究小组,在《纳米快报》杂志上发表论文称,他们发现,一种单原子厚度的二硫化钼薄膜,能作为催化剂生产氢气,替代昂贵的铂催化剂。与传统技术相比,新技术不但成本低廉,而且使用上也更简单灵活。该发现为廉价氢气的生产打开了一扇新的大门。

氢气是一种拥有巨大潜力的清洁能源,但生产这种能源并不容易。目前制备氢气主要依赖昂贵的铂催化剂,成本较高。这项新的研究表明,单层原子厚的二硫化钼薄膜,同样也是一种有效的催化剂,能够用来制备氢气。虽然效率不如铂催化剂,但成本优势十分显著。

曹麟游说:"我们发现,这种薄膜的厚度,是一个非常重要的因素。实验显示:单层原子厚的二硫化钼薄膜催化效果最佳,而之后每增加一层原子,催化能力就要降低 5 倍。"

如此薄的催化材料远远出乎一些研究人员的意料。因为此前大多数人都认为,催化反应一般都会沿着材料的边缘进行。而单层原子厚的二硫化钼薄膜如此之薄,其所拥有的"边缘"相对于较厚的材料实在是少得太多。因此,按照传统观点,这种薄膜应该几乎没有催化活性。但此次研究中,曹麟游发现并非如此:在催化反应中,薄材料同样也能具有一定优势。他们发现,二硫化钼薄膜越薄其导电性能越好,相应的其催化效率越高。因此问题的重点在于如何让催化材料薄到极致。他说:"我们的工作表明,今后科学家们在相关研究中,可能要更加注重催化剂的导电性能。"

这种二硫化钼薄膜制氢技术主要用电力来实现催化反应。曹麟游的研究小组,正在致力于把该技术与太阳能发电技术结合起来,开发出一种能够使用太阳能供电的水解制氢设备。

(11)用传统化学方法制造出产氢催化剂。2014 年 1 月,美国斯坦福大学研究员雅各布·凯普斯、化学工程助理教授托马斯·哈拉米略,与丹麦奥胡斯大学研究人员组成的一个国际研究小组,在《自然》杂志上发表研究成果称,他们采用传统的化学方法,设计出一种用于制造清洁燃料氢分子的高效和环保的催化剂。这一催化剂,还可广泛应用于现代工业制造化肥,以及提炼原油转化成汽油。

尽管氢是丰富的元素,但在自然界中,氢一般与氧结合成水、甲烷或是天然气的主要成分。目前,工业氢来自天然气,但这个制氢过程消耗了大量的能量,同时也向大气释放出二氧化碳,从而加剧了全球碳排放的产生。

通过电解从水中释放出氢是一种工业方法,但之前都是把铂作为电解水的最佳催化剂。铂催化成本过高,若大量生产很不现实。由此,研究人员重新设计了一种廉价和普通的工业材料,其效率几乎与铂一样,这一发现有可能给工业制氢带来彻底变革。

自第二次世界大战以来,石油工程师使用二硫化钼帮助提炼石油。但是,至今为止,这种化学物质被认为,不是通过电解水产生氢的很好的催化剂。最终,科学家和工程师搞清楚了缘由:最常用的二硫化钼材料的表面,具有不合适的原子排列。通常,二硫化钼晶体表面上的硫原子,被绑定至三个钼原子下方,该配置不利于电解水。

2004 年,斯坦福大学化学工程教授延斯在丹麦技术大学曾有一个重大发现:在这种晶体边缘周围,部分硫原子只与两个钼原子绑定。在这些边缘部位,其特点是双键而非三个键,钼的硫化物能更有效地形成氢气。

现在,凯普斯高采用了一个已有 30 年的"食谱"做法,在其边缘制成具有很多这些双键硫的硫化钼形式。这样,用简单的化学方法,研究人员合成了这个特殊的魔草硫化物纳米团簇。并将这些纳米团簇存放于导电的材料石墨片中,让石墨和钼的硫化物结合在一起,形成一个廉价的电极,成为替代昂贵的电解催化剂铂的理想之物。

接着问题来了:这种复合电极可以有效推动化学反应、重新排列水中的氢原子和氧原子吗？哈拉米略说："把这种复合电极浸入水中略微酸化，这意味着其包含带正电荷的氢离子。这些正离子被吸引到魔草硫化物纳米团簇，它们的双键形状给予其恰到好处的原子特性，把电子从石墨导体传递到正离子。这种电子转移，把正离子变成中性的分子氢，然后逐渐冒出气体。"

研究人员说，最重要的是发现魔草硫化催化剂造价低廉，从水中释放出氢的潜力，接近基于昂贵铂的系统效率。目前，只在实验室中取得的成功仅仅是一个开端，下一步的目标是把这种技术规模化，以满足全球每年对氢的大量需求。

2.把二氧化碳转化为燃料催化剂的新进展

（1）研制出把二氧化碳变为液态燃料的催化剂。2011年4月7日，美国物理学家组织网报道，美国加州理工学院材料科学和化学工程，索西娜·海尔教授领导的一个研究小组与瑞士科学家携手研制出一种低成本新型催化剂及其相应的太阳能反应器。这样，研究人员通过低成本的新型催化剂，集中太阳的热量，通过热化学循环方法，把水和二氧化碳转变为氢气和一氧化碳，而大量的氢气和一氧化碳结合在一起可形成液态燃料，为汽车、手提电脑和全球定位系统供电。

科学家很早就知道，如何把水和二氧化碳转变为氢气和一氧化碳。但如何高效、批量且低廉地转换，一直困扰着科学家。其中的一只"拦路虎"是转换过程需要昂贵且稀有的铂或铱等元素来作催化剂，以促使反应发生。

海尔把目光投向二氧化铈，金属铈的氧化物二氧化铈常用于自洁烤箱内壁，可作催化剂使用。铈储量丰富，因此，在完成同样任务时，成本更低。

新方法分两步进行：首先，使用太阳光散发的高温，把二氧化铈分解为铈和氧气；然后在低温下把二氧化碳和水变为一氧化碳和氢气。

海尔描述该道：当把二氧化铈加热至约1500℃高温时，会自动地从其结构内释放出氧气；接着将其冷却，氧气离开后留下的空白需要新氧气来填满。在约为900℃的较低温度时，铈、氢气和碳都需要氧气，但铈的需求更强烈，于是，它就会从水和二氧化碳中"掠夺"氧气来填满这些空白，因此，水和二氧化碳就变成了氢气和一氧化碳。

海尔表示，实验设备包括两部分，其中一部分是由加州理工学院研制的圆柱状容器，其内壁布满了二氧化铈。第二部分是目前安放在瑞士保罗谢勒研究所的太阳能收集器，它是一套巨大的曲面镜，可大范围收集太阳光。

科学家让这两个设备"联姻"，首先用积聚的阳光加热圆柱内的二氧化铈，然后朝反应器中输入水蒸气和二氧化碳，并测量流出的氢气和一氧化碳的数量。

海尔表示，铈储量丰富，是铂储量的10万倍，因此，可将反应成本减少几个数量级。但目前这个把太阳光、二氧化碳和水转变为液态燃料的反应器，转换效率不足1%。科学家表示，热动力学分析表明，理论上转换效率可达15%以上。此外，科学家也希望能找到比二氧化铈更好的燃料，同时降低发生反应所需要的高温和低温。

(2)发现可提高二氧化碳制燃料效率的催化剂。2011 年 10 月,美国伊利诺伊大学,化学与生物分子工程系教授保罗·柯尼斯领导的一个研究小组,在《科学》杂志上发表研究成果称,他们与该大学退休教授理查德·马塞尔创办的二氧化物材料公司携手,研制出一种新的液体离子催化剂,大大改进了人工光合作用进行的效率,能更高效更节能地将二氧化碳转变为燃料。

在植物界,光合作用利用太阳能把二氧化碳和水转变成糖和其他碳氢化合物。科学家们可从糖中提取出生物燃料,糖可从玉米等农作物中获得。而人工光合作用可将二氧化碳转变成有用的碳基化学物、燃料和其他化合物。在此过程中,科学家使用了一个电化学电池。让它利用太阳能集热器或风力涡轮机提供的能量,把二氧化碳转变为简单的碳基燃料,例如甲酸或甲烷等。对甲酸或甲烷进行进一步提纯,可得到乙醇或其他燃料。

人工光合作用可取代利用生物质制造碳基化学物和燃料等物质。该论文的合作者马塞尔表示:“人工光合作用最重要的一点是不会与人争粮。与用生物质发电相比,这种方法的发电成本更低。”

然而,人工光合作用的大规模应用遇到一个“拦路虎”。制造燃料的第一步:把二氧化碳转变为一氧化碳,会耗费大量能量,需要大量电力才能使第一个反应进行。与得到的燃料所提供的能量相比,生产燃料所需的能量更多,得不偿失。

现在,该研究小组使用一种离子液体作为催化剂,大大减少了反应发生所必需的能量。这种离子液体会让反应得到的中间产物保持稳定,从而相应地减少了转化过程所需的电力。

另外,科学家们使用一个电化学电池作为流反应器,将气态二氧化碳输入和氧气输出,与能让气体溶于其中的液体电解质分离开。该电池的独特设计使科学家能精准地调整电解质流的成分,并改进反应动力,包括增加离子液体作为合成催化剂等。柯尼斯表示:“这大大降低了二氧化碳反应的超电势。我们需要施加的电势更低,因此能耗也更低。”

科学家们表示,接下来希望解决输出生物燃料的数量并不大这一问题,为了让最新技术能进行商业化生产,他们需要让反应更快并让转化得到的产物数量最大。该研究由美国能源部支持。

(3)发现可在低压下把二氧化碳转为甲醇的新催化剂。2014 年 3 月,美国斯坦福大学、斯坦福直线加速器中心国家加速器实验室科学家费利克斯·斯图特领导,他的同事弗兰克·彼得森、化学工程教授延斯,以及丹麦技术大学研究人员参与的一个国际研究小组,在《自然·化学》网络版上发表论文称,他们通过计算机筛选出可在低压下将二氧化碳转化为甲醇的新型催化剂镍—镓(Ni5Ga3)。甲醇是有发展前景的运输燃料,也是塑料产品、粘合剂和溶剂的主要成分。

斯图特说:“甲醇是在高压下用氢气、二氧化碳和天然气中的一氧化碳生成的。我们正在从清洁资源中寻找低压条件下产生甲醇的方法,最终开发出利用清洁的氢,生成甲醇的无污染制造过程。”

在世界范围内,每年生产涂料、聚合物、胶水和其他产品需要约65万吨甲醇。现有的甲醇厂内,天然气和水被转化为包括一氧化碳、二氧化碳和氢气的“合成气”,然后该合成气通过由铜、锌和铝构成的催化剂,在高压过程下转化成甲醇。

据每日科学网、物理学家组织网近日报道,斯图特和他的同事花费了很多时间去研究甲醇合成及其工业生产过程,并从分子水平上弄清楚了甲醇合成时铜—锌—铝催化剂的活性位点,而后开始寻找能够在低压条件下,只使用氢气和二氧化碳合成甲醇的新催化剂。

斯图特与彼得森开发了一个庞大的计算机数据库,从中搜索出富有前途的催化剂,以取代在实验室里测试各种化合物的方式。延斯解释说:“该技术被称为计算材料设计。你可以得到完全基于计算机运算的新型功能材料。首先通过巨大的计算能力识别新的和有趣的材料,然后进行实验测试。”

在数据库中,斯图特将铜—锌—铝催化剂与成千上万的其他材料相比,发现最有前途的候选对象是一个称为镍—镓的化合物。丹麦技术大学的研究人员,随后合成出镍和镓组成的固体催化剂。研究小组进行一系列的实验,以查看新的催化剂是否可在普通压力下产生甲醇。

实验室测试证实,计算机做出了正确的选择。在高温下,镍—镓比传统的铜—锌—铝催化剂能产生更多的甲醇,并大大减少了副产品一氧化碳的产量。研究人员指出,镍比较丰富,虽然镓较昂贵,但已被广泛应用于电子行业。这表明,新的催化剂最终可以扩大规模用于工业。

3.研制生物燃料催化剂的创新信息

(1)用于研制新型生物燃料二甲基呋喃的催化剂。2007年6月21日,美国威斯康星大学麦迪逊分校,化学和生物工程专家詹姆斯·杜梅斯克领导的一个研究小组,在《自然》杂志上发表研究报告称,他们利用常规的生物方法和新的化学方法相结合,先后运用两种催化剂,把植物中的果糖,高效快速的转化成一种新型的液体生物燃料——二甲基呋喃(DMF),为生物燃料研究开辟了新的天地。

二甲基呋喃含有的能量可比乙醇多40%,且没有乙醇燃料的缺点。乙醇是目前唯一一种大量用于汽车的生物燃料,但它还不是人们最终想要的理想燃料。在玉米、蔗糖及其他植物中均含有大量潜在能量,但它们是以长链的碳水化合物形式存在,必须被降解成小分子后才能加以利用。目前通常采用酶来降解淀粉和纤维素,使其转化成糖,然后利用常见的发面酵母使其发酵,最终产生乙醇和二氧化碳,这个过程通常要花几天的时间。乙醇中氧的含量相对较高,使其能量密度下降。同时,乙醇易吸收空气中的潮气而使其含水量增加,因此,需要蒸馏才能将其和水分开,这无疑要消耗部分能源。

杜梅斯克研究小组找到了解决上述问题的方法。他们首先利用一种源自微生物的酶使生物原料降解,变成果糖。然后,利用一种酸性催化剂,把果糖转化成中间体羟甲基糠醛,它要比果糖少 3 个氧原子。最后,利用一种铜—钌催化剂,把羟甲基糠醛转化成二甲基呋喃,而二甲基呋喃比羟甲基糠醛又少了 2 个氧原子。

二甲基呋喃与乙醇相比有一系列优点。与同样体积的乙醇相比,它燃烧后产生的能量要高 40%,和目前使用的汽油相当。二甲基呋喃不溶于水,因此不用担心吸潮问题。二甲基呋喃的沸点要比乙醇高近 20℃,这意味着它在常温下是更稳定的液体,在汽车引擎中则被加热挥发成气体。这些都是汽车燃料所要具备的特点。还有一点值得一提,二甲基呋喃的部分制造过程与现在石油化工中使用的方法相似,因此容易推广生产。

(2)成功研发新型生物柴油催化剂。2007 年 10 月,美国媒体报道,总公司位于宾西法尼亚州费城的罗门哈斯公司已成功开发新型可商用聚合的催化技术,并推出一种专用催化剂。生物柴油制造商可通过该专用催化剂,把成本低廉的低质原料生产出高纯度柴油。近日,罗门哈斯公司由于研制成这种生物柴油催化剂,为实现替代燃油研究补贴计划作出的杰出贡献,而获得宾州环保部门颁发的 75.2 万美元奖金。

罗门哈斯公司过程化学研究部经理拉吉夫·班纳瓦利博士表示,此项技术和催化剂,对于生物柴油制造商意义重大,因为它们可凭借该技术和催化剂把动物油脂、植物原油、皂脚,以及其他价格低廉的游离脂肪酸和油脂等用作生产原料。班纳瓦利说:“原料成本是生物柴油生产成本的主要构成部分。制造商希望能够使用更低廉的原料,采用更经济的生产工艺,实现更高的柴油转换比,以获得产量更高的高纯度柴油。”

罗门哈斯公司离子交换树脂事业部副总裁兼总经理基姆·安敏克补充道,“从工艺的经济性及生物柴油的质量上来看,这种催化剂比其他的标准固体催化剂性能更优越。我们很高兴,能为宾州政府的燃油替代研究计划作出贡献,此次技术演示,也进一步证明了,该催化剂能够为生物柴油生产商带来实实在在的效益。”

4. 分解转化石脑油催化剂的新成果

(1)发明石脑油分解的催化剂。2005 年 3 月,《韩国经济新闻》报道,韩国化学研究院和 SK 技术院朴用基博士领导的科研小组,成功开发出一种石脑油分解新技术,能明显提高烯烃提取率,并降低二氧化碳排放量。

据报道,研究人员首先开发出从低级中质石脑油中提炼烯烃的催化剂,然后把这种催化剂,与另一种名叫“NCC G53”催化剂连续混合。NCC G53 能使分解温度,由原来的 800℃至 900℃降低到 700℃。这样,最终得到分解石脑油的新工艺技术。

据科研小组介绍,以催化剂分解石脑油的新工艺技术,不仅能以 50% 以上比例从低级中质石脑油中提取高附加值的烯烃,还能节省 20% 以上的能源。据此推算,韩国从石脑油中提取烯烃,每年可节省相当于 1 亿美元的成本,减少约 140 万吨二氧化碳排放量。

（2）发明把石脑油直接变为柴油的催化剂。2012 年 2 月，瑞典斯德哥尔摩大学等机构研究人员组成的研究小组，在《自然·化学》杂志上发表论文说，他们发明了一种能把石脑油直接变为柴油的新方法，这样，工业原料石脑油可以直接变为柴油，补充现有的能源供给。

石脑油是一部分石油轻馏分的泛称，可分离出汽油、煤油、苯等多种有机原料，常用作工业原料。目前，市场上石脑油的供应比较充足，但此前由于没有发现能够商业化应用的途径，所以，它一直未能引起人们的足够重视。

现在，瑞典研究小组从一种特殊结构的沸石材料中找到能分解石脑油的催化剂。沸石是可以在分子水平上筛分物质的多孔矿物材料，被广泛用作吸附剂、离子交换剂和催化剂等。瑞典研究人员通过大量排查沸石材料，发现一种代号为 ITQ－39 的沸石，是迄今已知内部结构最复杂的沸石，它的内部孔状结构正好可以用来催化处理石脑油，经过这种沸石的催化作用后，石脑油可以直接变为柴油。

发现能把石脑油直接转化柴油的高效催化剂，对于帮助解决当前的能源问题来说，其意义是相当深远的。

5. 清除有机污染物催化剂的新成果

（1）发明清除空气中有机污染物的新型催化剂。2007 年 4 月，有关媒体报道，日本丰田中心研发实验室阿尼尔·辛哈领导的一个研究小组，开发出一种新型材料，它可以在室温条件下，除去空气中的挥发性有机化合物，以及氮和硫氧化物。

挥发性有机化合物导致烟雾和高浓度臭氧的产生。目前的空气净化系统基本都是利用光催化吸收剂，例如活性炭或者臭氧分解，而这些方法，在室温下清除有机污染物的效果不明显。

现在，辛哈研究小组开发出一种有效的净化系统，它使用的是一种多孔的氧化锰，并有纳米金颗粒镶入其中。为了证明这种新型催化剂的有效性，研究人员用乙醛、甲苯和已烷这三种室内外空气污染物的主要有机成分，进行测试试验。试验结果表明：利用这种新型的催化剂，可以比传统的催化系统，更有效地去除或者破坏这三种空气污染物。

（2）发现清除致癌物三氯乙烯的钯基催化剂。2012 年 8 月，美国莱斯大学化学与生物分子工程教授迈克尔·翁与曾在莱斯大学做访问学者的中国南开大学李淑景等人组成的一个研究小组，在《应用催化 B 辑：环境》杂志上发表论文称，他们首次对 6 种钯基和铁基催化剂，清除致癌物三氯乙烯的能力进行了对比测试，发现钯破坏三氯乙烯的能力比铁要快得多。研究人员指出，对于开展大规模三氯乙烯催化治理实验来说，这一发现，有助人们从成本和效率两方面综合考虑，实现成本最优化。

三氯乙烯广泛用作脱脂剂和溶剂已经有许多地区污染了地下水。在美国环保署，有毒废弃物堆场污染清除基金国家优先项目列表中，超过一半废品堆场发现含有三氯乙烯,单是清除地下水中三氯乙烯的成本估计,要超过50亿美元。

三氯乙烯分子中的碳—氯键非常稳定,这在工业上很有用,但却对环境不利。迈克尔·翁说:"要打破碳—氯化学键非常困难,而处理三氯乙烯要求只打破某些键而不是所有碳—氯键,否则可能带来更危险的副产物如氯乙烯。这是个大难题。通行方法是不破坏这些键,而用气体或碳吸收方法,物理性除去污染地下水中的三氯乙烯。这些方法容易实施却成本很高。"

后来人们发现,纯铁和纯钯能把三氯乙烯转变为无毒物质,以往的金属降解三氯乙烯是让其在水中发生腐蚀作用,但可能产生氯乙烯;后来人们用金属作催化剂来促进碳—氯键断裂,其本身并不与三氯乙烯反应。因为铁比钯要廉价得多,更容易操作,因此行业内已普遍用铁来除去三氯乙烯,钯只在实验室中使用。

研究人员对6种铁基和钯基催化剂进行了一系列实验,包括两种铁纳米粒子、两种钯纳米粒子,其中就有研究小组2005年开发的,用于三氯乙烯治理的金—钯纳米粒子催化剂、铁粉和氧化钯铝粉末。

他们测试了6种催化剂,分解掉含三氯乙烯的水溶液中90%的三氯乙烯所需时间。结果是,钯催化剂只花了不到15分钟,两种铁纳米粒子超过25小时,而铁粉则超过了10天。李淑景说:"以往我们知道钯的催化速度更快,但经过对比测试才知道能快这么多。"

二、开发环保技术用酶与细菌的新成果

1. 开发环保技术用酶的新进展

(1)培育出一种能有效分解玉米秸秆的新酶。2009年6月,《科学美国人》网站报道,美国生物学家克利夫·布拉德利和化学工程师鲍伯·卡恩斯,培育出一种新酶,它可以让目前的玉米乙醇工厂更便宜地处理价格低廉的玉米秸秆等木质材料,从而降低成本。

研究人员挑选出,以很难分解的纤维素为食的土壤真菌,并在腐败的植物中进行培植,得到了某些功能强大的酶。这些特殊的酶可以分解价格更便宜的玉米秸秆废物,如叶子、叶柄、壳和玉米棒子等,在减少玉米使用量的同时,也降低了生产纤维素乙醇的成本。

研究人员说,这些玉米废料可以取代35%的玉米,并将成本降低1/4。这个将淀粉和纤维素进行整合的基本处理过程,也适用于在巴西生产的生物燃料。

富含纤维素乙醇的非食用植物原料,成为生物燃料公司的"新宠"。但是,如何分解这些植物原料,则是令生物燃料公司头疼的问题。

在过去的几十年内,布拉德利和卡恩斯一直致力于寻找有效的方式来喂养能够分泌这种关键酶,但很难培育土壤细菌。他们在固体营养颗粒潮湿的表面种植细菌,而其他标准的大规模发酵过程在水箱内进行。卡恩斯解释说:"其他研究人员把有机物放在装满水的水箱中,然后想方设法提供充足的氧气来使这些需要氧

气的细菌高兴，他们让这种有机物适应环境，而不是制造出使有机物满意的环境。”

这两个研究人员找到的其中一种酶能够很好地对纤维素进行降解，另一种酶有独特的分解玉米淀粉的能力，使用这些酶可以让当前的玉米乙醇工厂把纤维素材料整合进标准的淀粉发酵过程。布拉德利说：“这个整合过程使用同样的设备，在目前很难获得资金的现状下，这一点相当重要。”

(2)发现白蚁拥有把木材分解成糖的酶。2011年7月，美国弗罗里达大学昆虫与线虫学系麦克·斯卡福领导的一个研究小组，在《科学公共图书馆·综合》杂志上发表研究论文称，他们在白蚁消化道发现了一种可把木头分解成糖的混合酶，有助于克服目前将木材转化为生物燃料过程中存在的障碍。

白蚁能大量吞吃木头，给家具带来灾难性破坏，但研究人员发现，它们的这种能力也可能为汽车带来清洁燃料。植物中的木质素是木材分解成糖的最大障碍，而糖是生产生物燃料的基本成分。木质素是构成植物细胞壁的最坚硬的部分，封锁了生物质中的糖。斯卡福说：“我们发现，白蚁肠消耗系统中有一种混合酶，能把木头分解成糖。”

研究人员发现，不仅白蚁自身消化道能产生分解木材的酶，在白蚁肠道中还有一种微小的共生生物(一种原生动物)，也能产生某种酶，协同帮助白蚁消化木材。他们分离出了白蚁的肠道，并把样本分成含有共生生物和不含共生生物的，分别放在锯末上，然后对两者的产糖量进行了检测。实验结果表明，有3种功能不同的酶，能分解不同生物质，其中两种能释放葡萄糖和戊糖，另一种能分解木质素。

斯卡福说：“长期以来，人们认为共生生物仅仅是帮助消化，其实共生的功能还有很多。我们的实验证明，宿主产生了某种酶，与共生生物产生的酶结合起来发挥更大作用。宿主酶加共生生物酶的效果，就好比是1+1=4。”

来自白蚁和它们共生生物的酶，能有效克服木质素转化成糖的障碍。将制造这些酶的基因插入病毒中喂给毛虫，就能产出大量的酶。实验显示，人工合成的宿主白蚁酶在分解木质释放糖分方面很有效。人们可以把宿主白蚁作为产出酶源的主要部分，用来生产生物燃料。

斯卡福表示，下一步他们将识别共生生物产生的酶，跟宿主白蚁酶结合，让木材能产出更多的糖以提高生物燃料的产量。他的研究小组，计划与马里兰州的切萨皮克·皮尔蛋白产品公司合作，生产人工合成酶。

2. 开发环保技术用酵母的新进展

(1)发现一种可分解塑料的酵母。2008年3，日本农业环境技术研究所宣布，其研究人员在水稻叶子中发现一种酵母，可有效分解微生物降解塑料。研究人员认为，这一发现，将可能帮助解决废旧塑料等造成的白色污染问题。

研究人员注意到，微生物降解塑料的表面结构与植物叶子的表面结构类似，因此他们猜想,能分解叶子的微生物也能分解微生物降解塑料。

在对比实验中,研究人员选取用于农业生产的,由聚乙二酸丁二醇酯制造的微生物降解塑料薄膜。这种薄膜在土壤中需要1个月左右才开始分解。如果把这种薄膜放在添加上述酵母的托盘内,只要3天就能分解。

(2)培育出可把木糖高效转化为乙醇的新型酵母。生物燃料是当前新能源发展的一个重点方向,但是现在常用甘蔗和玉米等农作物中所含的葡萄糖来制造生物乙醇,这导致了生物燃料与人争粮的矛盾。

2012年7月,新加坡义安理工学院的一个研究小组,在英国《生物燃料的生物技术》杂志发表研究报告说,他们培育出一种新型酵母,可把植物废料中的木糖转换成乙醇,从而避免生物燃料与人争粮的矛盾。

木糖是许多植物中仅次于葡萄糖的含量第二丰富的糖类,并且大量存在于植物的枝干等通常不用作粮食、常被当作废料扔掉的部位。这一特点,促使许多科学家研究把木糖转换为乙醇的方法。

但是在把木糖转化为乙醇方面,过去使用的一些酵母性能不尽如人意,有的酵母能发酵分解木糖,却不能把它变为乙醇;有的酵母能最终生成乙醇,但发酵分解木糖的能力又不够。

新加坡研究小组找到了这一问题的解决之道。他们在最新发表的研究报告中说,已经培育出一种新型酵母,它具有较强的把木糖转换为乙醇的能力,有望用于制造"不与人争粮"的生物燃料。

研究人员说,他们通过基因手段把两种不同酵母的优势基因结合在一起,培育出一种代号为ScF2的新型酵母。实验显示,这种新型酵母不仅可以把木糖转化为乙醇,并且其转化效率也较高,超出以前所用的各种酵母,具有工业化应用的潜力。

不过,研究人员也表示,目前培育出的这种酵母还只能算是原型菌种,还需要进一步的改良,才能最终应用在生物燃料的大规模工业化生产中。

3. 开发环保技术用细菌的新成果

(1)发现一种能生产石油的转基因细菌。2008年6月14日,英国《泰晤士报》网站报道,美国硅谷科学家发现了一种能变废为宝,并产出石油的细菌。硅谷LS9公司的高级主管格雷格·帕尔说,通过给转基因的细菌"喂食"农业废料,如刨花或麦秆,可以让这些细菌奇迹般分泌出石油。

硅谷LS9公司,以及附近的另外几家公司,放弃软件和网络化等传统高科技研发工作,转而研究生产一种叫做"石油2.0"的产品,能够与石油互换。这种新型燃料不仅可以再生,而且负碳排放,即该燃料的碳排放量少于其原材料从空气中吸入的碳量。

帕尔解释说,实验室里使用的细菌是单细胞微生物,每个细菌仅为蚂蚁的十亿分之一大小。这些细菌改变基因前,是工业用酵母菌或非致病性大肠杆菌的菌株,LS9公司对它们的脱氧核糖核酸进行了重组。由于原油可轻易从脂肪酸中分离,酵母或大肠杆菌在发酵过程中通常就可生成脂肪酸,因此不用太费劲就可以达到理想的效果。

利用转基因细菌发酵生产燃料与利用天然细菌生产乙醇燃料的程序基本是相同的,只是前者省去了耗能的最后一道蒸馏工序,因为转基因细菌的分泌物马上就可加入油箱。

(2)发现可在有氧条件下生产氢气的细菌。2010年12月,美国华盛顿大学希马德里·帕克莱希等人组成一个研究小组,工《自然·通讯》杂志上发表报告说,他们发现一种细菌可以在有氧气存在的自然条件下生产氢气,有望成为较廉价的氢气来源。

报告说,这种名为"蓝藻菌51142"的细菌在白天和夜晚的生理活动不同。在白天有光线的时候,它可以进行光合作用,生成氧气和糖分。而在夜晚,它会燃烧白天生成的糖分来提供能量,这个过程会耗尽细胞内的氧气,使得固氮酶可以安全工作,在有氧环境中也可生产氢气。

通常,固氮酶只要和氧气接触就会被破坏,因此此前发现的一些可生产氢气的微生物,都需要在无氧环境中工作,使得产氢成本提高。帕克莱希说,他们正计划对这种细菌进行基因改造,进一步提高其产氢量。

(3)培育出清除汞污染的细菌。2011年8月,美国波多黎各泛美大学,学者奥斯卡·鲁伊斯领导的一个研究小组,在英国《BMC生物科技》杂志上报告说,他们用转基因技术培育的一种细菌,不仅可在含高浓度汞的环境中存活,还能清除汞,减少污染。

汞又称水银是常温下唯一的液态金属,许多温度计中都含有汞。汞如果散布到环境中可以形成甲基汞等毒性物质,通过呼吸道等途径侵入人体,或是被动植物吸收再通过食物链传递给人,造成汞中毒。所以,受到汞污染的环境对人和许多生物都有害。

研究人员说,他们用转基因手段对一些细菌进行改造,使其含有能生成金属硫化物和多磷酸盐激酶的基因。实验显示,这种细菌能抵抗高浓度汞,即使汞浓度达到致死普通细菌的24倍,它仍能存活。

此外,这种细菌还能吸收环境中的汞,将其转移到自己内部。实验显示,在高浓度汞溶液中,它可以在5天内从溶液中清除80%的汞。

鲁伊斯说,这些转基因细菌,不仅可用于清除环境中的汞污染,而且在细菌内部逐渐聚集大量汞之后,还可以设法回收这些汞,供工业生产循环使用。

(4)制造出吃柳枝稷产燃料的转基因埃希氏菌。2011年11月,美国能源部联合生物能源研究所,首席执行官杰伊·基斯林领导,博士后研究员格雷戈里·博金斯为主要成员的一个研究小组,在美国《国家科学院学报》上发表论文称,他们通过转基因工程首次制造出能消化柳枝稷生物质的埃希氏菌,将其中的糖转化为可代替汽油、柴油和航空燃料 3 种运输燃料的先进生物能源，而且无需添加任何酶。

正常埃希氏菌无法在柳枝稷上生长，但研究人员改造了这种细菌，使其能表达多种酶，由此能消化纤维素或半纤维素生存。分解纤维素和半纤维素的埃希氏菌，还可以在柳枝稷上共同培养，进一步设计成 3 条代谢路径，让它们能产出燃料替代品或适合于汽油、柴油及航空发动机的前期分子。这是第一次演示了埃希氏菌能产生这 3 种形式的运输燃料。

此外，由于植物中的纤维素、半纤维素很难提取，研究人员用了一种离子液（熔化的盐）预处理的方法使生物质溶解，然后让埃希氏菌消化溶解后的生物质，产出具有石油燃料性能的碳氢化合物。

博金斯基解释说，用离子液预处理柳枝稷必不可少，他们是结合了离子液预处理和转基因埃希氏菌这两种策略。

由非粮食作物和农业废弃物纤维素加工的先进燃料，被认为是最好的可再生液态运输燃料，可用于目前的发动机和基础设施，但最大障碍是成本太高，难以和其他燃料竞争。基斯林说："我们能降低加工过程中最大部分的成本——添加酶把纤维素和半纤维素解聚成可发酵的糖，将两个步骤合二为一可降低燃料生产成本，为用木质纤维素材料生产先进生物燃料打开大门。"

研究小组还在进一步研究，如何提高合成燃料的产量。博金斯基说："我们已经有了燃料产品路径，能获得比目前所演示的更高的产量。我们还需要找到一种能由埃希氏菌分泌的酶，同时还能消化更多经离子液处理后的生物质，或改良离子液预处理步骤，让其更容易被消化。"

三、开发吸附清除污染物材料的新成果

1. 开发吸附大气中污染物的新材料

（1）研制大气体中有害物质的活性碳纤维吸附剂。2009 年 5 月，俄罗斯媒体报道，体积小且能反复使用的吸附剂，可以有效净化封闭空间内的气体。随着锂离子电池、高容量蓄电池的发展，特别是用于过滤恶臭气体、溶剂气体、催化剂触媒气体的紧密性净化器，需要高性能的吸附剂。为此，俄罗斯圣彼得堡国家工艺和设计大学，开始研制具有导电性的活性碳纤维吸附剂。它具有高吸附性、耐热性，并可反复使用等优点，能有效地浓缩气体中的有害物质，然后尽快地、充分地将它们解吸。

俄罗斯首先开发的，是用于蓄电池的导电活性碳纤维吸附剂。研究人员着重研究了碳纤维的孔隙度、孔的结构，热处理的温度，活化的温度和时间等因素，还研究了导电性、吸附性、电容量的影响等性能指标。这种导电活性碳纤维吸附剂，它的碳纤维是粘胶基的，用 700℃ ~800℃碳化成碳纤维以后的工艺有两种工艺方案：一是对碳纤维进行 1100℃ ~1500℃最终温度的热处理，使碳纤维具有导电性，

然后在850℃下进行活化。二是先实现碳纤维活化,然后进行热处理。接下来的工序两者相同,就是进行改性,使之成为导电活性碳纤维。

(2)开发出用于火力发电厂吸附二氧化碳的材料。2012 年 5 月,瑞士苏黎世理工大学能源技术研究所的研究人员,开发出一种高效减少火力发电站排除烟尘中二氧化碳的环保材料。这种合成岩粉材料,其吸附火电厂排除二氧化碳的能力远远高于现使用的白云石;在高温作用下,内含的碳酸钙与二氧化碳生成反应并转换成钙;如果重新加热,会将二氧化碳释放,材料重新还原。

这种合成新材料的性质与白云石相同,但内含碳酸钙率高出30%。因此,使用相同数量这种岩粉材料,它对二氧化碳的降解能力远远超过使用同量的白云石。而且这种合成新型碳酸钙岩粉材料不需要过多的加热,不失为一种替代现有过滤技术的理想新型节能环保材料。

2. 开发过滤或吸附水中污染物的新材料

(1)开发能够过滤水中化学污染物的新材料。2004 年 7 月,美国一个研究小组开发出一种新型过滤材料,它可以过滤掉水中的氯仿、三氧乙烯和微量的除草剂阿特拉津。

美国研究人员用聚合和化学激活剂相结合的方法,调整玻璃纤维组织,然后经过适当的加热,聚合物发生交叉链接,从而制成孔径为 10 埃 ~30 埃的过滤用纤维。这种化学活性的多孔渗水纤维,在食品和饮料加工有着广泛的应用价值。

据称,该纤维在除去水中残留阿特拉津的效率是普通活性碳的 8 倍,能达到使水中的阿特拉津的含量低于十亿分之一的效果。

(2)发现油粕可用作水中重金属离子的吸附材料。2004 年 8 月 1 日,俄罗斯媒体报道,水中的重金属离子被生物吸收后会危害生物健康。针对这种情况,俄罗斯国立化学技术大学纳塔列耶夫等人组成的一个研究小组发布一项研究成果称,他们发现油料作物被榨油后剩下的渣滓油粕有能力吸附重金属离子,而且在用酶等催化物加工油粕后,吸附重金属离子的效果会显著提高。

研究人员说,油粕中所含的天然聚合物、蛋白、纤维素平均约占油粕质量的54%,其中表面有孔隙的天然聚合物能够吸附水中的重金属离子,但在油粕中约占其质量7%的残留油会妨碍这种吸附作用。

为了分解残留的油,研究人员在实验中用酯酶、果胶酶、纤维素、半纤维素等,对芥菜籽、大豆榨油后剩下的油粕进行了加工,并将加工后制成的吸附剂,放入含铜离子的水溶液。

实验结果显示,与未用酶等物质加工前相比,用加工后的荠菜籽油粕和大豆油粕制成的吸附剂,吸附铜离子的效果分别提高了 2 倍和 9 倍。在用常规方法使吸附剂与水分离后,便可清除水中的铜离子。

(3)开发出可吸附水中微生物和噬菌体的吸附剂。2005 年 7 月,俄罗斯研究人员开发出一种生物活性吸附剂,可以吸附水中的几乎全部微生物和噬菌体。这种新型吸附剂,由成本低廉、环保性能好的棉纤维素,以及主要成分为氢氧化铝的勃姆石制造而成。

研究人员首先用浓度为1%的二氧化硅悬浮液处理棉纤维素,然后将其与勃姆石粉末混合,再用50赫兹频率的正弦交流电对混合物进行活化处理,使非球状的氢氧化铝大颗粒附着在棉纤维素表面,形成孔眼较大的吸附剂。这种吸附剂由于使用棉纤维素制造而成,可以产生正电荷,能够吸附带负电荷的微生物和噬菌体。研究人员认为,这种吸附剂将在医学、兽医学、食品工业及水和溶液净化等领域,得到广泛应用。

(4)研制出高效的油污吸附剂。2006年1月,有关媒体报道,日内瓦贝尔纳·卜熙集团公司经过多年试验,研制出一种叫做“黑绿”的高效强力吸附剂。

现场实验可以看到,在盛满水的洁净玻璃盆内,倒入机油和汽油黑色混合物,再把几小块粉红色泡沫块放入水盆,几分钟后所有的油污物,就被吸得一干二净。

这种清洁产品,以炼油副产品酚为基本成分制成,可广泛应用于油污和化学污染后的排污。它体重轻,1立方米仅8公斤,而吸污量为自重的75倍,对人、动物、植物均无任何污染。其原材料成本低廉,操作简便,投入污染源再回收就可达到清除油污。回收后的“黑绿”,可以成为无污染的生态能源。

(5)制成能清除水中有毒金属的纳米海绵。2006年8月,美国媒体报道,美国太平洋西北国家实验室,科学家理查德·斯卡格主持的一个研究小组,历时10年,研究出一种中孔结构自组织单层膜(SAMMS)海绵状粒子。专家称,它在有毒金属物质清除中作用很大,有望很快在净化工业排放物,以及清除原油和饮用水中有毒金属等方面发挥作用。

这种粒子大小仅有五百万分之一米到五千万分之一米,仅仅能够在显微镜下才能看见,形似蜂窝状,蜂窝小洞只有几纳米宽。这些粒子所具有的海绵性质,使它们每克具有595－1022平方米的表面面积,因此能有效吸附有毒物质。

这种粒子由玻璃或自然硅藻土做成,它的表面可以带有各种不同涂层,这些涂层能够分别吸收特定的有毒金属。如含硫的有机涂层可吸引金属汞,而含铜的有机涂层能够凝固砷和锕系放射性金属。

最初,研究小组研制这种粒子的目的,主要是用于清除核设施泵油里面的金属汞。但在过去3年里,科学家逐渐拓宽了该粒子的使用范围,并与其他公司合作使其发挥了更大的作用。

斯卡格说,这种粒子技术,能够解决日益凸显的水处理问题,其对砷和汞的处理能力就是很好的例子。在美国许多地方,水中含镭是个大问题,许多现有的常规技术都无能为力。这些纳米材料为解决这些问题提供了一种新手段。

该实验室正在与一家位于田纳西州的材料公司合作,帮助清除燃煤厂排放气体中的金属汞,以满足美国环保局的要求。另外,实验室还与佩里设备公司合作,清除海上钻井平台用水中自然产生的汞,保证钻井平台用水能够干净地返回大海。此外,该实验室还与其他公司在清除饮用水中的砷、减少原油中的含汞量等方面开展合作。原油中含汞量过高不利于石油精炼。

斯卡格介绍说,今后,他们要进行的进一步研究,首先是提高该粒子的生产效率;其次是尝试用碳等其他材料制备这种粒子,以使粒子能够在酸性环境和不同温度下工作。另外,在超敏感毒物探测器中,这种粒子也应该能发挥其作用。有关专家认为,这种粒子技术潜力很大,可能使有毒物质处理方法产生革命性的变化。

四、研制环保化学药剂的新进展

1. 研制有利于节省资源消耗的化学药剂

(1)开发"可恢复"的化学溶剂。2005 年 9 月,加拿大女王大学化学家菲利普·杰索普牵头,他的同事及美国佐治亚理工学院研究人员参与的一个研究小组,对外界宣布,他们开发出一种"可恢复"的化学溶剂。今后,许多化学制品的生产将变得更加清洁与廉价。

由于在化学工序的各个步骤中,需要使用的溶剂种类通常不同,于是在化学工业的生产上产生了大量的废弃溶剂。这样不仅浪费惊人,而且对环境也造成很大破坏。杰索普说,"我们都需要塑料和医药工业制品,但是我们并不需要它们带来的污染。这项研究的目的,就是寻找那些能够减少这些废弃溶剂数量的方法和途径。"

据介绍,这种新的"可恢复"溶剂在交替地暴露于二氧化碳和氮气中后,便会恢复它们的属性和性质。杰索普说:"这就可以使人们在化学工序的众多步骤中,重新使用'相同'的溶剂,而不是丢弃和更换它们。"

(2)开发出可节约燃料的添加剂。2006 年 4 月,朝鲜中央通讯社报道,朝鲜平安南道温泉郡农机械作业所,开发出一种能够节约燃料的新型添加剂。

把这种添加剂与汽油或柴油混合,可使发动机的燃烧率比过去大为提高,从而节约 30% ~35% 的燃料,且发动机的寿命也能延长 30% 以上。

报道说,这种添加剂生产方法非常简单,产品能够长期保存。每吨汽油或柴油只需放入 200 克添加剂即可见效。

报道称,朝鲜许多工厂企业目前燃料供应紧张,因此,这种新型添加剂,引起了人们的广泛关注。

2. 开发能够分解或清除有毒污染物的化学药剂

(1)获得可分解致癌污染物"苯"的新型蛋白质催化剂。2004 年 6 月,日本名古屋大学研究生院教授渡边芳人领导的一个研究小组,对一种蛋白质进行改造,使它可分解汽车尾气等污染物中的致癌物质——苯,这种新型蛋白质有望用于清洁环境。

新型蛋白质的基础,是从生物肌肉中提取的肌红蛋白。肌红蛋白是肌肉中储存氧的蛋白质,含有铁元素。研究人员把肌红蛋白里的铁原子,置换成锰和铬等金属原子,得到了新的蛋白质。

蛋白质是大分子,各原子按一定的结构“搭”起来,中间有不少空隙,这使得小分子化合物可以“挤”进蛋白质分子内部。试验发现,苯分子进入新型蛋白质分子后,蛋白质中的锰和铬等金属原子,就会起催化剂作用,使苯变成不会诱发癌症的酚。

渡边教授说,分解苯等化学物质一般需要数百摄氏度的高温,如果利用这种蛋白质,在常温状态下也可以分解苯。目前这一成果还处于实验阶段,科学家正在研究如何批量生产这种蛋白质,以用于在常温环境中大量分解苯,净化环境。

(2)发现新型氰化物解毒剂。2007 年 12 月,美国明尼苏达大学药物设计中心副主任史蒂文·帕特森博士领导,他的同事及明尼阿波利斯 VA 医学中心研究人员共同组成的一个研究小组,在《医学化学》杂志上发表研究成果称,他们发现了一种能快速化解氰化物毒性的新型解毒剂,该解毒剂有望帮助那些面临化学物质毒害的人们,如消防员、化工厂工人和恐怖分子袭击的受害者等。

帕特森表示,目前的氰化物解毒剂作用慢且效果差,其原因是它需要采用静脉注射的方式,并且在人们接触到氰化物前 1 小时注射才有效。

该研究小组的研究是基于明尼苏达大学退休教授赫泊特·长泽的发现。研究人员开发的新型氰化物解毒剂为口服药物,可在 3 分钟之内产生功效,满足美国国防部提出的“3 分钟解决”的标准。

氰化物为快速作用类毒物,它能抑制细胞呼吸,即让动物体内得不到氧气,无法完成生存所需的许多基本生化过程。人类急性氰化物中毒的症状包括头痛、眩晕、动作失调、脉弱、心跳异常、呕吐、抽搐、昏迷,甚至死亡。在封闭的空间内,氰化物致命能力极强,能迅速影响受害者。氰化物中毒的幸存者常常会有短时期的记忆丧失症,或出现类似于帕金森疾病的综合征。

在自然界,有凹痕的水果、某些草和食物会产生氰化物,但人体内也存在相应机能可化解食物中少量的氰化物。新的解毒剂则巧妙地借用了人体内存在的天然解毒方法,在进入人体内后,将有毒氰化物转变成无毒的硫氰酸盐。帕特森表示,在动物身上完成的实验表明该解毒剂效果甚佳,他和同事希望能在未来 3 年内开始人体临床试验。

(3)开发使油水分离更容易的新型活性剂。2006 年 9 月,有关媒体报道,加拿大皇后大学化学教授菲利普·杰索普等人组成的一个研究小组,研制出一种对环境无害的高效清除油污的活性剂。利用他们研制的表面活性剂,不仅可清除原油泄漏,把附着在沙石上和漂浮在水面上的污油提取回收,还将使塑料制品厂商、化学品或制药公司、采矿企业或清洁产品制造商从中受益。

大量原油泄漏会造成严重的生态灾难,也给清理工作造成了很大的难题。油和水在自然状态下不会混合,所以需要添加表面活性剂,才能把它们混合成稳定的乳状液(油滴散布在水中)。这个过程在化工领域很常见。表面活性剂常常一端带电,会吸引水分子;另一端是烃链,与油相吸引。这些活性剂分布到油水界面,使油滴不再聚集在一起。

杰索普表示,在许多情况下,还要再把水和油分离。这就需要使表面活性剂失去这种活性。目前所知的“可调”表面活性剂中,一种非常昂贵并含有金属,另一种有很强的毒性,第三种则需要光照才能作用,但在不透明的乳状液中无法使用。

杰索普说,尽管传统肥皂也能被生产成“可调”的表面活性剂,但需要添加大量酸,也不适合使用。而皇后大学开发的新型活性剂,是一个带烷基的脒类化合物。它不需要金属、酸或阳光,只要在溶液中通入二氧化碳,就会使该活性剂的一端带电,形成稳定的乳状液;而如果在65℃以下通入氮气、氩气或者空气又能使它恢复原状,失去活性,从而使油水分离。

研究人员在实验室中,对含水的原油乳状液进行试验并获得成功,下一步他们将对该活性剂的烃基端的化学结构进行修饰,使它能被生物降解,从而更加环保。

第七章　生态环境保护领域的新进展

生态环境，又称作生态系统组成的环境。生态系统是指在一定区域内，生物资源与其存在的环境条件共同构成的一个有机统一整体。它包括生物系统与非生物系统两部分。生物系统由生产者（植物）、消费者（动物）、分解者（微生物）三大类生物的个体和群体所组成，形成个体与个体、种群与种群之间的相互依存、物能流动的体系。非生物系统主要有土壤、地质、地貌、气温、雨雪、光照、空气、水文等内容组成。生态环境与人类的生存和发展密切相关，它直接影响人类的生活和生产活动。生态环境保护的目标，就是促使生物系统内生物之间，以及生物与环境之间出现高度的相互适应，使能量流动、物质循环和信息传递得以正常进行，达到一种协调平衡状态。21 世纪以来，国外在环境与气候领域的研究，主要集中在气候与生态环境的关系；气候变化对动物、植物和生态环境的影响；影响气候变化的因素，以及预测气候变化的新方法和新设备。在生态环境监测与灾害防护领域的研究，主要集中在陆上生态环境监测，海洋生态环境监测；水灾监测与防护，地震预测及防护，海啸预测与防护，建立防火灾、防山崩和防辐射的监测预警系统。在生态环境保护与恢复技术领域的研究，主要集中在推进生态环境保护的基础性工作，设计生态系统存在和发展的模型，制定和实施生态环境保护的专项计划；生态环境与物种演变、生态环境与植物变化、生态环境与动物演变、生态环境与产品选择等关系；防治外来植物生态入侵与防治外来动物生态入侵；运用植物净化大气和水体；改良和恢复土壤，分解和降低环境污染物，使植物免遭污染或虫害，使动物免遭环境污染伤害。

第一节　影响生态环境的气候变化

一、研究气候影响生态环境的新进展

1. 气候与生态环境关系研究发现的新情况

（1）发现太平洋在帮助地球降温。2014 年 2 月，有关媒体报道，尽管大气中的二氧化碳及其他温室气体的含量一直在上升，地球的平均气温自 2001 年以来却基本保持稳定，这一趋势令许多气候学家感到费解。一项最新研究显示：这些“丢失”的热量实际上“藏”在西太平洋相对较浅的海域。

在过去的20多年里，赤道附近自东向西信风变得更加强烈，自赤道太平洋海域，“卷走”了大量温暖的海水，使南美洲西海岸较冷的深层海水上涌。

以澳大利亚新南威尔士大学研究人员牵头组成的一个研究小组，使用天气预报和卫星数据、气候模型进行分析。气候模拟显示，深层海水的上升，极大降低了全球气温，如果没有出现如此反常的信风，2012年全年的气温还要高出0.1℃~0.2℃，研究者把这一结果，发表在《自然·气候变化》网络版上。

无论是实地观察，还是研究小组的模拟结果都表明：反常的强烈信风，已经把“丢失”的热量暂时“藏”到西太平洋的中层海水中。这种自然变化，是长期气候循环的一部分，也被称为太平洋年代际振荡。科学家认为，这股反常的信风，最终将不可避免地减弱，其时间可能不会晚于2020年。此后，被“藏”在中层海水中的热量，将“逃回”表层海水，然后被释放到大气层中，从而加快全球变暖的进程。

此前，联合国政府间气候变化专门委员会（IPCC）的科学家曾指出，过去15年里，尽管被普遍认为是气候变化“罪魁祸首”的温室气体排放稳步增加，地球表面的气温升高速度却放缓。因此，有人质疑人为因素不是全球变暖的原因，并不需要迅速采取行动。

（2）发现全球气候变暖不均有升有降。2014年5月4日，美国佛罗里达州立大学气象助理教授吴兆华主持，苏联海洋大气预测研究中心访问学者纪斐及该中心主任埃里克、中国兰州大学大气科学学院院长黄建平等人组成的一个研究小组，在《自然·气候变化》上发表研究成果称，他们首次详细查看了全球地表变暖在过去100年里的动态，发现全球变暖在世界各地是不均匀的，有些区域升温，而有些却在降温。

研究表明，全球温度的确逐渐回暖。但历史记录显示，它没有以同样的速度在各地发生。而新的信息甚至令研究人员都感到惊讶。

科学家对全球变暖以前的工作研究，由于无法在空间和时间上提供非均匀升温的信息，故受限于在气候研究之前分析方法的限制。研究人员说，这些世界各地何时何地已经变暖或变冷的详细图片，将会给整体全球气候变暖的研究，提供一个更大的背景。

研究小组发现，显著变暖刚开始环绕北极周围的地区和两个半球的亚热带地区。但最大累积变暖日期，居然是在北半球中纬度地区。研究还发现，在世界的某些地区，实际上已开始降温。

埃里克说：“全球变暖是不均匀的，有已经变冷的地区，也有升温的区域。”例如，1910—1980年，世界上很多地区温度在上升，而实际上赤道以南靠近安第斯山脉的一些地区在降温。然后直到20世纪90年代中期才有变化。与世界其他地区相比，赤道以南附近的地区没有发现明显的变化。

2.研究气候变化对动物影响的新发现

（1）发现气候变暖使北极蜘蛛体型增大。2009年5月，丹麦和德国科学家组成的一个联合研究小组，在英国皇家学会《生物学通讯》杂志上报告说，他们发现，受气候变暖的影响，北极“冰川豹蛛”的体型，在随之逐步增大。

联合研究小组在1996—2005年间，对5000只北极“冰川豹蛛”进行测量后发现，这种蜘蛛的体型平均增大了8%～10%。在这期间，由于受气候变暖影响，格陵兰岛最北端每年的解冻期平均提前了20～25天。

研究人员指出，雄性和雌性“冰川豹蛛”的体型都出现了增大的现象。其中，雄蜘蛛因为长得更快而更早性成熟，雌蜘蛛则提高了繁殖能力。这表明，由于气候变暖引起的“剧烈季节变化”，对“冰川豹蛛”的生育能力产生了影响。

（2）研究显示气候变化可能使一些猴类灭绝。2009年12月，牛津大学罗宾·邓巴教授等人组成的一个研究小组，在《动物行为》杂志上报告说，他们收集了几十种猴子的生活习性资料，并与过去几十年的气候状况进行对照，发现气候对猴类的休息时间有明显影响。

如果温度较高，猴子就需要找背阴处休息。这种由外部环境造成的“强制休息时间”，会导致它们用于觅食和与同伴交流的时间减少，从而降低种群的生存可能性。那些以树叶为主要食物的猴类，受影响尤其严重。树叶中含有大量不易消化的纤维，需要通过休息来帮助消化，这些猴类的“强制休息时间”本来就比较长，而气温上升将使问题更为严重。

研究人员预测，如果全球平均气温再升高2℃，以树叶为主要食物的一些猴类，将可能灭绝。如果全球平均气温比目前升高4℃，一些以水果为主要食物的猴类也面临灭绝危险。人们过去常担心，毁林和捕猎会威胁猴类生存。但上述研究显示，就算能解决这两个问题，它们仍可能因气候变化而面临灭绝危险。

邓巴说，有望解决这一问题的方法是人工建造适合有关猴类生活的栖息地，使它们能借助自身调节能力来慢慢适应气候变化的影响。

（3）发现气候变化已影响南极海狗生存。2014年7月，英国自然环境研究委员会和德国比勒费尔德大学研究人员组成的一个研究小组，在《自然》杂志刊登研究报告说，他们经过长期跟踪研究发现，气候变化已经切实影响到南极海狗的生存，后果包括海狗总体数量下降、新生海狗体重变轻、生育期推迟乃至基因改变等。

研究人员说，他们从20世纪80年代初开始，通过英国设在南极地区的监测站，对南极海狗进行长期监测，包括它们的总数量、健康状况和生活习性等。

结果发现，在过去30余年中，雌性海狗的生育年龄平均推迟近2年，新生海狗的平均体重也大幅下降。

研究人员认为，这些变化与南极海狗的主要食物磷虾数量下降有关。随着气候变暖，生活在海冰区域的磷虾逐渐减少。在磷虾数量格外少的年份，南极地区的海狗和企鹅等动物的幼崽，饿死数量明显增多。

3. 研究气候变化对植物影响的新进展

（1）研究表明气候变暖导致植物繁茂而无助减碳。2011年8月，英国生态与水文中心博士艾玛·萨耶尔领导，剑桥大学博士埃德·蒙唐纳等人参加的一个研究小组，在《自然·气候变化》杂志网络版发表研究成果称，他们发现，虽然气候变暖会加快植物尤其是热带雨林的生长速度，但枯落物也会随之增加，并刺激土壤微生物释放出比以往更多的二氧化碳。如果气候变暖没有得到遏制，更多更茂盛的森林或许无助于减少空气中的二氧化碳

该项目以史密森热带研究所一项长达6年的实验为依据，对位于巴拿马、中美洲热带雨林的枯落物（如落到地面的落叶、树皮和树枝等）进行了研究，试图查清这些枯落物在碳循环中的作用。研究结果显示，“额外的枯落物”会触发所谓的“启动效应”，刺激原先储存在土壤中的碳发生分解和释放。

萨耶尔说：“大多数科学家在对热带森林的碳封存能力进行估算时，都依赖于对树木生长的测量，认为树木生长越快其固碳能力越强。然而，我们的研究表明，树木和土壤之间的相互作用，在碳循环中扮演着重要角色。树木生长所吸收的二氧化碳中，大部分极有可能被土壤中流失的碳所抵消。用现有气候变化模型预测未来大气中二氧化碳水平时，应该把这一因素考虑在内。”

研究人员估计，对热带低地雨林而言，枯落物每增加30%，每公顷土壤所释放的二氧化碳就会增加0.6吨。热带雨林覆盖面积广阔，储存着大量的二氧化碳，一直都在调节气候和维持全球碳平衡中发挥着重要作用，这一数据应当引起人们的注意。

人类活动造成了二氧化碳含量的上升，但不少人却认为这些二氧化碳会加速树木和其他植物的生长速度，从而增加对碳的吸收，让人类所面临的困境得以改善。然而，树木在加速生长的同时，也产生了更多的枯落物，这些返回地面的有机物将对碳循环产生重要影响。萨耶尔补充说，一直以来土壤都被认为是一个长期稳定的碳存储介质，但新研究表明，如果大气中二氧化碳水平和土壤中氮沉积量，持续增加并导致植物快速生长，这种固碳作用将会大打折扣。

蒙唐纳说，这种启动效应意味着，土壤中原先所储存的那些相对稳定的碳，被容易分解的“新鲜碳”所取代。在一个较长时期内，该效应对碳循环和整个生态环境产生的影响目前还不得而知。

（2）推进气候变暖对山区植物影响的研究。2012年3月，在欧盟研发框架计划的资助支持下，奥地利维也纳大学科学家牵头，欧盟10个成员国奥地利、塞浦路斯、希腊、意大利、挪威、罗马尼亚、斯洛文尼亚、西班牙、瑞典和英国，以及其他4个国家俄罗斯、巴西、瑞士和格鲁吉亚环境专家组成的研究团队，承担了“可持续发展、气候变化及生态系统”项目研究。近日，他们的研究成果发表在《自然》杂志上。

该研究团队在于2000—2009年，进行了长达10年的全球气候变暖对山区植物种类变迁的大型研究。他们的研究显示，全球气候变暖对山区植物种类的变迁具有明显而重要的影响，

一般情况下，山区的海拔愈高气温愈低。考虑到山区海拔高度和气候温度是影响山区植物种类变迁的主要因素，研究人员在世界五大洲范围内的17座山脉区域选择了60处观测地点、确定了867个植物种类作为观测对象。2001—2008年，观测点的气温持续变暖，研究人员从确定的867个观测植物种类中，排除“喜暖”植物种类后，最终筛选出764个植物种类作为研究对象。期间，研究人员根据观测和收集到的数据建立了一个数学模型，并绘制出全球气候变暖，海拔高度和温度，对山区植物种类变迁的影响图。研究人员称，尽管全球各测试点的具体数据有所不同，但对欧洲各测试点的数据模型进行分析比较，山区植物种类变迁的趋势，具有很强的可比性，因此变迁影响图，对全球各大洲具有指导意义。

研究人员在研究过程中证实：①生态系统中的山区植物种类的，无论停留或迁移，均对气候变暖表现出快速的相适应状态；②所观测的植物种类随着时间的推移一直进行着变化；③山区植物种类，在向更低温度的变迁适应过程中，必须面对原生植物种类的激烈竞争，或自身衰落或使原生植物种类退化消失。

(3)指出气候变暖有可能危及全球粮食产量。2014年7月，美国国家大气研究中心的克劳迪娅·泰巴尔迪主持，斯坦福大学研究人员参加的一个研究小组，在《环境研究通讯》上发表论文说，今后20年，全球粮食产量的增长也许会因为气候变暖而减缓。研究人员指出，气候变暖会使主要粮食作物产量增长乏力的风险大幅提高。

研究人员说，他们用计算机模型模拟了未来的气候演变，并结合天气、农作物等相关数据，预测了气候变化在未来20年中影响小麦和玉米产量达10%的风险。

研究人员量化了温度升高与粮食产量的关系：气温每升高1℃，玉米生长就会减缓7%，而小麦生长会减缓6%。如果考虑到人类活动排放的温室气体，全球主要粮食产区未来20年内发生这一温度升高的概率可达30%～40%，而如果只考虑自然的气候变化，温度升高的概率要低得多。

泰巴尔迪说，在气候变暖的背景下，总体来看粮食产量仍然会增长，不过其增长率可能明显降低，以至于赶不上粮食需求增长。人们可以转到较冷的地区种植小麦和玉米，不过这种适应性行动太慢，不足以抵消温度升高的影响。

4.研究气候变化对生态环境影响的新发现

(1)发现全球变暖导致北极海底释放大量甲烷。2009年8月14日，英国国家海洋学中心发布新闻公报说，他们及其同行，利用声呐等手段探测到北极海洋中，存在大量甲烷气泡，证实了全球变暖会使海底释放大量甲烷的说法。

研究人员乘坐一艘英国皇家科考船，考察了北极地区的西斯匹次卑尔根海域。他们使用声呐探测到，从海底升起的甲烷气泡串数量超过250个，并已收集了不同深度的气泡样本。

分析显示，这一海域的水温，在过去30年里上升了1℃，导致海底的甲烷水合物分解出甲烷，以气泡形式浮上水面。甲烷水合物又称可燃冰，仅在海底高压下稳定存在。在这一海域,可燃冰30年前在海底360米处就能稳定存在,而现在要到400多米深处才能保持稳定。

研究人员说,如果全北极海域都出现类似情况,那么每年将会释放出数千万吨甲烷,甲烷是一种温室气体,这将加剧全球变暖。此外,溶于海水中的甲烷会导致海水酸度增加,对生态环境造成影响。

(2)发现气候变化影响地球磁场强度。2013年9月,日本海洋研究开发机构的一个研究小组,在《物理评论快报》杂志上发表论文称,他们研究发现,地球磁场强度发生变动是由于极地冰盖增减,导致地球自转速度出现变化造成的。这将有助于研究气候变化与地球磁场变化之间的关系。

地球磁场不仅能避免对生物来说有害的宇宙射线和太阳风,还能防止大气的散逸。科学界早已认识到,地球磁场是不断变化的,不仅强度不恒定,磁极也会发生变化。最近的一次磁极逆转发生在约70万年前。通过调查海底沉积物,也发现了地球磁场强度曾出现大幅变动的证据,不过与气候变化之间存在怎样的关联并不清楚。

地球以数万年为一个周期,反复出现高纬度地区被冰盖覆盖的冰川期和冰川衰退、比较温暖的间冰期。

研究小组发现,冰盖大小出现变化后,地球自转速度就会受到影响。他们为了调查地球自转速度变化与地球磁场变化的关系,利用计算机模型推算发现,地球磁场强度会随地球自转速度的变化而变化。即使自转速度只有2%的变化,磁场强度的变化会达到20%~30%。

这一研究成果显示,地球磁场会受到气候变化的长期影响。研究人员认为,由于全球气候在变暖,冰盖正在不断减少,虽然规模还相当小,但是地球的自转速度和磁场强度有可能相应出现变化。

(3)发现全球变暖将导致干旱和洪水更加剧烈。2013年10月,澳大利亚气象局斯科特博士等人组成的一个研究小组,在《自然》杂志上发表研究成果称,他们发现在全球变暖条件下,厄尔尼诺现象(ENSO)驱动的干旱和洪水将更加激烈。现在比以往任何时候都更加确定,全球变暖对这个关键天气模式存在影响。

厄尔尼诺—南方涛动现象,虽然发生在太平洋,但其在全世界的气候系统中,都扮演着重要而复杂的角色。直到现在,研究人员尚不能确定未来气温上升将如何影响厄尔尼诺,但是这项新研究表明,由厄尔尼诺驱动的干旱和洪水将会更加激烈。

该研究发现,在未来的厄尔尼诺年,干旱和洪水两种异常现象将会更加剧烈。厄尔尼诺现象的一部分是在东部和热带太平洋可观察到变暖,而其“姊妹”拉尼娜犹如冷却器,会使这些地区变得更为寒冷。

如同浴缸里的水,更暖或更冷的水域来回搅动整个太平洋。它们负责在澳大利亚和赤道地区的降雨模式,但其影响也正渐行渐远。例如,在北半球冬季期间,美国南方部分地区在更温暖的厄尔尼诺阶段可以获得更多的强降雨。

多年来,科学家一直在关注,这一敏感的天气系统,如何可能由全球变暖引起温度上升而改变。采用最新一代的气候模型,研究人员得到未来厄尔尼诺一致的推测,并给出了其最“稳健”的预测。

斯科特博士说:“全球变暖,妨碍厄尔尼诺现象的温度模式影响到降雨。这种干扰导致由厄尔尼诺驱动的西太平洋干旱加剧,以及赤道太平洋中部和东部降雨增加。”

澳大利亚联邦科学与工业研究组织蔡文举博士认为,该研究很有意义。他指出:“到现在为止,不同计算机模型,一直存在关于厄尔尼诺现象如何在未来改变的认同差异。而该论文明显在不同的气候模型间预测未来的影响有较强的一致性。”

(4)发现气候变暖会导致热带储碳能力下降。2014 年 1 月 26 日,一个由中、英、德等多国研究人员组成的国际小组,在《自然》杂志上发表论文称,在过去 50 年间,热带碳循环对温度变化的敏感性,已经加倍。他们认为,热带地区温度每升高 1℃,会导致每年从热带生态系统释放到大气中的碳,要多出 20 亿吨左右。研究人员通过地球系统模型模拟显示,在 21 世纪内,随着气候变得更加温暖、干旱,热带陆地生态系统的储碳能力将会下降。但从该模型还无法反映出二氧化碳对热带温度敏感性增加。

研究人员用了,来自毛那罗亚山和南极大气二氧化碳的长期增长率数据。这个二氧化碳长期增长率的年际变化,被认为是由热带陆地碳流量的变化造成的,因此,它对热带气候年际变化的反应,可作为反应热带陆地碳对气候变化的敏感性指标。经分析显示,在过去的 50 年,它对热带温度年际变化的敏感性,增加了 1.9(±0.3)倍。而且如果热带陆地区变得更干旱,这种敏感性会更大。这表明它对年际温度变化的敏感性是受降雨量控制的,虽然它与热带降雨量之间的直接相关性比较弱。

英国埃克塞特大学工程、数学与物理科学学院教授彼得·考克斯说:“二氧化碳浓度的年际变化,是监视热带生态系统对气候反应的重要指标。过去几十年来,二氧化碳变化的增加表明,热带生态系统对温度升高已变得越来越脆弱。”

埃克塞特大学教授、全球碳循环研究专家皮埃尔·弗雷德林斯坦补充说:“目前的陆地碳循环模型,并未显示过去 50 年来,这种敏感性的增加,或许因为这些模型低估了热带生态系统正逐渐显露出来的干旱影响。”研究人员在论文中指出,更好地理解热带生态系统,对干旱和变暖的反应动力过程,才能为预测未来碳循环建立起更实用的模型。

(5)发现气候变化将减缓大气循环速度。2014 年 6 月 22 日,美国加利福尼亚州斯坦福大学气候建模研究人员丹尼尔·霍顿领导的一个研究小组,在《自然·气候变化》杂志上发表研究成果称,气候变化将使全球许多地区的空气质量加剧恶化。到21世纪末,全世界超过一半的人口,将暴露在越来越多的空气停滞事件中,而这将使热带与亚热带地区首当其冲,遭遇更多空气污染的冲击。

研究小组利用15个全球气候模型,追踪大气停滞事件的数量,以及持续时间的变化情况。大气停滞事件是指静止的空气团发展并使得煤烟、尘埃和臭氧在下层大气中积聚的现象。

霍顿说:"大部分的空气质量研究都聚焦于污染物。这项新的研究后退了一步,主要着眼于可能导致危险空气质量形成的天气或气候因素。"

归因于空气停滞事件的空气质量恶化,如何对全球不同地区造成影响,一直是个较少被研究的领域,并且对于由人类造成的影响评估也是缺失的。教堂山北卡罗来纳大学环境科学家杰森·维斯特认为,新研究展现了这种影响是多么的普遍。

空气停滞事件,起因于3种气象条件:微风、低层大气稳定,以及一天里很少或根本没有降水将污染物冲走。

研究人员随后将现有的人口数量纳入计算以量化人类暴露在日常空气停滞事件,以及大气污染中的情况。结果表明,由此带来的影响在印度、墨西哥和美国西部变得尤为强烈。

霍顿指出,迄今为止,人类暴露总量的最大上升出现在印度,这可能缘于该国庞大的人口数量,以及空气停滞事件的增加。

研究人员指出,室外空气污染物是罹患中风、心脏病、肺癌和包括哮喘在内的,呼吸道疾病的一种重要致病因素。世界卫生组织(WHO)估计,在2012年,室外空气污染物在全球导致了370万早逝病例。

霍顿认为,世界各国可以通过限制温室气体、微粒物质,以及包括一氧化氮、二氧化氮和挥发性有机化合物在内的臭氧前体的排放,从而减轻空气污染的影响。

研究人员指出,最新的研究并没有考虑人口规模和分布的变化,或进入大气层的污染物的数量变化。但是,德国波茨坦市气候影响研究所城市气候学家苏珊娜·克拉克认为,这项研究仍然预示着可怕的后果。她说:"这些停滞气团与极端高温混合在一起,将会使许多人最终坐在急诊室里。"

二、研究影响气候因素的新进展

1. 研究温室气体及其对气候变化影响的新发现

(1)发现氢氟碳化物能导致气候变暖。2009年6月,美国国家海洋和大气管理局,地球系统研究实验室的一个研究小组,在美国《国家科学院学报》发表研究论文称,氢氟碳化物(HFCs)在导致气候变暖的各种因素中,所起的作用会越来越大,需要引起人们的关注。

氢氟碳化物是有助于避免破坏臭氧层的物质,常用来替代耗臭氧物质,如广泛用于冰箱、空调和绝缘泡沫生产的氯氟烃(CFCs)。1987 年《蒙特利尔议定书》中提出要逐步淘汰氯氟烃和其他耗臭氧物质的使用,结果导致了氢氟碳化物的广泛应用。预计在未来几十年里,氢氟碳化物的使用量会不断增长。1997 年《京都议定书》中把氢氟碳化物列为温室气体。

研究小组进行的探索表明,氢氟碳化物对气候的影响,可能远比人们所预想的要大。氢氟碳化物,虽然不含有破坏地球臭氧层的氯或溴原子,但却是一种极强的温室气体。它对气候变暖的作用,远比等量的二氧化碳要强。有的氢氟碳化物的致暖效应,要比二氧化碳高几千倍。虽然,目前氢氟碳化物,对气候变化的影响还很小,不足二氧化碳的 1%,但到 2050 年,氢氟碳化物对气候变暖的贡献比例,将上升至二氧化碳的 7% ~12%。

研究人员表示,如果经过国际努力,能够成功稳定住全球二氧化碳排放量的话,氢氟碳化物对气候变暖的影响,将会变得更加至关重要。

研究人员在报告中指出,如果全球氢氟碳化物的消费量每年减少 4%,那么在 2040 年由其引起的气候变暖将达到峰值,随后在 2050 年前会开始下降。

(2)发现三氟化氮是气候变暖的新威胁。2009 年 8 月,美国《未来学家》杂志报道,美国加州大学斯克里普斯海洋研究所,地球化学教授瑞尔·韦斯领导的一个研究小组表示,在制造液晶电视、计算机电路和薄膜太阳能电池的过程中,使用的三氟化氮(NF3)的温室效应,是二氧化碳的 1.7 万倍,未来可能变成非常严重的威胁,因此,建议将三氟化氮列入《京都议定书》,或者后续气候协议所规定的温室气体中,并严加监管。

韦斯研究小组的研究发现,三氟化氮在大气中的浓度,由 1978 年的 0.02/万亿上升到 2008 年的 0.454/万亿,虽然目前在人类活动所产生的温室气体中,三氟化氮只占 0.04%,二氧化碳占 60%,但三氟化氮的比例可能呈指数级增长。该报告认为,三氟化氮在大气中的比例以每年 11% 的速度递增,1992 年为 1000 吨,2010 年可能达到 8000 吨。

鉴于此,2008 年,《联合国气候变化框架公约》把三氟化氮添加到了进行监管的气体之列,但目前,《京都议定书》没有对三氟化氮进行限制。

大多数三氟化氮会在生产过程中遭到破坏,但是,也有一些“漏网之鱼”逃逸到大气中,而且,它能够在大气中保留 740 年。

有些生产者选择了其他环境友好的化学物质来代替。联合国的报告显示,东芝松下显示器、三星和 LG 都选择氟,氟不会成为温室气体,而且,在大气中也无法存在。然而,氟的成本比较高,而且氟的毒性大。

韦斯称,太阳能电池生产商,可以使用硅来代替三氟化氮,但是硅的成本也很高。他认为,唯一的希望是把三氟化氮列入《京都议定书》或者后续的气候协议所列的温室气体中,并严加监管。

(3)发现沼泽扩大是早期大气层中甲烷增加的主因。2010 年 1 月 26 日,芬兰赫尔辛基大学的一个研究小组发表公报说，他们的最新研究成果表明，5000 年前北半球沼泽面积急剧扩大是导致当时大气层中甲烷含量大幅增加的主要原因。

该研究小组表示，他们对 3000 多个沼泽泥炭样本进行放射性碳年代测定，并结合相关数据与采集地点信息进行分析后得出上述结论。他们认为，当时全球气候变得湿冷，使地下水平面上升，并加速泥炭的形成，导致沼泽面积迅速扩大，产生数百万平方千米的无植被新生沼泽，令大量甲烷气体随着沼泽中的有机物腐烂分解排入空气中。因此，当时大气层中甲烷大幅增加，主要是由自然因素而非人类活动造成的。

甲烷是主要温室气体之一，主要产生于垃圾分解、水稻种植及反刍类动物的肠胃胀气。此前研究发现，大约 5000 年前地球大气层中的甲烷含量曾大幅增加，有研究把这一现象归咎于东亚地区同一时期开始的水稻种植活动。

（4）认为黑碳对气候变暖的影响超过甲烷。2013 年 1 月，美国国家海洋和大气管理局大卫·费伊领导，华盛顿大学雪地测量专家萨拉·多尔蒂等人参加的一个国际研究小组，在《地球物理学研究学报》上发表研究成果称，黑碳或烟灰对气候变暖具有较强的影响，其致暖效应大约是头号温室气体二氧化碳的 2/3，跃居甲烷之前，超出先前估计的两倍。

黑碳是一种吸光性物质，可强烈吸收太阳短波辐射，同时释放红外辐射，加热周边大气。它在大气中留存时间为数日至几周，因而可产生区域增温效应。该研究认为，黑碳或烟灰对气候变暖的直接影响可能是先前估计的两倍。根据它可能对气候产生影响的所有途径，黑碳的致暖效应被认为约为每平方米 1.1 瓦，大约是二氧化碳的 2/3。显然，以前大大低估了黑碳排放对于导致全球变暖和影响气候变化的作用。

费伊说："这项研究刷新了以前的其他研究，证明黑碳对气候变暖具有较强的影响，排在甲烷之前。"

这项研究属于国际全球大气化学项目的组成部分，为期 4 年，很可能会引导研究工作、建立气候模型，为今后几年制订相关政策提供依据。自上次联合国政府间气候变化专家委员会发布评估报告以来，科学家们花费了数年时间进行完善。新的评估指出，在某些地区的排放量可能比原先估计的要高，这与其他研究暗示一些地区的黑碳排放量明显被低估是一致的。

但该国际研究小组谨慎地指出，黑碳对气候变化的作用是复杂的。多尔蒂说："黑碳对气候有许多直接或间接的影响，所有这些影响必须结合在一起考虑。"黑色颗粒吸收来自太阳的辐射，然后将热量散发出去；能促进云的形成，带来冷却或加热的影响；黑碳落在雪和冰的表面，促使气温升高，加速融化。此外，许多产生黑碳的来源，可以排放出其他颗粒来抵消黑碳影响，达到冷却的效果。

该研究小组量化了黑碳所有的复杂性和不同来源共同排放污染物的影响，同时考虑到测量和计算的不确定性。研究表明，有可能通过减少黑碳排放来更有力地遏制气候变暖。由于黑碳的增温效率高于二氧化碳等温室气体,而且排放量很大,加上大气存留时间较其他温室气体短,减排可能会收到立竿见影的效果。根据分析,应主要削减柴油发动机的黑碳排放,其次是小型家庭火炉中燃烧的某类型木材和煤炭。

此外,该报告发现,黑碳是导致北半球中高纬度地区,如美国北部、加拿大、欧洲北部和亚洲北部迅速升温的一个重要原因,它的影响还可延伸至更远的南方,包括亚洲季风导致降雨模式的变化。这表明,抑制黑碳排放有望显著减少区域气候变化,同时也有益人体健康。

(5)发现海冰减少会大大影响温室气体平衡。2013 年 2 月,每日科学网站报道,瑞典隆德大学的研究人员发现,无论是在吸收还是释放方面,大面积的北极海冰减少,是影响大气中温室气体平衡的显著因素。研究人员还发现,在苔原,以及北冰洋都存在温室气体二氧化碳和甲烷。

"温室气体平衡不停地发生变化会产生严重的后果,因为在全球范围内,人类在使用化石燃料时,会向空气中释放一定的二氧化碳,而植物和海洋仅仅吸收其中大约一半的二氧化碳。如果北极组成部分的缓冲区发生变化,那么大气中温室气体的含量就会大大增加。"隆德大学的帕门蒂尔·弗兰斯博士解释说。

来自瑞典隆德大学,以及丹麦、格陵兰、加拿大和美国有关研究机构的科学家,共同参与了此项研究。他们注意到,当海冰融化时,已经形成了一个恶性循环。通常情况下,白色的海冰将太阳光反射回太空;但当海冰的覆盖面积收缩减少时,反射的太阳光量也随着减少了。相反,被海洋表面吸收的太阳光占了很大一部分比例,因此导致北极气温上升、气候变暖。

当然,这个过程的影响是多方面的。弗兰斯说:"一方面,温度升高,可使植物生长更加茂盛,因此又能吸收更多的二氧化碳,这是积极的影响。但另一方面,升温也意味着将有更多的二氧化碳和甲烷从土壤中释放出来,这又是一个强有力的负面影响。"

其实,除了陆地上的变化,目前的研究成果毕竟有限,还有很多无法确定的影响,比如海融冰与温室气体通过自然过程相互交换的影响等。在现实背景下,我们对许多海洋过程实在是知之甚少。

(6)发现地球对温室气体比想象中更敏感。2014 年 1 月,《自然》杂志报道,对大量气候模型进行的一项新研究显示,地球气候变暖的实际情况,可能会大大超过对于大气中二氧化碳水平翻番的预期响应。科学家认为,其原因在于,目前的模拟只能反映有限的变暖,而不能精确描述低层大气中云层形成的数量,因此其所冷却的气候远远超过现实世界的数据所暗示的实际情况。如果真是如此,地球变暖将爬向,过去 30 年中每位专家提出的气候评估范围的高端。

二氧化碳是一种所谓的温室气体——大气中的这种气体越多,其所捕获的热量就越多,并且使全球的平均温度爬升。长久以来,科学家一直在争论,地球气候对于这种全球变暖痕量气体到底有多敏感。他们特别提出，在人类活动将二氧化碳释放到大气中之前，如果这种气体的水平翻一番，全世界到底将升温多少？

澳大利亚悉尼市新南威尔士大学大气科学家，史提芬·舍伍德表示，目前的模型和各种观测资料表明，一旦二氧化碳的含量是工业化前含量280ppm（百万分之一）的两倍，地球将变暖1.5℃～4.5℃，并且气候系统也将作出调整。舍伍德强调，这一研究是很宽泛的，自从第一台计算机，于20世纪70年代开始模拟气候以来，这种情况就从未改变过。他指出，广泛的分析表明，一个模型的气候敏感性在很大程度上，取决于该模型如果评估低空云层的形成。如果一个模拟生成了大量的低端云层，则有更多的阳光被反射回太空，大体上看，地球会比没有云层时更冷。

在一项试图缩小气候敏感性范围的研究中，舍伍德及其同事分析了，来自43个不同气候模型的研究结果。他们还特别着眼于考察，这些模拟如何展现最低几千米大气中的混合情况，那里正是许多云层形成的地方，从而使气候变得更热。随后，研究人员将这些模型研究结果与从世界各地搜集来的数据进行了比较。

研究人员分析具有较低气候敏感性的全球气候模型发现，其中15个模型在二氧化碳水平翻一番后，全球平均气温升高不足3℃，因为产生了太多的低空云层。舍伍德说："这些低敏感性的模型正在做的一切都是错的。"他和同事认为，基本上大气最低部分增加的对流，往往会吹干这里的空气，使得云层的形成变得比较不易。研究人员在最新出版的《自然》杂志中指出，反过来，这意味着低敏感性的模型，是不值得被信任的，并且随着二氧化碳含量翻一番，地球升高的温度很有可能超过3℃。

日本筑波国立环境研究学院的气候科学家，英朗盐釜和智男小仓，在同一期《自然》杂志上评论道，该小组的研究结果表明，大约一半的气候敏感性变化，可以用气候模型描述低层大气混合情况的差异加以解释。他们同时强调，剩下的变化则不能用这种方法加以解释，其中重要因素包括，模型如何模拟海冰数量或高层大气的总变化。

（7）发现可能导致全球气候变暖的潜在因素。2014年5月25日，美国威斯康星大学麦迪逊分校，助理教授埃里卡·马林主持的一个研究小组，在《自然·地球科学》杂志上发表研究成果称，他们发现，如今深埋于地球表面数千年前形成的土壤含有丰富的碳，这使我们对地球碳循环的认识，增加了一个新的维度。而当人类通过各种活动越来越多地扰乱地貌，将其重新引入到环境中，它即会成为导致气候变暖的潜在因素。

这一发现非常重要，因为它表明，深层土壤可以包含埋藏已久的有机碳，而它们通过侵蚀、农业、森林砍伐和采矿等人类活动，再次释放到大气中，增加二氧化碳的浓度，将会导致全球气候变暖。

马林说："目前还没有人测量过深层土壤的碳，以前的大部分研究，仅停留在地表顶层30厘米处。而新研究显示，我们严重低估了土壤中碳的潜在储量。”

该研究锁定现在的内布拉斯加州、堪萨斯州和大平原地区，在15000～13500年前形成的土壤，即被称为“布雷迪土壤”，它位于现今地表以下6.5米深处。布雷迪土壤形成的地区是不结冰的，但当北半球退缩的冰川引发气候的突然转变，土壤会迅速被积累的黄土掩埋，导致碳封存。

该研究小组采用了一组新的分析方法，包括光谱和同位素，来检验土壤及其化学物质。由于厚厚的黄土没有完全分解，他们还从古代植物中发现有机物质。快速的埋藏，有助于将土壤与通常在土壤中分解碳的生物进程隔离。

根据研究，这样的土壤掩埋不是大平原的唯一现象，而是发生在世界各地。这项研究表明，埋藏在土壤里的化石有机碳是普遍的，当人类通过各种活动越来越多地扰乱地貌，被禁锢几千年的干旱和半干旱环境中的碳，重新引入到环境中，它将会成为导致气候变暖的潜在因素。

新的研究，检测了深埋地下一米厚带黑土的土壤，发现它是一个浓缩过去环境的胶囊。研究人员解释说，它提供了一个因气候转变而环境发生显著变化的快照。冰川的退缩，标志着世界变暖，并且增加了野火蔓延的可能性，导致了环境变化。

冰川的退缩也开启了一个新纪元，黄土开始覆盖大面积古老的地貌。在美国中西部的部分地区和中国一些地区，粉尘、黄土沉积厚达50多米深，大量沉积物地毯式覆盖了地貌的数百平方千米。

2. 研究植物对气候变化影响的新发现

(1)发现水稻种植中会产生沼气。2007年5月，有关媒体报道，大米是亚洲人的主食之一，水稻也是亚洲各国主要的农作物，不过，菲律宾国际水稻研究学会，气候变化专家赖纳·瓦斯曼领导的研究小组发现，这种农作物会对环境造成威胁。

研究人员说，水稻在生长季需要大量的水，这一特性与其他农作物的生长是完全不一样的。对于其他农作物来说，人畜粪便、秸秆和污水等各种有机物质的腐烂会产生二氧化碳，但是在水稻田里，由于水阻断了土壤里氧气的来源，这些有机物腐烂产生的不是二氧化碳，而是沼气。沼气是一种强势的温室气体，会对全球变暖产生影响。

据统计，亚洲每年种植的水稻面积为21.61亿亩，在水稻生长过程中产生的大量沼气，令科学家感到十分担忧。

菲律宾国际水稻研究学会，几年来一直在对种植水稻产生沼气这个课题进行研究。专家们认为，大米是亚洲人重要的主食之一，现在关键的问题是改良水稻的种植方法，而不是减少水稻的种植面积。

(2)发现城市污染气体可与森林排放物混合影响气候变化。2013年8月，美国太平洋西北国家实验室大气科学家约翰·西隆博士领导，多机构组合而成的一个研究小组，在《大气化学与物理学》上发表研究成果称，他们发现，城市污染排放物会“跋涉”几英里的路程，最终与森林的排放物相混合，形成二次有机气溶胶，从而向空气中增添了新的含碳粒子，对空气质量、能见度、人体健康，以及气候变化产生影响。

二次有机气溶胶，是通过气体和预先存在于大气中的颗粒之间，复杂的物理和化学作用形成。对此，需要特别注意，因为在大气中颗粒总质量的30% －90%是有机或含碳的。科学家正在努力描述大气中碳的不同来源，它们是如何互相混合并反应，以及其如何对气候产生影响。而准确理解这些粒子如何形成，将有助于科学家和决策者，了解和预测未来全球气候变化。

该研究采用集合碳气溶胶和辐射效应研究，实地调查来收集数据。研究人员开展了为期一个月的密集实地考察研究，如排放的废气、野火和农业燃烧源排放等各种来源的，气溶胶粒子和气体的影响。研究小组利用收集到的数据，对加利福尼亚州萨克拉门托市区排放，与内华达山脉森林自然排放的气体混合物进行了评估。

研究人员使用美国能源部先进的大气检测设备，通过空中22架研究用飞机每天进行地面和机载的测量。此次抽检显示，萨克拉门托市上空污染的空气流动到几英里之外，当其与树木的排放物混合之后，产生高浓度的二次有机气溶胶。

西隆说：“这个过程是人类活动导致的结果，还没有引起更多人的重视。城市被污染的空气排放和树木的排放，混合形成有机气溶胶的水平高于预期，这可能会影响我们如何看待未来的气候变化。”

科学家计划进一步研究和建立模型，来衡量有机气溶胶对气候的影响，并将其研究结果纳入到全球的研究模型之中，以便更好地了解在区域和全球层面上，其可能对气候变化的影响。

(3)发现剖析热带雨林有助于管理二氧化碳排放。2014年4月，英国爱丁堡大学与利兹大学牵头组成的一个研究小组，在美国期刊《全球生态学与生物地理学》上发表研究成果称，深入分析热带雨林的构成及其固碳能力，有助于更精确的掌握、管理碳排放活动，预测区域性气候变化。

研究人员把亚马逊热带雨林的卫星地图，与数百个实验点作对比，详细分析了亚马逊地区树木的大小、树龄和种类，进而更准确地估测了不同区域树木的固碳能力。

树木能吸收空气中的二氧化碳，并通过光合作用生成碳水化合物，这便是固碳能力。此次研究结果显示，由于土壤、气候和树种不同，亚马逊河流域东北部地区的树木，平均固碳能力，是其西南部树木固碳能力的两倍。该流域东北部地区的树木生长缓慢，木质紧密，而西南部树木多为长得快的轻质木材。这表明，亚马逊雨林的固碳能力总体分布不均。

参与该研究的专家表示，有些研究人员借助现有的卫星地图，主要依据树木的高度来评估其固碳能力，但如此评估不能反映不同地区的树种、树木密度及其生长状况对分析结果的影响。

树木在白天吸收二氧化碳并排出氧气，因此一个地方保持大片林木有助于减排二氧化碳。研究人员认为，在亚马逊雨林和其他林区应用上述分析方法，可以更有针对性地指导林区和周边区域管理碳排放活动，从长远看有利于预测和应对区域性气候变化。

3. 研究生态环境要素对气候变化影响的新进展

（1）推进生物燃料对气候变化影响的研究。2010 年 5 月 24 日，瑞典隆德大学公布的一项研究成果显示，虽然不同的生物燃料之间存在一定差别，但不论何种生物燃料，都比传统的矿物燃料（汽油和柴油等）更高效更清洁，有利于减缓气候变化。

隆德大学的研究人员对多种生物燃料进行广泛的研究，包括利用甜菜、垃圾、人畜粪便等生产的沼气，用油菜子生产的生物柴油，用小麦、甜菜、甘蔗等生产的乙醇等。他们还分析了瑞典使用各种生物燃料的情况，以及使用生物燃料对环境造成的影响。

研究人员发现，在不同的生物燃料中，用人畜粪便堆肥生产的沼气能效最高，而且还能大大减少温室气体排放。即使是能效最低的生物燃料，其产生的温室气体也比传统的矿物燃料少。

人们对生物燃料的生产一直存有争议。一些人认为，种植这些燃料作物，并不能减少温室气体排放，相反还要使用更多的资源。对此，隆德大学研究人员解释道，如果把世界上目前用于种植粮食作物的土地，大量用来种植能源作物，的确会引起负面的影响，但目前世界上能源作物的种植规模还远远没达到那个程度。就总体来说，与汽油和柴油等矿物燃料相比，生物燃料产生的温室气体更少。

（2）启动大气污染物与气候变化相互作用研究项目。2012 年 5 月 4 日，在欧盟第七研发框架计划的资助下，由欧盟 12 个成员国，以及瑞士、挪威和以色列共 15 个国家 26 家科研机构气候研究人员共同参与的，欧洲气体气溶胶气候大型研究项目正式启动。研究小组设计制作的大气监测飞船，于 5 月 14 日开始为期 20 周的欧洲低空科学探索旅行，横跨德国、荷兰、丹麦、瑞典、芬兰、奥地利、斯洛文尼亚、意大利和法国等欧洲国家上空，采集分析大气中的化学物质成分，所获取的数据将作为未来科学研究的基础，积极应对气候变化和改善欧洲的空气质量。

监测飞船独一无二的长期低空飞行，将前所未有地在距地面 2 千米以内的低层大气空间，对欧盟进行化学污染物空中分布的全面检测。实测数据将于地面计算机模拟系统，以及已有气候变化知识，进行相互验证和对比研究，从而增强对人类活动排放的绝大部分空中化学污染物，与大气元素相互作用机理的理解。监测飞船携带超过 1 吨重的仪器设备，可以在海拔高度 2 千米以内的低层空间盘旋，垂直升降行动自如，一次升空可飞行工作 24 小时。

监测飞船的此次检测飞行，将主要集中于羟基自由基和微细气溶胶（或悬浮颗粒物），即影响气候变化和人类健康主要化学物质的数据采集。羟基自由基因为其降解空气污染物的作用，有时也被称作“大气清洁剂”。研究人员希望通过对化学物质所测数据的分析研究及其形成演变过程，增加大气化学污染物、大气自身清洁机制和气候变化之间相互作用的知识。

（3）推进北极气压变动对地球气象影响的研究。2012 年 7 月 7 日，《中日新闻》报道，三重大学生物资源研究科，气象学专家立花义裕教授领导的研究小组，通过分析、研究过去 50 年的北极气压发现，北极圈上空高低气压不定期交替，形成的“北极振动”现象对地球气象产生重大影响。

高低气压交替时间一般是几天或几周，唯有 2010 年高气压一直盘踞上空，直到 6 月才被低气压取代，处于北半球的日本和欧洲等地，在高气压覆盖下气温升高，赤道附近大西洋海水温度上升，暖流向北半球行进，增强了高气压的走势。尤其是偏西风在高低气压之间蜿蜒而行，更加阻碍了气压的移动。

立花教授称，之前观测北极振动时间以冬季为主，今后应改成全年观测，监视北极圈出现的酷暑前兆，提高预测夏季气温的精度。2012 年还未发现酷热前兆，预计不会出现 2010 年那样的酷暑天气。

三、研究气候变化的新方法

1. 开发预测气候变化的新方法

（1）尝试预测气候风险的新方法。2007 年 8 月，英国气象局的马修 · 柯林斯、牛津大学的大卫 · 斯坦福斯等科学家组成的一个研究小组，在《伦敦皇家学会哲学汇刊》上发表研究成果称，他们正采用新方法改进对全球变暖影响的预测，该方法综合考虑了气候变化可能引起的所有危险，试图引入“不确定性”，并用概率论方法增强其准确性。

目前，研究人员采用确定论预测气候。联合国气候组织的研究人员，大多使用几种复杂的计算机模型，来预测全球变暖带来的影响，包括非洲的异常降雨和不断上升的海平面等，但这些方法都有缺陷，如不能确切了解云是如何形成的，以及气温升高会对南极冰层有何影响等，且很多国家气温的准确记载，只能追溯到 150 年前。

柯林斯说：“我们可以确定未来气候变化的某些趋势，如气候变暖等，但其中很多细节还不清楚。”新方法结合不同的模型预测，以及不确定因素，分析气候变化将带来的影响。该方法有可能量化洪区建筑物被毁坏的危险，有助保险公司根据灾难大小确定其保费。柯林斯说，不确定因素包括超出人类控制的自然灾害对天气的影响，例如 1991 年菲律宾品纳土玻火山的爆发，可能暂时降低地面温度，因为沙尘阻止了太阳光。

斯坦福斯说：“气候科学是一门新兴科学，探索不确定性的‘旅程’才刚刚起步。随着对气候了解越深入,我们只能假设不确定性会增加而不是减少,这无疑会让概率分析更加复杂。”他举例说,欧洲学校的设计者们,想知道是否会有更多像 2003 年那样的酷热天气,在那种炎热的天气里,孩子们无法在户外玩耍,怕被晒伤或得皮肤癌。如果答案是肯定的话,他们就会设计有较多绿茵场地的学校。斯坦福斯又说:“但较高温度,也可能会产生更多云层,这就没必要担心皮肤癌了。我们希望将来能彻底了解这些影响。”

(2)通过测量海洋二氧化碳浓度开发预测气候变化的新方式。2009 年 12 月,一个国际科研小组宣布,他们开发出一种新方法,能够对海洋中二氧化碳的浓度进行较精确的测量,并据此绘制出二氧化碳分布图,这一成果将有助于开发预测气候变化的新方式。参与研究的法国国家科研中心介绍说,海洋能够吸收大气中的二氧化碳,降低人类活动对环境造成的影响,从而在抑制全球变暖方面发挥巨大作用。

通常情况下,海洋与大气的二氧化碳交换量会随季节、年份的不同而发生改变,但由于缺乏有效的监测,人类一直无法掌握具体数据。为了解决这一问题,研究小组选择北大西洋海域进行试验。研究人员每隔一段时间,对该海域海水中的二氧化碳浓度进行一次测量,并把测量结果与海洋表面温度等数据结合,据此绘制出北大西洋二氧化碳浓度图。该图显示,海洋与大气二氧化碳交换量的变化与地区气候变化息息相关。

研究者指出,该成果能帮助人们以更可靠的方式预测气候变化,如根据这一原理建立一套预警系统,当海洋吸收二氧化碳的能力减弱时,就说明气候变化正在加剧。

(3)开发可提前数月预测北极海冰融化量的新模型。2014 年 6 月,英国雷丁大学教授丹尼尔·费尔特姆领导的一个研究小组,在《自然·气候变化》杂志上发表研究报告称,他们研究发现,春季时北极海冰表面的积水与夏季海冰融化量有密切关系,据此建立的数学模型可提前数月预测海冰融化量。这一成果,可对航运、石油开采及气候变化研究有所帮助。

研究人员说,海面浮冰上的积水通常颜色较深,在太阳的照射下,前者会比没有积水的浮冰吸收更多热量,从而引发海冰进一步融化。他们在新研究中发现,每年 5 月份时北极海冰上的积水面积,与同年 9 月份的北极海冰总面积之间有着“强烈的相关性”。

研究人员根据这一相关性,建立了新的数学模型。近日,他们利用这个模型,作出的预测认为,2014 年夏天北极海冰面积最小值,约为 540 万平方千米,基本与去年同期持平。

北极海冰面积最小值,通常发生在每年 9 月中下旬融冰季节结束后,对北极海冰融化量进行预测通常只能略早于这一时间,因此依据新模型得到预测结果的时间比过去早了许多。

2012年9月,北极海冰面积缩减至341万平方千米的历史最低值。今年的预测数字虽然相对较高,但低于1981—2010年的平均值650万平方千米,说明北极海冰面积仍处于减少趋势中。

费尔特姆说,海冰上的积水,对于冰层融化速度具有重要影响,但此前并没有建立起以此为物理基础的数学模型加以预测。他们建立的新模型,对航运、旅游、石油开采等行业都有帮助,并且有望使科学界研究全球气候变化的相关模型更为精确。

2. 开发清理大气为地球降温的新方法

(1)提出通过养海藻来吸收温室气体的新方法。2005年7月,日本媒体报道,世界各地的科学家,都在想方设法解决全球变暖的问题。日本东京海洋大学海藻专家能登谷正浩,提出一个在海岸边大规模养殖海藻的计划。他提议,在日本东北部沿岸投放100个长9.7千米、宽9.7千米的大网,在网中养殖海藻,让海藻吸收温室气体,并转化成氧气,当海藻成长后还可以用来制造生物燃料,做到一举两得。每个大网都装置特别的仪器,使全球定位卫星可以跟踪大网的位置,一旦发现大网被海水冲入航道时,研究人员就能及时把大网拖回原位。如果研究证明这种方法有效,种植海藻可望成为对付全球变暖的新武器。

能登谷正浩指出,海藻能吸收空气中的二氧化碳,并释放出氧气,有助于减少空气中的温室气体含量。同时,海藻长到一年后,研究人员还能把海藻收割"加工",制造生物燃料。把海藻变成生物燃料的方法,是先将超高温蒸气喷向海藻,海藻就会释出可用作生物燃料的氢和一氧化碳,这种燃料燃烧时不会释放出二氧化碳,因此可作为清洁能源。

参与研究的三菱综合研究所科学家认为,这项技术是完全可行的,但要面对一些困难,其中最大的问题是资金,政府只向他们提供很少的拨款;其次是要找寻一大片海域养殖海藻。能登谷说:"这是我们面对的主要问题,特别是日本的海岛受到两股强大海流的影响,海藻只能在特定的海域才能够生长良好。"

(2)发现一种能清理大气为地球降温的新方法。2012年1月,曼彻斯特大学的卡尔·珀西瓦尔博士、布里斯托大学达德利·夏克罗斯教授等英国学者,与美国桑迪亚国家实验室研究人员联合组成的一个研究小组,在《科学》杂志上发表研究成果称,他们发现,利用双自由基CH2OO的潜在功用,可以实现为地球降温的目标。双自由基CH2OO属于无形的化学中间产物,它是针对二氧化氮和二氧化硫等污染物的强效氧化剂,能够自然地清理大气,达到为地球降温的效果。

尽管早在20世纪50年代,鲁道夫·克莱格依就对CH2OO的存在做出了假设,但直到现在它们才被探测出来。在桑迪亚国家实验室设计的独特装置的支持下,对于CH2OO反应速度的测量成为了可能。借助来自劳伦斯伯克利国家实验室第三代同步加速器强烈的可调节光,科学家可辨别出多种同质异构的物种(包含同样的原子,但排列组合不同的分子)的形成和消亡。同时,研究人员发现

CH2OO 的反应速度比最初预想更快，并会加速大气中硫酸盐，以及硝酸盐的形成。这些化合物将导致气溶胶的形成，并最终导致云的形成，从而为地球降温。研究人员坚信进一步研究可证实，CH2OO 能在气候变化的平衡中发挥重要作用。

过去 100 年来，地球表面的平均温度上升了 0.8℃左右，其中 2/3 的增幅发生在过去 30 年。大多数国家一致认为，有必要大幅削减温室气体的排放，并认同未来的全球变暖应局限在 2.0℃以下。

研究人员表示，随着 CH2OO 的发现，将有更多更重要的研究陆续出现。珀西瓦尔表示："直到现在，科学家才能借助先进光源对 CH2OO 进行测量，这也使我们第一次，能够量化这种双自由基反应速度的快慢。此次研究，对于学界对大气氧化能力的认知有重要影响，对于污染和气候变化也具有深远含义。由于 CH2OO 的主要来源不依赖阳光，因此这一过程在白天和晚上都能进行。夏克罗斯也补充说："生产 CH2OO 的主要成分可由植物释放的化学物质所得。因此，自然生态系统，也将在抑制全球变暖的进程中扮演重要角色。"

四、研究气候变化的新设备

1. 开发监测气候变化的仪器设备

（1）拟建造监测全球降水的卫星网。2006 年 4 月，有关媒体报道，美国国家航空航天局和日本宇宙开发机构，正在开发一套用于监测全球降水情况的人造卫星网络。根据这项名为"全球降水监测"的计划，该卫星网将每三小时提供一次有关全球降水情况的详细信息。

据参与此项计划的专家介绍，这套卫星监测系统投入使用后，将有助于完善天气预报系统，同时，还可帮助研究人员掌握水汽环流对全球气候的影响程度。未来，对降水的精确测量，还将使得对洪水和滑坡的预测变得更为准确。该项计划的总投资预计将高达 11 亿美元，首颗卫星将于 2011 年发射升空。

据悉，对降水量进行测量的工作，将由一颗中心卫星上携带的两部雷达和被动微波辐射计完成。此外，这颗卫星还将作为校对整个系统中其他卫星的基准星。

"全球降水监测"系统将由 6 ~8 颗装备有不同仪器的卫星组成。为了持续不断地向研究人员提供全球降水情况的发布图，这些卫星将被部署在不同的轨道上。

有关专家强调说，这套系统所收集到的海洋上空降水数据，将显得尤其重要。这是因为，各种地面监测站均无法对这些地区的降水情况进行测量。

（2）着手研制监测地区气候的静止轨道环境卫星。2012 年 6 月，韩国环境部发布消息称，为监测韩半岛地区气候与大气变化，韩国将着手研制静止轨道环境卫星，即地球环境卫星。

据悉，该卫星准备在 2018 年发射升空，由韩国国立环境科学院选定海外合作伙伴后,到2015年完成环境卫星本体和地面站等的建造。本卫星工作寿命为10年,通过监测臭氧、二氧化硫、二氧化氮、甲醛等温室气体的排放情况,以及东亚地区气候与大气变化提高对气候变化的预测能力,进而有效降低因气候变化可能出现的损失。

韩国方面又称,本卫星在世界上,将是第一颗用于监测大气环境的静止轨道卫星,虽然美欧曾利用低轨道卫星监测大气变化,但尚无利用静止轨道卫星进行环境监测的先例。

(3)开发能区分大气成分的新温室气体监测系统。2012年4月,美国科罗拉多大学博尔德分校,北极和高山研究所的高级研究员斯科特·雷曼领导的一个研究小组,在美国地球物理联合会出版的《地球物理研究杂志》上发表研究论文称,他们开发出一种监测大气成分变化的新型系统,可分析和比较阴暗大气中人类燃烧化石燃料所排放的温室气体和微量气体,它很可能作为未来监控温室气体排放的有效措施。

6年来,该研究小组每两周在美国东北部新泽西州、新罕布什尔州朴次茅斯海岸线,通过飞机收集大气中二氧化碳和其他重要环境气体样本进行测量。

雷曼说,这种方法,可将由植物呼吸作用等生物源排放的二氧化碳,同化石燃料排放的二氧化碳分离开来,这是由于煤、石油和天然气等化石燃料,燃烧释放的二氧化碳中没有碳14,相比之下;地球上的生物如植物源排放的二氧化,碳含有相对丰富的碳14,而目前大气科学家已探明这种差异。

美国国家海洋和大气管理局,地球系统研究实验室的科学家米勒说,研究小组还将测量人类活动排放到大气中的其他22种气体的浓度列为研究的一部分。气体的多样影响气候变化、空气质量和臭氧层的恢复,但对其排放量却知之甚少。研究人员使用,在大气中每种气体的浓度水平比例和分离出化石燃料衍生的二氧化碳,来测算个别气体的排放率。

米勒说,从长远来看,测量大气中碳14的方法,为直接测量国家和各州对化石燃料二氧化碳排放量提供了可能性。传统方法,目通常依靠特定国家或地区报告关于煤、石油和天然气的使用来估算二氧化碳和其他气体的排放率,虽然可能在全球范围内准确,但难以确定规模较小地区的排放增加情况。

令人惊讶的是,研究人员检测到了持续排放的三氯甲烷和其他几种在美国禁止的气体。类似的发现强调独立监测的重要性,因为以前这类排放的检测,会通过广泛使用的计算方法忽视掉。

米勒说,化石燃料的排放已使大气中二氧化碳的浓度从19世纪初到现在不断增加,绝大多数的气候科学家相信,这将直接导致气温上升。雷曼说,使用碳14的方法可以提高检测人为温室气体排放的准确性,并已被美国国家海洋和大气管理局作为监测温室气体的一个非常有价值的工具。

(4)开发低成本空气污染数据监测器。2013年11月,加拿大多伦多媒体报道，近年来，对空气污染与心血管疾病、哮喘之间的流行病学关系的理解，已变得越来越精确。但是，到底什么地方的空气污染最严重，往往受制于空气质量监测站点的严重不足。为更精确地衡量空气污染程度，加拿大多伦多大学应用科学和工程学院，大气气溶胶研究中心娜塔莉娅·米哈伊洛娃领导的研究小组，正开发一款可部署在城市电线杆上的廉价监测器。

米哈伊洛娃开发的这款鞋盒大小的设备，由锂电池和小太阳能板供电，里面布满了传感器和探测器，可测量空气中的细小颗粒物和氮氧化物、挥发性有机化合物、一氧化碳的浓度。组件经改装后，也可适用于室内空气质量的监测。

米哈伊洛娃称，该监测器可无线连接数据网络，将测量数据实时反馈到中央数据库，用户可到网站上查询特定街区的污染水平，以便调整自己的出行路线，或要求政府部门处理当地的污染源。

目前，米哈伊洛娃研究小组，已在靠近高速公路的地方，安装了十几个自制的污染监测器，以研究交通对附近空气质量的影响。其最终目标，是鼓励当地政府在城市周围，大量部署这些低成本的检测设备，以创建一个更细致、更实时的污染地理图。

2. 开发研究观察气候变化的装备及设施

(1)发明“热岛现象模拟系统”。2004 年 8 月 29 日，日本东京工业大学，梅干野晁教授研制的“热岛模拟系统”，在日本札幌市的建筑学会上首次公开发布。热岛效应，通常指某一区域的气温明显高于外围周边的现象。这一系统可预测出设计中的建筑、街道释放的热量，从而帮助改进开发区设计，避免出现城市中的高温区，缓解城市热岛现象。

梅干野晁广泛收集国内外有关气候、建筑、道路材料特性的大量数据，包括日光反射率、导热率及绿化的减热数据等，在此基础上，建立了“热岛模拟系统”。

使用者只要把立体设计图上的建筑结构、建筑材料、地面绿化数据等输入电脑，“热岛模拟系统”就可算出开发区热岛效应的具体数据，并可用不同颜色表示出不同地区的气温状况。同时，这套系统能够提供减少气温热岛现象的建议，如改变建筑物材料、增加绿地和绿化楼顶与墙壁等。

(2)投放研究气候变化的海洋机器人。2005 年 1 月，有关媒体报道，澳大利亚科学家，计划在南大洋投放机器人，收集更多的海洋信息，从而更加清楚地了解海洋物质的改变，以及更为精确地识别长期气候变化趋势。这次考察工作，由在南极气候和生态合作研究中心和澳大利亚联邦科工组织工作的斯蒂夫·林托博士主持。

不久前，从澳大利亚西部的弗若曼托起航的“南极星”号补给研究船，将在为期 10 天的科学考察活动中，投放 17 个可以自由漂浮的“亚古尔舟”浮球机器人。在未来 5 年的观测期内，这些浮球每 10 天会下潜到海底 2000 米的深度，然后在上升过程中测量温度和盐浓度数据。该计划是一项全球海洋监测项目的重要组成部分。由浮球收集到的信息,将通过法国 ARGOS 卫星传送给澳大利亚的科学家,进而对海洋变化进行持续测量,同时浮球的漂流将提供洋流速度的信息。这项为期 10 天的考察,得到了澳大利亚南极局、南极气候和生态合作研究中心,以及澳大利亚“温室效应办公室”的资助。

不久前,澳大利亚环境部长伊恩·坎贝尔参议员,率领一支代表团,参加于布宜诺斯艾利斯召开的联合国气候变化大会时说,这些“亚古尔舟”浮球机器人将对像南大洋这样偏远和气候恶劣地区进行海洋研究,产生极大的帮助。

坎贝尔说:“这些研究,对于我们了解气候变化是非常重要的,与相对明显的每天温度的起伏相比,由于海洋比大气的变化慢得多,因此这些缓慢地变化能提供更清晰的有关长期气候变化趋势的信息。”

研究人员还将在这次考察中开展其他的测量工作,包括使用一个探测器,在弗若曼托和南极洲之间的一条横断面上,每隔 30 海里测量盐浓度、温度和不同深度的氧气浓度变化。林托博士说,这些数据的任何变化,都可能表明世界最大的洋流“南极绕极流”发生了变化,而这一变化,将反过来影响全球气候模式。虽然这些变化将是很微妙的,不会在短期内影响海啸活动,但它们将显示海洋循环体系是如何变化的。

另外,南大洋通过吸收大气中的二氧化碳,减缓了气候变化的速度,而模型实验表明,随着气候变化将导致南大洋吸收二氧化碳的能力降低。因此,必须有科学数据,来确定南大洋是否仍在吸收二氧化碳、吸收的速度如何,以及吸收的最大限度是多少。在“南极星”号上工作的美国科学家,将通过测量海洋中的湍流,为解答这些问题提供更多的信息。

与海洋地理学和气候相关的一个基本问题是:海洋中的冷暖海水混合处在哪里?林托博士说:“我们知道密度大的水,会流向南极洲附近并下沉到海洋的底部,而较暖的水会通过某种方式流向南部作补充。冷水和暖水一定会在某处汇合来完成这个环状运动。我们怀疑这个汇合处就在南大洋,因为这里有世界最大和最强的洋流,与崎岖不平的海底相互作用。此次考察中,将通过收集南大洋海水混合的第一手资料,来对这个假设进行测试。”

(3)建立世界首座“兴风作雨”的造云实验室。2005 年 10 月 19 日,德新社报道,德国东部莱比锡市,建成世界上第一座能够“兴风作雨”的造云实验室,科学家计划在该实验室,从事可控条件下模拟云雨形成条件的研究。

据报道,这座名为莱比锡空气浮质互动模拟器的装置主体,是一座 16 米高的塔楼,塔楼里安装了一根用于造云的 8 米长的导管。负责“造云机”设计工作的德国莱布尼兹中心表示,该项目由德国联邦政府投资 340 万美元建成,设计工作中没有参考任何以往的类似方案。

莱布尼兹中心表示,这座实验室的建成,将帮助科学家更进一步地了解,云和雨的形成过程,以及人类活动对自然气候的影响。

(4)研制出可在10秒内观测雨云的气象雷达。2012年9月1日,日本信息通信研究机构和大阪大学、东芝公司的一个研究小组,正式公布一款新型气象雷达。这种雷达,能在最短10秒内,对迅速变化中的积雨云进行立体观测,这种积雨云往往会引发暴雨和龙卷风。

据介绍,现有的小型气象雷达,需要多次旋转天线才能进行立体观测,花费约5分钟,所以无法充分观测积雨云,并预报突发性暴雨和迅速移动的龙卷风。新型雷达,只要旋转一次天线就能进行立体观测,如果观测半径是30千米,只需10秒,如果观测半径是60千米,也仅需30秒。

目前,已有一部新型气象雷达,安装在大阪大学一栋教学楼屋顶上,并且从2012年6月开始就进行了试验观测。雷达能对半径60千米、高14千米的立体范围内进行观测。

第二节　生态环境监测与灾害防护

一、陆上生态环境监测的新成果

1. 陆上生态环境监测的新发现

(1)研究表明北半球永冻土中有1.5万亿吨碳。2009年7月,由加拿大农业和粮食部、澳大利亚联邦科学和工业研究组织,以及美国佛罗里达大学研究人员,共同组成的一个国际研究小组,在美国地球物理学联合会出版的《全球生物地球化学循环》杂志上,刊登出他们联合完成的研究报告,称北半球永冻土层中冷冻碳的储量可能超过1.5万亿吨,是此前估计的两倍左右。

研究人员表示,这些冷冻碳主要分布在北极,以及加拿大、哈萨克斯坦、蒙古国、俄罗斯、美国、格陵兰等国家和地区,储量约为目前大气中碳含量的两倍。一旦气温升高导致永冻土层开始融化,大气中两种温室气体——二氧化碳和甲烷含量将急剧增多,从而进一步加速全球变暖。研究人员预计,这些永冻土层中的碳,在本世纪全球气候变化过程中将产生重要作用。

(2)研究表明亚洲冰川已减少30%。2013年12月,日本名古屋大学研究生院环境学研究小组宣布,他们通过调查喜马拉雅山脉等亚洲高山地区的冰川位置和数目,制作了新的冰川分布图。分布图显示,亚洲冰川的总面积,比此前公认的数字要小30%左右,只有约8.5万平方千米。

研究小组是从2011年开始研究这一项目的,他们以喜马拉雅山脉和阿尔泰山脉等约600万平方千米,几乎全部亚洲高山地区为对象,利用卫星图像,并且根据地表温度和等高线等,把被积雪和泥沙覆盖的冰川也发掘出来,然后逐一画出轮廓,制作出冰川分布图。

结果发现,冰川的总数比联合国政府间气候变化专门委员会,原有冰川分布图标识的数量多出5000个左右,达到了约9万个,但冰川总面积却由12万平方千米,减至8.5万平方千米,在全球的冰川和冰盖中所占比例,也由以前的17%降至12%。

2. 陆上生态环境监测的新方法

(1)设计出一种检测地球表面植被情况的新方法。2006年2月,英国伯恩茅斯大学和南安普敦大学联合组成的一个研究小组,最近设计出一种检测地球表面植被情况的新方法。这种方法,可以对地球表面植被覆盖面积的多少进行检查,并对植被的生长状况进行评估。欧洲宇航局,已经对这种方法得出的结果予以认可。这些结果,将成为研究地球陆地生产率、气体交换和气候变化模型至关重要的工具。

研究小组使用的数据,是由安装在世界上最大的环境观测卫星上的设备来收集的,这种设备被称为"中度清晰度成像分光仪",它可以测量在可见红光和近红外光线中反射的辐射线。然后,把这些信息运用到,一个被称为"中度清晰度成像分光仪陆地叶绿素指数"系统中得出结果。研究人员表示,欧洲宇航局从2004年起,投入使用的"中度清晰度成像分光仪陆地叶绿素指数"系统,相当于给地球做了一面镜子,在一个定期的基础上,观测地球健康的真实情况。

该系统,结合了地球表面绿色面积的范围和对叶绿素水平数量的评估,来生成每公顷或其他单位面积,叶绿素水平的详细图像。叶绿素是植物叶子变绿和吸收阳光的分子,它利用太阳能量把二氧化碳和水中合成碳水化合物,同时还会放出氧气。植物中叶绿素的数量,是决定植物健康状况的重要因素。

(2)监测有毒蓝绿藻暴发做到早期预警的方法。2009年7月,南非科技与工业研究会湖泊学家保罗·奥博郝斯特博士领导的一个研究小组,在《生态毒理学》杂志上发表论文称,他们研究出一种可以预测有毒蓝绿藻,在淡水环境(如江河湖泊)中暴发的方法。这种早期预警方法对于监测淡水环境,帮助水源管理部门采取恰当的水排放策略来减少下游污染和健康风险,具有重要应用意义。

蓝绿藻又称蓝藻或蓝菌是一种生长于水中的浮游生物,当水中的营养物质过剩时,原本稀少的蓝绿藻会在短时间内迅速繁殖,在河流、湖泊或水库的水面上形成庞大而浓密的藻垫,这就是蓝藻暴发。蓝藻暴发打乱了湖泊水库正常的生态系统和功能,造成水中严重缺氧,致使大量鱼类和其他水生物死亡;同时会产生有腥臭味的"水华"现象,令饮用水源受到威胁,而蓝藻中含有的毒素更是严重影响人类健康。

该研究小组考察了位于南非自由州的克鲁格斯德瑞福特湖,对其近岸水域的物理和化学特性,以及生物相互作用进行研究,特别是对在靠近该湖水坝区域暴发的有毒蓝藻进行重点研究。通过比较参考点和有毒蓝藻污染区域物种构成的变化,他们成功地利用大型无脊椎动物的多样性指数,对有毒蓝藻暴发的可能性进行评估。他们采用水蛭作为生物指示物,因为与某些大型无脊椎动物相反,水蛭可以在被蓝藻释放的有毒物质污染的水中生存,它们的存在往往是水质差的证明。如果水蛭出现在比较稠密的蓝藻周围,说明这种蓝藻极有可能是有毒的。

但水蛭不能说明水体中的毒性水平到底有多高。为此,他们同时采用基因技术来检测可以合成蓝绿细菌毒素的蓝绿细菌基因的存在。这种灵敏的酶联免疫吸收分析方法,利用一种抗体,可以识别出能产生毒性的基因片段,并测出其含量,由此可以确定毒性高低。

奥博郝斯特表示,这是首次将这两种方法结合起来对湖泊水库的有毒蓝藻暴发,进行早期预警评估。

(3)开发测量森林碳汇新方法。2009 年 12 月,芬兰媒体报道,芬兰拉彭兰塔技术大学研究人员,在森林碳汇评估方法方面取得新进展,他们将激光扫描、大地遥感和数学模型等跨学科技术结合在一起,可有效测量森林的二氧化碳吸收和储存能力。

森林碳汇是指森林吸收并储存二氧化碳的能力。据报道,拉彭兰塔技术大学研发的这一系统方法,不仅可用于测量森林碳汇能力,还有助于监测森林管理,以合理分配相关资金。

森林系统是应对气候变化的一个关键因素,增加森林碳汇能力与降低二氧化碳排放,是减缓气候变化的两个同等重要的方面。目前,正在丹麦哥本哈根召开的联合国气候变化大会的重要议题之一,就是协商发达国家对发展中国家的资金支持,用于保护和管理森林,从而提高森林碳汇能力,帮助发展中国家减缓和适应气候变化。

(4)采用电磁探测法测量农田土壤盐化度。2012 年 7 月 26 日,日本媒体报道,2011 年 3 月发生的日本大地震,使日本东部的大量农田被海水浸泡。为了尽快查清这些农田的具体盐化情况,日本农业食品产业技术综合机构,与东北农业研究中心的研究人员,尝试采用一种新型电磁探测法进行检测,试验取得了成功。这种方法可以方便地检测到盐化,对地下土壤的影响范围,而配合 GPS 定位技术,还可以很快掌握盐化农田的分布情况。

电磁探测法以往主要应用于地下环境污染调查与考古。其工作原理是在离地面约一米的高度水平移动一块长约两米的板状电磁探测装置,装置的前方发出磁场与土壤中的涡电流发生作用产生二次磁场,通过记录计算二次磁场的数值,推定出土壤电导度(EC),从而获知土壤的盐化情况。该装置的测量结果可以实时显示,并保持在记忆卡中。

研究人员在试验中发现,该方法可以测出浸海水农田土壤电导度的相对高低差,与以往直接通过土壤测量的方法测量结果趋同。而在测量的同时,可以配合 GPS 技术,将测量结果在谷歌地球等电子地图上,以等高线的方式显示出来,从而可以准确把握盐化农田的范围和分布。

在东日本大地震中,有超过两万公顷的农田被海水浸泡。如果使用以往直接通过土壤测量的方法,从土壤采集到测量都需要大量的人力和时间。而新型测量方法不但省时省力,对专业性的要求也不高,因此,人们期待其能够在今后的农田除盐作业中,发挥更大作用。

二、海洋生态环境监测的新进展

1. 海洋生态环境监测的新发现

(1)发现海洋浮游植物健康假象的秘密。2006 年 9 月,美国俄勒冈州立大学植物生态学家迈克尔·贝兰菲德主持的一个研究小组,承担了美国宇航局资助的一项课题。这项研究表明:利用一种新的观察技术研究人员可以确定,到底是什么因素限制了海洋藻类或浮游植物的生长,以及这种现象如何影响地球气候。

浮游植物是海洋微生植物,是海洋食物链的重要组成部分。一旦掌握了限制它们生长的因素,科学家们就可以更好地理解生态系统如何响应气候变化。而该项研究的焦点,是太平洋热带区域的浮游植物,它们在调节大气中二氧化碳和世界气候中起到关键作用。该地区也是大气中二氧化碳的最大来源。

贝兰菲德表示,我们发现氮是太平洋热带区域北部地区海藻生长和进行光合作用,主要缺乏的一种元素,而铁却是普遍都缺乏的一种元素。研究人员发现,当浮游植物由于缺乏铁元素而承受压力的时候,看起来更绿、更健康。一般地,越绿的植物生长得越快。然而,当缺乏铁元素时,绿色加重并不意味着浮游植物生长得更好。实际上它们承受着压力,而且并不健康。以上这些研究结果,解释了看起来很健康的浮游植物实际上并不健康的原因。

对于太平洋热带区域来说,修正这种"铁影响",使得研究人员对于该地区的海洋植物进行光合作用时,所利用的碳量低估了大约二十亿吨。这个数字表示,研究人员以前认为滞留在大气中的大量碳正在被除去。

关于浮游植物健康假象的研究结果,使得研究人员利用计算机模型,更精确地重建了世界上的碳循环过程。利用这个模型,资源管理者可以更好地了解碳汇和碳源的情况,以及利用和产生碳的娱乐业、工业和商业的影响。研究人员可以更好地把地球作为一个生态系统进行理解,并在未来的计算机模拟、分析和预测中将这些结果联系起来。

在这项研究中,美国宇航局的海洋观测全视场传感器卫星数据起到了关键的作用,而该研究的基础,还是船载荧光测量技术。当植物吸收阳光,并将一部分阳光以红光的形式反射出去时,就产生了荧光。1994—2006 年,科学家们沿着 36040 英里的航线,进行了大约 14 万次测量。结果发现,当浮游植物缺乏铁元素的时候,它们会发出更多的荧光。研究人员就利用这种方法,确定哪部分海洋缺乏铁元素、哪部分海洋缺乏氮元素。

(2)研究表明未来几千年海平面可能上升约 25 米。2009 年 6 月 22 日,德国蒂宾根大学发表新闻公报称，该校研究人员，与英国南安普敦大学和布里斯托尔大学同行组成的一个国际研究小组，通过比较海平面变化和南极气温的历史数据推算表明，未来几千年，即使大气中二氧化碳含量不变，气候变暖导致的冰雪消融，也会造成海平面上升约 25 米。

研究小组对红海海洋沉积物，进行了稳定氧同位素分析，由此重构了过去 52 万年海平面的变化。他们把这种变化，与南极冰芯研究中获知的，全球气温和大气二氧化碳含量历史数据进行比较，得出的结论是，在几千年的时间跨度中，全球气温、大气二氧化碳浓度，与海平面变化之间存在着密切联系。

研究人员认为，目前全球气温、大气二氧化碳浓度和海平面变化之间的关系，与上新世中期(距今约 300 万年至 350 万年)的情况是相似的。当时大气中二氧化碳的浓度，也达到了与现在较接近的水平，而当时的海平面则比现在高 25 米左右。按现在的气候趋势推算，未来几千年海平面，可能会上升到上新世中期的水平，即比目前高 25 米左右。

研究人员还强调，地质史显示，在气候剧烈变化情况下，有时 100 年内海平面就会上升 1 ~2 米甚至更多。

(3)研究表明 70 年内海平面将上升 60 厘米。2013 年 12 月，澳大利亚国立大学气候科学家埃尔克 · 罗林主持的一个研究小组，在《科学报告》杂志上发布研究成果称，他们的一项研究显示，就在接下来的 70 年内，海平面将上升 60 厘米，到 2200 年会上升 2.4 米。这项研究表明，数以百计的沿海城市面临消失的危险，而这只是个时间问题。

科学家现在称，海平面将持续上升，直到比现在高出 7.5 ~9 米。这个预测，是基于现在大气中的二氧化碳含量做出的，而未来大气中的二氧化碳含量还会增加，所以海平面上升的速度和幅度，应该比这个预测还要严重。

目前，约 6 亿人生活在高于海平面 10 米以内的空间，这些地区的 GDP 约占全球 GDP 总量的 10%。海平面上升、地面沉降和人口增长的联合作用，意味着到 21 世纪 70 年代暴露在洪水危险的人口可能增加三倍。研究人员发现，现在海平面上升的速度约是冰川世纪中的其他任何时期的两倍。与此同时，大气的温室气体水平和其他因素使温度上升，其速度比工业革命前其他时期，最高快 10 倍。

罗林表示："我们已经唤醒一个沉睡的巨人，它现在就待在这里。"科学家说，由于地球持续变暖，格陵兰和南极洲的主要冰原将开始融化，这个过程的开始和停止都需要一个很长的时间。

科学家根据现在大气中的二氧化碳水平得出上述结论。如果这个水平继续上升，南极洲东部冰原等被认为稳定的冰雪地带，可能也会开始动摇。罗林说，如果二氧化碳水平达到最坏情况，地球将面临"灭顶之灾"。

2. 海洋生态环境监测的新技术

(1)研制出监视海洋的新型水下无线技术。2007 年 10 月，有消息说，瑞典国防研究机构(FOI),雇佣800名全职科学家开发技术和研究,以及国防和安全领域的创新技术。

目前,国防研究机构已经开发出一种水下无线技术。它已经测试进行准确的气象状况、海洋污染和地震等方面的预报。这种新开发的水下无线技术,最初是为军事目的开发的。这种技术比传统的回声技术有很大的改进。传统的回声技术存在水下数据传输速度慢等缺陷。在欧盟的赞助下,这种技术进行了探测海洋环境变化等测试。

据介绍,这种无线技术能够用于准确预报地震,跟踪水下气候状态,监视海洋污染和气候变化,以及帮助石油和天然气行业进行勘探。无人驾驶水下航行器还能够每周7天每天24小时监视海洋的广阔区域。这种新技术能够传输图像、电影和声音,而且传输速度很快,能够显著减少大规模计划的成本。

(2)采用综合方法观测海水质量变化。2009年11月11日,德国波恩大学发表新闻公报说,测量海水质量变化是一个很复杂的课题。该校研究人员参加的一个研究小组宣布,综合采用多种方法,可以较准确地观测海水质量的短期变化,其测量结果有助于建立评估效果更佳的气候研究模型。

据悉,某区域内的海水质量,不仅与海水体积有关,还与海水温度和盐度有关,但后两者较难测量。为解决与此相关的准确测量问题,该研究小组采用了两种观测方法。

一是测量2002年发射的"格雷斯"(重力校正和气候试验)双子卫星之间的微小距离变化。这两颗由美国航天局和德国航空航天中心合作研制的卫星,在距地表约500公里的高度上绕地球飞行,为监测和研究陆地冰盖及冰川提供数据。

研究人员解释说,地球上某一区域的海水质量增大,其产生的引力会相应变大,这会导致上述两颗卫星的飞行高度,以及它们之间的距离,发生微小变化。

二是利用全球卫星定位系统(GPS)观测站,观测海底变形情况。如木板承重时会弯曲变形一样,一些区域的海底也会因海水质量变化产生的不同压力,而出现程度不一的相应变形。

研究人员综合分析以上述两种方法每周观测的数据,再辅以海洋数据模型分析,最终得出结论:全球海水质量,特别是高纬度区域的海水质量,会在一两周之内出现明显的规律性变化。而以往很多研究者认为,海水质量只会因降水、蒸发、结冰和冰雪消融等因素出现季节性变化。

德国研究人员希望,通过对比海水质量和体积变化,来推算海洋中所储热量的变化,研究其长期变化结果,将有助于建立评估效果更好的气候研究模型。

3. 海洋生态环境监测的新装备与新设施

(1)制造出用于水域环境探测的"腹鳍"潜水机器。2009年9月21日,英国巴斯大学研究人员宣布,他们制造出可像鱼一样利用"腹鳍"摆动,在水中前行的潜水机器。与使用螺旋桨的传统潜水机器相比,它更适合在海岸浅水处行动,可用于水域环境探测等。

新闻公报说，这一发明的灵感来自亚马逊刀鱼。这种鱼在腹部有一条长长的腹鳍，通过腹鳍摆动在水中自如行进。科研人员模仿这一特点，研制出的潜水机器外形像一艘小潜艇，但没有螺旋桨，而是在底部有一长条“腹鳍”。它的艇身是刚性不变化的，艇身中装有动力装置，可带动“腹鳍”摆动，从而推动机器前行。

研究人员说，与使用螺旋桨的潜水机器相比，这种靠“腹鳍”推动的“小潜艇”能源利用效率更高。在海岸浅水处，石头较多的复杂水域中，这种“小潜艇”的行动更灵活，没有螺旋桨被海草缠住的风险。它能携带水下摄像机，用于研究近海或河流中的生物生存环境，还可用于探测海洋环境污染或帮助海上钻井平台检查钻探设备等。

(2)设计出新型海洋科学考察船。据《泰晤士报》2009 年 11 月 28 日报道，法国建筑师雅克·鲁热里，设计出一艘名为“海洋空间站”的新型海洋科学考察船。

据介绍，“海洋空间站”高 51 米，与普通船不同，它是“竖着”的船，大部分船身处于水下，只有导航、通信设备和一个瞭望平台在海面上；科研和生活设施位于其海面以下的部分，船身下部有一个加压层，以便潜水员实施考察任务。船身上的窗户让科学家可以全天候观察水中的生物。它外形酷似太空船，船上的防碰撞系统也源自国际空间站的类似设计。

根据设计者的设想，“海洋空间站”首航将搭载 18 人，其中包括 6 名船员和 6 名科学家，还可搭载 6 名乘客。这些人可能是曾在严酷环境中接受过训练的宇航员，也可能是研究人类在潜艇内行为的科研人员。

鲁热里希望“海洋空间站”能成为海洋中的“宇宙空间站”，为探索海洋世界提供一个“窗口”，同时帮助科学家们研究海洋与全球气候变化之间的联系。他说，直到最近 50 年，我们才发现海洋里有四季、沙漠和森林。未来食物和药物将来自海洋。我们同时意识到，海洋在我们星球脆弱的生态平衡中，扮演着重要角色。

(3)建成可实现大面积长时间观测的海底观测站。2012 年 5 月 26 日，由德国亥姆霍兹海洋研究中心研发的“模块化多学科海底观测站”，首次投入使用，将在未来 4 个月内，对挪威北部的冷水珊瑚进行大面积科学观测和研究。

长期现场观测，是当代地球科学研究的要求，因为只有通过过程观测才能揭示机理，但一直以来海底观测都有一个瓶颈，科学家们很难同时兼顾时域和空域。如果以实验船为基础，进行大范围的海底观测，某一点的观测数据会因实验船耗费昂贵而局限在较短时间内；但如果在海底安装定点观测设备，往往又只能得到单点的数据，无法了解一个区域的情况。不过这一难题正在得到解决，位于基尔的德国亥姆霍兹海洋研究中心，研发了一种新型海底观测站，可以针对不同的问题对海底进行大面积长时间观测。

这一名为“模块化多学科海底观测站”的观测系统，主要由一个主海底着陆器(MLM)、3 个卫星海底着陆器(SLM)、3 个涡流相关模块(ECM)和 2 个锚固模块

(VKM)组成。观测站的各个模块,通过有缆遥控水下机器人安装到海底,各模块通过水下声学遥测与中央通信模块相连。

该新型海底观测站可以根据不同的科研需求,配置不同的实验设备,其集成的基础就是中央通信模块。此次科学考察的首席科学家奥拉夫·普凡库赫博士,在谈到新系统的特点时表示,该模块与所有海底的其他测量设备进行通信,通过它科学家们首次可以同时从多个海底设备获得同步和连贯的数据。由于不需要复杂的海底电缆连接,观测站各个模块之间没有必要固定在一个小的区域中,整个海底观测站可以通过一个中型的科研船安置、回收或在实验过程中重新布置。而在海底的具体安装工作,则由亥姆霍兹海洋研究中心新研发的有缆遥控水下机器人来完成。

至于为什么要研究靠近北极地区的挪威北部海底的冷水珊瑚礁,普凡库赫博士说,通过新型海底观测站,海洋科学家,可以经济灵活地研究,海底和近海底水层中不同因素之间的长期相互作用。海洋和海底没有过程是独立的,海底的形状会影响洋流,而洋流影响养分运输,与之相伴的生物体则在它们死亡之后沉积形成新的海底。如果我们要在全球气候变化和海洋生物资源的可持续利用研究上取得重大进展,就需要了解所有这些进程在时间和空间上的相互作用。

三、水灾监测与防护的新进展

1.洪水预测与监测方面的新成果

(1)开发出范围精确度达到50米的洪水预测软件。2005年8月,日立制作所和日本气象协会,共同开发出洪水预测软件,用以改善针对台风和暴雨引发洪水的防御对策。

这一洪水预测软件,把预测范围从原来的方圆250米精确到50米,能够模拟包括中小河流在内的,大部分河流洪水发生时的情况。使用时,只要把可能决堤的地点及受灾规模输入电脑,根据气象厅的降雨预报和地理数据,电脑屏幕就会显示出三维地图,计算出溢出水量,绘制洪水随时间漫溢图,并用不同颜色表示受灾地区的不同水深。

根据日本刚刚开始实施的《改正水防法》,各地方政府有义务绘制全国各地约2000条中小规模河流的受灾预测地图。受灾预测地图的精度得到提高后,地方政府将能够实施更加有效的防灾对策。

(2)开发出洪水智能监测系统。2006年10月,英国电子科学核心计划署发表新闻公报称,英国电子科学核心计划研究署科学家负责,英国莱斯特大学研究人员参与的一个研究小组,最近开发出一种洪水智能监测系统,可以对突然暴发的洪水发出预警。目前这一系统正在约克郡进行测试。

新系统利用网络计算,可及时发出洪水警报,以便采取预防措施,降低洪水造成的损失。

新闻公报说，该监测系统由13个智能回声传感器和一部数码相机组成。每个传感器装有一个比口香糖包还小的高性能计算机，以无线方式与网络中的其他传感器相通，形成计算网。这些传感器可以被安置在洪灾易发地点，专门向这些地点发出快速警报。

当洪水来临时，传感器可根据情况改变它们的协作运行方式，即使某些传感器被水淹没或冲走，网络仍可继续监测洪水的情况。此外，传感器还有自身能耗调节功能，干旱时将电池储备起来，供洪水一旦发生网络加速运行时用。

2. 水灾防护研究方面的新成果

（1）大型全球水灾防护软件系统研究进入新阶段。2112年4月24日，欧盟联合研究中心，在奥地利维也纳举行的为期5天的，由世界95个国家地质科学、大气物理、气候变化、资源环境和自然灾害等相关领域，万余名专家学者出席的欧洲地质科学联盟2012年会上，正式对外宣布，欧盟研究人员充分利用大量的天文、地质、气象、气候和水文基本数据及分析模块，研制开发的可提前两星期预测世界范围内重大水灾的，全球水灾防护软件系统的设计和研发目标已基本实现，将于近期进入全面的测试验证优化阶段。

欧盟联合研究中心宣称，该系统在研制过程中，已首次成功预报了2011年，发生在东南亚国家的重大水灾，并在实际救灾援助和救助生命实践中，证实了其广泛应用的潜力。该系统最近一次的成功预报，是于2012年3月发生在澳大利亚的重大水灾。

该系统的研制成功，预示着人类在预防和控制自然灾害方面又向前迈进了一大步，可以成为帮助人类进行正确决策的有效工具。该系统有利于国家或区域水治理当局、水资源管理机构、水电工业企业、民防工程设施部门、水灾一线指挥部和国际救援组织，积极采取合理的政策规划和行动措施。

（2）开发可提前预防洪灾风险的区域水力学模型。2013年9月上旬，美国法特瑞互助保险公司的曲铁众博士领导的一个研究小组，在2013年度国际水利学大会上，做了题为“一种可用于编制大流域河流洪水灾害图的区域水力学模型方法”的学术报告，并发表了同题论文，受到政府、企业和公众的关注。

这项成果对于提前有效预防洪灾风险、综合洪水风险分析，以及减灾防灾，有着至关重要的作用。相关水利研究部门在制作洪水风险图的过程中，因为所使用的方法和基于数据不同，可能会导致所制作的洪灾风险图质量良莠不齐，所传达的信息可能大相径庭。

该研究小组，从工程技术角度制定洪水风险图与现实防灾减灾的需求与差距，开发出一种可用于编制大流域河流洪水灾害图的区域水力学模型方法。

研究人员表示，为了更好地处理大量的数字地图和监测站实测数据资料，他们开发出一套处理空间数据的工具。这套工具可以有效地从地形数据中，导出并验证高密度河网和流域特征等参数数据，从而用于建立相应的水文、水力学模型。

对于大型河流，使用基于统计学的洪水频率分析方法；而对于小的河流、河段，利用水文模型并使之结合到相关的统计数据中，从而推断出此段河流所迎来的洪峰频率及最大流量。水力学模型被用来从洪峰流量计算洪水水位。当得到所有的水文、水利模型，以及相关数据以后，曲铁众利用“洪水淹没模拟”工具，绘制准确率较高的洪水风险图。

目前，这种由区域水力学模型所制作出来的洪水风险图，已经被实践应用到德国的一个大型水域流域，相应的实验结果，在已有的数据比较中得到了验证。

四、地震灾害及其防护研究的新进展

1.地震灾害机理研究的新进展

（1）开展页岩气开发与小型地震关系的研究。2012 年 5 月 1 日，加拿大《七天商报》报道，加拿大科学家和美国、英国科学家联合开展一项研究，就开发页岩气是否会诱导小型地震之间的关系开展联合调查。

加拿大最西部的卑诗省，又称不列颠哥伦比亚省，已有多年开采页岩气的历史，采用水压爆裂方法，把高压水等液体通过钻杆注入地下爆裂岩层，一般钻入地下 1500 ~ 3000 米深，将页岩中贮存的天然气释放出来。同时，卑诗省处于圣安德烈斯断层北端、北美板块构造的俯冲带上，每年小型地震众多。近年的统计数据表明，加拿大小型地震数量日益增加，引发科学家猜想是否与页岩气开发有关。

加拿大自然资源部地震学家卡西迪表示，目前的研究处于初期，主要是从统计学角度分析页岩气开发，对于诱导小型地震之间的是否有关联。卡西迪认为，目前尚没有证据显示，页岩气开发与北美大型地震相关，但很多民众和一部分非相关领域的学者，对页岩气开发是否会诱导小型地震，认为有一定的联系，但又缺少科学依据。本项研究，就是想就此做出一些科学分析。

卑诗省每年大约会有 2000 次的小型地震，震级在 2 ~ 3.5 级之间，属于微震。近年来随着页岩气的开采，小型地震的数量有所增加，每年增加了 20 ~ 30 起。研究人员希望能通过分析，找出这些增加的微震数量是否与页岩气的开采有关，例如地震是否与注入强压液体有关，还是与当地地震构造、应力场、岩石类型或与注入水的体积相关。

与此相关，该研究还关注水压爆裂法对地下水环境的影响，如水压爆裂后水与甲烷等混合形成混合液体对地下水造成的影响。

（2）研究发现强震可造成周边火山下沉。2013 年 6 月，日本京都大学防灾研究所高田及其同事，与智利有关专家共同组成的一个研究小组，在《自然 · 地球科学》杂志上发表论文称，他们通过分析来自卫星雷达绘制地震前后地形的数据发现，大规模的地震会造成远处的火山下沉。

研究人员称，2010 年在智利马乌莱发生的 8.8 级地震，造成位于 220 千米之外五个火山带相似程度的下沉。2011 年在日本东北部发生的里氏 9.0 级地震引发海啸,造成距离震中200公里岛屿本州岛一连串火山的沉降达15厘米。研究人员指出,这种现象是否会引起火山爆发的风险,尚不明确。

发生在日本和智利的地震属于俯冲型,地壳的一部分滑向另一板块的下面。如果其移动不顺畅,张力可以积聚在几十年或百年之后突然释放,有时会造成灾难性的影响。在这两种情况下,发生于山脉的下沉会导致水平方向的地震。

高田说:"2011年的地震,造成日本东部地区东西方的张力。火山下面的热量和软岩,以及中心的岩浆被横向拉伸,并呈现垂直扁平状。这种变形引起火山沉降。"

智利的火山研究人员表示,2010年发生在智利的地震,引起沿着拉伸跨越400千米处发生沉降。尽管成因与日本的似乎有所不同,但在智利的地面变形发生了15千米×30千米的巨大椭圆形球场。火山地区之下滚烫热液流体"口袋",可能在地震的作用下,已通过被拉长的岩石层渗流出。其次是在1906年和1960年发生在智利俯冲带的两次地震,随后一年之内,在安第斯南部火山带爆发地震。

高田说,2011年的地震,对于本州火山爆发的风险影响目前还不清楚。在这个阶段,不知道火山喷发与我们发现下陷之间的关系。而我们需要进一步了解岩浆运动。

2. 预测地震灾害的新技术

(1)通过大气电离层电子浓度变化预测地震。2005年9月,有关媒体报道,俄罗斯科学院航空宇宙监测科学中心通过多年研究发现,地震前震中上空大气电离层电子浓度发生着急剧改变,因此,跟踪大气电离层电子浓度的变化可预测地震的发生,从而最大限度地减少地震带来的人员伤亡和财产损失。

为了周期性的观测大气电离层的状态,俄国研究人员使用了无线电信号。卫星释放出的双频无线电信号可以被地面站接收到。在卫星定位系统双频信号的基础上,研究人员研制出了计算信号参数变化的算法,并编制了计算机程序。

研究人员指出,2004年9月16日至22日,发生在俄罗斯加里宁格勒的地震事件,验证了跟踪大气电离层电子浓度变化预测地震的方法。那次地震,是在同一地方以2.5小时为间隔发生的,地面卫星信号接收站距离震中在260~320千米。观测数据表明,震前的3~5个昼夜的时间内,电离层电子浓度在增长,而在震前2个昼夜的时间内电子浓度的最大值大大下降了,电离层电子浓度急剧下降只发生在震中附近,位于震中1100千米的地面设备记录的信号,没有任何改变。因此,可以认为,电离层电子浓度的急剧下降,是由于地震效应引起的,电离层的这种状态就是要发生地震的征兆。

有关专家指出,利用该科研成果和GPS卫星系统,实际上可以监测地球上任何地震带的变化,该方法对预测短期地震很有价值,条件是大气电离层电子浓度的变化,应该是周期性测量得到的。

(2)通过监测由宇宙射线引起的地下声波来预测地震。2012年12月,俄罗斯科学院列别杰夫物理研究所，空间辐射研究室主任弗拉基米尔·里亚博夫领导的一个研究小组，向媒体公布的一项研究成果称，他们提出了预测地震的新方法，也就是通过监测由宇宙射线引起的地下声波来判断地层活动情况，这个理论已经在实验中得到初步验证。

里亚博夫对媒体解释了新方法的原理：宇宙射线中含有一种穿透性极强的μ介子，它可以穿透地下较深的地方，被穿过的地下介质会释放能量、引起振荡并发出声波。这种声波能反映地震发源地的形成情况，振幅越大说明地层活动越剧烈。

这一理论已得到初步验证。2011年日本福岛大地震发生前后，安放在哈萨克斯坦高山科研站的传感器，记录了地底传来的异常声学信号。研究人员认为，声波振幅在长期监测中的异常变化，可以作为预测地震的指标。

地震预测一直是个世界性的难题，现在还没有特别有效的方法。里亚博夫表示，目前广泛使用的地震预测方法准确性不高，如果上述方法能够被进一步验证和完善，可以增添一种帮助预测地震的新工具。

(3)首次通过钻孔来预测地震。2014年7月，有关媒体报道，新西兰下赫特市地质与核科学研究所，构造地质学家鲁伯特·萨瑟兰领导的一个国际研究小组，正在第一次准备把一组传感器，深深地植入一个地震断层，从而记录一次大地震的积聚和发生过程。该研究小组将在新西兰的阿尔派断层，钻一个1300米深的洞，并由此收集重要的数据，这将有助于他们预测未来发生的地震。该断层大约每330年断裂一次，进而引发一场地震(震级曾达8级)。最近的一次地震发生在1717年，因此下一次地震预计在最近的任何时刻都有可能发生。

萨瑟兰表示："如果我们继续记录下一次地震，那么我们的实验将会非常特别。"他说："在大地震之前和过程中的一个完整的记录，将为其他地质断层的地震预报提供基础。"

阿尔派断层沿着新西兰南岛纵横约600千米长，是太平洋板块与澳大利亚板块的交界。每一年，这两个板块都会彼此交错滑行2.5厘米，并因此积聚了巨大的压力。萨瑟兰说，地质学家相信这一断层"已经为下一次断裂做好了准备"，在未来50年里发生地震的概率为28%。阿尔派断层被选择为钻探地点，是因为它的地震周期是如此之近。

2011年，该研究小组完成了该项目测试阶段：深断层钻孔项目1(DFDP－1)的工作，他们打了两个炮眼，其中最大的一个到达了断层内部151米的地方。

在未来的两周，DFDP－2的工作即将开始。此次，研究人员将在怀塔罗瓦村附近的相同地点，钻一个直径10公分、1300米深的洞。在这一深度，研究人员将能够到达两个板块相遇的"破碎带"，从而可以测量地壳深处，即地震起源处的相关参数。

DFDP－2项目将耗资约200万美元，该项目得到德国波兹坦市国际大陆科学钻探计划，以及惠灵顿市新西兰皇家学会马斯登基金会的支持。

试验的第一部分，将包括采集地质样本，以及在钻孔中放入传感器，从而测量断层内部的温度和压力。在用来记录地震活动关键指标，包括图像、声音、温度和压力的仪器，被放入断层之前，钻孔将被强化和加深。研究人员希望在2014年12月上旬，完成所有的钻孔及传感器布放工作。由传感器采集的数据将被输入计算机模型，从而用于测试有关断层破裂的理论，并将帮助研究人员开发在地震周期的不同时间点上断层是如何活动的详细模型。

并未参与该项研究的加的夫市英国地质调查局地质学家戴维·布恩表示，这项工作将有助于改进人们对于板块边界机制和地震灾害的认识。他说，此次钻孔将巩固对地壳中应力积聚建模的科学性，更重要的是对应力释放的了解。这种应力释放会造成大的破坏性地震，以及次生灾害，例如海啸、山体滑坡和液化，即土壤的行为像液体一样。

3. 监测地震灾害的新仪器和新设施

（1）研制出根据电解液中电荷变化测量地震的仪器。2004年7月，俄罗斯莫斯科物理工艺研究所科兹洛夫等人组成的一个研究小组，成功研制出一种新型地震仪，可根据电解液中电荷运动的变化测量地震，其制造成本远远低于传统地震测量仪器。

科兹洛夫介绍说，他们在一个装有电解液的管状容器中，安装了两个均由导线构成的立体网状电极，容器两端被有弹性的薄膜密封，电极则与外部电路相连。电解液中的正、负离子使溶液导电，从而接通电路。

地震发生时，容器中的电解液发生晃动，导致电极“接收”到的电荷量发生变化，引起电路中的电流变化。专家根据此前的大量计算与实验，已确定了各种电流变化所反应的地震波信息，在用传统方法进行数据放大后，便可推算出地震强度等相关情况。

传统地震仪大多依靠力学原理，通过记录仪器中某些部件的相对运动，提供地震的相关数据，因此造价较高。目前，俄罗斯研究人员已制成6个新型地震仪，能够检测范围在0.005赫兹至100赫兹以内的振动频率，并准备投入大规模工业化生产。

（2）构建新型实时地震灾害分析网。2012年4月24日，美国国家航空航天局，对外展示了应用GPS系统监测美国西部地震灾害情况的研究成果。一种使用GPS技术，建立的新型实时地震灾害分析网，即将用于对地震灾害监测和精确预报海啸工作之中。

这个已经筹建多年的监测研究网络，得到了美国国家科学基金会、国防部、美国国家航空航天局和美国地质调查局等部门的支持。该网络利用实时GPS技术，收集来自加利福尼亚、俄勒冈和华盛顿三州近500个观测站得到的数据。当大地震发生后，GPS数据被用于自动计算出地震的一些重要特征，如位置、震级和详细的断裂层情况等。

精确而迅速地鉴别里氏6级以上地震的情况,对于减轻灾害损失和采取应急措施十分重要,特别是对于预防海啸。计算海啸的强度,需要地震震级大小等具体信息,以及地震波在地面运动的状况,而捕获这方面的数据,对于传统的地震学仪器来说是十分困难的,因为这些仪器一般只用作测量地面的震动情况。使用GPS进行高精度、以秒计算的地面位移监测,可以有效减少测定大地震特性的时间,提高对随之而来的海啸预测的准确性。据美国国家航空航天局介绍,该网络能力得到全面验证之后,将被美国地质调查局和国家海洋和大气管理局分别用于对地震和海啸的监测和预报工作。

美国国家航空航天局总部地球科学部自然灾害项目负责人克雷格·布森认为,通过网络,人们能够继续通过开发和应用GPS实时技术,提高国家和国际早期灾害预报系统的能力。该网络技术朝最终实现预报太平洋盆地自然灾害情况,迈出了关键的一步。

参与研究的加州斯克里普斯海洋学研究所耶胡达·博克介绍说:"使用GPS测定大地震引起的地面变形情况,让我们仅用几秒钟时间就测定出由地震波造成的损失情况。目前我们已经做好在今年全面测试该系统的准备。"

与常规灾害监测网相比,使用GPS技术获取地震等自然灾害情况,具有实时、快捷和准确等优势,因此,美国国家航空航天局在很多年前,就开始组织力量将这一技术,应用到地震等自然灾害监测研究中。

4.发明地震灾害的新型预警系统

(1)发明震波抵达前200秒手机发警报的地震预警系统。2005年7月13日,墨西哥理工学院教授、国家科学院院士巴埃纳·迪亚斯领导的一个研究小组,发布的新闻公报称,他们发明的一种地震预警系统,可以在地震波抵达前200秒,通过手机向人们发送预警信号。

迪亚斯说,该系统由三部分组成,埋在地下用于测量地震波的感应设备、负责把地震波信息发送至卫星的传送设备和把预警信号放大并发送至手机用户的卫星。

他解释说,地震发生时,感应设备探测到震源的位置,系统根据地震波的速度和震中距离首都墨西哥城的距离,计算出抵达的时间,然后由传送设备把信息发送至卫星,再由卫星把预警信号发送至首都居民的个人手机上,对于发生在太平洋沿海的地震,通过该系统,首都居民可以提前200秒得知地震的信息。

迪亚斯表示,目前墨西哥理工学院在太平洋沿岸的瓦哈卡州、格雷罗州和米切肯州,分别埋设了感应设备,对于这些州沿海发生的地震,如震动超过里氏5级,该系统将自动激活,届时住在墨西哥城的手机用户将获得预警,经过最近几次对墨西哥南部太平洋沿海地震活动的跟踪,该系统预警成功率在90%以上。

(2)推出提前25秒发出预报的新型地震预警系统。2006年9月,国外媒体报道,罗马尼亚是地震频发的国家之一,人们对一些轻微地震引发的建筑物晃动,似乎早已习惯,即使是媒体也不愿对此做太多报道。

罗马尼亚发生的地震,震源经常位于地表110~150千米以下的地心深处。专家们因此重点开展了即时地震预警研究:当110千米以下的地壳深处发生地震时,地震波传播到地球表面需要28~32秒的时间。而专家们在当地设置的电子感应仪只需2~3秒的时间,即可将地震发生的消息迅速通知到有关人员。

也就是说,专家们至少可在毁灭性打击到来之前25秒钟,得知地震已经发生。在现代条件下,这25秒钟已足够拯救成千上万条生命。2006年4月,罗马尼亚国家地球物理研究所在弗朗恰的两个地震观测站,对他们研制的一种地震即时预警新系统进行演示。

该系统共有3个感应器,可在1~2秒内确定是否发生地震,同时系统会自动将地震警报发往首都布加勒斯特,无须人工操作。

该系统的创新之处在于,在警报发出后的0.9~1.2秒之内,强震发生时可造成重大损失的大型企业将自动停止运行,天然气、石油管道、切尔纳沃德核电站等会自行关闭。此外,系统同时还可以让正在运行的电梯和高速列车,行进至安全位置,以尽可能减少伤亡。

五、海啸灾害防护研究的新进展

1. 建成人造海啸灾害实验装置

2005年7月,有关媒体报道,日本建成世界上最大的人造海啸实验装置。该装置,将为研究海啸预测技术提供重要的实验依据。

这一装置建在神奈川县横须贺市港湾机场技术研究所,可制造出高出水面2.5米的人造海啸,被海啸冲击的建筑物,每平方米受力高达10吨。在实验中,两米高的木制房屋被瞬间摧毁,房内的家具和室内人物模型被海浪吞没。

日本是一个自然灾害多发的国家,其中全世界里氏5级以上的地震,每年有20%以上发生在日本,而地震可能带来大规模的海啸。因此,日本政府和科学界对研究如何预测海啸十分重视。

2. 开发海啸灾害预警设备系统

(1)成功研制出海啸预警仪器。2006年12月23日,印度尼西亚《世界日报》报道,印尼成功研制出“海啸评估与报告深海探测仪”,并计划在2007年制造6台投入使用。

据报道,印尼工艺研究与应用机构主席沙伊特·日尼尔说,这台仪器造价约51万美元,将设置在爪哇岛与苏门答腊岛之间的巽他海峡。

目前,印尼海域设置的3部海啸预警设备均为国际社会援助,其中马来西亚政府捐赠的安置在亚齐海域,德国政府提供的安置在苏门答腊岛以西海域,另外一台由美国制造的设备安置在巴厘岛海域。

印尼气象与地球物理局官员称,印尼国产设备的加盟,将使印尼拥有最先进的海啸预警系统,能在5分钟内确定是否发生海啸。

(2)印度洋海啸预警系统有效运行。2012年4月12日,联合国教科文组织发布消息,2011年11月正式启动的印度洋海啸预警系统,在4月11日印尼苏门答腊岛西海岸发生强烈地震后,有效运行,及时做出预警。

4月11日,印度尼西亚苏门答腊岛附近海域在约两小时时间内,连续发生里氏8.6级和里氏8.2级地震两次,后一次地震可能为前一次的余震,震源深度16.4千米。地震引发了小规模海啸,幅度高达1米。

地震发生后,印尼气象服务部门在该地区首先发出了海啸预警。其后印度洋区域海啸咨询服务提供商,分别在印度、澳大利亚,以及日本发布海啸警报,而设在夏威夷的太平洋海啸预警中心也发出警告,不过随后撤除。

印度洋区域的海啸由澳大利亚、印度和印度尼西亚的服务提供商进行监控,并通过广播、电视等手段告知公众,民众也可通过登录网站的方式了解实时信息。

2004年12月26日,印尼附近海域发生里氏9.2级地震,而其引发的印度洋大海啸,造成14个国家的近30万人死亡,在人们记忆中留下难以抹去的伤痛。此次巨大灾难后,联合国教科文组织政府间海洋学委员会,协调印度洋沿岸各国共同建立印度洋海啸预警和减灾系统,通过与夏威夷太平洋海啸预警中心和日本气象厅提供的咨询服务合作,进行印度洋海域的海啸预警和追踪。

教科文组织政府间海洋学委员会,还积极协调东北大西洋、地中海及加勒比海等地区海啸预警系统的建立。

六、其他生态环境灾害防护的新进展

1.开发防火灾、防山崩和防辐射的监测预警系统

(1)研制仿生低成本新型火灾报警器。2005年7月,德国媒体报道,德国波恩大学动物学家领导的一个研究小组,受松甲虫启发,正在研制一种方便快捷、成本低廉的新型火灾报警器,以及早发现和报告火灾。

据报道,松甲虫主要生活在北美和加拿大。雌性松甲虫喜欢把卵产到被烧焦的树木上。由于大多数昆虫不会去光顾被烧焦的树木,松甲虫的卵因此不易受到伤害。幼虫那里有足够的食物供它们享用。

研究人员说,松甲虫腹部侧面的两个感觉器官,对红外线特别敏感,能感觉和确定火源地点。这是因为,松甲虫的感觉器官,由大约70个感觉细胞组成。每个感觉细胞,都是一个微小的硬表皮球体。这个硬表皮球体,对3微米波长的热辐射的吸收特别好。在吸收过程中,表皮球体会变热、扩张并刺激感受器。松甲虫因此可以利用这种波长的辐射,辨认出几十千米之遥的火灾源。研究小组就是由此受到启发,希望借助这一原理,研制出新的红外传感器,以更加及时地发出火灾

警报。

报道说，虽然消防瞭望塔、直升机或卫星等，都有助于及早发现火灾，但人们一直都希望，能够开发出，成本低廉且能自动及时发出火灾警报的新技术。

(2)开发出山崩的声学实时监测系统。2006 年 6 月，有关媒体报道，英国拉夫堡大学岩土工程的高级讲师尼尔·狄克逊博士领导的一个研究小组，开发出一种新技术，用于山崩的预测。这一技术，有望在全球范围内减少因山崩造成的数百万的人员伤亡。如果通过检验，那么拉夫堡大学设计的这项声学实时监测系统，将有望降低这一自然灾难所带来的危害。

这种声学实时监测系统，通过收听地质运动的声音，来确定山体斜坡的稳定性。它通过附带传感器的管子，收集山体土壤粒子移动的高频声音，之后收到的信息传给电脑，研究人员据此可以分析出山体斜坡的稳定性。英国纽卡斯尔大学正在对这一系统进行检验，大约需要 3 年时间。

声学实时监测系统，有望对山体斜坡运动做出最为明确的反应，并推动传统监测技术的发展。狄克逊博士说："全球每年有相当数量的人死于山崩。我们不能控制山体斜坡，但一旦有山崩发生，像这样的监测系统可以提前给我们警示，从而使我们做好防御工作。"

研究人员说，山崩有时长达数小时，有时只是几分钟。目前来说，提前五分钟或是十分钟接收到山崩预警，对于疏散公寓和马路的人群，挽救生命来说，可能是绰绰有余的了。

(3)研发新型太阳风暴预警系统。2012 年 7 月，美国特拉华大学学者约翰·比伯牵头，他的同事及韩国忠南大学和汉阳大学研究人员参与的一个国际研究小组，研发出一种新型太阳风暴预警系统，该系统能分析太阳风暴中飞向地球的高能、高速带电粒子流强度，并根据其中的质子能量，提前 166 分钟发出预警。

研究小组研发的这一预警系统，可针对特定辐射级别，预测高能带电粒子何时达到峰值。该系统的设备可测量太阳风暴中首先抵达地球的高能、高速带电粒子流强度，从而使研究人员提前评估此后到达地球、速度较慢、但潜在危险更大的粒子流，预测其潜在危险水平。

比伯说，提前 166 分钟发出预警，可让在太空执行任务的航天员，躲进航天器内的隔离区，也可提醒在地球磁场较弱的极地飞行的驾机者，及时降低飞行高度，以便受到地球磁场更多保护。

太阳风暴是指太阳在黑子活动高峰阶段产生的剧烈爆发活动。这种爆发会从太阳表面向太空释放大量高速带电粒子流。这些粒子携带的能量惊人，通常会以每小时几百万千米的速度向地球袭来，并能在一天之内到达地球，有可能对人造卫星、无线电通信和地球供电系统造成威胁。

2. 开发避免鲨鱼袭人灾难的设备

研制出新型防御鲨鱼袭人装置。2005 年 7 月，外电报道，在世界各地鲨鱼袭人事件屡有发生,怎样在保护人类和保护鲨鱼之间找到一个生态平衡点？巴哈马的鲨鱼保护者经过潜心研究,终于研制出一种新型鲨鱼防御装置。这种装置,能够喷射出一种无毒无害的化学物质,鲨鱼一闻到这种化学物质就会自动远离。

据报道,研究人员从鲨鱼的腐尸中,提取化学物质制成液体来驱逐鲨鱼。他们提取了100多种物质,经过多次实验,配成了类似于鲨鱼腐尸气味的液体。

研究人员希望,这种让鲨鱼产生自然排斥反应的化学物质,能够保护更多人的生命,从而使人和鲨鱼在大海的生态环境中和平共处。

第三节　生态环境保护成效与恢复技术

一、生态环境保护的新成效

1.推进生态环境保护的基础性工作

(1)绘制出最全面的全球植物物种分布图。2007年3月,美国每日科学网站报道,美国加利福尼亚大学圣地亚哥分校生物学助理教授耶茨主持,波恩大学内斯植物多样性研究所的克雷夫特等参与的一个国际研究小组,绘制了一份最新的反映全球植物物种多样性的地图,涵盖数十万个物种,是迄今最全面的地球植物物种分布图。

报道称,这份地图连同一份研究报告,刊登在近日出版的美国《国家科学院学报》网络版上。科学家们说,这份地图突出了那些特别值得保护的地区,还为测量气候变化,对植物和人类可能产生的影响,提供了非常必要的帮助。另外,它还可能有助于确定值得进一步关注的地区,以便发现人类未知的植物或药物。

耶茨说,植物为人类做出了重要贡献,与人们生活息息相关,但我们还远远没有了解世界上30多万个植物物种的单独分布情况。

克雷夫特说,气候变化,可能促使一些具有重要药用价值的植物,没等我们发现就灭绝了。这次关于全球范围内植物多样性与环境复杂关系的生态研究,可能有助于避免此类潜在的灾难性疏忽。

(2)绘制完成土壤细菌分布图。2011年4月,英国生态与水文学中心罗伯特·格里菲斯博士主持,安迪·怀特利教授、马克·贝利等他的同事或来自纽卡斯尔大学和牛津大学多名科学家参与的一个研究小组,在《环境微生物学》杂志上发表研究成果称,他们成功绘制了英国首张土壤细菌分布图,该图对英国土壤中的微生物进行了迄今为止最为全面和详尽的测定。

研究人员对采集自英格兰、苏格兰,以及威尔士的1000份土壤钻孔样本进行检测、分析,并绘制出这幅土壤细菌分布图。研究显示,细菌多样性程度与土壤pH值密切相关,地下菌落和地面植物群落之间,也存在着极为密切的关联。细菌是土壤多样性的主要组成部分,在维持土壤健康方面发挥着重要作用,对种植业发展和固碳都有着十分重要的意义。

格里菲斯说:"迄今为止我们对细菌群落差异性的认识,在整体上还十分有限。新的研究,首次在宏观上对英国土壤细菌群落的分布状况进行了描述,为此后土壤细菌多样性,以及土壤生态系统等更为复杂的研究,奠定了基础。"

怀特利说:"外出散步时,我们绝大多数人都不会注意到脚下那些只有通过显微镜才能看到的细菌,但它们的数量和作用实际上都十分惊人:一个脚印大的一块土壤中就有将近 100 亿个细菌,它们在保持土壤肥力、维持地球温室气体循环方面,均发挥着不可替代的作用。新研究中,我们试图揭开地表中这些视野之外的微型群落,并以此来弄清菌群以怎样的方式存在,以及为什么要这样,它们在人类生活中发挥着怎样的作用。"

贝利说:"英国生态与水文学中心,曾在 1996 年时绘制了英国首张洪水风险地图。15 年后,我们又绘制了世界首张土壤微生物分布地图。从今年开始,我们将把部分土壤样品和原始数据提供给更多研究人员,以让它们发挥出更大的研究价值。"

此外,本次实验中所使用的部分土壤样品和细菌 DNA,还将作为历史资料冷冻保存下来,以方便未来的研究人员,研究气候变化对土壤细菌多样性的影响。

(3)开发环境与经济综合数字地图。2011 年 9 月 23 日,巴西媒体报道,巴西圣保罗大学理工学院地理、工程与运输研究室一个研究小组,开发出一种地区性环境与经济社会状况数字地图,为投资决策提供实用、方便的参考依据。巴西重要港口城市桑托斯地区的数字地图集已率先绘制完成。

该研究项目名为"桑托斯地区环境与经济社会地图集",于 2006 年启动,得到了圣保罗研究基金会、巴西环境部、巴西环境研究所、巴西可再生自然资源研究所、巴西环境技术研究所,以及巴西空间图像解析公司等的支持。

目前,企业或社会投资主体为评估一项建设项目的影响,或启动工业及港口项目建设,需借助一系列大量的数字或印刷报告,包括广泛的各种资料,但这些资料有时仍然不能给人清晰的说明。为使评估过程简便、快捷,研究人员开发出一种数字地图集,可连接地理数据库。该数字地图集将某一地区的环境、文化、社会、经济等各种资料统合在一个平台上,语言精练,十分便于采集。

研究人员介绍说,这种环境和经济社会状况检索工具,过去还没有过,它可以用于任何地区。目前,研究小组正在开发一个网站,以方便用户查阅。通过这个门户网站,用户可以访问一个地区的有关图表、视频、地图;也可以浏览感兴趣的不同主题,并就项目所处的生态体系进行评估,例如,可以通过点击地图上的一个特定地区,查阅其污染水平,评估其是否符合有关环境标准。

(4)绘制出受气候变化影响的物种地图。2014 年 2 月 10 日,一个由来自澳大利亚、加拿大、英国、美国、德国、西班牙等国的 18 位科学家组成的国际研究小组,在《自然》杂志上发表研究成果称,他们绘制出了气候变化对物种影响的地图。

研究小组通过分析1960—2009年期间,海面和陆地温度数据,并对未来气候变化进行评估,用地图方式显示出未来气候变化的速度、方向,以及气候变化对生态多样性的影响。研究结果显示,由于气候变化仍在持续,动、植物需要适应变化,甚或通过迁移以寻找适宜的气候。

澳大利亚联邦科学和工业研究组织科学家,埃尔薇拉·博罗赞斯卡认为,这一研究成果将为保护动、植物提供重要信息。生态地理学家克里斯滕·威廉姆斯说,澳大利亚也在经历气候变暖。在陆地,已有很多生物开始向更高海拔或更高纬度地区迁移。但也有一些物种无法长距离移动或根本无法移动。

另外,海水的变暖和不断增强的东澳洋流,也在改变着海洋生物的生存环境。原本"足迹"最南只达新南威尔士南部海域的长刺海胆,如今也出现在塔斯马尼亚州附近海域,导致那里的海藻林大面积消失,对当地的岩龙虾养殖业造成严重影响。

昆士兰大学的安东尼·理查森指出,面对前所未有的气候变化,以及已经被过度索取的地球,人们需要迅速采取行动,尽可能地保护地球生物资源在气候变化中得以幸存。

(5)摸清森林与农田共存之道。2014年2月,有关媒体报道,对农民来说,树林是一个"大麻烦"。树木吸收阳光、水和土壤中的养分,而这些营养物本来是给农作物准备的。但事实上,向日葵和蚕豆可以从附近的森林中获益。

刊登在《生态学与进化》上的一项研究显示,这些物种和其他开花作物,距离森林边缘越近,就有越多的野蜂能找到这些作物并对其授粉。研究人员在一片生长在森林边缘附近的油菜花中,发现了一些野生蜜蜂。油菜花能够引诱蜜蜂,使蜜蜂误将其黄色或紫罗兰色的花瓣当作真的鲜花。

当蜜蜂飞到油菜花上时,会被花瓣内缘的水困住。随着研究者发现,越往油菜花田深处走,见到的蜜蜂数量越少。即便是见到了,其个头也要比在田地边缘处见到的蜜蜂个头大,这意味着许多蜜蜂的体形不足以支撑它们飞到田地深处。

全世界的蜜蜂数量正在减少,但农民可以通过保护田地边缘的森林来帮助这种昆虫。最理想的农田森林边界,不是泾渭分明的,而是错落有致、层层递进的,而且要配上矮小的灌木和荆棘丛。

2. 设计生态系统存在和发展的模型

(1)开发出最优生态系统存在模型。2006年2月,俄罗斯科学院生态与进化研究所和莫斯科大学,合作建立一种数学模型,根据该模型能够确定生态系统生物多样性存在的最优组合。研究表明,最稳定的生态系统不是单一的。一片单一的大面积农作物很容易受到某种病虫害的侵袭,而多样化的生态系统则不易遭此劫难。研究人员在建立最佳生态多样性数学模型时发现,存在着多个生物多样性优化的层次和水平。在这些优化了的生物多样化生态环境下,系统最具有生命力:系统中的任何一个物种都不会绝种、消失,都能够保持本物种的存在、再生产和发展。

研究人员认为,最优化的生物多样性建立在没有被破坏的、最原始的生态系统中。当环境发生急剧变化时,最优的生态系统开始破坏,系统的效益下降。如果在某个阶段这些不利的影响停止了,该系统还有机会经过一段时间恢复到最佳状态。如果不能恢复,意味着这个系统就从此消失了。

研究人员指出,人类活动对自然界的作用,不应破坏最优的生物多样性原则,否则,为了适应外界环境,生态系统将发生不可预测的改变,人类将无法控制这种变化,也不可能恢复被破坏了环境,因为环境已经不再接受人类的控制。

(2)设计出揭示未来海洋状态的生命模型。2012 年 3 月 8 日,加不列颠哥伦比亚大学克里斯滕森教授领导,日本基金会成员参与的一个研究小组,在美国科学促进会 178 届年会上报告说,他们通过合作,研究设计出名为"海神"的未来世界大洋的生命模型,使用三维视觉向科学家、政策制定者预测及展示未来海洋生命逼真、生动的真实状态。

"海神"模型综合气候变化、人类活动(包括渔业捕捞、河水断流)和食物链(大鱼吃小鱼)三个主要因素,展示了 1960—2060 年海洋水下的生态实况。基于目前的政策,模型显示,大鱼数量将锐减,某些小鱼数量可能会增加。初步研究结果显示,全球鱼类资源会减少 20 亿吨,印证了此前就部分海域所做模型研究的结论。

克里斯滕森教授指出,这是第一次对全球海洋做出综合生物模型,虽然还需要进一步深化,但现在研究结果基本展示了人类目前生活方式对未来海洋的影响。摆在我们面前的严肃问题是:人类如何留给子孙后代富有生机的海洋?

"海神"模型可通过土地系统、海洋生命、植物多样性分布,以及渔业管理和管制等四个相关模型进行数据分析,基于不同的渔业政策、管理选项生成三维视景。"海神"不仅首次展现全球海洋生命全景,而且还预示了当今人们的行为对未来的影响。

该模型包含一个称为"神谕"的工具,公众提出问题,答案背后的相关支撑的科技也同时给出。比如提问,捕捞对未来鱼群的影响?就会有两个(答案)景象,一个过渡捕捞导致鱼群数量快速下降;二是捕捞力度逐步降低,显示鱼群数量缓慢恢复。

克里斯滕森教授还宣布,杜克大学、普林斯顿大学、斯德哥尔摩大学、剑桥大学及联合国环境计划下属的世界保育监测中心,将加盟这一研究项目。

(3)开发出揭示亚马逊河倒灌原因的新模型。2014 年 7 月,巴西圣保罗大学地球物理学家维克特·沙色克领导的一个研究小组,在《地球与行星科学通讯》杂志网络版发表研究报告说,他们开发出一种计算机模型,它涵盖了安第斯山脉发展、该地区地壳弯曲性,以及气候因素。该模型模拟了过去 4000 万年中南美地形的演变,这一时间始于安第斯山脉中部诞生之后、东部侧翼上升之前。

数百万年前,向西流动的河水在穿越今天巴西北部时出现逆转,进而向着大西洋奔流而去,于是诞生了亚马逊流域。此前有人研究认为,深埋于南美大陆地下的火热黏性岩流的逐渐变化,触发了水流逆转。但新计算机模型显示,河水"大转弯",可能是发生在地表更常见的地质过程"惹的祸",尤其是沉积物持续侵蚀、活动和沉积,消磨了不断发展的安第斯山脉。

沙色克表示,安第斯山脉位于南美洲西海岸内陆边缘地区。该山脉中间部分在约6500万年前开始发展,而山脉北部则在数百万年后才开始上升。但野外考察显示,直到约1000万年前,亚马逊河并非目前的形态。在此以前,落入亚马逊盆地的大多数降雨,向西流入若干湖泊中,这些湖泊沿着安第斯山东部边缘形成,然后向北经由河道流入加勒比海。由古老排水模型,向现代结构转变导致的地质过程,一直处于热烈讨论中。

沙色克表示,在山脉发展挤压地球外壳的巨大重量下降时,安第斯山东部湖群在一个长水槽中形成。但出于某些原因,数百万年来,水槽下方地形缓慢上升,而湖泊则逐渐让位于面积堪比埃及甚至更大的湿地。之后,地形进一步上升,湿地也完全消失。之前有科学家提出,地幔中熔化物质循环出现的变化,将安第斯山东部地区向上挤压,因此改变了排水模型。但新研究则将责任归咎于更"世俗"的因素:侵蚀。

研究人员指出,模拟结果再现了地质记录中的许多证据。最初,由于山脉挤压地壳形成水槽的速度,快于沉积物的填充速度,湖群形成于安第斯山东部。然后,地势下沉速度减慢,安第斯山剥落的沉积物不断积累,并逐渐填满湖群,然后地形升得更高。最后,仅山脉东部的地形变得比亚马逊盆地东部地形更高,这种变化开始于约1000万年前,它为从安第斯山向大西洋提供了一个向下的斜坡。

法国傅立叶大学地球物理学家让·布劳恩说:"侵蚀和沉积是强劲的力量。"沙色克的模型显示,这些过程解释了南美洲北部的地质记录,他补充道:"他们在正确的时间做了这些。"研究人员还发现,每年被带到亚马逊河口然后被抛入海洋的沉积物的数量,可能在逐渐增加。布劳恩说,"这是该模型的一个很不错的预测。"

另一方面,沙色克承认,该模型无法有效预测大面积湿地(1600万年前~1050万年前对比,形成于亚马逊盆地中部)的尺寸、形状和持久性。但他注意到,该地区地下的地幔循环变化,可能在地形演变中起了次要作用。沙色克将试着把此类过程,纳入其未来地形模拟版本中,以便更好地解释地形是如何演变的。

3. 制定和实施生态环境保护的专项计划

启动植物保护计划。2009年7月,英国启动了以拯救、修复和恢复植物为目标的"会呼吸的星球计划"。在该计划下,英国皇家植物园丘园已经与世界知名的植物园,以及研究人员开展合作,以降低气候变化的影响、拯救濒临毁灭的植物物种和栖息地。

位于伦敦附近的英国皇家植物园丘园始建于1759年,它已经成为全球重要的植物研究中心,同时也是联合国教科文组织认定的世界遗产。几个世纪以来,科学家和研究人员已经收集了来自世界各个角落的植物样本。正像人们对它的形容那样,“这座植物园改变了世界”,这里是“世界上最重要的植物知识汇集地”。

丘园的主任史蒂芬·霍珀教授解释说:“植物从空气中吸收二氧化碳,它们为我们提供所需的食物和氧气,为其他生物提供支持并且可以缓和气候。然而我们为了满足短期需求,在森林和丛林中堆放垃圾,而这些垃圾排放出大量的二氧化碳气体。”其生态环境的结果,就是植被减少,沙漠扩张,冰川缩小。

霍珀说:“这个计划,是要我们认真对待关于气候变化影响的《斯特恩报告》,它指出‘现有的商业行为是不可取的’。我们对丘园将采取何种措施来产生改变拭目以待。”

“恢复生态”是该计划的七个重要特征之一。霍珀解释说:“该计划要在世界碳储存区修复和恢复植物多样性,尤其是植被已经被清光的地区,现在那里的人们希望这些土地重新变为半野生状态。”

为当地人民种植当地的植物,利用植物多样性的全部优势,以加强生态环境的保护与修复,保证人类福祉是该计划的一个重要方面。霍珀说,地球上大约一半的人,没有参与西方农业,但是却依赖当地作物,包括一些药用目的的植物。

霍珀说,我们不是要改变这个世界。我们要充分认识到“这个星球上有大约3万种可食用的植物,其中一些会成为未来主要的粮食作物。如果让它们从我们的手中溜走是很愚蠢的。我们希望鼓励各地的人们,甚至城市中的人们来种植他们自己的作物”。

该计划还包括利用世界种子银行来保护植物。丘园自己的千年种子银行位于韦克赫斯特,该组织的其他植物园位于英格兰南部的苏塞克斯。这个世界一流的设施,可以保存来自世界各地的种子样本,包括现在被认为在野外已经灭绝的植物。

保存这些,以及其他数千种植物的种子,被看做是在栖息地被持续毁坏的情况下的一种“保险”。安全的储存种子,意味着其能够被人类或动物在将来再次利用。全球大约有10%的野生植物的种子在该种子银行储存,它的目标是到2020年以前增加到25%。

4. 形成生态环境保护的著名成果

(1)设计既美观又环保的“太阳能睡莲”。2008年5月,英国媒体报道,苏格兰著名的ZM建筑公司,近日为格拉斯哥市设计出了一套可持续能源方案,其中最引人注目的是该公司皮特·理查森设计的一种漂浮在河面上的“太阳能睡莲”。

报道称,在格拉斯哥市克莱德河中摆放的这些“太阳能睡莲”,表面上看起来像是一片片巨大的植物睡莲,相当美观。实际上,这些“睡莲”全是巨型太阳能帆板，能把日间吸收到的太阳能收集起来，转化为电能向城市输送。

(2)保护亚马逊雨林生态取得显著成果。2012 年 2 月 14 日，巴西媒体报道，最近一期《自然》杂志刊登文章指出，巴西最近 20 年来，在亚马逊森林研究方面取得明显成果。由巴西国家亚马逊研究所实施的“亚马逊生物圈——大气大规模实验”研究项目确认，亚马逊森林正在经历向生物物理紊乱状态过渡，其中包括水与能量周期在发生变化。

该研究项目始于 20 年前，其目的是加强对亚马逊森林生物、地理、化学等演变进程的了解。期间共发表了 2000 多篇有关研究文章和 300 多篇论文。该研究项目揭示了影响高度复杂的森林系统的物理、化学和生物的过程，包括气候动力与森林生物固有的演变，以及热量、能量、水蒸气和碳的相互作用。

参与此研究项目的巴西圣保罗大学教授保罗·阿尔达休称，亚马逊森林具有高度的回能能力，即恢复自身平衡的机制，可以使自身超越紊乱状态，回复到良好的自然状态，但同时，这一回能能力是有限度的。是否会超出限度取决于人类对森林生态系统的影响。必须使这一脆弱的平衡得到保持，对亚马逊森林的利用不能影响生态系统的平衡。

研究显示，农业生产的扩大和气候变化是造成亚马逊森林生态紊乱的主要原因。森林砍伐、秸秆焚烧、干旱、水蒸气蒸发、浮尘，以及水循环等因素之间的相互作用关系，可以导致碳储存的流失及区域降雨和河流流量的改变。

二、生态环境变化影响研究的新发现

1. 生态环境变化影响物种演变研究的新发现

(1)研究发现随着生态环境变化全球物种正在快速改组。2014 年 5 月，英国圣安德鲁斯大学科学家玛丽亚领导，美国佛蒙特大学教授尼克、缅因大学研究人员等人参与的一个研究小组，在《科学》杂志上发表研究成果称，他们没有发现全球性物种灭绝危机会造成地方性生物多样性水平下降。相反，他们惊讶地发现，随着时间的推移，从极地到热带，从海洋到陆地，很多地方的物种数量甚至有所增加。

从珊瑚到食肉动物，世界上生命形式的多样性正在受到不同程度的攻击。由于栖息地被破坏、污染、气候变化、生物入侵和过度捕捞，几十年的科学研究记录着生态系统正在磨损，经历着可怕的物种灭绝。那么，为什么有的地方又会出现物种数量未降反增呢？

玛丽亚表示，他们仔细地查找了世界各地多年之前跟踪和统计的物种检测研究，选择了 100 年中，包含超过 35000 个不同物种观测，其中的数据资料可以追溯到 1874 年，而更多的数据集中在过去 40 年中。

研究发现，几十年来，许多地方的物种数量一直没有太大的改变，反而有所增加。而且，几乎 80% 的群落在物种组成方面发生了变化。59% 生物群落的物种丰富度显示增加,41%有所下降。在所有的研究中,变化的速度是适度的。这表明,全球物种在快速周转,导致新的生物群落出现。科学家认为,生物多样性变化与生物多样性丧失同样是一个大问题。

不过,研究人员在研究中也发现一些快速变化:几乎80%的群体,在物种组成方面表现出实质性变化,平均每十年有约10%的变化,明显超过由各种模型所预测的速度。

换言之,这个新的报告显示,在全球栖息地物种正在进行巨大的周转,由此而产生新的生物群落。尼克说:“在同一个地方,就在我们的眼皮底下,十年前甚至只是一年,一个新的动物、植物组合可能正在产生。”

尼克指出,仅佛罗里达州的蚂蚁就有巨大的多样性,其中大约30%都不是本地的,它们主要是从热带地区意外地被引入,现在组合成为当地群落的一部分,所以由于全球的均化作用,地方性的群落多样性在增加。

尼克认为,被扰乱的珊瑚礁可能由一组藻类所取代。这种替换可能保持的相同物种数目,不一定会给渔业、旅游业或沿海提供原来珊瑚礁那样的保护。在海洋中,可能不再有很多凤尾鱼,但似乎有很多可怕的水母。而这些类型的更改,是不会通过只是现在对物种数量计数可以看出的。

这种转变的原因尚不完全明晰,但保护和政策的影响可能最显著。从历史上看,科学保护和规划,对濒危物种的重视超过了其中植物和动物组合在一起的转变。尼克说:“这项工作需要尽可能多地识别有哪些物种,如同获得这些物种的数量一样。”

这项研究,鉴于对栖息地变化和个别品种下降的广泛观察,得知灭绝率比正常要高出许多倍,科学家已预测随着时间的推移,在这些研究中观察到的个别物种数量在下降。

采样可能会隐瞒重要事实:一些物种可能已经变得相当罕见,如白犀牛是极不可能在一般的物种调查中被发现的,所以它既不在初步的研究结果显示,也不会在后面的研究中体现。

气候变化也可迅速把物种推进新的区域。2014年5月6日,白宫发布的《国家气候评估》指出,由于人类造成气候变暖的结果,“物种,包括许多标志性的物种,可能在其盛衍的地区消失或灭绝,改变了一些地区的植物和动物组合,由此变得几乎无法识别。”

这项研究强调这一新兴的现实,给出一个令人担忧的进度。研究人员认为:“从生物多样性的损失到生物多样性的变化,需要扩展研究和规划的重点。”

(2)研究显示地球可能正在进入新一轮物种大灭绝早期阶段。2014年7月,美国斯坦福大学生物学教授鲁道夫·迪尔佐主持,美国和英国等学者参加的一个研究小组,在《科学》杂志上发表研究报告说,尽管地球的生物多样性正处于其35亿年进化历程中的顶峰,但由于人为活动和破坏,地球可能正在进入新一轮物种大灭绝的早期阶段。

报告说，自1500年以来，320种陆地脊椎动物已经消亡，余下的脊椎动物在物种丰度上平均减少25%。无脊椎动物的情况也非常类似，过去35年间，甲虫、蝴蝶等无脊椎动物数量减少了45%。目前有16%～33%的脊椎动物处于濒临灭绝状态，其中以大象、犀牛、北极熊等大型动物的种群数量减少程度最甚，这一趋势与以前的物种大灭绝相符。

研究小组认为，与前5次物种大灭绝不同的是，可能的新一轮物种大灭绝与人类活动导致栖息地丧失和全球气候无常有关。迪尔佐说，在人类居住密度大的地方，生物灭绝率高。与此同时，物种灭绝及种群数量减少，反过来也可能对人类健康和日常生活造成危害。

例如，在肯尼亚进行的实验中，研究人员不让斑马、长颈鹿等大型动物，进入一片封闭地区，观察那里的生态系统如何变化。结果发现草地和灌木增多，种子和藏身处更容易找到，被掠食的风险减少，这就导致啮齿类动物数量猛增，病原体水平也随之升高，很多疾病的传播风险增加。

至于无脊椎动物种群数量减少对人类的影响，报告分析说，全球75%的粮食作物靠昆虫授粉，昆虫还对营养物质循环和分解有机物起到关键作用，有助于保障生态系统的生产力。仅在美国，利用天敌防治害虫的经济价值，每年约为45亿美元。

研究小组说，减少对生物栖息地的破坏，控制对环境的过度开发，提高对正在发生的新一轮物种大灭绝，及其对人类影响的意识，都有助于控制物种灭绝的趋势。

2. 生态环境与植物变化相互影响研究的新发现

（1）生态环境影响可改变团藻繁殖方式。2004年6月，加拿大新不伦瑞克大学的生物学家奈德尔库教授主持，他的同事和美国科学家共同参加的一个研究小组，在伦敦皇家科学院出版的《皇家科学院学报》上发表论文称，他们发现加热可以使藻类的性别基因呈显性。这是世界上首次证实，生态环境影响可使性别基因呈显性。

团藻是一种多细胞藻类植物，它通常生长在池塘里，雄性或雌性分别聚积在一起进行无性繁殖。而当夏天来临天气变热后，池塘会变干涸，这时雄性和雌性团藻，就会分别产生精细胞和卵细胞进行有性繁殖。

研究人员认为，热量导致了团藻的性别基因呈现显性。为验证自己的观点，他们把生长团藻的培养皿放入水中，进行了夏末气温的模拟试验。当水温达到42.5℃后，团藻产生的活性氧是不加热团藻的两倍。当活性氧加倍后，团藻的六个基因呈显性，使团藻从无性繁殖变成有性繁殖。

（2）森林被建筑物隔离将造成植被数量和种类大幅减少。2009年6月8日，美国威斯康星大学麦迪逊分校生态学家约翰·柯蒂斯教授、生态学家唐·沃勒教授，以及威斯康星大学帕克赛德分校生物科学助理教授戴维·罗杰斯等人，经过长期研究，最近在《保护生物学》网络版上发表研究成果称，他们发现威斯康星州南部森林各个片区的健康状况，很大程度上受到附近田地、建筑物和道路的影响。不断增加的建筑物把统一的森林分隔成许多个小片区，这减少了当地植被的数量和种类。

由于不断新增的道路和建筑将森林分隔成一个个独立的片区，森林将变为镶嵌在农田、居住区和商务区之间孤立的绿色岛屿。这样，即使有茂密的树木覆盖的地区也将受到威胁。研究人员指出，“只见树，不见林”，实际上，是威斯康星州森林生态系统健康状况日益恶化的表现。他们的研究显示，近几十年来，威斯康星州森林的不断分隔，无形之中严重地影响了这一地区自然生态系统的持续发展。

研究人员认为，树木和其他一些植物的世代时间较长，这掩盖了片区森林生态系统中正在发生的许多改变，沃勒说：“现在一切看起来都很正常，但是，我们早晚会看到生物种类的大幅减少。”

为了更好地理解威斯康星的森林正在发生着哪些改变，研究人员跳过树木来观察林下叶层，即覆盖在森林地表的灌木层、草地和草本植物。结果显示，森林片区的分隔，使威斯康星森林南部林区植被数量和种类不断减少。

研究人员强调，不断增加的城镇建筑和不断密集的道路造成的影响，尤其是在威斯康星州南部地区，土地用途的改变，对保留下来的林区产生了严重的影响。即使这些林区被作为公园和自然景区保护起来，仍然无济于事。

罗杰斯指出：“在这些森林片区中，不仅仅是生物种类在减少，整个生物特性都在改变。周围的环境因素，比如城镇化程度、主要农作物种类，决定着哪些物种能够在这样的小林区中存活下来。”

20 世纪 40 年代到 50 年代，柯蒂斯搜集了大量有关威斯康星森林的数据，这项研究就是基于这些详细的数据完成的，这也是这项研究独特之处。50 多年后的今天，罗杰斯和其他研究人员一起，重新探访了柯蒂斯当年曾在威斯康星南部地区走访的一些林区。他们试图发现，这么多年过去了，那些地方到底发生了怎样的改变。

研究人员说，在过去，尽管林区分隔对生物多样性的负面影响大多都被忽略了，但是随着时间的推移，这些影响逐渐加剧，后果也开始彰显出来。现在附近的城镇，严重地影响着当地的林区，一些小片林区的物种正在大量减少。

沃勒说：“当 50 年或 100 年之前，我们开始分隔这片森林的时候，林区的物种就注定将走向灭绝。物种全部灭绝不会立即发生，但是这就像是我们欠下的债，早晚要还的。”

沃勒认为，各种原因都可能造成不同种类的植物在一片林区中消失。其中就包括植被的更新循环。他说：“通常来讲，一个区域中某一种植被消失以后，附近林区中同一种类的植被很快就会重新占领这一区域。但是如果这一林区被隔离起来或者变得太小,这种情况就不可能再发生了。”

研究人员表示,如今,当地植物种群与周围环境之间的联系更加明显了。而人类活动对威斯康星森林植物种群的影响,已经超出了生态学家此前的预计。这一认识,对于该如何保护威斯康星南部林区存留下来的森林,有着重要的意义。目前,科学家正努力寻找造成这一林区生态改变的特定因素。

罗杰斯说:“人类是这一系统中非常重要的一部分,不管我们有意还是无意,我们都对当地的生态有着至关重要的影响。因此我们人类有责任去关心并维护它的生存与发展。”

(3)研究表明热带雨林覆盖率直接影响当地水力发电能力。2013 年 5 月,亚马逊环境研究院科学家克劳迪娅·斯蒂克勒,亚马逊环境研究院国际计划执行董事丹尼尔·麦普斯泰德,巴西维索萨联邦大学气候学家马科斯·科斯塔等人组成的一个研究小组,在美国《国家科学院学报》上发表研究成果称,他们的一项研究表明,保护亚马逊河流域的热带雨林,将会增加在该地区水电项目的发电量。这是首个量化热带雨林覆盖率,对能源生产地区影响的研究,表明热带雨林在生成降雨驱动河流量,并最终产生电力方面,比之前认为的更重要。

斯蒂克勒说:“研究显示,巴西减缓亚马逊森林砍伐已取得的巨大进步,都切实地有助于确保该国能源供应的安全,但是,这些努力必须配合区域层面上的森林保护。”

具体来说,这项研究显示,如果未经核准继续砍伐亚马逊森林,巴西贝罗蒙特这个世界最大水坝之一的发电量,预计将下降 1/3,相当于 400 万巴西人的能耗。

科斯塔解释说:“我们在世界各地的水电站投资了数十亿美元,研究结果对于制定长期能源规划极其重要。更多的热带雨林能得以保留下来,我们就会拥有更多的水流,从而可以从这些项目中获得更多的电力。”

结合水文、生态、土地利用科学、气候学和经济学的专业知识,研究人员模拟了亚马逊河流域森林,遭不同程度砍伐情况下的能源生产模式。结果表明,就目前该地区的毁林水平而言,预计到 2050 年,热带雨林将损失 40%,降雨量降低 11% ~15%,导致电力供应减少 35% ~40%。

麦普斯泰德说:“现在有确凿的证据表明,巴西的发电能力有赖于对森林的保护。这些结果不只对巴西重要,在整个亚马逊及非洲和东南亚潮湿的热带地区,热带雨林的覆盖都将可能影响能源的生产。”

雨林地区往往有大量的降雨,这使其成为发电项目的黄金地段,可利用高流量的河水发电。据世界银行估计,在这些地区尚未开发的水电装机容量的,是欧洲和北美的近 4 倍,而且这么巨大的潜力就在热带雨林的中心。麦普斯泰德说,巴西、秘鲁、哥伦比亚、刚果、越南和马来西亚都在转向由水电产生的“绿色电力”,以满足其不断增长的经济体的需求。

科学家呼吁,能源规划者在进行水电项目的可行性评估时,考虑雨林覆盖率变化的影响,同时敦促决策者注意能源成本的开发工作,以及能源效益计划,激励农民和农场主限制森林砍伐。

(4)发现生物多样性减少会导致植物分解速度放慢。2014 年 5 月 13 日,法国国家科学研究中心的斯蒂芬·海施威勒领导的一个研究小组,在《自然》杂志上发表的一项生态学研究成果,评估了植物残体的多样性和分解植物残体的生物多样性,这两者对于植物残体分解速度的影响。调查发现,在所有生态系统中,植物残体和腐生生物多样性的减少,都会放慢植物残体中碳循环和氮循环,以及分解速度。

未分解的死亡植物组织及其部分分解产物,就是植物残体。由于这些枯落物的分解归还到大气中的量,是全球预算中一个重要的组成成分,因此植物残体的分解速率,不但对生态系统生产力起作用,更对全球的碳预算产生影响。而理解生物多样性和分解速度之间的关系,以及其背后的机制,也成为生态学的一个重要的目标,尤其是考虑到全球范围内物种的迅速丧失。

海施威勒研究小组,在五个陆地和水生地点,进行了植物残体分解实验,地点从亚寒带到热带地区都有。在所有研究的生态系统中,他们都发现植物残体和腐生生物(分解植物残体的无脊椎动物和微生物)的多样性的减少,会带来植物残体中碳循环和氮循环,以及分解速度的放慢。而生物多样性减少带来的分解速度放慢,将对给初级生产者的氮供给产生限制。

该研究小组还提出了,一个可能推动这一效应的潜在机制。他们报告了从固氮植物的植物残体,向快速分解的植物的氮转移的证据,这突出了在混合的植物残体中的特异性相互作用,能在分解过程中控制碳循环和氮循环。

3. 生态环境与动物演变相互影响探索的新发现

(1)研究发现单一动物物种缺失会严重影响淡水生态系统。2006 年 8 月 11 日,美国达特茅斯学院的生物学副教授泰勒领导,英国科内尔大学,以及怀俄明州立大学研究人员参加的一个研究小组,在《科学》杂志上发表研究成果称,他们发现,淡水系统中仅一个重要动物物种的缺失,都会显著影响环境功能的运行。

研究小组对南美河流中,一种被称作南美脂鲤的鱼类进行研究。这种鱼以河流底部的碎石和细小的有机物为食。它们在调节河流中,碳降解和运输过程中起到关键的作用。泰勒指出:我们通过研究发现,在河流中除去南美酯鲤这种鱼类,极大地改变了河流生态系统的新陈代谢活动。其他的鱼类物种都不能补偿它的缺失。

研究人员用一个塑料屏风,将委内瑞拉境内的一条 210 米长的支流,隔为两个独立的河段,在其中的一个河段清除了南美酯鲤,而另一个河段却没有。接着,研究人员对上下游两个河段中的颗粒有机碳的运输进行了测量。

泰勒表示:尽管在这个小河中有 80 多种鱼类,但是食腐殖质的南美酯鲤,占到了50%～80%。它们的丰度,使得它们成为了人们捕捞的目标。当我们将它们捞走之后,结果发现不仅产生的影响是令人惊骇的,还发现它们的缺失,如何改变了这条河流的碳流动——生态系统功能的一个重要标志。

在6年的时间中,泰勒研究小组发现,南美酯鲤丰度和河流下游颗粒有机碳运输之间的密切关系。当南美酯鲤存在的时候,有机碳沿着河流分配得更均匀。如果没有南美酯鲤,大量的有机碳都会聚集在上游,被细菌分解,因此生活在下游的有机物就无法获得有机碳。和其他回游鱼类物种不同(例如鲑鱼死亡之后尸体被分解,会产生营养元素),这种鱼类通过它的活动,改变营养元素的可用性。

研究人员发现,缺失南美酯鲤,会增加有机碳转化为二氧化碳的速率,这可能会增加河流向大气中释放二氧化碳的量,这是泰勒下一步将要研究的领域。泰勒指出:他们对过去28年来,在委内瑞拉的奥里诺科河盆地收集的,南美酯鲤标本含有的大量资料,进行研究发现,这种鱼类个体体重的最大值,在逐年降低,从2.2磅到0.5磅。

泰勒表示,尽管过了几百年或者几千年之后,可能会有其他的物种代替南美酯鲤所起的作用,但是目前,人类和其他有机物还是要高度依靠南美酯鲤所起的作用。所以希望这项研究,能够引起政府和其他科学家们的注意。保护和研究更小更丰富的有机物是非常重要的,它们构成了地球生物多样性的大部分,但是却正在成为人类捕获的目标。

(2)证实大堡礁海水变暖增大珊瑚死亡风险。2012年9月,澳大利亚一项新研究证实,世界最大的珊瑚礁大堡礁水域的海水温度正在上升。专家认为,这一变化将给该区域及其周边区域的生态环境带来影响。

澳大利亚研究理事会合理利用珊瑚礁研究所研究人员报告说,他们分析了1985年以来的卫星数据,发现有“明显证据证明”大堡礁水域的大部分区域海水温度上升,其中南部水域海水温度上升了0.5℃。研究人员认为,海水温度升高意味着珊瑚的死亡风险增大。

研究同时表明,季节变换的规律正在发生改变,在某些区域夏季开始得比往常更早,且持续时间更长。这种改变也将影响大堡礁海域的生态环境。

4.生态环境与产品选择关系研究的新发现

研究发现,有机太阳能电池,与无机太阳能电池比较,对生态环境的负面影响较小。2010年9月,美国罗切斯特理工学院,博士生安尼克·安克狄尔负责的可持续性博士项目研究小组,发表研究成果称,为更好地了解太阳能带给能源和生态环境的利与弊,他们完成了有机太阳能电池的寿命周期等多项评估中的一项。研究结果发现,生产有机太阳能电池所需的总能源,比生产普通无机太阳能电池少。

太阳能有望捧起石油能源产品的“接力棒”,承担起为人类提供能量的重任。

然而,当前的太阳能电池技术存在着某些问题,比如无法产生恒定的能量输出、大规模生产的成本比较昂贵等。此外,关于太阳能产品对环境总体影响的信息也并不完备。

安克狄尔认为,有机太阳能电池可卷曲且重量轻,有望低成本生产,比主要依靠无机半导体材料生产太阳能电池的技术更具优势。然而,过去关于利用有机材料,生产太阳能电池技术,对能源和生态环境影响的评估并不完整。要获得更广泛的分析,还需要更好地评估无机太阳能电池生产和使用的整体影响。

在研究中,安克狄尔研究小组通过评估无机太阳能技术的综合寿命,力图计算出有机太阳能电池在材料获取、制造、大规模生产和使用中的总能耗,以及对环境的影响。安克狄尔认为,过去对有机太阳能电池技术寿命进行的评估中,没有包括对有机太阳能电池里各种材料的分类计算,即没有计算无机太阳能电池的整体能量偿还,也就是电池使用时产生的能量与生产时所需要的能量之比。

研究人员发现,与无机太阳能电池相比,有机太阳能电池的能量偿还时间更短。研究人员表示,他们获得的数据,将帮助设计人员和潜在的生产商,更好地把握如何利用和提高有机太阳能电池技术;分析有机太阳能电池技术,与其他太阳能和替代能源技术相比的可行性。

三、防治外来生物生态入侵的新方法

1. 防治外来植物生态入侵的新技术

(1)利用昆虫控制入侵植物的生长。2006 年 10 月,美国科罗拉多州大章克申市的美国梅萨州立学院,植物病理学家玛戈特·贝克特尔主持的一个研究小组,对外界宣称,他们通过研究发现:在某种真菌的帮助下,一些小甲虫能够控制住入侵乳浆大戟这种害草的生长。

乳浆大戟最早生长在欧洲,大约在 19 世纪,被引入到美国的马萨诸塞州。目前这种植物,已经在美国的北部蔓延滋生,并且排挤一些本土植物。在美国西部,这种害草的无控生长已经威胁到了牧草地。

贝克特尔表示,一种名叫跳甲虫的叶甲科昆虫,有助于清除乳浆大戟。成年跳甲虫以乳浆大戟的叶子为食,并在叶面上产卵,而它的幼虫则在这种植物的根部蛀洞,并以其根部的汁液为食。

同时,贝克特尔也在研究两种对消除乳浆大戟有特效的真菌类:丝核菌和镰刀霉菌。她指出,经过甲虫的啃食后,乳浆大戟对这两种真菌的抵抗力会更大大降低。但是她也表示,在宣称这两种真菌对乳浆大戟来说是一种好的控制方法之前,还必须能够确定它们不会对其他植物造成伤害。

(2)利用昆虫遏制外来杂草入侵。2009 年 8 月,有关媒体报道,19 世纪中期,原产于日本的蓼科杂草来到英国。由于当地罕有天敌,这种植物得以迅速繁殖,严重威胁了本地生物。英国莱斯特大学的研究人员为此专门培育出一种昆虫,使用生物手段遏制它的入侵蔓延。

他们培育出的昆虫叫木虱，它不但专门吸食蓼科杂草的汁液，而且可在其枝叶上大量繁殖后代，从而削弱蓼科杂草的生长繁殖能力。研究人员说，这种生物遏制手段经过严格测试，它针对性强，不会对英国本地的类似植物或重要经济作物造成威胁。

2. 防治外来动物生态入侵的新方法

用化学方法对付海洋七鳃鳗对淡水湖的生态入侵。2005 年 11 月，美国化学与生物学专家索伦森、霍伊，以及他们的合作者组成的一个研究小组，在《自然·化学生物学》杂志上撰文称，他们发现了用化学方法，解决海洋七鳃鳗生态入侵问题的可能性。海洋七鳃鳗是一种古老的吸血虫式鱼，它通过依附在更大的鱼身上并吸吮其体液而生存。20 世纪初，这种寄生虫式的鱼入侵美国中部的五大湖，吞噬具有重要商业价值的鱼类，给当地渔业造成灾难性损失。

研究人员说，他们鉴别出了海洋七鳃鳗鱼的一种信息素，这种信息素吸引成年海洋七鳃鳗鱼到产卵地，因此，新发现可发展成为一种重要的、环境友好的新方式，以控制这种鱼类的劫掠性繁殖。研究人员寻找与海洋七鳃鳗鱼的交配和繁殖习惯有关的小分子，目的是将这些分子作为控制这种寄生虫的潜在因子。

该研究小组经过 15 年的搜寻，鉴别出由幼体七鳃鳗分泌，并吸引成体鱼到排卵区的化合物，这种化合物类似类固醇。通过收集几千升含幼体鱼的海水，研究小组将分泌物分解成不同的化合物，并测试它们指引成年鱼迁移方向的能力。他们发现，这种海洋七鳃鳗的信息素由三种分子组成，在适当条件下，它们是引导成年海洋七鳃鳗迁移至排卵区的信号。

新鉴别出的化合物，揭示出以前从不知道的化学结构，展示用化学方法，解决海洋七鳃鳗鱼入侵而导致的生态环境问题的可能性。

四、生态环境恢复技术的新进展

1. 运用植物净化大气和水体

（1）培育出吸收二氧化氮的植物新品。2007 年 8 月，有关媒体报道，日本原子能研究开发机构，与广岛大学联合组成的一个研究小组，最近培育出绿色植物小薜荔的新品种，其吸收二氧化氮的能力大大提高，可用于净化环境。

研究小组用高速碳离子束，照射约 5000 株小薜荔的茎部，人工诱导突变。研究人员把所有处理过的小薜荔，放入二氧化氮浓度 10～20 倍于城市大气的环境中，并从中遴选出数株吸收二氧化氮的能力，比原先提高 40%～80% 的新品种。

小薜荔是一种桑科木本植物，它能沿着墙壁生长，常用于墙面绿化。据报道，新品种的外观及生长状况与原品种并无差异。由于新品种吸收二氧化氮能力更强，因此更适用于道路沿线的绿化。

（2）培育出能中和三硝基甲苯和净化海洋的海藻。2005 年 3 月 24 日，英国

《基督教箴言报》报道,三年前,美国海军研究办公室的有关人员,找到当时正在研究海藻营养的切尼博士,问他是否能把海藻培育成可以吸收海水里三硝基甲苯(TNT)的品种,因为在美国海军的海岸训练基地里,有TNT的残留物从未爆炸的炮弹渗漏到海水里。

通常,普通的海藻在TNT含量高的水里会死掉。于是,切尼牵头建立了一个研究小组,开始研究用遗传工程学对海藻进行改造,使它们能在被TNT污染的海水中茁壮生长。

2005年2月,切尼研究小组在华盛顿的一个研讨会上宣布,他们改造出一种海藻,它能吸收TNT,并以陆地植物5~10倍的速度,中和TNT的毒性。事实上,这种海藻能吃掉TNT颗粒里的氮分子,从而减少了TNT的毒性。他们还认为,这种海藻也无需收集和处理,它们的生长,具有净化海洋的功能。

(3)用转基因蓝翅蝴蝶草净化水质。2007年6月,日本三得利公司一个研究小组宣布,他们开发出一种利用植物净化水质的新方法。这一办法,就是通过改造蓝翅蝴蝶草基因,使其能够大量地吸收水中的磷。

湖泊和人一样,"营养过剩"会引发一系列"健康"问题。如果富含磷、氮等化学物质的工农业污水排入湖泊,就会导致湖水"营养过剩",水中微生物过度繁殖,导致水质下降。

日本研究小组从十字花科植物拟南芥中,选取一些和吸收、蓄积磷密切相关的基因,把它"移植"到蓝翅蝴蝶草中。这种转基因蓝翅蝴蝶草,吸收磷的能力提高到原来的3~6倍。这种水质净化法成本较低,它不仅可以净化水质,而且吸收了大量磷的蓝翅蝴蝶草,还可以用作很好的农田肥料。

2. 开发改良和恢复土壤的新技术

(1)开发出可促进植物生长的环保表土。2007年11月6日,韩联社报道,韩国原子能研究院郑秉叶领导的研究小组,开发出一种环保表层土壤,不但能促进植物生长,而且还能显著减少有害的杀虫剂残余物质。研究人员说,这种土壤已经获得韩国授予的专利权。

据悉,这种新土壤里添加了少量的稀土元素,其中包括由镧、钪、钇组成的复合物质。实验表明,它能够使植物生长速度提高30%,令根系更茁壮,而硝酸盐和杀虫剂含量则降低了60%。

稀土元素通常用于制造半导体、尖端存储设备和电视机显像管,但本项研究发现,它们能够混合到可耕种的土壤中。

(2)用转基因芥菜消除土壤硒污染。2005年2月,美国加利福尼亚大学伯克利分校教授诺曼·特里领导,他的同事,以及美国农业部农业研究中心科学家参与的一个研究小组,在《环境科学和技术》杂志上发表论文称,野外试验地中生长的转基因印度芥菜,清除土壤硒污染的效果比在温室试验还要好,这表明转基因印度芥菜有很强的适应能力。

研究人员说，他们通过为期 6 周的野外试验证实，三种转基因印度芥菜吸收土壤硒污染的能力很强。他们认为，转基因植物清除土壤污染可能是一种高效廉价的办法。硒是人类和动物必需的一种微量元素，但过量的硒会引起中毒。美国科学家曾在 20 世纪 80 年代发现，水中的硒污染会导致鸟类畸形。世界上许多地方都有土壤硒污染。

天然的印度芥菜吸收土壤中硒的能力就很强，因为硒存在的主要形式硒酸盐化学性质与硫酸盐相似，而印度芥菜喜好硫酸盐。美国科学家培育出了三种转基因印度芥菜，一种能增强三磷酸腺苷酶的生成，有助于将硒酸盐分解成对生物无害的物质。另外两种分别增强了谷胱氨酸合成酶和谷胱甘肽合成酶的产量，这两种酶能保护植物不受过量硒酸盐的损害。

研究人员通过野外对比试验发现，增强三磷酸腺苷酶的转基因印度芥菜，吸收硒污染的能力比野生品种高 4.3 倍，另外两个转基因品种也分别比野生品种高出 2.3 ~2.8 倍。特里说，他们使用了改变植物叶绿体 DNA 的办法来培育转基因芥菜，而不是常规的改变细胞核 DNA 法，这样可以避免转基因植物的花粉污染天然的野生植物，增强了转基因植物的安全性。

吸收了硒污染的芥菜也有用处。研究人员说，这些芥菜可以经过烘干、磨粉处理，作为饲料添加剂，供硒元素贫乏地区的畜牧业和养殖业使用。

(3)培育能够吸收土壤污染物的新型转基因植物。2005 年 7 月，美国媒体报道，在美国康涅狄格州丹伯里一家废弃的帽子工厂上，一排转基因白杨正在慢慢地“吃掉”土壤里的污染物汞。在加利福尼亚州广阔的土地上，研究人员正在利用转基因印第安芥菜，除掉土地里因灌溉造成的高危险性的硒。其他一些研究人员，也正在进行转基因育种试验，希望开发出吸收更多二氧化碳的树种，减缓全球变暖的步伐。

这些基因专家们，正在进行的试验都有一个目标，就是培育出用于处理污染物更省钱、更安全、更有效的植物。佐治亚州大学理查德 · 麦戈教授与他的学生一起，在 2003 年来到丹伯里，进行美国最先进的利用转基因植物“吃掉”污染物的野外试验。麦戈说：“这些植物就是用于这个目的。我们只需‘下达指令’就能实现‘为我所用’的目的。”

几十年来，生物学家们一直通过基因结构寻找具有顽强生命力、可以用来消除土壤污染物的微生物，但将转基因微生物投放到被污染的地点，既危险也有缺陷。所以，最近几年，研究人员把注意力转到植物上，希望通过改变植物的基因，提高它们从土壤里吸收污染物的能力。

据美国研究人员透露，转基因除污植物的研究已经取得进展，有些植物吸收污染物的能力令人振奋，但何时将这种除污方法大规模推广，目前还是一个未知数。

(4)培育可用来吃掉污染土壤砷的转基因拟南芥。2006 年 4 月，美国乔治亚大学遗传学家理查德·米阿格赫尔领导，他的同事帕卡什·丹克赫尔和伊丽莎白·迈克金妮，以及韦恩州立大学巴利·罗森等人参与的一个研究小组，在美国《国家科学院学报》上撰文称，他们早在几年以前，就开始利用基因技术，培育出可以安全吸收有毒元素砷的植物实验，所取得的进展，有望用于恢复由于人类使用而遭深度砷污染的土壤。这种植物，可以广泛栽种在受污染地区。此外，研究人员还认为，通过遗传学技术，还可能改造出可吸收其他化学污染物的新生物学工具。

砷污染是当今世界面临的一个严重环境问题，而且这一问题正在进一步恶化，尤其是在印度次大陆地区，其严重程度已经引起了人们的广泛关注。

研究人员表示，事实上，在前期面临着一个急需解决的难题。那些从土壤中被吸收出来的砷，仍会大量存在于植物的根部，使得对这些污染物的处理变得困难起来。现在，该研究小组发现了，一种将砷从植物根部转移到叶子或茎部的方法。一旦砷集中到植物的叶子或茎部，再收集和消灭这些污染物，就变得既便宜又安全了。在那些面临严重砷污染问题，并已经给人类身体健康带来巨大威胁的地区，这无疑是净化土壤的最有效方法之一。

研究人员开发出了一种新的战略，称为"针对重金属的植物修复"技术，也就是利用吸收毒素的植物来清理受污染的土壤，使其污染程度降低，对人体的危害程度减弱，而且还可以加以重新利用。这一技术也叫"植物治理"技术。目前世界上仍有大片受砷污染的土地，因此，这一新技术是非常具有发展和利用潜力的。

据报道，2002 年《自然·生物技术》期刊曾刊登了米阿格赫尔小组的一项研究课题。他们将两个毫不相干的来自大肠杆菌的基因，插入到实验模式植物拟南芥的基因组中。这种植物不但可以抵抗来自砷污染的破坏，而且还能吸收这种毒素、将其储存在叶子中。它所吸收的砷毒素是普通植物的 3 倍。但要在砷污染地区大量种植这种转基因植物还是不够高效，因为必须将大量的砷转移到植物的叶中去，才能作进一步的安全处理。在报道的这项研究中，研究小组在拟南芥基因组中发现了一个单一基因 ACR2，这一基因可以帮助植物转移储存在根部的砷毒素。带有这种单一基因的植物能够更好地将毒素从根部转移到叶部，其转移能力是普通野生拟南芥的 16 倍。这一实验就最终确定了根部吸收砷毒素的活性机制。

米阿格赫尔说："我们希望这种植物吸收砷的能力，能够再增加 35 ~ 50 倍。现在，我们既然已经充分了解了其工作机制，相信实现这一愿望是完全可能的。"事实上，人类还可能利用这项新技术，培育出更多的能够"吃"砷的植物，如棉白杨、水稻、柳树、甜橡胶、沼泽地植物，以及荷花等，使它们变成清扫土壤的机器。

（5）发现可净化镉污染土壤的植物。2007 年 3 月 13 日，日本《每日新闻》报道，日本农村工学研究所发表研究报告说，该所一个研究小组，发现一种十字花科植物，可以有效净化被镉污染的土壤。这一发现，使得低成本、大范围净化被镉污染的土壤成为可能。

据报道,这种十字花科植物名为叶芽筷子芥,在日本分布很广。研究小组在一片厚15厘米、每平方千米含有4.7毫克镉的室外土壤上,种植大量叶芽筷子芥。1年后,这片土壤中镉的含量减少到2.6毫克/平方千米。5年后,土壤中镉含量减少到原来的20%,而且叶芽筷子芥收割后,经高温处理,其中所含的镉还可以被回收。

研究小组介绍说,净化被镉污染的土壤常用方法,是用其他地方的净土改善污染区的土质,这一方法有很大局限性,难以大范围推广。

镉对土壤的污染主要有两种形式,一种是工业废气中的镉随空气扩散并沉淀到周围土壤中,另外一种是含镉的工业废水流入农田导致土壤污染。镉进入人体后可以损坏人体骨骼。

(6)开发出清除土壤中镉的新技术。2010年8月,日本农业环境技术研究所发表公报说,该所主任研究员牧野知之等人组成的一个研究小组,开发出一种清除水田土壤中重金属污染物镉的新技术,这项技术成本较低,方便可行。

研究人员说,他们开发的新技术,首先要向镉含量超标的水田注入氯化铁溶液,然后加以搅拌,以提高土壤酸度,使土壤中的镉溶入水中,然后进行排水,以排掉镉。试验表明,水田土壤中镉浓度降低60%~80%,糙米中镉浓度就降低70%~90%。而溶入水并被排走的镉,大部分可用凝结剂沉淀,因此不会对环境产生新的危害。

从2011年2月开始,日本将实施新的大米镉含量标准,每公斤大米中允许的镉含量将由1毫克以下降低到0.4毫克以下。牧野知之说,这项新技术如果普及,将有望帮助大米镉含量达标。

3. 开发分解和降低环境污染物的新技术

(1)发现马齿苋能分解环境中荷尔蒙双酚A。2005年11月,日本大阪大学平田副教授领导,其同事和关西电力公司研究人员参与的一个研究小组,在东京召开的日本药学会年会上发表研究成果称,他们发现,马齿苋能够分解,有可能造成内分泌紊乱的环境荷尔蒙双酚A。

虽然迄今为止,还没有证据表明,环境荷尔蒙双酚A对人体的影响。但科学家已经证明,双酚A能使鱼类产生雄性雌性化作用。

研究小组选择20种园艺植物,使用含有高水平双酚A的水,对这20种园艺植物进行培养,利用透明塑料容器,观察水和土壤的溶出情况。结果发现实验的第4天,在培养马齿苋容器的水中双酚A的含量接近于零,且马齿苋植物本身也未检测出双酚A。

研究小组认为,很可能是马齿苋根部的酶分解了双酚A。此外,利用马齿苋,在能够作用于鱼类的另外两种环境荷尔蒙化学物质的试验中,也取得了相同效果。马齿苋是马齿苋科马齿苋属植物,常用于园艺栽培,作为观赏植物。

研究小组已对研究成果申请了专利,今后研究小组计划继续进行大规模的验证实验。在此之前,研究人员已经发现,微生物可以对环境荷尔蒙双酚 A 产生净化作用。但是,利用微生物净化环境荷尔蒙,设备过于庞大,在实用化方面管理和成本都存在很大困难。而利用园艺植物除去环境荷尔蒙,管理容易,成本低廉,是与环境协调一致的净化方法。

(2)利用细菌降低生态系统中的汞污染。2009 年 10 月,美国田纳西大学的一个研究小组发布公报说,他们最近找到一种细菌,它所合成的酶可降低汞对环境的污染。在自然条件下,汞不仅存在于土壤和水体中,而且也存在于大气中,所以它的迁移转化,可以在陆地、水中和空间各个环境方位发生。

人类活动造成的汞污染无处不在,而汞对水资源的污染尤为严重。研究人员表示,他们在研究中发现,汞对靠近食物链底端的生物,如鱼及水生贝类的污染相当严重,并通过它们最终对人类健康造成影响,但有些细菌具有破坏这一“污染链”的作用。

研究发现,一种细菌所合成的 Merb 酶可以降低甲基汞的毒性,从而减小汞对环境的污染。这种酶的三维结构能首先击破甲基汞中汞原子与碳原子的关键链接,然后在甲基汞电子四周制造静电场,对甲基汞的毒素进行分解。研究人员表示,他们将进一步探索,如何在生态环境系统中运用上述方法减少汞污染。

4. 开发植物免遭污染或虫害的新技术

(1)发现控制农作物吸收砷的基因。2008 年 6 月 18 日,英国科学促进会主办的“阿尔法伽利略”科学新闻网站报道,丹麦和瑞典的研究人员发现,一种帮助农作物抵御真菌感染的基因,能够控制农作物中名为结瘤素的跨膜运输蛋白的合成,从而有助于农作物吸收有毒的亚砷酸盐。这一成果有望应用于开发不吸收砷的转基因农作物,降低人们因饮食而导致慢性砷中毒的概率。

砷是一种毒性很大的致癌物质,它在自然界中主要以亚砷酸盐等形式存在。在世界许多国家,砷导致水、土壤和农作物污染。在一些发展中国家,水源污染导致饮用水和农作物中的砷含量较高,砷中毒成为严重问题。据联合国教科文组织的统计,仅在南亚地区,就有 2000 多万人遭受慢性砷中毒的危害。

报道称,丹麦哥本哈根大学和瑞典哥德堡大学的研究人员以两组酵母菌为研究对象,第一组酵母菌注入了上述基因的大米版本,对照组酵母菌未注入。研究结果显示,在有毒亚砷酸盐环境下,第一组酵母菌体内逐步积聚亚砷酸盐,对照组酵母菌未出现这种情况。

研究人员说,这种基因也有助于农作物的细胞壁吸收硅,抵御真菌感染,但农作物区分不出砷和硅。砷对人类非常有害,硅对人类却非常重要。科学家计划通过转基因方式培育出只吸收硅而不吸收砷的水稻等农作物。

(2)发现抑制镉蓄积的水稻基因。2010 年 9 月,日本冈山大学一个研究小组,在美国《国家科学院学报》上报告说,他们发现一种能抑制重金属镉,在稻米中蓄积的水稻基因,该基因能把从土壤中吸收的镉封闭在水稻根部细胞内。这一发现为培育难以蓄积镉的水稻品种开辟了道路。

研究人员分析了世界各地的约140个水稻品种,根据它们蓄积镉的难易程度将其分为两类。通过比较这些水稻的基因,研究者发现OsHMA3基因指导合成的蛋白质,对于防止镉在稻米中蓄积发挥了关键作用。

在难以蓄积镉的水稻细胞内,OsHMA3基因合成的蛋白质主要在根部细胞内负责储存代谢废物的"液泡"中发挥作用。这样,水稻根部吸收的镉会转移到液泡中被隔离起来。而在容易蓄积镉的品种中,OsHMA3基因及其合成的蛋白质却不具备上述功能。

研究小组认为,如果提高OsHMA3基因的性能就有可能在镉含量很高的水田中种植水稻,也有望开发出难以蓄积镉的水稻新品种。

(3)开发出灭杀森林害虫的新型高效昆虫信息素。2012年2月,波兰通讯社报道说,波兰科学院物理化学研究所应德国一家公司的要求,开发出新型高效昆虫信息素,试验结果证明使用效果远远超过原有的期望值。

报道说,业内人士众所周知,昆虫的信息素是生物体为了沟通信息而分泌的一种易挥发的物质。其功能多种多样,有的是雌性生物体通知雄性生物体她的存在,有的是告知附近有大量食物可获取,有的甚至是警告同类有危险赶紧避难。利用信息素灭杀害虫,在森林保护中有很长的历史。

波兰科学家开发的新型昆虫信息素属于环境友好型,使用费用低廉,在德国德累斯顿和莱比锡等种植大量山毛榉、橡树、白桦、松树、枫树的地区,所做的试验结果,令人大喜过望,新型昆虫信息素与捕捉器一起使用,不但能够诱惑常见的侵扰欧洲多年的粉蠹虫,甚至还对同类的一些害虫有显著的作用。

5. 开发动物免遭环境污染伤害的新技术

(1)开发对海鸟身上油污进行快速清理的技术。2008年5月,有关媒体报道,海上石油泄漏事故,往往使大批海鸟身上沾满油污。芬兰研究人员研制出一套能对沾满油污的海鸟进行快速清理的系统,可大大提高遭石油污染海鸟的存活率。

该系统由检查室、清洗室和干燥室三部分组成。首先,操作员在检查室里对遭污染的海鸟进行分类,根据被污染的程度排列处理次序。然后,操作员对沾满油污的海鸟逐一进行清洗和干燥。这套系统便于运输和组装,能在石油泄漏事故现场,对海鸟进行及时快速处理,每天能清理150只被污染的海鸟。

(2)开发用水下传声装置保护鱼类的技术。20世纪以来,一些迁徙鱼类开始告别大海,逆流而上,转而选择在淡水环境中生活。在法国,从东南的塞纳河口到西北的鲁昂港,人们都有机会发现产于马尾藻海的鳗鱼、鲽鱼,以及鲻鱼。这些被渔业专家认为是强壮种群的鱼类,每当塞纳河的水质一变好,就会迅速"占领"其河底部分,繁衍生息。特别是近年来,污水处理质量的大幅度改善,加上无磷洗衣粉的全面推广,都为吸引这些远道来客创造了良好条件。

为了更好地研究迁徙鱼类重新回归塞纳河这一现象，法国农业和环境工程研究所的科研人员开展了一项远距离观测迁徙鱼类活动的项目。他们找来 70 余尾鳗鱼、鲽鱼和鲻鱼，每条鱼都被装上一个小型超声波发射器，随即被放归河流。

这些鱼会持续不断地发送各自的声波信号，这样就可以分辨它们，并跟踪其迁徙的路线。另外，通过 50 余个水下声波接收器，对鱼进行定位。它们都安装在塞纳河的浮标上。这些“大耳朵”收集到的声波信息会被储存在光盘中。科研人员会有规律地下载这些声波信息，进行分析。另外，还有一艘装备了水下声波接收器的船只，可以同步记录鱼的活动情况，进行准确定位。这些信息为研究人员提供了一个鱼类活动的基本情况，并推测出可以需要帮助内容，如果检测到鱼类移动频繁，说明它们有可能在寻找更适宜的生存环境，或者说明原生存地食物出现了短缺。据此，科研人员会提出保护鱼类的合适办法。

6. 促进生态环境恢复的其他技术

（1）推出生态殡葬的遗体处理新方法。2005 年 2 月，有关报道称，瑞典殡葬研究人员与殡葬工作者一起，研究出一种被称为生态殡葬的遗体处理新方法。使用这种新方法处理遗体的，世界上第一座生态殡仪馆，于 2006 年在瑞典的延雪平市挂牌营业。

瑞典学者最新摸索出的这种殡葬方法比传统的土葬或火化更为环保。其操作过程是，把死者遗体放入用淀粉制成的特殊棺材内之后，用液态氮冷冻。经过这种方法处理，遗体能够很轻易地碎成粉末。随后，再对这些粉末进行干燥处理，然后将其掩埋到坟场中。这些粉末很快便会化作土壤的一部分。此外，死者身上的各种汞合金填充物如假牙等，都将被先行摘除，杜绝了汞对环境造成的污染，使得遗体处理过程更加环保。

（2）开发出沙漠绿化新技术。2005 年 12 月，日本三菱重工业公司宣布，该公司和日本鸟取大学共同组成的一个研究小组，开发出一种使植物根部迅速生长的技术，并决定把它用于沙特阿拉伯的红海沿岸沙漠绿化计划。

有关研究人员说，这一新技术，可调节育苗土壤的硬度、温度、含水量和营养成分，使树木在沙漠中的成活率更高。研究人员用大豆进行了试验，播种后 7 天，大豆根部生长了 38 厘米，而一般大豆根部在同样环境和时间里仅能生长 8 厘米。

在沙漠绿化计划中，研究人员准备使用椰枣树种，并将其置于长 1 米且装满泥土的圆筒内。利用新技术培育的椰枣树，树根能够伸入 1 米以下的沙层中，吸收到大量存在于 50 厘米至 2 米深处沙层中的水分，大大提高成活率。

三菱重工业公司计划先在沙特的沙漠中，栽种 50 平方千米的绿化带，2006 年再由沙特政府出资为沙特建设植物栽培设施。

（3）研制出可阻止冰壳融化材料的新技术。2008 年 5 月，有关媒体报道，俄罗斯科学院科学家发明一种由聚合材料制作的“筏”，它由多孔层、斥盐层，以及钢丝组成的反射阳光层结合而成，漂浮在海面上，可以加速海水结冰。如果把它用在南北极冰冻的海面上,可部分缓解全球变暖导致的冰川融化。

多孔层密布直径为150微米、长0.2米的孔。海水通过毛细作用被吸至“筏”里,加速结冰,为较大的冰结构生长提供基础。该筏同时使附近海面平静,以反射更多的阳光。其有效性在-1℃~-3℃的淡水,以及-2℃~-30℃的咸水中均已验证。

研究人员在莫斯科附近结冰的河面上挖出两个洞,在其中一个洞里放置这种筏进行比较。有筏的洞结冰速度明显快于另一个洞,15分钟后,冰面已可支撑一把较重的剪刀。

第八章　清洁能源领域的新进展

能源也称作能量资源，是指自然界中能为人类提供某种形式能量的物质资源，它对人类的文明有着巨大的影响。能源利用的每次飞跃，都引起生产技术的变革，从而推动社会生产力的发展。清洁能源的主要特征，是使用过程不排放污染物，是对环境友好的能源。就广义角度来说，清洁能源包括在生产及其消费过程中，选用对生态环境低污染或无污染的能源。21 世纪以来，世界许多国家大力倡导和推广清洁、干净的新能源，以求在促进经济发展的同时加强环境保护，从而促使清洁能源领域的创新活动获得不少突破性的进展。国外在电池领域的研究，主要集中在高质量锂电池及其配套材料、高性能微型燃料电池、高效镍锌电池、纤维基导电聚合物电池。在氢能开发领域的研究，主要集中在利用太阳能、化学方法和生物方法制氢；制氢新装置，储氢新材料和新方法，建设利用氢能源的新设施。在生物质能开发领域的研究，主要集中在用含油或含糖植物制造生物燃料，用草类或藻类原料提取生物能源，用含纤维素和木质素植物制造生物燃料，用生产或生活废弃物制造生物燃料。同时，在太阳能、风能、核能、海洋能、地热、人车动能等清洁能源领域的研究开发，也取得了丰硕成果。

第一节　电池领域的发明创造

一、锂电池方面的创新进展

1. 研制高能量锂电池的新成果

(1)开发出能量密度提高三倍的碳纤维锂空气电池。2011 年 7 月，麻省理工学院机械工程和材料科学与工程系杨绍红教授领导，该系研究生罗伯特·米切尔、贝塔·加兰特等人参加的一个研究小组，在《能源和环境科学》杂志上发表论文称，他们研制出一种新式碳纤维锂空气电池，其能量密度是现在广泛应用于手机、汽车中可充电锂离子电池的 4 倍。

2010 年，该研究小组通过使用稀有金属晶体，改进了锂空气电池的能量密度。从理论上来讲，锂空气电池的能量密度大于锂离子电池，因为，它用一个多孔的碳电极取代了笨重的固态电极，碳电极能通过从漂过其上方的空气中捕获氧气来存储能量，氧气与锂离子结合在一起会形成氧化锂。

米切尔说:“我们利用化学气相沉积过程,种植了垂直排列的碳纳米纤维阵列,这些像毯子一样的阵列,就是导电性高、密度低的储能‘支架’。”

加兰特解释道,在放电过程中,过氧化锂粒子会出现在碳纤维上,碳会增加电池的重量,因此,让碳的数量最小、为过氧化锂留出足够的空间非常重要,过氧化锂是锂空气电池放电过程中形成的活性化学物质。

杨绍红表示:“我们新制造出的像毯子一样的材料,拥有 90% 以上的孔隙空间,其能量密度是同样重量的锂离子电池的 4 倍。而 2010 年我们已经证明,碳粒子能被用来为锂空气电池制造有效的电极,但那时的碳结构只有 70% 的孔隙空间。”

研究人员指出,因为这种碳纤维电极碳粒子的排列非常有序,而其他电极中的碳粒子非常混乱,因此,比较容易使用扫描式电子显微镜来观察,这种电极在充电中间状态的行为,这有助于他们改进电池的效能,也有助于解释为什么现有系统在经过多次充电放电循环后,性能会下降。但把这种碳纤维锂空气电池商品化还需进一步研究。

(2)着手研发单次充电可跑 500 千米的电动车锂电池。2012 年 6 月,以色列一家网站报道,以色列正在抓紧开发,单次充电满足 500 千米行车能耗的锂电池,并把它作为新成立的国家电化学推进中心的主要研发任务。

两个月前,以色列成立国家电化学推进中心,它已获得 1170 万美元的国家财政预算支持。该中心由 100 名研究人员构成,被分成 12 个小组。他们分别来自特拉维夫大学、以色列科技学院、巴伊兰大学、艾瑞尔撒马利亚中心大学 4 个学术机构。成立该中心的唯一目的,是研究和开发能够更加有效存储电能的新技术。

该研究中心主任、巴伊兰大学化学系多伦 · 乌尔巴赫教授称:“由于政治上的原因,以及将来的短缺问题,石油没有未来。政治家的心态已经发生变化,这种变化已经渗透到汽车行业,最后到电池生产商。他们都希望采用电动汽车。事实上,如今电动汽车已经能够行驶 150 千米,这对于一般的以色列人已经足够,但他们仍然想要增加电动汽车的行驶里程。”

乌尔巴赫解释说:“现代电化学学科的最大成功,是发明可充电的锂离子电池。这是适合电子设备的好电池,但对于一辆汽车而言,可能需要许多这样的电池才行。如今,Better Place 在其电动汽车上,所使用的电池重达 300 公斤,足以满足电动汽车行驶 150 千米的能耗。我们的目标是在不增加重量和体积的前提下,增加其存储电量。”

电动汽车生产商经常会遇到的一个问题,是电池放电速度受限,换言之,电池必须在更短时间内释放更多电能,这是电动汽车提速所需的。因此,该中心正在努力开发超级电容器,可以在预定时间内供应所需的能量。

这些电容器,能够为电能存储提供一套解决方案。高端先进的电池,可以减少对用于生产电能的石油、煤及天然气的依赖性。太阳能和风能无法持续供应大量电能,这意味着能量存储,是可再生能源发展中的主要挑战之一。

(3)能量密度为传统电池4倍的全固态锂硫电池。2013年6月,美国能源部下属的橡树岭国家实验室梁诚督领导的一个研究小组,在德国《应用化学》国际版上发表研究成果称,他们设计出了一种全新的全固态锂硫电池,其能量密度约为目前电子设备中广泛使用的锂离子电池的4倍,且成本更低廉。

梁诚督表示:"新电池中用到的电解质也是固体,这种设计思路,完全颠覆了,已延续150~200年的,两个电极加一堆电解液的固有电池概念,也解决了其他化学家一直担心的易燃问题。"

几十年来,科学家们一直很看好锂硫电池,它比锂离子电池效率高且成本低。但寿命短是其最大弱点,因此一直未被商用。另外,电池内使用液体电解质也成为科学家们的桎梏。一方面,液体电解质,会通过溶解多硫化物,从而帮助锂离子在电池中传导。但不利的是,这一溶解过程会使电池过早地被损坏。

现在,该研究小组的新设计方法清除了这些障碍。首先,他们合成出一种富含硫的新物质,并把它作为电池的阴极。它能传导锂离子和传统电池阴极中使用的硫金属锂化物,随后,再把它与由锂制成的阳极,以及固体电解质结合在一起,制造出这种能量密度大的全固态电池。

梁诚督表示:"电解质由液体变成固体这一转变消除了硫溶解的问题,而且,由于液体电解质容易同锂金属发生反应,所以,新电池使用固体电解质后安全性也更高。另外,新锂硫电池中使用的硫,是处理石油后剩下的副产品,来源丰富且成本低廉,也能存储更多能量,这就使新电池具有成本低廉、能量密度大等优点。"

测试结果表明,新电池在60℃的温度下,经过300次充放电循环后,电容可以维持在1200毫安小时/克,而传统锂离子电池的平均电容为140~170毫安小时/克。梁诚督表示,因为锂硫电池携带的电压,为锂离子电池的一半,平均电容为其8倍,所以,新电池的能量密度约为传统锂离子电池的4倍。

尽管新电池仍然处于演示阶段,但研究人员希望尽快将这项研究,由实验室推向商业应用,他们正在为此技术申请专利。

(4)研制出一种廉价高功率的锂硫电池。2014年6月4日,物理学家组织网报道,一种工业废品、一点塑料,再加上不太高的温度,或许就是引爆下一个电池革命的导火线。美国国家标准与技术研究所材料科学家克里斯托弗·索尔斯、亚利桑那大学的化学家杰弗里·佩恩等人,与韩国首尔国立大学研究人员一起组成一个研究小组,他们把几种材料混合在一起,研制出一种廉价、高功率的锂硫电池。

研究人员表示,新电池的性能可与目前市场上占主流的电池相媲美,而且,经过500次充放电循环后功能无损。过去数十年来,锂离子电池的能量密度不断提高,广泛应用于智能手机等领域。但锂离子电池需要笨重的阴极(一般由氧化钴等材料制成),来"收纳"锂离子,限制了电池能量密度的进一步提高。这意味着,对诸如长距离电动汽车等,需要更大能量密度的应用来说,锂离子电池有点力不从心。

因此,科学家们将目光投向了锂离子电池更纤瘦的"表妹",即锂硫电池身上,后者的阴极主要由硫制成。硫的"体重"仅为钴的一半,因此,同样体积的硫收纳的锂离子数为氧化钴的两倍,这就使得锂硫电池的能量密度为锂离子电池的数倍。

据报道,在最新研究中,为了制造出稳定的硫阴极,研究人员将硫加热到185℃,将硫元素由8个原子组成的环路融化成长链,随后,他们让硫链同二异丁烯混合,二异丁烯让硫链连接在一起,最终得到了一种混合聚合物。他们把这一过程称为"逆向硫化",因为它与制造橡胶轮胎的过程类似,关键的区别在于:在轮胎中,含碳材料会聚集成一大块,硫则点缀其中。

研究人员解释道,添加二异丁烯使硫阴极不那么容易破碎,也阻止了锂硫化合物结晶。研究表明,硫和二异丁烯的最佳混合为二异丁烯占总质量的10%～20%。如果太少,无法保护阴极;如果太多,电化学性能不活跃的二异丁烯会降低电池的能量密度。

测试表明,经过500次循环后,电池的能量密度仍为最初的一半多。佩恩表示,其他还处于实验阶段的锂硫电池也有同样的性能,但其制造成本高昂,很难进行工业化生产。索尔斯表示,尽管如此,这种锂硫电池短期内也不会上市,硫暴露在空气中很容易燃烧,因此,任何经济可行的锂硫电池都需要经过非常严苛的安全测试,才能投放市场。

(5)研制成性能优异的"沙基锂离子电池"。2014年7月,美国加州大学河滨分校在读研究生扎卡里·费沃斯主持的一个研究小组,在《自然·科学报告》杂志上发表论文称,他们开发出一种新型锂离子电池,其性能和使用寿命比普通锂离子电池高出三倍以上。更让人称奇的是,制造这种电池所需的主要原料,既不是什么"高大上"的石墨烯,也不是什么稀有珍贵的化合物,而是普通得不能再普通的沙子。研究人员称,新技术有望打破目前智能手机等电子产品所面临的电池瓶颈,让一天一充成为历史。

费沃斯称,他是半年前在加州圣克莱门特的一处海滩边冲浪时,萌生用沙子制造电池这一灵感的。他的主要研究方向,是为个人电子产品和电动汽车开发出性能更好的锂离子电池,当时正在为新型电池寻找理想的阳极材料。

目前,绝大多数的锂离子电池都采用石墨作为阳极,但是随着科技的进步,石墨作为阳极的潜能几乎已经被开发殆尽。不少科学家都开始寻找更好的替代材料,其中纳米尺度的硅就是重要的一种。但随后人们发现,传统方法制造出的纳米硅极易发生降解,且难以大规模生产,无法满足电池商业化生产的需要。

费沃斯希望由石英和二氧化硅构成的沙子能帮助他解决这两个难题。他把沙子带回了实验室,将它们研磨成纳米尺度大小,随后又进行了一系列纯化步骤,这些沙子逐渐从棕色变为了明亮的白色，就像绵白糖一样。而后，他又将盐和镁以同样的方法进行研磨，再将这三种物质混合起来进行加热。在加热的过程中盐和镁能够帮助石英去除氧，得到纯纳米硅。而让他惊喜的是，与传统工艺生产出的纯硅不同，这种纯纳米硅具有海绵一样的3D多孔结构，且极为稳定。这种多孔结构已经被证明是提高纳米硅电池性能的关键。

实验显示，用这种纳米硅电极制成的新型电池，可将目前电动汽车的预期寿命提高至少三倍以上。而如将其用于智能手机电池，则有望将一天一充变成三天一充。目前，费沃斯研究小组正在试图用沙子生产出更多的纳米硅，并计划为手机等移动电子设备，制造出体积更小容量更大的电池。

2. 开发高质量锂电池配套材料的新成果

(1)开发可延长锂电池寿命的复合材料。2011年2月11日，美国物理学家组织网报道，新加坡科学技术研究局化学工程研究所的研究小组，研发出一种可减少电极退化的新技术，进而可延长锂离子电池的使用寿命和容量保持率。

该技术使用了一种豌豆荚结构的复合材料。这种材料由氧化钴(四氧化三钴)纳米颗粒(类似于豌豆荚中的豌豆)与纳米碳纤维(类似于覆盖在豌豆外的豆壳)组成。氧化钴纳米颗粒作为活性材料来存储锂离子，四周的中空碳纤维则可以起到保护氧化钴颗粒防止其断裂的作用。此外，这些碳纤维还扮演着从纳米粒子中传导电子的角色。

由于与目前传统的阳极材料(如锡)相比，氧化钴具有更强的离子吸附和保持能力，它被认为是极富潜力的阳极材料。此外，氧化钴能很容易地转化为已进入商业化应用的阴极材料——氧化钴锂。

研究人员为制造这种豆荚结构材料，首先在充满惰性气体的密闭空间内，以700℃的温度，对表面附着有聚合葡萄糖的粗制碳酸钴进行加热，而后再把它放置在空气中，以250℃的温度加热。电子扫描显微镜显示，这种结构的复合材料，在结构上十分整齐，其长度大都是几个微米，直径一般在50纳米左右。

由这种豌豆荚结构复合材料制成的电极，能显著提升锂离子电池的电池容量和储电能力，实验发现在经过50次充放电循环后，由其制成的电池仍具有91%的容量。

研究人员称，除在锂离子电池领域的应用前景外，这种豆荚结构复合材料本身就是一个成就，因为该技术首次实现了将具有磁性的纳米颗粒，嵌入到中空的碳纤维之中。这种“纳米颗粒胶囊”技术，可以推广到多个领域，如基因工程、催化、气体探测、电容，以及磁性材料制造等。

(2)开发出稳定的锂电池金属锂阳极。2014年7月，美国斯坦福大学，材料科与工程学院教授崔毅领导，正在崔毅实验室工作的郑广元博士等人参加的一个研究小组，在《自然·纳米技术》杂志上发表论文称，锂阳极由于能使电池具备极高的能量密度，被誉为电池设计制造业的“圣杯”，几十年来，一直都是科学家们孜孜以求的目标。日前,他们已经制造出稳定的金属锂阳极电池,向这一目标迈出了一大步。研究人员认为,新研究有望让超轻、超小、超大容量的电池成为现实,可穿戴设备、手机,以及电动汽车或都将因此受益。

崔毅说,在所有能用来制造电池阳极的材料中,锂最有潜力,它非常轻又具有非常高的能量密度,有望让质量轻、体积小的电池具备更大的容量。但制造锂阳极却是一件非常困难的事情,以至于不少科学家在坚持多年后不得不放弃。

目前,制造锂阳极至少需要面临两个挑战:

一是锂在充电时出现的膨胀现象。在充电时,锂离子会聚集起来发生膨胀。所有的阳极材料,包括石墨和硅在内都会发生膨胀,但不会像锂这么明显。相对于其他材料,锂的膨胀"几乎是无限"的。非但如此,这种膨胀还是不均匀的,会造成凹坑和裂缝。这些裂缝会使宝贵的锂离子从中逸出,形成毛发或苔藓状生长。这会导致电池短路,严重缩短其使用寿命。

二是锂阳极在与电解质接触后具有很高的活性。这会消耗电解质并缩短电池寿命。由此产生的一个附加问题是,当它们接触时还会发热。而过热就会出现燃烧甚至爆炸,因此,这是一个严重的安全问题。

郑广元说:"虽然如此困难,我们还是找到解决问题的办法。"为了解决这些问题,研究人员用碳为锂阳极制造了一个名为"纳米球"的纳米保护层。这些纳米球保护层从外形上看起来很像蜂窝,可弯曲且化学性质稳定,单个厚度只有 20 纳米。

崔毅指出,这种纳米球由无形碳制成,不但具有很好的化学稳定性,还有很好的强度和柔性。它能防止其中的锂与电解质接触,并具备一定的机械强度,能够承受锂阳极在充电过程中出现的膨胀现象。

在技术方面,纳米球能大幅提高电池的库仑效率(也叫充放电效率),即在一定的充放电条件下,放电时释放出来的电荷与充电时充入的电荷百分比。一般情况下,为了达到日常使用需要,电池应能达到 99.9% 以上的充放电效率。

实验显示,未受保护的锂阳极可以达到 96% 的充放电效率,在 100 次充放电循环后,只能达到 50%,显然是不够的。而斯坦福团队的新型锂电极在充放电 150 次后,充放电效率还能保持在 99%。对电池充放电效率而言,99% 与 96% 比较,它们之间的差异是巨大的。

崔毅说:"虽然目前还没有达到 99.9% 的目标,但我们正在慢慢接近,并且与先前的技术相比,新设计已经实现了巨大的跨越。随着研究的进一步深入和新型电解质的采用,我们相信成功就在眼前。"

我们一直在追求强大的电池,并将希望寄托在最有潜力的锂身上。正当全世界的科学家都在试图突破锂电池自身发展的局限时,该研究小组为它穿上一件纳米材料的"外衣"。这项富有创意的新尝试,不仅弥补了传统锂电池的缺陷,还为提高电池充放效率做出卓越贡献。随着小型化设备的日益增多,我们期待这项新技术助力金属锂阳极电池风生水起,让未来电池不仅使用安全,而且更轻、更小、续航力更持久。

二、燃料电池方面的新进展

1. 研制燃料电池的新成果

(1)研制出高性能微型燃料电池。2005年10月,《联合早报》报道,新加坡南洋理工大学机械与生产工程学院,副教授曾少华领导的研究小组,开发成功一种高性能微型燃料电池,它以环保物质为燃料,可以长时间提供电力,而且不会对环境造成破坏。

该研究小组研制出一种催化剂,可以很好地控制硼氢化钠溶液产生氢气的过程。在掌握了这一重要过程后,他们使氢气通过自己设计的高性能微型燃料电池产生电力。这种利用硼氢化钠产生电力的微型燃料电池,性能持久,一般干电池用在遥控玩具车上,或许只能维持15分钟,但是这种高性能微型燃料电池,只需10毫升的硼氢化钠溶液,就可以驱动遥控玩具车不停地跑动长达90分钟。

这种微型燃料电池提供的电力不超过5瓦特,大小和现有的干电池差不多,所以可供数码相机、手机、音乐播放器等轻型电器使用。

(2)开发用于海洋运输业的燃料电池。2007年8月,有关媒体报道,海洋运输业拥有庞大的航运量,是最大的待开发绿色运输市场。同时,轮船燃料消耗量很大,其二氧化硫排放量是公路柴油车的700倍。

燃料电池引擎是通过化学过程产生电力,而不是通过燃烧过程。虽然成本比柴油发动机高出6倍,但是效率可以提高50%,而且更加清洁,因而弥补了燃料成本上的不足,削减了污染成本。

燃料电池不含移动部件,维修、维护条件并不苛刻,完全可以成为一个安静、稳定的内部组件。为此,欧洲一些企业正在着手开发用于海洋运输业的燃料电池。这些公司希望近年运输船上能安装清洁的燃料电池引擎,并在未来25年内更广阔地拓展其在海洋运输业的应用。

目前,从事海洋运输业燃料电池开发和应用项目的,主要有德国发动机制造商、芬兰的船舶和工业引擎制造商、挪威航运集团等。

(3)研发出天然气燃料电池系统。2011年1月,芬兰国家技术研究中心发布公报说,该中心研发出独特的燃料电池系统,能够以天然气为燃料并网发电。其独特性在于,利用10千瓦级的单个平板式固体氧化物燃料电池堆来生产电能。

单个燃料电池功率有限,为增强其实用性,研究人员把若干个燃料电池以串联、并联等方式,组装成燃料电池堆。平板式固体氧化物燃料电池堆,是一种形似"多层夹心饼干"的组装结构。

芬兰国家技术研究中心的专家介绍说,他们在两个月前,首次把10千瓦级的单个平板式固体氧化物燃料电池堆,组装成系统,并在实际运行条件下进行测试。

该中心指出，提高单个燃料电池堆的功率可为将来建造大规模固体氧化物电池发电厂创造条件。目前市场上单个平板式燃料电池堆的功率多为0.5千瓦到数千瓦，如果要用燃料电池技术建造一座发电厂，就需要很多燃料电池堆，加上组装、维护和管理，成本很高。提高单个平板式燃料电池堆的功率可减少这种新型发电厂的建设和维护成本。

（4）研制出可生物降解的高能糖燃料电池。2014年1月21日，美国弗吉尼亚理工大学工程学院，生物系统工程副教授帕西瓦尔·张领导的一个研究小组，在《自然·通讯》杂志上报告说，他们开发出一种电池，以糖为能源提供电力，能量密度达到前所未有的水平，继续发展有望替代传统电池成为一种廉价的、可充电而且可生物降解的电池。

帕西瓦尔·张表示，虽然现在也有其他糖电池，但他们的糖电池能量密度比以前的高出一个数量级，在充电之前运行的时间更长。预计三年后，这种糖电池将能为手机、平板电脑、视频游戏和大量其他电子器材供电。

张说："糖是自然界一种绝佳的、储存能量的混合物。所以，仅从逻辑上讲，我们也要努力利用这种天然能量，以一种环保的方式来生产电池。"

据美国环保署称，仅在美国，每年就有数十亿的有毒电池被扔掉，给环境和人体健康带来很大威胁。这种糖电池有望帮人们减少填埋数十万吨的电池。

这种糖电池利用了一系列酶，这些酶以一种自然界没有的方式组合在一起。研究小组构造了一种非天然式的合成酶路径，能从糖里面获取所有的电荷势能，在一个小小的酶燃料电池中产生电流。传统电池通常是用昂贵的铂金作催化剂，而他们用的是低成本的生物催化酶。张说："通过一种酶流注，我们能把糖溶液中的所有电荷缓慢地、一步步地释放出来。"

就像所有其他燃料电池一样，糖电池也是一种联合燃料。研究人员用的是麦芽糊精和空气产生电流和水，麦芽糊精是一种多聚糖，由淀粉部分水解形成，水是主要副产品。

研究人员还指出，糖电池和氢燃料电池、直接的甲醇燃料电池不同，糖溶液燃料不会爆炸、燃烧，能量存储密度更高。制造这种电池的酶和燃料还能生物降解。此外，糖电池还能再次充电，在其中加入糖就像给打印机的墨盒装入墨水一样。

（5）开发出低温生物质燃料电池。2014年2月，美国佐治亚理工学院，化学与生物分子工程学教授邓玉林领导的一个研究小组，在《自然·通讯》杂志上发表论文称，他们开发出一种直接以生物质为原料的低温燃料电池。这种燃料电池只需借助太阳能或废热就能将稻草、锯末、藻类甚至有机肥料转化为电能，能量密度比基于纤维素的微生物燃料电池高出近100倍。

尽管以甲醇或氢驱动的低温燃料电池技术得到长足发展，但由于聚合材料缺乏有效的催化系统，低温燃料电池技术一直无法直接使用生物质作为燃料。新研究中，研究人员开发出的这种新型低温燃料电池，能够借助太阳能或热能激活一种催化剂,直接将多种生物质转化为电能。

这种技术在室温下就能对生物质进行处理,对原材料的要求极低,几乎适用于所有生物质,如淀粉、纤维素、木质素,甚至柳枝稷、锯末、藻类,以及禽类加工的废料,都能被用来发电。如果缺乏上述原料,水溶性生物质或悬浮在液体中的有机材料,也没有问题。该设备既可以在偏远地区以家庭为单位小规模使用,也可以在生物质原料丰富的城市大规模使用。

生物质燃料电池的研究面临的难题是,具有碳—碳链的生物质不易通过常规的催化剂,哪怕是昂贵的贵重金属催化剂分解。为了解决这个问题,科学家研制出微生物燃料电池,利用微生物和酶来分解生物质。但这种方法的缺点是:微生物和酶只能选择性地分解某些特定类型的生物质,对原料的纯度要求较高。

实验显示,这种燃料电池的运行时间长达 20 小时,这表明多金属氧酸盐催化剂,能够再利用而无需进一步的处理。研究人员报告称,这种燃料电池的最大能量密度,可达每平方厘米 0.72 毫瓦,比基于纤维素的微生物燃料电池高出近 100 倍,接近目前效能最高的微生物燃料电池。邓玉林认为,在对处理过程进行优化后应该还有 5 ~ 10 倍的提升空间,未来这种生物质燃料电池的性能,甚至有望媲美甲醇燃料电池。

邓玉林说:“新技术一个重要的优点就是,它能够在一个单一的化学过程中,完成生物降解和发电。太阳能和生物质能源,是当今世界重要的两种绿色能源,我们的系统把它们结合在一起产生电力,同时也减少了对化石燃料的依赖。”

2. 研制燃料电池的新技术

开发提高燃料电池效益的铂分解技术。2013 年 6 月,加拿大西安大略大学的孙学良和岑俊江主持,麦克马斯特大学、加拿大光源中心同步加速器和巴拉德动力系统公司研究人员参加的一个研究小组,在《自然》杂志的网络版上发表研究成果称,他们发现,把昂贵的铂金属分解成纳米粒子(甚或是单个原子)可制造出更低成本的燃料电池。

研究人员表示,通常用作催化剂的铂金属是非常昂贵的,但其只有表面的原子可起作用。表面之下的其他原子不具有作为催化剂的功能,铂的有效利用率只有 10% ~20%。通过分散铂金属的方式,可大大提高每个原子的使用效率。于是,他们开发出一种利用原子层沉积的新方法。这种表面科学技术可用于对化合物进行沉积,创建单原子催化剂。

加拿大光源中心的同步辐射和超高分辨率透射电子显微镜,在跟踪铂的化学特性及其表现方面发挥了很大的作用,说明该技术已基本可把铂分解成“尽可能小”的部分,从而使其表面积得到最大化。

加拿大光源中心产业科学部主任杰夫 · 卡特勒称,科学家已利用加拿大光源中心的硬 X 射线显微分析光束,确认了这些成果。加拿大光源中心同步加速器,是全球从事纳米材料研究的最佳设施之一,而巴拉德动力系统公司则是顶尖的燃料电池企业。强强合作是成功研发下一代燃料电池的关键。

巴拉德动力系统公司首席研究科学家叶思宇则称,以更有效的方式使用铂材料,可使燃料电池更具有成本效益,从而大大拓宽其商业化前景。

三、其他电池方面的创新进展

1. 研制其他金属电池的新成果

(1)开发出高效镍锌电池。有关媒体报道,法国与西班牙两国研究人员联合组成的一个研究小组,在为电动滑板车开发一种新型充电电池的过程中,研制出经济可行的高效镍锌充电电池。

这种电池长期以来就具有代替传统镍镉电池的潜力,因为镍锌电池不仅能够提供足够的电力,而且在保护环境上也具有相当的优势,然而,锌电极的不稳定性将重复充电次数限制到了20次。该项目小组的研究人员,最终克服了这一难题,并且可以生产出安全的镍镉电池替代品,同时重复充电次数能够达到1000次以上。

据悉,研究人员将一种由西班牙合作研究者研制的新型导电陶瓷,研磨成细末,然后加入到电极中,阻止了能够引起导电性衰减和短路现象的锌合成物的产生,成功地使锌电极保持在稳定状态。

(2)开发出低成本高性能的镁蓄电池。2014年7月,日本京都大学内本喜晴教授领导的一个研究小组,在英国《科学报告》杂志网络版上报告说,他们利用镁开发出一种蓄电池,与锂电池相比,其充电量和放电电压更高,而成本则低得多。

如今的智能手机和笔记本电脑中广泛应用锂电池,不过锂是稀有金属,其价格较高且耐热性较差。日本研究人员说,镁与锂相比有多种优点,比如锂的熔点约为180℃,而镁的熔点高达约650℃,因而更为安全,镁的蕴藏量也比锂丰富得多。

不过,开发镁电池也面临一些技术困难,例如此前一直没找到合适的正极材料,同时也缺乏能帮助稳定充电和放电的电解液。

内本喜晴研究小组发现,使用一种铁硅化合物作为电池正极,以一种含乙醚的有机溶剂作为电解液,可以制作出镁蓄电池。这种电池的充电量达到了锂电池的1.3倍,其放电的电压也比锂电池高了2伏特,并且实现了稳定的充放电,其材料费用却只有锂电池的约10%。

研究小组认为,通过改良这种镁蓄电池的电解液,还能进一步增加充电量。研究人员正准备进一步开展研究,缩小镁蓄电池充电和放电时的电压差,减少能量损失,以早日达到实用化。

2. 研制纤维基导电聚合物电池的新成果

用海藻纤维素研制出薄型电池。2009年10月,瑞典乌普萨拉大学的阿尔伯特·米兰因博士领导的研究小组,在《纳米快报》杂志上报告成果消息说,他们用海藻的纤维素研制出一款薄型电池,它像纸一样纤薄、柔韧而轻巧,可在几秒内完成充电,而且充放电100次后的性能也不会出现较大的损耗。

通常电池都是依靠电化学反应工作,每一个电池包含阴极和阳极两个电极,这两个电极浸没在电解液中。目前,广泛应用于手机和手提电脑中的锂电池的阳极由碳组成,阴极由氧化锂钴组成,其溶在含有锂盐的有机电解液中。当电池被通上电时,电子朝阴极进发,迫使带正电的锂离子远离阴极,进入阳极,当电池放电时,电流让锂离子离开阳极返回到阴极。

瑞典研究小组发明的电池由海藻中提取的纤维素制成。这种纤维素的纤维比树木或者棉花中提取的纤维素更加纤细,会使电池的表面积更大,使其能够存储更多电荷。然而,纤维本身并不能导电,该研究小组使用一种常见的导电聚合物聚吡咯来包住纤维。聚吡咯通常为无定型黑色固体,不溶不熔,在200℃时会分解,能导电。研究人员把它浸入海藻纤维中,产生了一个能够导电的混合物。接着,他们在这种合成物中制造出新电池的两极,用浸过盐水的滤纸作为电解质。

这种新型电池由两个纤维素电极及夹在其间浸过盐水的滤纸构成,看起来就像一个三明治,两个纤维素电极位于两块载玻片之间。两极上附有铂带与外界形成导电接触。在聚吡咯内发生的化学变化存储和释放电量,分子在其中,以氧化状态和还原状态两种形式存在,当这两种状态的分子形成回路时,即产生电流。

目前,海藻电池的效率,只有锂离子电池的1/3,虽然不能取代锂电池,但也能占领不宜使用锂电池的市场,它现在用作带有小型无线电装置的行李标签,便于行李监管者根据其发出的信号追踪到行李的位置;也用作"智能"包装材料,比如带电子显示屏的包装盒。此外,还有一项重要用途是,为刚刚研制成功的纸基晶体管组件充电。

第二节　氢能开发领域的新进展

一、开发制造氢气的新技术

1. 利用太阳能制氢的新技术

(1)发明用太阳能和氧化锌制氢的新技术。2005年8月5日,以色列魏茨曼科学研究院宣布,该院能源研究中心主任贾克巴·卡里教授领导的研究小组,在瑞典、瑞士和法国同行的协助下,利用最新太阳能技术,通过创造容易储存的中间能源的方法,使利用氢能变得容易和可行。

氢是自然界储量最为丰富的元素,也是未来清洁能源的主要来源之一。世界许多国家的科学家都在积极探索氢能利用的新技术和新方法,但目前对氢能的利用尚未进入成熟的实用化阶段,氢能在生产、储存和运输方面不仅成本高,而且非常困难。

以色列研究小组采用了与众不同的技术方法，其主要内容是，他们利用魏茨曼科学研究院太阳能发电站的设备和人员，以 64 面 7 米宽的镜子，建造起一座具有 300 千瓦功率的太阳能反应炉。接着，在炉里装满氧化锌和木炭，再用聚焦的太阳光线，加热到 1200℃。在加热过程中，矿物质产生分解，释放出氧和气态锌。不久，这种气态锌，会浓缩成一种锌粉末。这种粉末存放、携带和转移很方便，解决了氢燃料不易贮存和运输的难题。使用时，只要让它与水发生反应，就能产生氢气形成氢燃料。剩下的氧化锌又可重新作为原料，在太阳反应炉内生产气态锌，制造新的氢燃料。锌在世界金属产量中仅次于铁、铝、铜，排名第四，储量相对丰富。是理想的氢提炼原料。

在近日的试验中，研究人员利用这个 300 千瓦的太阳能反应炉，在一个小时的时间里，从氧化锌中分解出了 45 公斤的锌粉末，超过了预期目标。

由于这一过程无任何污染，而且相关物质锌是一种容易储存和运输的物质，因此可以按需要来生产氢。另外，这种技术还为用化学形式储存太阳能，并按照需要释放太阳能，提供了新的方法。除氧化锌以外，目前，研究人员还在研究和试验其他种类的金属矿物质，在太阳能转化中的作用和效果。

以色列研究人员认为，通过多年研究，他们已经实现了从科学理论转化为实用技术的突破，从目前试验效果看，这一技术离工业应用要求，已经非常接近了。有的专家指出，该成果的实际应用，有望从根本上缓解世界性能源压力。

(2)推进用太阳能和催化剂分解水廉价制氢的研究。2005 年 8 月，有关媒体报道，美国加州理工学院化学教授格瑞，与本院和麻省理工学院的化学家共同组成的一个研究小组，正在从事一项“为地球提供动力”的研究项目。该项目的目标是寻求用经济有效的化学方式来储存太阳能。由于夜晚没有太阳能，所以，只有找到储存白天获得的太阳能的适当方式，才能满足大范围、全天候太阳能利用的要求。在此基础上，进而探索利用太阳能分解水来制氢。

随着汽油价格的上升，人们感到新的能源危机又在迫近。寻求新能源来替代化石燃料，再次引起了世人的普遍关注。如今，氢经济正在成为人们广为关注的热门话题，但如何低成本、无污染地制备氢仍然是科学家面临的极大挑战。现今最佳也是最廉价的制氢方法是使用燃煤及天然气，但这意味着产生更多的温室气体和更多的污染，且天然气和燃煤与石油一样是有限的。研究人员普遍认为，最清洁最廉价的制氢方法，是利用太阳能分解水。

通常化学实验室所使用的电解制氢方法，虽不产生其他污染，但所需要的催化剂铂非常昂贵，无法用来大规模制氢。要最终使太阳能成为一种人们普遍使用的能源，就必须找到一种既廉价、又源于太阳能的燃料制取方法，解决办法是寻找一种较廉价的催化剂来替代铂。在近日出版的《化学通讯》杂志上，加州理工学院副教授皮特研究小组，介绍了一种使用钴作为催化剂从水中制氢的方法。皮特认为,这是一个好的开端,他们的目标是寻找类似钴甚至用铁或镍等廉价催化剂来取代昂贵的铂催化剂。

皮特研究小组,除了在自己的实验室开展研究工作,还计划与校外的其他实体结合,兼顾服务于教学与研究实际。研究人员设想,专门构建一个完全依赖太阳能运行的分院,初期使用成熟的太阳能电池板供电,该设施可成为研究人员验证他们新思想的理想场所。

皮特研究小组希望,最终在实验室建造一个由太阳能驱动的“梦幻机器”,注入水后,从一端出来氢气,从另一端出来氧气。然而,要使这样一台机器成为现实,还需要研究人员不懈的工作,需要更多的创新及技术突破。

(3)开发利用阳光和纳米管从水中取氢的技术。2007 年 2 月,有关媒体报道,美国内华达大学,材料科学和工程教授马诺仁简·米斯拉率领的研究小组,在实验室中成功开发出利用光能,从水中获取氢气的小型试验系统。在美国能源部最近提供的 300 万美元研究经费的支持下,他们希望在不久的未来,能将试验技术转换成工业产品,为社会提供廉价的氢能源。

据悉,研究小组研制的小型试验性氢产生系统,利用了一种由 10 多亿根的纳米管构成的新材料,它具有从水中获取氢的巨大潜力。该小型试验性产氢系统,现安装在内华达大学拉克索尔特矿石研究楼中。米斯拉表示,在实验室中,产氢时采用的是模拟阳光。

米斯拉估计,到 2010 年年末时,他们的产氢系统将改进为工业化产品,能源公司可以用它来为汽车和住宅提供氢能源。氢能源具有极高的效率,比液体燃料的效率高出 33%。现在美国汽车使用的燃油每加仑为 3 美元,今后用新系统产生的氢能源的价格,相当于每加仑燃油为 1 美元。此外,氢气是一种十分清洁的能源,使用氢能更有利于环保。

米斯拉表示,北内华达具有十分充足的阳光,每年阳光灿烂的日子超过 300 天,是利用太阳能产生氢能的理想地点。他说:“我们能利用巨大的能源资源优势来生产氢气。在独特的北内华达,每平方米日照平均光能大约为 1 千瓦,而内华达西部城市里诺的日照则更高。由于里诺的阳光更加明亮,我们有更理想的利用阳光产生氢的地方。”

(4)开发出高效的太阳能制氢系统。2011 年 8 月 10 日,美国物理学家组织网报道,美国杜克大学工程学院,机械工程学和材料学助理教授尼克·霍茨领导的一个研究小组,发明了一种可铺设在屋顶的太阳能制氢系统。该系统生产的氢气无明显杂质,在效率上也远高于传统技术,能让太阳能发挥更大的用途。

新系统与传统太阳能集热器在外观上区别并不大,但实际上它主要由一系列镀有铝和氧化铝的真空管组成,一部分真空管中还填充有起催化剂作用的纳米颗粒。其中反应物质,主要为水和甲醇。与其他基于太阳能的系统一样,新系统也从收集阳光开始,但而后的过程却截然不同。当铜管中的液体被高温加热后,在催化剂的作用下就能产生氢气。这些氢气既可以经由氢燃料电池转化为电能,也能通过压缩的形式储存起来以供日后使用。

霍茨称,该装置可吸收高达95%的太阳热能,由环境散发出去的则非常少。这一装置,能让真空管中的温度达到200℃。相比之下,一个标准的太阳能集热器,只能将水加热到60℃~70℃。在高温作用下,该系统制氢的纯度和效率远高于传统技术。

霍茨说,他曾将新系统与太阳能电解水制氢系统、光催化制氢系统的火用效率进行对比。所谓火用效率,就是指定状态下所给定能量中有可能做出有用功的部分。结果发现,新系统火用效率的理论值分别是28.5%(夏季)和18.5%(冬季),而传统系统在夏冬两季的火用效率则只有5%~15%和2.5%~5%。

太阳能甲醇混合系统是最便宜的解决方案,但系统的成本和效率会因安装位置的不同而有所区别。在阳光充沛地区的屋顶铺设这种太阳能装置,大体上能满足整个建筑在冬季的生活用电需求,而夏季产生的电力甚至还能出现富余。这时业主可以考虑关闭部分制氢系统或者把多余的电力出售给电网。

霍茨说,对较为偏远或不易获取其他能源的地区,这种新型太阳能制氢系统,将会是一个非常好的选择。目前他正在杜克大学建造一个试验系统,以便对其进行更为全面的测试。

(5)通过模仿树的能量转换发明高效太阳能制氢技术。2014年7月,物理学家组织网报道,美国威斯康星大学麦迪逊分校材料科学与工程系助理教授王旭东,与美国林业产品实验室的蔡志勇博士等人组成的一个研究小组,通过模仿一棵树的能量转换过程,开发出一种高效的太阳能制氢技术。该技术水解氢气的效率比传统技术高两倍以上,且能十分方便地安装在湖泊、海洋和陆地上,为氢燃料的制备提供了一个新的选择。

对于水解制氢技术,世界各地的科学家们已经探索了多年,但这些技术大都需要将光催化剂淹没在水中。由于阳光在与水面接触后会发生折射和衍射,这极大限制了这些技术的制备效率。

新研究中,研究小组专门对此进行创新。研究人员试图通过模仿树的能量转化过程,来解决这一难题。报道称,这一"树形"设备的顶部,是由纤维素制成的面板和用二氧化钛介孔材料制成的催化剂涂层,它们能最大限度地获取阳光并增加水与催化剂接触的面积;而在这颗"树"的底部,则是由纳米碳纤维组成的庞大"根系",这些纳米碳纤维制成的根系组织能够把水分运输到顶部的催化剂"叶子"上,在那里,水会被分解成氢气和氧气。整个过程与树木的光合作用极为相似。

由于催化剂不会完全淹没在水中,同时又保证与阳光的充分接触,这种技术不但大大加快了水分解的时间,在制氢效率上也比传统技术要高得多。

王旭东指出,通常,水解制氢所使用的催化剂呈粉末状。不久前,人们开始使用纳米线作为催化剂。而他们则第一个采用基于纳米碳纤维材料的催化剂涂层技术,该技术与传统技术相比,还具有极为优异的亲水性能。他说:“在地面上放置一个盛水的容器,就能通过该技术获取氢燃料,如果能将这种装置架设到湖泊或是海洋上将会更为便利。该技术有望最大限度地消除水面环境的局限性,最大限度地提高太阳能的转化效率。以这种技术建立的制氢工厂既能建立在陆地上,也能建在水体上。氢是一种绿色能源,适用范围十分广泛,氢承载的能量能够很方便地被运输到很多地方,无论是汽车还是建筑物。”

接下来,王旭东研究小组,希望制造一个更大规模的原型。该项目由美国能源部资助,目前美国林产品实验室正在为该技术申请专利。

2. 利用化学方法制氢的新技术

(1)通过引入钯浅层表面来提高氢原子的稳定性。2005 年 12 月,美国宾夕法尼亚大学化学和物理学家魏丝教授领导的一个研究小组,对外宣布,他们通过技术处理,把氢原子引入金属钯的浅层表面,在这一特定的区域,氢原子能够稳定存在。这一特殊结构,有望在金属催化剂、氢储存和燃料电池等重要应用领域发挥重要作用。

未来的燃料电池是当今研究的热门,但电池中氢原子的稳定性是该项研究中的一大难点。化合物中的氢原子非常活泼,难以储存。所以,魏丝研究小组的技术创新,有望攻克这一难关。

在金属表面,氢原子与金属形成的氢化物中氢原子带有部分负电荷,通过观察证实,金属表面存在着非常稳定的区域,以前有研究人员对这一现象曾进行过预测,但成功合成并直接观察到该结构,这还是第一次。

研究小组把氢原子吸附在某种载体上,然后将其移入金属的浅表面下,并仔细观察了金属晶体内特定区域中氢化物的存在对金属的化学性质、物理性质和电子特性等各种性质的影响。另外,浅表处的氢化物还可以作为一种新材料,进一步研究其在氢储存和燃料电池中的应用。研究人员称,这种构建浅表处氢化物的能力,为相应的应用领域提供了重要的研究工具。

魏丝表示,金属浅表处的氢原子在化学反应中的重要性,得到了科学界的公认。各种实验数据已经间接地证明,在这些区域存在着对化学反应比较重要的氢原子,但一直没有方法证明,这一物质结构将为这些科学预言提供证据,并通过观察获得直接的数据。

实验在扫描隧道显微镜中低温超真空条件下进行,研究人员先把金属晶体暴露在氢环境中,氢原子会吸附在金属的表面,对于多余的氢原子,通过不断加热和加氧,被氧化成水后去掉。清出金属表面的氢原子后,运用扫描隧道显微镜中发射出的电子,将氢原子带入金属表面下的浅表层进入稳定的区域。在金属浅表下氢化物形成的过程中,研究小组发现,金属表面在不断扭曲变形,新结构上面的带正电荷的金属钯原子在不断增加,不断与金属表面的氢原子发生反应。研究人员称,该研究中最有趣的一面在于,能够把氢原子带入金属表面下,而金属表面扭曲等观察到的现象，证明了稳定区域的存在，并从理论上预言了氢化物的物理和电子特性，以及这些特性在相关领域的运用。

魏丝数年前曾在国际商业机器公司工作，是世界上第一个把惰性气体氙原子引入金属表面的人，如果将金属表面的原子处理能力进行延伸和扩展，研究人员们将提高对许多重要商业用途中化学反应的认识和理解。另外，这一模型，将开创一种在技术领域有重要用途的新型材料。

（2）通过降低质子交换膜厚度推进氢能开发。多年来，俄罗斯对氢能开发利用一直非常重视。早在前苏联时期，"暴风雪"号航天飞机上就使用了以氢为燃料的电池。新乌拉尔电化工厂建立了容量接近100千瓦的以磷酸燃料电池为基础的电站。目前，俄罗斯科学院有20多个研究所，在氢能技术领域从事基础研究和应用开发。

在氢能技术的研发中，俄罗斯科学院乌拉尔分院电物理研究所处于世界先进地位。目前，氢燃料电池研制中的最大问题是成本很高。对此，俄国研究人员认为，减少氢能燃料电池中的质子交换膜的厚度，是降低成本的第一步。

目前，世界各国在燃料电池中使用的质子交换膜的厚度为0.2～0.5毫米，这样的质子交换膜具有很高的电阻，使用中能量损耗很大，并需要900℃～1050℃的高温。如果质子交换膜的厚度降低到10微米，将能使电阻大幅度降低。俄国研究人员已研制出大小为0.01微米的颗粒，用1000层这样的颗粒覆盖的薄膜，就成为了厚度为10微米的质子交换膜。同样，可以用这样的颗粒制成电极，它具有很高的活性，燃料电池的成本将得到再次降低。

（3）找到用化合物提取高纯度氢气的新方法。2006年11月，日本福岛大学共生系统理工学科佐藤副教授主持的一个研究小组，通过制作铟、镓和砷元素掺入碳的化合物半导体膜的试验，开发出利用化合物半导体，低成本制造高纯度氢的原理。新方法，比目前应用的钒合金模制氢法，约降低成本10%左右。

起初，佐藤研究小组研究的，是如何在高速通信用的化合物半导体中除去氢，后来改变想法，开始研究氢的精度制造技术。他在实验中制作了在铝基板上铟、镓和砷半导体中，加入碳的p型半导体膜，发现这种半导体化合物膜，可以作为氢过滤介质过滤氢。在利用压力差进行氢透过实验中，氢形成一个质子氢离子通过膜，而不纯物没有透过，制造出了几乎100%纯度的氢。他表示，今后将继续对不使用有毒元素的半导体，进行试验，以及氢透过速度验证。

氢被视为清洁能源，高纯度的氢广泛用于精细化学药品、半导体，以及燃料电池等领域。但是通常从煤炭、天然气等能源中提取氢的方法纯度不足，而制造高纯度氢，通常使用的贵金属钒合金模的透过法成本高昂。

（4）发明甲酸制造氢气简易方法。2008年6月，德国莱布尼茨催化研究所，科学家马赛厄斯·贝勒领导的一个研究小组，在《应用化学》杂志上发表研究成果称，他们发明了一种在低温下把甲酸转化成氢气的方法，从而使甲酸这种常见的防腐剂和抗菌剂，有望成为燃料电池的安全、便捷的氢来源。

燃料电池不能普及的一个重要原因，是难以制造、储存和运输足够量的氢气。使用含有氢的原料，在需要时将其分解产生氢气，这种方法要比直接运送氢气更为实用。目前，甲烷和甲醇是燃料电池最常用的两种氢来源，通常它们要经过蒸气重组这道工序而分解产生氢气，这个过程需要200℃以上的高温和专门的重整转化装置。如果能在较低的温度下完成上述转换，就不需要消耗大量的能源，也不需要转化装置，从而能为小型燃料电池（如为便携电子器件）提供更合适的氢气源。

贝勒研究小组将甲酸与胺混合，在一种金属钌催化剂的作用下，在26℃～40℃就可以把甲酸分解成氢气和二氧化碳。由于甲酸是一种液体，因此（同气体相比）更加容易处理。贝勒说，虽然甲酸具有腐蚀性，但它与胺的混合物则是温和的。

甲酸可以直接用于燃料电池，因为省去了转化成氢气这一步骤，使用起来更简便。有关专家认为，与使用甲醇的燃料电池相比，甲酸燃料电池体积更小，而且构造要简单。

但甲酸燃料电池有一大缺点：燃料电池的效率不高。1公斤甲酸产生的氢气只能提供1.45千瓦时的电力，而1公斤甲醇能提供4.19千瓦时的电力。这意味着要产生相同的电力，甲酸的消耗量是甲醇的3倍，这会使得甲酸燃料电池的成本上升。不过，贝勒认为，由于省去了蒸气重组这个高耗能过程，加上催化剂的效率不断提高，总体来看，研究人员可以控制甲酸燃料电池的成本，使其更具竞争力。

（5）开发出通过垃圾碳化提取氢的新技术。2008年8月，日本媒体报道，日本经济产业省支援京都大学、北九州市立大学和新日铁，共同开发出一项新技术，即将垃圾加热使其碳化后，再在1300℃的高温条件下，使其不完全燃烧，就可以提取出氢。此外，从垃圾碳化过程中排放出的煤焦油中，也可以提取出氢。提取的氢，主要用于汽车和家庭使用的燃料电池，提取氢的过程中产生的甲烷，则可以用作燃料使用，综合利用效果很好。

这项环保技术，经过试验完全成功后，日本政府将支持生产专用的高温处理分解设备，在全国各地推广普及使用，届时将带来巨大的社会效益，收到减排、节能和废弃垃圾再利用的三重效果。而新日铁作为首家垃圾高温处理分解设备炉的生产企业，通过这一新技术和新设备的开发和生产，可以为其非钢业务部门创出一个新领域，而且是一项十分有前景的环保、减排和节能的新产业领域。

（6）通过分解氨现场按需制氢的新技术。2014年6月，物理学家组织网报道，英国科学和技术设施委员会科学家比尔·戴维领导，马丁·琼斯教授等人参加的一个研究小组，在研究中发现，通过对氨进行分解来制造氢气，不仅成本低廉，而且简单高效，为在现场实时按需制氢，解决所面临的存储和成本方面的挑战，提供了一种可靠的办法。

很多人把氢气看作交通领域最好的替代燃料,但其安全性和如何可靠地存储,一直是个问题,且建造加氢站的成本也居高不下,大大限制了氢作为绿色燃料的大好前景。研究人员表示,新发现或许可以解决这些问题。

当采用裂化技术分解氨时,会得到氮气和氢气。目前,有很多催化剂能有效地裂化氨气释放出氢气,但最好的催化剂是非常昂贵的金属。据报道,新方法并不使用催化剂,而是由两个同时进行的化学过程完成,最终得到的氢气与使用催化剂一样多,但成本降低很多。

而且,研究人员表示,氨的制造成本非常低;氨也能以低压储存在合适的塑料罐中,然后放在车上;另外,建造氨气站也像建造液化石油气(LPG)站一样简单方便,因此,最新研究有望大力加快氢作为交通用绿色燃料的步伐。

戴维表示:"新方法与目前最好的催化剂一样高效,但使用的活性材料氨基钠的成本很低,我们能用氨'按需'廉价高效地产出氢气。"该方法的另一发明人马丁·琼斯教授表示,他们目前正在研制第一个低功率的静态演示系统。

2015 年将是汽车的研发制造大踏步向前迈进的一年,预计很多汽车制造商,将竞相研制新一代燃料电池电动汽车。对这些汽车来说,电池至关重要,而燃料电池则以氢气为原料。英国大学与科学大臣戴维·威利茨说:"这无疑正是我们需要的创新技术,我们致力于在 2050 年,把温室气体排放减少 80%,最新研究或许能大力促进这一目标的实现。"

英国能源与气候变化部首席科学顾问戴维·麦凯说:"我们相信,在减少燃料的碳排放方面,没有单一的解决方案,不过,最新研究表明,氨基技术值得我们进一步探讨,而且,其未来有望发挥重大影响。"

3. 利用生物方法制氢的新技术

(1)推进利用绿藻生产氢气的研究。2006 年 10 月,德国比勒费尔德大学,与澳大利亚昆士兰州大学的生物学家联合组成的一个研究小组,成功培植出一种能够产生大量氢气的转基因绿藻,为未来生产氢能源提供了一条生物途径。

生物学家很早就知道,绿藻具有很强的"氢"光合作用的功能,能在阳光照射下产生氢气。但绿藻产生氢气的效率比较低,通常每公升绿藻只能产生 100 毫升氢气。

该研究小组培植成的转基因绿藻,每公升可产生 750 毫升氢气。目前野生绿藻的光氢气转化值约为 0.1%,人造绿藻可以达到 2% ~2.4%,如果通过基因改造的绿藻,光氢气转化值能够达到 7% ~10%,将具有实际经济应用价值,科学家希望在 5 至 8 年内能实现这一目标。

该研究小组从 2 万多个藻类样品中,筛选出 20 个样品,从中培植出名为 Stm6 的转基因绿藻。德国鲁尔大学也研制出一种生物电池,即一种利用绿藻酶生产氢气的微型生物反应器,每秒可产生 5000 个氢分子。鲁尔大学的生物化学教授托马斯·哈伯称,利用生物酶生产氢气具有很大的潜力,这是一项很有意思的技术,但真正产生经济效益还需要时间。

(2)研制以水制氢更快更廉价的人造酶。2011 年 8 月 12 日,美国能源部西北太平洋国家实验室,科学家莫瑞斯·布洛克等人组成的一个研究小组,在《科学》杂志上撰文表示,他们研制出一种人造酶,与天然酶相比,能将制氢化学反应的速度加快 10 倍,最新研究有望加速制氢过程并降低成本。

氢是一种来源广泛的能量载体,可通过风能、太阳能、生物质等能源来获取,并应用于很多方面。氢能利用过程的关键,是先把电能变成化学能存储起来,然后按照需求将其释放。但现在科学界面临的主要问题是,如何使制氢反应快速且廉价地发生,以便实现规模化。

在任何有电的地方,人们都可以用水来制造氢气,再使用一块燃料电池,又可以将氢变回电,所得到的副产品只有水。不过,燃料电池需要一个催化剂来加速把氢变成水和电的化学反应,铂在这方面表现良好,但铂非常昂贵而且稀少。

早在 10 多亿年前,有些微生物,就能利用便宜且储量丰富的镍和铁制造一种天然酶。后来人们发现,这种天然酶可完成氢能与电能的转化。而美国科学家最新研制出一种人造酶,其性能比天然酶更加优异。实验表明,在以水制氢这一复杂的化学反应中,新人造酶的表现相当出色,反应速度是使用天然酶的 10 倍,每秒钟能制造出 10 万个氢分子。

布洛克说:“这种镍基催化剂的确非常有用。”科学家们表示,如果我们能使用铁和镍研制出人造酶,整个过程将会更便宜,我们有望制造出更便宜的氢。

(3)采用化学与生物学配合方法制备出生物基氢气。2013 年 6 月,德国波鸿鲁尔大学一个研究小组,在《自然·化学生物学》杂志上发表研究成果称,他们采用化学与生物学配合方法,用惰性铁配合物和蛋白生物合成前体,制备出具有生物活性的氢化酶。有关专家称,这项研究成果在生物基氢气生产方面取得了决定性进展。

氢化酶在许多单细胞生物中,对于维持能量平衡发挥着重要作用。对人类而言,它们可以帮助产生清洁能源载体——氢气。因此,生物学家和化学家们,多年来一直努力使这些酶及其化学合成能适合工业应用,如经济实惠和环保的新型燃料电池材料等。

氢气是燃料电池最理想的燃料,不仅纯度高,而且在燃料电池汽车上可以直接供电池使用,不需要重整器和净化器等复杂的附属设备和装置。以氢气为燃料的燃料电池发动机系统比较简单,燃料电池启动快、性能稳定,对负荷变化的响应快,基本上是“零污染”,相对成本较低。

研究小组发现,被称为铁—铁氢化酶的催化活性,主要基于一个具有复杂结构的活性中心,包含了铁、一氧化碳和氰化物。为了跳过烦琐又低效的氢化酶生产过程,化学家们已经重新创建具有催化活性的酶成分。虽然构建成功,但这个化学仿制品只产生少量氢气。因此,研究小组提出了在活体生物中提取氢化酶的优化方法。

氢化酶的应用前景广阔,但要将其工业化生产还非常困难。在理想的条件下,一个氢化酶每秒可以产生 9000 个氢分子。研究人员对此兴奋地说,大自然创造了,一个在没有任何贵金属存在的情况下,异常活跃的催化剂。

二、开发制造氢气的新装置

1. 开发普通制氢装置的新成果

(1)开发出利用乙醇制氢的新装置。2006 年 8 月,《日本经济新闻》报道,日本东京农工大学一个研究小组,开发出一项利用乙醇生产氢的新设备,在氢发生装置的催化剂层上附着二氧化碳吸收剂。这种新技术可高效生产氢,且不需要再安装吸收二氧化碳的专门装置,实现了氢的低成本制备。

据报道,新开发的这种不锈钢设备,主要适用于燃料电池。设备内部有 4 块平行的金属板,金属板的结构类似夹心饼干,中间的"夹心"部分是厚 80 微米的铁、镍、铬合金层;两侧的"饼干"部分,是厚 40 微米的多孔氧化铝层。

4 块金属板之间共形成 3 条通道。上下两条通道两侧的金属板氧化铝层,都附着有铂催化剂,中间通道的两侧金属板,则附着有镍催化剂和能吸收二氧化碳的锂硅酸盐陶瓷粒子。

制备氢时,首先让浓度为 30% ~40% 的乙醇,与空气流经上下两条通道,同时给 4 块金属板的合金层通电。当铂催化剂层的温度上升到 500℃时,乙醇发生燃烧反应。再让同等浓度的乙醇水溶液流经中间的通道,乙醇和空气在高温环境下反应,生成氢和二氧化碳。由于二氧化碳被锂硅酸盐吸收,所以从反应器中释放出的只有氢。从实验情况估算,1 毫升乙醇水溶液,可反应生成约 1.5 升氢。

(2)研制出用铝颗粒从水制氢的装置。2009 年 5 月,俄罗斯《消息报》发布消息称,圣彼得堡应用化学科研中心的科学家,已成功研制出一种从水中提取氢气的小型装置。它的体积很小,可以安装在汽车的发动机室里。它利用普通的铝与水反应产生氢气,这种方法既廉价又高效。虽然纯净的铝极易与水发生化学反应,但并不是所有的铝制品只要接触到水就能产生氢气,比如把铝制的汤匙放在菜汤中,它不会与水发生反应,因为铝汤匙的表面覆盖有一层薄薄的氧化铝薄膜,这层氧化铝薄膜能防止铝被继续氧化,也能防止铝与水发生化学反应。

要使金属铝能够持续与水发生反应,以便提取氢气,关键是必须把金属铝研磨成尺寸适度的小颗粒,但颗粒又不能太小,因为极微小的铝粉很容易引起爆炸。俄罗斯研究人员经过反复试验,掌握了铝颗粒的适宜大小。试验表明,把这种铝颗粒放入装有自来水的制氢装置中,就能获得大量氢气。

目前,通过铝颗粒及其相关装置直接从水中提取氢气的方法,在世界上尚属首例。在车用制氢装置中,氢气的产生可以按照行车的瞬间需要依量输入,就同汽油供应发动机燃烧一样。而且,这一过程可以反复循环,以铝颗粒从水中得到氢气,氢气燃烧获得热能又生成水,这些水又可再次与铝颗粒反映获得氢气,如此成本低,而且非常环保。另外,这种在现场直接制氢的装置,没有氢气压缩储存问题,因此没有氢氧回闪的危险,爆炸的可能性也非常小。

(3)发现能生产99%纯度氢的薄膜装置。2011年10月,日本京都大学服部政志和野田佳等人组成的一个研究小组,在《应用物理快报》上发表研究成果称,他们发现了一种在薄膜装置内生产氢气的新方法,可使制成的氢气纯度达到99%以上,省去制氢过程中额外的提纯步骤。

目前生产氢气的方法很多,例如水电解和天然气的蒸气重整,以及氨分解等。但利用上述方法制成的氢气,都会混合其他副产品或残余废气,因此,制取之后的氢气提纯步骤一般必不可少。

日本研究小组在几十微米厚的薄膜上照射紫外线,用于生产氢气。该薄膜由两层组成,一层为二氧化钛纳米管阵列(TNA),可充当氢气制造的光催化剂;另一层为钯(Pd)薄膜,可起到氢气提纯的作用。

薄膜和分别位于其上、下的两个隔间,以及紫外线等,形成了反应器的基础。研究人员用涡轮分子泵传送甲醇或乙醇等燃料,使之到达上层的隔间,随后打开紫外线。紫外线能引发光催化反应,使燃料在上层隔间内转化成二氧化碳、甲醛和氢气。当制成的氢气穿透薄膜,到达下层隔间时,其纯度可达到99%～100%,无论使用甲醇还是乙醇均能达到这种效果。

研究人员称,只有氢气能穿透钯薄膜层,进入下层隔间,其他气体将继续留存在上层隔间中。他们希望由此研发出的新装置,能解决此前制氢时遇到的问题,如可在室温下运行的小型薄膜反应器,能够实现燃料电池的最小化和运行的低能化,这有望应用于移动和实地的重整制氢系统等。

野田佳表示,目前,二氧化钛纳米管阵列和钯组合的薄膜,表现还不尽如人意,比如所制取的氢气量相对较低,需要用钯合金等金属来代替钯,以抑制氢气的脆化等。从生产成本来说,氢气穿透的金属厚度也有待降低。但研究小组还将不懈努力,从实际应用角度出发,致力提升薄膜装置的效能。

2. 开发车载制氢装置的新成果

2007年12月,以色列本·古里安大学与美国埃克森美孚公司、加拿大燃气净化技术公司合作,开发出一种车载制氢装置。该装置可直接把汽油、柴油、乙醇和生物柴油等转换为氢供燃料电池使用,从而免去了氢燃料运输和存储的麻烦。研究人员称,这是氢燃料汽车研发上的一大突破。

目前,大多数氢燃料汽车,通常都使用高压缩或液化氢为燃料,不仅运输和存储不便,而且还要进行大规模的基础设施改造,在各地建许多加氢站,这也是影响氢燃料汽车普及的主要障碍之一。

针对这种情况,以色列研究人员认为,既然氢燃料运输和存储困难,为什么不换一种思路，让汽车自带制取装置呢？于是，他们研发了一种把传统制氢装置小型化的方法，可直接安装在汽车上，只要输入汽油、柴油等传统燃料，即可转换为供燃料电池使用的氢。由于该系统不需要改变现有燃料运输、存储的基础设施，因而解决了氢燃料汽车制造商面临的一大难题。

埃克森美孚石油公司研发副总裁埃米尔·贾克布斯表示，现在他们已成功开发出一种使用该车载制氢系统的吊车，并准备实现其商品化。尽管如此，这只是初步成果，要普及这一技术，仍有很长的路要走。由于该系统的燃料转换率，具有比传统内燃机技术高80%的潜力，并可减少二氧化碳排放45%，因此从长远的角度看，具有良好的应用前景。

三、研制储存氢气的新材料和新方法

1. 开发储存氢气的新材料

(1)用新方法合成贮氢材料十氢萘。2004年9月，日本产业技术综合研究所，超临界流体研究中心白井诚之领导的有机反应研究小组，成功地开发出贮氢材料十氢萘的新合成技术。与原来的合成技术相比，这项新技术，能在更低的温度下大幅度提高十氢萘的选择性，并高效合成十氢萘。

研究人员认为，通过把超临界二氧化碳和铑载体催化剂相结合，来合成贮氢材料十氢萘，是一种科学方法，其主要优点是，催化剂不会老化可长期使用，便于回收生成物十氢萘。同时，作为溶媒的二氧化碳，在反应后可作为气体回收再利用，因此可减小环境污染。

研究小组对采用超临界二氧化碳，与铑载体催化剂的萘氢化反应技术进行研究，结果证明在60℃的温度条件下，萘转化率可达100%，并具有100%的选择性合成十氢萘。使萘进行氢化反应后，可获得部分芳香环被氢化的萘满和全部氢化的十氢萘。原来的萘氢化技术，虽然容易获得萘满，不过难以通过一次性反应合成高浓度的十氢萘。

(2)研制成可大幅提高氢储存能力的新材料。2007年11月12日，美国弗吉尼亚大学的一个研究小组，在该州召开的国际氢经济材料论坛上宣布，他们开发出可大幅提高氢储存能力的新材料，其储氢量最大可达到自身重量的14%，相当于目前储氢合金材料的两倍，同时，该技术采用在室温下储存氢的方式。《科学》杂志的文章指出，这是氢研究人员梦寐以求的突破。

氢是一种重要能源也是一种能源携带载体，燃料电池就是以氢气为燃料，把化学能转化为电能的发电装置。它是水的电解反应的反向过程，当氢与氧结合时，其产品就是电力、水和热量，并不会排放温室气体。因此，氢被当做替代化石燃料的新型绿色能源。但是，如果要让氢经济梦想成真，科学家们必须提高氢气生产和储存的效率。

科学家们希望能够提高氢贮存的效率、降低氢贮存的成本，一种方法便是研究如何提高合金的贮氢量。目前,在室温下,最好的氢吸收合金只能储存相当于其重量约2%的氢,不能实际用于汽车的能量储存箱。另一种材料能够将氢储存量提高到7%,但这需要高温或低温环境,增加了能耗和成本。

2006年,美国国家标准和技术局的坦尔·伊尔德利姆博士领导的研究小组,通过理论计算发现,钛和一种乙烯小型碳氢化合物,能够形成稳定的复合结构,这种复合材料能吸收相当于其重量14%的氢。在弗吉尼亚大学贝拉维·什法拉姆教授实验室做博士后的亚当·菲利浦,决定通过实验来证实这一理论。

菲利浦用一束激光,将钛在乙烯气体中蒸发,所形成的复合材料在基底上形成一层薄膜。然后,他在室温下将氢加入到这种合金中,发现合金的重量增加了14%,与理论计算的结果一样。在成功进行一系列实验后,菲利浦在国际氢经济材料论坛上说:"储存量约为以前材料的两倍,有了这项发明,氢能源社会将变成现实。"什法拉姆指出:"新材料通过了我们尝试进行的所有性能验证实验,相信该材料会给社会带来很大影响。"

通用汽车公司研发中心的氢储存专家阿巴斯·纳兹里说:"这个新结果令人十分激动。"但他同时强调:"我们必须十分小心。"因为在此之前,这个领域中已经出现了很多错误性的结果。而且,研究人员还必须做出更大块的材料,并表明这种储氢能力依然存在,同时还必须表明氢的释放能够像氢的储存那样容易。

即使面对这样的警告,美国阿贡实验室的物理学家乔治·克拉布特里仍坚持认为,这一结果是最近几年来最有发展潜力的突破。

(3)开发出制造储氢容器的新材料。2008年6月,日本产业技术综合研究所网站发布消息称,该所材料研究小组,成功研制出一种重量轻、密封性好、强度高、抗高低温性优异的新型材料,为氢气能源的大规模开发应用铺平了道路。

众所周知,由于碳纤维材料具有重量轻,强度大的优点,被广泛应用于航空航天等各个行业,而在制造氢气储藏容器方面,人们也认为碳纤维是最合适的材料。但是,碳纤维是有机高分子的塑料材料,对氢气的密封效果并不好,因此不能直接作为储藏容器使用,必须要添加相应的密封层。一直以来,作为氢气密封层使用的主要有铝和有机材料两种,铝密封性好,但重量大,与碳纤维的黏合性也比较差;而有机材料由于密封性差,至今还没有进入实用阶段。

此次日本研究人员研制的这种新材料,采用夹层结构,正反两面是各三层的碳纤维材料,而中间则是一层添加了少量树脂材料的黏土膜。这种黏土膜本身,也是由很多层只有一纳米厚的黏土结晶细密地黏结而成,柔软、耐热性好,特别是对氢气的密封性十分优异。研究人员通过加压加热等手段,把碳纤维材料和黏土膜黏接在一起,制出了这种厚约1毫米的三明治式的新材料

研究人员使用七个气压的气色层分离法,对这种新材料进行测试,结果显示,与过去所有的材料相比,该型材料对氢气的密封性提高了一百多倍。这相当于用这种材料制成长5米,直径一米,压力50个气压的储藏罐,而泄漏率每年只有

0.01%。研究人员通过观察该材料的横截面发现，经过加热加压后，碳纤维层所含的树脂材料，已经和黏土膜层紧密地黏合在一起，显示出良好的黏合性。此外，该材料还经过了1万次弯折扭曲的耐久性试验和100次的-196℃耐超低温试验，结果显示，试验后该材料对氢气的密封性能并没有下降。

据研究人员称，这种新材料，除了可应用于制造氢气汽车的燃料储藏罐、燃料电池容器和便携式液氢储藏设备外，还可能用于制造下一代返回式航天系统的液氢燃料储藏罐，因此有着广泛的应用前景。

(4)研制出硼—氮基液态储氢材料。2011年11月，俄勒冈大学材料科学研究所，化学教授柳时元领导的一个研究小组，在《美国化学学会会刊》上发表研究成果称，他们研制出一种硼—氮基液态储氢材料，能在室温下安全工作，在空气和水中也能保持稳定。这项技术进步，为研究人员攻克现今制约氢经济发展的氢存储和运输难题，提供解决方案。

氢被人们视作化石燃料的最佳替代物。但制氢、储氢和氢气的运输一直是制约氢能发展的重要环节。该研究小组研制的新储氢材料是一个圆环形的，名叫硼氮—甲基环戊烷的硼氢化合物。该材料能在室温下工作、性能稳定。除此之外，该材料还能放氢，放氢过程环保、快速且可控；而且，在放氢的过程中不会发生相变。该材料使用常见的氯化铁，作为催化剂来放氢，也能将放氢使用的能量加以回收利用。

重要的是，新储氢材料为液态而非固态。柳时元表示，液体氢化物储氢技术具有诸多优点，如储氢量大，储存、运输、维护、保养安全方便，便于利用现有储油和运输设备，可多次循环使用等。这将减少全球从化石燃料过渡到氢能经济的成本。他说："目前，科学家们研制出的储氢材料，基本上都是金属氢化物、吸附剂材料，以及氨硼烷等固体材料。液态储氢材料不仅便于存储和运输，也可以利用现在流行的液态能源基础设施。"

研制出该液态储氢材料的关键是化学方法。刚开始，研究小组发现6环的氨硼烷，会形成一个更大的分子并释放出氢气。但氨硼烷是一种固体材料，因此，他们通过将环的数量从6环减少到5环等结构修改，成功地制造出了这种液态的储氢材料，其蒸汽压比较低，而且，释放氢气并不会改变其液体属性。

柳时元表示，新材料适合用于由燃料电池提供能量的便携式设备中。但这项技术，还需要不断改进，主要是提高氢气的产量，并研制出能效更高的再生机制。

(5)制成基于三氢化铝的储氢容器。2012年1月10日，美国物理学家组织网报道，美国萨瓦那河国家实验室泰德·莫蒂卡博士领导的一个研究小组，利用含三氢化铝的轻型材料制成了小型储氢容器，并证明它的氢释放率，适合为小型商用燃料电池提供动力，这为未来大规模制造便携式发电系统，铺平了道路，在军用和商用领域都可能得到应用。

研究小组展示了，如何用三氢化铝和类似高性能储氢材料，来制造便携的发电系统。三氢化铝与其他金属氢化物类似,也能为氢提供一种固态的储存媒介。但三氢化铝具有一大优势:它具有极高的储氢能力,能够将两倍多的氢气储存为液态氢。此外,它还具有较低的质量和有利的放电状态。这些都使它成为理想的化学储氢材料之一。

但目前可商用的三氢化铝十分有限,且生产成本很高,妨碍了它的广泛应用。研究人员表示,他们的研究克服了三氢化铝传统生产方法中的多个障碍,新方法起码能使用溶液,并制出纯净、不含卤化物的三氢化铝。同时,研究小组还能借助另一过程,使从三氢化铝中提取的氢翻一番。这些进展也为开发成本低廉的新型三氢化铝生产方式奠定了基础。研究小组已经研发出一个小型的系统,以生产试验及改进研究所需的三氢化铝。

而此次研究的另一重点,就是评估三氢化铝系统和小型燃料电池应用的兼容性。基于约含有22克三氢化铝的测试容器的初步结果显示,这一系统,能够很好地满足100瓦燃料电池系统所需的氢释放率。该系统能够在燃料电池接近全功率的状态下运转3个多小时,并能在降低功率后再运行若干小时。

2. 开发储存氢气的新方法

(1)开发出玻璃微球高压贮氢方法。2007年12月,奥新社报道,奥地利研究中心科学家马库斯·谢丁领导的一个研究小组,最近开发出一种玻璃微球高压贮氢方法,将有助于氢燃料电池的开发和应用。

氢是一种环保型燃料,但氢不易贮存和运输的特性,成为氢燃料推广应用的最大障碍。迄今,贮存氢的办法主要是高压或超低温液化,但这两种方式都需要有特殊的容器,贮存和运输成本相对较高。据报道,奥地利科学家开发的玻璃微球高压贮氢方法,可以较好地解决这个问题。它采用气体渗透法,借助高压将氢注入微小空心玻璃球内,从而实现氢的贮存。

谢丁介绍说:"这种玻璃球非常小,很多玻璃球堆在一起,摸上去的感觉就像是沙子"。

据悉,那些注入氢的玻璃微球,被包上一种催化剂与水混合在一起保存。在常温条件下,被压入玻璃微球中的氢跑不出来。如果要利用这些氢,则采用化学方法提高玻璃微球的外界温度,使玻璃微球内的氢释放出来。

此外,释放出氢的玻璃微球,还可以重复使用。这项方法的问世,使氢的贮存和运输更加安全和方便,从而为氢燃料电池方法的推广创造了条件。

(2)研发出廉价且实用的超细纤维储氢新方法。2011年2月,美国物理学家组织网报道,英国科学与技术设施理事会卢瑟福·阿普尔顿实验室、英国牛津大学的科学家真乐普·库班、内尔·斯基普,以及英国伦敦大学学院的阿瑟·洛弗尔等人组成的一个研究小组,研发出一种廉价且实用的新储氢方法,有望使氢气在很多应用领域代替汽油,也加快了氢动力汽车面世的步伐。

报道称,他们研发出一种新的纳米结构技术:共电子纺丝技术,并使用该技术制造出纤薄柔顺的超细纤维,这种纤维的直径仅为头发丝的三十分之一。科学家使用这些中空的超细纤维,来封装富含氢气的化学物质,在这种方式下,氢气能在比以前更低的温度下以更快的速率释放出来。

另外,这种封装方法,也让含氢化学物质远离了氧气和水,可延长其的寿命,并能确保人们能在空气中安全地处理这些含氢化学物质。

质量相等的情况下,这种新纳米物质,能和目前氢动力概念车模型中使用的氢高压柜,容纳一样多的氢。而且,这种新纳米物质被制造成微小的珠子后,能像液体一样流动和倾倒,因此能像汽油一样装在汽车和飞机的油罐内。最关键的是,氢气给汽车和飞机提供动力时还不会排放出二氧化碳。

真乐普·库班在这项研究中起到关键的作用,他表示,这项新技术为很多与氢存储系统有关的关键问题提供了解决办法,让氢动力汽车离我们更近了一步。

(3)发明基于有机材料储氢方法。2011 年 6 月,德国莱布尼兹研究所,研究员马提亚·贝勒领导的一个研究小组,在《应用化学》杂志上发表的研究成果,介绍了一种基于甲酸盐和碳酸盐的简单储氢方法,新方法不会排放出二氧化碳,非常环保。

氢气一直被认为是未来可持续发展能源经济的发展载体,因此,科学家们一直在想方设法寻找实用且安全的储氢方法,尽管取得了一定的进步,但迄今为止,还没有找到一种能广泛应用并能满足工业需求的有效途径。

实用的储氢材料,要求能在常温常压下吸收和释放氢气,在尽可能小的空间内容纳尽可能多的氢气,并能快速释放出满足人们用量的氢气。金属氢化物罐虽能存储大量氢气,但其昂贵又笨重,而且只能在高温或极低温度下操作。

在有机储氢材料中,除了对甲烷和甲醇,科学家们还一直对甲酸和甲酸盐制造氢气的能力深感兴趣。然而,使用这些储氢材料面临的一个基本问题是,当氢气释放出来时,如何将产生的二氧化碳隔离开来。

现在,贝勒研究小组,成功地使用一种特殊的、能加速氢气释放和吸收的催化剂钌,建立了一个可逆的没有二氧化碳的储氢循环。在该系统内部,无毒的甲酸盐会释放出氢气,产生的二氧化碳则以碳酸氢盐的形式被"捕捉"起来,形成一个密闭的碳循环。碳酸氢盐是很多天然石头的组成部分,也被广泛地用做泡打粉或果子露。

贝勒表示,新的储氢方法有很多优势。首先,同二氧化碳相比,无害的固态碳酸氢盐更容易处置,且很容易被存储和运送。其次,固态碳酸氢盐易溶于水,得到的碳酸氢盐溶液,也能通过使用催化剂转变为甲酸盐溶液。而且,这种反应对环境的要求,比形成甲烷或甲醇对环境的要求更低。

四、建设利用氢能源的新设施

1. 开设世界第一个路边充氢站

2005 年 1 月,国外媒体报道,带着奇异白雾的公共汽车,正行驶在冰岛首都雷克雅未克大街上，原来此地目前正在试用氢能驱动的公共汽车。司机不时向新奇的乘客解释说："这是水蒸气，在天气非常寒冷时会出现大量白色的水蒸气。"

据介绍，由于冰岛地下拥有几乎取之不尽的地热能，该国打算在2050年前后实现全国不使用石油产品的目标，全国小汽车、公共汽车、卡车和轮船将由氢能驱动。届时，这个位于北大西洋的岛国使用石油产品的交通工具，可能只有从别的地方飞到雷克雅未克机场的飞机。冰岛正在实现一项雄心勃勃的计划，将该国改造成为世界上第一个以氢能为动力源的国家，其中包括不是以石油而是洁净的氢能作为汽车的燃料。

面对未来的能源危机，各国正在想方设法寻找新能源以摆脱对石油的依赖，而氢经济已经成为许多国家的目标。据介绍，目前公共汽车以氢能驱动公共汽车的城市，还有荷兰首都阿姆斯特丹、加拿大温哥华市等。美国还用氢能驱动火箭。据报道，包括美国在内的其他国家在实现氢经济方面面临更加艰巨的任务。

目前，冰岛从居民区供热到铝熔炉用电等所需的约70%的能源，都是来自地热能和水电，只有交通部门目前还依赖于具有污染和缺乏能源安全性的石油和汽油。

冰岛大学化学教授布拉吉·奥德纳松说："当斯堪的纳维亚人来到这里时，他们只用风能和太阳能等可再生能源。现在，我们正在注视人们采取第一批致力于实现氢经济的措施，人们可能会回到斯堪的纳维亚人以前的生存方式。"

氢的主要缺点是，从水中提取和从天然气或甲烷中分解氢的费用都很高。根据目前人们掌握的技术，燃烧石油制取氢驱动公共汽车，这会比公共汽车只靠石油驱动所产生的污染还要大。冰岛正在把该国视为其试验场。该国的热泉中有几乎取之不尽的热量，人们可将其用于氢能源研发和使用的试验中。

奥德纳松说，从日本东京到美国底特律的汽车制造者们，参观了冰岛的氢项目，他们与有关人员探讨燃料电池的设计问题。2003年4月，以经营石油为主的壳牌石油公司，在冰岛首都雷克雅未克开设了世界第一个路边充氢站。

除雷克雅未克之外，巴塞罗那、芝加哥、汉堡、伦敦、马德里、斯德哥尔摩、北京和佩斯也都启动了氢能公共汽车项目。据介绍，氢燃料电池的功效，将决定氢能汽车市场的规模。更大的发动机效率，将是对制氢费用高这一不足之处的一个补充。

不过，有些科学家说，在氢经济中，大气中可能会有更多的云雾，因为氢能的使用会产生大量的水蒸气，这也可能会导致全球变暖。

2. 建造氢能源发电站

（1）计划建造利用氢气发电的电厂。2005年6月29日，英国广播公司报道，英国石油公司与康菲石油公司、壳牌能源和南苏格兰电力公司3家合作伙伴，在一份声明中表示，它们计划在苏格兰建造一个氢气发电厂，这将是一座利用氢气发电而不产生二氧化碳的电厂。这个项目包括建造一个35万千瓦的电站，耗资6

亿美元左右。

电力行业是产生二氧化碳最多的行业,这种温室气体造成全球变暖,受到广泛的批评。该项目准备把天然气转化为氢气和二氧化碳,然后利用氢气做电站的燃料,并把二氧化碳运到北海油田,帮助生产石油,最后贮藏在油田里。

英国石油公司集团首席执行官约翰·布朗说,这个项目重要而独特,旨在提供更清洁的能源,并能减少二氧化碳排放。这个项目每年可以储藏大约130万吨二氧化碳,可以为25万英国家庭提供环保能源。

前几天,政府批准了多项授权,帮助这些公司开发技术,以收集二氧化碳,并储藏在北海废弃油田或气田内。

(2)建成世界首座氢能发电站。据意大利《晚邮报》网站报道,2010年7月12日,世界上首座氢能源发电站,在意大利正式建成投产。这座电站位于水城威尼斯附近的福西纳镇。

报道称,意大利国家电力公司投资5000万欧元,建成这座清洁能源发电站。它的功率为1.6万千瓦,年发电量可达6000万千瓦小时,可满足2万户家庭的用电量,一年可减少相当于6万吨的二氧化碳排放量。该电站所需的7万吨燃料,来自于威尼斯及附近城市的垃圾分类回收。

第三节　生物质能开发领域的新成果

一、用含油或含糖植物制造生物燃料

1. 利用含油植物制造生物燃料

(1)着手建设油菜籽发电厂。2004年7月,英国媒体报道,继风电、潮汐电、太阳能电之后,现在是用油菜籽发电。目前英国约克郡正在一个农场建设首座黄色植物电厂,这标志着生物发电向前迈进了巨大的一步。领导这种发电方式的人叫斯宾塞尔,他是英国首个种植非食品植物的人。明年他的公司准备种植7万英亩用于工业的植物。

作为第三代农场主的斯宾塞尔,他认为,如果是市场真正需要的东西,而非布鲁塞尔补助金鼓励的东西,才是英国农业的未来。他的油菜籽电厂是非食品贸易的自然延伸,过去十几年在英国乡下种植的是多种赢利植物。其中包括海甘蓝、健康大麻,可以作化妆品,榨油和纤维制品。他的生物电厂计划,已成为英国－瑞士农业综合企业先正达公司的合作伙伴。先正达公司为他们提供高效榨油技术,目前当地100多家农场与公司签约。根据约定,他们将生产1400吨油菜,并把种子运往正在建设的电厂,电厂是燃油电厂。

斯宾塞尔认为,农业应该以市场为导向,生产适合市场销售的东西。他自20

世纪 90 年代开始，就使传统农产品多样化，因为他担心价格下降。

他的新电厂对反击全球气候变化，是个潜在的巨大贡献。生物发电与风电、潮汐电、太阳能一样是新能源，它能发电而不给大气增加二氧化碳。

(2)以菜籽油等为原料开发新型生物柴油。2006 年 9 月 8 日，芬兰耐思特石油公司宣布，开发出一种新型生物柴油，比以往的生物柴油更加清洁，可以使用的原料也更广泛。经测试，新型生物柴油的二氧化碳排放量，只有传统柴油的 16% ~40%，所产生的尾气微粒排放量可降低 30%，氧化氮排放量也能降低 10%。

生物柴油是利用生物物质制成的液体燃料，具有清洁环保、可再生等优点，通常与传统柴油混合使用，以提高发动机性能、减少废气排放。第一代生物柴油主要以菜籽油为原料，而这种新型生物柴油还可以使用棕榈油、大豆油、动物脂肪等做原料。

(3)从油棕渣滓中提炼出生物燃料。2005 年 8 月，马来西亚云顶集团主席兼首席执行官林国泰，对外界透露，他们已经研制成功一种可取代石油的生物燃料，该生物燃料从油棕果实的渣滓中提炼而成。

林国泰在欢庆云顶集团成立 40 周年的晚会致辞时介绍说，云顶集团经过再生能源方面的反复研发，终于成功从该国富产的油棕渣滓中提炼出石油替代品生物燃料，且使之可投入商业化量产。他进一步表示，云顶集团生产的生物燃料制造工艺独特，它不像生化柴油或乙醇般需要从植物油或淀粉中提炼，而是从食用油渣滓中的生物质提炼而成。

据悉，马来西亚每年要面对 1300 万吨油棕渣滓处理问题。通过云顶集团这种新工艺，可使之持续性分解，将其转换成 350 万吨生物燃料，约等于 930 万桶原油，相当于大马国家石油公司 5% 的年度销售量，足以供应大马 1/3 的家庭用电，为大马每年带来超过 16 亿马币的出口收入。

林国泰补充说，云顶集团研制的生物燃料用途非常广泛，包括作为发电站的能源燃料，未来甚至有很大潜能取代汽油及工业用途的化学燃料。更重要的是，云顶集团生物燃料的属性为碳中和，将减低生态环境受污染的程度。预计生物燃料的生产将给大马增加数千份就业机会和为棕油业者给予额外的商机，可减轻棕油业面对棕油价格大幅波动时所受的打击。

林国泰最后说，随着生物燃料逐渐普及，将进一步催化及提升生化工艺及农业的改革，促使大马成为本区域的再生能源的前驱。

(4)试用葵花籽油作为摩托艇动力燃料。意大利北部科莫湖畔的切尔诺比奥镇，举办了一届食品与农业国际展览会。会上，意大利农业联合会，展示了一种以新型燃料为动力的摩托艇，并在科莫湖上进行试验。结果表明，这种摩托艇排放的烟雾及其他有害气体，要比柴油摩托艇低。尽管这种燃料不如柴油燃料的动力强，但受到环境保护主义者的欢迎。

这艘经过改装的摩托艇，是以葵花籽油作为动力燃料的，它也是当时世界上第一艘使用葵花籽油的摩托艇。环保专家指出，这一成果，为人们在其他生产和生活领域，寻找生态型、低污染的燃料来取代传统化石燃料开辟了道路。

专家指出，葵花籽油是一种植物油，用它作动力燃料产生的污染物，明显少于传统的化石燃料。从成本上说，它也具有竞争力。据意大利农业联合会估算，每公顷农田平均产3000公斤葵花籽，这些葵花籽经过加工后，大约可以形成1300公斤葵花油。每公斤葵花油的市场售价，与柴油的价格大致相当。

（5）使用含油植物制成的生物燃料发电。2006年12月，有关媒体报道，印尼国有电力公司PLN将于明年开始在全国114个中小型电厂使用含油植物制成的生物燃料，印尼国有电力公司公司的专员哈姆迪说，这个计划已获得批准，因为今年早些时候的两个试点项目已经取得成功，一个电厂的发电量为1.1万千瓦，另一个是0.15万千瓦。

Alhilal来自印尼政府的生物燃料发展委员会的艾希莱乐说，明年还会在东、西努沙登加拉省和南加里曼丹省的电厂使用生物燃料。电厂使用由80%纯植物油和20%柴油混合制成的新燃料，生产每千瓦时的电力，将比传统燃油电厂的成本低3美分。他还说，希望通过使用这种替代燃料能够节省更多成本，从而减少政府的补贴。

根据印尼科研与技术部下面的技术评估与应用局的统计，如果更多地使用主要由棕榈油制成的生物燃料，印尼政府对电力部门的补贴，将每年减至2.8亿美元。

（6）发现一种瓜子油可用作生物燃料原料。2007年12月，有关媒体报道，马来西亚普特拉大学的专家发现一种类似西瓜的植物，它的瓜子油可以制成新型生物燃料。这种植物的成活率高，成熟期较短，只需3个月，与棕榈油相比更加经济。

该植物瓜子油比较轻，具有脂肪酸低、易溶解和燃烧率高等优点，而且价格低廉。如果作为生物燃料添加到汽油和柴油中，可使汽油的费用节省20%，使柴油的费用节省10%。如果国际油价进一步攀升，它节约的费用比例还会更高。

专家同时指出，要把这种瓜子油加工成生物燃料需要添加合适的催化剂，以促使其变得更加稳定。另外，使用这种生物燃料的机动车，化油器需作相应改进。目前，这项研究尚处于初级阶段，广泛推广使用还需进行一系列科学试验。

（7）用麻风树种子生产生物柴油。2012年7月22日，古巴工程师何塞·索托隆戈领导的一个研究小组，在哈瓦那对媒体宣布，他们以麻风树种子为原料，生产出生物柴油，并在轻型汽车中试用成功。

索托隆戈表示，在首都哈瓦那以东900千米处的关塔那摩省，种植有麻风树，他们从这些麻风树种子中提炼出生物柴油。研究人员已将其在一辆轻型汽车中试用。目前，该车已行驶1500千米，“没有出现任何问题”。

索托隆戈说，以麻风树种子为原料生产的生物柴油，比传统柴油污染小，而且它将有助于古巴减少柴油进口。和用玉米、甘蔗等生产生物燃料不同,麻风树不是人类食用的作物,不会和人类“争粮”,因此可以在适当地区大力发展麻风树种植。

(8)研究表明咖啡渣可用于制造生物柴油。2014 年 6 月,英国巴斯大学可持续化学技术中心博士生胡德·詹金斯、化学工程系研究员克里斯博士等人组成的一个研究小组,在《能源和燃料》杂志上发表研究成果称,他们的研究表明,废咖啡渣可用于制造生物柴油,且有潜力成为可持续的第二代生物燃料来源。

通过一个被称为“酯基转移”的过程,把咖啡渣浸泡在有机溶剂中,便可以提取出生物柴油。研究人员用产自 20 个不同地区的咖啡粉(包括含咖啡因和不含咖啡因)制成生物燃料,结果发现,不同来源的咖啡生成的生物燃料相关物理性能差别不大。

克里斯解释道:“就其他生物原料来讲,来源不同,生物柴油的产量和属性会有所不同,甚至有时生物柴油会不符合规格。研究表明,不同咖啡原料,能生产出规格全面一致的生物柴油,这对于生物燃料的生产商和用户无疑是个好消息。”

全球每年的咖啡产量大约达 800 万吨,废弃咖啡的含油量每单位重量高达 20%。研究人员认为,咖啡生产的生物柴油,只会成为能源结构中较小的组成部分,它目前的最实际用途在于,咖啡连锁店收集咖啡渣,送到生产生物柴油的处理中心,这些小规模生产的生物柴油可为连锁店运送货物的车辆提供燃料。

詹金斯表示:“我们估计小咖啡馆,每天会产生大约 10 公斤的废咖啡,这些咖啡可生产出约 2 升的生物燃料。在咖啡豆烘焙行业还会产生大量的废物,以及一些被丢弃的有缺陷的豆子。如果扩大规模,咖啡生物柴油将有很大潜力,可成为一种可持续发展的燃料来源。”

2. 利用含糖植物制造生物燃料

(1)利用甜菜生产“绿色”燃料。2006 年 6 月,英国石油公司和英国联合食品有限公司,着手联合开发利用英格兰东部的甜菜,共同打造英国最大的“绿色”燃料工厂。

据报道,这家“绿色”工厂,将耗资 2500 万英镑,计划年产 7000 万升以甜菜等植物为主原料的生物丁醇。这一产品可与传统汽油混合使用,不仅能够拓宽能源供应的种类,还可以减少车辆二氧化碳的排放。

英国联合食品有限公司首席执行官乔治·韦斯顿认为,英国建在诺福克郡的这座生物丁醇生产设施,将有助于利用农业剩余产品,并能为实现政府制定的“绿色”燃料目标,做出贡献。

英国每年农产品的产量,比国内市场需求多出 200 万 ~300 万吨,其中主要是小麦。英国联合食品有限公司表示,如果相关试验进展顺利,希望能更多地利用这些过剩农产品。目前,部分传统燃料能与生物丁醇混合使用,而无需对汽车进行任何改造。

(2)持续用甘蔗开发乙醇燃料并取得显著成果。2007 年 12 月,有关媒体报道,目前,乙醇燃料已成功确立,替代石油产品的新型可再生能源地位。巴西作为世界乙醇原料甘蔗的最大种植国,30 多年来,持续开发乙醇燃料,已取得显著成果。

长期以来,巴西石油消费大部分依赖进口。20 世纪 70 年代初开始的石油危机,对巴西经济造成了沉重打击。为减少对石油进口的依赖、实现能源多元化,巴西政府从 1975 年开始,实施以甘蔗为主要原料的全国乙醇能源计划。

巴西甘蔗业联盟新闻办主任阿德马尔·阿尔蒂埃利说,巴西开发乙醇燃料是适合国情的选择。作为世界最大的甘蔗种植国,巴西因地制宜地利用甘蔗为原料生产乙醇。20 世纪 70 年代末,巴西政府开始扩大甘蔗种植面积,同时为建立乙醇加工厂提供贷款,鼓励汽车制造商生产和改装乙醇车,并颁布法令在全国推广混合乙醇汽油。目前,巴西汽油中的乙醇含量为 25%,该比例在世界各国混合汽油中居第一位。巴西是目前世界上唯一不使用纯汽油做汽车燃料的国家。

2003 年,大众、通用和菲亚特等设在巴西的公司,相继推出可用乙醇与汽油,以任何比例混合的“灵活燃料”汽车。这种汽车带有燃料自动探测程序,能根据感应器测定的燃料类型及混合燃料中各种成分的比例,自动调节发动机的喷射系统,从而使不同燃料,都可最大限度地发挥效能。

阿尔蒂埃利指出,经过 30 多年的不断改进,目前巴西乙醇车的整体生产技术,已相当成熟。巴西产的双燃料车在功率、动力和提速性能、行驶速度,以及装载量等方面,均可达到同类型传统汽油车的水平。

乙醇燃料作为一种清洁无污染燃料,已被众多专家学者认为,是未来能源使用的发展趋势之一。有关资料表明,乙醇车对环境的污染程度为汽油汽车的 1/3。

目前,巴西是世界上最大的燃料乙醇生产国和出口国。2006 年,巴西用于生产乙醇的甘蔗种植面积达 300 万公顷,乙醇产量达 170 亿升,出口 34 亿升。为了配合甘蔗产量的提高,巴西政府还计划投资新建 89 家乙醇加工厂。

随着世界传统能源储备资源的迅速消耗,特别是近几年石油价格持续攀升,巴西的替代能源产业,开始受到世界各国的重视,而乙醇燃料也逐渐成为能源开发领域的新星。

二、用草类或藻类原料提取生物能源

1. 利用草类植物发展生物能源

(1)大力发展燃烧值而高污染少的“能源草”。匈牙利政府将可再生能源,作为能源发展战略的重要组成部分。通过国家政策与投资,大力扶持和激励企业发展可再生能源技术。特别是,通过种植“能源草”等项目,积极推动可再生能源的利用。

“能源草”是匈牙利农业科技人员,经过多年辛勤耕耘获得的开发成果。它是匈牙利盐碱地里生长的野草,与中亚地区的一些草种杂交和改良后,培育出的一个新草种。

“能源草”对土质和气候要求不高,耐旱,抗冻,适合在盐碱地种植。这种草生长快,产量高,每公顷每年可产干草15~23吨,种植当年就可收获10~15吨,产草期长达10~15年。

“能源草”压缩成草饼后的燃烧值,接近甚至超过槐树、橡树、榉树和杨树等木材,而种植成本只有造林的1/5~1/4,燃烧后产生的污染物也很少,符合环保的要求。

此外,“能源草”可作为马牛等牲畜的饲料,它与木屑混合后制成的纤维板还可用来制造家具和建筑材料。

目前,匈牙利5个州的21个地区已经开始种植“能源草”。如果发展顺利,到2015年匈牙利“能源草”种植面积可达到100万公顷。

(2)把芒草作为清洁能源的来源。2005年9月6日,路透社报道,一种可以在欧洲及美国种植的,高高的装饰性植物,能够向人们提供大量的清洁能源,而这不会引发全球变暖等不良后果。

据报道,美国研究人员在伊利诺伊州对这种名为芒草芒草芒草芒草芒草的植物,进行了种植试验后发现,这种多年生的植物,是一种非常经济且环境可持续发展的能源作物。它们可以长到大约14英尺高。

2004年,美国伊利诺伊大学的史蒂夫·朗教授和他的同事,获得了每公顷约60吨的作物产量。而爱尔兰都柏林圣三一学院的迈克·琼斯则表示,在爱尔兰10%的耕地上种植上这种植物,将能够解决该国30%的用电需求。

在美国,研究人员正着眼于把这种植物和煤,一半对一半地混合起来,燃烧后产成电力。在现存的一些发电站里,这一技术已经能够得以实施,而另外一些发电站则还需要进行改进。

(3)利用牧草生产生物乙醇。2008年1月,美国内布拉斯加大学教授肯·沃格尔及其同事,与美国农业部研究中心科学家一起组成的一个研究小组,在美国《国家科学院学报》上发表研究成果称,他们成功利用牧草作为原料生产出生物乙醇,而且生产成本低廉,出产的生物乙醇质量也比较理想。

研究小组历时5年完成了这项研究成果。据参与这项研究的沃格尔说,科学家对内布拉斯加州、南达科他州和北达科他州一些农场种植的牧草进行了试验,结果显示,平均1公顷牧草,大约能生产2800升生物乙醇,而利用同等面积的玉米大约可提取3270升的生物乙醇。

沃格尔指出,以单位面积而言,从牧草提取的生物乙醇量少于玉米,但牧草成本比玉米低很多,而且所生产的生物乙醇质量也没有太大差别。因此,这项研究成果,对今后开发和利用新型生物燃料具有重要意义。

2. 利用藻类研制生物能源的新进展

(1)通过化学反应从藻类中提取燃油。2008年6月,总部设在美国加利福尼亚州圣迭戈的蓝宝石能源公司,发表声明称,该公司的一个研究小组,已成功开发出从藻类提取"超洁净"燃油的技术。如何开发"绿色"能源以降低对化石燃料的依赖,这是多国科学家致力研究的课题。美国这项新技术对于推进新能源开发具有重要现实意义。

研究人员说,利用该技术从藻类提取的燃油外观呈绿色,这种燃油可进一步提炼,成品的效果相当于"超洁净版本"汽油或柴油。这种燃油,没有一般生物燃料的弊端,即不用大量粮食作物来生产。

不过,声明没有透露具体的生产方法,只是说把藻类与阳光、二氧化碳及非饮用水混合,使其产生化学反应,就生产出了这种燃油。它与低硫轻质原油没什么两样,但比后者要清洁得多。

蓝宝石能源公司首席执行官贾森·派尔说,这种燃油可利用现有炼油设备提炼,经过提炼的燃油,可用于小汽车和卡车,效果与目前使用的汽油和柴油一样。但由于不含硫或氮,这种燃油对环境造成的污染要小得多。派尔认为,这一技术可帮助美国降低对进口石油的依赖,并有助于减少温室气体排放。

(2)通过液化二甲醚从藻类中提取"绿色原油"。2010 年 3 月,湖沼中大量的微小藻类,是污染水质的潜在威胁,而日本专家却将其变废为宝,开发出可高效、低成本从这些藻类中提取"绿色原油"的新技术。

浮游藻类过多,虽然会导致湖沼的富营养化,威胁水质,从而破坏生态系统,但这些藻类,具有很强的吸收二氧化碳并合成有机物的能力,有望作为生物燃料的原料。然而,蒸发浮游藻类所含的大量水分需要消耗大量能源,因此利用浮游藻类生产生物燃料尚缺乏可行性。

日本电力中央研究所研究人员,通过向浮游藻类中添加能与油脂成分紧密结合的液化二甲醚,成功提取出了可供燃烧的油脂。研究人员解释说,当二甲醚与藻类细胞中的油脂成分结合后,只要在常温下使二甲醚蒸发,就能将油脂成分提取出来。

据介绍,利用上述方法所提取的油脂成分,相当于干燥藻类重量的约 40%,其燃烧后的发热量与汽油相当,可望成为有价值的"绿色原油"。

(3)利用海藻细胞生产电流获得成功。2010 年 4 月,美国斯坦福大学,生物学家柳在亨主持的一个研究小组,在《纳米快报》杂志上发表研究成果称,他们利用可进行光合作用的海藻细胞,生成微弱的电流,被认为是在生产清洁、高效的"生物电"历程中,迈出的第一步。

所谓光合作用,是指植物、藻类和某些细菌等利用叶绿素,在阳光的作用下,把经由气孔进入叶子内部的二氧化碳、水或是硫化氢转化为葡萄糖等碳水化合物,同时释放氧气的过程。这一过程的关键参与者,是被称为"细胞发电室"的叶绿体。在叶绿体内水可被分解成氧气、质子和电子。阳光渗透进叶绿体推动电子达到一个能量水平高位,使蛋白可以迅速地捕获电子,并在一系列蛋白的传递过程中逐步积累电子的能量，直到所有的电子能量在合成糖类时消耗殆尽。

柳在亨表示，他们是首个从活体植物细胞中提取电子的研究小组。他们使用了专为探测细胞内部构造而设计的，一种独特的纳米金电极。将电极轻轻推进海藻细胞膜，使细胞膜的封口包裹住电极，并保证海藻细胞处于存活状态。在将电极推入可进行光合作用的细胞时，电子被阳光激发并达到最高能量水平，研究人员就对其进行“拦截”：将金电极放置在海藻细胞的叶绿体内，以便快速地“吸出”电子，从而生成微弱的电流。科学家表示，这一发电过程不会释放二氧化碳等常规副产品，仅会产生质子和氧气。

研究人员表示，他们能从单个细胞中获取仅 1 微微安培的电流，这一电流十分微弱，需要上万亿细胞进行为时 1 小时的光合作用，也只等同于存储在一节 AA 电池中的能量。同时，由于包裹在电极周围的细胞膜发生破裂，或者细胞遗失原本用于自养的能量都可能导致海藻细胞的死亡。因此研究小组下一步将致力于优化目前的电极设计，以延长活体细胞的生命，并将借助具有更大叶绿体、更长存活时间的植物等进行研究。

柳在亨称，目前研究仍处于初级阶段，研究人员正通过单个海藻细胞证明是否能获取大量的电子。他表示，这是潜在的、最清洁的能量生成来源之一，聚集电子发电的效率也将大大超越燃烧生物燃料所生成的能量，与太阳能电池的发电效率相当，并有望在理论上达到 100% 的能量生成效率。但这一方式在经济上是否合算，还需要进一步的探索。

(4)通过垂直培育藻类实现其大规模提取生物燃料。2010 年 8 月，荷兰瓦格宁根农业大学两名研究人员，在《科学》杂志上发表论文说，人类有望在 10 ~ 15 年内，研发出从藻类中大规模提取生物燃料的技术，届时整个欧洲使用的矿物燃料，将有望被这种新能源取代。

研究人员说，目前每公顷土地种植的油菜子只能提炼出 6000 升生物燃料，但是同样面积用于培植藻类却能产生 8 万升生物燃料。不过，研究人员也表示，即便从藻类中提取生物燃料较为高效，但如果要在全欧范围内采取这种方式获取燃料，以全面替代其他燃料，则需要总面积相当于葡萄牙国土面积的培育场地。为此，他们正在开发垂直培育藻类的技术。

此外，研究人员称，目前从藻类中提取生物燃料的成本还相当高，但如能循环利用废水和二氧化碳，成本将大大降低。此外，大量培植藻类植物，还可提供大量可用作牲畜饲料的蛋白产品及工业用氧气。

据悉，瓦格宁根大学，将于近期开设一个国际藻类研究中心，专门研究工业用藻类制品的生产及有关技术。

(5)开发海藻生物乙醇新技术。2010 年 8 月，日本东北大学发表公报说，该校教授佐藤实领导的研究小组，与东北电力公司合作，开发出一种能有效从果囊马尾藻等海藻，以及海带中，提取生物乙醇的新技术受到广泛关注。

研究小组把海藻切碎后加入酶,使其溶化为黏糊泥状物,然后加入他们新开发的特殊酵母发酵。大约两周后,每千克海藻可提取约200毫升乙醇。这种制造方法也适用于海带。

此前,日本利用海藻制造生物乙醇时,要把海藻干燥后研磨成粉末状,需要消耗能源,而新技术则可节省大量能源。不仅如此,由于在制造过程中不使用有害物质,余留溶液的处理也非常简单。佐藤实说:"今后准备扩大实验规模,并进一步提高能源转化效率。"

日本海带和果囊马尾藻资源非常丰富。在日本仙台火力发电站的取水口,每年流入约300吨海藻,令电力公司深感苦恼。如果利用它们生产生物乙醇,对发电站来说可谓一举两得。

(6)尝试用海藻制造生物柴油。2011年9月8日,芬兰环境部发布消息,该部海洋研究中心联合芬兰内斯特石油公司,日前启动了利用海藻制造生物柴油的研究项目。

据悉,海藻是提炼生物柴油一种可能的候选原料。在目前技术条件下,每公顷海藻每年可提取可观的生物柴油。另外,海藻生长迅速,而且不与农业生产争夺水和土地资源,因此发展空间较大。

此次联合研究项目的目的是,进一步确定不同品种的海藻的炼油能力,以及生长环境对于海藻炼油能力的影响。

(7)发现转基因蓝藻可用于制造燃料原料丁二醇。2013年1月7日,美国加州大学戴维斯分校化学副教授渥美翔太领导的一个研究小组,在美国《国家科学院学报》上发表论文称,他们通过基因工程对蓝藻进行改造,使其能生产出丁二醇,这是一种用于制造燃料和塑料的前化学品,也是生产生物化工原料以替代化石燃料的第一步。

渥美翔太说:"大部分化学原材料都是来自石油和天然气,我们需要其他资源。"美国能源部已经定下目标,到2025年要有1/4的工业化学品由生物过程产生。

生物反应都会形成碳—碳键,以二氧化碳为原料,利用阳光供给能量来反应,这就是光合作用。蓝藻以这种方式在地球上已经生存了30多亿年。用蓝藻来生产化学品有很多好处,比如不与人类争夺粮食,克服了用玉米生产乙醇的缺点。但要用蓝藻作为化学原料也面临一个难题,就是产量太低不易转化。

研究小组利用网上数据库发现了几种酶,恰好能执行他们正在寻找的化学反应。他们把能合成这些酶的DNA(脱氧核糖核酸)引入了蓝藻细胞,随后逐步地构建出了一条"三步骤"的反应路径,能使蓝藻把二氧化碳转化为2,3丁二醇,这是一种用于制造涂料、溶剂、塑料和燃料的化学品。

研究人员说,由于这些酶在不同生物体内可能有不同的工作方式,因此,在实验测试之前,无法预测化学路径的运行情况。经过3个星期的生长后,每升这种蓝藻的培养介质,能产出 2.4 克 2,3 丁二醇。这是迄今把蓝藻用于化学生产所达到的最高产量,对商业开发而言也很有潜力。

渥美翔太的实验室,正在与日本化学制造商旭化成公司合作,希望能继续优化系统,进一步提高产量,并对其他产品进行实验,同时探索该技术的放大途径。

(8)实验室里一小时内就可把水藻变成原油。2013 年 12 月,美国能源部西北太平洋国家实验室,道格拉斯·埃利奥特领导的一个研究小组,在《藻类研究》杂志上网络版上发表论文说,他们开发出一种可持续化学反应,在加入海藻后很快就能产出有用的原油。犹他州生物燃料公司已获该技术许可,正在用该技术建实验工厂。

埃利奥特说:"从某种意义上说,我们'复制'了自然界用百万年把水藻转化为原油的过程,而我们转化得更多、更快。"研究小组保持了水藻高效能优势,并结合多种方法来降低成本。他们把几个化学步骤合并到一个可持续反应中,简化了从水藻到原油的生产过程。用湿水藻代替干水藻参加反应,而当前大部分工艺都要求把水藻晒干。新工艺用的是含水量达 80% ~90% 的藻浆。

在新工艺中,像泥浆似的湿水藻被泵入化学反应器的前端。系统开始运行后,不到一小时就能向外流出原油、水和含磷副产品。再通过传统工艺提纯,就可以把"原藻油"转变成航空燃料、汽油或柴油。在实验中,通常超过 50% 的水藻中的碳转化为原油能量,有时可高达 70%;废水经过处理,能产出可燃气体和钾、氮气等物质。可燃气体可以燃烧发电,或净化后制造压缩天然气作汽车燃料;氮磷钾等可作养料种植更多水藻。埃利奥特说,这不仅大大降低成本,而且能从水中提取有用气体,用剩下的水来种藻,进一步降低成本。

他们还取消了溶剂处理步骤,把全部水藻加入高温高压的水中分离物质,结合一种水热液化与催化水热气化反应,把大部分生物质转化为液体和气体燃料。埃利奥特指出,要建造这种高压系统并非易事,造价较高,这是该技术的一个缺点,但后期节约的成本会超过前期投资。

三、用含纤维素和木质素植物制造生物燃料

1. 利用植物纤维素制造生物燃料

(1)开发出竹子炼取生物乙醇新技术。2008 年 12 月,日本媒体报道,静冈大学教授中崎清彦领导的研究小组,利用高效率的技术,从竹子中炼取生物乙醇,既不用担心和人类竞争粮食,而且成长得比木材还快,是极具魅力的生物燃料。

由竹子炼取乙醇,需把纤维质主要成分的纤维素,转变成葡萄糖后加以发酵,由于纤维素极难分解,刚开始研究时,将纤维素转变成葡萄糖的效率只有 2%。

研究小组开发成功新技术,把竹子磨成 50 微米的超细粉末,大小只相当以往原料的 1/10,接着利用激光除去细胞壁内含有的高分子木质素,再加上使用分解率高的微生物,使得纤维素的糖化效率提高至 75%。

研究小组今后的目标，是三年内把纤维素转成葡萄糖的糖化效率，进一步提高至80%，并使得生产成本每公升控制在1美元以内。

(2)全球首个纤维素乙醇工厂正式投产。2013年10月9日，全球首个以秸秆为原料，生产纤维素乙醇的工厂，在意大利北部克雷申蒂诺市正式建成投产。

这家示范工厂，隶属于贝塔可再生能源公司，设计能力年产上万吨乙醇，其正式启动将推动先进生物燃料的商业化生产进程。

与传统生物燃料技术不同，这家纤维素乙醇工厂以小麦秸秆、水稻秸秆，以及种植于非耕地上的高产能源作物芦竹为原料，先进行预处理、之后添加酶制剂、将生物质中的纤维素和半纤维素转化成糖、经过发酵得到乙醇。生产过程的副产品木质素还可用于发电，不仅可以满足这家示范工厂生产所需的能源消耗，剩余的绿色电力还可出售给当地电网。

2. 利用植物木质素制造生物燃料

(1)利用木材连续合成柴油燃料的技术。2006年3月，日本产业技术综合研究所，生物质研究中心美浓轮智朗领导的生物质系统技术研究小组，与该中心生物质转化液体系统研究小组研究员花冈寿明，开发成功了实验室规模的柴油燃料合成技术。该技术可在木质素发生气化反应、用活性碳提炼后，采用FT合成技术连续合成柴油燃料。FT合成是一种利用煤气，通过催化剂反应合成液态碳氢化合物的方法。该技术由费歇尔·托晋希于二战前在石油资源短缺的德国开发成功。

原来一直采用在常压下直接气化的方法，而新技术的特点则是在800℃～900℃的高温，以及数MPa的高压下气化。如果在常压下气化，就需要利用电力进行压缩，以在后续工序中实现FT合成。新方法由于在高温高压下气化，所以只需进行热气清除处理，即无需压缩，即可送入FT合成工序。因此，除不需要压缩外，还无需冷却及热回收，可应用于小型便携生产设备。热气清除是一种在气化反应后，在400℃高温下，使用活性碳等吸附材料，以干式方式高度提炼合成气体的工序。

在木质素中，凭借太阳能获得的碳固定量较大，有望成为新一代燃料原料，因而备受关注，不过，未得到利用的木材、生产材料下角料，以及建筑废材等会分散在不同的地方，如果对这些材料加以收集利用，便会花费成本、耗费能源。因此就需要能够在现场使用的小型便携生产设备。

该公司计划2007年前后在该设备的基础上，试制小型便携试验装置。今后为了提高合成量，以及改质成更易于使用的柴油燃料，还将进一步开发在FT合成中使用的催化剂。

(2)利用含有木质素的木屑树枝开发生物燃油。2009年12月1日，芬兰能源企业富腾公司发表公报说，该公司正与多家企业和科研机构联合开发生物燃油，以期供生物能源发电设施和燃油锅炉使用。

公报说,企业研发人员和芬兰国家技术研究中心的专家,利用含有木质素的木屑和树根树枝等提炼制作高品质生物燃油。其原理是先使固态材料气化,然后将气体压缩成液态。通过 5 个月的试运行,相关工艺已得到改善,提高了生产效率,迄今已生产出 20 吨生物燃油。开发人员希望把这种生物燃油的生产与生物能源发电相结合,提供一个具有可持续发展前景的商业模式。

3. 同时利用纤维素和木质素制造生物燃料

利用植物的纤维素和木质素制造丁醇。2008 年 1 月,有关媒体报道,美国华盛顿大学助理教授拉斯·安格嫩特、拿西波·库雷希博士与美国农业部的研究人员布鲁斯·笛恩博士和迈克尔·柯塔博士等人组成的一个研究小组,开发出一种制造生物燃料丁醇的新技术。

木质茎、稻草、农业残余物、玉米纤维和外皮都含有大量的纤维素和部分木质素。这些木质纤维材料均可用于制造生物丁醇。丁醇被认为是一种优于乙醇的生物燃料,因为它的腐蚀性更小,热量值更高。如同乙醇一样,丁醇也可添加到汽油中。

报道称,安格嫩特从美国农业部的合作者中,拿到预处理的玉米纤维,也就是用玉米生产乙醇的副产品。然后把这些木质纤维原料放入沼气池,与数千种不同的微生物混合,以将生物质能转化为丁酸。接着,这些丁酸再交给库雷希。库雷希利用发酵器把丁酸转化为丁醇。

在这一过程中,笛恩和柯塔两人用物理和化学的方法,对难以降解的木质纤维原料进行处理,使之更容易降解。这是安格嫩特将混合物能进行神奇转变非常关键的一步。安格嫩特在含有数千种不同微生物的混合物中选择一个细菌群落,同时通过优化环境条件,以创造出一个有利于玉米纤维转化为丁酸的环境。

安格嫩特说,我的实验室主要就是用混合的细菌培养物。混合细菌培养物的优点,是它可以利用任何废弃物,并且通过我们的操作,能够将其转化为有价值的东西。举例来说,我可以改变培养物中的 pH 值。如果保持 pH 中性,那我们就可以得到甲烷气;如果我调低 pH 值,就可以得到丁酸。换句话说,如果只使用单一微生物培养物,那我就不得不担心会有其他的微生物混入并改变和污染了环境。

木质纤维原料来源丰富,是可再生的,用来生产丁醇是处理废弃物的好办法。这对农业生产者和农村的经济也大有好处。并且因为这种生物质是碳中性的,所以不必担心二氧化碳被释放到大气中。利用微生物燃料反应池和混合的微生物培养物,安格嫩特近年来已实现在废水处理的过程中产生电力或氢气。

利用废弃物生产生物燃料的另一个重要优势是,它不必与人争粮,不会因为要种植作物加大肥料和农药的使用,不会对环境造成危害。这在当前粮食价格上涨、国际粮食安全受到冲击、环境污染日益严重的背景下,具有特别重要的意义。

近年来,对丁醇的研究越来越吸引人。许多有战略眼光的企业,也加大对生物丁醇的投入。2006年,美国杜邦公司和英国石油公司宣布,与英国糖业公司合作,从甜菜中生产丁醇,以添加到混合汽油中。

四、用生产或生活废弃物制造生物燃料

1. 利用生产废弃物开发生物燃料

(1)利用农林牧业废弃物来开发生物燃料。2006年4月,英国广播公司报道,作为一个资源并不十分丰富的国家,英国已经拥有了世界上规模最大、效率最高的秸秆燃烧发电厂,以及欧洲最大的养殖家禽废弃物发电厂。如今,英国人正在加紧步伐建设一座发电能力为4.4万千瓦的生物质发电厂,并有望在一年后建成。

这座建在苏格兰洛克比的发电厂以可再生的木材混合物作为燃料。据专家介绍,以植物为基础的生物质燃料在燃烧时,释放的二氧化碳数量,正好相当于这些植物在生长过程中所消耗的二氧化碳数量。依据设计发电能力,洛克比发电厂在投入使用之后,将为大约7万个家庭提供符合碳平衡要求的电力。作为对照,如果一座以煤炭为燃料的发电能力达4.4万千瓦的发电厂,在使用后将向大气释放15万吨二氧化碳。

据报道,洛克比发电厂最初的燃料就是森林残留物、树枝,以及附近锯木厂的边角料。最终,这一发电厂每年将消耗大约47.5万吨可再生木材,其中包括9.5万吨短轮伐期灌木林。附近地区将为其提供大约22万吨经过烘干的燃料,其中4.5万吨是附近农民砍伐的柳树。负责该项目的E. ON(英国)公司的一位发言人表示:“我们希望当地的农民转而种植能够快速生长的柳树,这将为该发电厂准备充足的燃料。”

迄今为止,英国规模最大的生物质发电厂,是位于英格兰东部诺福克的一座年发电量3.85万千瓦的养殖家禽废弃物发电厂。该发电厂不仅能够为一个城镇的9.3万个家庭提供充足的电力,而且还为当地家禽产业每年40万吨的废弃物,找到了最受欢迎的解决方案。作为燃料使用时,养殖家禽的废弃物的热值几乎是煤炭的一半。而且额外的好处就是作为燃烧副产品的灰,可以作为高质量的肥料加以利用。

英格兰东部还拥有世界上规模最大的秸秆发电厂。年发电量为3.8万千瓦的伊利发电厂,每年消耗从半径80千米的范围内,收集来到40万包秸秆,而它发出的电能可以供给8万个当地家庭使用。近年来,生物质发电厂的燃料范围,已经扩大到了芒属植物,以及榨油后留下的残渣,这样不仅可以降低成本还可以增加供电的安全性。

生物质能源的发展,必将对农业产生一定的冲击。一位生物质产业发言人说:“一旦生物质能源发展起来,当地的农民便可以种植数千英亩的能源作物,比

如柳树、芒属植物或者像草(一种像竹子的草)等。这将足以供给一个小型的发电厂使用。”

英国能源政策的目标,是到2010年可再生能源在英国全部能源供应量中,所占的比例达到10%。生物质能源和风能将有望成为能源公司达成这一目标的主要选择。果真如此的话,英国就需要建设更多的生物质发电厂,以便使生物质发电厂的总发电量,从目前的10万千瓦增加到100万千瓦。如果按照这样的趋势发展下去,洛克比的木材燃烧设施将很难长期保持其英国规模最大的生物质发电厂的荣誉。

据悉,该发电厂将创造40个就业机会,另外还会有300人被直接雇用,从事与林业,以及农业有关的工作。这一项目,还使得当地的锯木厂,有望获得进一步的投资以保证该发电厂的燃料供应。

(2)把研发生物燃料视野拓展到农林废弃物。2008年12月,有关媒体报道,在全球原油价格剧烈震荡和粮食价格飞涨的背景下,一些国家利用玉米等传统农产品提炼生物燃料之举,难逃“与人争粮,与粮争地”之嫌。而幅员辽阔、物产丰富的拉美国家,正在依靠自身优势,拓宽视野,研发基于各种新型原材料的第二代生物燃料。

目前,拉美国家除了棕榈油、松子、蓖麻、葵花子、海藻、甘薯粉、含糖木薯、甜菜、香蕉、鳄梨等含油和含糖物质,用来研制生物燃料外,还把咖啡豆残渣、秸秆、稻壳、甘蔗渣等农林废弃物,用作制造生物燃料的原料。

甘蔗乙醇大国巴西,不仅在传统生物燃料领域居于拉美地区乃至世界前列,在研发新型原料方面也不甘落后。多年来,巴西利用含糖木薯、亚马逊雨林植物及甘蔗渣等农林废弃物,提取生物燃料已初见成果,有望确保其生物燃料生产和出口大国地位。

巴西农牧业研究公司,通过转基因技术研究开发出一种含糖而不是淀粉的木薯作为生产乙醇的原料,在不适合种植甘蔗的巴西中西部地区,可作为甘蔗乙醇的重要补充。自20世纪70年代起,巴西就开始试用传统木薯生产乙醇,当时需把木薯所含淀粉,经水解转化为糖,然后提炼出乙醇,其技术要求和成本较高。新型转基因木薯的根部,含有发酵过程必需的葡萄糖,省却了复杂的水解步骤,提炼乙醇所需成本比一般木薯减少了25%。目前,巴西已有3座试验性木薯乙醇燃料厂,这种木薯糖乙醇有望于2010年正式投放市场。

考虑到生态环境和生物多样性因素,巴西政府曾明令禁止在亚马逊雨林地带种植甘蔗。如今,巴西把目光再次投向亚马逊原始森林,寻求利用本土雨林植物资源提炼生物柴油。

巴西农牧业研究公司,2008年年上半年启动了一项“能源性农业生产发展”计划,将对亚马逊热带雨林种类繁多的植物进行辨别筛选,确定油料作物种类,并制订可用于提炼生物柴油的植物目录,以增加生物柴油原料种类,提高植物燃料产量，推广以能源产品为目的的农业生产，在避免环境污染的同时，还可为当地农民提供大量就业机会。

迄今已完全介入甘蔗乙醇产业的巴西石油公司也在研究从秸秆、稻壳和甘蔗渣等农业废弃物，以及林木采运加工过程中产生的林业废弃物提炼乙醇。该公司透露，计划于2011年修建巴西首座纤维素乙醇工厂，2015年启动植物纤维素乙醇商业化生产。该公司在里约热内卢州拥有一个专门服务于此项目的试验基地，目前该公司倾向优先开发以甘蔗渣为原料，制造植物纤维素乙醇的技术。据估算，在维持现有甘蔗种植面积的同时，巴西乙醇产量可提高60%左右。

能源相对匮乏的加勒比岛国多米尼加正在进行以松子为原料提炼生物柴油的尝试。盛产棕榈树的哥伦比亚，4年前开始从棕榈油中提炼生物柴油。现已有3座生物柴油厂投产，原材料主要是棕榈油和大豆。该国科学家还发现一种海藻提取物，含有与棕榈油类似的成分，可用于提炼生物柴油与普通柴油混合使用。哥伦比亚石油署专家，正在东北部桑坦德省进行试验研究，希望能于2009年正式生产“海藻柴油”。此外，哥伦比亚目前还在研究使用海藻、蓖麻、松子、葵花子、甘薯粉、甜菜、香蕉、鳄梨和咖啡豆残渣等，作为生物柴油的原材料。

（3）利用稻草低成本生产生物乙醇。2014年5月，日本大成建设公司对媒体介绍说，该公司技术人员成功开发出一项新技术，可低成本、高产量地利用稻草生产生物乙醇。

据这家公司技术人员介绍，现有利用稻草生产生物乙醇的技术，不仅生产成本高，而且会产生较多二氧化碳，不利于环境保护和推广使用。在通常情况下，稻草中的淀粉很难溶解于水，所以，现有技术主要是利用稻草中的纤维素来生产乙醇，淀粉没有得到有效利用。

使稻草中的淀粉更容易分解是新技术的关键。技术人员在稻草原料中增添了一种特殊的碱溶液，并确认淀粉在碱溶液中能充分溶解。然后，再将溶解后的淀粉采用与纤维素不同的生产工艺，使淀粉转化成糖。

目前，该公司的实验生产设备，已经能够用1吨干稻草生产出315升乙醇，与利用原有技术与设备生产相比，产量增加了24%以上，成本也已下降到每升0.7美元。

生物乙醇已成为美国、巴西等国重要的清洁燃料，但目前生物乙醇基本上用玉米等粮食作物生产，常常会与粮食安全产生矛盾，不具有可持续性。而稻草资源十分丰富，价格低廉，以其为原料的低成本、清洁环保生产技术将有良好发展前景。

2. 利用生活废弃物研制生物柴油

研制出用废弃食用油制柴油的新技术。2006年5月，新加坡媒体报道，由高曼生负责的新加坡生物燃料研究公司，研制出一种新技术可以把用过的食用油直接制成无硫生物柴油。这样，从近日开始，新加坡的柴油动力汽车驾驶员在加油时多了一种选择,他们可以使用这种来自废弃食用油的生物柴油燃料。

报道称,这种生物柴油的原料是从众多餐馆收集到的已用过的废弃食用油。这种产品比其他种类的生物柴油"更清洁"。美国和欧洲目前已经在使用生物柴油,但是通常都要与普通柴油混合使用。然而,新加坡研发的生物柴油无需与任何矿物柴油混合,成为完全不含硫、因而污染较少的燃料。

高曼生在接受媒体采访时说,生物燃料研究公司是新加坡第一家利用用过的食用油大规模生产生物柴油的公司。他从互联网上学习到制作生物柴油的方法,然后在实验室中用试管、烧杯反复试验,花费两年时间终于开发出可以使用的产品。

目前生物燃料研究公司每月可以生产 1500 吨生物柴油,并且准备把这种燃料卖给愿意开清洁燃料车的人。据介绍,现在已经有一些翻斗车、发电机,以及工地动力设施,使用这种新型燃料。

五、生物质能开发出现的新技术

1. 生物质能开发过程产生的生物新技术

(1)利用酵母发酵把纤维物质转化成生物燃料。2007 年 4 月 18 日,路透社报道,荷兰酒精生产商、皇家内达尔科公司商业开发经理马克·沃尔德博格牵头,代尔夫特大学,以及伯德工程公司研究人员参与的一个研究小组,在大象的粪便中发现了一种特殊的真菌,它可以帮助人们更加快捷地把纤维和木材转化成生物燃料。

目前,那些从事生物乙醇生产的公司已经普遍能够从谷物和甜菜等农作物中提取出糖的成分,但还有一些公司对此仍不满足,他们眼下正在致力于从包括麦麸、稻草,以及木材在内的,众多富含纤维的物质中获取能源。

该研究小组最近在大象的粪便里找到了一种有着奇特功效的真菌,它可以帮助人们制造出,一种能够使木材中的糖分得到高效率发酵的酵母。

在一次以生物燃料为主题的会议上,沃尔德博格表示:"我们的确把这一发现,视做技术上的一项突破。"

这项新的生产工艺会从 2009 年开始在该公司位于萨斯范根特市的工厂内投入使用,但若想让大象粪便能够得到大规模的商业利用,则还需要更长一些的时间。

沃尔德博格指出:"如果使用小麦残留物作为原料的话,我相信我们能够在很短的时间内,把生产成本降低到具有充分竞争力的水平上。不过想要把木材转变成乙醇的话,那你就不得不多花上一些时间了。"

(2)利用蛀木水虱分解木头的酶制造生物燃料。2010 年 3 月,英国约克大学新型农产品研究中心克拉克·麦森教授领导,朴次茅斯大学的结构生物学家约翰·麦克吉汗博士,以及美国国家可再生能源实验室研究人员等参与的一个研究小组，在在美国《国家科学院学报》上发表研究报告说，他们使用先进的生物化学分析方法和X射线成像技术找出蛀木水虱体内能分解木头的酶，并揭示其结构和功能。这项研究将帮助研究人员在工业规模上再现这种酶的效能，以便更好地把废纸、旧木材和稻草等废物变成液体生物燃料。

为了用木材和稻草等制造液体燃料，人们必须首先将组成其主体的多糖分解成单糖，再将单糖发酵。这一过程很困难，所以，用此方法制造生物燃料的成本非常高。为了找出更高效而廉价的方法，研究人员把目光投向能分解木材的微生物，希望能研究出类似的工业过程。

蛀木水虱是海洋中的一种小型甲壳动物，俗称"吃木虫"，会蛀蚀木船底部、浮木、码头木质建筑的水下部分等。研究人员在蛀木水虱体内找到一种纤维素化合物，实际上，它是一种可以把纤维素变成葡萄糖的酶，这拥有很多非比寻常的特性。他们借用最新成像技术，看清了这种酶的工作原理。

麦森表示："酶的功能由其三维形状所决定，但它们如此小，以至于无法用高倍显微镜观察它。因此，我们制造出了这些酶的晶体，其内，数百万个副本朝同一方向排列。"

麦克吉汗表示："随后，我们用英国钻石光源同步加速器，朝这种酶的晶体发射一束密集的X射线，产生了一系列能被转化成3D模型的图像，得到的数据让我们可以看到酶中每个原子的位置。美国国家可再生能源实验室的科学家，接着使用超级计算机模拟出了酶的活动，最终，所有结果向我们展示了纤维素链如何被消化成葡萄糖。"

这项研究结果将有助于研究人员设计出更强大的酶用于工业生产。尽管此前研究人员已在木质降解真菌体内发现了同样的纤维素化合物，但这种酶对化学环境的耐受力更强，且能在比海水咸7倍的环境下工作，这意味着它能在工业环境下持续工作更长时间。除了尽力从蛀木水虱中提取这种酶之外，研究人员也将其遗传图谱转移给了一种工业微生物，使其能大批量地制造这种酶，他们希望借此削减把木质材料变成生物燃料的成本。

英国生物技术与生物科学研究理事会，首席执行官道格拉斯·凯尔表示："最新研究，既可以让我们有效地利用这种酶将废物变成生物燃料，也能避免与人争地，真是一举两得。"

(3)研究用消化酶生产生物燃料的方法。2010年4月，巴西科技部网站报道，巴西农牧业研究院、巴西利亚大学和巴西利亚天主教大学联合组成的一个研究小组，正在开展山羊胃细菌所含的酶的研究，以利用农业废弃物如甘蔗渣等生产生物乙醇。

这一科研项目已经进行了两年。研究人员说，巴西特产的无角山羊，靠采食稀树草原上的植物为生。在这种反刍动物的第一个胃——瘤胃中，生长着各种有助于消化牧草的细菌。这些细菌所含的酶可分解出葡萄糖，进而发酵产生乙醇。

研究人员认为,如果找到这些细菌所含的酶以分解牧草,就可以使用传统的方法,借助酵母使之发酵。目前他们已经确认了4种可分解出葡萄糖的酶。这一数字还会上升。现在要弄清楚的是这类酶的哪种功能可用于工业化生产乙醇。

(4)用转基因细菌合成高能生物燃料。2014年3月,美国佐治亚理工学院斯蒂芬·沙瑞亚、佩拉塔·雅海亚等人,与联合生物能源研究院研究人员组成的一个研究小组,在美国化学协会《合成生物学》杂志上发表论文称,他们通过转基因工程改造细菌,让它们能合成蒎烯,有望替代JP-10用在导弹发射及其他航空领域。从石油中提炼JP-10供给有限,将来生物燃料有望补其不足,甚至促进新一代发动机的开发。

据有关媒体报道,在前期生物工程的研究阶段,沙瑞亚在雅海亚指导下,已将蒎烯产量提高了6倍。他们在研究替代酶,将其插入大肠杆菌以产生蒎烯,已选定的酶分为两类:3种PS(蒎烯合成酶)和3种GPP(香叶基二磷酸合成酶),通过实验来寻找最佳组合以获得最高产量。目前,他们已把产量提高到32毫克/升。但要和来自石油的JP-10竞争,产量还要提高26倍,雅海亚说,这也在生物工程大肠杆菌的可能范围内。

雅海亚认为,目前的障碍在于系统内部的一个抑制过程。她说:"我们发现,是酶被基质抑制了这种抑制取决于浓度。目前,我们需要的是在高浓度基质中不会被抑制的酶,或在整个反应中能维持基质低浓度的方法。这两方面都比较困难,但并非无法克服的。"

每桶石油中能提取的JP-10是有限的,加上树木提取物也帮助不大,供给不足让JP-10价格在25美元/加仑(美制1加仑约合3.785升)左右。因此,生产高能生物燃料替代品,比生产汽油或柴油替代品更有优势。

雅海亚指出:"如果你研究汽油替代品,就要与3美元/加仑竞争,这需要一个长期优化的过程。而我们是在和每加仑25美元竞争,需要的时间更短。"她说,"虽然我们还处在几毫克/升的水平,但由于我们研究的替代品比柴油或汽油替代品价值更高,也就意味着我们离目标更近。"。

从理论上讲,要让生产蒎烯的成本低于石油提炼是可能的。如果最终的生物燃料表现良好,将为轻质高能发动机燃料打开新的大门,增加高能燃料的供给。

雅海亚说:"我们制造的是一种可持续的、高能量密度的战略性燃料,但还处于前期形式。我们正在集中制造一种'试行'燃料,看起来就和来自石油的燃料一样,以适应目前的销售系统。"

(5)利用经过遗传改造的酶直接把生物质能转化为乙醇。2014年6月,美国佐治亚大学富兰克林文理学院遗传学系教授珍妮特·威斯特菲尔玲领导,该校生物能源科学中心研究人员参与的一个研究小组在美国《国家科学院学报》上发表论文称,他们对能降解木质纤维素的细菌嗜热木聚糖酶进行遗传改造后,就可以直接把以柳枝稷为原料的含木质纤维素的生物质能转化成乙醇燃料。

在利用柳枝稷和巴茅根等非食物农作物生物质能，制造具有成本效益的生物燃料的过程中，面临的一个主要“拦路虎”是利用微生物发酵制造乙醇之前，要对植物进行预处理，也就是把植物的细胞壁破解，科学家们一直没有找到很好的办法，因此，也拖慢了人们用生物质能生产生物燃料的步伐。

现在，该研究小组历时两年半的研究，对细菌嗜热木聚糖酶进行了遗传改造，经过改造后的菌株成功地承担了拆解植物生物质能细胞壁的任务，摒弃了预处理过程。

研究人员删除了嗜热木聚糖酶的一个乳酸脱氢酶基因，引入了制造乙醇的热纤梭菌的一个乙醛/乙醇脱氢酶基因，经过遗传改造的嗜热木聚糖酶，因此拥有把糖发酵成乙醇的能力。研究结果表明，这种经过改造的嗜热木聚糖酶菌株，把柳枝稷生物质能，转化成了它的总发酵终产物的70%，相比之下野生型菌株的产量为0。

威斯特菲尔玲说：“现在，不需要任何预处理过程，我们拿过柳枝稷将其磨成粉末，添加低成本的、极少量的盐培养基，在另一端就能得到乙醇，最新研究朝着一种经济上可行的工业过程迈出了第一步。”

威斯特菲尔玲表示，自然界的很多微生物都被证明拥有非常强大的化学和生物学能力，但面临的最大挑战是研发出好的遗传系统来使用这些微生物。系统生物学使我们可以对生物体进行操控，让它们完成此前根本无法做到的事情，最新研究就是最好的例证。

得到的生物燃料，除了有乙醇还有丁醇和异丁醇（可与乙醇相媲美的交通燃料），以及其他燃料和化学物质。威斯特菲尔玲说：“最新研究是一个开始，证明我们可以对生物体进行操控，生产出真正可持续的产品。”

2. 生物质能开发过程出现的绿色制造技术

推进乙醇开发的绿色制造技术。2009年1月，有关媒体报道，在瑞典，公共汽车、轿车都可以使用乙醇作燃料。例如，轿车的E85就是指使用85%乙醇和15%汽油的混合燃料。汉代略斯是瑞典最大的乙醇生产基地。乙醇生产商是瑞典农民协会成立的兰特人农业乙醇公司。

据介绍，兰特人公司是北欧最大的粮食、能源和农业公司之一。它的会员有44000个农民。公司雇佣13000多员工，在世界19个国家和地区运营。

该公司在2001年开始建立乙醇生产企业。它与一些大石油公司合作生产，主要目的是要检验乙醇的可靠性，以便将来进行扩大再生产。不过短短的几年时间，乙醇的所有优势都展体在石油公司面前了。顾客对乙醇的需求开始增加。到2009年，乙醇的需求已达5000万升。面对这样的挑战，兰特人公司决定扩大生产规模，其产能将增加4倍。

生产乙醇需要电力和蒸气。兰特人公司所需的电力和蒸气来自垃圾加工。原来，在附近还有一家爱恩热电厂，是一家德国公司专门用垃圾来生产生物沼气，而生物沼气又可以变成电力和蒸气。而这里的一部分垃圾是来自乙醇厂。因此，他们使用的能源都是绿色能源。

乙醇可以帮助人们减轻对石油的依赖，是可更新的生物燃料。而瑞典的兰特人农业乙醇公司在这一过程中发挥了重要作用。据介绍，乙醇的生产过程产生的温室效应只是汽油生产过程的20%。

3. 生物质能开发过程出现的气化新技术

开发出制造生物燃料新的气化方法。2010年4月，美国马萨诸塞大学安默斯特校区，化学工程系保罗·道恩豪斯领导的一个研究小组，在《技术评论》杂志上撰文称，他们研发出制造生物燃料新的气化方法，并制造了新的气化反应器，可以大幅提高把生物质原料转化为生物燃料的效率，同时也大大减少了温室气体排放。

道恩豪斯表示，使用新方法，他们将数量被精确控制的二氧化碳与甲烷放在自己研发的特制催化反应器中，把生物质原料气化，结果，生物质原料和甲烷中的碳，全部转化为制造生物燃料必需的一氧化碳。新方法，有望在两年内趋于完善，这将是把生物质原料转化为生物燃料领域重大的突破。

目前，通过气化过程，生物质原料在高温下被分解为一氧化碳和氢气，氢气可以被制成各种生物燃料，包括各种碳氢化合物等。但是，这个过程有个“硬伤”：生物质原料中约有一半的碳被转化成二氧化碳而不是一氧化碳。

该研究小组对传统技术进行了改进。为了让气化后得到的生物燃料更多，研究人员在反应中添加了二氧化碳，让二氧化碳和氢反应，生成一氧化碳和水。增加二氧化碳，并不足以把生物质中所有的碳变成一氧化碳，仍然有些碳会变成二氧化碳。因此，研究人员也在反应中增加了氢气，以提供所需要的能量来促进反应的发生。研究小组把价格便宜而且常见的甲烷，置于反应器中让其“释放”出氢气。

另外，在传统方法中，各个独立的步骤在不同的化学反应器中完成，而该研究小组把所有的反应集中在一个反应器中进行，大幅削减了气化过程的成本。

研究小组打算在一个天然气发电站附近进行商业化尝试，发电站可以提供足够的甲烷和二氧化碳。

但是，《技术评论》杂志指出，该过程可能还不适合商业化。首先，研究人员需要证明，这项技术同样适用于生物质，而不仅仅是从生物质中提取出来的纤维素，生物质中包含多种多样的杂质，而纯的纤维素中则没有，这些杂质可能对催化剂产生负面影响，因此，研究人员必须对反应器进行改造。另外，让这个过程大规模地进行也面临挑战，包括确保热量能够通过反应器等，尽管小规模的实验做到了这一点。

道恩豪斯称，这些挑战与其研究所取得的突破相比，都不值一提，如果有企业想要发展这个过程，几年之内它就将走俏市场。

第四节　太阳能与风能开发领域的新进展

一、太阳能电池研制的新进展

1. 研制太阳能电池的新成果

(1)发明新型塑料太阳能电池。2005 年 1 月,加拿大多伦多大学电力与电脑工程教授萨金特领导的一个研究小组,在《自然·材料》期刊上发表论文称,他们发明了一种柔性塑胶太阳能电池,据称它把现有的太阳能转化为电能的效率,提高了五倍。

研究小组表示,这种电池能够利用阳光中的红外线,并且可以在布、纸和其他材料表面形成一层柔性膜。这层膜可以把 30% 的太阳能转化为可利用的电能,比目前应用的效率最高的塑胶太阳能电池要好得多。

萨金特说,由于这种电池能使用有弹性的材料转化太阳能,把塑料与纤维编织在一起类似现有的合成纤维,然后把它们制成衣物,做成可以穿在身上的太阳能电池。不难看出,这是便携式电力。他还表示,这种衣料可以用在衬衫或运动衫上为手机等设备充电。

萨金特说,目前正在寻找投资者,以便把这种发明转化为商业产品。如果他们能制造出更廉价、应用更广泛的太阳能电池产品,那将是重大的突破。

(2)研制出可将星光转换为电能的星光电池。2006 年 5 月 25 日,俄罗斯联合核研究所的科学家们,在位于莫斯科郊区的该所实用科研中心,展示最新研究成果时称,他们研制出世界上绝无仅有的星光电池,可同时把阳光和星光转化为电能,无论在夜晚或是白天都能高效地工作。

该中心主任瓦连金·萨莫洛夫介绍说,这种新型电池能够 24 小时连续工作,与传统太阳能电池相比,它把可见光转换为电能的效率要高一倍以上,而把红外线转换为电能的效率也要高出 50% 。

研究人员表示,他们成功开发出一种新型的高效率光电转换材料。这种材料可在各种天气条件下直接把阳光和星光转换为电能。试验证明,由这种材料制成的电池,无论在夜晚或是白天都能够高效地工作。他们还指出,新型光电材料的制造成本要远低于现在普遍使用的同类产品。

(3)开发出世界最高转换效率的太阳能电池。2011 年 11 月 4 日,有关媒体报道,日本经济产业省下属独立行政法人,日本新能源与产业技术综合开发机构其主导的“创新型太阳能发电技术研发”项目,取得阶段性成果,项目承担单位夏普公司成功开发出转换效率达 36.9% 的太阳能电池,达到了世界最高转换率。

夏普公司采用三种化合物(上层 InGaP、中层 GaAs、底层 InGaS)叠加的方式,在2009年10月,就实现35.8%的转换效率。经过两年的研究,解决了结合部连接层衰减的问题,大幅提高了转换效率。

研究人员表示,这个项目瞄准2050年,目的是开发出转换效率40%以上的太阳能电池,并使成本下降到日本目前的普通发电水平(7日元每千瓦时)。由于这一成果的取得,预计该项目将大大提前实现上述目标。

另据日本新能源与产业技术综合开发机构网站消息,为了配合"创新型太阳能发电技术研发"项目的实施,该开发机构和欧盟委员会在2011年5月签署了研发合作协议,产学研合作共同开发转换效率达到45%的太阳能电池。项目实施期间从2011到2014年,日本共投入6.5亿日元,欧盟投入500万欧元。日方项目参加单位为丰田工业大学(丰田集团)、夏普、大同特殊钢、东京大学、产业技术综合研究所;欧方为西班牙、德国、英国、意大利、法国等国的大学、研究所与企业。

(4)研究开发低成本染料敏化太阳能电池。2012年11月,瑞士洛桑理工大学科学家凯文·西沃拉领导的研究小组,在《自然·光学》上发表了他们研究的阶段性成果。它表明,研究小组正致力于利用丰富而廉价的氧化铁(铁锈)和水,研发一种新型染料敏化太阳能电池,以利用太阳能制备氢气。

染料敏化太阳能电池是一种模仿光合作用原理的太阳能电池,主要由纳米多孔半导体薄膜、染料敏化剂和导电基底等几部分组成。它因原材料丰富、成本低、工艺技术相对简单,在规模化工业生产中具有较大优势,对保护人类环境具有重要意义。

1991年,瑞士洛桑理工大学教授格兰泽尔在染料敏化太阳能电池领域取得重大突破,成功研制出可利用水直接生产氢气的太阳能电池。此后科学家们一直致力于研究低成本、高转换率且能规模化生产的染料敏化太阳能电池。

在通常情况下,研究人员大多采用氧化钛、氧化锡和氧化锌等金属氧化物,作为纳米多孔半导体薄膜。西沃拉研究小组所遵循的基本原理,与格兰泽尔相同,但采用氧化铁作为半导体材料。其研制的设备,是一种完全自备式控制,设备所产生的电子用于分解水分子,并将其重新组成为氧气和氢气。该研究小组人员,利用光电化学技术,致力于解决困扰氢气制备的最关键问题——成本。

西沃拉说:"美国的一个研究小组已把染料敏化太阳能电池的转换效率提高到12.4%。尽管它在理论上前景很诱人,但该方法生产电池的成本太高,生产面积仅为10平方厘米的电池,其成本就高达1万美元。"因此,西沃拉研究小组一开始就给自己设定了一个目标,即仅采用价格低廉的材料和技术。

西沃拉指出,他们研制的设备中,最昂贵的部分是玻璃面板。目前新设备的转换效率依然较低,仅为1.4%~3.6%,但该技术潜力很大。研究小组还致力于研制一种简易便捷的制作工艺,比如利用浸泡或擦涂的方式制作半导体薄膜。西沃拉说:"我们希望,未来几年内,把转化效率提高到10%左右,生产成本降为每平方米80美元以下。如果能实现此目标,就能较传统的制氢方法更具竞争力。"

西沃拉预计，采用氧化铁作为半导体材料的串联电池技术，其转换效率最终将能够达到16%，同时成本也将会很低廉，这是该技术的最大优势。如果能够以廉价的方式成功储存太阳能，这项发明将能够大幅度增加人类利用太阳能的力度，可成为利用可再生能源的一种可靠方式。

(5)研制高转化率的钙钛矿太阳能电池。2013 年 11 月，宾夕法尼亚大学能源创新研究中心，联合主任安德鲁·阿姆领导的一个研究小组，在《自然》杂志上发表研究成果称，他们发现，以一种新式钙钛矿(CaTiO3)为原料的太阳能电池的转化效率或可高达50%，为目前市场上太阳能电池转化效率的 2 倍，能大幅降低太阳能电池的使用成本。

尽管研究小组还没有演示以新材料为原料制造的高效太阳能电池，此项研究已成为此前诸多研究强有力的补充，证明拥有独特晶体结构的钙钛矿，有望改变太阳能产业的面貌。当前市场上占主流的太阳能电池以硅和碲化镉为材料，达到目前的转化效率历时 10 多年；而钙钛矿只花了短短 4 年时间的研究，有鉴于此，即使业界保守人士对钙钛矿也非常看好。

阿姆表示，以新式钙钛矿为原料制造的太阳能电池，能将大约一半的太阳光直接转化为电力，为目前的 2 倍，因此，只需一半太阳能电池就可提供同样的电力，这将大大减少安装成本，从而让总成本显著降低。

另外，阿姆说，与传统太阳能电池材料不同，新材料并不需要电场来产生电流，这将减少所需材料的数量，产生的电压也更高，从而能增加能量产出；而且，新材料也能很好地对可见光做出反应，这对太阳能电池来说意义重大。

研究人员也证明，新材料稍作改变就能有效地把不同波长的太阳光转化为电力，科学家们可借此制造出拥有不同层的太阳能电池，每层吸收不同波长的太阳光，从而显著提高能效。

不过，有专家则强调，尽管这些属性非常有用，但要想制造出可用的钙钛矿太阳能电池，还有很长的路要走。首先，这种太阳能电池产生的电流很低。其次，钙钛矿的储量并不充足，很难实现钙钛矿太阳能电池的批量生产。

(6)研制出环保型钙钛矿太阳能电池。2014 年 5 月 5 日，美国西北大学无机化学专家梅科瑞·卡纳茨迪斯、材料科学和工程学教授张邦衡领导的一个研究小组，在《自然·光子学》杂志上发表研究成果称，他们研制出环保型钙钛矿太阳能电池，它用锡钙钛矿代替铅(有毒)钙钛矿作为捕获太阳光的设备。新型太阳能电池不仅绿色、高效，且成本低廉，可以使用简单的“实验台”化学方法制造，不需要昂贵的设备或危险材料。

卡纳茨迪斯表示：“这是研制新型太阳能电池领域的重大突破。锡是一种非常实用靠谱的材料。”

拥有独特晶体结构的钙钛矿是一种陶瓷氧化物。最早被发现的此类氧化物是存在于钙钛矿石中的钛酸钙化合物。传统硅晶太阳能电池板因原材料硅土昂贵且制造过程会产生严重污染,学界和业界近年转而研发钙钛矿太阳能板,结果光电转化效能两年内从3%提高至16%,形成重大的科研突破,钙钛矿太阳能电池,也因此被称为太阳能电池领域的"明日之星"。

新型太阳能电池也使用了钙钛矿结构作为吸光材料,只不过用锡代替铅。科学家们表示,铅钙钛矿的光电转化效率已达15%,鉴于锡和铅属同族元素,锡钙钛矿应该也能达到甚至超过这一数值。张邦衡表示:"我们的锡基钙钛矿层,能像高效的太阳光捕获设备一样工作。"

目前,这款固态锡太阳能电池的光电转化效率,尽管仅为5.73%,但他们认为这是一个非常好的开始。研究人员表示,锡钙钛矿有两个特点:能最大限度地吸收太阳能光谱中的可见光;不需要加热就能直接熔解。

新型固态太阳能电池是一块由5层材料组成的"三明治",每一层都具有独特的作用。第一层导电的玻璃使太阳光能进入电池;第二层是沉积在玻璃层之上的二氧化钛,这两层合在一起作为太阳能电池前部的导电触点;接下来就是新款太阳能电池的"主角"锡钙钛矿,这一层的主要作用是捕获太阳光。研究人员在一个充满氮气的手套式操作箱内制造这一材料,这种工作台化学方法的目的是保护环境,避免锡钙钛矿被氧化。

位于锡钙钛矿之上的是空穴传输层,这一层对于关闭电流并获得功能性的电池至关重要,主要材料是一种吡啶(含有一个氮杂原子的六元杂环化合物)分子。最后压轴的是一薄层金。最终封装的太阳能电池厚度为1~2微米,能放入空气。测试表明,其光电转化效率为5.73%。

2. 开发太阳能电池配套材料的新成果

(1)发现可让钙钛矿太阳能电池更便宜的无机材料。2014年1月8日,物理学家组织网报道,美国诺特丹大学的科学家,发现一种廉价的无机材料,能够取代钙钛矿太阳能电池中昂贵的有机空穴导体,让这种高效的太阳能电池更加便宜。相关论文发表在《美国化学学会会刊》上。

钙钛矿太阳能电池是当今最有前途的几种光伏技术之一,其理论转化效率最高可达50%,为目前市场上太阳能电池转化效率的两倍,能大幅降低太阳能电池的使用成本。虽然钙钛矿材料相对便宜,但用其制造太阳能电池,还需要用到一种有机空穴导电聚合物,其市场价格是黄金的10倍以上。

新研究中,美国诺特丹大学的杰佛瑞·克里斯、雷蒙德·丰和普拉什特·卡玛特发现,用碘化铜制成的无机空穴导电材料可以替代有机空穴导电聚合物。

克里斯说:"新发现的无机空穴导电材料比以往的可替代材料都便宜得多,有望进一步降低这种太阳能电池的制造成本。"

钙钛矿是一类具有特定晶体结构的材料,对太阳能电池的制造而言,这种结构具有天然优势:较高的电荷载体迁移率和较好的光线扩散性能,使光电转换过程中的能量损失极低。虽然碘化铜能够充当钙钛矿太阳能电池中的空穴导体现在才被证明,但铜系导体之前就被认为,能够在染料敏化太阳能电池和量子点太阳能电池中充当重要角色,而最具吸引力的是它们优良的导电性能。碘化铜导体的导电率比有机空穴导电聚合物高两个数量级,这使其能达到更高的填充系数,也决定了用其制成的太阳能电池具有更大的功率。但目前的研究结果表明,包含碘化铜的钙钛矿太阳能电池在转化效率上暂时不及原有技术。研究人员认为这可能与其较低的电压相关。这一点未来有望通过降低其较高的重组率来弥补。

研究人员发现,碘化铜太阳能电池还表现出一个优势,就是其良好的稳定性。实验结果显示,经过两小时的连续光照后,碘化铜太阳能电池的电流丝毫没有降低,而有机空穴导电聚合物太阳能电池,所产生的电流则下降了 10% 。这一点对太阳能电池而言至关重要。克里斯说,下一步他们将对实验步骤进行优化,以使其实现更高的转化效率。

(2)开发出新型太阳能电池材料。2014 年 3 月,新加坡南洋理工大学物理与材料科学学院研究员邢贵川、材料科学与工程学院副教授尼潘 · 马修等人组成的一个研究小组,在《自然 · 材料》杂志上发表研究成果称,他们开发出的下一代太阳能电池材料不仅能把光转化成电,电池本身还能按照需要发出不同颜色的光。这样,将来有一天,如果手机或电脑没电了,只需拿到太阳下晒一晒就能继续使用了,因为它们的显示器同时也是太阳能电池。

开发这种太阳能电池的材料来自钙钛矿,这是一种能制造高效廉价太阳能电池的关键材料。邢贵川用激光照射他们正在研究的混合钙钛矿太阳能电池材料,发现它发出了明亮的光。而大部分太阳能电池材料吸收光线的能力都很强,是不会发光的。这让他们感到很惊讶。

研究人员表示,这种材料对光照的耐受力很强。它能捕获光子转化成电,或者反之。通过调整材料成分,它还能发出多种颜色的光,因此很适合做成发光设备,比如平板显示器。

马修指出,用现有的技术,就能很容易地把这种材料应用到工业上。由于它在制造过程中易于溶解,室温下能与两种或更多化学物结合,其价格只相当于目前硅基太阳能电池的 20% 。他说:“作为一种太阳能电池材料,可以把它做成半透明的,作为彩色玻璃装在窗户上,就能同时用阳光来发电。而利用它发光的性质,可以用在商场或办公室外面,作为灯光装饰。”他还说:“这种材料多功能低成本,对环保建筑也是一种促进。我们已在研究怎样扩大规模,把这些材料用做大型太阳能电池,改变发光设备的制造工艺也是一条很直接的途径。更重要的是,这种材料具有响应激光照射的能力,对开发芯片电子设备也有重要意义。”

目前,这种先进材料正在申请专利。美国加州大学伯克利分校能源技术教授拉马穆希 · 拉姆耐什表示:“该小组的研究成果,清晰地显示了新材料具有广阔的应用前景,包括现有的太阳能电池和激光器。”

3. 优化太阳能电池内部结构的新进展

(1)优化薄膜太阳能电池内部结构。2011 年 5 月,新加坡科学技术研究局微电子所的帕特里克·罗等组成研究小组,在美国无线电工程师协会(IEEE)主办的《电子器件快报》杂志上发表论文称,他们发现,改变薄膜太阳能电池内硅的微观结构,可增强其捕获光线的能力,显著提高其光电转化效率。

能源危机是当今世界面临的一大主要挑战,高需求和低供给在不断推高原油及其制成品的价格。硅基太阳能电池是生产清洁能源和可再生能源最有前途的技术之一。有数据称,太阳每秒钟照射到地球上的能量就相当于500万吨煤,只需将其中一小部分转化为电能,就能解决目前人类社会对化石能源的依赖。但太阳能电池,尤其是薄膜太阳能电池,较低的转化效率,一直困扰着这项技术的发展和普及。

新加坡的研究人员发现,采用改变薄膜太阳能电池内硅的微观结构的方式,可显著提高其转化效率。

研究人员称,普通的硅薄膜太阳能电池存在着一个固有的问题:它们无法吸收那些波长比其薄膜厚度更大的光子。例如,一个标准的800纳米厚的薄膜,虽然能捕捉到波长较短的蓝光,但也会完全错过波长较长的红光。因此,为了保持材料低成本的同时提高转化效率,就必须想办法捕捉到更多的光子,其中也包括那些中等波长的光线。

为达到这一目的,研究人员在薄膜太阳能电池中硅的表面蚀刻出很多纳米尺寸的硅柱。帕特里克·罗解释说,这些硅纳米柱就像森林中的树木,一旦光线进入后就无法轻易“脱身”。当光线射入硅柱组成的“森林”后,光线就会在“森林”的底部,以及“树木”间,不断进行反射,每一次反射都会增加吸收光子的机会。

该研究小组用电脑对此进行模拟,以确定这种薄膜太阳能电池的性能和其最佳外形。经研究他们发现,每个纳米支柱的上半部分,还可通过添加掺杂剂的方式制成电极。目前,他们正在通过这一思路,进行这种薄膜太阳能电池原型的制造工作。

(2)通过新型“金字塔”结构提高太阳能电池效率。2014年7月,美国斯坦福大学,电力工程教授范汕洄领导的一个研究小组,在美国光学学会杂志《光学》上发表论文说,虽然太阳能电池已经技术成熟、应用广泛,但其能源转化率一直存在瓶颈。例如,目前最成功、应用最广泛的硅基电池的能源转化率还不足30%。为了改变这种状况,他们采用新型“金字塔”型表面设计,可以使太阳能电池自动降温,从而克服了太阳能电池持久、高效发电中的一大障碍。

据悉,目前太阳能电池效率较低的一大原因,是由电池本身过热造成的。数据显示,每升高1℃,太阳能电池的效率就会降低0.5%;与此同时,温度每升高10℃,太阳能电池的老化速率就会加倍。为此,科研界和工业界投入了巨资试图解决这个问题。

通常,太阳能电池能够轻易达到55℃以上。这使得能源转化率和寿命都大大降低。而通过通风或冷却液等主动降温方式,不仅成本较高,还可能会形成遮挡影响能量吸收。

对太阳能电池来说,可见光转化为电能的效率最高,而红外光则主要携带热量。据范汕洄介绍,该设计采用的石英玻璃允许可见光通过,但是对特殊波长的光却有折射和反射的作用,从而实现了自动降温。目前,研究人员已经在实验室中进行了相关测试,下一步,他们将在室外环境中进行测试。

4. 研制太阳能电池出现的新技术

(1)开发出"纸型太阳能电池"的制造技术。2012 年 2 月,韩国电气研究院一个研究小组,在《能源和环境科学》学术刊物上发表论文称,他们综合运用纳米技术和纤维技术,开发出"纸型太阳能电池"制造技术。这项研究成果被该刊物选定为大事论文题目,同时获得英国皇家化学会刊发的《化学世界》的介绍和好评。

韩国太阳能产业界认为,该项研究成果可以打破目前韩国太阳能产业发展停滞的局面,从而开拓新的市场。

"纸型太阳能电池"制造技术的创意来自于韩国传统的窗户结构。研究小组表示,先把二氧化硅纤维化,再利用所得纤维制作成纳米纸的形态。在该纸状结构的基础上,添加窗棂结构的金属网,就得到了轻薄耐用并可随意弯折的太阳能电池。

目前普遍应用的太阳能电池中,由于有坚硬的塑料基座和玻璃结构,所以相比"纸型太阳能电池"更加坚硬和厚重。该项技术的主要开发人员、韩国电气研究院创意源泉研究本部纳米融合技术研究中心的车胜一称,由于制作过程相对简单,利用"纸型太阳能电池"制造技术,在太阳能电池量产过程中可以为企业节省大量成本。目前,该研究小组申请了有关这项技术的 4 项专利。

韩国电气研究院表示,"纸型太阳能电池"不仅可以应用在日常经常使用的智能手机中,在建筑、汽车和传播等领域,甚至在国防工业中都可以得到利用。

(2)从豆腐中找到太阳能电池新配方。2014 年 6 月 26 日,英国利物浦大学乔南善・梅杰领导的一个研究小组,在《自然》杂志上发表论文,描述了一种制造碲化镉太阳能电池的新配方。这种新配方使用了一种廉价、环保的盐,而此类盐同时也被用在豆腐制作过程中。

研究人员表示,碲化镉电池在太阳能电池市场中处于领先地位,这种电池是当下使用的光伏发电系统中,最具成本效益的一种,但是这些设备仍有改进的余地。制造这些太阳能电池要使用昂贵的含镉盐,这要通过氯化镉来处理碲化镉。氯化镉这种水溶的有毒材料,对工人和环境都有风险。

梅杰研究小组,展示了使用廉价且没有毒性的氯化镁代替碲化镉,可以制造出一样性能的太阳能电池。氯化镁的价格,只有氯化镉的百分之一,并且已经在生活中被广泛应用,例如用于地面融冰,用作浴盐和作为生产豆腐的食品添加剂。

研究人员表示,新方法只需要把现有碲化镉电池制造方法中的一步进行简单替换:把氯化镉换成氯化镁,就有潜力把环境风险降到很低,同时在不影响设备性能的同时，显著降低生产氯化镉太阳能电池的成本。

二、太阳能电站及其发电技术的新进展

1. 太阳能电站建设的新进展

（1）鼓励建造太阳能电站并更多地使用太阳能。意大利素有“阳光之国”的美誉，国家电力公司2007年8月决定，在拉齐奥大区北部投资建国内最大的太阳能发电站。计划占地10公顷，总装机容量0.6万千瓦，建成后每年可发电700万千瓦时，相当于减少5000吨二氧化碳排放量。

意大利全国铁路公司也推出了其最新研制的太阳能列车样车，包括2节车头、5节客运车厢和3节货运车厢，利用安装在每节车厢顶部的太阳能电池板，向列车的空调、照明及安全设施系统提供能源。

意大利新的《能源价格法》规定，使用太阳能发电设备的家庭可将剩余电量卖给国家电力公司，以鼓励更多的家庭使用太阳能。据估算，家庭安装一套7～8平方米的太阳能板约需7000欧元，11年可收回成本，而设备使用寿命则长达25年。新法律同时规定，对采用太阳能的建筑，税收减免由原来的36%提高到55%。在政府的大力倡导和鼓励下，2006年意大利太阳能板的安装总量达到30万平方米，同比增加了46%。太阳能发电量已接近3万千瓦，政府希望到2016年达到300万千瓦。

（2）建成世界最大跟踪式太阳能发电站。2008年9月，有关媒体报道，韩国东洋建设产业公司，在韩国全罗南道新安郡智岛邑，建成一座名为新安东洋太阳能发电站，它是目前世界上最大规模的跟踪式太阳能发电站。

报道称，该电站总投资约1.35亿美元，占地面积67万平方米，安装着超过13万块的太阳能电池板，发电规模为2.4万千瓦。

这座电站不同于以往固定式的发电装置，它采用的是跟踪式聚焦太阳光发电装置，通过太阳能面板尾随太阳方向的变化而移动，从而延长聚集太阳光时间并提高聚光效率，使发电效率提高15%以上。此前，世界最大规模的跟踪式太阳能发电站，是西班牙的2万千瓦级太阳能发电站，而韩国国内最大的太阳能发电站，是庆尚北道金泉市的1.84万千瓦级太阳能发电站。

建设人员称，新安东洋太阳能发电站平均每天发电4小时，年发电可达3500万千瓦，所发电力可供1万户家庭使用1年。此外，该电站运营后，有望每年可以减少3万辆汽车，约2.5万吨二氧化碳的排放。

（3）拟联手打造人类历史上最大太阳能电站。2009年6月，德国《南德意志报》报道，20家德国企业和银行正策划在北非建造一座人类历史上规模最大的太阳能电站，项目预计总投资高达4千亿欧元，预计10年内建成发电。

据报道，已经有包括德国西门子公司、德国第二大能源供应商RWE公司、德国最大的私人银行德意志银行在内的20家德国大公司，表达了参与这一项目的

兴趣,这些公司将于下个月在慕尼黑“碰头”,商量项目的具体计划。项目牵头方是慕尼黑再保险集团,据称德国政府也将参与进来。这一名为“Desertec”的项目,总投资额高达4千亿欧元,计划在10年内建成发电。据专家估计,该太阳能发电站建成后,将能满足全欧洲15%的电力需求。这座大型太阳能电站,建成后将是人类史上最大的清洁能源项目。

慕尼黑再保险集团总裁耶沃莱克表示,实施这一项目是为了证明清洁能源,也能进行大规模经济利用,公司将在两三年内拿出项目的具体实施方案,并将在未来10~15年里,在国际能源市场上产生竞争力。耶沃莱克还表示,希望其他欧洲国家的企业,也能参与到这一项目中来。

据专家介绍,这座太阳能电站使用的并非直接把阳光转化成电能的传统太阳能电池板,而是通过镜面把阳光反射到油路系统,对一种特殊的油进行加热。由此产生的热量将转化成水蒸气,进而推动涡轮运转发电。其工作原理类似于现在的水电站和火电站。此外,白天产生的热量还能被储存起来,这样太阳能电站在夜间没有阳光的时候也能继续发电。类似的太阳能电站,已经在美国加利福尼亚和西班牙建成使用。

实际上,“利用非洲太阳能发电”的想法在德国科技、企业界和政界很早就已经产生了,但多年来相关大项目在非洲并未被实现。其中最大的问题,就是如何建设一个从北非到欧洲的输电网,此外政治稳定因素也是投资者关心的话题。耶沃莱克表示,德国企业此次希望获得其他欧洲国家和非洲伙伴的支持,可以考虑在北非多个地点建设太阳能电站。不过,他并没有透露这座拟建中的发电站,将建在哪个国家,只是表示,发电站将建在那些政治稳定的国家。

德国企业的“雄心”和大手笔引来了议论。有专家预计,在撒哈拉沙漠上建成一座面积相当于德国巴伐利亚州的“太阳能园”,就能满足全球的能源需求。绿色和平组织的一份报告也认为,2050年,类似的“太阳热力电站”将能满足全球四分之一的能源需求。但也有人指出,撒哈拉地区并非无人居住,不能把别人的家园变成欧洲的“太阳能电池”。也有人担心,如此大规模的太阳能电站会成为恐怖袭击的目标。此外,北非国家石油资源丰富,是否会对太阳能“动心”也不确定。更多的德国媒体则认为,德国企业在金融危机背景下的这一举动,是为了推动应对气候变化的努力,占领全球“绿色科技”的制高点。

(4)建成全球首个太阳能聚光熔盐热电站。2012年2月,有关媒体报道,由欧洲投资银行支持的,全球首个太阳能聚光熔盐热电站近期在西班牙南部小镇塞维利落成。该电站是一新型聚光热电项目,可以在缺少光照的阴雨天气,以及没有光照的夜间继续发电。

该项目使用新型太阳热发电技术,利用融熔盐为能量储存与传导载体。发电站的聚光系统由2600多个聚光镜面板组成,散布在185公顷的空地上。单个镜面板接收到的光能,被积聚在中央的接收器,将熔盐罐加热,通过热传导形成高温压力蒸气,推动涡轮机发电。光照充足时,产生的多余能量被熔盐罐储存,在缺少阳光的情况下释放能量,可继续向电网供电 15 小时,从而实现 24 小时全天候不间断发电。

该热电站装机容量近 2 万千瓦,可以满足当地 2.75 万户居民的日常用电,年发电量相当于 8.9 万吨的燃煤热电厂,或 21.7 万桶石油当量,每年可减少二氧化碳排放 3 万吨。

聚光太阳能发电是继风能之后,解决能源匮乏、应对气候变化的又一有效技术手段。传统的聚光发电技术,使用抛物镜将光源聚集到充有合成油的吸热管上,使合成油加热到 390℃,然后通过输送传导将水加热,产生水蒸气推动涡轮机发电。传统的聚光发电一般只能够在阳光充足、天气晴朗的天气条件下进行。而新电站却可以全天候工作,大大提高了发电效率和能源储存效率。

(5)用太阳能电站点亮偏远岛屿。2012 年 5 月,有关媒体报道,印尼的北苏门答腊省缅加斯岛、东加里曼丹省斯巴迪克岛和北马鲁古省莫罗太岛的 3 座太阳能发电站,近日相继竣工投产,标志着印尼的太阳能开发利用进入新阶段。

仅北马鲁古省莫罗太岛 600 千瓦的太阳能发电站,每天就可节省 800 升燃油,每年节省资金 25 亿印尼盾。更为重要的是,这 3 座电站对于印尼国家电力公司“点亮 100 个偏远岛屿”的活动,具有重要的示范意义。

作为太阳能资源丰富的万岛之国,印尼正加快开发利用步伐,将筹集 6.83 亿美元的资金,在 3 年的时间内,新建总功率达 18 万千瓦的太阳能电站。另外,印尼国家电力公司计划用 5 年的时间,在 1000 个岛屿上建设太阳能发电站。建设工程将分为两个阶段,第一阶段是 2011—2012 年,要在 100 个岛屿兴建太阳能电站;第二个阶段是 2013—2015 年,争取在 900 个岛屿建设太阳能电站。

有关专家认为,13487 个大小岛屿、常年阳光灿烂,是印尼得天独厚、取之不竭的新能源资源。对于石油天然气资源日益枯竭的印尼来说,大力开发利用太阳能,不失为具有战略发展眼光和经济实惠能源替代的最佳选择。

2. 太阳能发电技术的新进展

(1)发明白天晚上都能发电的太阳能大碟技术。2007 年 10 月,在 2007 年世界太阳能大会上,澳大利亚国立大学工程学院太阳能研究中心首席科学家基思·洛夫格罗夫博士报告说:“我们研发的太阳能大碟集热技术,与其他类型太阳能集热技术相比,热电转换效率更高,而且其大规模生产成本更低,这一技术代表着太阳能集热技术发展的趋势。”

据洛夫格罗夫博士介绍,他们在太阳能集热技术领域已进行了 30 多年的研究,大碟技术是其研究的主要成果。在他们的实验室里有一个世界上最大的利用光热发电的大碟,该碟表面面积有 400 平方米。大碟通过吸收光能,将流入的液态水变成水蒸气,再由水蒸气驱动发动机产生电能。其整个能量转换过程就是先将光能转换成热能,再将热能转换为电能,实现热电转换效率为 19.14%。目前,世界上另两种主要的太阳能集热技术，即槽型和塔型太阳能集热技术，热电转换效率分别为10.59%和13.81%。

洛夫格罗夫博士说，他们研发的一项电能存储技术可以使大碟晚上也能发电。具体做法是，将白天吸收的光能所产生的热能通过化学反应转化成气体和液体存储起来，晚上再将其还原成热能来发电。该技术目前是世界首创，已被澳大利亚环保遗产部国际气候变化司列为重点发展技术项目。

（2）研制高性能低成本的太阳能发电系统。2008年11月，有关媒体报道，在以色列内盖夫沙漠，一支由以色列和美国相关人员共同组成的专业团队，建立了一个大型的太阳能技术试验工厂。其设计目的，是为了大幅度削减来自太阳能源的成本。基地使用一个太阳能领域的巨大镜子，来反射太阳光线，并通过吸收装置，进行大规模的太阳能热发电。

有过太阳能工厂建造经历的奥克兰称：这个新实验的产品是“世界上性能最高且成本最低的太阳能发电系统”。

以色列鲁兹阿二有限公司和其美国母公司光明来源（Brightsource）能源公司，计划使用以色列的太阳能发电新产品来测试一项新技术。这项新技术将用于他们正在建造的，加州公用事业太平洋天然气和电力公司的三个新太阳能工厂。

新技术使用计算机制导的平面镜来跟踪太阳光，计划把光线聚焦到60米高大楼顶面的一个锅炉上。锅炉内的水变成蒸汽，使涡轮机生产电力。蒸汽然后被回收，自然冷却成水，这样可以再利用，因为水资源在以色列是宝贵的。

由于化石燃料越来越昂贵，太阳能电力被认为是一个清洁的、可再生的电力来源，但太阳光线的利用目前也很昂贵，而且往往效率不高。光明来源（Brightsource）能源公司的首席执行官约翰伍拉德估计，这项新技术可以降低太阳能发电的相关成本30%～50%。虽然该技术并不是一个新的想法，“但是在这之前，没有人把这些想法正确的拼凑到一起，”他说，“该技术采用的反光镜和太阳跟踪技术改善了以往的设计。”

（3）研制新式太阳能热光伏发电系统。2014年1月，美国麻省理工学院机械工程学副教授伊夫林·王等人领导的一个研究小组，在《自然·纳米技术》杂志上发表研究成果称，他们研制出一套新式的太阳能热光伏发电系统，该系统内的一个高温材料发出的热，会被光伏电池收集起来。因此，新系统不仅能利用更多太阳光，也有望使存储太阳能变得更容易。

伊夫林·王解释说，传统的硅基太阳能电池“无法利用所有光子”，因为要想把一个光子的能量变成电能，要求光子的能级与光伏材料带隙的能级相匹配，尽管硅的带隙与很多波长的光匹配，但也有很多不匹配。

为解决这一问题，他们在太阳光和光伏电池之间，插入了一个两层的吸收—释放设备。该设备由碳纳米管和光子晶体等组成。该设备的外层直面太阳光，是一排多壁的碳纳米管，它能有效吸收太阳光并将其转化为热，当这种热将其紧紧依附的光子晶体加热时,光子晶体会“发出”光,这种光的最高密度几乎与光伏电池的带隙相吻合,这就确保被吸收器收集的大部分能量能转化为电。

传统硅基光伏电池,存在能源转化效率方面的理论限制(肖克利—奎伊瑟极限),其光电转化效率最高为33.7%。而几年前兴起的这种太阳能热光伏发电系统“可以显著提高效率,最理想的情况可能超过80%”。

但这一理念在实验过程中遇到了很多障碍,此前的太阳能热光伏发电设备的转化效率还不足1%,最新太阳能热光伏发电设备的转化效率为3.2%。研究人员表示,随着研究的进一步进行,有可能达到20%,届时就能进行商业化生产了。

由于这套系统的吸收—释放设备依靠高温来运行,其尺寸非常关键:物体越大,表面积与体积的比值越小,因此,尺寸越大,其热损失下降越快。这次测试在一块1厘米的芯片上进行,以后将在10厘米的芯片上进行。

(4)开发出太阳能“超临界”蒸汽发电技术。2014年6月,有关媒体报道,对于太阳能来说,实现“超临界”蒸汽是一重大突破,意味着将来可以驱动世界上最先进的发电厂,而目前的电厂多依靠煤炭或天然气发电。现在,澳大利亚联邦科学与工业研究组织能源总监亚历克斯博士领导的一个研究小组,利用太阳能实现加压的“超临界”蒸汽,使蒸汽温度达到了有史以来的最高值。这一重大技术成就,使太阳热能驱动电厂的成本竞争力,可与化石燃料相抗衡。

亚历克斯说:“这是改变可再生能源产业游戏规则的里程碑。仿佛超越音障,这一步的变化,证明了太阳能具有与化石燃料来源的峰值性能,进行竞争的潜力。”他还说:“目前澳大利亚电力,大约90%使用化石燃料产生,仅有少数发电站基于更先进的‘超临界’蒸汽。这一突破性研究表明,未来的发电厂利用自由的、零排放的太阳能资源可达到同样的效果。”

据报道,这个给太阳能发电带来突破进展的示范项目,利用太阳能辐射加热使水加压,“超临界”太阳能蒸汽,每单位面积达到23.5兆帕压力,温度高达570℃。该中心包括两个太阳能光热试验电厂,拥有超过600面定日镜,直接朝向覆以太阳能接收器和涡轮机的两座集热塔。

当前,世界各地的商用太阳能热电厂,利用亚临界蒸汽,温度类似但在较低的压力下运行。如果这些电厂能够达到超临界蒸汽的状态,将会有助于提高效率,并降低太阳能发电的成本。

三、风能开发利用的新成果

1.研制风力发电机的新进展

(1)研制可大幅降低风力发电成本的新式风机转子。2005年12月,乌克兰媒体报道,乌克兰国家科学院流体力学所的学者,研制出一种能使发电成本降低2/3到3/4的新型风力电机转子。

报道说,这种转子具有两倍于其类似结构的转子的风流利用率。装上这种转子的风力电机，发电成本，可比乌克兰航天工业龙头老大，“南方机械厂”研制和生产的标准风机，便宜2/3～3/4。该所研究员卡扬副博士将安装这种转子的风机，与德国率先在世界上投入使用的5兆瓦风机作了比较：后者塔高126米、塔基直径12米、桨叶长61米，耸立在离岸200米的45米深海水中，价钱自然也高得惊人—500万欧元，而同样装机容量的前者“个头”将小得多，价钱至少可以便宜2/3～3/4。

此外，这种高效转子结构简单，能“在任何来风速度条件下”稳速转动，可以安装在陆上和海边的任何地区。卡扬称，它采用的是早就已知但至今未获实用的纵轴结构，只不过附设了一种他们研制的桨叶转动控制机构，使桨叶成为具有“海豚鳍发动机”性能的“振动桨叶”，这是它与桨叶固定的标准转子相比最大的不同点。该所学者，正是在研究鳍振动规律的基础上，研制出具有上述风能利用率的实验转子。

但令乌克兰学者深感遗憾的是，尽管这种高效转子的实验结果，一个月前在德国奥登堡举行的一次欧共体学术研讨会上公布了，并得到丹麦、瑞典、法国、德国等的学者的赞赏，但乌国内至今没有人表示愿意出资造样机，而没有样机也就无法再前进一步。

（2）研制出小型移动式风力发电机。2006年3月，莫斯科热力工程研究所，研制出小型移动式风力发电系统，能装在一个集装箱内，用汽车装载或直升机悬挂运至急需供电的地点，然后打开集装箱顶盖，拉出风力机的风车后，其折叠的叶片能在一种水平传感器的指引下，依风向自动展开、旋转，旋转的圆周半径约7.5米。它能带动发电机持续发电，功率为30千瓦时，可满足一个小村庄的日常用电。

据专家介绍，这种发电系统的风力机可在风速达到每秒5米时开始运转，并经得住每秒25米的大风。如维护得当，风力机的风车能连续旋转25年。此外，在风力微弱时，发电系统自带的柴油机可与风力机一同带动发电机运转。如果风完全停歇，柴油机还能在一段时间内单独带动发电机。

（3）开发风筝发电机。2006年10月，有关媒体报道，意大利研究人员，正在开发和推广一种新型的风筝风力发电机。粗粗看去，它就像院子中晾衣服架子，没有什么特别吸引人的地方，但是它在发电方面的性价比，可以与许多新能源相媲美。

风筝风力发电机的工作原理并不复杂：风筝在风力作用下，带动固定在地面的旋转木马式的转盘，转盘在磁场中旋转而产生电能。对于每个风筝而言，转盘都会放开一对高阻电缆，控制方向和角度。风筝并非是我们在公园常见的那种类型，而是类似于风筝牵引冲浪的类型，它重量轻，抵抗力超强，可升至2000米的高空。

（4）发明利用高空风力发电的气球发电机。2007年4月，加拿大安大略湖的马根电力公司开创独创性的发电方式,开发一种气球似的机器,可以在300米的空中利用风来发电。这种电线系着的涡轮机,比传统的塔式涡轮机便宜,且在如此高的空中更能利用风能,甚至在地面上没什么大风的地区都能使用。

该公司想建造10千瓦的气球发电机,以便为印度、中国、巴基斯坦和非洲国家的一些偏远乡村提供其他电力资源。公司的首席执行官麦克·布朗说:"我想我们将是联合解决方案中的一部分,部分柴油机、部分电池和部分风能。"

这种发电系统看起来像一种软式飞艇,只是它不会自由飞行。它被电线系住,从地面升到最高处,在它中心处装有大风扇,可以随风转动。旋转的机械能经过其两端的发电机,转化成电能,电流通过系着的电线传送到地面,再输送给变压器,然后直接给电池充电或输入电力网中。

至于它的维护,工人压一下基地绞盘上的一个按钮,就能让气球降落到地面。布朗设想,每一个气球能产生10千瓦电。此电力足可以让乡村的各家各户点亮一两个小灯泡,驱动一两个抽水机,甚至还有当地学校的电视和录像机,以及医院的冰箱。

对于不通电的乡村来说,这是基本需求。此系统的年服务费为原价的10%左右。机器与服务合同的费用,将由政府或世界援助组织来支付。目前全球还有20亿人没有通电,另外还有10亿人通电时间一天不到10小时。显然,这很需要。美国专家表示,该"气球"发电系统提供了创新解决办法。不过,此系统并非尽善尽美,高度太高意味着涡轮机得应付低空飞行的飞机,同时也更容易被紫外线和大气粒子损害。紫外,高处的风可能还太大了。

布朗和他公司正在另外筹备250万美元,来完成此涡轮机的样品开发,期望在资金到位后的9个月内开发出样品来。

(5)发明可降低成本的垂直轴风力发电机。2009年8月,南非媒体报道,南非瓦尔理工大学创新中心主任扬·约斯特教授领导的一个研究小组,最近发明了一种新型结构的垂直轴风力发电机。约斯特称,此项发明将会大大降低风力发电的成本,水平轴风力发电机将逐渐被垂直轴风力发电机取代。

目前,常见的风力发电机是水平轴风力发电机,即叶片在风驱动下绕着水平轴旋转;而垂直轴风力发电机,顾名思义,它的叶片是垂直设置的,这些叶片环绕着一根同样垂直的轴旋转。

约斯特介绍说,与一般的垂直轴风力发电机只含有一层叶片不同,他发明的垂直轴风力发电机由相互交错的上、中、下三层垂直叶片组成。由于多了两层叶片,其截留风能的面积增加了200%,而风机发电能力与截风面积成正比。

同时,与一般垂直轴风力发电机不同,他的新型设计使叶片持续在强风中旋转,可以截获更多的能量,此举将使发电能力提高200%。

根据理论计算,这种新型结构发电机将使其发电功率比一般垂直轴风力发电机提高400%。风洞试验的初步结果也支持这一推论。

约斯特说，与水平轴风力发电机相比，垂直轴发电机的叶片对材料没有苛刻的要求，更容易制造，而且易于实现自动化生产。

目前，设备制造、安装等前期投入，占了风力发电成本的70%，如果将前期投入降低60%，将使风力发电的成本下降42%。这样，即使没有政策补贴，风力发电也会是一个明智的选择。

约斯特表示，他们将在两年内让100千瓦的垂直轴风力发电机投入运转，并在5年内完成1000千瓦垂直轴风力发电机的研制。

（6）把风力发电机看作"石油更替机"。2009年8月，有关媒体报道，位于北欧的丹麦一直致力于建立一个摆脱石油依赖，建立以清洁能源和可再生能源为主的国家。近几年来，对石油依赖度并不高的丹麦大力发展风电产业，重视风电产业的高科技研发及市场调研，并积极开展国际合作，为节能减排、阻止全球气候变暖作出了一定贡献。

丹麦人对码头和田间白色高大的现代风车很是自豪，形象地称那些巨大的风力发电机为"石油更替机"。经过近些年的投入发展，这个仅有500多万人口的小国，现已成为全球风电产业较为成熟的国家之一。

提高可再生能源的生产能力，一直是丹麦政府不懈追求的目标。2007年年初，丹麦政府公布了新的国家能源战略计划，欲将可再生能源占全国能源消耗总量的比例，从当时的21%提高到2025年的30%，并强调届时丹麦将风力发电机的装机总容量，从当时的3千兆瓦翻番提高到6千兆瓦。计划主要通过改善可再生能源的政策条件，提高能源利用率，以及加大在研发上的投入等手段，来逐渐摆脱对矿物燃料的依赖。这一计划不仅树立了丹麦在环保节能方面的良好形象，也增强了投资者对丹麦风电市场的信心。

2. 建造风力发电站的新成果

（1）建造飞在天上的风力发电站。2005年9月，《大众科学》报道，澳大利亚悉尼技术大学的工程师布赖恩·罗伯茨与另外3位工程师组成的一个研究小组，把风力发电机放飞到空中，而不是安装在地面。因为在5000～15000米同温层以下的高空，有风速为每小时320千米左右的急流，如果风车能在这一高度发电，估计风车实际发电量与其全速转动发电量之比，即发电效率将达到80%～90%。目前，他们在美国加州圣地亚哥，创办了"天空风能公司"，以实践这个异想天开的发明。

高油价的时代已经来临，人们从开始的恐慌渐渐转为平静，由最初的期待油价回落转为积极寻找替代能源。风能是现在世界上发展最快的能源，据目前装机容量达到了5000万千瓦，大约相当于50个核电站。但这种无污染能源的利用也还面临不少问题。比如它会产生噪声，旋转的叶轮机，会干扰电视信号接收，而在没有风的时候，这些风车就显得大煞风景了。由于风力不够稳定，据统计，风车的发电效率很少能高于三成，而如果风刮得过大像台风和龙卷风什么的，结果就更惨了,风车往往会过早夭折。

风车发电最主要的影响因素有两个:空气密度和风速。发电功率与空气密度、风速的立方成正比,可见风速对发电能力的影响十分明显。风力发电受地形限制很大,一般建在向风的高地、广阔的平原和海岸线附近,而不能在背风的山上。另外,由于地面的风力不够稳定、也不够强,即使设计的发电能量很大,但风车难以快速旋转也是徒然。

罗伯茨研究小组发明的设备名为"飞行发电机",它由一个架子和4个螺旋桨组成,根据罗伯茨的设想,飞行发电机将像风筝一样在急流中盘旋。每个螺旋桨直径为40米,完全用碳纤维、铝合金、玻璃纤维等飞机用的材料制造。与地面相连的"风筝线"具有固定发电机和传回电能两个作用,约10厘米粗,内层是导电的铝丝,外层包着极为坚固的纤维。这个飞行发电机约重20吨,起飞的时候,由地面向其供电,使螺旋桨旋转,像直升机一样带动整个结构升空,达到预定高度后,倾斜为40度左右,这时候一方面利用风产生的升力维持其高度,一方面利用风力带动螺旋桨发电,把2万伏特的电压传到地面。

罗伯茨估计,这个大风筝如果能放到时速300千米的风域,每个发电机的功率能达2万千瓦,600个飞行发电机升空,就能供应两个芝加哥大小的城市用电(芝加哥正好位于北半球急流附近)。至于成本,以目前281万瓦的设计发电能力、一般美国城市上空80%的风力发电率计算,每度电的成本约合人民币0.12元,绝对比化石燃料便宜。

罗伯茨曾在澳大利亚试验了一种空中发电机,不过当时的设计相对简单,只能在低空试飞。而高空发电机要更复杂:需要计算机控制平衡、GPS定位、恶劣天气与机械故障维护,还要避开闪电或产生电晕带来的损坏。

根据天空风能公司的计划,只要获得了美国联邦航空局的批准,他们将在2年内建造出一个功率为200千瓦的发电机原型,在美国上空进行试验。罗伯茨说:"我们现在已经完成了设计、大小、重量、成本等所有相关工作,只需要400万美元来生产出原型。"

(2)建造用巨型风筝捕获高空风能的梯形电站。2008年8月,英国《卫报》报道,荷兰代尔夫特工业大学,可持续能源工程教授和前宇航员乌波·欧克斯领导的一个研究小组,把一只面积为10平方米的风筝,放入高空,另一端拴在一个发电机上。并成功从风中捕获能源,产生了10千瓦的电力,可以满足10户家人使用。

欧克斯相信,风筝是从距离地面1千米或更高的高空,捕获很多能量的一种比较廉价的方法,高空风能比地面的风能高出数百倍。他说:"我们必须利用自然为我们提供的所有能量,我们需要多种收集方法,其中利用风筝产电的方法非常具有吸引力。"

欧克斯并不是唯一一个进行这项研究的人。美国加利福尼亚州网络搜索公司,谷歌非营利组织,去年在美国风筝公司马克尼投资1000万美元。马克尼公司是第一家,因为生产的可更新能源比煤炭发电更便宜,而获得谷歌奖金的公司。这两个研究小组的目的都是发掘高空风能,高空风能比涡轮机通常依靠的地面风能更丰富可靠。斯坦福大学卡内基研究所的气候科学家肯·卡尔代拉已经估计出,风中包含的总能量是地球上的人所需总能量的100倍。但是大部分风能都位于高空。

现代商业风车的叶片,耸立在距离地面大约80米的高空,这里的风速大约是每秒5米。然而在800米的高空,风速上升到每秒7米,因此能产生更大能量。事实上,要制造一个可以利用800米高空的风能的涡轮机根本就不可能,但是风筝很容易就能达到这个高度。英国、荷兰、爱尔兰和丹麦等都适合采用风筝发电。英国苏塞克斯大学的阿里斯特尔·弗雷,研发了能将风筝产生的能量最大化的电脑控制方法。

风筝通过拉与地面上的发电机连接在一起的绳子产生能量。当它到达最大高度时,风筝会重新返回原来位置,不断重复上升和下降动作。弗雷通过电脑控制,已经解决了风筝呈"8"字形飞行的模式,"8"字形飞行模式意味着风筝上方的空气流动速度比周围的风速更大。当一只风筝需要收线时,它将与地面呈一定角度飞行,这时它就像一架滑翔机,不需要多少动力就能运行。据欧克斯估计,风筝产生的能量的成本不超过4便士每千瓦时,这种方法能与煤炭发电相提并论,比风轮机发电的成本少一半。

(3)建成世界首个漂浮式风力发电站。

2009年9月8日,物理学家组织网报道,挪威国家石油海德罗公司当日宣布,世界首个海上漂浮式风力发电站在挪威海岸附近的北海正式建成启用。

据介绍,这个风力发电站的发电机,高65米,重达5300吨,位于挪威西南部海岸附近卡莫伊岛10千米处。该发电机设置在一个浮台上,浮台通过三根缆线与海底固定,里面放入水和岩石当作压舱物。挪威国家石油海德罗公司,计划在未来两年,对该发电机进行测试,然后寻求与国际伙伴合作,建造更多的漂浮式风力发电机。

该公司将日本、韩国、美国加州及东海岸和西班牙视为潜力市场,希望把这项新技术出口至上述地区。该风力发电机,可用于水深120~700米的海域,而且,相比于当前的固定式风力发电机,还可以放置到离岸更远的地方。

挪威国家石油海德罗公司的安妮·林克在接受采访时表示,漂浮式风力发电机,具有很多了不起的优势。她说:"从岸边几乎看不到它的存在,可以放置到别人不用的地方。我们可以在一些国家使用这种风力发电机,比如岸边水特别深的国家,或是没有建造地面风力发动机空间的国家。"

该风力发电机的发电量为2300千瓦,项目总投资6600万美元,造价远远高于固定式风力发电机。斯特罗曼·林克说:"我们的目标是把漂浮式风力发电机的造价,降至固定式风力发电机的水平。”法国德克尼普公司和德国西门子公司,都参与了这个风力发电机项目。

第五节　其他清洁能源开发领域的新成果

一、核能开发的新进展

1. 推进新一代核裂变反应堆的研制

合作建造第四代核裂变反应堆。2006 年 11 月 28 日,俄联邦原子能署对外宣称,俄国与美国专家正在合作建造第四代高温气冷核反应堆。第四代核反应堆概念,由世界多国核能专家在 2000 年共同提出,包括多项要求:一是发电成本与本地区其他能源相比有竞争性;二是投资成本相对低廉,建造周期短;三是不发生堆芯严重损伤事故,不发生需要场外应急措施的事故;四是采用高燃耗的燃料,产生最少的放射性废物;五是可以杜绝核燃料循环产生的材料被用于核扩散等目的。

据介绍,俄美合作建造的新型反应堆的工作温度,将达到 920℃ ~950℃,能把反应堆中钚等有害的放射性同位素彻底烧掉,因而是一种安全环保反应堆。它以气体作为堆芯冷却和热能传递介质,与传统的水冷反应堆有所区别。此外,它还有一大优点,能在提供热能的同时,顺带产生大量宝贵的副产品氢,这有利于人类摆脱油气等传统能源的依赖,加快进入新能源时代。

这种新型反应堆,由美国通用原子能公司和俄罗斯试验机械制造设计局联合研制。目前,俄美双方每年对该项目投资为数千万美元,随着项目的推进,投资还会增加,整个项目预计总耗资将达到 20 亿美元。

2. 推进热核聚变实验装置的研制

(1)开建热核聚变实验堆。2006 年 11 月 21 日,欧盟、中国、美国、日本、韩国、俄罗斯和印度 7 方,在法国爱丽舍宫签署了国际热核聚变实验堆联合实施协定,决定在法国南部小镇卡达拉舍开建国际热核聚变实验堆(ITER)项目。

这个实验堆项目,将模拟太阳中心能源产生的模式,通过核聚变为人类提供新能源。有关资料显示,1 公斤核聚变燃料,可以产生相当于 1000 万升石油的能量。该项目将耗资 100 亿欧元,46 亿用于反应堆的建设,48 亿用于后期开发,剩余资金则用于实验结束之后的拆除工作。欧盟承担其中 50% 的费用,总部设在西班牙巴塞罗那的“国际热核聚变实验堆欧洲局”,负责协调欧盟各国的资金分摊工作。作为项目参与国,中国将承担 10% 的费用,这是我国参加的规模最大的国际合作项目。

另外,法国电力公司决定在芒什海峡地区的弗拉芒维尔,建造一座第三代核反应堆核电站,将于 2012 年投入运营。同时,抓紧启动第四代核电站的设计和建造计划，提出第一个第四代核电研究反应堆将在2020年实现投入运行。

（2）顺利推进热核聚变发电实验装置的研制。2009年12月14日，韩国媒体报道，作为国际间寻找清洁能源努力的一部分，韩国的超导热核聚变研究装置试验，获得顺利推进。

韩国国家热核聚变研究所有关人士表示，在不久前进行的一次试验中，该装置在1000万摄氏度的温度下，成功获得电流为320千安的等离子体放电，持续时间约3.6秒。这一成果，达到设计性能的30%。该研究所负责人说，由于这项装置刚刚于不久前结束调试状态，其性能表现远超预期，这将为韩国专家，在国际热核聚变实验堆（ITER）项目中发挥更重要作用奠定良好基础。

该装置建造在韩国大德研究基地的韩国国家核聚变研究所。建造工作耗时12年，总投资约3亿美元。其主体工程于2007年竣工，2008年开始产生等离子体。据悉，它是全球第八台热核聚变实验装置，也是首台约束体全部由超导材料制作的热核聚变试验装置，其原理和结构同ITER最为相似。ITER的研究方向，是可约束的氘热核聚变反应。热核聚变过程能够释放巨大能量，且不产生温室气体和高放射性废弃物，但是持续的热核聚变需要在1亿摄氏度的高温条件下才能实现。

这是韩国迈向“能源自主”的第一步。此前，韩国宣布将在21世纪30年代中期建设一座示范性质的热核聚变发电站，21世纪40年代建设装机容量100万千瓦的商业性热核聚变发电厂。

（3）组装完成世界最大仿星器受控核聚变装置。2014年5月20日，德国教研部发布的消息，德国建造的世界最大仿星器受控核聚变装置“螺旋石7－X”主要组装工作，已于近日结束，进入运行准备阶段。

德国教研部长约翰娜·万卡在组装完成仪式上说：“全球不断增长的能源需求，使我们有必要探索获取能源的所有可能形式，‘螺旋石7－X’将作为全球同类别中最大的研究装置，显著扩充我们对核聚变技术的了解。”

受控核聚变的原理，是模拟发生在太阳上的核聚变，把等离子态的氢同位素氘和氚约束起来，并加热至1亿摄氏度左右发生聚变，以获得持续不断的能量。

等离子体约束技术是受控核聚变的一个核心课题，仿星器借助外导体的电流等产生的磁场约束等离子体，优点是能够连续稳定运行，是目前较有希望的受控核聚变装置类型之一。

“螺旋石7－X”由马克斯·普朗克协会下属等离子物理研究所承建，位于德国北部城市格赖夫斯瓦尔德。该设备接下来将进行真空性能测试和磁测试等，预计将于2015年春季开始第一阶段的等离子体测试。

“螺旋石7－X”项目在20世纪末期就开始筹划，组装阶段于2005年4月开始。该项目成本约为10亿欧元，其中德国联邦政府承担大约七成费用，此外还获得欧洲多家科研机构和企业的支持。

二、海洋能利用的新成果

1. 利用洋流和潮汐发电的新成果

(1)世界首台洋流发电机组并网发电。有关媒体报道,2006 年 4 月,世界首台海洋流发电机组,在意大利南部墨西拿海峡安装调试完毕,与意大利国家电力公司的电力输送网实现并网发电。这个研发项目,是由意大利阿基米德桥公司负责完成的。

据介绍,这台海洋流发电机组,由固定在海底的涡轮机、旋翼和电气部件组成,设计装机容量最高为 130 千瓦。

研究人员认为,海洋流与风能、太阳能等一样,是一种无污染可再生的新型能源,有着巨大的发展潜力。研究人员表示,研究海洋流发电,是基于技术创新和保护环境的双重考虑,它尤其适合为那些远离大陆的小岛屿提供电力能源。利用海洋流发电,不仅节省了建设大量基础设施而需要的高昂成本,而且有利于保护环境。

"海洋流发电"是意大利的专利项目。它从 20 世纪 90 年代初起,一直受到欧盟及联合国相关机构的关注,并得到一定经费的资助,逐步在意大利及其他欧盟沿海地区进行试验。2001 年,意大利研制出世界上第一台海洋流发电机样机,并通过试运行。目前,该项目已开始推广到亚洲的中国、印尼和菲律宾等国家的沿海地区。

(2)世界最大潮汐发电站正式投产。2011 年 8 月 3 日,韩国建在京道安山市始华湖的潮汐发电站已正式投入运营,10 台发电机合并发电容量达 25.4 万千瓦,年发电量可达 5.52 亿千瓦。作为利用潮汐水位差发电的潮汐发电站,其发电量的规模,在世界上是属于最大的。

这座潮汐发电站自 2004 年开始建设,历时 7 年,从 2010 年 4 月进入阶段性试运转。首批启动的这 6 台发电机较原计划提前了 3 个月,其余 4 个机组到 11 月试运转结束即投入生产。

报道称,该发电站通过防波提外部涨潮带来的水位差,利用水压推动水轮机旋转从而产生电力。涨潮进来的海水会在退潮时通过另外的闸门倾泻出去。由于只有涨潮时发电机才能启动,发电机每天只能启动两次,每次 5 个小时。韩国政府期望,该发电站全部投入生产后,将能够减少 86.2 万桶原油进口,每年约节省 8000 万美元,届时能够向 50 万人口的城市供应利用潮汐生产的环保电力。

据悉,除始华湖之外,韩国政府还在忠南的泰安、仁川的江华、京畿的平泽、永宗岛北端等西海岸 4 处,同时推进潮汐发电站建设。

2. 开发利用波浪能发电的新进展

(1)将建造欧洲大陆第一个波浪能发电站。2004 年 8 月 3 日,西班牙第二大电力公司宣布,将在西班牙北部的桑托尼亚,建造欧洲大陆第一个波浪能发电站。

据介绍，该发电站占地2000平方米，由10多个海上浮体波浪能发电装置组成，单个浮体波浪能发电装置，其最小装机容量为125千瓦，最高可达250千瓦。按计划，该电站将为附近1500户家庭提供洁净的可再生能源。

波浪能，是指海洋表面波浪所具有的动能和势能。波浪的能量与波高的平方、波浪的运动周期，以及迎波面的宽度成正比。波浪能是海洋能源中，能量最不稳定的一种能源，它是由风把能量传递给海洋所产生，实质上是吸收了风能而形成的。能量传递速率和风速有关，也和风与水相互作用的距离即风区有关。

自20世纪70年代爆发石油危机后，世界各国开始把注意力转移到利用本地资源，大力支持开发新型洁净无污染的可再生能源，众多沿海国家便把希望寄托在汹涌澎湃的巨浪上。与太阳能或风能相比较，波浪能有以下几个优点：在最耗费能源的冬季，可以利用的波浪能量最大，而太阳能则恰恰相反；波浪随时可以利用，海面极少平静，而风则时有时无。目前，利用波浪发电所遇到的困难主要是造价贵、发电成本高。

（2）研制出实验型波浪能发电系统。海洋中的波浪周而复始的翻来滚去，昼夜不停地拍击着堤岸，这里面蕴藏的波浪能是一种取之不尽的可再生能源。为了简便有效地利用这一能源，圣彼得堡可再生能源中心研制出实验型波浪能发电系统。

这一系统的波浪能采集装置，安装在距海岸不远且固定在海底的支架上。这一装置上部有一根杠杆，较长的杠杆臂上有一个浮标，较短杠杆臂则与一台水泵的活塞相连。当波浪推动浮标上下移动时，较短的杠杆臂会控制水泵的活塞，将海水通过管道一直压入位于岸上的一个蓄水塔里。此后，海水会在重力作用下从蓄水塔内涌出，推动水力发电机的涡轮叶片转动并产生电能。这一发电系统的动力组件除需要源源不断的波浪外，不需要其他能源。

参加研发的研究人员介绍说，在模拟实验中，长杠杆臂上体积约5立方米的浮标，能在浪级达到2～3级时，带动一系列组件工作并发电，其整个系统的发电功率不小于5千瓦。而进一步的数据演算显示，这一系统的发电功率可以达到10千瓦。

有关专家指出，挪威、葡萄牙、日本等国都在研制波浪能发电系统，其中多数系统完全建在海中，所生产的电能需通过预设的电缆送到岸上。而俄罗斯这一系统的发电部分设置在海岸上，既便于组装，又省去了在海中铺电缆的麻烦。此外，该系统工作原理简单，所需零部件均容易生产和组装，因此建设成本较低。未来这样的发电系统很适合海滨度假村和一些供电不足的沿海地区使用。

（3）研发出海洋波浪气象站发电机。2007年6月，英国媒体报道，海洋波浪发电，给人类提供了一个令人振奋的可再生能源方式，未来将成为越来越多的国家使用的新能源之一。近日，苏格兰海洋可再生能源会议在珀斯举行，苏格兰海洋能源有限公司宣布，该公司的自动气象站发电机系统，通过简单而高效的阿基米德波浪摆动原理与技术,为采集海洋波浪发电这一重要资源,提供了可能。

苏格兰海洋能源有限公司证实,该公司的波浪能源系统,将于2008年正式启动使用。该系统计划将于2010年开始,为英国、葡萄牙等国提供清洁可靠的电力。在10年内,自动气象站发电机将对世界能源供应做出重要贡献。

自动气象站的波浪能量转换器是一个固定于海底的圆筒形浮标,位于波浪中的充气套管与底部的缸体上下运动,即可将动能转化为电力。当一个波峰来到时,缸顶与上部"浮子"压缩气缸来平衡压力。相反,波峰过后,汽缸膨胀。这种相对运动在浮子下部的缸筒内转换为电流,通过液压系统及电动发电机组发电。该装置结构非常简单,利用现有的水下技术,使用与维修都相对容易。在大西洋北部,在具有连续输出平均功率高达1000千瓦的惊涛骇浪中,自动气象站负荷率达到25% ~30%。

苏格兰海洋能源有限公司成立于2004年5月,主要利用海浪发电系统,生产清洁的可再生能源。现在,该公司所开发的技术,已成为世界上首屈一指的波浪能量转换技术。自2004年在葡萄牙外海安装中级试验装置至今,该公司的自动气象站发电机,已经得到成功运转。经过第三方专家评估,自动气象站发电机,与其他海洋发电系统相比具有一些明显优势,具体体现在以下方面:

生存能力强:自动气象站被淹没在至少6米以下的海里,因此避免了其装置受到日光照射,降低了系统的成本和风险损失。功率大:前面提到1000千瓦,可产生负荷电量的幅度为25% ~30%。自动气象站的发电功率高达10倍以上,优于目前其他海洋波浪发电系统。可维护性好:自动气象站高,有一个主要运动和辅助部分。这大大降低了发生故障的风险及维修的需要。自动气象站的设计简单、维修方便。在生产中一旦出现故障,一天时间便可恢复正常。高环保:该自动气象站没有嘈杂的高速旋转设备,因此,对环境的影响是微不足道的,甚至视觉污染也不存在。成本低:该自动气象站有较高比例的能源生产能力,加上低维修要求,电力生产成本低于其他波浪发电机。

最后,该自动气象站是一个大功率发电机,旨在为大型电网生产电力,它最适合于安装在波涛汹涌的海洋,例如英伦三岛、爱尔兰、法国、西班牙和葡萄牙都具有可行性。

(4)建成商业化波浪能电厂。2010年9月,有关媒体报道,近日,以色列雅法港海岸建成一个新的波浪能发电厂,它有望并入更大的波浪能发电系统中。

SDE公司表示,该波浪能发电厂容量为60千瓦,是以色列第一所大规模的商业化海浪能电厂。它位于雅法港防波堤附近,是该地区计划中的6万千瓦项目的第一步。

SDE公司在防波堤安装了感应海浪的浮标。浮标的动作能产生水压,然后被转化成电能。该装置系统有大约10%淹没在水里,而90%位于陆上。该公司表示,这减少了系统在风暴和其他自然灾害时的脆弱性。

该项目是SDE公司得到以色列工业和贸易部支持以来，建设的第九个海浪发电场。这些支持让该公司建设了8个示范项目，其中的第8个项目是一个40千瓦的系统。

SDE公司还透露，一家以色列电力公司，愿意以每千瓦12美分的价格购买该项目所产生的电力。

SDE公司的国际市场营销和业务发展经理因娜·布雷弗曼说："即使是在SDE拥有商业运作项目之前，外界对SDE的独特技术就有强烈兴趣。但现在，SDE已经有了商业运作的项目，我相信公司的发展和增长将会势不可挡。"

SDE公司发言人表示，建立一所1000千瓦的SDE发电站的成本起价为65万美元，而相同煤发电站的费用为150万美元，天然气电站为90万美元，太阳能电站为300万美元，风能电站为150万美元。此外，SDE电站的生产成本只有每千瓦时2美分，与煤的3美分，天然气3.5美分，太阳能12美分和风能的3.6美分相比，有着优势。

3. 发明海水与淡水混合发电的方法

2005年12月，有关媒体报道，荷兰可持续用水技术研究中心与挪威一个独立研究机构，已经成功研发出一种混合海水与淡水发电的新方式。

虽然这种技术目前还只能在高科技的实验室中进行，但资助这项研究的欧盟认为，这种技术付诸实用的时间即将到来。欧洲委员会的能源部门官员称，欧洲非常可能使用这种新的发电方式，它是一种可再生能源，不会导致任何环境破坏，他们还认为，这种新发电方式，有助于其完成增加可再生能源的目标。

随着全球变暖和油价攀升，全世界的科学家都已经把目光转向可持续能源，包括太阳能、风能、生物技术、氢燃料电池、潮汐能等。但是，挪威和荷兰的科学家认为，还有其他产生能量的方式，包括海水与淡水混合。挪威与荷兰科学家发明的淡水与海水混合发电，是利用一种自然变化过程。当河水从出海口进入海洋中时，由于淡水和海水含盐浓度不同，混合时会有大量的能量释放出来，而人们可以从这种自然过程中获得能量，而且是可持续的，不会释放出任何温室气体。

在研发过程中，荷兰和挪威的科学家使用两种不同的方法。荷兰使用了一种被称为逆向电渗析装置，而挪威科学家使用的是一种渗析装置，但两种方法都依靠一种用于化学分离的特殊金属隔膜板。在荷兰的研究中，海水与淡水的分离是由带电流的隔膜板进行的，这使它就像是一块水中的电池。挪威科学家则是利用压力使水注入隔膜舱，就像将一块"热狗"放入热水中，热狗的皮就充当了隔膜，它可以使进入的淡水量远远超过流出的海水量，从而可增加内部的压力。由于淡水是被带入到压力很大的海水中，混合后的海水与淡水就会产生能量，水就会喷射出隔舱，冲入水力发电涡轮中，从而发出电力。

荷兰和挪威的两种发电方式，虽然已经在试验室中获得成功，但要进入商业应用仍需要时日。荷兰的研究计划由一个荷兰商业协会资助,它还没有在试验工厂中进行测试。挪威的研究项目则更加先进,它的研发开始于20世纪90年代,它的发明者已经建造了两个小型发电站,但还没有建成发电量更大的发电站。

与其他可替代能源技术相比,混合海水与淡水发电也面临着成本上的障碍。据称,海水与淡水混合发电的成本,比风力或太阳能发电要高出几倍。

三、地热开发的新进展

1. 开发出新型的地热采暖系统

法国一家地热采暖设施制造商,通过埋入地下的传感器,利用天然的地下能源供暖,不久前,推出了一套新开发的设备,它一种把热泵安装于室外的地热取暖系统。

这套设备中的能源传感器是一个外包聚乙烯保护套的铜管网络,制冷剂在铜管内循环。铜管网络埋于室外地下50~60厘米深处。这一传感器采集潜层土壤能源,并传输到热泵主机。利用潜层地能的优势在于:气候温度的变化并不影响该能源传感器的正常工作;太阳和雨水迅速补充潜层土壤能源,保证备用能量的充足。

这套设备是为室外安装而设计的,节省室内的空间。它不怕日晒雨淋,可置于靠近住房外墙,或住宅领地边缘,独立外露或篱笆掩体之中。操作系统和水组件安装于室内。

与煤气、重油、木柴、煤等传统的采暖系统相比,这种地热式的采暖系统为零污染:无二氧化硫,无二氧化氮,无粉尘排放,是真正意义上的生态系统,对土壤和人都无害。

2. 开发干热岩发电的新进展

(1)提出“热干岩层法”发电前景光明。2004年5月,德国媒体报道,瑞士能源专家表示,地热发电在未来能源生产中将占据显著位置,利用“热干岩层法”汲取高温高压的地下水发电的应用前景光明。

瑞士能源技术协会主席维利·格雷尔说,我相信今后20年内,借助地热装置产生的电量有望达到全球发电总量的10%。格雷尔负责德国西门子公司在瑞士的发电项目。他认为,与只能利用和输送火山活跃地区地下热源的方法相比,“热干岩层法”适用于地球上更多的地方,因而其开发前景广阔。

“热干岩层法”,主要针对地下4~6公里深的结晶岩岩层,那里分布着大量的高压水,水温约200℃。采用这一方法时,须首先在地面上用水泵把水通过事先打好的钻孔注入结晶岩岩层,并通过另外两个生产钻孔来,把高温高压的地下水提取上来。高温高压地下水,将直接被输送至地面的一个热交换装置,并由它推动蒸汽轮机旋转,从而带动发电机发电。从蒸汽轮机中排出的被冷却的地下水,会重新被注入地下。

格雷尔说,位于瑞士巴塞尔的一家发电厂,将在商业运营中采用"热干岩层法"。据他介绍,与其他可再生能源相比,利用地热发电更有竞争力,采用"热干岩层法"的发电费用约为每千瓦小时12欧分。

据专家介绍,地热资源储量巨大,集中分布在地壳构造板块边缘一带。地热资源中的高温高压地下水或蒸汽的用途最大,它们主要存在于干热岩层中。

(2)将开发干热岩用于发电。2005年1月,澳大利亚媒体报道,南澳大利亚将成为世界生产"清洁和绿色能源"的先锋。新能源可大幅削减温室气体排放,使之成为该国能源的主要提供者。

目前,已有两个公司表明态度并开始行动,尝试开发地球表面之下干热岩所产生的地热能,并在2005年年底前用地下干热岩发电。据悉,干热岩发电进入商业运行,则是"几年之后的事",其他国家已经使用了此项技术,但未达到商业规模。

有关人士称,干热岩发电潜力非常大,无论环保还是经济都具备成功的机会。这可能是澳洲发展史上最伟大的发展之一,澳大利亚未来的电力可能出自这里。人们可能还需要石油和天然气供汽车使用,但有理由相信,干热岩能将在10年之内,对澳大利亚的发电做出贡献。目前准备在库坡盆地建设一座小型地热能电厂,售电要等到明年晚些时候。

专业人士称,干热岩资源非常大,是许多燃煤电厂的替代品。从理论上讲,库坡盆地一公里干热岩所发的电就够澳大利亚用75年。如果成本降低,干热岩发电即可成为胜者。目前获得科学家、工程师、市场的支持仍是个问题。政府已经意识到,这是个巨大而独特的资源,全世界都在观望。澳大利亚环境部长西尔说,开发干热岩技术是很好的一件事。

(3)着手建立首座使用干热岩技术的地热发电站。2005年11月,澳大利亚"地球动力"公司日前宣布,将建造全球首座使用干热岩技术的用地热发电站。建成后的发电站,将完全依赖通过钻探所获取的地层深处热能。

地下热能,是一种可用来替代石油等化石燃料的"清洁能源"。目前,地热资源在美国、冰岛、日本、新西兰和菲律宾等国均已投入商业应用。俄罗斯也于数年前在堪察加半岛建造了首座"穆特诺夫"地热发电站。但是,到现在为止,所有的地热发电站使用的,均是直接来自地下热源的水蒸气。

而澳大利亚"地球动力"公司计划建造的地热发电站,将首次直接从地层深处获取发电所需的热能。他们使用的是一种被称为干热岩的技术——先通过加压的方式,把水注入深度在3000~5000米之间的钻孔中,当遇到地下高温的花岗岩后,这些水会在瞬间被加热为沸腾状态,并从附近的另外一处钻孔中喷出地面。喷出的热水,将被注入一个热交换器中,以便把其他沸点较低的液体加热到气态,这样生成的气体,将用来驱动蒸汽涡轮机以产生电能。而冷却后的水将被再次注入上文提到的钻孔中。

据专家们介绍,干热岩存在于地壳浅层的某些构造区,是一种清洁的热能供应源。初步的计算显示,地壳中干热岩所蕴含的能量相当于全球所有石油、天然气和煤炭所蕴藏能量的30倍。

当然,并不是在任何地区都可应用这项技术,电站所在地必须埋藏有温度不低于250℃的花岗岩。"地球动力"公司的负责人表示,温度在这里起着关键性的作用——花岗岩的温度每下降50℃,发电成本便会增加一倍。

据"地球动力"公司公布的数据,利用地热进行发电的成本,与那些以煤炭和天然气为燃料的火力发电站的成本大体相当,是风力发电的一半,只有太阳能发电的1/8~1/10。需要提醒的是,澳大利亚并未签署有关限制温室气体排放的《京都议定书》。不过,澳大利亚政府已计划拨款3.65亿美元,用于支持一系列长期发展计划,以便将温室气体排放量减少2%。

(4)利用增强型地热系统开发深层地热资源。2008年8月,有关媒体报道,增强型地热系统,是指在干热岩技术基础上提出来的。美国能源部的定义是,采用人工形成地热储层的方法,从低渗透性岩体中,经济地采出相当数量深层热能的人工地热系统。

增强型地热系统,通过注入井注入水在地下实现循环,进入人工产生的、张开的连通裂隙带,水与岩体接触被加热,然后通过生产井返回地面,形成一个闭式回路。这个概念本身是一个简单的推断,是模仿天然发生的热水型地热循环系统,即现在在全世界大约71个国家,商业生产电能和直接利用热能所采用的系统。

建立增强型地热系统的第一步是进行勘探,以鉴别和确定最适宜的开发区块。然后施工足够深度的孔钻,达到可利用的岩体温度,进一步核实和量化特定的资源及相应的开发深度。如果钻遇低渗透性岩体,则对其进行水压致裂,以造成采热所需的大体积储水层,并与注入井、生产井系统,实现适当的连通。如果钻遇的岩体,在有限的几何界限内,具有足够的自然渗透性,采热工艺就可能采用,类似于石油开采所采用的注水或蒸汽驱油的成熟方法。其他的采热办法,包括井下换热器或热泵,或交替注入和采出(吞吐)的方法。

干热岩地热电站在运行中没有温室气体排放、土地使用适度、总的环境影响小,成本低廉,技术也较成熟,具有深度开发的潜力。

四、人车动能开发的新成果

1.人体动能和热能开发的新进展

(1)设计出利用人潮脚步发电的地下发电机。2008年6月8日,英国《星期日泰晤士报》报道,风力和水力等能源都已陆续用于发电,如今,人类的脚步有望成为最新的无污染能源。英国工程师最近设计出一种地下发电机,能够利用人潮脚步发电。这一发明将很快用于各大超市和地铁站。

这项新的脚步发电技术，能够利用脚步对地板的压力推动地板下液体的流动，继而带动迷你涡轮旋转，产生电能并贮存在电池中。

研究人员已经在伦敦中部的维多利亚地铁站试验这一技术。结果证实，每小时3.4万人的客流量，能够提供6500个灯泡的电能。

这种利用脚步发电的装置，将首先应用于英国朴茨茅斯的三角帆塔上。三角帆塔是一座高170米的观景塔，利用脚步发电的迷你发电机，将安装在供游客使用的每一级楼梯下方。

开发脚步发电的专家大卫·韦布说："我们不仅要利用人群的脚步，还将利用整个三角帆塔上所有的轻微摇动来发电，所有建筑物都会轻微摇动。当然，如果有像电视天线那样的摇动再好不过。"

除了安装在地板下利用人群脚步发电，这项装置还可安装在铁轨下或桥下，利用经过的火车和汽车释放出的能量发电。

事实上，这项技术2007年已在英国米德兰兹的一座桥下试用成功。桥下的发电机成功把火车经过时释放的能量转化为电能，供洪水监测器使用。

研究人员说，这种安装在地下的发电机还能在人流大的体育场或人行天桥使用。理论上说，这种装置能够在任何人流拥挤的地方使用。但是，考虑到这种技术的高昂成本，目前几年内可能都无法将其广泛推广。

今后，这项技术还可能用于个人。例如，将iPod播放器，连接到使用者的鞋跟处充电。使用者鞋跟处安装有小型电池，贮存走路时积聚的能量。

（2）研制出新一代便携式步行发电机。2009年6月，加拿大不列颠哥伦比亚省西蒙弗雷泽大学，与加拿大仿生电力公司一起，成功研制出新一代的便携式步行发电机。使用者可将它缚在膝关节支架上，他们所迈出的每一步都将为发电机提供动能。步行一分钟所产生的能量可供手机通话十分钟。这对于部队行军、野外探险、灾区紧急救援等情况来说，这种便携式步行发电机都将发挥重大的作用。

研究人员认为，行走时膝关节产生的大量动能一直为人所忽略。步行发电机可以截获这些源源不断的能量，从而避免能量的浪费。

仿生电力公司计划为加拿大军队的现场测试，推出仅重两磅的精简版步行发电机。在为时两天的演习中，士兵们将携带重达30磅的一次性电池，以便为收音机、电脑、测距仪，以及热像武器瞄准具等设备充电。一次性AA电池的单价仅为1美元，然而测试现场的电池成本高达30美元。加拿大国防部门有关人士指出，一直来，军方都在设法节省电力方面的开支。新一代便携式步行发电机的问世，意味着军队不仅可以延长演习的时间，还可减少电池的消耗。

便携式步行发电机的出现，意味着战场上的士兵、身处边远哨所的救护人员，以及巨大灾害面前的紧急救援人员，可以一边行进一边充电。

（3）研制出可利用膝盖活动发电的新装置。2012年6月，英国克兰菲尔德大学研究人员米歇尔·波齐等人组成的一个研究小组，在《智能材料和结构》杂志上发表研究报告说,他们研发的一种新型发电装置,可利用人们走路时膝盖的活动来发电,能为随身携带的电子设备供电,这项发明在军事等多个领域都有广阔的应用前景。

研究人员说,目前研发出的原型装置,发电功率约为 2 毫瓦,但在进一步改进后,其功率可超过 30 毫瓦,这足以为一些随身携带的电子设备供电,如心率监测器、电子计步器和新型 GPS 定位设备等。

这种装置呈圆盘形,包含一个中心轴和可绕其旋转的外环。将它绑定在膝盖位置,走路时随着大腿和小腿之间夹角的变化,其外环就会绕中心轴转动,使其中的一些特殊器件产生电力。

波齐说,现在开发出的还是原型装置,如果今后能实用化并进行大规模生产,预计每个这种装置的成本可降到 10 英镑以下。

这种装置,对于要经常背负电子设备的士兵来说,具有很高的实用价值,有助于士兵们减少对电池的依赖,从而减轻负重,更轻松地行走。因此这次研究也得到英国军方的资助。

(4)制成可把人体热量转换成电能的热电装置。2012 年 2 月,美国维克森林大学纳米技术和分子材料中心主任戴维·卡罗尔主持,研究员科休·伊特等人参与的一个研究小组,在《纳米快报》期刊上发表研究成果称,他们开发出一个被称为纳米“动力毡”的热电装置,只需触摸它,即可将人体的热量转换成电流,可给手机电池充电。

研究人员介绍说,这种装置是把微小的碳纳米管锁定于柔性塑料光纤之中,感觉像是面料。该技术利用的是温度差异产生电力来充电,例如房间温度与人体温度的不同。

“动力毡”可置于汽车座椅上,以确保电池的电力需求;也可衬于绝缘管道或屋顶瓦片下,收集热量以降低煤气费或电费;或者衬在服装里作为微电子充电装置;抑或包扎在静脉受伤位置,以更好地满足跟踪病人的医疗需求。

伊特说,我们以热的形式浪费了大量能源,但可以重新捕获这些能源,例如“夺回”汽车浪费的能源来提高燃油里程,给收音机、空调或导航系统增加动力。一般来讲,热电是一个欠发达的捕获能源技术,但仍有很多的发展空间。

卡罗尔说:“试想一下,‘动力毡’作为应急配套配件包缠在手电筒上,或给手机充电收听天气预报。这种装置,可用于应对停电或意外事故等紧急情况。”

研究人员说,热电的成本,使其无法更广泛地应用于大众消费产品。标准的热电装置,使用更多的是一种被称为碲化铋的化合物,相关产品如移动冰箱和 CPU 散热器,高效地把热能转化成电能,但它每千克要花费 1000 美元。如果有一天将“动力毡”添加到手机盖上,成本可能仅需 1 美元。

目前,该织物堆积的 72 个管层,可产生约 140 纳瓦功率。该小组正在评估几种更多添加碳纳米管层的方法,使其甚至在更薄的状况下提高输出功率。

休伊特说:“虽然在‘动力毡’准备投入市场之前还有更多工作要做,已经想象到它可以作为温暖外套的热电内衬垫,当外界很冷时它可为人们驱寒保暖。如果‘动力毡’效率足够高的话,还可为 iPod 提供电力,它的持久力绝不会令人失望。这绝对是指日可待的。”

2. 车辆动能开发的新成果

开发泊车发电的“动力路板”。2009 年 6 月,有关媒体报道,英国塞恩斯伯里超市的格洛斯特分店,在店外路面嵌入“动力路板”, 顾客只需开车进入超市停车场,即可为超市供应电力,实现“车辆开进来、收款机动起来”的节能目标。这家店由此成为欧洲首家利用泊车供电的超市。

据介绍,车辆驶入超市停车场时,会压过“动力路板”。这种装置能“捕获”过去无用的压路动能,进而转化动能为电能,供超市使用。这种泊车发电,每小时能供电 30 千瓦,超出格洛斯特分店所有收款台运转所需的电量。

英国《每日邮报》写道,这种“动力路板”,如果嵌入主题游乐园车道,所生电能足以确保过山车运转。如果它嵌入高速路口,可产生公路系统照明用电。

五、其他能源开发利用的新技术

1. 开发压缩空气能源储存新技术

2008 年 7 月,国外媒体报道,随着国际石油价格最近不断创出新高,如何解决未来的能源短缺问题,再次成为科学家们关注的议题。美国科学家表示,推进压缩空气能源储存(CAES)技术研究和应用,也许有助于这一难题的解决。

美国科学家称,“压缩空气能源储存”的功能,类似于一个大容量的蓄电池。在非用电高峰期(如晚上或周末),用电机带动压缩机,将空气压缩进一个特定的地下空间存储。然后,在用电高峰期(如白天),通过一种特殊构造的燃气涡轮机,释放地下的压缩空气进行发电。虽然燃气涡轮机的运行,仍然需要天然气或其他石化燃料来作为动力,但是这种技术却是一种更为高效的能源利用方式。利用这种发电方法,将比正常的发电技术节省一半的能源燃料。

尽管这种“压缩气体能源储存”的概念已经提出了 30 多年,但目前全世界仅有两家压缩空气发电厂。美国阿拉巴马州的压缩空气发电厂创建于 17 年前,而德国的压缩空气发电厂则已有 30 年历史。目前,两家压缩空气发电厂都运营正常。现在,美国爱荷华州正在建设全球第三家压缩空气发电厂。美国圣地亚国家实验室,已经得到来自美国能源部的资金支持,负责“爱荷华储存能源公园”(ISEP)项目的设计工作。“爱荷华储存能源公园”其实就是一个压缩空气发电厂,该发电厂将充分利用爱荷华州丰富的风力资源,作为发电厂的运行能源。爱荷华发电厂的压缩空气存储容量,可用于 50 小时的发电。这家压缩空气发电厂一旦建成开始运营,其每年发电量将占爱荷华州用电量的 20% 左右,每年可以爱荷华州节省大约 500 万美元的能源成本。

压缩空气发电厂建设的首要任务之一,就是找到一个支持空气压缩存储的地质空间。爱荷华储存能源公园项目研究人员,经过对厂址附近地区进行严密的地震检测,反复的计算机模拟,以及对其他压缩空气发电厂相关数据的认真分析,目前他们已经找到合适的空气存储空间。最近,圣地亚国家实验室又开始研究风能利用与空气压缩能源储存两者组合技术。这种组合技术将首先应用于该项目中,继而可能推广到全美其他发电厂。

但是大规模地储藏压缩空气,需要占用大面积土地。研究人员认为,可以使用特殊材料制成一个50米宽,高80米的巨型风袋,将其置于600米以下的深水中,根据计算,这样一个容积的袋子中,每立方米容积内可以储存25兆焦耳的能量。在压缩空气能源储存中,水下是关键,只有深水巨大的压力才能使能源的储量增大。研究人员认为,这种能源储存模式尽管在准备相关设施时会产生很多费用,但它与制造电池相比,还是便宜得多。另外,在使这些压缩空气产生动力时,普通大小的风机难以满足其要求,所以必须通过技术创新,研制出更大更牢固的叶片。

研究人员说,可再生能源的发展不仅在实际用途上为人类带来新的方向,也促进了科技的发展。海水中的储风袋让风能成为当今更加时尚和引人注目的能源。或许在今后,更多不可思议的技术将会给可再生能源更多的活力,也会给人们更多的惊喜。

2.研制环保型燃料的新技术

(1)把重油转换成环保型低价柴油可替代品的新技术。2008年11月,韩国媒体报道,在冬季取暖消耗大量燃料之际,韩国埃克斯燃油公司推出一项新技术,能够把重油转换成可替代柴油的环保型低价替代燃料,并已通过韩国政府的检测,为重油的再利用提供了一条新的途径。

据悉,韩国石油品质管理院,对韩国埃克斯燃油公司研制的生产工艺和技术进行了检测,批准这一技术及相关产品在韩国销售。

报道说,这种替代型燃料工艺,可将重油转换成类似柴油的燃料,并将燃烧后的硝化物和硫化物排放量,分别降低77%和27%,其热效率则要比普通柴油高20%~30%。由于使用重油做原料,它的价格每百升比柴油低13.5美元,比锅炉用燃油每升价格低6.8美元。

(2)有望利用大豆根部固氮细菌把一氧化碳变为环保燃料。2010年8月,美国加州大学欧文分校马库斯·里贝、加州理工学院乔纳斯·彼得斯等专家组成的一个研究小组,在《科学》杂志上发表论文称,他们发现从一种常见土壤细菌中提取的酶,可以把常见工业副产品一氧化碳转化为丙烷,还可以进一步转化为汽车燃料。有关专家认为,这一方法有望实现以低成本制造出碳中立的环保燃料,无需对汽车发动机的原有设计进行大幅改动。

研究人员介绍道,在大豆等粮食作物根系土壤中,生活着一种名叫棕色固氮菌的微生物。农场主之所以对含有棕色固氮菌的植物情有独钟,是因为这种细菌可制造并充分利用多种酶,把大气中毫无用途的氮气,变成重要的氨和其他化合物。接下来,其他植物吸收这些化合物,利用它们生长。

研究小组在研究过程中,从棕色固氮菌制造的酶中分离出钒固氮酶。在自然界中,这种酶能够利用氮气生成氨。现在,研究人员证实,它同样也可以用一氧化碳生成丙烷。丙烷是一种点燃后形成蓝色火焰的气体,美国家用火炉排放的气体通常都含有丙烷。

研究人员发现,当将氧气和氮气从钒固氮酶那里“夺走”,并用一氧化碳取而代之时,钒固氮酶会自动开始用一氧化碳来制造短的碳链,这些碳链只有两个或三个原子长。彼得斯认为,钒固氮酶的这种新能力,是一项意义深远的发现,将具有重要的工业应用。

不过,真正令人兴奋的,还是其用于制造汽车燃料的潜力。里贝表示,最终可对这种酶加以改造,使其不仅可以制造简单的3个碳原子链的丙烷分子,还能够生产出构成汽油的长链分子。他说:“很显然,如果我们能制造碳—碳长链,这将是一条生产合成液态燃料的新途径。”

汽车燃料的不完全燃烧,会产生含有一氧化碳的尾气,因此,在不远的将来,汽车或许可以利用自身排放的尾气来制造燃料以满足自己的某些需要;在更远的将来,直接从空气中“提取”燃料将成为可能,因为现在已有将二氧化碳分解为一氧化碳的技术存在;而最终,汽车从大气中“拿出”碳的速度,很可能要远远快于它们向大气排放碳的速度。

当然,这些美好前景,距离我们还有一段漫长的过程。里贝说,提取、培植并储存数量足够多的钒固氮酶“非常困难”。尽管在20多年前,科学家就已经分离出了编码钒固氮酶的基因,但是大批量制造有用钒固氮酶的技术,却是直到最近才开发成功的。

参考文献和资料来源

一、参考文献

[1][美]蕾切尔·卡逊. 寂静的春天[M]. 吕瑞兰,李长生,译. 上海:上海译文出版社,2011.

[2][英]芭芭拉·沃德,[美]勒内·杜博斯. 只有一个地球——对一个小小行星的关怀和维护[M].《国外公害丛书》编委会,译. 长春:吉林人民出版社,1997.

[3][美]德内拉·梅多斯等. 增长的极限[M]. 李涛,王智勇,译. 北京:机械工业出版社,2006.

[4]世界环境与发展委员会. 我们共同的未来[M]. 王之佳,柯金良,译. 长春:吉林人民出版社,1997.

[5]张明龙,张琼妮. 国外发明创造信息概述[M]. 北京:知识产权出版社,2010.

[6]张明龙,张琼妮. 八大工业国创新信息[M]. 北京:知识产权出版社,2011.

[7]张明龙、张琼妮. 新兴四国创新信息[M]. 北京:知识产权出版社,2012.

[8]张明龙,张琼妮. 美国纳米技术创新进展[M]. 北京:知识产权出版社,2014.

[9]本报国际部. 2004 年世界科技发展回顾[N]. 科技日报,2005-01-01~10.

[10]本报国际部. 2005 年世界科技发展回顾[N]. 科技日报,2005-12-31~2006-01-06.

[11]本报国际部. 2006 年世界科技发展回顾[N]. 科技日报,2007-01-01~06.

[12]毛黎,张浩,何屹,顾钢,陈超,毛文波,杜华斌,郜举,郑晓春,邓国庆,何永晋,卞晨光. 2007 年世界科技发展回顾[N]. 科技日报,2007-12-31~2008-01-06.

[13]毛黎,张浩,何屹,顾钢,李钊,郜举,杜华斌,张新生,程刚,李学华. 2008 年世界科技发展回顾[N]. 科技日报,2009-01-01~08.

[14]毛黎,张浩,何屹,顾钢,李钊,杜华斌,葛进,郑晓春,张新生,李学华,程刚. 2009 年世界科技发展回顾[N]. 科技日报,2010-01-01~08.

[15]本报国际部. 2010 年世界科技发展回顾[N]. 科技日报,2011-01-01~

08.

[16]本报国际部.2011年世界科技发展回顾[N].科技日报,2012-01-01~07.

[17]本报国际部.2012年世界科技发展回顾[N].科技日报,2013-01-01~08.

[18]本报国际部.2013年世界科技发展回顾[N].科技日报,2014-01-01~07.

[19]陈志.国外城市水务管理经验分析及环境保护[J].中国建设信息(水工业市场),2009,(7).

[20]宋国君,宋宇,郑珺,王军霞.国家级流域水环境保护总体规划一般模式研究[J].环境污染与防治,2009,(12).

[21]陈蕾,易强,彭涛.城镇污水处理厂竣工环境保护验收监测 [J].环境保护与循环经济,2010,(4).

[22]蓝楠,刘云浪.国外矿区水环境保护制度对我国的启示[J].中国国土资源经济,2013,(2).

[23]赵仕玲.国外矿山环境保护制度及对中国的借鉴[J].中国矿业,2007,(10).

[24]宋国君,宋书灵,罗兰,李玉石,洪大用.城市环境保护满意度及案例分析[J].环境污染与防治,2009,(2).

[25]宋宇.国外环境污染损害评估模式借鉴与启示[J].环境保护与循环经济,2014,(4).

[26]徐琳瑜,杨志峰,李巍.论生态优先与城区环境保护规划[J].中国人口·资源与环境,2004,(3).

[27]温武瑞,王新,谢永明.农村生态环境问题分析及其对策建议[J].中国环境管理,2010,(3).

[28]苏凤仙,牟善学.环境保护与科学发展[J].环境科学与管理,2011,(12).

[29]蔡秋.经济发展要注重环境保护[J].科技资讯,2013,(5).

[30]张传国,许姣.国外环境税问题研究进展[J].审计与经济研究,2012,(3).

[31]密晨曦.国外区域环境保护立法经验对渤海环境治理的启[J].环境保护,2013,(4).

[32]于文轩.国外环境保护法立法经验借鉴[J].环境保护,2013,(16).

[33]彭远春.国外环境行为影响因素研究述评[J].中国人口.资源与环境,2013,(8).

[34]宋言奇.国外生态环境保护中社区“自组织”的发展态势[J].国外社会科学,2009,(4).

[35]夏成,甘晖. 国外环境社会系统研究进展[J]. 中国人口. 资源与环境,2013,(7).

[36]雷秀雅,杨冬梅,高慧娴. 从国际模式看我国的环境教育现状与展望[J]. 环境保护,2013,(13).

[37]张明龙,张琼妮. 美国科技高投入政策促进创新活动的作用[J]. 西北工业大学学报(社会科学版)2012,(2).

[38]D. Teece, Profiting from technological innovation: Implications for integration, collaboration, licensing and public policy, Research Policy ,1986,(15).

[39]S. Restivo, Science, Society, and Values, Toward a Sociology of Objectivity, Bethlehem: Lehigh University Press, 1994.

[40]G. T. Seaborg, A Scientific Speaks Out, A Personal Perspective on Science, Society and Change, World Scientific Publishing Co. Pte. Ltd. , 1996.

[31]H. Collins and T. Pinch, The Golem at Large: What You should Know about Technology. Cambridge University Press,1998.

[42]J. McLaughlin, P. Rosen, D. Skinner and A. Webster, Valuing Technology: Organization, Culture and Change. Routledge, London,1999.

[43]J. C. Pitt, Thinking about Technology: Foundation of the Philosophy of Technology. Seven Bridges Press,2000.

[44]A. Petryna, Life Exposed: Biological Citizens After Chernobyl. NJ: Princeton University Press,2002.

二、资料来源

[1]《自然》(Nature)

[2]《自然 · 生物技术》(Nature Biotechnology)

[3]《自然 · 细胞生物学》(Nature Cell Biology)

[4]《自然 · 遗传学》(Nature Genetics)

[5]《自然 · 免疫学》(Nature Immunology)

[6]《自然 · 化学》(Nature Chemistry)

[7]《自然 · 物质》(Nature substance)

[8]《自然 · 材料》(Nature Materials)

[9]《自然 · 医学》(Nature Medicine)

[10]《自然 · 神经科学》(Nature Neuroscience)

[11]《自然 · 结构生物学》(Nature Structural Biology)

[12]《自然 · 纳米科技》(Nature Nanotechnology)

[13]《纳米科学》(Nanoscale Science)

[14]《纳米快报》(Nano letters)

[15]《纳米通信》(Nano Communication)

[16]《先进材料》(Advanced Materials)

[17]《工业和工程化学研究》(Industrial and Engineering Chemistry Research)

[18]《应用化学》(Angewandte Chemie)

[19]《美国化学协会会刊》(American Chemical Society journal)

[20]《生物化学杂志》(Journal of Biological Chemistry)

[21]《进化生物学》(Evolutionary Biology)

[22]《分子和细胞生物学》(Molecular and Cell Biology)

[23]《细胞·干细胞》(Cells stem cells)

[24]《植物细胞》(Plant Cell)

[25]《国际系统与进化微生物学杂志》(International Journal of Systematic and Evolutionary Microbiology)

[26]《癌症研究》(Cancer Research)

[27]《癌症检查和预防》(Cancer screening and prevention)

[28]《神经学年鉴》(Annals of Neurology)

[29]《临床免疫学》(Clinical Immunology)

[30]《呼吸研究杂志》(Respiratory Research magazine)

[31]《公共科学图书馆·生物学》(PLoS Biology)

[32]《公共科学图书馆·遗传学》(PLoS Genetics)

[33]《流行病和公共卫生杂志》(Epidemiology and Public Health magazine)

[34]《实验医学》(Experimental Medicine)

[35]《临床检查杂志》(Journal of Clinical Investigation)

[36]《软物质》(Soft matter)

[37]《碳杂志》(Carbon magazine)

[38]《可再生与可持续能源杂志》(Journal of Renewable and Sustainable Energy)

[39]《能源与环境科学》(Energy and Environmental Sciences)

[40]《科技日报》2003 年 1 月 1 日至 2014 年 7 月 31 日

[41]http://www.sciencemag.org/

[42]http://www.sciencedaily.com/

[43]http://en.wikipedia.org/wiki/Nature

[44]http://www.nature.com/

[45]http://www.kexue.com/

[46]http://www.sciencedirect.com/

[47]http://www.sciencemuseum.org.uk/

[48]http://en.wikipedia.org/wiki/Cell_(biology)

[49]http://www.sciencenet.cn/dz/add_user.aspx

[50]http://www.sciencenet.cn/
[51]http://tech.icxo.com/
[52]http://www.sciam.com.cn/
[53]http://www.dili360.com/
[54]http://www.news.cn/tech/
[55]http://www.chinahightech.com/
[56]http://www.casted.org.cn/cn/

后　记

半个世纪以来，人们经过激烈的争论，终于越来越清楚保护环境的重要性。与此同时，环境保护的理念和意识也日益深入人心。

经济发展可以增加社会财富，有利于提高人们的富裕程度。但是，如果经济发展超出了自然生态的承载力，就会带来一系列环境问题。例如，导致森林资源大幅度减少，二氧化碳大量排放，造成温室效应，促使全球气候变暖。同时，导致冰川融化、海平面上升；干旱洪涝灾害频发，湿地和湖泊干枯，土地沙漠化、石漠化，龙卷风、台风、海啸，以及山地灾害加剧。

面对严峻的环境问题，促使世界各国纷纷转换经济发展思路，通过技术创新和产业转型等措施，尽可能减少煤炭、石油等高碳能源消耗，减少温室气体排放，在促进经济发展的同时，加强生态环境保护，逐步建立以低能耗、低污染为基础的经济发展体系。

笔者多年前就已开始关注环境保护问题，先后在《国外发明创造信息概述》《八大工业国创新信息》《新兴四国创新信息》等书中，特意安排一定篇幅专门介绍国外在环境保护领域取得的创新成果。现在，笔者在原有基础上继续推进这项研究，从已经搜集到的大量科技创新信息中，提炼出有关环境保护的内容，把它系统化为一本书，于是有了《国外环境保护领域的创新进展》。

我们在这部书稿写作过程中，得到有关科研院所、高等学校、科技管理部门、高新技术产业开发区、工业园区，以及企业的支持和帮助。这部专著的基本素材和典型案例，吸收了报纸、杂志、网络等众多媒体的新闻报道。这部专著的各种知识要素，吸收了学术界的研究成果，不少方面还直接得益于师长、同事和朋友的赐教。为此，向所有提供过帮助的人，表示衷心的感谢！

这里，要感谢名家工作室成员的团队协作精神和艰辛的研究付出。感谢周剑勇、刘娜、余俊平、卢双等研究生参与课题调研，以及帮助搜集、整理资料等工作。感谢浙江省科技计划软科学研究项目基金、台州市宣传文化名家工作室建设基金、台州市优秀人才培养（著作出版类）资助基金，对本书出版的资助。感谢台州学院经济研究所、科研处、教务处和经贸管理学院,浙江师范大学经济管理学院等单位诸多同志的帮助。感谢知识产权出版社诸位同志,特别是王辉先生,他们为提高本书质量倾注了大量时间和精力。

限于笔者水平,书中难免存在一些不妥和错误之处,敬请广大读者不吝指教。

张明龙　张琼妮

2014 年 8 月于台州学院湘山斋张明龙名家工作室